JAX 可微分编程

程琪皓◎著　　　李吉辰◎审

人 民 邮 电 出 版 社
北　京

图书在版编目（CIP）数据

Jax可微分编程 / 程琪皓著. -- 北京 : 人民邮电出版社, 2023.5
ISBN 978-7-115-60935-9

Ⅰ. ①J… Ⅱ. ①程… Ⅲ. ①软件工具－程序设计 Ⅳ. ①TP311.561

中国国家版本馆CIP数据核字(2023)第007955号

内 容 提 要

本书以 Google 开发的 JAX 开源框架为载体，详细介绍了 JAX 在可微分编程领域的应用，具体包括自动微分的基本原理、数据结构，以及自动微分在实际场景中的应用，其涉及的领域包括但不限于算法优化、神经网络、工程建模、量子计算等。

本书分为 3 部分，总计 10 章外加 5 篇附录。第 1 部分介绍了可微分编程的基本原理，包括手动求导、数值微分、符号微分以及自动微分的前向模式和反向模式，在未调用任何库函数的情况下，从零开始构建起了符号微分及自动微分的数据结构。第 2 部分是对 JAX 库特性的介绍，包括 JAX 的基本语法、自动微分、即时编译和并行计算，并以此为切口，对深度学习、λ 演算等领域进行了深入浅出的讲解。第 3 部分是自动微分在实际场景中的应用，除了算法优化、神经网络等极其经典的应用场景，这一部分还给出了自动微分在工程建模、量子计算等方面的理论及应用。

本书涵盖的范围虽广，但对其中每个领域的介绍都绝非浅尝辄止，无论材料的选取、内容的编排，还是论述的视角、观点的呈现，均不乏新颖之处。通过本书的学习，读者不但可以掌握 JAX 开源框架的用法，还可以获悉 JAX 在可微分编程领域的具体应用方法。本书适合在工作中会用到自动微分技术的工程技术人员、高校科研人员阅读，也适合对 JAX 感兴趣并希望能掌握其应用的 AI 技术人员阅读。

◆ 著　　　　程琪皓
　审　　　　李吉辰
　责任编辑　傅道坤
　责任印制　王　郁　马振武

◆ 人民邮电出版社出版发行　　北京市丰台区成寿寺路 11 号
　邮编　100164　　电子邮件　315@ptpress.com.cn
　网址　https://www.ptpress.com.cn
　大厂回族自治县聚鑫印刷有限责任公司印刷

◆ 开本：800×1000　1/16
　印张：27　　　　2023 年 5 月第 1 版
　字数：585 千字　　　　2023 年 5 月河北第 1 次印刷

定价：129.80 元

读者服务热线：(010)81055410　印装质量热线：(010)81055316
反盗版热线：(010)81055315
广告经营许可证：京东市监广登字 20170147 号

关于作者

程琪皓，北京大学物理学院本科生，曾获第 36 届全国中学生物理竞赛（浙江赛区）一等奖、“未名学子”奖学金、沈克琦奖学金、北京大学三等奖学金等多项奖励。研究方向涉及强化学习、低维超导实验、量子计算、分子模拟等多个领域。

关于技术审稿人

李吉辰，中国科学技术大学硕士，*Extending and Modifying LAMMPS*（由 Packt Publishing 出版）一书的作者，现就职于深势科技公司，参与研发了新一代生产级可微分分子力场开发框架 DMFF，以期用先进的机器学习算法反向矫正、优化物理模型参数。在可微分编程、分子动力学引擎、高性能计算方面具有一定经验，对 JAX、AutoDiff、LAMMPS、OpenMM 等源码有深刻的理解和认识。此外，还积极参与机器学习与计算化学相结合的开源工作，并持续将自动微分与深度学习相关的技术应用于科研工作中。

献辞

谨将本书献给我的父母程波先生和胡旭琛女士，以及我在北京大学医学部的女朋友林治辰，感谢你们陪伴我度过人生中那段最为艰难的岁月。本书也献给陪伴我一路走来的诸位好友，没有你们我不可能走到今天。

致谢

首先特别感谢我在深势科技的老板张林峰，以及王磊老师、陈默涵老师、余旷老师和陈一潇学长曾经给予我的批评、指点与帮助。这本书没有你们将永远不会存在。

感谢本书的技术审稿人李吉辰，他为本书的出版做出了巨大的贡献。还要感谢我的编辑傅道坤，没有他的宽容，本书中的一些内容将无法见诸天日。

另外，感谢李泽宇同学就本书内容与我有过的讨论；感谢王沛源先生在第 5 章的函数式编程中给予我宝贵的意见与建议；感谢刘雨轩学长帮忙审阅本书第 8 章和附录 E 的内容，并提供了许多相当宝贵的修改意见，同时感谢黄滢霏同学帮忙纠正了其中的一些表述性错误；感谢一直以来一同与我参加各种数学建模比赛的刘浩宇和吴臻同学,第 9 章的部分文字最初就是出自他们之手；感谢刘美奇学姐帮忙梳理了附录 D 中一些定理的证明，同时感谢裘天予、赵星亦同学在本书出版过程中对我不懈的支持。

感谢所有阅读过本书前后两篇小说的读者，感谢你们聆听由我书写的故事。感谢所有能够将本书中的知识用于正途的陌生人，让我们一同怀抱“科技向善”的美好愿望，让大家的生活变得更加美好。

前言

——让我们记住黑暗的形状，忍着痛，将它带向光明。

尽管这是一本关于可微分编程的专著，但在本书完成的当下，我不过是北京大学物理学院一名普通的大三年级本科生。当我开始深入地了解“可微分编程”这一主题时，其实是为了完成我在深势科技（DP Technology）公司的老板张林峰学长交给我的一个与量子化学计算有关的项目。也是机缘巧合，当时同在公司的李吉辰学长邀我合作一本相关方面的专著，我便欣然答应下来。再后来，由于吉辰学长时间安排上的诸多不便，导致本书中绝大部分内容的写作均由我一人独力完成。有趣的是，从我第一次在 Python 的终端打印出“Hello world !”语句，到本书终于付梓的当下，前后不过三年。

尽管在我的大学生活中，编程确实占据了我大量的时间，但我对物理学大厦的攀登同样未曾止步。其实，从更加宏观的角度来看，本书的组织方式也是相当“物理”的：一方面，物理学家信奉还原论（reductionism），试图将客观现象的基本构成单元不断拆分并加以研究，抓住自然现象之中所蕴藏的规律；另一方面，物理学家又相信所谓的“多即不同”（more is different），认为简单事物数量的叠加，同样能够带来诸多新奇的效应[1]。

正是在这样的视角下，我开始尝试构思本书的内容。在此期间，与张林峰、王磊、余旷和陈默涵等老师的交流，最令我感到受益匪浅。每每夜深人静之时，我时常觉得惶恐不安，一方面实在不希望本书的撰写耗费我太多的时间，另一方面又深怕数年后的我重看本书时悔其少作。但无论从何种角度而言，这是我为之前在深势科技公司的项目经历而交上的一份答卷，是我为大学三年以来辛勤地耕耘付出而交上的一份答卷，更是我为读到本书的广大读者而交上的一份最为真诚的答卷。书为心画，言为心声，所谓“文章千古事，得失寸心知”。

在撰写本书的过程中，我时常感受到一种巨大的割裂感。在为每一个章节编织脉络时，我仿佛一位讲台上的教授，精心地挑选着有意义的材料，表达着自己对一个具体问题独到的理解。而当我置身北大的课堂领略着前辈的种种真知灼见时，我又不过是一个普通到不能再普通的求学者：面对着前人天才般的工作，或许很少有人能够不由衷地感到谦卑。在我写作本书的当下，我是多么希望在将来的某日，自己做出的工作能够占据某本教科书的其中一章，或者哪怕仅仅以一个小

[1] 参考文章 *More Is Different: Broken Symmetry and the Nature of the Hierarchical Structure of Science*. Science, 177 (4047): 393 – 396. 该文作者 Philip W. Anderson 是 1977 年诺贝尔物理学奖的获得者。

小的脚注出现在某书的某页中。

只是现在我唯一能够确信的是，本书中出现的几乎所有文字确实是因为我觉得有话可讲，而并非只是现有知识的简单搬运或拼接组合：材料的组织之间应该包含着我们对一个问题的认同与理解，再不济它也至少应该提供一种可供讨论的观点。即便将来当我回望时，或许会觉得本书中的一些文字过于稚嫩，或许会觉得其中的一些理解过于浅显，但是在无数文字间所蕴含的思考将依然是真实的，尝试深入浅出的表达方式将依然是真诚的，渴望半年多来的努力能够帮助到后来者的初衷将依然是真挚的，攀登学术高峰的简单理想将依然是真切的。而如若来到将来的某天，当我在放弃希望的边缘来回挣扎时，我依然希望这些从前遗留下来的文字，能够让我回想起曾经拥有过的这份坚定，能够让我记起曾经许下的“科技向善”的誓言。

另外，正是由于我的坚持，本书的开头和结尾才分别加入了一篇小说——毕竟无论如何，人应该先学做人，再做学问。在并不遥远的将来，本书中的所有知识都会过时，所有的真知灼见终有一天或者成为人们的常识，或者在历史的进程中被无情地抛弃。但我相信，那一些最为真挚的情感可以跨越时间与空间的限制，在一个个陌生人的心中被复现而激起共鸣；那一些黑暗中的挣扎与求索，最终可以通过无尽的努力而被酝酿成诗，得以重新见诸天日。即便我们的故事无法做到跨越时代而被后人记住，我们每一个人的生命体验本身也是对时代最好的脚注。

本书的组织结构

本书分为 3 部分，总计 10 章外加 5 篇附录。正如前言中所指出的那样，一方面，遵从还原论的思想，我尝试将可微分编程拆分为最为基本的组成单元，并从中剥离出较为本质性的数据结构；另一方面，由于物理学家相信所谓的“多即不同”，我尝试从可微分编程基本的数据结构切入，引入JAX库的诸多特性及语法，并在此基础上推演出深度学习神经网络、计算神经生物学、工程建模中的数值模拟，以及量子计算中的自动微分等有趣的主题。

第 1 部分：可微分编程的基本框架（第 1 章～第 2 章）

一般认为，可微分编程有手动求导、数值微分、符号微分及自动微分这 4 种不同的实现方式，而自动微分又分为前向模式和反向模式。在分别阅读了SymPy、Torch及JAX库数万行相关部分的源码之后，我尝试从零开始，分别用百余行代码，对符号微分、自动微分的前向模式，以及自动微分的反向模式这三种数据结构进行了简单的实现。

- **第 1 章，“程序视角下的微分运算”**：出于知识的完整性，本章从求导的概念开始讲起，旨在让读者熟悉本书中一以贯之的符号约定。随后，本章分别介绍了手动求导、数值微分以及符号微分的有关内容，并分别给出了相当完整的程序实现。
- **第 2 章，“自动微分”**：本章对自动微分的前向模式和反向模式分别进行了介绍，并对其数据结构从零开始分别进行了程序实现。另外，本章创新地引入了“对偶函数”的概念，将自动微分的前向模式和反向模式所对应的两种算法，在数学上完美地统一了起来。我相信无论从何种角度来看，第 2 章中的内容都是极为精彩的。

尽管第 1 部分中的Python代码，原则上无须调用任何库函数即可运行，但由于其中诸多函数的变量名及功能，实则完全参照JAX库中的命名约定，这也就为本书第 2 部分内容的展开铺平了道路。从逻辑上看，跳过本书的前两章并不会影响后续的阅读，但如果读者确实能够将这两章的内容吃透搞懂，原则上就已经能够在之后调用Jax库的同时，想象出其中每一个函数背后的实现方式。

第 2 部分：JAX库的特性介绍（第 3 章～第 6 章）

在对可微分编程的基本理论进行了具体而详尽的介绍以后，本书的第 2 部分围绕JAX库而展开。作为 Google 开发的高性能数值计算和自动微分库，JAX提供了自动微分、即时编译及矢量并行化这三大功能，并提供了与NumPy极为相似的调用接口。本书第 2 部分意图以此为切口，展开对深度学习、λ演算、并行计算等领域的介绍。

- **第 3 章，“初识 JAX”**：本章对JAX和NumPy库中数组的创建、修改及运算进行了介绍，并对随机数组的创建、爱因斯坦求和约定等内容进行了具体的说明。本章在令读者熟悉语法的同时，强调了JAX和NumPy库中存在的不同。
- **第 4 章，“JAX 的微分运算”**：本章基于复杂积分运算、隐函数求导等具体的问题，对JAX中与自动微分部分相关的语法进行了介绍；随后从最小二乘法出发，搭建起深度学习的基本框架，并作为对最小二乘法的推广引入了全连接神经网络；最后，基于对MNIST数据集中手写数字的经典分类问题，给出了相应的程序实现。
- **第 5 章，“JAX 的编程范式及即时编译”**：本章对JAX中的函数式编程范式、即时编译部分相关的语法进行了说明，包括条件语句、流程控制语句和静态变量等；随后对λ演算的基本理论进行了介绍，并分别仅使用一行代码实现了JAX中的部分重要函数。
- **第 6 章，“JAX 的并行计算”**：本章对JAX中的并行计算进行了介绍。本章采用 vmap 函数在 GPU 上进行并行训练，并使用 pmap 函数完成了细胞自动机的更新。

就JAX库本身而言，建议读者仅将它视作一个用于了解可微分编程的载体。“工欲善其事，必先利其器”。通过第 3 章~第 6 章中有关内容的介绍，相信读者已经具备了继续阅读后续章节所需的必要知识。而本部分中有关深度学习、λ演算的内容本身，同样已经相当精彩。

第 3 部分：实际场景下的自动微分（第 7 章～第 10 章）

工具终究是手段而非目的，自动微分作为可微分编程中最为强大的数据结构，其应用的范围是相当广泛的。在本书的这一部分中，除了优化算法、循环神经网络等自动微分传统的使用场景，我们还对工程建模中的数值模拟、计算神经科学等方向进行了较为详细的介绍。无论是对比特币价格的预测，还是 500 米口径射电望远镜主动反射面形态的调节，这些出自近些年各大数学建模比赛的赛题，均可以在自动微分的框架下被统一地解决。在这一部分的最后，还加入了对量子计算中的自动微分的介绍——我坚持认为，一本出版于 2023 年年初的编程图书，应该具有其独特的时代特征。

- **第 7 章，“优化算法”**：本章对最速下降法、共轭梯度法、动量法、AdaGrad 算法、Adam 优化器等数十种不同的优化算法进行了介绍。本章一方面侧重严谨的数学推导，另一方面又不乏物理模型上的直观对应。

- **第 8 章，“循环神经网络”**：本章首先介绍了神经网络的生物学基础，包括神经元的电化学性质，以及神经元输出过程的建模和神经元构成网络的建模，随后介绍了循环神经网络的基本理论，并从零开始对简单循环神经网络和 LSTM 进行了程序实现。
- **第 9 章，“案例：FAST 主动反射面的形态调节”**：本章对自动微分在实际工程问题中的应用进行了介绍，并基于实际的案例给出了完整的代码实现。在将数值模拟的结果与基于有限单元法的大型计算软件得到的结果进行对比后，发现二者能够较好地吻合。
- **第 10 章，“量子计算中的自动微分”**：本章首先对量子计算的数学基础和物理基础分别进行了介绍，并对量子力学中的基本原理进行了科普，随后介绍了基于量子体系的自动微分，并将其与经典算法进行了比较。

“模型、损失函数和优化算法，是一个优化问题的基本组成部分”，这一点在从第 7 章~第 10 章对不同问题的讨论中，始终一以贯之。读罢本书，读者别忘了回顾本书前后的两篇小说：我相信无论是数学的公式、程序的代码，还是方正的汉字、坎壈的生活，都有其自身的魅力；它们和隽永的诗词、优美的音乐一样，都同样足以打动人心。

本书注意事项

为了帮助读者更好地学习本书，这里对本书中的一些注意事项进行相应的解释。

首先，与常见的二级编号格式有所不同，本书中的代码编号采用的是三级格式。在具体的三级编号格式中，第 1 级编号表示相应的章号，第 2 级编号用于区分不同的代码文件，第 3 级编号则用于区分同一文件中不同的代码片段；当一份代码文件可以独立运行时，第 3 级编号则不再出现。例如，代码示例 2.5.1～代码示例 2.5.7 应该位于同一份代码文件中，表示第 2 章的第 5 份代码，由于代码文件较长，故拆分为 7 个部分分别给出。再比如，代码示例 2.1 是一份完整的代码（表示第 2 章的第 1 份代码），它可以独立地运行。

其次，关于本书中公式编号问题。本书每一章中的公式编号均为顺序排列。当同一公式具有不同的表达形式时，则在公式编号后面添加一撇进行表示；当多个公式在逻辑上相近时，则在编号后面添加 a、b、c 等字母加以标记。例如，式(2.1)表示第 2 章中的第 1 个公式，式(2.1')是式(2.1)的一种不同但是等价的表达形式，式(2.21a)和式(2.21b)分别对应着二元数对的主部和切部，在逻辑上较为紧密。

最后，本书某些章节标题的前面带有星号（*），表示该章节内容是选读内容，即使略过不读，也不会影响知识的完整性。

资源与支持

本书由异步社区出品，社区（https://www.epubit.com/）为您提供相关资源和后续服务。

配套资源

本书提供如下资源：

- 本书源代码。

要获得以上配套资源，请在异步社区本书页面中点击 配套资源 ，跳转到下载界面，按提示进行操作即可。注意：为保证购书读者的权益，该操作会给出相关提示，要求输入提取码进行验证。

提交勘误

作者和编辑尽最大努力来确保书中内容的准确性，但难免会存在疏漏。欢迎您将发现的问题反馈给我们，帮助我们提升图书的质量。

当您发现错误时，请登录异步社区，按书名搜索，进入本书页面，点击“提交勘误”，输入勘误信息，单击“提交”按钮即可。本书的作者和编辑会对您提交的勘误进行审核，确认并接受后，您将获赠异步社区的 100 积分。积分可用于在异步社区兑换优惠券、样书或奖品。

图书勘误　　发表勘误

页码：1　　页内位置（行数）：1　　勘误印次：1

图书类型：纸书　电子书

添加勘误图片（最多可上传4张图片）

+　　提交勘误

扫码关注本书

扫描下方二维码，您将会在异步社区微信服务号中看到本书信息及相关的服务提示。

与我们联系

我们的联系邮箱是 contact@epubit.com.cn。

如果您对本书有任何疑问或建议，请您发邮件给我们，并请在邮件标题中注明本书书名，以便我们更高效地做出反馈。

如果您有兴趣出版图书、录制教学视频，或者参与图书技术审校等工作，可以发邮件给本书的责任编辑（fudaokun@ptpress.com.cn）。

如果您来自学校、培训机构或企业，想批量购买本书或异步社区出版的其他图书，也可以发邮件给我们。

如果您在网上发现有针对异步社区出品图书的各种形式的盗版行为，包括对图书全部或部分内容的非授权传播，请您将怀疑有侵权行为的链接通过邮件发给我们。您的这一举动是对作者权益的保护，也是我们持续为您提供有价值的内容的动力之源。

关于异步社区和异步图书

“异步社区”是人民邮电出版社旗下 IT 专业图书社区，致力于出版精品 IT 技术图书和相关学习产品，为作译者提供优质出版服务。异步社区创办于 2015 年 8 月，提供大量精品 IT 技术图书和电子书，以及高品质技术文章和视频课程。更多详情请访问异步社区官网 https://www.epubit.com。

“异步图书”是由异步社区编辑团队策划出版的精品 IT 专业图书的品牌，依托于人民邮电出版社的计算机图书出版积累和专业编辑团队，相关图书在封面上印有异步图书的 LOGO。异步图书的出版领域包括软件开发、大数据、AI、测试、前端、网络技术等。

异步社区

微信服务号

目录

六重奏女士的诅咒

如果您确实能够在本书的开头看到此篇小说，那请让我们首先一同感激编辑先生的宽宏大量。我们在此不无遗憾地向读者声名，就本章的内容本身而言，实则并无半点真实之处：六重奏女士不过是一个完全虚构出来的人物，甚至连其姓名的首写字母都无半分真实可言。下文之中的故事如和现实有任何雷同之处，应当纯属巧合。不过，我们依然可以拍着胸脯向读者保证，本书正文当中所有的信息都是真实并且正确的。

本质上来说，这依然是一本关于可微分编程的专著。在开篇之中胡说八道而欺骗读者购买一本索然无趣的专著，绝非笔者的本意。但相比于本书中貌似晦涩难懂的公式，表面上简单明了的生活，实在是一件更为困难的事情。

不幸的家庭都是一样的，幸福的家庭各有各的幸福。生活的大学为它的每一个学生布置着独一无二的考题，每一个身处其中者，多多少少，都有过自己的钻研。然而，每个人的一生，就像是一份份难被引用的文献：一个个近乎无解的问题，一次又一次降临在平凡者的命运之中。我们原本可以携起手来一起面对，但在大多时候却要凭借着一己之力，对抗着时代降落在彼此身上的重量——一粒粒时代的沙尘，一旦降落在个人，便是一座座难以逾越的高山。

在遥远的过去，一切似乎都是可微的：一缕缕默默流淌的情感，一片片堆叠而成的努力，一块块逐渐坚硬的骨骼，一条条连续不断的道路，一段段平静流淌的时间。幻想的泡泡一点一点膨胀起来，或者像口香糖一样包裹起那些不再伶俐的口齿，或者真的如同泡泡那样“啪”的一声破灭。渐渐的，性质奇异之处成为了科研工作者研究的对象：处处连续却不再可微的函数终于被数学家构造出来；天才们努力尽头水到渠成般的灵光一闪，在名为知识的地平线上，矗立起一座座棱角分明的丰碑；突然断裂的骨骼撕扯开生活和生命的裂口；追逐着梦想的赛车手在大陆板块漂移留下的裂痕间飞翔再下落——时间，在这个不再可微的世界之间分叉错位回环又交叠。

在那些未被命名的舞台之上，总有更多的故事在不断上演：那一些头脑之中无意识的冲动与联结，那一些尚未形成目的的需要与动机，那一些亟需被拯救的彷徨与寂寞，那一些无可被挽回的悲伤与空虚。于是我开始渐渐地明白，那一些没有意义的废话的意义，那一些未被朝阳镶嵌的铁轨，那一些未被朝露浸润的晨曦。

关于可微分编程，我们确实有太多的故事想要向读者诉说。但在开始的开始，请让我们首先一同来看看这份来自六重奏女士的诅咒；并在最后的最后，一同见证这份诅咒是否能够成为现实。

1. 现实之弦

从火车站口走出时，北京的天空正落着灰蒙的细雨。雨点裹挟在初夏里来自西南潮湿微热的狂风，于明晃晃的城市间漫无目的地飘洒。街灯之下，打碎了的雨点如同静脉中缓慢渗出的血液，恣意流淌在累累伤痕间的城市那破碎后碘伏的肌肤。车流往来，车灯照耀下暗黑的车窗间依稀可见乘客的轮廓，让人想起防弹玻璃后那些没有面孔的大人物——他们在汽车平滑旋转的齿轮之上安然坐定，流动穿行于物理学家模型之中扭曲而沉默的时空。

和闺蜜一同看完影院重播的《情书》，我们打着雨伞，漫行在北京繁忙宽阔的街道，注意避开脚下深浅不一的水洼。一段时间以来挥之不去的紧张情绪依旧萦绕在脑海，小腹之下的酸胀令人疲乏无力，倒霉亲戚每月一次的拜访更是令人烦躁不安。因此，当那个埋伏于黑暗之中的水滩子在我放松警惕之时彻底弄湿了我的鞋袜，我恨不得立刻与我千里之外的男友分手，一刀斩断异地恋情给人带来的无尽空虚。

但是我知道，在黑暗中埋伏的，不只有污水和地砖构成的垃圾陷阱……哦是的，说得没错，还有更多，还有更多……而且我知道，或许就在今天——

“他来了。”

闺蜜把她的手机递给我，回避开我的视线。于是乎，我不得不再一次正视那个不折不扣的王八蛋给我整出的麻烦，尽管我在两年之前就已与他形同路人。黑夜中，电子产品红黄蓝的像素编织成细小的网格，正在稳定地发射出光线，细致地拨弄着光影。光线在眼球这一精密的光学仪器间反复折射，最后由视网膜上同样如像素般密布的视锥细胞与视杆细胞悄然承接——人们总是倾向于忽略自然与城市中那形形色色精巧到了极致的艺术品，被种种存在于现实或者脑海的势力支配裹挟。

我调低了屏幕的亮度，停下行路的脚步，与闺蜜撑着各自的伞，静默在了寂寥的夜。当我的目力适应了手机屏幕的光源，如下文字便清晰地呈现在了我的眼前：

六重奏女士的诅咒

如果您确实能够在本书的开头看到此篇小说，那请让我们首先一同感激编辑先生的宽宏大量。我们在此不无遗憾地向读者声名，就本章的内容本身而言，实则并无半点真实之处：六重奏女士不过是一个完全虚构出来的人物，甚至连其姓名的首写字母都无半分真实可言。下文之中的故事如和现实有任何雷同之处，应当纯属巧合。不过，我们依然可以拍着胸脯向读者保证，本书正文当中所有的信息都是真实并且正确的。……

我能够感到，众人的目光开始如同潮水般向我涌来，它们在海蚀崖黑色的深渊中盘旋聚集，在玫瑰园园丁的梦呓里高低起伏，在蒲公英翻动的触手间低徊婉转——雨水在伞尖连成了串儿落下，然后汇集到这座城市古老的下水系统，穿越每一个地质时期古老的岩层。

一朵熟识水性的洁白的杨花，从未名大学门前的水洼间悄然飞起，飘落在六重奏女士的肩头。

“混蛋。”

2. 回忆之弦

三年前，在他围绕太阳公转的第十九个年头，六重奏女士造访了他所生活的世界。

那时的他才刚刚踏进未名之地的土壤，便没有防备地撞入了六重奏女士温柔的圈套：他没有防备地与她慢慢靠近，没有防备地与她约饭自习，没有防备地与她并肩夜跑。两年前，也就是在他遇见六重奏女士的一年以后，我在西湖大学遇到了这位年轻的男孩儿，而在我们行将分别之际，他方才向我平静地诉说了他与六重奏女士从前的故事。现如今，当这个男孩儿重新来西湖大学找到我，邀我在他的编程书中写写我们从前的过往，我便欣然答应下来。

两年前，我在西湖大学工作第二年的暑假，我认识了这位方才在未名大学读完大一的男生。我研究过机械狗，也做过一段时间的强化学习，这与他在西湖大学实习期间的研究方向较为相近。作为西湖大学的研究员，我住在西湖大学旁边一间名叫“九间房”的单身公寓里，时常能够看到他静静地站在单身公寓走廊的另一头，晾晒洗净的衣物。不同的时候，他会身穿颜色各异的T 恤，但无论如何总是带着一顶黑色的帽子，帽檐下端是深黄的颜色，一如他帽子的前额处，绣着的那朵同样深黄的蕙兰。

在上班的路上，我们必经一个挂着“新正鸡排”字样的木屋小店。小店位于路口道边，门前有几条精致高挑金属靠背的木椅，店的侧边整齐地安置着花花草草，如果是老顾客，你还会知道在屋边的草丛里，藏着两只不满一个月的小猫。我时常与他各要一块鸡排或一个汉堡，一同在木屋遮阳棚的阴影下，看着守店的女孩熟练地摆弄着油锅与烧烤架。我们通常会用小店的食物与自己带出的牛奶，在上班路上简单解决早饭，随后钻入吹着空调的办公室，投入到一天繁忙的工作之中。

直到他离开西湖大学的前一个星期，男孩儿对我而言一直是一个相当神秘的存在。在我们除去科研以外不多的交谈中，我只知道他与一位名叫六重奏的女士有过一段不可告人的往事，而这段往事则令他深感困扰。据他所说，六重奏女士来自南赡部洲橺刹国中的沉浮岛，操着一口由亚热带季风吹来的冰糖味的口音；另外，六重奏女士有一个远在北俱芦洲求学的表哥，而家中尚有一个乳臭未干稚气未脱的堂妹。

在那个男孩实习结束将要离开之际，我们西湖大学恰好举办了一场“仲夏夜音乐会”。当时的天空下着大雨，大家大多躲在树下或者雨棚中，观看舞台上浑身湿透的演员的演出；那时的他依旧戴着他那一顶绣着蕙兰的帽子，在舞台一旁的大雨中随着音乐来回摇摆，眼角依稀带着泪痕。远处的红绿灯在朦胧的水雾中于红绿之间来回摇摆，仿佛在用粗犷的刻度，记录着模糊的时间。

后来，我从他口中得知了他与六重奏女士曾经有过的交集。他曾在私下里送给我一本名为《六重奏》的小说，让我为之泫然泪下。尽管他本人的坚持，我依然相信曾经的一些故事应该由他自己来叙述；而我只是真心地祝愿他能在未来漫长的人生路上越走越远，用他的一身才华，跳出更加美丽的舞步。

我依然记得临别之际，他曾经找到我，略带坚定地对我说道：“我将记住黑暗的形状，忍着痛，将它带向光明。”或许有一天，那些从不属于他个人的黑暗，终将回到它们原本的所属；或许有一天，那些涓滴意念，终将集腋成裘，聚沙成塔。

3. 遗忘之弦

我与六重奏女士有着一段不可告人的往事，在我们一段短暂的交集过后，遗忘的琴弦便在我身上悄无声息地施展开它恶魔般的咒语：在相当长的时间中，我的大脑犹如被高压锅煮过一般，耳畔带有金属质感的低鸣时常将我从夜里唤醒。支离破碎的梦境犹如水泥墙上顽固而斑驳的墙纸，又如同古代美索不达米亚记载着楔形文字的泥板，残破不全。

我早已经忘却了她与我人生轨迹的交叠，甚至不曾记得我与她时常在同一个教室的同一个角落一同出现。我们似乎从未在月下肩并着肩的漫步，似乎从未在二人独享的罅隙间亲切地交谈——我甚至忘记了我们念过同一所大学，依稀的印象之中，我们甚至学习着同一个专业。人是一种多么健忘的生物啊！我甚至无法记得那一个与我在同一个园子里呆了四年的她姓甚名谁！当我在提琴社与她相识之日起，似乎她就从未拥有过名字。当她从我的生命中离去，卑微的我只得默默停留在原地，在电脑输入法为我残留的线索之中寻寻觅觅。最后的最后，当我的电脑将“六重奏”这个词语呈现在我的面前，我便决定将她，连同着那一段她所给予我的残缺不全的回忆，用这个词语简单地称呼。

莎翁曾经有言，“什么是名字？玫瑰即使不叫玫瑰，依然芬芳如故”（What's in a name? That which we call a rose. By any other name would smell as sweet）。

据八角先生所言，回忆中那一潭美妙的湖水之下，细小的浮游生物和伤痕累累的短吻鳄，无时无刻不在幽蓝的光影之间来回穿行。我忘却了她曾经背弃的诺言，忘却了她月光之下与我温柔地细语，忘却了她那来自遥远沉浮岛上，如同糯米甜粥豆腐脑一般冰糖味的口音。亚热带的季风裹挟着咸豆浆的浑浑噩噩，在我空空荡荡的脑海之中，如同大陆板块般缓慢地漂移。

我忘却了尘封已久的往事，忘却了撕心裂肺的哭喊，忘却了地铁站头的暖风；忘却了漆黑的寂静里，那一同挨过的时光；忘却了寂静的小路尽头，那一阵突如其来的沉默；忘却了课堂的静默间，那一瞥意味深长的回眸。现在的我希望她在那里沉默，现在的她希望当时的她决然。这一切的一切，我统统忘却了。

我忘却了一切的一切，只记得临别之时她对我不留情面的要挟：“如若你我故事见诸人世，必有律师之函准时送达。”我记得这句话于我脑海之中回响，它在寂静无人处为我敲响警钟。我感谢她临别之时并不潇洒的背影，污染了那天夜里皎洁如镜的月光。正是那时凉爽的清风，让我如同喝下孟婆婆苏打水味泛着泡泡的饮料，把人世间一切狰狞的面目都变成了快乐的源泉。我对着短吻鳄哈哈大笑，对着月亮公公哈哈大笑，甚至连对着八角先生严肃的面孔之时都没了半点尊敬——无奈的八角先生，只能用他那两只生满老茧的大手涂抹眼泪，用两只微微颤抖的大手把握烟斗，用两只细皮嫩肉的大手穿针引线，再用两只畸形扭曲的大手奋笔疾书。

我害怕如同雪片一般飞来的律师的信函，我害怕蒲公英的绒毛送来的漫天的谩骂，我害怕那一个原本已经没有了名字的花园将我这一个可怜的远行者驱逐出境——但我最最害怕的是六重奏女士白莲一般纯洁的眼泪，尽管这个名字本身，甚至连其姓名的首写字母，都没有半点真实可言。

4. 童话之弦

在南赡部洲椈刹国中，在遥远的沉浮岛上，流传着许多有关玫瑰和风信子的传说。今天您要听到的这一个，来自毛毛居士的口述。在《蒲公英通讯指南》的开篇中，毛毛居士曾经这样写道：“鄙人原不过多足之毛虫，仅期以一生的丑陋爬行，换取身生双翼。怎奈空负良辰，疲于治学，忘却作茧，终究未能拥抱天空，实乃一生之憾。虽发愤图强，皓首穷经，但能有今日不足道之微小成就，实则全赖一路贵人相助。缘分聚散，亦是时运使然。”

早年间，毛毛居士在谈及风信学时，常带有一种颇为不屑的口吻。在毛毛居士眼中，所谓的风信学，不过是博物学中一个微不足道的分支——蒲公英的茸毛作为信息的载体，诚然具有一系列相当有趣的性质，但这些性质既未获得足够的重视，又未得到应有的研究。年轻时的毛毛居士热衷于计算天空中星星的轨迹，在他看来，宇宙中那一些闪烁的光点，实在比充满补丁的风信学有趣得太多。

这是在毛毛居士遇见那朵玫瑰之前的事了。毛毛居士平生最大的不幸，就在于遇到了那朵令他又爱又恨的玫瑰；据毛毛居士所说，在那朵玫瑰柔弱的茎秆上，生长着六根长长的尖刺。她通过吸取他人的鲜血，填充自己的孤独。毛毛一族的终身大事便是在年轻时取得一株植物的信任：“你要在她的叶片尚未长齐时接近，在她的蓓蕾含苞未放时作茧，再在某个阳光明媚的清晨，与她共同迎来生命的盛开。”毛毛居士从来相信这样的说法，尽管生长在这个时代的他们，早已习惯了等待与忍耐。

其实，那朵玫瑰与毛毛居士一样，拥有着对博物学的热爱，这份热爱曾如同磁石一般，深深地俘获着毛毛居士的痴心。当毛毛居士爬上玫瑰那长长的茎秆，他竟未曾注意到茎秆上一粒一粒枯黑的虫茧；在他的回忆里，只有玫瑰那尚未长齐的稚嫩的叶片，和那随风飘散的魅惑的芬芳。在最初将近一个月的时光里，玫瑰欣然接受了毛毛居士的到来，他们一同沐浴过清晨的朝露，一同欣赏那美丽的晚霞，一同计算出星星的轨迹；一同在深邃无人的夜里，凝望那拖着尾巴的流星无声地擦过静默的夜空，传来低沉的轰鸣。

在毛毛居士与玫瑰最初的交往中，它们互换了彼此的身世，分享了从前的故事，玫瑰几乎接受了毛毛居士所有饱含爱意的邀请。从她说话时略带腼腆的语气，共餐时细致入微的关怀，毛毛居士几乎同样确认了玫瑰对自己的感情；比起事后无数苍白的解释，毛毛居士更愿意相信他自己在那一个当下的感受，相信玫瑰那时暗送秋波的目光。

那天夜里，当毛毛居士为玫瑰计算出一颗流星的轨迹，在沉浮岛的海蚀崖边，拖着尾巴的流星再一次依照着既定的路线，划过了深黑的夜空。在略微有些冰凉的夜里，毛毛居士终于鼓起勇气，向玫瑰表露了自己的爱意。

“对不起，”玫瑰害羞地回答，“我已经有男朋友了。”

玫瑰的男友，是一株生长在远方的风信子。

彼时的他正沉浸在对玫瑰深深的思念之中。

长长的海蚀崖犹如守护着大海的城墙，从很远很远的地方延伸过来，又延伸到很远很远的地方回去，好像要把整一个大海包围起来。大海的浪花一次又一次拍打着墙根，不服气地侵蚀着这块巨大的岩石。礁石与海浪日日夜夜相互伤害，终将彼此打磨得圆润光滑。

毛毛居士开始收拾他远行的行囊。他知道，在这段无望的感情中，更多的坚持已经不再有意义。玫瑰对毛毛居士即将的离去表示不舍，她温柔地帮助毛毛居士收拾他远行的行囊，用柔弱的语气给予即将远去的毛毛居士祝福与鼓励。她依旧是那样的善解人意，依旧是那样的善良单纯。

毛毛居士远行的脚步，开始变得愈发犹豫起来。

仿佛是觉察到了毛毛居士的犹豫，精通音律的玫瑰邀请毛毛居士在来年的盛夏一同完成一曲二人的重奏。毛毛居士痛苦地发现，自己竟完全无法拒绝。

一只夜莺张开自由的双翼，在大海与天穹之间辽阔的领域来回飞翔，稀疏的群星在天空中发出冰冷的微光，纹丝不动地镶嵌在夜的幕布之上。那一刻，毛毛居士突然觉得包围着大海的峭壁就像一个巨大坩埚的边沿，而这只坩埚正在煎熬着一碗浓浓的夜色。

层层叠叠的海浪犹如坩埚中液体之上浮泛的泡沫，那一些镶嵌在盖上的星星，昭示着坩埚材质的与众不同。当坩埚顶端的云雾渐渐散开，正露出一轮圆圆的明月，仿佛锅盖上一个小小的孔洞。而坩埚之外的某某，似乎正透过这个孔洞，注视着这一碗长夜中星星点点的生灵。

5. 大地之弦

等闲变却故人心，却道故人心易变，毛毛居士终究没有等来他与玫瑰的重奏。带有农药的迷雾铺天盖地的降临在海蚀崖上的花园之中，降临在这颗星球的大地之上。半年后，当毛毛居士与玫瑰再见时，她与风信子的关系已然恢复如初。

“我的确喜欢过你，但是现在我已经对你没有感情。

“后来，我从你身上渴望得到的，已经渐渐的偏离了爱情。你当然可以继续爱我，我也可以继续平静地接受你爱我的事实——突然的变脸只会显得我反复无常——但我自然不能像之前那样回报你的爱意。只要你能够承受，我也没有必要赶你离开，因为我从你的爱意当中，能够得到一份孤独之中的陪伴。只要我让你爱上了我，你对我付出的一切我都没有必要偿还。因为一切的一切都是你的错，你不应该爱我，不应该缠着我不放，不应该这样的死皮赖脸。如果你想得清楚，你自然应该离开。所有的所有都是你自己想不清楚，如果你自愿让感情被我利用，那么对我而言，就算我在利用你的感情，也不能再叫做利用了。

“我还可以斥责你的情绪不稳，差点让我惹上巨大的麻烦，这让我有些讨厌甚至不齿；我可以在心情大好时和你分享一些我的喜悦，这样就可以让你感受到温暖，体现出我的善良，并且让这样的一种温暖成为稀缺的资源，让你对这一段关系变得更加难以割舍。我无法偿还你的爱意；但正好你也没有希望我来偿还——其实这样刚好，一个愿打，一个愿挨，你把我称作朋友，我把你当作朋友，两厢情愿。我保持了我的清白高冷，你证明着你的胡搅蛮缠。我最最无法原谅的是你控制不好你的感情，总是拿着一些莫名其妙的东西指责我。因此除非你能够控制好你的感情，我们的关系才有可能继续，不然的话，你会让我显得很没面子，我也就不能再对你继续这样客气下去。要说，只能说你咎由自取。”

毛毛居士有些麻木地听完了玫瑰的这一番话，只觉得眼前的这朵美丽的花儿是那样的坚守原则，是非分明：他从没有觉得自己是那样的渺小而卑微。迷雾降临后，毛毛居士与玫瑰一共见过两面，第一次见面时他们还相互交换了礼物，但在第二次见面时，玫瑰坚称毛毛居士的突然出现让她“感到恐惧”。毛毛居士悲伤得想要用丝线将自己包裹起来投进海里，玫瑰从别处得知后，坚称这是毛毛居士对她“一直以来的威胁”。

后来，毛毛居士曾这样对我说道：“也许我应该感激那时她的所作所为，它们让我意识到，或许生命当中还有更多更加重要的事情值得一个人去托付一生——我所热爱的事业，我所坚定的道路，我所追求的理想，我所执着的初心——只有当这一些崇高而有意义的事情排着队出现在我的生命当中，我才能如此深刻地感受到，一个人不能被暂时的挫折打倒。当所有感情的沉没成本变得无法偿还，或许这只是上帝对你发出的一份温柔而并无恶意的询问：‘如果你无法接受这一条道路的艰难，你是否应该去干点别的？’坚持或者放弃本没有对错，重要的是能够无怨无悔，问心无愧。”

如果你拥有一只完整的左手，那么和许许多多失去了左手的人相比，你就是一个幸运的人。现在，请你将左手的五指并拢，直立在身前，并将掌心向右，指尖朝上，与你的胸部同高。此时此刻，你左掌上的每一根手指，就代表着一个陪伴着你的小人。这一些小人在你的身前排着队，静静地注视着你。

如果你还能够拥有一只完整的右手，你更应该感到幸运。请你将右手握拳，拳心朝左，然后伸出食指，指向左掌的掌心。右手表意，此时此刻，那一根食指代表着你自己本人。

如果你将左掌放在身前的左侧，然后将右手的手指渐渐地向右侧移开——在手语中，这叫作“离去”。

如果你将左掌放在身前的右侧，保持着右手不动，将左掌向左侧移开——在手语中，这叫作“孤独”。

有一些孤独，是因为一个人的离去；有一些离去，是因为两个人的孤独。

6．希望之弦

北方的夏日闷热而略带潮湿，远不及南方的盛夏那般勇猛而无遮拦。连接着难以觉察的春与秋，断断续续拼接起未名之地款款莲叶间深情的涟漪，荡漾在空无一人的街道。油光发亮的街灯染黄城市的一角又一角，空白的夜色徘徊在电子游戏明亮如画般流转的页面之间，麻醉着拯救那一些被世界抛弃的时光，遮掩起生命与生活的恐怖。

于是他开始在熟悉而繁华的城市之间回望，回望那一些从未见过高楼间阑珊灯火的黑色眼眸，回望那一些栉比的大厦背对着阳光种种高傲而空荡的背影，回望那一些的为着这座城市奉献了青春的劳动者，优秀或者平凡。他开始明白，所谓的城市，不过是巨大地球表面间星罗棋布的农场，日复一日，收割着人类的时光。

尽管生活的大学为它的每一个学生布置着近乎无解的考题，但他依然相信，不幸的故事都是一样的，幸福的故事各有各的幸福。无论生活的考卷是何等的困难，坚强与乐观将永远都是问题的答案。

其实在这场困难的考试中，我们每个人或许都早已偷看过试卷的标准答案。或许我们应该相信，人类的头脑实则蕴藏着无限可能的空间，其中存在着无数条连续而又可微的路径，让我们将无望的现实与乐观的笑脸，相互连接起来。

这才是《可微分编程》希望讲述的故事，而这本书，或许同样将成为某个问题的答案。尽管我不得不在这里再次强调，六重奏女士完全是一个虚构出来的人物，和她有关的一切故事，都没有半点真实可言。

初稿写成于 2021 年 5 月 28 日

01 第 1 章 程序视角下的微分运算

微积分概念的提出极大推动了自然科学的发展，从牛顿和莱布尼兹明确提出求导概念以来，相关的理论便开始在各个领域发挥着积极的作用，微分这一概念本身也得以更进一步的丰富与完善。而直到 19 世纪以后，极限的概念才终于在数学上被明确地定义，微积分的概念亦随之趋于严谨。于此同时，伴随着微分几何等代数和拓扑理论的不断发展，微分运算中一些常见的符号（如d、∇、∂等）开始拥有更加抽象的定义和更加丰富的内涵，从而开始在更多的领域产生积极的作用。

而在计算机领域，直到 1946 年，第一台通用计算机埃尼亚克（ENIAC，electronic numerical integrator and computer）才被设计和建造出来；在其之后，计算机领域迎来了井喷式的发展。从运算的视角来看，基于机器语言和汇编语言，我们可以轻易地利用计算机电路本身的设计，快速而高效地实现四则运算；而在 1954 年第一个完全意义上的高级编程语言 Fortran 问世之后，基于巧妙的数学推导及程序设计，令计算机进行乘方开方、指数对数、三角函数等常用函数的计算，亦不再成为难事。基于不断复杂的程序设计和不断进步的算法研究，计算机终于开始在人类的社会中扮演起愈发重要的角色，并最终引导了第三次科技革命，带来了人类社会的深刻变革。

微分运算的程序实现，是自然科学的持续发展对程序设计所提出的必然要求。在自动微分（automatic differentiation）的框架以外，微分运算的实现主要有手动求导（manual differentiation）、数值微分（numeric differentiation）及符号微分（symbolic differentiation）三种。出于知识的完整性，本章将首先简单回顾求导的概念，随后对手动求导、数值微分和符号微分分别进行介绍，并且提供相应代码的示例及分析。

1.1 函数与求导

在本节中，我们将首先简单回顾求导的基本概念，这是可微分编程的数学基础，也是理解本书内容的先决条件。本节中出现的一些符号，例如函数集$\mathcal{F}_n^m$、雅可比矩阵$J_f(\boldsymbol{x})$、黑塞矩阵$\boldsymbol{H}_f(\boldsymbol{x})$等，将会在后续的章节中被反复使用。另外，我们用符号“$:=$”代表定义，用符号“$\to$”代表集合之间的映射，用符号“$\mapsto$”代表集合元素之间的映射，并将所有代表矢量的符号加粗：这些符号的约定在本书中都将是一致的。

1.1.1 求导的基本概念

计算机通过 0 和 1 的组合表示数字，通过机器指令的组合构造函数，如果我们用$\mathbb{R}$代表所有计算机能够表示的数字的集合（可以认为是实数集[1]），那么一个从$\mathbb{R}^n$到$\mathbb{R}^m$的映射$\boldsymbol{f}$便构成了一个狭义上的函数：

$$\begin{aligned} \boldsymbol{f}:\ & \mathbb{R}^n \to \mathbb{R}^m \\ & \boldsymbol{x} \mapsto \boldsymbol{f}(\boldsymbol{x}) \end{aligned} \tag{1.1}$$

在式(1.1)中，$\boldsymbol{x} := (x_1, x_2, \dots, x_n)$，$\boldsymbol{f}(\boldsymbol{x}) := \big(f_1(\boldsymbol{x}), f_2(\boldsymbol{x}), \dots, f_m(\boldsymbol{x})\big)$。我们将所有这样从$\mathbb{R}^n$到$\mathbb{R}^m$的映射所构成的集合记作$\mathcal{F}_n^m$：

$$\mathcal{F}_n^m \coloneqq \{\boldsymbol{f} \mid \forall \boldsymbol{f}: \mathbb{R}^n \to \mathbb{R}^m\} \tag{1.2}$$

注

之所以采用$\mathcal{F}_n^m$这样的符号，是因为物理学中有所谓的**爱因斯坦求和约定**（Einstein summation convention），即在等式同侧出现的相同指标代表求和，而在等式异侧出现的指标不作求和。另外，同一个等式中每一个指标不能单独出现，这是物理公式指标平衡的要求。例如我们可以用$b_m = A_m^n x_n$来表示$\vec{\boldsymbol{b}} = \boldsymbol{A}\vec{\boldsymbol{x}}$，其中$\vec{\boldsymbol{b}}$和$\vec{\boldsymbol{x}}$为矢量，而$A$为矩阵。因此这里我们采用$\mathcal{F}_n^m$这样的记号，可以在形式上保持指标的平衡（即"$\mathbb{R}^m = \mathcal{F}_n^m \mathbb{R}^n$"）。我们将在3.3节对爱因斯坦求和进行单独的介绍。

如果两个函数$\boldsymbol{f}_1$和$\boldsymbol{f}_2$同属于$\mathcal{F}_n^m$，则称这两个函数的**类型相同**。当$m = n = 1$时，我们也将$\mathcal{F}_1^1$简记作$\mathcal{F}$。所谓的导数，是一个从集合$\mathcal{F}$到自身的映射：

$$\begin{aligned} \frac{\mathrm{d}}{\mathrm{d}x}:\ & \mathcal{F} \to \mathcal{F} \\ & f \mapsto \frac{\mathrm{d}f}{\mathrm{d}x} \end{aligned} \tag{1.3}$$

从严格意义上来说，f代表一个函数，而$f(x)$则代表一个数字。习惯上我们也将导函数记为f'，其具体的定义依赖于极限：

$$f'(x) \coloneqq \frac{\mathrm{d}f}{\mathrm{d}x}(x) \coloneqq \lim_{\Delta x \to 0} \frac{f(x + \Delta x) - f(x)}{\Delta x} \tag{1.4}$$

如果该极限存在，则认为函数f在x点处可导。有时，我们也将一个从函数到函数的映射称为

[1] 就理论上而言，我们总可以增加存储的空间来提高所表示数字的精度。在所需的精度范围内，该论断一般而言总是可以成立的。

一个操作（operator）[1]。

从几何上来说，$f'(x)$给出了函数f在x点处的斜率，描述了函数在该处分段增长的趋势，如图1.1所示。更普遍地，当$n \neq 1$时（即若函数不只有一个输入），我们可以用同样的方法定义偏导数：

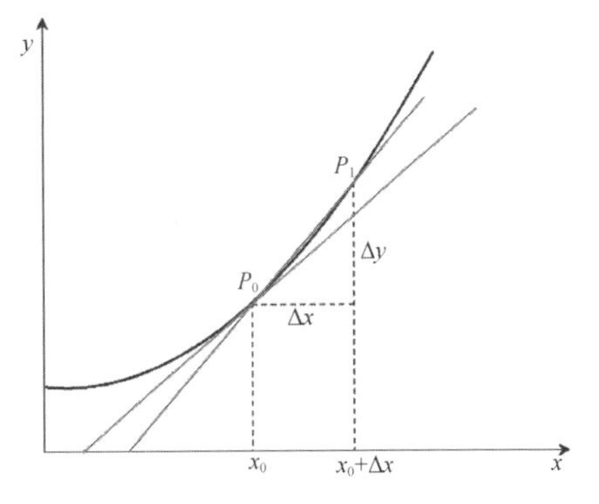

图 1.1 函数导数计算的示意图，式(1.4)的几何解释

$$\frac{\partial}{\partial x_i}:\ \mathcal{F}_n^m \to \mathcal{F}_n^m$$

$$\boldsymbol{f}(x_1, x_2, \ldots, x_n) \mapsto \frac{\partial \boldsymbol{f}}{\partial x_i}(x_1, x_2, \ldots, x_n) \quad ,$$

$$i = 1, 2, \ldots, n \tag{1.5}$$

有时我们也将偏导数简记作∂_{x_i}或者∂_i。应该指出的是，式(1.5)中的$\frac{\partial \boldsymbol{f}}{\partial x_i}$应该被理解为$\left(\frac{\partial f_1}{\partial x_i}, \frac{\partial f_2}{\partial x_i}, \cdots, \frac{\partial f_m}{\partial x_i}\right)$，对于其中的每一项，我们定义：

$$\partial_{x_i} f_j(x_1, \ldots, x_n) = \frac{\partial f_j}{\partial x_i}(x_1, \ldots, x_n)$$

$$\coloneqq \lim_{\Delta x_i \to 0} \frac{f_j(x_1, \ldots, x_i + \Delta x_i, \ldots, x_n) - f_j(x_1, \ldots, x_n)}{\Delta x_i} \quad , \qquad \forall j = 1, 2, \ldots, m \tag{1.6}$$

如果对于任意的$j = 1, 2, \ldots, m$，上述的极限都存在，则称函数$\boldsymbol{f}$在$\boldsymbol{x}$点处对x_i可导。一般意义上的偏导数对$m = 1$定义，这样的推广是为了方便后续的讨论。

应该指出的是，如果我们将求导（包括偏导数）这样的操作视为一个由程序所定义的操作$grad$，那么$grad$操作的输入和输出都将是相同类型的函数，这点在本书后续的章节中将会被反复提到。换言之，一个求导操作应该被视作一个从函数的集合$\mathcal{F}_n^m$到其自身的映射；容易看出，这样的映射是确定并且唯一的。求导作为一种操作的唯一性，是对其进行程序实现的数学前提。

1.1.2 梯度操作（Gradient Operator）

在介绍求导的具体实现方式以前，我们先简单回顾一些求导操作的常见变式。如同上文所指出的那样，一个求导的操作应该被视作一个从函数的集合$\mathcal{F}_n^m$到其自身的映射。而实际之中，对于不同的m和n的取值，常常会遇到的是**多个求导操作的复合/并行**，因此我们不妨在这样的视角下来重新审视以下内容。

梯度操作∇是一个从函数集$\mathcal{F}_n^1$到$\mathcal{F}_n^n$的映射。今后如果不加特殊声明，我们认为$\mathcal{F}_n^m$中的函数

[1] 这里的**操作**在物理学中也被称作一个**算符**，这和后文的计算机科学中的**运算符**（operator）是有区别的。例如对于表达式$add(1,2)$，人们从运算的视角出发将这里的add称为运算符，而将运算符所依赖的输入称为**操作数**（operand）——这里的运算符相当于数学中的一个函数，而非从函数到函数的映射。

都是（任意阶）可导的：

$$\begin{aligned}\boldsymbol{\nabla}\colon\ & \mathcal{F}_n^1 \to \mathcal{F}_n^n \\ & f \mapsto \boldsymbol{\nabla} f := \left(\frac{\partial f}{\partial x_1}, \frac{\partial f}{\partial x_2}, \dots, \frac{\partial f}{\partial x_n}\right)\end{aligned} \tag{1.7}$$

从几何的角度来看，$f\colon \mathbb{R}^n \to \mathbb{R}$ 给出了一个n维空间之中的**标量场**，它将$\mathbb{R}^n$空间之中的点对应到一个实数；而$\boldsymbol{\nabla} f$则对应着一个n维空间之中的**矢量场**，它将$\mathbb{R}^n$空间之中的一个点对应到一个n维的矢量；映射的结果$\boldsymbol{\nabla} f(\boldsymbol{x}) \in \mathbb{R}^n$，给出了$n$维空间中标量场$f$在点$\boldsymbol{x} = (x_1, x_2, \dots, x_n)$上增长最快方向。有时，我们也会认为梯度操作$\boldsymbol{\nabla}$：$\mathcal{F}_n^1 \to \mathcal{F}_n^n$本身是$n$维的，也就是说：

$$\boldsymbol{\nabla} = (\nabla_1, \nabla_2, \dots, \nabla_n) \tag{1.8}$$

而从程序实现的角度来看，它等价于对多元函数同时进行了n次偏导数的操作。这里偏导数的对象仅限于函数集$\mathcal{F}_n^1$，也就是所有n维（可微）标量场组成的集合。

1.1.3 雅可比矩阵（Jacobian Matrix）

如果说，**梯度操作$\boldsymbol{\nabla}$**可以被认为是在函数集$\mathcal{F}_n^1$上同时进行n次偏导数的操作，那么我们可以将**广义的梯度操作$\boldsymbol{\partial}$**，定义为在函数集$\mathcal{F}_n^m$上同时进行n次偏导数的操作。因此，梯度操作$\boldsymbol{\nabla}$也可以认为是$\boldsymbol{\partial}$的一种[1]（从而完全可以将所有的$\boldsymbol{\nabla}$换成$\boldsymbol{\partial}$）。所谓的雅可比矩阵$J_{\boldsymbol{f}}(\boldsymbol{x})$，是操作$\boldsymbol{\partial}$作用于$\boldsymbol{f}$后得到的结果。

$$\begin{aligned}\boldsymbol{\partial}\colon\ & \mathcal{F}_n^m \to \mathcal{F}_n^{m\times n} \\ & \boldsymbol{f} \mapsto \boldsymbol{\partial f} := \left(\partial_{x_1}\boldsymbol{f}, \partial_{x_2}\boldsymbol{f}, \dots, \partial_{x_n}\boldsymbol{f}\right)\end{aligned} \tag{1.9}$$

我们可以认为，在表达式$\boldsymbol{\partial f}(\boldsymbol{x})$之中，符号$\boldsymbol{\partial}$、$\boldsymbol{f}$ 和$\boldsymbol{x}$ 分别是维度为n、m和n的矢量，也就是说：

$$\boldsymbol{\partial} = (\partial_1, \partial_2, \dots, \partial_n) \tag{1.9a}$$

$$\boldsymbol{f} = (f_1, f_2, \dots, f_m) \tag{1.9b}$$

$$\boldsymbol{x} = (x_1, x_2, \dots, x_n) \tag{1.9c}$$

上面的∂_i也就是∂_{x_i}。明确起见，我们将$\mathcal{F}_n^{m\times n}$之中$\boldsymbol{\partial f}$的$m \times n$的元素重新排列成$m$行$n$列的矩阵，从而得到雅可比矩阵$J_{\boldsymbol{f}}(x_1, \dots, x_n)$：

$$J_{\boldsymbol{f}} := \begin{bmatrix} \dfrac{\partial f_1}{\partial x_1} & \dfrac{\partial f_1}{\partial x_2} & \cdots & \dfrac{\partial f_1}{\partial x_n} \\ \dfrac{\partial f_2}{\partial x_1} & \dfrac{\partial f_2}{\partial x_2} & \cdots & \dfrac{\partial f_2}{\partial x_n} \\ \vdots & \vdots & \ddots & \vdots \\ \dfrac{\partial f_m}{\partial x_1} & \dfrac{\partial f_m}{\partial x_2} & \cdots & \dfrac{\partial f_m}{\partial x_n} \end{bmatrix} \tag{1.10}$$

---

[1] 读者甚至可以由此联想黎曼几何的一些内容：在黎曼几何之中，我们可以用$\boldsymbol{\partial}$代表流形上的导数算符，而$\boldsymbol{\nabla}$是一种特殊的（保度规）的导数，称为协变导数。

矩阵$J_{\boldsymbol{f}}(\boldsymbol{x})$的元素由下式给出：

$$J_{\boldsymbol{f}}(\boldsymbol{x})[i,j] = \partial_j f_i(\boldsymbol{x}) = \frac{\partial f_i}{\partial x_j}(\boldsymbol{x}) \tag{1.11}$$

$$\forall\, i = 1,2,\dots,m\,;\ \ \forall j = 1,2,\dots,n$$

符号“$[i,j]$”代表取出矩阵中第i行第j列的元素，与编程的习惯相同。

如果我们单看矩阵的某一列（例如第j列），可以发现这无非对应着一次对$\boldsymbol{f}$的偏导数操作（$\partial_j \boldsymbol{f}$）；而矩阵形式记法，使得诸如链式求导法则这样的过程，可以被简单地写成矩阵的相乘（我们将在第 2 章对这一点进行更加深入的讨论）。

1.1.4 黑塞矩阵（Hessian Matrix）

黑塞矩阵$\boldsymbol{H}$可以由梯度操作$\boldsymbol{\nabla}$和广义梯度操作$\boldsymbol{\partial}$的复合得到，具体来说：

$$\begin{aligned} \boldsymbol{\partial} \circ \boldsymbol{\nabla}:\ & \mathcal{F}_n^1 \to \mathcal{F}_n^n \to \mathcal{F}_n^{n\times n} \\ & f \mapsto \boldsymbol{\nabla} f \mapsto J_{\boldsymbol{\nabla} f} \coloneqq \boldsymbol{H}_f \end{aligned} \tag{1.12}$$

如果我们将上式带入雅可比矩阵的定义式，就可以得到：

$$J_{\boldsymbol{\nabla} f} = \begin{bmatrix} \frac{\partial}{\partial x_1}\nabla_1 f & \frac{\partial}{\partial x_2}\nabla_1 f & \cdots & \frac{\partial}{\partial x_n}\nabla_1 f \\ \frac{\partial}{\partial x_1}\nabla_2 f & \frac{\partial}{\partial x_2}\nabla_2 f & \cdots & \frac{\partial}{\partial x_n}\nabla_2 f \\ \vdots & \vdots & \ddots & \vdots \\ \frac{\partial}{\partial x_1}\nabla_m f & \frac{\partial}{\partial x_2}\nabla_m f & \cdots & \frac{\partial}{\partial x_n}\nabla_m f \end{bmatrix} = \begin{bmatrix} \frac{\partial^2 f}{\partial x_1^2} & \frac{\partial^2 f}{\partial x_2 \partial x_1} & \cdots & \frac{\partial^2 f}{\partial x_n \partial x_1} \\ \frac{\partial^2 f}{\partial x_1 \partial x_2} & \frac{\partial^2 f}{\partial x_2^2} & \cdots & \frac{\partial^2 f}{\partial x_n \partial x_2} \\ \vdots & \vdots & \ddots & \vdots \\ \frac{\partial^2 f}{\partial x_1 \partial x_n} & \frac{\partial^2 f}{\partial x_2 \partial x_n} & \cdots & \frac{\partial^2 f}{\partial x_n^2} \end{bmatrix} \coloneqq \boldsymbol{H}_f$$

矩阵$\boldsymbol{H}_f(\boldsymbol{x})$的元素由下式给出：

$$\boldsymbol{H}_f(\boldsymbol{x})[i,j] = \partial_i \partial_j f(\boldsymbol{x}) = \frac{\partial^2 f}{\partial x_i \partial x_j}(\boldsymbol{x}) \tag{1.13}$$

$$\forall\, i,j = 1,2,\dots,n$$

容易看出，这是一个实对称矩阵。数学物理中十分常见的拉普拉斯算符 $\boldsymbol{\nabla}^2$ 可以由黑塞矩阵的迹给出：

$$\begin{aligned} \boldsymbol{\nabla}^2:\ & \mathcal{F}_n^1 \to \mathcal{F}_n^1 \\ & f \mapsto \boldsymbol{\nabla}^2 f \coloneqq tr\boldsymbol{H}_{\boldsymbol{f}} \end{aligned} \tag{1.14}$$

如果将式(1.14)展开，可以得到：

$$\boldsymbol{\nabla}^2 \coloneqq tr\boldsymbol{H} = \frac{\partial^2}{\partial x_1^2} + \frac{\partial^2}{\partial x_2^2} + \cdots + \frac{\partial^2}{\partial x_n^2}$$

在对函数和求导运算有了一些基本的了解后，我们将在本章剩余的篇幅中着重介绍在自动微分框架提出之前，微分运算其他的三种实现方式。

1.2 手动求导

手动求导（manual differentiation），顾名思义，就是显式地写出目标函数的导函数。例如，我们来看基于Python语言实现的代码示例 1.1。

代码示例 1.1 手动求导

```
from math import sin, cos

def f(x):
  return sin(x)

def grad_f(x):
  return cos(x)
```

这样的求导实现方式，从理论上来说不会引入额外的计算误差，同时程序的运行速度可以得到充分的保证。不过这种求导实现方式的缺点也是显而易见的：它过度依赖于人工手动的推导，当函数形式较为复杂时，在公式的推导以及程序的写入过程中很容易产生各种各样的错误，写好的代码很难进行扩展和复用，修改极为不便。

从历史的角度来看，在一些特殊的库（例如Python的Torch、TensorFlow库等）出现之前，通过手动求导实现微分运算是一种常态。截至本书出版之时，在诸如计算化学等领域中，相当一部分极为复杂的程序，其求导的实现过程依然全部依赖于手动的推导。可以说，在程序发展的历史进程中，手动求导的程序实现扮演着相当重要的角色。

1.3 数值微分（Numeric Differentiation）

相较于手动求导，数值微分的程序实现显得极为简洁。在本节中，我们将首先介绍数值微分的理论基础，再以此为例对计算问题中的两种误差来源做一个简单的回顾；随后，我们将基于数值微分实现一个自己的 `grad` 函数，它能够递归地实现任意阶导数的计算。在本节的最后，我们将对数值微分的时间复杂度进行简单的分析。

1.3.1 数值微分的理论基础

数值微分是继手动求导之后又一种微分的程序实现方式，它从求导操作的定义出发，其基本思想可以说相当直观。注意，对于$\forall \boldsymbol{f} \in \mathcal{F}_n^m: \mathbb{R}^n \to \mathbb{R}^m$，我们可以以一种更加简洁的形式写出（偏）导函数的定义：

$$\frac{\partial f_i}{\partial x_j}(\vec{x}) = \lim_{h\to 0}\frac{f_i(\vec{x}+h\vec{e}_j) - f_i(\vec{x})}{h}, \qquad \forall i = 1,2,\dots,m \tag{1.6'}$$

其中$\vec{e}_j$为$\mathbb{R}^m$维空间中第j个方向的单位向量，例如$\vec{e}_1 = (1,0,0,\dots)$、$\vec{e}_2 = (0,1,0,\dots)$等。那么，如果我们定义一个以$\vec{x}$和参数$h$为自变量的函数$F_{ij} \in \mathcal{F}_{n+1}^1$：

$$F_{ij}(\vec{x},h) \coloneqq \frac{f_i(\vec{x}+h\vec{e}_j) - f_i(\vec{x})}{h} \tag{1.15}$$

它自然应该满足：

$$\lim_{h\to 0} F_{ij}(\vec{x},h) = \partial_j f_i(\vec{x}) \tag{1.16}$$

回顾柯西对于函数极限的表述，对于$\forall g \in \mathcal{F}$，称$g_0$为函数$g$在$y_0$处的极限，当且仅当对于任意的$\epsilon > 0$，存在$\delta > 0$，使得在$|y - y_0| < \delta$时，有$|g(y) - g_0| < \epsilon$这样的关系成立，记作

$$\lim_{y\to y_0} g(y) = g_0 \tag{1.17}$$

我们令函数极限表达式中的$g(h) = F_{ij}(\vec{x},h)$，则根据函数可导的要求，自然有$g_0 = \partial_j f_i(\vec{x})$。也就是说，理论上我们总可以通过选取任意小的$h > 0$，使得对于$\forall \epsilon > 0$，有$\left|F_{ij}(\vec{x},h) - \partial_j f_i(\vec{x})\right| < \epsilon$。这似乎意味着，我们总是可以通过选取足够小的$h$（例如$10^{-5}$），使得关系式$F_{ij}(\vec{x},h) \approx \partial_j f_i(\vec{x})$在任意精度内成立。有时，我们也将这里的$h$称为**步长**（step size）。

但实际而言，由计算机本身的运算带来的误差，将在两个相近大数相减时变得不可忽略，因此表达式$F_{ij}(\vec{x},h) \approx \partial_j f_i(\vec{x})$实际上无法在任意的精度之内成立。为了使读者进一步了解数值微分方法之中的误差问题，我们将通过一个简单的例子，使读者获得更为直观的认识。

注

这里的h相当于$\epsilon-\delta$表述之中的$|y-y_0|$。由于$|y-y_0| < \delta$，δ实际给出了h所能够取到的上界。如果读者了解极限有关的理论，就会知道δ从理论上来说可以是ϵ和$\vec{x}$的函数，即$\delta = \delta(\epsilon, \vec{x})$。上述极限如果对于$F_{ij}(\vec{x},h)$定义域内的任意$\vec{x}$成立，则称函数$F_{ij}(\vec{x},h)$在$h\to 0$的极限下**收敛**到$\partial_j f_i(\vec{x})$；不过，如果这里$\delta$的选取可以不依赖于$\vec{x}$而仅为$\epsilon$的函数，则称函数$F_{ij}(\vec{x},h)$在$h\to 0$的极限下**一致收敛**到$\partial_j f_i(\vec{x})$。一致收敛对函数的收敛性提出了更高的要求，但由于一般而言，我们不会为不同的$\vec{x}$选取不同的h值以达到精度的要求，$F_{ij}(\vec{x},h)$的一致收敛性又成为数值微分方法在误差范围内可行的必要条件。对于一般的函数而言，该条件总能得到满足，但出于严谨，我们仍然需要在这里为读者指出。

1.3.2　数值微分的误差来源

数值微分的程序实现为我们提供了一个绝佳的实际场景，可向我们展示在使用计算机解决具体问题时两个误差的来源。

舍入误差（round-off error）是由计算机运算本身所造成的误差。一如前文所指出的那样，“计算机通过 0 和 1 的组合表示数字，通过机器指令的组合构造函数”，这势必意味着，无论是在计算机上**表示数字**，还是**构造函数**，都可能有人为误差的引入。从本质上来说，我们在经典计算机中能够进行的所有存储及运算的操作，仅仅只是对数字和函数这些抽象数学概念的一种物理表述，而这种表述由于其本身的离散性，注定无法做到“完全的精确”[1]。

如果我们用$\underline{a}$代表计算机对实数a的表示，采用符号“$\oplus$”代表计算机对加法“+”的实现，则一般来说，我们会有：

$$\underline{a} \neq a \tag{1.18a}$$

$$\underline{a} \oplus \underline{b} \neq \underline{a} + \underline{b} \tag{1.18b}$$

在一些情况之下，即使一些数值恰好能被计算机“精确”地表示，这样的表示其实依然不是“完全的”。例如，在一般情况下[2]，计算机中的 64 位浮点数（double）会以$(-)^S \times 2^{E-1023} \times 1.F$这样的形式加认表示，其中的$S$称为符号位（sign bit，占1位），用于控制浮点数的正负；E称为指数部分（exponent，占 11 位），用于控制所表示浮点数的数量级；F称为尾数（mantissa，占 52 位），用于控制浮点数的精度。对于两个浮点数的加法运算，需要首先对较小浮点数的尾数进行右移操作，同时增大浮点数的指数，直到二者的指数相等。在右移的过程之中，我们将会失去较小浮点数最末几位尾数的信息，从而失去运算的精度。在大数相消、上溢或下溢等其他情况下，该问题同样存在。在数值微分的语境下，当h较小时，大数相消所带来的精度损失将成为主要矛盾，所带来的

[1] 做一个类比，如果数字和函数这些抽象的概念是通信领域的**模拟电路**（analog electronics），那么计算机对这些抽象概念的具体实现则更多体现了**数字电路**（digital electronics）的构造思路。例如，我们用一定的采样频率对原本在空间上连续的声音和图像进行编码，得到一系列离散的数据。尽管这种编码方式损失了一部分信息，但能够让我们更加方便地对信息进行处理。同样的道理，尽管计算机无法做到对一些数学概念的完美复现，但在绝大多数情况下，现有的物理实现在无数实际的应用中确实被证明行之有效。

[2] 对于特殊的情况，我们可以参考表 1.1。

表 1.1　IEEE 标准 754 − 1985

	S	E	F	表达式的值
64 位浮点数（double）	任意	1~2046	任意	$(-)^S \times 2^{E-1023} \times 1.F$
	任意	0	非零	$(-)^S \times 2^{-1022} \times 0.F$
	0	0	0	+0.0
	1	0	0	−0.0
	0	2047	0	+∞
	1	2047	0	−∞
	任意	2047	非零	NaN

误差将随着h的减小而不断增大。换言之，在一定范围内，舍入误差随着步长h的增大而减小。

另外，我们可以将**机器精度**（machine accuracy）ϵ_M定义为使得表达式$\underline{1.0} \oplus \epsilon = \underline{1.0}$成立的最小浮点数。换言之：

$$\epsilon_M = sup\{\epsilon \mid \underline{1.0} \oplus \epsilon = \underline{1.0}\} \tag{1.19}$$

在这样的定义之下，我们对 64 位浮点数（double）的机器误差进行测试，得到$\epsilon_{M,64} \approx 2.22 \times 10^{-16}$；对比 32 位浮点数（float）时，$\epsilon_{M,32} \approx 1.19 \times 10^{-7}$。当然，这些内容并非本书所需讨论的重点，所以这里只是一带而过。

截断误差（truncation error）是计算之中另一类常见的误差来源。如果说舍入误差是由计算机本身硬件的特性所导致，那么截断误差则来自于程序或者算法本身。由于计算机无法处理连续或者趋于无穷（无穷大/无穷小）的变量，我们常常需要设计算法来将连续的变量离散化。例如，在处理数值积分问题时，我们只能对有限多个点进行加权求和，以逼近积分实际的数值。在以有限的积分网格估计无穷且连续的求和时，由于网格选取不够密集或者积分半径不够大所导致的误差，就属于截断误差的范畴。这样的误差完全由算法本身的设计所导致，与计算机硬件运算的精度无关。

数值微分问题与数值积分的情况相似，因为我们使用了含有步长h这一参数的函数$F_{ij}(\vec{x},h)$来对$\partial_j f_i(\vec{x})$的数值进行估计，而二者仅在$h \to 0$时才能严格相等，因此当步长h取作非0的有限值时，就有截断误差的存在。一般来说，这里的截断误差将随着步长h的增大而增大。通常而言，有时我们也会改用等价的表达式[1]来减小截断误差：

$$\frac{\partial f_i}{\partial x_j}(\vec{x}) = \frac{f_i(\vec{x} + h\vec{e}_j) - f_i(\vec{x} - h\vec{e}_j)}{2h} + o(h^2) \tag{1.20}$$

在f的输入维度$n = 1$时，式(1.4)和式(1.20)相比同样都只需要进行两次f的运算。但在输入维度$n > 1$时，后者将意味着更大的运算量，因此这里存在着性能与精度之间的权衡。[2]

让我们来考虑一个具体的例子。例如，我们希望采用数值微分的方法，计算函数$f(x) = \sin(x)$在$x_0 = 0.1$处的导数。由于我们已经知道函数f的导函数f'为 cos，所以我们将着重关注程序计算之中的误差问题。为此，定义x_0点的误差函数err_{x_0}为：

$$err_{x_0}(h) \coloneqq \left| \frac{f(x_0 + h) - f(x_0)}{h} - f'(x_0) \right| \tag{1.21}$$

代码示例1.2将分别对h为10^{-17}~10^{-1}时的误差进行计算，并且对结果的横坐标（步长h）和纵坐标（误差err_{x_0}）分别取对数后进行可视化的输出（注意，Python 中内置浮点数float的机器误差$\epsilon_{M,64} \approx 2.22 \times 10^{-16}$）。

---

[1] 在这里，函数可导已经暗含左极限等于右极限的条件，因此在$h \to 0$时，数学上二者确实完全等价。

[2] 在英文文献中，式(1.4)常被称为 forward difference，式(1.20)则被称为 center difference。

代码示例 1.2 数值微分的误差估计

```
# 库的引入
import math
import numpy as np
import matplotlib.pyplot as plt
from typing import Callable

# 函数的定义
def f(x):
    return x ** 0.5

def err(h, x0, fun: Callable, fun_prime: Callable):
    # h 为步长；x0 为计算导数的点；fcn 为待求导的函数；fcn_prime 为函数的导函数
    return abs((fun(x0+h) - fun(x0)) / h - fun_prime(x0))

# 步长的取值
##  从 10^-17 到 10^-1 （对指数）等间距取 49 个点(包括首尾)
h_list = np.logspace(-17, -1, 49).tolist()

# 参数的设置
x = 0.1
fun = math.sin
fun_prime = math.cos

# 误差的计算
h_log_math = []
err_log_math = []
for h in h_list:
    h_log_math.append(math.log10(h))
    err_log_math.append(math.log10(err(h,x,fun,fun_prime)))

# 可视化输出
plt.plot(h_log_math, err_log_math, label = "float")
plt.legend(loc = "lower right")
plt.xlabel("log(h)")
plt.ylabel("log(err)")
plt.grid()
plt.savefig(fname = "math_err")  # 保存图片
plt.show()
```

上述程序得到的结果如图1.2所示。总体来说，数值误差将会随着步长h的选取先减小后增大。其中，在步长h较小时，舍入误差占据主导，由于对横纵坐标取对数之后，误差曲线近似为直线，因此认为误差$err_{x_0}(h)$将随着步长h的增加以指数形式减小；在步长h较大时，截断误差成为主导，它随着步长的增加而以指数形式增加。在最理想的步长h下，我们能够得到约10^{-10}的精度，这也是 64 位浮点数在该问题下能够做到的极限。应该指出的是，对于不同的实际问题，理想步长的最佳取值不尽相同，需要依照具体的问题进行具体的分析。

另外，在本书配套的代码中，给出了不同的Python库针对这一个问题所给出的结果（对应图1.3中的误差曲线），供读者参考。我们还对Torch库进行了测试，由于得到的结果与JAX相同，故没有在图中画出。可以看到，在h的取值较大时，所有误差曲线都最终相互重合，因为此时截断误差成为主导，而它仅依赖于算法本身，与计算机硬件方面的具体实现无关。

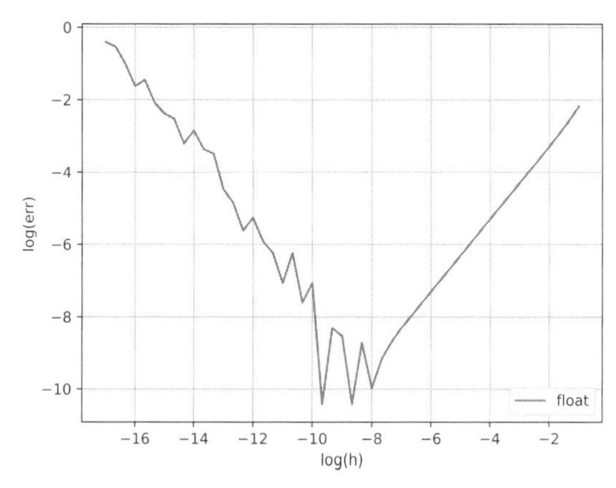

图 1.2 代码示例 1.2 程序输出

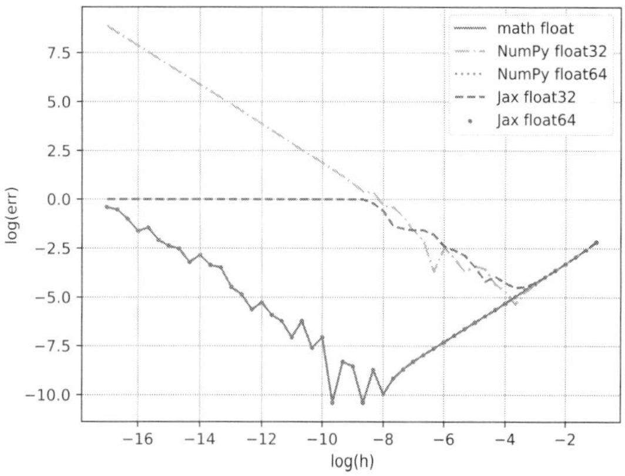

图 1.3 不同的 Python 库给出的误差曲线比较

1.3.3 数值微分的程序实现

如果假定被求导函数f的输入和输出都仅为一维，即$f \in \mathcal{F}$，则我们能够方便地通过以下程序求出函数f的导函数f'。以数值微分的思路，我们可以以如下方式定义 grad 函数，这里的 grad 输入一个待求导的函数 fun，返回 fun 函数的导函数：

```
from typing import Callable

# 定义函数 grad，用于求输入函数 fun 的导函数
def grad(fun: Callable, step_size=1E-5)-> Callable:
    def grad_f(x):
        return (fun(x + step_size) - fun(x)) / step_size
    return grad_f
```

以这样的方式来定义导数，我们就可以通过递归获得函数的任意阶导数，例如：

```
# 测试
import math
f = math.sin
df = grad(f)
ddf = grad(df)
dddf = grad(ddf)
print(df(0.))      # 返回：0.9999999999833332
print(ddf(0.))     # 返回：-1.000000082740371e-05
print(dddf(0.))    # 返回：-0.999996752071297
```

如同前文指出的那样，通过数值微分获得的导数的值存在一定的误差，运算的复杂度将随着导数的阶数n以指数形式增长，因此计算的误差将随着每一次运算而不断累积。

有时，我们在获得导函数的同时，还需要知道原本函数的值。因此，我们也常常需要用到下述代码中的 `value_and_grad` 函数。注意，尽管这样构造的函数能够多返回一个函数本身的数值，但它并不会为程序引入额外的计算量——即使我们只需要用到函数的导数，运算过程中也同样需要计算函数在待求导处的数值。

```
# 定义函数 value_and_grad，它将会同时计算输入函数 grad 的值和导函数
def value_and_grad(fun: Callable, step_size=1E-5)-> Callable:
    def value_and_grad_f(x):
        value = fun(x)
        grad = (fun(x + step_size) - value) / step_size
        return value, grad
    return value_and_grad_f
```

通过对上述代码进行整理，并且加入一定的注释和类型检查，我们在代码示例 1.3 中重新给出了数值微分的程序实现。相较而言，它显得更加标准而规范。[1]

代码示例 1.3 简单函数$f \in \mathcal{F}$导函数的数值微分实现

```
import math
from typing import Callable

def value_and_grad(fun: Callable, step_size=1E-5)-> Callable:
    '''
    构造一个方程，它能够同时计算函数 fun 的值和它的导数
        fun：被微分的函数，它的输入和返回值需要为一个数（而非数组）；
        step_size：数值微分所特有，用于描述微分之中所选取的步长；
    返回：
        一个和 fun 具有相同输入结构的函数，这个函数能够同时计算 fun 的值和它的导函数
```

[1] 能够熟练地阅读并书写标准化的Python代码，对读者而言有百益而无一害。代码示例 1.3 及后面的代码示例 1.4，其格式及注释与JAX库中 `grad` 和 `value_and_grad` 相应的实现几乎完全对应。读者在参考了这个基于数值微分的代码实现，并且阅读完后续相关章节之后，甚至可以自己尝试阅读JAX库相应部分的源码，作为程序的训练。

```
    '''
    def value_and_grad_f(*arg):
        # 输入检查
        if len(arg) != 1:
            raise TypeError(f"函数仅允许有一个变量的输入，但收到了{len(arg)}个")
        x = arg[0]

        # 计算函数的值和导函数
        value = fun(x)
        grad = (fun(x + step_size)- value) / step_size
        return value, grad
    # 将函数 value_and_grad_f 返回
    return value_and_grad_f

def grad(fun: Callable, step_size=1E-5)-> Callable:
    '''
    构造一个方程，它仅计算函数 fun 的导数
        fun：被微分的函数，它的输入和返回值需要为一个数（而非数组）；
        step_size：数值微分所特有，用于描述微分之中所选取的步长；
    返回：
        一个和 fun 具有相同输入结构的函数，这个函数能够计算函数 fun 导函数
    '''
    value_and_grad_f = value_and_grad(fun, step_size)
    def grad_f(*arg):
        # 仅仅返回导数
        _, g = value_and_grad_f(*arg)
        return g
    # 将函数 grad_f 返回
    return grad_f
```

利用数值微分，我们同样可以构造具有任意维度输入的函数$\mathcal{F}_n^1$的导数。有了代码示例1.3以及之前的代码作为铺垫，我们给出更加实用也更加接近实际的代码示例1.4。在这里，grad 函数中的参数 argnums 可以用于指定原函数 fun 中需要被求偏导的参数的位置。另外，由于我们期待函数 fun$\in \mathcal{F}_n^1$的输出仅为一个简单的实数，因此定义参数 has_aux，用于显式地指出函数 fun 是否存在更多其他的输出；如果其他的输出确实存在，程序将忠实地将它们返回，但仅对第一个输出的数值进行求导。这里参数的定义完全仿照JAX库中 grad 函数的定义，这在 4.1.1 节中将会被再次提到。

代码示例 1.4　任意函数$\mathcal{F}_n^1$导函数的数值微分实现

```
import numpy as np
from copy import deepcopy
from typing import Callable, Union, Sequence

def value_and_grad(fun: Callable, argnums: Union[int, Sequence[int]] = (0,),
```

```python
                  has_aux: bool = False, step_size=1E-5,
                  )-> Callable:
    '''
    构造一个方程，它能够同时计算函数 fun 的值和它的梯度
        fun: 被微分的函数，需要被微分的位置由参数 argnums 指定，
            而函数 fun 返回的第一个值需要为一个数（而非数组），
            如果函数 fun 有另外的输出，则需令 has_aux 参数为 True；
        argnums: 可选参数，可以为整数 int 或者一个整数的序列，用于指定微分的对象；
        has_aux: 可选参数，bool 类型，用于显式地声明函数 fun 是否存在除整数以外的输出；
        step_size: 数值微分所特有，用于描述微分之中所选取的步长；
    返回：
        一个和 fun 具有相同输入结构的函数，这个函数能够同时计算 fun 的值和指定位置的导函数
    '''
    if isinstance(argnums, int):
        argnums = (argnums,)

    def value_and_grad_f(*args):
        # 输入检查
        max_argnum = argnums if isinstance(argnums, int) else max(argnums)
        if max_argnum >= len(args):
            raise TypeError(f"对参数 argnums = {argnums}微分需要至少 "
                            f"{max_argnum+1}个位置的参数作为变量被传入，"
                            f"但只收到了{len(args)}个参数")
        # 构造计算导函数所需的输入
        diff_arg_list = []
        for num in argnums:
            temp_args = deepcopy(list(args))
            temp_args[num] += step_size * np.ones_like(args[num], dtype=np.float64)
            diff_arg_list.append(temp_args)

        # 计算函数的值和导函数
        if not has_aux:
            value = fun(*args)
            g = [(fun(*diff_args)-value)/ step_size for diff_args in diff_arg_list]
        else:
            value, aux = fun(*args)
            g=[(fun(*diff_args)[0]-value)/step_size for diff_args in diff_arg_list]

        # 程序输出
        g = g[0] if len(argnums)==1 else tuple(g)
        if not has_aux:
            return value, g
        else:
            return (value, aux), g
    return value_and_grad_f
```

```
def grad(fun: Callable, argnums: Union[int, Sequence[int]] = (0,),
        has_aux: bool = False, step_size=1E-5,
        )-> Callable:
    '''
    构造一个方程，它仅计算函数 fun 的梯度
        fun: 被微分的函数，需要被微分的位置由参数 argnums 指定，
            而函数 fun 返回的第一个值需要为一个数（而非数组），
            如果函数 fun 有另外的输出，则需令 has_aux 参数为 True；
        argnums: 可选参数，可以为整数 int 或者一个整数的序列，用于指定微分的对象；
        has_aux: 可选参数，bool 类型，用于显式地声明函数 fun 是否存在除整数以外的输出；
        step_size: 数值微分所特有，用于描述微分之中所选取的步长；
     返回：
        一个和 fun 具有相同输入结构的函数，这个函数能够计算函数 fun 的梯度
    '''
    value_and_grad_f = value_and_grad(fun=fun, argnums=argnums,
                                      has_aux=has_aux, step_size=step_size)

    def grad_f(*arg):
        # 仅仅返回导数
        _, g = value_and_grad_f(*arg)
        return g

    def grad_f_aux(*arg):
        # 返回导数，以及原函数输出的其他结果
        (_, aux), g = value_and_grad_f(*arg)
        return g, aux
    return grad_f_aux if has_aux else grad_f
```

读者可以略过以上代码，直接来看一个基于以上代码的程序测试示例如下：

```
def f(x,y):
    aux = "function called"
    return np.sin(x+2*y), aux

x = np.array([0.,0.,np.pi])
y = np.array([0.,np.pi,0.])
df1  = grad(f, argnums=0,      step_size=1E-5, has_aux=True)  # f 对第 1 个参数的偏导
df2  = grad(f, argnums=1,      step_size=1E-5, has_aux=True)  # f 对第 2 个参数的偏导
df12 = grad(f, argnums=(0,1),  step_size=1E-5, has_aux=True)  # f 的全微分（梯度）

print(f(x,y))
print(df1 (x,y))
print(df2 (x,y))
print(df12(x,y))
```

```
'''
程序输出:
>>   (array([ 0.0000000e+00, -2.4492936e-16,  1.2246468e-16]), 'function called')
>>   (array([ 1.,  1., -1.]), 'function called')
>>   (array([ 2.,  2., -2.]), 'function called')
>>  ((array([ 1.,  1., -1.]), array([ 2.,  2., -2.])), 'function called')
'''
```

正是由于NumPy库内部的一些处理机制，在这里我们恰好得到了函数$f(x,y) = \sin(x + 2y)$各个偏导数的准确值。可以看到，当我们指定 `argnums=(0,1)`时，程序输入与输出的数组形状相同，这相当于一个梯度操作∇的程序实现。不过，无论函数$f \in \mathcal{F}_n^1$的输入格式如何复杂，我们依然只允许f输出的第一个变量为一维的标量，这一点值得在这里被再次强调。

另外，关于数值微分的最后一点说明是，由于对函数f的每一次梯度操作都需要对f本身进行$n + 1$次的调用，因此当函数f输入的参数数目n较大，而f本身的函数形式又较为复杂时，数值微分方法的复杂度在一些情况下将变得无法接受。[1]

尽管如此，由于其本身简单的实现原理以及方便的程序实现方式，数值微分方法至今依然在许多不同的领域发挥着重要的作用。

1.4 符号微分（Symbolic Differentiation）

截断误差的存在以及一些情况下无法被接受的计算复杂度，使得数值微分方法具有其自身的局限。为了彻底消除数值微分中的截断误差，计算图的概念将在本节的开始被自然地引入，它在符号微分及第 2 章的自动微分中拥有举足轻重的地位。在本节中，我们还将给出一个符号微分的代码示例，并基于此再次实现一个可用的 `grad` 函数：代码示例1.5将SymPy库原本数万行的代码凝练为不到 300 行，具有相当的技巧性。最后，我们将对符号计算做一个简单的介绍，展现符号计算在自然科学中的应用。

1.4.1 计算图

从符号微分开始，**计算图**（computational graph）的概念扮演起愈发重要的角色。如果说数值微分程序的正确实现依赖于对“求导”这一概念的本质理解，那么符号微分的程序实现则依赖

[1] 比如，在深度学习领域，有时我们需要对神经网络当中上百万个甚至上亿个参数进行优化，这相当于令我们的函数$f \in \mathcal{F}_n^1$拥有n~$10^{6\text{~}8}$这样量级的参数输入数目。在这样的情况下，如果采用数值微分的求导方案，哪怕仅仅只是对所有的参数进行一次优化，所需要的计算开销也是令人难以接受的。又比如，在分子模拟领域，我们的函数f需要能够通过$10^{6\text{~}8}$个原子的坐标计算出体系的能量，然后依照能量最小化的原理来优化所有原子之间的位置——这样的算法同样涉及梯度的回传，而在这里，数值微分的方法一般来说依然难以适用。

于对“计算”这一概念的重新审视。加减乘除、指数对数、三角函数、特殊函数……人类对于其中的每一个运算的优先级和表达方式，都有符号体系上基于经验的约定。但是，这样的约定对于机器层面的运行而言，往往是不够高效的。例如，我们考虑如下这个二元函数$f(x,t)$：

$$f(x,t) = \exp\left[\frac{x}{2}\left(t - \frac{1}{t}\right)\right] \tag{1.22}$$

在这里[1]，尽管人类可以一眼看出这个公式所提示的运算顺序，但如果我们期待直接从公式出发，将类似这样的表达式直接翻译成机器语言供计算机执行，则往往是困难且难于实现的。不过，如果我们针对上述公式构造出如图 1.4 所示的树形结构的计算图，就可以让程序清晰地理解函数$f(x,t)$中所定义的运算的结构。

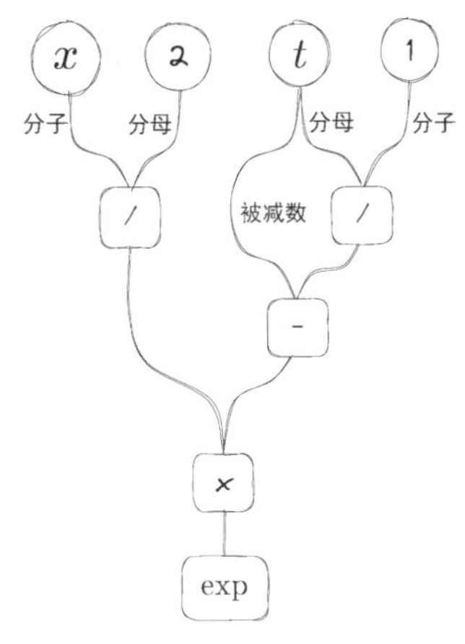

图 1.4 公式(1.22)对应的计算图

读者应该不难看出图1.4和原始公式(1.22)之间的对应关系。图中的每一个圆圈节点代表函数中输入的数字或者变量，而方块节点则对应着一个计算机科学语境之下的**操作**（operator），也称为**运算符**。例如，add是表达式$add(2,3)$对应的运算符，而函数的输入2和3则称为运算符add对应的**操作数**（operand）。不过，无论是运算符还是操作数，它们都是一种**表达式**（expression）：表达式节点可以是一个操作节点，也可以是一个数字或者变量节点。像图 1.4 这样由表达式节点所构成的计算图，有时也会被称为**表示树**（expression tree）。变量和运算符与表达式之间的关系，将在后面具体的代码实现中，通过不同类之间的继承关系深刻地展现出来。

还应该注意的是，计算图 1.4 中的所有数字（例如图中的“1”和“2”）或者变量（例如图中的“$\boldsymbol{x}$”和“$\boldsymbol{t}$”）都应该处于**叶子节点**（leaf），而操作节点（例如图中的“/”“−”“×”和“exp”，）则应该位于非叶子节点。当我们需要**询问**（evaluate）某一个节点所对应的具体数值时，如果这是一个叶子节点，则程序可以将相应节点处所对应的变量或者数值直接返回；而如果这不是一个叶子节点，则只需要依照该节点处所定义的运算符的操作规则，询问其叶节点处的数值，从而计算出该节点所对应的数值：这样的过程可以被递归地实现。

但是，计算图的作用远远不止为我们提供一个节点处的数值那么简单。事实上，通过为每一个节点赋予各种不同的运算操作，我们可以递归地实现诸如表达式的打印、求导、展开、化简等不同的任务。在编译原理中，可以通过计算图的构建，实现**中缀表达式**（infix expression）和**前缀表达式**（prefix expression）、**后缀表达式**（suffix expression）之间的相互转化[2]。而在一些更加

[1] 这里的$\exp(x) \coloneqq \mathrm{e}^x$，是物理学中书写指数函数时的一种常用符号。物理学中存在大量的公式，它们的指数形式非常复杂。采用类似$\exp(\cdot)$这样的符号可以使得公式变得更加清晰美观，从而减少运算的错误。

[2] 例如，对于一个中缀表达式$1-(2+3)$，它的前缀表达式为$-1+2\ 3$，而相应的后缀表达式则为$1\ 2\ 3+-$。

复杂的例子中，利用计算图构建出的不同公式甚至被用于符号回归（symbolic regression），对公式进行拟合。麻省理工学院的 Max Tegmark 教授及其合作者，在 2020 年发表的一篇名为 *AI Feynman: a Physics-Inspired Method for Symbolic Regression* 的文章中，利用计算图进行了表达式的构造，同时结合量纲分析、多项式拟合、神经网络、对称性分析等不同的研究手段，使得计算机能够通过极为有限的数据，自动发现待拟合函数最为合理的符号表达式，从而极大推动了符号回归领域相关算法的发展。

在接下来的篇幅之中，我们将着重展示如何通过构建计算图，实现表达式的求值、打印及微分的运算，并通过相应的示例代码，令读者获得对符号微分的深刻认识。随后，我们将通过调用Python的SymPy库，解决一些实际研究中时常能够遇到的问题，体会符号微分的威力。应该指出的是，理解符号微分中用到的计算图方法，包括理解对其进行具体编码实现过程中所依赖的一系列技巧，可极大地帮助读者理解后续章节有关自动微分的讨论，同时加深读者对Python这一门编程语言自身的理解。当然，如果读者选择跳过本章的剩余部分而直接快进到本书第 2 章对自动微分的介绍，将同样不会影响知识的完整性，而自动微分将是本书着重介绍的对象。

应该指出的是，**计算图在符号微分和自动微分中所扮演的地位是本质性的**。

1.4.2 计算图的构建

在进一步讨论计算图具体代码的实现之前，我们强烈建议读者首先阅读**附录** A 中对Python类函数相关语法的介绍。因为即使是那些极有经验的Python使用者，也未必能够说清`__init__`和`__new__`函数、`__str__`和`__repr__`函数之间的联系与区别，而这些在符号微分的程序实现之中恰好将被反复地使用。另外，为了能够更好地理解本节的内容，我们希望读者熟悉算符重载的相应语法，相应的介绍同样在附录A中给出。

通常而言，无论是对于有向图还是无向图，我们都可以采用类似代码示例A.5、代码示例B.2这样的数据结构。不过，考虑到这里特定的语境，计算图节点构建和连接的过程，可以通过节点类的构建及运算符的重载递归地完成。

代码示例1.5.1给出了一个可能的数据结构，它首先构造了一个基本类 `Expr`，本节中出现的所有其他类都需要从该类继承。

代码示例 1.5.1 符号微分的简单实现（Expr 类）

```
class Expr(object):
    _operand_name = None

    def __init__(self, *args):
        for arg in args:
            if isinstance(arg, (int, float)):
                arg = Variable(str(arg))
        self._args = args
```

```
        """ 测试 """
        # print([str(item) for item in args], self._operand_name)

    # 加法
    def __add__(self, other):
        return Add(self, other)

    def __radd__(self, other):
        return Add(other, self)

    # 减法
    def __sub__(self, other):
        return Sub(self, other)

    def __rsub__(self, other):
        return Sub(other, self)

    # 乘法
    def __mul__(self, other):
        return Mul(self, other)

    def __rmul__(self, other):
        return Mul(other, self)

    # 除法
    def __truediv__(self, other):
        return Div(self, other)

    def __rtruediv__(self, other):
        return Div(other, self)

    # 乘方
    def __pow__(self, other):
        return Pow(self, other)

    def __rpow__(self, other):
        return Pow(other, self)

    def __str__(self):
        terms = [str(item) for item in self._args]
        operand = self._operand_name
        return "({})".format(operand.join(terms))
```

上面式子之中出现的 Add、Sub、Mul、Div 及 Pow，都是继承自 Expr 类的名称，它们的定义将会在后面给出。需要指出的是，Expr 类已经在形式上完成了所有（可微的）算数运算符的重载。在计算图构建完成之后，__str__方法则可以递归地实现表达式的打印。接下来，我们首先给出叶子节点 Variable 类的定义，它被用作处理函数的输入，如代码示例 1.5.2 所示。

代码示例 1.5.2 符号微分的简单实现（Variable 类）

```
VARIABLE_NAME = "Variable"

class Variable(Expr):

    _operand_name = VARIABLE_NAME
    __slots__ = ("name",)

    def __init__(self, name: str):
        """ 构造函数 """
        try:
            assert(isinstance(name, str))
        except:
            raise TypeError("name parameters should be string, \
                get type {} instead".format(type(name)))
        finally:
            self.name = name

    def __str__(self):
        return self.name

    def diff(self, var):
        if self.name == var.name:
            return One()
        else:
            return Zero()
```

上述的 Variable 类作为叶子节点，将是所有表达式打印操作__str__及微分操作 diff 的**递归终点**。这里，diff 函数接受的参数 var 代表求导的对象，它所返回的 One()和 Zero()分别是由 Expr 类构造的代表变量1和0的单例[1]。我们在代码示例 1.5.3 中给出了类 One 和 Zero 的定义。

代码示例 1.5.3 符号微分的简单实现（Zero 和 One 的单例）

```
""" 数字 0 的单例 """
class Zero(Expr):
    _instance = None
    def __new__(cls, *args):
        if Zero._instance == None:
            obj = object.__new__(cls)
```

1 参考附录A中代码示例A.2有关于单例的介绍。

```
            obj.name = "0"
            return obj
        else:
            return Zero._instance

    def __str__(self):
        return "0"


""" 数字 1 的单例 """
class One(Expr):
    _instance = None
    def __new__(cls, *args):
        if One._instance == None:
            obj = object.__new__(cls)
            obj.name = "1"
            return obj
        else:
            return One._instance

    def __str__(self):
        return "1"
```

对于位于计算图中间的表达式节点，也就是 Add、Sub、Mul、Div 及 Pow 函数的实现，将在下面的代码示例中分别给出。例如，对于加法节点 Add 的表达式打印操作，由于 Add 类继承自 Expr，只需要指定参数_operand_name 为“+”，程序即可自动调用位于 Expr 类中的__str__函数，实现表达式的递归打印。

注意，对于微分操作来说，如果我们有加法恒等式：

$$f(\boldsymbol{x}) = g(\boldsymbol{x}) + h(\boldsymbol{x}) \tag{1.23}$$

其中$f, g, h \in \mathcal{F}_n^1$，那么对于相对第$i$个变量$x_i$的微分操作$\partial_i$，就可以有如下递归关系式：

$$\partial_i f = \partial_i g + \partial_i h \tag{1.24}$$

此后的符号约定与这里一致。代码示例 1.5.4 给出了 Add 类的程序实现，注意在 Expr 类的初始化函数中，所有的输入变量都已经被存储在元组 self._args 中。

代码示例 1.5.4 符号微分的简单实现（Add 类）

```
class Add(Expr):
    _operand_name = " + "

    def diff(self, var):
        terms = self._args
        terms_after_diff = [item.diff(var) for item in terms]
        return Add(*terms_after_diff)
```

减法操作与加法类似。注意，self._args 的元组类型能够保证输入参数的顺序不变，而这里所有的算符都认为是二操作数的算符，因此列表中虽然出现了循环，但实则只是遍历了减数和被减数两个变量而已。如果有关系式：

$$f(\boldsymbol{x}) = g(\boldsymbol{x}) - h(\boldsymbol{x}) \tag{1.25}$$

那么相应的递归表达式就为：

$$\partial_i f = \partial_i g - \partial_i h \tag{1.26}$$

其程序实现如代码示例 1.5.5 所示。

代码示例 1.5.5 符号微分的简单实现（Sub 类）

```
class Sub(Expr):
    _operand_name = " - "

    def diff(self, var):
        terms = self._args
        terms_after_diff = [item.diff(var) for item in terms]
        return Sub(*terms_after_diff)
```

同样地，对于乘法操作：

$$f(\boldsymbol{x}) = g(\boldsymbol{x})h(\boldsymbol{x}) \tag{1.27}$$

我们可以得到相应的用于求导的递归表达式：

$$\partial_i f = h(\boldsymbol{x})\partial_i g + g(\boldsymbol{x})\partial_i h \tag{1.28}$$

这个函数表达式的内涵是极为深刻的：在一些数学理论中，表达式 1.28 的地位常常是根本性的。另外，由于在求导操作作用于乘法时，表达式的长度将显著地增长（实际上，对于其他操作也是如此），因此在递归深度较大时，如果不进行化简[1]，我们常常会面临表达式长度的**指数膨胀**（expression swell）——这也是符号微分在实际场景中所面临的困境之一。

乘法操作的代码实现如代码示例 1.5.6 所示。

代码示例 1.5.6 符号微分的简单实现（Mul 类）

```
class Mul(Expr):
    _operand_name = " * "

    def diff(self, var):
        terms = self._args
        if len(terms) != 2:
            raise ValueError("Mul operation takes only 2 parameters")
```

[1] 实际上，在绝大多数情况下，解析的表达式（如果真的存在的话）往往确实无法被有效地化简。

```python
        terms_after_diff = [item.diff(var) for item in terms]

        return Add(*terms_after_diff)
```

对于除法操作：

$$f(\boldsymbol{x}) = \frac{g(\boldsymbol{x})}{h(\boldsymbol{x})} \tag{1.29}$$

我们可以得到相应的用于求导的递归表达式：

$$\partial_i f = \frac{1}{h(\boldsymbol{x})}\partial_i g - \frac{g(\boldsymbol{x})}{h(\boldsymbol{x})^2}\partial_i h \tag{1.30}$$

当然，出于礼貌，我们在代码示例 1.5.7 中加上了对除数和被除数是否为常数的判断，象征性地化简了一下最终的表达式，让读者能够对表达式的化简过程形成一些大致的感觉。

代码示例 1.5.7　符号微分的简单实现（Div 类）

```python
class Div(Expr):
    _operand_name = " / "

    def diff(self, var):
        numer = self._args[0]      # 分子（被除数） numerator
        denom = self._args[1]      # 分母（除数）   denomenator
        d_numer = numer.diff(var)
        d_denom = denom.diff(var)
        if isinstance(numer, (int, float, np.ndarray)):
            # 如果分子是常数
            return Zero() - d_denom * numer / denom ** 2
        elif isinstance(denom, (int, float, np.ndarray)):
            # 如果分母是常数
            return d_numer / denom
        else:
            return d_numer / denom - d_denom * numer / denom ** 2
```

最后是对乘方的运算。假如：

$$f(\boldsymbol{x}) = g(\boldsymbol{x})^{h(\boldsymbol{x})} \tag{1.31}$$

我们可以得到相应的用于求导的递归表达式：

$$\partial_i f = h(\boldsymbol{x})g(\boldsymbol{x})^{h(\boldsymbol{x})-1}\partial_i g + g(\boldsymbol{x})^{h(\boldsymbol{x})}\log\big(g(\boldsymbol{x})\big)\,\partial_i h \tag{1.32}$$

如不加说明，对数符号 log 默认以自然对数 e 为底。不过，直接调用这样的表达式往往对应着较大的计算开销。实际工程中的做法是将以上表达式进行略微变形：

$$\partial_i f = f(\boldsymbol{x})\left[\frac{h(\boldsymbol{x})}{g(\boldsymbol{x})}\,\partial_i g + \log\big(g(\boldsymbol{x})\big)\,\partial_i h\right] \tag{1.32'}$$

这相当于对等式的两边同时取对数后再求导，由于$f(\boldsymbol{x})$的表达式在构造计算图时已经被程序得到，因此这里就不需要再次进行昂贵的乘方运算了。从符号微分的视角来看，这相当于在运算过程中合并了一部分的同类项，从而适当缩短了表达式的长度。与除法操作相同，我们同样需要区分指数和幂是否为常数的情况，具体的代码实现如代码示例 1.5.8 所示。

代码示例 1.5.8　符号微分的简单实现（**Pow** 类）

```
class Pow(Expr):
    _operand_name = " ** "

    def diff(self, var):
        base = self._args[0]    # 底数
        pow = self._args[1]     # 幂
        dbase = base.diff(var)
        dpow = pow.diff(var)
        if isinstance(base, (int, float, np.ndarray)):
            return self * dpow * Log(base)
        elif isinstance(pow, (int, float, np.ndarray)):
            return self * dbase * pow / base
        else:
            return self * (dpow * Log(base) + dbase * pow / base)
```

这里由于用到了对数操作，我们还需要构造对数运算 Log 的节点，注意到：

$$\mathrm{d}(\log x) = \frac{1}{x}\mathrm{d}x \tag{1.33}$$

我们不难得到 Log 类的程序实现，如代码示例 1.5.9 所示。

代码示例 1.5.9　符号微分的简单实现（**Log** 类）

```
class Log(Expr):
    def __str__(self):
        return f"log({str(self._args[0])})"

    def diff(self, var):
        return self._args[0].diff(var) / self._args[0]
```

通过对数算符 `Log` 节点的构造，我们期待读者能够对自定义算符的过程产生初步的印象。这样的过程常常被用在对代码的加速中，或者在一些更加专业的领域中用于处理一些特殊函数，抑或是用于解决一些因为数值不稳定而带来的问题。

一个应该注意的细节是，在实际的工程中，如果需要将以上不同类的代码分在不同的文件中，那么对于 `Expr` 类所在的文件，`Add`、`Mul` 等算符类的 **`import`** 操作需要置于文件的底端，不然这将导致程序因为文件的循环引用而报错。

最终，我们可以在程序的外围简单地定义 diff 函数，如代码示例 1.5.10 所示。

代码示例 1.5.10 符号微分的简单实现（diff 函数）

```
def diff(function, var):
    return function.diff(var)
```

或者，使用一些特殊的编程技巧，我们也可以在形式上构造出类似于JAX库的 grad 函数——尽管这样定义的函数基本上很难有什么实际的用途。

代码示例 1.5.11 符号微分的简单实现（grad 函数）

```
def grad(fun, argnum = 0):
    '''''
    构造一个方程，它仅计算函数 fun 的梯度
        fun: 被微分的函数，需要被微分的位置由参数 argnum 指定，函数的返回只能为一个数
        argnum: 可选参数，只能为整数，用于指定微分的对象；若不指定则默认对第一个参数求导

    返回：
      一个和 fun 具有相同输入结构的函数，这个函数能够计算函数 fun 的梯度
    '''
    def grad_f(*args):
        namespace = []
        for i in range(len(args)):
            namespace.append("arg" + str(i))
        varlist = [Variable(name) for name in namespace]
        expr = str(diff(fun(*varlist), varlist[argnum]))
        for i in range(len(args)):
            exec("{} = {}".format(namespace[i], args[i]))
        return eval(expr)
    return grad_f
```

我们在代码示例 1.5.12 中给出了对符号微分程序实现的测试示例。

代码示例 1.5.12 符号微分的简单实现（测试示例）

```
x = Variable("x")
y = Variable("y")

def f(x,y):
    return x + y**x

expr = str(diff(f(x,y), x))
print(expr)
>> (1 + ((y ** x) * ((1 * log(y)) + ((0 * x) / y))))
```

```
df = grad(f)
print(df(1.0, 2.0))
>> 2.386294361119891
```

这里生成的表达式“`(1 + ((y ** x) * ((1 * log(y)) + ((0 * x) / y))))`”，是可以直接被复制粘贴到程序中执行的，这也是在 `grad` 函数中可以直接调用Python内置的 `eval` 函数的原因。

1.4.3 SymPy 库简介

以上符号微分的代码实现完全参考自SymPy库的源码，笔者将原本数万行的代码凝练为不到300行，向读者展示了符号微分的核心内容。当然，这样做的代价是牺牲了SymPy内部大量对表达式的化简操作，而这些操作对库函数的调用者来说是十分可贵的。

在实际的科研中，我们常常需要计算一些多项式的显式表达式。例如，在量子力学中，在谐振子势能$V(x) = x^2/2$之下，粒子波函数的本征态由厄米多项式$H_n(x)$所描述，下标n的不同取值即对应不同能量E_n下不同的本征函数。在一些科普文章中，你或许见过这样的能量表达式：

$$E_n = \hbar\omega\left(n + \frac{1}{2}\right) \tag{1.34}$$

这里的n和H_n的下标其实就对应着同一个量子数，名为“主量子数”[1]。不过，如果我们忽略这些物理学的背景，单从数学的角度来考察这个问题，那么我们希望从$H_n(x)$的定义出发，得到$n = 1\sim15$时厄米多项式的表达式。在物理学中，$H_n(x)$的定义如下[2]：

$$H_n(x) = (-)^n \mathrm{e}^{x^2} \frac{\mathrm{d}^n}{\mathrm{d}x^n} \mathrm{e}^{-x^2} \tag{1.35}$$

为了得到$H_1(x)\sim H_{15}(x)$的表达式，我们可以调用SymPy库的 `diff` 函数，其具体的程序实现如代码示例 1.6 所示。

代码示例 1.6 符号微分与厄米多项式

```
import math
from sympy import symbols, simplify, expand, diff

e = math.e
```

[1] 主量子数、角量子数、磁量子数和自旋量子数的概念不止对应着原子核$V(\boldsymbol{r})\sim1/r$形式的势能，在谐振子$V(\boldsymbol{r})\sim r^2$的势能下，我们同样可以有这样的称呼——这一条注释是为化学背景的读者准备的。

[2] 在概率论中，$H_n(x)$有着相似但不完全相同的定义，如果我们将它记为$H_n^{prob}(x)$，则有：

$$H_n^{prob}(x) = (-)^n \mathrm{e}^{x^2/2} \frac{\mathrm{d}^n}{\mathrm{d}x^n} \mathrm{e}^{-x^2/2}$$

```
x = symbols("x")

# 计算厄米多项式的表达式
def H_expr(order: int):
    assert isinstance(order, int) and order >= 0
    expr = e ** (-x**2)

    for _ in range(order):
        expr = diff(expr, x)

    expr *= e ** (x**2) * (-1) ** order
    return expand(simplify(expr))

# 对前 15 个表达式进行打印
for i in range(15):
    print("H{:<2.0f}(x) = {}".format(i, H_expr(i)))

# 一个可以直接调用的厄米多项式函数
def H(x, n):
    """ 计算 Hn(x) """
    return eval(str(H_expr(n)))
```

在这里，程序书写的过程完全对应于翻译H_n定义式的过程，SymPy中对 `symbols` 函数的调用，等价于代码示例1.5.2中 `Variable` 类的构造，而这里的 `diff` 函数与我们自己定义的 `diff` 函数用法完全相同。通过调用SymPy内置的 `simplify` 函数，我们实现了表达式的化简（例如消去所有冗余的e指数）；再通过调用内置的 `expand` 函数，程序可以自动将多项式中的项按照次数从高到低进行排列，十分方便。

这里打印出程序的一部分返回值，供大家参考。

```
H0 (x) = 1
H1 (x) = 2.0*x
H2 (x) = 4.0*x**2 - 2.0
H3 (x) = 8.0*x**3 - 12.0*x
H4 (x) = 16.0*x**4 - 48.0*x**2 + 12.0
H5 (x) = 32.0*x**5 - 160.0*x**3 + 120.0*x
H6 (x) = 64.0*x**6 - 480.0*x**4 + 720.0*x**2 - 120.0
H7 (x) = 128.0*x**7 - 1344.0*x**5 + 3360.0*x**3 - 1680.0*x
H8 (x) = 256.0*x**8 - 3584.0*x**6 + 13440.0*x**4 - 13440.0*x**2 + 1680.0
H9 (x) = 512.0*x**9 - 9216.0*x**7 + 48384.0*x**5 - 80640.0*x**3 + 30240.0*x
…
```

大家可以将它与表 1.2 中的参考值进行对照。

表 1.2 前 6 个概率论和物理学中的埃尔米特多项式

序号	概率论	物理学
$H_0(x)$	1	1
$H_1(x)$	x	$2x$
$H_2(x)$	x^2-1	$4x^2-2$
$H_3(x)$	x^3-3x	$8x^3-12x$
$H_4(x)$	x^4-6x^2+3	$16x^4-48x^2+12$
$H_5(x)$	x^5-10x^3+15x	$32x^5-160x^3+120x$

当然，SymPy库除了支持符号微分的计算，同样允许进行符号积分的运算。由于积分操作本身的特殊性，SymPy库并不能确保每次都能在有限的时间内给出相应积分的结果。作为一个例子，我们同样考虑一维谐振子势能之下的粒子，同样取势能函数$V(x)=x^2/2$。在离散的时空下，粒子跃迁的振幅由下式给出：

$$\langle x|\mathrm{e}^{-HT}|x\rangle \approx A\int_{-\infty}^{\infty}\mathrm{d}x_1 \dots \mathrm{d}x_{N-1}\, e^{-S_{lat}[x]} \tag{1.36}$$

这里的归一化系数$A=\left(\frac{m}{2\pi a}\right)^{\frac{N}{2}}$，$N$为选取格点的数目，作用量$S_{lat}[x]$则由下式给出：

$$S_{lat}[x]=\sum_{j=0}^{N-1}\left[\frac{m}{2a}\left(x_{j+1}-x_j\right)^2+aV\left(x_j\right)\right] \tag{1.37}$$

循环边界条件下$x_N=x_0$，取$a=0.5$，$N=8$，质量$m=1$。在这里，我们需要求解一个 7 维的积分，最终得到一个关于x_0的表达式。为此，我们可以使用SymPy的积分功能：

代码示例 1.7 符号积分与跃迁振幅

```
import math
from sympy import symbols, Matrix, simplify, expand ,
                integrate, exp, oo, print_latex

# A = Matrix([[9, -4, 0, 0, 0, 0, 0, -4],
#             [-4, 9, -4, 0, 0, 0, 0, 0],
#             [0, -4, 9, -4, 0, 0, 0, 0],
#             [0, 0, -4, 9, -4, 0, 0, 0],
#             [0, 0, 0, -4, 9, -4, 0, 0],
#             [0, 0, 0, 0, -4, 9, -4, 0],
#             [0, 0, 0, 0, 0, -4, 9, -4],
#             [-4, 0, 0, 0, 0, 0, -4, 9]]) / 4
#
# u = Matrix([[x0, x1, x2, x3, x4, x5, x6, x7 ]])
# S = simplify(u * A * u.T)
# print(S)
```

```
x0, x1, x2, x3, x4, x5, x6, x7 = symbols("x0, x1, x2, x3, x4, x5, x6, x7")
S = x0*(9*x0/4 - x1 - x7) + x1*(-x0 + 9*x1/4 - x2) + \
    x2*(-x1 + 9*x2/4 - x3) + x3*(-x2 + 9*x3/4 - x4) + \
    x4*(-x3 + 9*x4/4 - x5) + x5*(-x4 + 9*x5/4 - x6) + \
    x6*(-x5 + 9*x6/4 - x7) + x7 * (-x0 - x6 + 9*x7/4)
S = expand(S)
print(S)
f = exp(-S)

for x in [x1, x2, x3, x4, x5, x6, x7]:
    f = simplify(expand(integrate(f, (x, -oo, +oo))))
    print(f)
    print_latex(f)
```

在代码示例 1.7 中，注释部分可以用于生成关于作用量S的符号表达式，随后调用内置的 `integrate` 函数进行积分的计算，并在每次积分过后进行表达式的化简。在性能一般的计算机上运行上述代码需要花费一定的时间，不过最终可以打印出积分结果的符号表达式与LaTeX格式的公式。

积分最终结果的符号表达式为：

➢ `128*sqrt(1889)*pi**(7/2)*exp(-7497*x0**2/7556)/39669`

LaTeX格式的代码为：

➢ `\frac{128 \sqrt{1889} \pi^{\frac{7}{2}} e^{- \frac{7497 x_{0}^{2}}{7556}}}{39669}`

两者对应着同样的解析表达式：

$$\frac{128}{39669}\sqrt{1889}\pi^{\frac{7}{2}}\mathrm{e}^{-\frac{7497x_0^2}{7356}}$$

这意味着，SymPy库甚至能够为我们保留到精确的分数、根号及无理数π——这是符号计算在解决实际问题时的又一应用。从上面所举的几个例子中，我们可以大概窥见符号计算的魅力，诸如MATLAB、Mathematica等大型软件，同样有对符号计算的支持。

不过，符号微分的实现对程序框架的设计提出了过高的要求：**所有的表达式必须是“闭合的”**。例如，SymPy中所有的 Symbol 类不可参与到条件语句（condition）、递归语句（recursion）及控制流程语句（controlled-flow）中。另外，在不进行（或无法进行）运算化简的情况下，**表达式的长度将随着计算的进行急剧地膨胀**。这些因素阻碍着符号微分在更多领域发挥积极的作用。

注

本节所举的两个例子是存在内在联系的。在物理学中，我们可以证明如下近似关系：

$$\langle x|e^{-HT}|x\rangle \approx |\langle x|E_0\rangle|^2\mathrm{e}^{-E_0T}$$

其中，$E_0=1/2$，$\langle x|E_0\rangle=\frac{1}{\pi^{1/4}}\mathrm{e}^{-x^2/2}$，$T=aN=4$。

需要说明的是，这里的$E_0=\frac{1}{2}$，其实就是在式(1.34)中选取$n=0$得到的结果。其中$\hbar$由于自然单位被选取为1，而$\omega=1$则是因为我们选取了势能函数$V(x)=\frac{1}{2}m\omega^2x^2\sim\frac{1}{2}x^2$。

我们可以用积分的结果来对上述关系进行验证。为此，我们注意到：

$$\begin{aligned}\langle x|\mathrm{e}^{-HT}|x\rangle &\approx \frac{128}{39669}\sqrt{1889}\pi^{-\frac{1}{2}}\mathrm{e}^{-\frac{7497x^2}{7356}}\\ &= 1.036\left(\frac{\mathrm{e}^{-0.5096x^2}}{\pi^{1/4}}\right)^2\mathrm{e}^{-E_0T}\\ &\approx |\langle x|E_0\rangle|^2\mathrm{e}^{-E_0T}\end{aligned}$$

正因如此，我们能够使用高维积分的方式测量体系基态的能量（尽管这种积分通常由量子蒙特卡罗方法完成）。

第 2 章 自动微分

在第 1 章中，我们首先对求导的概念进行了简单的回顾，随后介绍了在自动微分的框架以外，微分运算的其他三种实现方式。其中，**手动求导**充分保证了程序运行的速度和性能，但以此为基础的程序实现由于过度依赖人工的推导，代码难以扩展和复用。**数值微分**的程序实现相较于手动求导显然更加便捷，它可以使我们快速获得对函数在一个邻域中变化趋势的直观印象；不过，截断误差的存在以及一些情况下难以被接受的计算复杂度，使得数值微分方法具有其自身的局限。从**符号微分**开始，**计算图**的概念被自然地引入，尽管精确的计算流程从理论上彻底消除了截断误差，但对表达式闭合[1]的要求以及表达式长度的急剧膨胀，成为符号微分在实际场景之中所面临的困境。

在这一章中，我们将开始着重介绍**自动微分**（Automatic Differentiation）的有关概念，它将作为一种基本的数据结构，贯穿后续所有的章节。自动微分和符号求导有诸多相似之处：它们同样依赖于计算图的构建，同样依赖于求导的递归实现。从某种意义上来说，它们甚至拥有完全相同的数据结构。不过，二者的区别也是显著的：符号微分侧重于符号，而自动微分则侧重于数值。从包含关系上来说，数值是一种特殊的符号——初识数学的人往往是先学会计算$3 + 5 = 8$，然后再尝试理解$3x + 5x = 8x$。正因如此，我们为了完成符号求导而构建的计算图，同样能够让我们递归地完成表达式的打印、化简甚至积分等。

《庄子·达生》中有言："用志不分，乃凝于神。"自动微分作为一种专门化的计算图网络，通过在计算的过程中同时完成计算图的构建及具体数值的带入，克服了符号微分中表达式长度急剧膨胀的问题，也放松了"符号表达式应该闭合"这一要求。尽管在本章之后的JAX库中，在一些情况之下我们仍然会要求表达式闭合，但这样的限制并不是由自动微分的数据结构本身所带来的。正因如此，自动微分正在被广泛地被应用于各种各样的场合，也为更高性能的计算加速带来了机遇。正如在后续的章节中你将会看到的那样，各种所谓的"神经网络"，只不过是某种特殊的计算图结构，而由此引申出所谓"深度学习"的概念，不过是可微分编程框架这一概念外延的子集。

从自动微分的具体实现方案来看，它又分为前向模式（forward mode）和反向模式（backward

[1] 闭合表达式（closed-form expression）在数学上有其另外的内涵，但从计算的角度出发，闭合表达式要求计算图内部的节点不得参与到条件语句（$if, else, \ldots$）、递归语句及控制流程语句（$while, \ldots$）中：这其实是一个相当高的要求。

mode）两种算法。在本章中，我们将对这两种依赖于相同网络结构的不同算法分别进行介绍，从中体会自动微分库自上而下的结构设计。

2.1 前向模式（forward mode）

本节将首先对自动微分前向模式的理论部分做一个简单的介绍，令读者首先把握前向模式的主要思想。在此基础之上，我们将通过二元数的相关理论，对前向模式进行更进一步的诠释，严格地论证将微分算符$\mathrm{d}x$用实数$\dot{x}$替换的合法性，意图在一个更高的层次之下令读者把握前向模式的精髓。前向模式的代码实现同样精彩而富于技巧性，本节中基于前向模式实现的 `grad` 函数能够进行一阶导数的计算。

注

跳过2.1.2节的内容并不会影响知识的完整性，读者可以根据自己的需要选择性地阅读。

2.1.1 前向模式的理论

前向模式的理论相对于反向模式而言显得较为简单。我们注意到，对于一个n元m输出的函数$\boldsymbol{f}(x_1, x_2, \ldots, x_n) \in \mathcal{F}_n^m$，它的微分[1]具有如下形式：

$$\mathrm{d}\boldsymbol{f} = \frac{\partial \boldsymbol{f}}{\partial x_1}\mathrm{d}x_1 + \frac{\partial \boldsymbol{f}}{\partial x_2}\mathrm{d}x_2 + \cdots + \frac{\partial \boldsymbol{f}}{\partial x_n}\mathrm{d}x_n \tag{2.1}$$

将上式写成分量形式，它等价于：

$$\mathrm{d}f_j = \frac{\partial f_j}{\partial x_1}\mathrm{d}x_1 + \frac{\partial f_j}{\partial x_2}\mathrm{d}x_2 + \cdots + \frac{\partial f_j}{\partial x_n}\mathrm{d}x_n, \qquad \forall j = 1, 2, \ldots, m \tag{2.1$'$}$$

注

通常而言，我们也可以将式

$$\mathrm{d}f_j = \frac{\partial f_j}{\partial x_1}\mathrm{d}x_1 + \frac{\partial f_j}{\partial x_2}\mathrm{d}x_2 + \cdots + \frac{\partial f_j}{\partial x_n}\mathrm{d}x_n, \qquad \forall j = 1, 2, \ldots, m \tag{2.1$'$}$$

写作

$$\mathrm{d}f_j = \partial_1 f_j\,\mathrm{d}x_1 + \partial_2 f_j \mathrm{d}x_2 + \cdots + \partial_n f_j \mathrm{d}x_n, \qquad \forall j = 1, 2, \ldots, m \tag{2.1$''$}$$

这样的记号在一些情况下是有好处的：符号$\partial_i f_j$可以用下标i明确地指示偏导数算符作用的位置，$\partial_i f_j$作为一个确定的函数，它的函数形式显然是与变量x的具体符号无关的。换言之，式

[1] 如果不加说明，我们假设本章中所有的函数都至少是一阶可微的。

$$\mathrm{d}f_j = \frac{\partial f_j}{\partial y_1}\mathrm{d}y_1 + \frac{\partial f_j}{\partial y_2}\mathrm{d}y_2 + \cdots + \frac{\partial f_j}{\partial y_n}\mathrm{d}y_n, \qquad \forall j = 1,2,\dots,m \tag{2.1'''}$$

之中的$\partial f_j/\partial y_i$与式(2.1′)中的$\partial f_j/\partial x_i$理应对应着同一个函数。

式(2.1)从形式上给出了$\mathrm{d}\boldsymbol{f}$和$\mathrm{d}\boldsymbol{x}$之间的对应关系。在实际的运算过程中，由于f_j对应着一个具有确定运算规则的节点，因此在得到相应的$\boldsymbol{x}$作为输入时，式(2.1)之中的所有偏导数理论上已经可以由程序算出。这样的过程可以被递归地进行。例如，如果这里的f_j首先是$u_1, u_2, \dots, u_k$的函数，然后对于任意的$s = 1,2,\dots,k$，u_s又是$x_1, x_2, \dots, x_n$的函数，即$\boldsymbol{f} = \boldsymbol{f}\big(\boldsymbol{u}(\boldsymbol{x})\big)$，那么我们可以通过链式求导法得到类似的微分的结果：

$$\begin{aligned}
\mathrm{d}f_j &= \frac{\partial f_j}{\partial u_1}\mathrm{d}u_1 + \frac{\partial f_j}{\partial u_2}\mathrm{d}u_2 + \cdots + \frac{\partial f_j}{\partial u_k}\mathrm{d}u_k \\
&= \frac{\partial f_j}{\partial u_1}\left(\frac{\partial u_1}{\partial x_1}\mathrm{d}x_1 + \frac{\partial u_1}{\partial x_2}\mathrm{d}x_2 + \cdots + \frac{\partial u_1}{\partial x_n}\mathrm{d}x_n\right) \\
&\quad + \frac{\partial f_j}{\partial u_2}\left(\frac{\partial u_2}{\partial x_1}\mathrm{d}x_1 + \frac{\partial u_2}{\partial x_2}\mathrm{d}x_2 + \cdots + \frac{\partial u_2}{\partial x_n}\mathrm{d}x_n\right) \\
&\quad + \cdots \\
&\quad + \frac{\partial f_j}{\partial u_k}\left(\frac{\partial u_k}{\partial x_1}\mathrm{d}x_1 + \frac{\partial u_k}{\partial x_2}\mathrm{d}x_2 + \cdots + \frac{\partial u_k}{\partial x_n}\mathrm{d}x_n\right) \\
&\equiv \frac{\partial f_j}{\partial x_1}\mathrm{d}x_1 + \frac{\partial f_j}{\partial x_2}\mathrm{d}x_2 + \cdots + \frac{\partial f_j}{\partial x_n}\mathrm{d}x_n
\end{aligned} \tag{2.2}$$

从计算图的视角来审视以上的微分运算，$x_1, x_2, \dots, x_n$对应计算图的输入节点，$f_1, f_2, \dots, f_m$对应计算图的输出节点，而$u_1, u_2, \dots, u_k$对应计算图的中间节点。我们首先应该理解的是，在所有由$\mathrm{d}\boldsymbol{f}$、$\mathrm{d}\boldsymbol{u}$及$\mathrm{d}\boldsymbol{x}$所构成的集合中，只有子集 $\mathrm{d}x_i$，$i = 1,2,\dots,n$是相互独立的，其余所有的$\mathrm{d}u$与$\mathrm{d}f$都可以通过$\mathrm{d}x_i$们的线性组合得到——毕竟所有的中间节点及输出节点，归根结底都是$\boldsymbol{x}$的函数，从而服从类似式(2.1)给出的约束条件。

如果我们为计算图的任意节点v同时指定另一个数$\dot{v}$来代表该节点对应的$\mathrm{d}v$，则可以将$\mathrm{d}u$、$\mathrm{d}f$和$\mathrm{d}x$之间的函数关系转化为$\dot{u}$、$\dot{v}$和$\dot{f}$之间的函数关系。与之前不同的是，这里的$\dot{v}$可以摆脱原符号$\mathrm{d}v$所拥有的内在含义，**完完全全地被一个计算机中的浮点数所代替**。由于$\dot{x}_i$（$i = 1,2,\dots,n$）是相互独立的，我们可以将这n个自变量任意地赋值，它们会在确定的对应关系下保持式(2.2)成立。

实际上，如果我们将式(2.1)中的$\mathrm{d}\boldsymbol{f}$展开为列向量，可以得到式(2.3)，它在数学上完全等价于式(2.1)：

$$
\begin{bmatrix} \mathrm{d}f_1 \\ \mathrm{d}f_2 \\ \vdots \\ \mathrm{d}f_m \end{bmatrix} = \begin{bmatrix} \frac{\partial f_1}{\partial x_1} & \frac{\partial f_1}{\partial x_2} & \cdots & \frac{\partial f_1}{\partial x_n} \\ \frac{\partial f_2}{\partial x_1} & \frac{\partial f_2}{\partial x_2} & \cdots & \frac{\partial f_2}{\partial x_n} \\ \vdots & \vdots & \ddots & \vdots \\ \frac{\partial f_m}{\partial x_1} & \frac{\partial f_m}{\partial x_2} & \cdots & \frac{\partial f_m}{\partial x_n} \end{bmatrix} \begin{bmatrix} \mathrm{d}x_1 \\ \mathrm{d}x_2 \\ \vdots \\ \mathrm{d}x_n \end{bmatrix} \tag{2.3}
$$

式(2.2)可以以相同的方式进行改写：

$$
\begin{aligned}
\begin{bmatrix} \mathrm{d}f_1 \\ \mathrm{d}f_2 \\ \vdots \\ \mathrm{d}f_m \end{bmatrix} &= \begin{bmatrix} \frac{\partial f_1}{\partial u_1} & \frac{\partial f_1}{\partial u_2} & \cdots & \frac{\partial f_1}{\partial u_k} \\ \frac{\partial f_2}{\partial u_1} & \frac{\partial f_2}{\partial u_2} & \cdots & \frac{\partial f_2}{\partial u_k} \\ \vdots & \vdots & \ddots & \vdots \\ \frac{\partial f_m}{\partial u_1} & \frac{\partial f_m}{\partial u_2} & \cdots & \frac{\partial f_m}{\partial u_k} \end{bmatrix} \begin{bmatrix} \mathrm{d}u_1 \\ \mathrm{d}u_2 \\ \vdots \\ \mathrm{d}u_k \end{bmatrix} \\
&= \begin{bmatrix} \frac{\partial f_1}{\partial u_1} & \frac{\partial f_1}{\partial u_2} & \cdots & \frac{\partial f_1}{\partial u_k} \\ \frac{\partial f_2}{\partial u_1} & \frac{\partial f_2}{\partial u_2} & \cdots & \frac{\partial f_2}{\partial u_k} \\ \vdots & \vdots & \ddots & \vdots \\ \frac{\partial f_m}{\partial u_1} & \frac{\partial f_m}{\partial u_2} & \cdots & \frac{\partial f_m}{\partial u_k} \end{bmatrix} \begin{bmatrix} \frac{\partial u_1}{\partial x_1} & \frac{\partial u_1}{\partial x_2} & \cdots & \frac{\partial u_1}{\partial x_n} \\ \frac{\partial u_2}{\partial x_1} & \frac{\partial u_2}{\partial x_2} & \cdots & \frac{\partial u_2}{\partial x_n} \\ \vdots & \vdots & \ddots & \vdots \\ \frac{\partial u_k}{\partial x_1} & \frac{\partial u_k}{\partial x_2} & \cdots & \frac{\partial u_k}{\partial x_n} \end{bmatrix} \begin{bmatrix} \mathrm{d}x_1 \\ \mathrm{d}x_2 \\ \vdots \\ \mathrm{d}x_n \end{bmatrix} \\
&\equiv \begin{bmatrix} \frac{\partial f_1}{\partial x_1} & \frac{\partial f_1}{\partial x_2} & \cdots & \frac{\partial f_1}{\partial x_n} \\ \frac{\partial f_2}{\partial x_1} & \frac{\partial f_2}{\partial x_2} & \cdots & \frac{\partial f_2}{\partial x_n} \\ \vdots & \vdots & \ddots & \vdots \\ \frac{\partial f_m}{\partial x_1} & \frac{\partial f_m}{\partial x_2} & \cdots & \frac{\partial f_m}{\partial x_n} \end{bmatrix} \begin{bmatrix} \mathrm{d}x_1 \\ \mathrm{d}x_2 \\ \vdots \\ \mathrm{d}x_n \end{bmatrix}
\end{aligned} \tag{2.4}
$$

这告诉我们，链式求导法则对应着雅可比矩阵的相乘。作为记号的改变，我们还可以将式(2.3)写成完全等价的如下形式：

$$
\begin{bmatrix} \dot{f}_1 \\ \dot{f}_2 \\ \vdots \\ \dot{f}_m \end{bmatrix} = \begin{bmatrix} \frac{\partial f_1}{\partial x_1} & \frac{\partial f_1}{\partial x_2} & \cdots & \frac{\partial f_1}{\partial x_n} \\ \frac{\partial f_2}{\partial x_1} & \frac{\partial f_2}{\partial x_2} & \cdots & \frac{\partial f_2}{\partial x_n} \\ \vdots & \vdots & \ddots & \vdots \\ \frac{\partial f_m}{\partial x_1} & \frac{\partial f_m}{\partial x_2} & \cdots & \frac{\partial f_m}{\partial x_n} \end{bmatrix} \begin{bmatrix} \dot{x}_1 \\ \dot{x}_2 \\ \vdots \\ \dot{x}_n \end{bmatrix} \tag{2.3$'$}
$$

注意，本节中出现的所有矩阵，正对应着式(1.10)中所定义的雅可比矩阵（Jacobian matrix）。

读者应该特别留意雅可比矩阵中的角标：每一行中f的角标相同，而每一列中偏导数算符的角标相同。上述公式可以被写成更加简洁的形式，如下所示：

$$\begin{bmatrix}\dot{f}_1\\ \dot{f}_2\\ \vdots\\ \dot{f}_m\end{bmatrix}=J_f(\boldsymbol{x})\begin{bmatrix}\dot{x}_1\\ \dot{x}_2\\ \vdots\\ x_n\end{bmatrix} \tag{2.3''}$$

$$\begin{bmatrix}\dot{f}_1\\ \dot{f}_2\\ \vdots\\ \dot{f}_m\end{bmatrix}=J_{f\circ\boldsymbol{u}}\big(\boldsymbol{u}(\boldsymbol{x})\big)J_{\boldsymbol{u}}(\boldsymbol{x})\begin{bmatrix}\dot{x}_1\\ \dot{x}_2\\ \vdots\\ x_n\end{bmatrix} \tag{2.4'}$$

正因如此，由前向模式所定义的函数在JAX库中也被记作 `jvp` 函数，它代表着雅可比-矢量乘法（Jacobian-Vector Product）。采取 `jvp` 这样的称呼或许是有其历史原因的：在Python常用的微分库Torch中，对于定义的一个函数f，语句 `y=f.forward(x)` 从效果上来看完全等价于 `y=f(x)`；在这里，名称 `forward` 仅用于指示运算操作在计算图中传播的方向，而非自动微分的前向模式。正因如此，JAX库放弃了单词“forward”，转而采用不存在任何歧义的 `jvp`，作为前向模式计算时函数的名称。

此外还应该指出的是，矢量$\dot{\boldsymbol{x}}$其实对应着求取梯度的方向。为了看清这一点，作为一种特殊的情况，我们将矢量$\dot{\boldsymbol{x}}$在第i方向的分量$\dot{x}_i$取为1，而将其他所有的$\dot{x}_j (j \neq i)$取为0。可以发现，此时式(2.2)将转变为：

$$\dot{f}_j=\frac{\partial f_j}{\partial u_1}\frac{\partial u_1}{\partial x_i}+\frac{\partial f_j}{\partial u_i}\frac{\partial u_i}{\partial x_i}+\cdots+\frac{\partial f_j}{\partial u_i}\frac{\partial u_i}{\partial x_i}=\frac{\partial f_j}{\partial x_i} \tag{2.5}$$
$$\text{当 } \dot{x}_j=\delta_{ij}, \qquad \forall\, i,j$$

也就是说，在$\dot{x}_j=\delta_{ij}$的初始化条件下，节点f_j中$\dot{f}_j$所对应的数值，即存储着我们期待求出的偏导数的数值。从矩阵的视角出发，例如在$i=1$时，我们可以有：

$$\begin{bmatrix}\dot{f}_1\\ \dot{f}_2\\ \vdots\\ \dot{f}_m\end{bmatrix}=\begin{bmatrix}\frac{\partial f_1}{\partial x_1} & \frac{\partial f_1}{\partial x_2} & \cdots & \frac{\partial f_1}{\partial x_n}\\ \frac{\partial f_2}{\partial x_1} & \frac{\partial f_2}{\partial x_2} & \cdots & \frac{\partial f_2}{\partial x_n}\\ \vdots & \vdots & \ddots & \vdots\\ \frac{\partial f_m}{\partial x_1} & \frac{\partial f_m}{\partial x_2} & \cdots & \frac{\partial f_m}{\partial x_n}\end{bmatrix}\begin{bmatrix}1\\ 0\\ \vdots\\ 0\end{bmatrix}=\begin{bmatrix}\frac{\partial f_1}{\partial x_1}\\ \frac{\partial f_2}{\partial x_1}\\ \vdots\\ \frac{\partial f_m}{\partial x_1}\end{bmatrix} \tag{2.6}$$

这告诉我们，**每一次前向传播，我们可以求出雅可比矩阵的一列**。由于雅可比矩阵的列数由函数$\boldsymbol{f}(x_1,x_2,\ldots,x_n)\in\mathcal{F}_n^m$输入参数$\boldsymbol{x}$的维数所决定，因此**自动微分的前向模式适用于函数输入参数个数较少、输出参数个数较多的**场合。

作为一个例子，考虑式(1.22)所引出的计算图。我们用表 2.1 对计算的过程进行追踪，它和图 2.1是完全对应的。

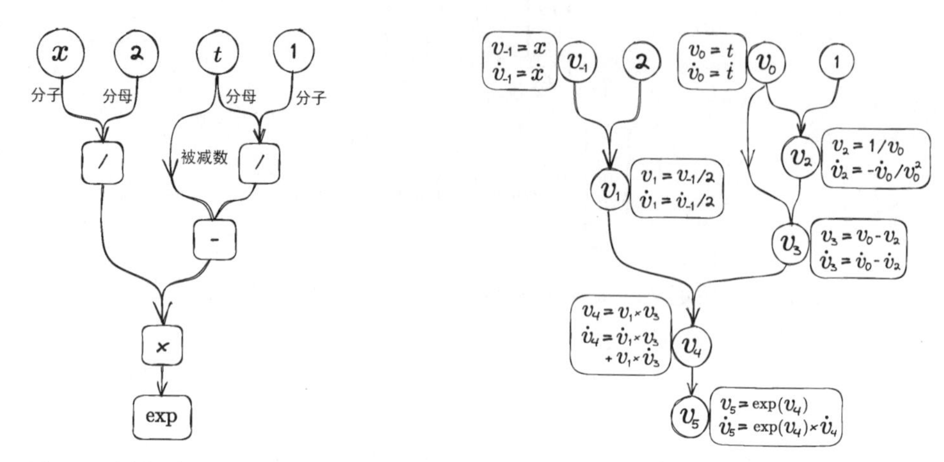

图 2.1 （左）式(1.22)所定义的计算图；（右）前向模式计算流程示意图，与左图对应。

主值		切值	
$v_{-1}=x$	$=3$	$\dot v_{-1}=\dot x$	$=1.0$
$v_0=t$	$=4$	$\dot v_0=\dot t$	$=0.0$
$v_1=v_{-1}/2$	$=3/2$	$\dot v_1=\dot v_{-1}/2$	$=0.5$
$v_2=1/v_0$	$=1/4$	$\dot v_2=-\dot v_0/v_0^2$	$=0.0$
$v_3=v_0-v_2$	$=4-0.25$	$\dot v_3=\dot v_0-\dot v_2$	$=0.0$
$v_4=v_1\times v_3$	$=1.5\times 3.75$	$\dot v_4=\dot v_1\times v_3+v_1\times\dot v_3$	$=0.5\times 3.75$
$v_5=\exp(v_4)$	$=e^{5.625}$	$\dot v_5=\exp(v_4)\times\dot v_4$	$=e^{5.625}\times 1.875$

计算图的构建过程以及前向微分的程序实现将在2.1.3 节中被一同给出。

*2.1.2 前向模式的二元数诠释[1]

雅可比矩阵与数对$(v,\dot v)$之间的联系或许并不足够显然，因此，从二元数（dual number）的视角出发对自动微分的前向模式进行重新审视，势必有利而无害。

从数学的角度来看，我们可以将自动微分的前向模式理解为将函数延拓到二元数域的结果。它可以被视作对函数泰勒展开的一种截断：

1 参考文献：Baydin A G, Pearlmutter B A, Radul A A, et al. Automatic differentiation in machine learning: a survey[J]. Journal of machine learning research, 2018, 18. （本节内容与该篇文献相比显得详细许多）

$$v+\dot{v}\epsilon \tag{2.7}$$

其中$v,\dot{v}\in\mathbb{R}$，ϵ为幂零数（nilpotent number）。在后文中，我们称v为二元数的主值，$\dot{v}$为二元数的切值。在将函数从实数域延拓至复数域的过程中，我们其实曾经见过类似的数学结构，在那里，一个复数z同样可以被解释为数对(x,y)，或者被记作：

$$z=x+y\,\mathrm{i} \tag{2.8}$$

这里的i是复数的虚数单位，满足$\mathrm{i}^2=-1$。二元数的数学结构与之类似，唯一的不同的是，在这里我们要求幂零单位ϵ满足$\epsilon^2=0$，且$\epsilon\neq 0$。应该注意的是，二元数和用于描述空间旋转的**四元数**（quaternion number）之间其实并没有太多本质上的联系——后者的四元数单位i, j, k被要求满足$\mathrm{i}^2=\mathrm{j}^2=\mathrm{k}^2=\mathrm{ijk}=-1$。当四元数$a+b\,\mathrm{i}+c\,\mathrm{j}+d\,\mathrm{k}$的最后两个分量为0时，四元数所满足的代数与复数同构。

对于二元数来说，我们以如下方式**定义加法**和**乘法**：

$$(v+\dot{v}\epsilon)+(u+\dot{u}\epsilon):=(v+u)+(\dot{v}+\dot{u})\epsilon \tag{2.9}$$

$$(v+\dot{v}\epsilon)(u+\dot{u}\epsilon):=(vu)+(\dot{u}v+\dot{v}u)\epsilon \tag{2.10}$$

取反操作作用于二元数$(v,\dot{v})$，等价于将实数v和$\dot{v}$变为其自身的相反数：

$$-(v+\dot{v}\epsilon)=(-v)+(-\dot{v})\epsilon \tag{2.11}$$

我们不难由此定义出**减法**。读者可以在2.1.3节中继续体会，这些符号在数学上的定义将如何在程序的具体实现中体现出来。

对于**除法**，我们有：

$$\frac{v+\dot{v}\epsilon}{u+\dot{u}\epsilon}=\frac{v}{u}+\frac{\dot{v}u-\dot{u}v}{u^2}\epsilon \tag{2.12}$$

这可以从关系 $(x+\dot{x}\epsilon)(u+\dot{u}\epsilon)=v+\dot{v}\epsilon$ 之中求解出来。即：

$$\begin{cases} xu=v \\ x\dot{u}+u\dot{x}=\dot{v} \end{cases} \rightarrow \begin{cases} x=v/u \\ \dot{x}=(\dot{v}u-\dot{u}v)/u^2 \end{cases}$$

解决了四则运算。接下来让我们来考察**乘方运算**，在底数为自然常数e时，我们定义：

$$\mathrm{e}^x:=\sum_{n=0}^{\infty}\frac{x^n}{n!} \tag{2.13}$$

如果我们期待二元数同样能够满足这样的定义，则将有：

$$
\begin{aligned}
e^{x+\dot{x}\epsilon} &:= \sum_{n=0}^{\infty} \frac{(x+\dot{x}\epsilon)^n}{n!} \\
&= 1 + \sum_{n=1}^{\infty} \frac{x^n + n x^{n-1}\dot{x}\epsilon}{n!} \\
&= \sum_{n=0}^{\infty} \frac{x^n}{n!} + \dot{x}\epsilon \sum_{n=1}^{\infty} \frac{x^{n-1}}{(n-1)!} \\
&= e^x + e^x \dot{x}\,\epsilon
\end{aligned}
\tag{2.14}
$$

对数运算是乘方运算的逆运算，如果我们期待：

$$\ln(x+\dot{x}\epsilon) = y + \dot{y}\epsilon$$

则应该有：

$$e^{y+\dot{y}\epsilon} = e^y + e^y\dot{y}\epsilon = x + \dot{x}\epsilon$$

稍加对比，我们不难得到$y=\ln x$，$\dot{y}=\dot{x}/x$；从而我们可以有

$$\ln(x+\dot{x}\epsilon) = \ln x + \frac{\dot{x}}{x}\epsilon \tag{2.15}$$

当然，对于其他任意阶可微的光滑函数$f \in C^{\infty}$（例如三角函数等），**一般而言**，在收敛半径之内，我们都可以构造泰勒展开公式，如下：

$$f(x) = f(x_0) + f'(x_0)(x-x_0) + \sum_{n=2}^{\infty} \frac{1}{n!} f^{(n)}(x_0)(x-x_0)^n \tag{2.16}$$

在式(2.16)中，我们刻意将展开式的前两阶显式地写出了。

注

前文提到，式(2.16)仅在通常情况下成立。在这里，我们给出式(2.16)在特殊情况下的一个反例。为此，我们构造函数$f:\mathbb{R} \to \mathbb{R}$，它具有如下形式：

$$f(x) = \begin{cases} e^{-1/x} & (x>0) \\ 0 & (x \le 0) \end{cases}$$

可以证明，函数f是光滑的，因为它在任意一点都具有任意阶的导函数$f^{(n)}(x)$。特别地，在$x=0$处，无论是左导数还是右导数，我们都有$f^{(n)}(x) \equiv 0$，$\forall n = 0,1,2,3 \ldots$。读者可以自行验证，此时式(2.16)将不再成立，因为它的左侧为函数$f(x)$，而右侧却恒等于0。这是一般高等数学教材中的泰勒展开公式内泰勒余项存在的意义，这也是为什么作者在介绍泰勒展开法之前，需要首先用其他方法严格地给出对于常见运算符二元数的运算法则。

以下是式(2.16)的严格形式之一（取拉格朗日型余项）：

$$f(x) = f(x_0) + f'(x_0)(x-x_0) + \sum_{n=2}^{m} \frac{1}{n!} f^{(n)}(x_0)(x-x_0)^n + \frac{1}{(m+1)!} f^{(m+1)}(\xi)(x-x_0)^{m+1}, \tag{2.16'}$$
$$\exists\, \xi \in (x_0-\delta, x_0+\delta), \delta = |x-x_0|$$

式(2.17)可以由此得到更为严格的证明。尽管形如式(2.16)这样的泰勒展开公式存在这里所指出的一系列问题，然而，即便是在一些相当现代的教材中，人们依然容易将泰勒余项忽略。例如Benoit Liquet、Sarat Moka 和 Yoni Nazarathy写作的深度学习专著 *The Mathematical Engineering of Deep Learning* 中的式(3.2)。

这样，如果我们将式(2.16)中的x转变为二元数$x+\dot{x}\epsilon$，则将会有：

$$f(x+\dot{x}\epsilon)=f(x_0)+f'(x_0)(x-x_0+\dot{x}\epsilon)+\sum_{n=2}^{\infty}\frac{1}{n!}f^{(n)}(x_0)(x-x_0+\dot{x}\epsilon)^n$$

由于通常来说上式对任意的x_0都可以成立，因此我们不妨取 $x_0\equiv x$，由此得到：

$$f(x+\dot{x}\epsilon)=f(x)+f'(x)\dot{x}\epsilon+\epsilon^2\sum_{n=2}^{\infty}\frac{1}{n!}f^{(n)}(x)\dot{x}^n\epsilon^{n-2}$$

考虑到关系$\epsilon^2=0$，我们终于得到了一个较为一般的表达式：

$$f(x+\dot{x}\epsilon)=f(x)+f'(x)\dot{x}\epsilon \tag{2.17}$$

式(2.14)和式(2.15)都是式(2.17)的特例，读者应该不难自行验证。利用多元函数的泰勒展开公式，我们可以用类似的方法得到更为一般的公式：

$$f(x_1+\dot{x_1}\epsilon,x_2+\dot{x_2}\epsilon,\dots)=f(x_1,x_2,\dots)+\frac{\partial f}{\partial x_1}(x_1,x_2,\dots)\dot{x}_1\epsilon+\frac{\partial f}{\partial x_2}(x_1,x_2,\dots)\dot{x}_2\epsilon+\cdots \tag{2.18}$$

例如，如果$f(x,y)=x/\mathrm{y}$，我们可以用式(2.18)对式(2.12)进行简单的验证：

$$f(u+\dot{u}\epsilon,v+\dot{v}\epsilon)=\frac{v}{u}+\frac{1}{u}\dot{v}\epsilon+\left(-\frac{v}{u^2}\right)\dot{u}\epsilon \tag{2.19}$$

另外一个常见的例子是取$f(x,y)=x^y$，此时我们可以有：

$$f(x+\dot{x}\epsilon,y+\dot{y}\epsilon)=x^y+yx^{y-1}\dot{x}\epsilon+x^y\ln x\,\dot{y}\epsilon \tag{2.20}$$

下面我们重新对多元函数$\boldsymbol{f}(x_1,x_2,\dots,x_n)\in\mathcal{F}_n^m$进行简单的讨论。假设这里的$\boldsymbol{f}$首先是$u_1,u_2,\dots,u_k$的函数，然后对于任意的$s=1,2,\dots,k$，$u_s$又是$x_1,x_2,\dots,x_n$的函数，即$\boldsymbol{f}=\boldsymbol{f}(\boldsymbol{u}(\boldsymbol{x}))$，那么可以有：

$$\begin{aligned}\boldsymbol{f}(&u_1(x_1+\dot{x}_1\epsilon,x_2+\dot{x}_2\epsilon,\dots,x_n+\dot{x}_n\epsilon),\\&u_2(x_1+\dot{x}_1\epsilon,x_2+\dot{x}_2\epsilon,\dots,x_n+\dot{x}_n\epsilon),\\&\dots,\end{aligned}$$

$$
\begin{aligned}
& u_k(x_1+\dot{x}_1\epsilon, x_2+\dot{x}_2\epsilon, \dots, x_n+\dot{x}_n\epsilon)) \\
={} & \boldsymbol{f}\Big(u_1(\boldsymbol{x})+\frac{\partial u_1}{\partial x_1}(\boldsymbol{x})\dot{x}_1\epsilon+\frac{\partial u_1}{\partial x_2}(\boldsymbol{x})\dot{x}_2\epsilon+\cdots+\frac{\partial u_1}{\partial x_n}(\boldsymbol{x})\dot{x}_n\epsilon, \\
& u_2(\boldsymbol{x})+\frac{\partial u_2}{\partial x_1}(\boldsymbol{x})\dot{x}_1\epsilon+\frac{\partial u_2}{\partial x_2}(\boldsymbol{x})\dot{x}_2\epsilon+\cdots+\frac{\partial u_2}{\partial x_n}(\boldsymbol{x})\dot{x}_n\epsilon, \\
& \dots, \\
& u_k(\boldsymbol{x})+\frac{\partial u_k}{\partial x_1}(\boldsymbol{x})\dot{x}_1\epsilon+\frac{\partial u_k}{\partial x_2}(\boldsymbol{x})\dot{x}_2\epsilon+\cdots+\frac{\partial u_k}{\partial x_n}(\boldsymbol{x})\dot{x}_n\epsilon\Big) \\
={} & \boldsymbol{f}\big(u_1(\boldsymbol{x}), u_2(\boldsymbol{x}), \dots, u_k(\boldsymbol{x})\big) \\
& +\frac{\partial \mathrm{f}}{\partial \mathrm{u}_1}(\mathrm{u}(\mathrm{x}))\left(\frac{\partial \mathrm{u}_1}{\partial \mathrm{x}_1}(\mathrm{x})\dot{\mathrm{x}}_1+\frac{\partial \mathrm{u}_1}{\partial \mathrm{x}_2}(\mathrm{x})\dot{\mathrm{x}}_2+\cdots+\frac{\partial \mathrm{u}_1}{\partial \mathrm{x}_n}(\mathrm{x})\dot{\mathrm{x}}_n\right)\epsilon \\
& +\frac{\partial \boldsymbol{f}}{\partial u_2}(\boldsymbol{u}(\boldsymbol{x}))\left(\frac{\partial u_2}{\partial x_1}(\boldsymbol{x})\dot{x}_1+\frac{\partial u_2}{\partial x_2}(\boldsymbol{x})\dot{x}_2+\cdots+\frac{\partial u_2}{\partial x_n}(\boldsymbol{x})\dot{x}_n\right)\epsilon \\
& \quad \dots, \\
& +\frac{\partial \boldsymbol{f}}{\partial u_k}(\boldsymbol{u}(\boldsymbol{x}))\left(\frac{\partial u_k}{\partial x_1}(\boldsymbol{x})\dot{x}_1+\frac{\partial u_k}{\partial x_2}(\boldsymbol{x})\dot{x}_2+\cdots+\frac{\partial u_k}{\partial x_n}(\boldsymbol{x})\dot{x}_n\right)\epsilon
\end{aligned}
$$

我们将$\boldsymbol{f}\big(\boldsymbol{u}(\boldsymbol{x}+\dot{\boldsymbol{x}}\epsilon)\big)$的主部和切部分别设为$\boldsymbol{y}\in\mathbb{R}^m$和$\dot{\boldsymbol{y}}\in\mathbb{R}^m$，满足$\boldsymbol{y}+\dot{\boldsymbol{y}}\epsilon \coloneqq \boldsymbol{f}(\boldsymbol{u}(\boldsymbol{x}+\dot{\boldsymbol{x}}\epsilon))$，则对比上式的二元数对，我们可以得到：

$$
\boldsymbol{y}=\boldsymbol{f}\big(\boldsymbol{u}(\boldsymbol{x})\big) \tag{2.21a}
$$

$$
\begin{aligned}
\dot{\boldsymbol{y}}={} & \frac{\partial \boldsymbol{f}}{\partial u_1}\left(\frac{\partial u_1}{\partial x_1}\dot{x}_1+\frac{\partial u_1}{\partial x_2}\dot{x}_2+\cdots+\frac{\partial u_1}{\partial x_n}\dot{x}_n\right) \\
& +\frac{\partial \boldsymbol{f}}{\partial u_2}\left(\frac{\partial u_2}{\partial x_1}\dot{x}_1+\frac{\partial u_2}{\partial x_2}\dot{x}_2+\cdots+\frac{\partial u_2}{\partial x_n}\dot{x}_n\right) \\
& +\cdots \\
& +\frac{\partial \boldsymbol{f}}{\partial u_k}\left(\frac{\partial u_k}{\partial x_1}\dot{x}_1+\frac{\partial u_k}{\partial x_2}\dot{x}_2+\cdots+\frac{\partial u_k}{\partial x_n}\dot{x}_n\right)
\end{aligned} \tag{2.21b}
$$

也即是说

$$
\begin{bmatrix} \dot{y}_1 \\ \dot{y}_2 \\ \vdots \\ \dot{y}_m \end{bmatrix}
=
\begin{bmatrix}
\frac{\partial f_1}{\partial u_1} & \frac{\partial f_1}{\partial u_2} & \cdots & \frac{\partial f_1}{\partial u_k} \\
\frac{\partial f_2}{\partial u_1} & \frac{\partial f_2}{\partial u_2} & \cdots & \frac{\partial f_2}{\partial u_k} \\
\vdots & \vdots & \ddots & \vdots \\
\frac{\partial f_m}{\partial u_1} & \frac{\partial f_m}{\partial u_2} & \cdots & \frac{\partial f_m}{\partial u_k}
\end{bmatrix}
\begin{bmatrix}
\frac{\partial u_1}{\partial x_1} & \frac{\partial u_1}{\partial x_2} & \cdots & \frac{\partial u_1}{\partial x_n} \\
\frac{\partial u_2}{\partial x_1} & \frac{\partial u_2}{\partial x_2} & \cdots & \frac{\partial u_2}{\partial x_n} \\
\vdots & \vdots & \ddots & \vdots \\
\frac{\partial u_k}{\partial x_1} & \frac{\partial u_k}{\partial x_2} & \cdots & \frac{\partial u_k}{\partial x_n}
\end{bmatrix}
\begin{bmatrix} \dot{x}_1 \\ \dot{x}_2 \\ \vdots \\ \dot{x}_n \end{bmatrix}
$$

$$\equiv \begin{bmatrix} \frac{\partial f_1}{\partial x_1} & \frac{\partial f_1}{\partial x_2} & \cdots & \frac{\partial f_1}{\partial x_n} \\ \frac{\partial f_2}{\partial x_1} & \frac{\partial f_2}{\partial x_2} & \cdots & \frac{\partial f_2}{\partial x_n} \\ \vdots & \vdots & \ddots & \vdots \\ \frac{\partial f_m}{\partial x_1} & \frac{\partial f_m}{\partial x_2} & \cdots & \frac{\partial f_m}{\partial x_n} \end{bmatrix} \begin{bmatrix} \dot{x}_1 \\ \dot{x}_2 \\ \vdots \\ \dot{x}_n \end{bmatrix} \tag{2.22}$$

这是对式(2.3)和式(2.4)在二元数情形之下的说明，它更加明确地道出了雅可比矩阵与二元数对之间的关系。式(2.21a)和式(2.21b)可以被更加紧凑地写成：

$$\begin{aligned} \boldsymbol{f}(\boldsymbol{u}(\boldsymbol{x}+\dot{\boldsymbol{x}}\epsilon)) &= \boldsymbol{f}(\boldsymbol{u}(\boldsymbol{x})) + J_f(\boldsymbol{u}(\boldsymbol{x}))J_{\boldsymbol{u}}(\boldsymbol{x})\dot{\boldsymbol{x}}\epsilon \\ &\equiv \boldsymbol{f}(\boldsymbol{u}(\boldsymbol{x})) + J_{f\circ \boldsymbol{u}}(\boldsymbol{x})\dot{\boldsymbol{x}}\epsilon \end{aligned} \tag{2.23}$$

在$\boldsymbol{u}(\boldsymbol{x}) = \boldsymbol{x}$时，雅可比矩阵$J_{\boldsymbol{u}}(\boldsymbol{x})$退化为恒等矩阵，式(2.23)成为：

$$\boldsymbol{f}(\boldsymbol{x}+\dot{\boldsymbol{x}}\epsilon) = \boldsymbol{f}(\boldsymbol{x}) + J_f(\boldsymbol{x})\dot{\boldsymbol{x}}\epsilon \tag{2.24}$$

式(2.24)其实非常重要，它是对式(2.18)的进一步推广，同时告诉我们在前一节中可以将$\mathrm{d}x$替换为实数$\dot{x}$的原因。由于自动微分前向模式的终极目标，无非是求出雅可比矩阵作用于$\dot{\boldsymbol{x}}$后得到的向量$J_f(\boldsymbol{x})\dot{\boldsymbol{x}}$，因此式(2.24)还解释了为什么在将函数$\boldsymbol{f}$推广到二元数域后，我们可以在$\dot{\boldsymbol{f}}$中找到$J_f(\boldsymbol{x})\dot{\boldsymbol{x}}$ 的数值。

从本质上来说，二元数幂零元ϵ的运算规则$\epsilon^2 = 0$，承接了同调论中的重要结论$\mathrm{d}\circ\mathrm{d}f \equiv 0$，在这样的视角下，二元数与微分操作在数学结构上的相似成为了显然。

2.1.3 前向微分的程序实现

前向微分的程序实现和符号求导类似，同样需要用到运算符的重载。以加法和乘法的算符前向传播为例，如果不加入任何的类型检查，我们甚至只需要定义一个 Variable 类，即可完成所有的任务。

代码示例 2.1　自动微分前向模式的简单实现（加法、乘法）

```
class Variable(object):

    def __init__(self, value, dot=0.):
        self.value = value
        self.dot = dot

    # 加法的重载
    def __add__(self, other):
        res = Variable(self.value + other.value)
        res.dot = self.dot + other.dot
```

```python
        return res

    def __radd__(self, other):
        return self.__add__(other)

    # 乘法的重载
    def __mul__(self, other):
        res = Variable(self.value * other.value)
        res.dot = other.value * self.dot + self.value * other.dot
        return res

    def __rmul__(self, other):
        return self.__mul__(other)
```

我们在附录A中给出了和Python的类相关的介绍，其中A.3 节包含了对算符重载的说明。在这里，我们给出的示例仅仅只对加法和乘法算符进行了重载，用最少的代码勾勒出了自动微分前向模式数据结构的剪影。代码示例2.1是对式(2.9)和式(2.10)的程序实现。

当然，如果我们尝试将代码变得更加专业实用，可以考虑在程序中加入对叶节点的判断以及输入类型的转换，具体的程序实现如代码示例 2.2.1 所示。

代码示例 2.2.1 自动微分前向模式的算法实现（初始化、类型判断）

```python
import math
from typing import Callable, List

class Variable(object):

    _is_leaf = True
    def __init__(self, value, dot=0):
        self.value = value
        self.dot = dot

    @staticmethod
    def to_variable(obj):
        if isinstance(obj, Variable):
            return obj
        try:
            return Variable(obj)
        except:
            raise TypeError("Object {} is of type {}, which can not be interpreted"
                            "as Variables".format(type(obj).__name__, type(obj)))
```

代码示例 2.2.2 中关于加法和乘法算符的重载与代码示例 2.1 完全类似。

代码示例 2.2.2 自动微分前向模式的算法实现（重载加法与乘法算符）

```
# 加法的重载
def __add__(self, other):
    """ self + other """
    if not isinstance(other, Variable):
        other = self.to_variable(other)
    res = self.to_variable(self.value + other.value)
    res.dot = self.dot + other.dot
    res._is_leaf = False
    return res

def __radd__(self, other):
    """ other + self """
    return self.__add__(other)

# 乘法的重载
def __mul__(self, other):
    """ self * other"""
    if not isinstance(other, Variable):
        other = self.to_variable(other)
    res = self.to_variable(self.value * other.value)
    res.dot = other.value * self.dot + self.value * other.dot
    res._is_leaf = False
    return res

def __rmul__(self, other):
    """ other * self """
    return self.__mul__(other)
```

在重载减法算符之前，我们需要首先通过函数__neg__重载取反操作（这和 2.1.2 节中关于二元数运算规则的讨论顺序是一致的）。代码示例 2.2.3 与式(2.11)相对应。

代码示例 2.2.3 微分前向模式的算法实现（重载取反与减法）

```
# 取反操作的重载
def __neg__(self):
    """ - self """
    self.value = - self.value
    self.dot = -self.dot
    return self

# 减法的重载
def __sub__(self, other):
    """ self - other """
```

```
        if not isinstance(other, Variable):
            other = self.to_variable(other)
        other = - other  # 这里将用到重载的__neg__
        return self.__add__(other)

    def __rsub__(self, other):
        """ other - self """
        if not isinstance(other, Variable):
            other = self.to_variable(other)
        self = -self    # 这里将用到重载的 __neg__
        return self.__add__(other)
```

除法算符会稍微复杂一些，它还涉及除零的判断（类似的问题在符号求导中是不会存在的），代码示例 2.2.4 与式(2.12)相对应。

代码示例 2.2.4　自动微分前向模式的算法实现（重载除法）

```
    # 除法的重载
    def __truediv__(self, other):
        """ self / other """
        if not isinstance(other, Variable):
            other = self.to_variable(other)
        if other.value == 0:
            raise ZeroDivisionError("division by zero")

        res = Variable(self.value / other.value)
        res.dot = 1. / other.value * self.dot \
                  - 1 / (other.value ** 2) * self.value * other.dot
        res._is_leaf = False
        return res

    def __rtruediv__(self, other):
        """ other / self """
        if not isinstance(other, Variable):
            other = self.to_variable(other)
        if self.value == 0:
            raise ZeroDivisionError("division by zero")

        res = Variable(other.value / self.value)
        res.dot = 1. / self.value * other.dot \
                  - 1 / (self.value ** 2) * other.value * self.dot
        res._is_leaf = False
        return res
```

乘方的操作相对比较复杂，在之前的符号求导中，我们只在乎程序是否能够返回正确的符号表达式，而没有在运算的过程中赋予变量具体的值。但是，在自动微分中，我们需要对乘方的底数（base）和幂（power）的不同取值情况进行更加细致的讨论。

例如，在指数为0时，我们期待程序能够直接返回一个不带切值的数字 1（当然，如果底数同样为0，程序需要提示输入数的错误）；在指数为非零整数时，我们希望程序能够支持的底数的取值为所有的实数；而在一般情况下，我们需要判断底数的取值是否为正[1]，并按照式(2.20)返回重载结果。另外，指数为非零整数的判断不适用于“右乘方操作” `__rpow__` 的重载。具体的程序实现如代码示例 2.2.5 所示。

代码示例 2.2.5 自动微分前向模式的算法实现（重载乘方）

```
# 乘方的重载
def __pow__(self, other):
    """ self ** other"""
    if not isinstance(other, Variable):
        other = self.to_variable(other)

    # 指数和底数出现 0 的情况
    if other.value == 0 or self.value == 0:
        if self.value == 0 and other.value ==0:
            raise ValueError("0^0 occurred during calculation.")
        elif self.value == 0:  # 0^x
            res = self.to_variable(0.)
        elif other.value == 0: # x^0
            res = other.to_variable(1.)
        else:
            raise ValueError(" This Error should never have occurred.")

    # 指数为整数的情况
    elif int(other.value) == other.value and other._is_leaf:
        res = self.to_variable(self.value ** other.value)
        res.dot = other.value * self.value ** (other.value - 1) * self.dot

    # 一般情况
    else:
        if self.value < 0:
            raise ValueError("Can't take the power of a negative number currently,
```

---

[1] 如果读者在Python中输入类似$(-)^{0.25}$这样的表达式，程序确实会正确地返回0.7071 + 0.7071j，也就是将上述表达式扩大到复数域执行。诚然，这样的处理方式给代码的书写带来了方便，但同时这也给程序的运行带来了潜在的危险——毕竟，0.7071 − 0.7071j、−0.7071 + 0.7071j和−0.7071 − 0.7071j同样也是函数$(-)^{0.25}$的值。当我们试图令Python计算$(-8)^{1/3}$时，程序将会返回该函数的一个复数值$1+\sqrt{3}$j，而非我们通常所期待的结果−2。代码“`type((-8)**(1/3))`”返回的结果是`<class 'complex'>`。
有关于**负数**的指数问题，其本质是**复数**的指数问题，而在黎曼面上，复变函数$f(z)=z^{\alpha}$一般来说是多值的。在本例中，除简单报错外，我们暂不对这种情况进行更多处理。

```
                    " may be implemented later")
        res = self.to_variable(self.value ** other.value)
        res.dot = other.value * self.value ** (other.value - 1) * self.dot \
                + self.value ** other.value * math.log(self.value) * other.dot
    res._is_leaf = False
    return res

def __rpow__(self, other):
    """ other ** self """
    if not isinstance(other, Variable):
        other = self.to_variable(other)

    # 指数和底数出现 0 的情况
    if other.value == 0 or self.value == 0:
        if self.value == 0 and other.value ==0:
            raise ValueError("0^0 occurred during calculation.")
        elif other.value == 0:  # 0^x
            res = self.to_variable(0.)
        elif self.value == 0:   # x^0
            res = other.to_variable(1.)
        else:
            raise ValueError(" This Error should never have occurred.")

    # 一般情况
    else:
        if other.value < 0:
            raise ValueError("Can't take the power of a negative number currently
                    " may be implemented later")
        res = self.to_variable(other.value ** self.value)
        res.dot = self.value * other.value ** (self.value - 1) * other.dot \
                + other.value ** self.value * math.log(other.value) * self.dot
    res._is_leaf = False
    return res
```

当然，如果我们希望在打印结果时，程序能够返回靠谱一些的结果，只需要简单重写 `__str__` 函数即可，如代码示例 2.2.6 所示。

代码示例 2.2.6 自动微分前向模式的算法实现（重写 str 函数）

```
def __str__(self):
    if isinstance(self.value, Variable):
        return str(self.value)
    return "Variable({})".format(self.value)
```

行文至此，我们基本完成了 Variable 类的书写。如果需要添加 Variable 类对大小比较的支持，我们可以完全参考附录A.3 节中比较运算符的重载部分——尽管二元数之间的“大小”比较或许没有太多数学上的意义，但通常书写程序时我们确实需要这样做。

当然，Variable 类的构造本身仅仅只是手段，我们的最终目的是用前向模式求出函数在某点处的微分。由此定义的 value_and_grad 函数如示例代码 2.3.1 所示。

代码示例 2.3.1　基于前向模式的 value_and_grad 函数

```python
def value_and_grad(fun: Callable,
                   argnum: int = 0,)-> Callable:
    '''''
    构造一个方程，它能够同时计算函数 fun 的值和它的梯度
        fun: 被微分的函数。需要被微分的位置由参数 argnums 指定，函数的返回只能为一个数
        argnum: 可选参数，只能为整数，用于指定微分的对象；不指定则默认对第一个参数求导

    返回：
       一个和 fun 具有相同输入结构的函数，这个函数能够同时计算 fun 的值和指定位置的导函数
    '''

    def value_and_grad_f(*args):
        # 输入检查
        if argnum >= len(args):
            raise TypeError(f"对参数 argnums = {argnum}微分需要至少 "
                            f"{argnum+1}个位置的参数作为变量被传入，"
                            f"但只收到了{len(args)}个参数")

        # 构造求导所需的输入
        args_new: List[Variable] = []
        for arg in args:
            if not isinstance(arg, Variable):
                arg_new = Variable.to_variable(arg)
                arg_new.dot = 0.
            else:
                arg_new = arg

            args_new.append(arg_new)

        # 将待求导对象的 dot 值置为 1，其余置为 0
        args_new[argnum].dot = 1.

        # 计算函数的值和导函数
        value = fun(*args_new)
        g = value.dot
```

```python
        # 程序输出
        return value, g

    # 将函数 value_and_grad_f 返回
    return value_and_grad_f
```

简单来说，如果需要求取关于第i个变量的（偏）导数，我们只需要将输入的矢量转化为 Variable 类，同时将第i个 Variable 分量的 dot 参数赋值为 1，其余分量 dot 参数赋值为 0 即可。有了 value_and_grad 函数，grad 函数即可被方便地构造出来，如代码示例 2.3.2 所示。

代码示例 2.3.2 基于前向模式的 grad 函数

```python
def grad(fun: Callable,
        argnum: int = 0,)-> Callable:
    '''''
    构造一个方程，它仅计算函数 fun 的梯度
        fun: 被微分的函数。需要被微分的位置由参数 argnums 指定，函数的返回只能为一个数
        argnum: 可选参数，只能为整数，用于指定微分的对象；不指定则默认对第一个参数求导

    返回:
        一个和 fun 具有相同输入结构的函数，这个函数能够计算函数 fun 的梯度
    '''
    value_and_grad_f = value_and_grad(fun=fun, argnum=argnum)

    def grad_f(*args):
        # 仅仅返回导数
        _, g = value_and_grad_f(*args)
        return g

  return grad_f
```

作为一个简单的测试，我们来看如代码示例 2.3.3 所示的测试案例。

代码示例 2.3.3 grad 函数测试

```python
def f(x,y):
    return (x + y) ** 2

x, y = 1.0, 2.0

df1  = grad(f, argnum=0,   )
df2  = grad(f, argnum=1,   )
```

```
"""  第零阶  """
print(f(x,y))        # >>  9.0

"""  第一阶  """
print(df1 (x,y))     # >>  6.0
print(df2 (x,y))     # >>  6.0
```

通过前向模式的自动微分，我们同样可以完成高阶导数的计算。直觉上的方案是将 Variable 类中所有 dot 的值同样转化为 Variable 类的实例。这样的直觉无疑是准确的，但在实际的代码设计中，该方案需要克服的主要难点在于算符的循环重载问题。在接下来的篇幅中，我们仅仅指出高阶导数的实现将面临的主要问题和可能的解决方案——JAX等自动微分库显然已经为我们很好地解决了这些问题。

一个最为朴素的示例类似代码示例2.1，在代码示例 2.4 中，我们将所有的 dot 的值同样转化为 Variable 类的实例。（如果仅仅重载一部分 dot 的值，一般而言函数的二阶导数将恒为 0，对于这样的结果，其背后的数学内涵是深刻的。）

代码示例 2.4　高阶导数实现的难点

```
class Variable(object):

    def __init__(self, value, dot=0.):
        self.value = value
        self.dot = Variable(dot)

    # 加法的重载
    def __add__(self, other):
        res = Variable(self.value + other.value)
        res.dot = Variable(self.dot + other.dot)
        return res

    def __radd__(self, other):
        return self.__add__(other)


    def __str__(self):
        if isinstance(self.value, Variable):
            return str(self.value)
        return "Variable({})".format(self.value)
```

当然，对于一元函数，grad 函数可以有相对简单的实现形式，如下所示：

```
def grad(fun):
    def grad_f(x:Variable):
```

```
        x.dot = Variable(1.)
        return fun(x).dot
    return grad_f
```

尽管这样的数据结构对于高阶导数的实现显然是必须的，但就__add__函数中类似 self.dot + other.dot 这样的语句来说，当其中的 self.dot 或者 other.dot 同样为 Variable 类的实例时，这里的加法将不再是浮点数之间的加法，而会转而调用 Variable 类中重写的__add__函数——这样就出现了运算符的循环重载问题，程序最终将会因为超过最大递归深度而报错。

```
>> RecursionError: maximum recursion depth exceeded.
```

对于这一问题，一种可能的解决方案是通过巧妙的程序设计，使得我们能够根据 grad 函数被调用的次数来控制重载算符的递归次数，从而使得程序允许递归构建高阶导数相应的计算图。出于篇幅原因，这里不再继续展示相关程序实现的细节。

2.2 反向模式（backward mode）

与前向模式一样，本节首先对自动微分的反向模式进行简单介绍，令读者把握反向模式的主要思想。直观上来看，反向模式的算法与前向模式相比显得极为不同，然而在2.2.2节中你将会看到，自动微分的反向模式和前向模式其实具有相当的一致性，**这样的一致性尽管在许多文献中被隐约地提到，但本书却是第一次用严格的数学将其明确地指出**。反向模式的代码实现和符号求导一样具有相当的技巧性，是全书的难点之一。基于反向模式实现的 grad 函数，同样能够进行一阶导数的计算。

注

跳过2.2.2节中关于“前向模式和反向模式的一致性”的介绍不会影响知识的完整性，读者可以根据自己的需要选择性地阅读。反向模式代码实现中的部分变量和函数名与JAX库相同。

2.2.1 反向模式的理论

考虑一个特殊的计算图结构如图 2.2 所示，如果我们需要求出$f \in \mathcal{F}_2^1$关于x_1和x_2的导数，可以通过链式求导法则对此进行计算：

$$\frac{\partial f}{\partial x_1} = \frac{\partial f}{\partial g}\frac{\partial g}{\partial x_1} + \frac{\partial f}{\partial \tilde{g}}\frac{\partial \tilde{g}}{\partial x_1}$$

$$= \frac{\partial f}{\partial g}\left(\frac{\partial g}{\partial h}\frac{\partial h}{\partial x_1} + \frac{\partial g}{\partial \tilde{h}}\frac{\partial \tilde{h}}{\partial x_1}\right) + \frac{\partial f}{\partial \tilde{g}}\left(\frac{\partial \tilde{g}}{\partial h}\frac{\partial h}{\partial x_1} + \frac{\partial \tilde{g}}{\partial \tilde{h}}\frac{\partial \tilde{h}}{\partial x_1}\right) \tag{2.25a}$$

$$\frac{\partial f}{\partial x_2} = \frac{\partial f}{\partial g}\frac{\partial g}{\partial x_2} + \frac{\partial f}{\partial \tilde{g}}\frac{\partial \tilde{g}}{\partial x_2}$$

$$= \frac{\partial f}{\partial g}\left(\frac{\partial g}{\partial h}\frac{\partial h}{\partial x_2} + \frac{\partial g}{\partial \tilde{h}}\frac{\partial \tilde{h}}{\partial x_2}\right) + \frac{\partial f}{\partial \tilde{g}}\left(\frac{\partial \tilde{g}}{\partial h}\frac{\partial h}{\partial x_2} + \frac{\partial \tilde{g}}{\partial \tilde{h}}\frac{\partial \tilde{h}}{\partial x_2}\right) \tag{2.25b}$$

让我们来细致地考察式(2.25a)，第一个等号首先对节点f进行了处理，下式中的$\partial f/\partial g$和$\partial f/\partial \tilde{g}$是可以被直接算出的：

$$\frac{\partial f}{\partial x_1} = \frac{\partial f}{\partial g}\frac{\partial g}{\partial x_1} + \frac{\partial f}{\partial \tilde{g}}\frac{\partial \tilde{g}}{\partial x_1}$$

由于f关于输入节点g和$\tilde{g}$的函数形式确定，我们可以在节点f中，事先将f关于其每个输入变量偏导的函数形式进行存储，在需要时带入所需求导的点，即可得到$\partial f/\partial g$和$\partial f/\partial \tilde{g}$的具体数值。例如在这里，我们应该分别在函数$\partial f/\partial g$和$\partial f/\partial \tilde{g}$的第一个位置输入$g(h(x_1, x_2), \tilde{h}(x_1, x_2))$，在第二个位置输入$\tilde{g}(h(x_1, x_2), \tilde{h}(x_1, x_2))$。而在求出$\partial f/\partial g$和$\partial f/\partial \tilde{g}$的具体数值之后，根据式(2.25a)，我们就将“求出$\partial f/\partial x_1$的数值”这一任务转化为“求出$\partial g/\partial x_1$的数值”和“求出$\partial \tilde{g}/\partial x_1$的数值”这两个子任务——这样的过程可以被递归地实现。

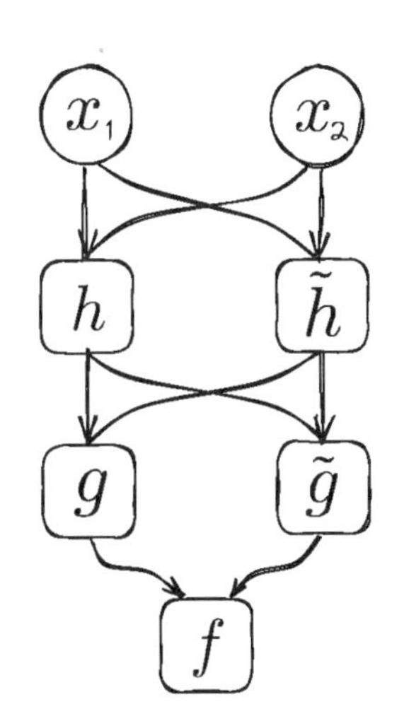

图 2.2 反向模式计算图示例；函数h、$\tilde{h}$、g、$\tilde{g}$和f都是二元函数，属于集合$\mathcal{F}_2^1$

同时，读者可以发现，在式(2.25b)中，我们同样需要（且只需要）计算$\partial f/\partial g$和$\partial f/\partial \tilde{g}$的具体数值，即可将“求出$\partial f/\partial x_2$的数值”这一任务，转化为“求出$\partial g/\partial x_2$的数值”和“求出$\partial \tilde{g}/\partial x_2$的数值”这两个子任务，从而完成对节点$f$的处理。

由于这里对于节点的处理将会**沿着计算图构建顺序的相反方向**执行，这样的求导实现方式称为自动微分的**反向模式**，由此引出的算法又称为**反向传播**（back propagation）**算法**。

反向模式的要点在于，当我们对节点f执行反向传播，期待在对节点v进行处理时，该节点中已经正确地存储了$\partial f/\partial v$的数值。例如对于节点$\tilde{h}$，该数值即为

$$\frac{\partial f}{\partial \tilde{h}} = \frac{\partial f}{\partial g}\frac{\partial g}{\partial \tilde{h}} + \frac{\partial f}{\partial \tilde{g}}\frac{\partial \tilde{g}}{\partial \tilde{h}} \tag{2.26}$$

可以验证，式(2.26)的右侧分别为式(2.25a)的项$\partial \tilde{h}/\partial x_1$，以及式(2.25b)的项$\partial \tilde{h}/\partial x_2$之前的系数。

我们将用于存储节点v处$\partial f/\partial v$的变量名设为$v.gradient$，并将所有节点的$gradient$变量初始化为0。我们约定，在节点v进行处理时，假如v由节点u_1和u_2构造，我们需要分别计算节点v关于u_1、u_2的偏导数的数值，并对u_i的$gradient$参数以如下方法进行更新：

$$u_1.gradient \to u_1.gradient + \frac{\partial v}{\partial u_1}(u_1, u_2) * v.gradient \tag{2.27a}$$

$$u_2.gradient \to u_2.gradient + \frac{\partial v}{\partial u_2}(u_1, u_2) * v.gradient \tag{2.27b}$$

例如，我们可以看到，在首先对节点g进行更新时，节点g处存储的变量$g.gradient$将对应着$\partial f/\partial g$的数值。此时，由于$\tilde{h}$是构造g的节点之一，对g节点的处理将会更新$\tilde{h}$的$gradient$参数。由于参数$\tilde{h}.gradient$被初始化为0，关于g节点的更新将会使$\tilde{h}$的$gradient$参数变为：

$$\tilde{h}.gradient \to \tilde{h}.gradient + \frac{\partial g}{\partial \tilde{h}}(h, \tilde{h}) * g.gradient = 0 + \frac{\partial g}{\partial \tilde{h}}\frac{\partial f}{\partial g}$$

同样，对节点$\tilde{g}$的处理将会再一次更新$\tilde{h}.gradient$参数：

$$\tilde{h}.gradient \to \tilde{h}.gradient + \frac{\partial \tilde{g}}{\partial \tilde{h}}(h, \tilde{h}) * \tilde{g}.gradient = \frac{\partial g}{\partial \tilde{h}}\frac{\partial f}{\partial g} + \frac{\partial \tilde{g}}{\partial \tilde{h}}\frac{\partial f}{\partial \tilde{g}}$$

在对所有由$\tilde{h}$构造的节点进行更新后，我们发现，对比式(2.26)，$\tilde{h}$确实能够正确地存储所期待的值$\partial f/\partial \tilde{h}$，这是反向传播算法的核心所在。当然，由于在这里对节点$\tilde{h}$的处理，应该在所**有由$\tilde{h}$构造的节点**都完成处理之后才进行，我们需要从节点f出发，对网络进行**拓扑排序**。读者可以参考附录B中和拓扑排序有关的内容，不过略微不同的是，在一般的反向模式中，拓扑排序和对节点的处理将会协同进行——在2.2.3节反向模式的代码实现中，你将会更加清楚地看到这一点。

作为初始化条件，我们需要令$f.gradient = \partial f/\partial f \equiv 1$。如果在每一个节点$v$中，我们能够找到$\partial f/\partial v$的值，那么在反向传播的最后，我们就可以在叶子节点$x_1, x_2, \ldots, x_n$中，找到$\partial f/\partial x_1, \partial f/\partial x_2, \ldots, \partial f/\partial x_n$的数值。也就是说，**每一次反向传播，我们可以计算出雅可比矩阵的一行，因此，自动微分的反向模式适用于函数输入变量较多而输出维数较少的情形**——这与自动微分的前向模式相对应。与前向模式相对应，由反向模式所定义的函数在JAX库中也被记作 `vjp` 函数，它代表着矢量-雅可比乘法（Vector-Jacobian Product）。

*2.2.2 反向模式和前向模式的统一

1. 反向与前向，求导与微分

相较于前向模式来说，反向模式的程序实现思路似乎显得更加复杂。但从理论上来看，它和前向模式具有相当的一致性。在介绍前向模式的理论时曾讲到，如果将计算图所定义的函数f扩展到二元数域，其切值中将包含着雅可比矩阵作用于$\dot{x}$的结果。这样的性质可以通过式(2.24)完全地描述：

$$\boldsymbol{f}(\boldsymbol{x} + \dot{\boldsymbol{x}}\epsilon) = \boldsymbol{f}(\boldsymbol{x}) + J_f(\boldsymbol{x})\dot{\boldsymbol{x}}\epsilon \tag{2.24}$$

这是对式(2.3)的严格表述，以下是式(2.24)切值部分的展开形式：

$$\begin{bmatrix} \dot{f}_1 \\ \dot{f}_2 \\ \vdots \\ \dot{f}_m \end{bmatrix} = \begin{bmatrix} \frac{\partial f_1}{\partial x_1} & \frac{\partial f_1}{\partial x_2} & \cdots & \frac{\partial f_1}{\partial x_n} \\ \frac{\partial f_2}{\partial x_1} & \frac{\partial f_2}{\partial x_2} & \cdots & \frac{\partial f_2}{\partial x_n} \\ \vdots & \vdots & \ddots & \vdots \\ \frac{\partial f_m}{\partial x_1} & \frac{\partial f_m}{\partial x_2} & \cdots & \frac{\partial f_m}{\partial x_n} \end{bmatrix} \begin{bmatrix} \dot{x}_1 \\ \dot{x}_2 \\ \vdots \\ \dot{x}_n \end{bmatrix} \tag{2.3'}$$

式(2.24)和式(2.3′)实际为我们回答了这样一个问题：当一个函数的输入$\boldsymbol{x}$发生变化时，函数的输出$\boldsymbol{f}$将会如何改变？在前向模式中，在保留到一阶的情形下，$\boldsymbol{x}$的微小变化$\dot{\boldsymbol{x}}$将会导致输出的$\boldsymbol{f}$产生变化$\dot{\boldsymbol{f}}$。这样的“响应关系”将会随着正向的计算，穿过一整张由函数$\boldsymbol{f}$所定义的计算图，而这样的数学行为被我们用二元数的运算法则进行了严格的描述。

下面，我们希望询问上述问题的反问题：在函数的输出$\boldsymbol{f}$产生微小的变化后，相应的$\boldsymbol{x}$应该发生怎样的变化？在一个机械臂的控制问题中，自动微分的前向模式相当于根据每一个机械节点的形态及转速，控制机械臂末端的状态；而自动微分的反向模式，则是通过机械臂终端节点的空间状态及运动趋势，控制其每个关节的运动参数。

还记得前向模式之中式(2.3′)的由来吗？它是由**微分运算符的作用规则**被自然而然地导出的。对于反向模式，我们将转而考虑**求导运算符的作用规则**。由于在这里我们考虑的自变量其实是$\dot{\boldsymbol{f}}$，因变量成为$\dot{x}$，因此从逻辑上来讲，在这里我们认为x是f的函数，即：

$$\boldsymbol{x} = \boldsymbol{x}(f_1, f_2, \dots, f_m) \in \mathcal{F}_m^n$$

这里的f表示变量名，而非函数名。考虑链式求导法则的数学结构，我们可以得到：

$$\frac{\partial}{\partial x_i} = \frac{\partial f_1}{\partial x_i}\frac{\partial}{\partial f_1} + \frac{\partial f_2}{\partial x_i}\frac{\partial}{\partial f_2} + \cdots + \frac{\partial f_m}{\partial x_i}\frac{\partial}{\partial f_m}, \qquad \forall\, i = 1,2,\dots,n \tag{2.28}$$

我们同样可以将它写成矩阵的形式：

$$\left[\frac{\partial}{\partial x_1}, \frac{\partial}{\partial x_2}, \dots, \frac{\partial}{\partial x_n}\right] = \left[\frac{\partial}{\partial f_1}, \frac{\partial}{\partial f_2}, \dots, \frac{\partial}{\partial f_n}\right] \begin{bmatrix} \frac{\partial f_1}{\partial x_1} & \frac{\partial f_1}{\partial x_2} & \cdots & \frac{\partial f_1}{\partial x_n} \\ \frac{\partial f_2}{\partial x_1} & \frac{\partial f_2}{\partial x_2} & \cdots & \frac{\partial f_2}{\partial x_n} \\ \vdots & \vdots & \ddots & \vdots \\ \frac{\partial f_m}{\partial x_1} & \frac{\partial f_m}{\partial x_2} & \cdots & \frac{\partial f_m}{\partial x_n} \end{bmatrix} \tag{2.28'}$$

更加紧凑的，通过对上面的两侧求转置操作，我们可以等价地将式(2.28′)写成以下形式：

$$\boldsymbol{\partial}_{\boldsymbol{x}} = J_f(\boldsymbol{x})^T \boldsymbol{\partial}_f \tag{2.28''}$$

不过，如果这里的x_i首先是$u_1, u_2, \dots, u_k$的函数，然后对于任意的$s = 1, 2, \dots, k$，u_s又是$f_1, f_2, \dots, f_n$的函数，即$\boldsymbol{x} = \boldsymbol{x}\big(\boldsymbol{u}(\boldsymbol{f})\big)$，那么我们可以通过链式法则得到类似的求导结果：

$$\frac{\partial}{\partial x_i} = \frac{\partial u_1}{\partial x_i}\frac{\partial}{\partial u_1} + \frac{\partial u_2}{\partial x_i}\frac{\partial}{\partial u_2} + \cdots + \frac{\partial u_k}{\partial x_i}\frac{\partial}{\partial u_k}$$

$$
\begin{aligned}
&= \frac{\partial u_1}{\partial x_i}\left(\frac{\partial f_1}{\partial u_1}\frac{\partial}{\partial f_1} + \frac{\partial f_2}{\partial u_1}\frac{\partial}{\partial f_2} + \cdots + \frac{\partial f_m}{\partial u_1}\frac{\partial}{\partial f_m}\right) \\
&+ \frac{\partial u_2}{\partial x_i}\left(\frac{\partial f_1}{\partial u_2}\frac{\partial}{\partial f_1} + \frac{\partial f_2}{\partial u_2}\frac{\partial}{\partial f_2} + \cdots + \frac{\partial f_m}{\partial u_2}\frac{\partial}{\partial f_m}\right) \\
&+ \cdots \\
&+ \frac{\partial u_k}{\partial x_i}\left(\frac{\partial f_1}{\partial u_k}\frac{\partial}{\partial f_1} + \frac{\partial f_2}{\partial u_k}\frac{\partial}{\partial f_2} + \cdots + \frac{\partial f_m}{\partial u_k}\frac{\partial}{\partial f_m}\right) \\
&\equiv \frac{\partial f_1}{\partial x_i}\frac{\partial}{\partial f_1} + \frac{\partial f_2}{\partial x_i}\frac{\partial}{\partial f_2} + \cdots + \frac{\partial f_m}{\partial x_i}\frac{\partial}{\partial f_m}
\end{aligned}
\tag{2.29}
$$

式(2.29)同样可以被改写为：

$$
\begin{aligned}
\left[\frac{\partial}{\partial x_1}, \frac{\partial}{\partial x_2}, \dots, \frac{\partial}{\partial x_n}\right] &= \left[\frac{\partial}{\partial u_1}, \frac{\partial}{\partial u_2}, \dots, \frac{\partial}{\partial u_k}\right]
\begin{bmatrix}
\frac{\partial u_1}{\partial x_1} & \frac{\partial u_1}{\partial x_2} & \cdots & \frac{\partial u_1}{\partial x_n} \\
\frac{\partial u_2}{\partial x_1} & \frac{\partial u_2}{\partial x_2} & \cdots & \frac{\partial u_2}{\partial x_n} \\
\vdots & \vdots & \ddots & \vdots \\
\frac{\partial u_k}{\partial x_1} & \frac{\partial u_k}{\partial x_2} & \cdots & \frac{\partial u_k}{\partial x_n}
\end{bmatrix} \\
&= \left[\frac{\partial}{\partial f_1}, \frac{\partial}{\partial f_2}, \dots, \frac{\partial}{\partial f_m}\right]
\begin{bmatrix}
\frac{\partial f_1}{\partial u_1} & \frac{\partial f_1}{\partial u_2} & \cdots & \frac{\partial f_1}{\partial u_k} \\
\frac{\partial f_2}{\partial u_1} & \frac{\partial f_2}{\partial u_2} & \cdots & \frac{\partial f_2}{\partial u_k} \\
\vdots & \vdots & \ddots & \vdots \\
\frac{\partial f_m}{\partial u_1} & \frac{\partial f_m}{\partial u_2} & \cdots & \frac{\partial f_m}{\partial u_k}
\end{bmatrix}
\begin{bmatrix}
\frac{\partial u_1}{\partial x_1} & \frac{\partial u_1}{\partial x_2} & \cdots & \frac{\partial u_1}{\partial x_n} \\
\frac{\partial u_2}{\partial x_1} & \frac{\partial u_2}{\partial x_2} & \cdots & \frac{\partial u_2}{\partial x_n} \\
\vdots & \vdots & \ddots & \vdots \\
\frac{\partial u_k}{\partial x_1} & \frac{\partial u_k}{\partial x_2} & \cdots & \frac{\partial u_k}{\partial x_n}
\end{bmatrix} \\
&\equiv \left[\frac{\partial}{\partial f_1}, \frac{\partial}{\partial f_2}, \dots, \frac{\partial}{\partial f_m}\right]
\begin{bmatrix}
\frac{\partial f_1}{\partial x_1} & \frac{\partial f_1}{\partial x_2} & \cdots & \frac{\partial f_1}{\partial x_n} \\
\frac{\partial f_2}{\partial x_1} & \frac{\partial f_2}{\partial x_2} & \cdots & \frac{\partial f_2}{\partial x_n} \\
\vdots & \vdots & \ddots & \vdots \\
\frac{\partial f_m}{\partial x_1} & \frac{\partial f_m}{\partial x_2} & \cdots & \frac{\partial f_m}{\partial x_n}
\end{bmatrix}
\end{aligned}
\tag{2.30}
$$

更加紧凑的，式(2.30)同样可以被改写成以下形式：

$$\boldsymbol{\partial}_{\boldsymbol{x}}^{\boldsymbol{T}} = \boldsymbol{\partial}_{\boldsymbol{f}}^{\boldsymbol{T}}\ J_f(\boldsymbol{u}(\boldsymbol{x}))\ J_{\boldsymbol{u}}(\boldsymbol{x}) \tag{2.30$'$}$$

在这里，所有的$\boldsymbol{\partial}_{\boldsymbol{x}}^{\boldsymbol{T}}$及$\boldsymbol{\partial}_{\boldsymbol{f}}^{\boldsymbol{T}}$都为行向量，如果对式(2.30′)施加转置操作，可以得到：

$$\boldsymbol{\partial}_{\boldsymbol{x}} = J_{\boldsymbol{u}}(\boldsymbol{x})^{\boldsymbol{T}} J_f(\boldsymbol{u}(\boldsymbol{x}))^{\boldsymbol{T}} \boldsymbol{\partial}_{\boldsymbol{f}} \tag{2.30$''$}$$

式 (2.30)、式 (2.30′) 和式 (2.30″) 是两两等价的。

从计算图的视角来审视以上的求导运算，$f_1, f_2, \dots, f_m$对应计算图的输入节点，$x_1, x_2, \dots, x_n$对应计算图的输出节点，而$u_1, u_2, \ldots, u_k$对应计算图的中间节点。我们首先应该理解的是，在所有由$\partial/\partial \boldsymbol{f}$、$\partial/\partial \boldsymbol{u}$及$\partial/\partial \boldsymbol{x}$所构成的集合中，只有子集 $\partial/\partial f_j,\ j = 1,2,\ldots,m$是相互独立的，其余所有的$\partial/\partial \boldsymbol{u}$与$\partial/\partial \boldsymbol{x}$都可以通过$\partial/\partial \boldsymbol{f}$的线性组合得到——毕竟所有的中间节点及输出节点，归根结底都是$\boldsymbol{f}$的函数，从而服从类似式(2.27)给出的约束条件。

2．二元数的“对偶”函数

在前向模式中，我们曾使用二元数来承接微分运算符的作用规则。而在反向模式中，我们依然希望能和前向模式一样，找到一个合理的结构来承接求导运算符的作用规则。式(2.30)的结构提示我们可以通过如下方式定义二元数的“对偶”函数（dual function）。

注意到，对于任意的可微函数$\boldsymbol{f} \in \mathcal{F}_n^m$，如果在$\boldsymbol{x} = (x_1, x_2, \ldots, x_n) \in \mathbb{R}^n$点处，函数$\boldsymbol{f}$满足$\boldsymbol{y} = \boldsymbol{f}(x_1, x_2, \ldots, x_n) \in \mathbb{R}^m$，则它可以通过式(2.24)推广到二元数域：

$$\boldsymbol{y} + \dot{\boldsymbol{y}}\epsilon = \boldsymbol{f}(\boldsymbol{x} + \dot{\boldsymbol{x}}\epsilon) = \boldsymbol{f}(\boldsymbol{x}) + J_f(\boldsymbol{x})\dot{\boldsymbol{x}}\epsilon$$

式(2.23)的本质是分别指定了二元数对之间主值和切值的映射关系：

$$\boldsymbol{y} = \boldsymbol{f}(\boldsymbol{x}) \tag{2.31a}$$

$$\dot{\boldsymbol{y}} = J_f(\boldsymbol{x})\dot{\boldsymbol{x}} \tag{2.31b}$$

式(2.31b)中的映射关系是由函数$\boldsymbol{f} \in \mathcal{F}_n^m$和点$\boldsymbol{x} \in \mathbb{R}^n$所诱导的，我们将它记为$\dot{\boldsymbol{f}}_{\boldsymbol{x}}$：

$$\dot{\boldsymbol{y}} = \dot{\boldsymbol{f}}_{\boldsymbol{x}}(\dot{\boldsymbol{x}}) \coloneqq J_f(\boldsymbol{x})\,\dot{\boldsymbol{x}}, \qquad \forall \dot{\boldsymbol{x}} \in \mathbb{R}^n \tag{2.32}$$

则我们定义函数$\dot{\boldsymbol{f}}_{\boldsymbol{x}} \in \mathcal{F}_n^m$在$\boldsymbol{x}$点处的对偶函数$\tilde{\dot{\boldsymbol{f}}}_{\boldsymbol{x}} \in \mathcal{F}_m^n$为：

$$\dot{\boldsymbol{x}} = \tilde{\dot{\boldsymbol{f}}}_{\boldsymbol{x}}(\dot{\boldsymbol{y}}) \coloneqq J_f(\boldsymbol{x})^T\dot{\boldsymbol{y}}, \qquad \forall \dot{\boldsymbol{y}} \in \mathbb{R}^m \tag{2.33}$$

下面我们来考察对偶函数所具有的性质。如果函数$\boldsymbol{g} \in \mathcal{F}_n^m$ 由函数 $\boldsymbol{f} \in \mathcal{F}_k^m$ 和 $\boldsymbol{u} \in \mathcal{F}_n^k$ 复合得到（即$\boldsymbol{g} = \boldsymbol{f} \circ \boldsymbol{u}$），那么在$\boldsymbol{x}$点处，对于任意的$\dot{\boldsymbol{x}} \in \mathbb{R}^n$，我们首先可以有如下关系：

$$\begin{aligned}
\dot{\boldsymbol{g}}_x(\dot{\boldsymbol{x}}) &= J_g(\boldsymbol{x})\dot{\boldsymbol{x}} \\
&= J_{f\circ \boldsymbol{u}}(\boldsymbol{x})\dot{\boldsymbol{x}} \\
&= J_f\big(\boldsymbol{u}(\boldsymbol{x})\big)\,J_{\boldsymbol{u}}(\boldsymbol{x})\dot{\boldsymbol{x}} \\
&= J_f\big(\boldsymbol{u}(\boldsymbol{x})\big)\dot{\boldsymbol{u}}_x(\dot{\boldsymbol{x}}) \\
&= \dot{\boldsymbol{f}}_{\boldsymbol{u}(x)}(\dot{\boldsymbol{u}}_x(\dot{\boldsymbol{x}}))\,, \qquad \forall \dot{\boldsymbol{x}} \in \mathbb{R}^n
\end{aligned}$$

即在$\boldsymbol{g} = \boldsymbol{f} \circ \boldsymbol{u}$时，我们有：

$$\dot{\boldsymbol{g}}_x = \dot{\boldsymbol{f}}_{\boldsymbol{u}(x)} \circ \dot{\boldsymbol{u}}_x\,, \qquad \forall \boldsymbol{x} \in \mathbb{R}^n \tag{2.34}$$

紧接着，我们可以考虑$\dot{\boldsymbol{g}}_x \in \mathcal{F}_n^m$的对偶函数$\tilde{\dot{\boldsymbol{g}}}_x \in \mathcal{F}_m^n$。利用对偶函数的定义式 (2.33)，我们不难得到以下等式，它对任意的$\boldsymbol{x} \in \mathbb{R}^n$，$\dot{\boldsymbol{y}} \in \mathbb{R}^m$成立：

$$\begin{aligned}
\tilde{\dot{\boldsymbol{g}}}_x(\dot{\boldsymbol{y}}) &= J_g(\boldsymbol{x})^T\dot{\boldsymbol{y}} \\
&= J_{f\circ \boldsymbol{u}}(\boldsymbol{x})^T\dot{\boldsymbol{y}} \\
&= \big[J_f\big(\boldsymbol{u}(\boldsymbol{x})\big)J_{\boldsymbol{u}}(\boldsymbol{x})\big]^T\dot{\boldsymbol{y}} \\
&= J_{\boldsymbol{u}}(\boldsymbol{x})^T J_f\big(\boldsymbol{u}(\boldsymbol{x})\big)^T\dot{\boldsymbol{y}}
\end{aligned}$$

$$
\begin{aligned}
&= J_{\boldsymbol{u}}(\boldsymbol{x})^T \tilde{\dot{\boldsymbol{f}}}_{\boldsymbol{u}(\boldsymbol{x})}(\dot{\boldsymbol{y}}) \\
&= \tilde{\dot{\boldsymbol{u}}}_{\boldsymbol{x}} \circ \tilde{\dot{\boldsymbol{f}}}_{\boldsymbol{u}(\boldsymbol{x})}(\dot{\boldsymbol{y}}), \qquad \forall \dot{\boldsymbol{y}} \in \mathbb{R}^m
\end{aligned} \tag{2.35}
$$

式(2.35)正确地承接了式(2.30b)所给出的数学结构。注意，在式(2.30b)中，$\boldsymbol{\partial}$为第一章中式(1.9)所定义的梯度算符，它与上式中的$\dot{\boldsymbol{y}}$对应，而$\dot{\boldsymbol{y}}$的每一个分量都属于实数域。这告诉我们，正如在前向模式中可以将微分算符$\mathrm{d}x_i$用实数$\dot{x}_i$任意地替换那样，在反向模式中，我们同样可以将算符$\partial/\partial f_j$用实数$\dot{y}_j$任意地替换。

将式 (2.35)与式(2.34)进行比较，我们还可以得到如下函数恒等式：

$$
\widetilde{\dot{\boldsymbol{f}}_{\boldsymbol{u}(\boldsymbol{x})} \circ \dot{\boldsymbol{u}}_{\boldsymbol{x}}} = \tilde{\dot{\boldsymbol{u}}}_{\boldsymbol{x}} \circ \tilde{\dot{\boldsymbol{f}}}_{\boldsymbol{u}(\boldsymbol{x})}, \qquad \forall \boldsymbol{x} \in \mathbb{R}^n \tag{2.36}
$$

3．反向模式的二元数诠释

在前向模式的二元数诠释中我们看到，通过将函数$\boldsymbol{f} \in \mathcal{F}_n^m$延拓到二元数域，可以在$\boldsymbol{f}(\boldsymbol{x} + \dot{\boldsymbol{x}}\epsilon)$二元数的切部找到所需的导数。而在实际的计算图中，$\boldsymbol{f}$将由一系列的基本函数复合得到，记作$\boldsymbol{f} = \boldsymbol{u}^{\boldsymbol{s}} \circ \boldsymbol{u}^{\boldsymbol{s-1}} \circ \ldots \circ \boldsymbol{u}^{\boldsymbol{2}} \circ \boldsymbol{u}^{\boldsymbol{1}}$（其中$\boldsymbol{u}^s \in \mathcal{F}_{\cdot}^m$，$\boldsymbol{u}^{\boldsymbol{1}} \in \mathcal{F}_n^{\cdot}$）。考察函数$\boldsymbol{f}$在点$\boldsymbol{x} \in \mathbb{R}^n$点处所诱导的函数$\dot{\boldsymbol{f}}_{\boldsymbol{x}} \in \mathcal{F}_n^m$，利用式(2.34)我们可以得到：

$$
\dot{\boldsymbol{f}}_{\boldsymbol{x}} = \dot{\boldsymbol{u}}^s_{\boldsymbol{y}_s(\boldsymbol{x})} \circ \dot{\boldsymbol{u}}^{s-1}_{\boldsymbol{y}_{s-1}(\boldsymbol{x})} \circ \ldots \circ \dot{\boldsymbol{u}}^1_{\boldsymbol{y}_1(\boldsymbol{x})} \in \mathcal{F}_n^m \tag{2.37}
$$

其中函数$\boldsymbol{y}_1$为恒等映射，函数$\boldsymbol{y}_m \coloneqq \boldsymbol{u}^{m-1} \circ \boldsymbol{u}^{m-2} \circ \ldots \circ \boldsymbol{u}^1, \forall\, m = 2,3\ldots,s$。由于函数作用的顺序为$\dot{\boldsymbol{u}}^1, \dot{\boldsymbol{u}}^2, \ldots, \dot{\boldsymbol{u}}^s$，与函数$\boldsymbol{f}$主值的计算顺序相同，因此这样的算法被我们称为前向模式。对于反向模式而言，我们只需要考虑函数$\dot{\boldsymbol{f}}_{\boldsymbol{x}}$的对偶函数$\tilde{\dot{\boldsymbol{f}}}_{\boldsymbol{x}}$即可。将式(2.36)所指出的关系递归地作用于式(2.37)，我们可以得到：

$$
\tilde{\dot{\boldsymbol{f}}}_{\boldsymbol{x}} = \tilde{\dot{\boldsymbol{u}}}^1_{\boldsymbol{y}_1(\boldsymbol{x})} \circ \tilde{\dot{\boldsymbol{u}}}^2_{\boldsymbol{y}_2(\boldsymbol{x})} \circ \ldots \circ \tilde{\dot{\boldsymbol{u}}}^s_{\boldsymbol{y}_s(\boldsymbol{x})} \in \mathcal{F}_m^n \tag{2.38}
$$

在这里，函数作用的顺序变成了$\tilde{\dot{\boldsymbol{u}}}^s, \tilde{\dot{\boldsymbol{u}}}^{s-1}, \ldots, \tilde{\dot{\boldsymbol{u}}}^1$，与函数$\boldsymbol{f}$主值的计算顺序相反，因此这样的算法被我们称为反向模式。

4．反向模式拓扑序的由来

任意（可被计算机计算）的函数$\boldsymbol{f} \in \mathcal{F}_n^m$都可以用$\boldsymbol{u}^s \circ \boldsymbol{u}^{\boldsymbol{s-1}} \circ \ldots \circ \boldsymbol{u}^{\boldsymbol{2}} \circ \boldsymbol{u}^{\boldsymbol{1}}$的形式来表示，其中的$\boldsymbol{u}$对应着加减乘除等最为基本的函数——这样的结论其实并不是显然的。一般来说，计算机中可表示的基本函数，只接收一个或两个变量，例如加减乘除及乘方运算都为两操作数算符，而常见的指数对数等运算都只接受一个操作数；对于任意形式的函数$\boldsymbol{f}$而言，它所接收的操作数却可以是任意多个。为此，我们需要将基本函数进行“扩展”。例如，对于加法函数$add(x_1, x_2) \coloneqq x_1 + x_2$，可以将函数$add \in \mathcal{F}_2^1$扩展到可接收任意多个数操作数的函数$\mathcal{F}_m^{m+1}$：

$$
add_{i,j}(x_1, x_2, \ldots, x_m) \coloneqq (x_1, x_2, x_3, \ldots, x_m, x_i + x_j) \tag{2.39a}
$$

式(2.39a)中的下标i,j指定了加法操作作用的对象。对于减法、乘法和除法，上面的推广方式是完全类似的：

$$sub_{i,j}(x_1,x_2,\dots,x_m) \coloneqq \left(x_1,x_2,x_3,\dots,x_m,x_i - x_j\right) \tag{2.39b}$$

$$mul_{i,j}(x_1,x_2,\dots,x_m) \coloneqq \left(x_1,x_2,x_3,\dots,x_m,x_i * x_j\right) \tag{2.39c}$$

$$div_{i,j}(x_1,x_2,\dots,x_m) \coloneqq \left(x_1,x_2,x_3,\dots,x_m,x_i / x_j\right) \tag{2.39d}$$

在2.2.1节中曾经强调，节点反向传播的计算顺序需要以拓扑序进行，但其实从本质上来说，在前向模式中我们早已经用到了拓扑序，因为**对于一个函数数值的计算，只有在它所有输入的值全部完成计算后才能进行**，这样的计算顺序其实就是一种拓扑序。

举一个简单的例子，对于函数$\boldsymbol{f} \in \mathcal{F}_3^2$，我们定义

$$\boldsymbol{f}(x_1,x_2,x_3) \coloneqq \left((x_1+x_2)(x_1+x_3), x_2x_3+x_1\right) \tag{2.40}$$

对于输入(x_1,x_2,x_3)，我们首先考虑函数$\boldsymbol{f}$第一个分量的构建，它涉及两个加法的运算，其次是一个乘法计算：

- $add_{1,2}(x_1,x_2,x_3) = (x_1,x_2,x_3,x_1+x_2)$
- $add_{1,3}(x_1,x_2,x_3,x_1+x_2) = (x_1,x_2,x_3,x_1+x_2,x_1+x_3)$
- $mul_{4,5}(x_1,x_2,x_3,x_1+x_2,x_1+x_3) = \left(x_1,x_2,x_3,x_1+x_2,x_1+x_3,(x_1+x_2)(x_1+x_3)\right)$

第二个分量的构建是完全类似的，不过在这里我们需要首先计算乘法，再计算加法：

- $mul_{2,3}\left(x_1,x_2,x_3,x_1+x_2,x_1+x_3,(x_1+x_2)(x_1+x_3)\right)$
  $= (x_1,x_2,x_3,x_1+x_2,x_1+x_3,(x_1+x_2)(x_1+x_3),x_2x_3)$
- $add_{7,1}(x_1,x_2,x_3,x_1+x_2,x_1+x_3,(x_1+x_2)(x_1+x_3),x_2x_3)$
  $= (x_1,x_2,x_3,x_1+x_2,x_1+x_3,(x_1+x_2)(x_1+x_3),x_2x_3,x_2x_3+x_1)$

最后，采用投影算符$\mathcal{P}_{6,8}$，它选取输入向量的第6分量和第8分量，分别作为1、2两个维度的输出[1]：

- $\mathcal{P}_{6,8}(x_1,x_2,x_3,x_1+x_2,x_1+x_3,(x_1+x_2)(x_1+x_3),x_2x_3,x_2x_3+x_1)$
  $= \left((x_1+x_2)(x_1+x_3),x_1+x_2x_3\right)$

也就是说，函数$\boldsymbol{f}$被分解为若干个基本函数的复合：

$$\boldsymbol{f} = \mathcal{P}_{6,8} \circ add_{7,1} \circ mul_{2,3} \circ mul_{4,5} \circ add_{1,3} \circ add_{1,2} \tag{2.41}$$

这样的构建方式可以推广到可以被计算机计算的任意函数中。注意一下投影前函数的输出$(x_1,x_2,x_3,x_1+x_2,x_1+x_3,(x_1+x_2)(x_1+x_3),x_2x_3,x_2x_3+x_1)$，输出中表达式的位置体现了节点构造的顺序，可作为节点的标号。例如在上面的例子中，$v_1=x_1$，$v_2=x_2$，$v_3=x_3$，$v_4=v_1+v_2$（对

---

[1] 对于正整数$m,n\ (m \le n)$，投影算符$\mathcal{P}_{s_1,s_2,\dots,s_m} \in \mathcal{F}_n^m$的定义为$\mathcal{P}_{s_1,s_2,\dots,s_m}(x_1,x_2,\dots,x_n) \coloneqq \left(x_{s_1},x_{s_2},\dots,x_{s_m}\right)$，其中$s_i \in \{1,2,,\dots,n\}, \forall i=1,2,\dots,m$，$s_i$之间可以相等。

应$add_{1,2}$），$v_5 = v_1 + v_3$（对应$mul_{1,3}$），$v_6 = v_4 \times v_5$（对应$mul_{4,5}$），$v_7 = v_2 \times v_3$（对应$mul_{2,3}$），$v_8 = v_7 + v_1$（对应$add_{7,1}$）；最终输出的结果为(v_6, v_8)，对应$\mathcal{P}_{6,8}$投影算符。

在图论中，对于具有N个节点的有向无环图G而言，我们总可以对G的所有节点进行拓扑排序，得到拓扑序列$L = (v_1, v_2, v_3, \ldots, v_N)$。那么，如果图$\tilde{G}$可以由图$G$中所有的有向边反向得到，序列$\tilde{L} = (v_N, v_{N-1}, \ldots, v_2, v_1)$将同样成为图$\tilde{G}$的拓扑序列。这提示我们，图$G$和$\tilde{G}$的拓扑序列是一一对应的。

而在这里，如果前向模式中计算图G的节点v由节点$u_1, u_2, \ldots, u_n$构造，则在图G的拓扑序列L中，构造节点v的所有节点$u_1, u_2, \ldots, u_n$必然需要排在节点v以前$(u_i \to v)$。如果我们将序列L反向得到序列$\tilde{L}$，则序列$\tilde{L}$保证在了对节点u进行反向传播时，所有前向模式中**由$\boldsymbol{u}$构造的节点**都已经完成了反向传播$(v_i \to u)$。一方面，这说明在反向传播时，由序列L反向所得到的序列$\tilde{L}$是一个合法的节点处理顺序；另一方面，通过这种方式所构造的$\tilde{L}$，将恒为图$\tilde{G}$的拓扑序列。由于图G和$\tilde{G}$的拓扑序列一一对应，在反向传播时，可以直接通过求取图$\tilde{G}$所定义的拓扑序列，作为计算图节点反向传播的顺序——这从另一个角度解释了我们在反向模式中使用拓扑排序的原因。

作为数学形式上的比较，我们考虑函数$\boldsymbol{u} = f_{1,2}$，由于$f_{1,2}(x_1, x_2, \ldots, x_m) \coloneqq (x_1, x_2, x_3, x_m, f(x_1, x_2))$，$\boldsymbol{u}$的雅可比矩阵可以被表示为：

$$J_{\boldsymbol{u}}(\boldsymbol{x}) = \begin{bmatrix} 1 & 0 & \cdots & 0 & 0 \\ 0 & 1 & \cdots & 0 & 0 \\ \vdots & \vdots & \ddots & \vdots & \vdots \\ 0 & 0 & \cdots & 1 & 0 \\ 0 & 0 & \cdots & 0 & 1 \\ \dfrac{\partial f}{\partial x_1}(\boldsymbol{x}) & \dfrac{\partial f}{\partial x_2}(\boldsymbol{x}) & \cdots & 0 & 0 \end{bmatrix} \tag{2.42}$$

那么$\widetilde{\boldsymbol{u}}_x(\dot{\boldsymbol{y}})$可以根据式(2.33)被写作：

$$\begin{aligned} \widetilde{\boldsymbol{u}}_x(\dot{\boldsymbol{y}}) &= J_{\boldsymbol{u}}(\boldsymbol{x})^T \dot{\boldsymbol{y}} \\ &= \begin{bmatrix} 1 & 0 & \cdots & 0 & 0 & \dfrac{\partial f}{\partial x_1}(\boldsymbol{x}) \\ 0 & 1 & \cdots & 0 & 0 & \dfrac{\partial f}{\partial x_2}(\boldsymbol{x}) \\ \vdots & \vdots & \ddots & \vdots & \vdots & \vdots \\ 0 & 0 & \cdots & 1 & 0 & 0 \\ 0 & 0 & \cdots & 0 & 1 & 0 \end{bmatrix} \begin{bmatrix} \dot{y}_1 \\ \dot{y}_2 \\ \vdots \\ \dot{y}_{m-1} \\ \dot{y}_m \\ \dot{y}_{m+1} \end{bmatrix} = \begin{bmatrix} \dot{y}_1 + \dfrac{\partial f}{\partial x_1}(\boldsymbol{x}) * \dot{y}_{m+1} \\ \dot{y}_2 + \dfrac{\partial f}{\partial x_2}(\boldsymbol{x}) * \dot{y}_{m+1} \\ \vdots \\ \dot{y}_{m-1} \\ \dot{y}_m \end{bmatrix} \end{aligned} \tag{2.43}$$

这里的$\dot{y}_{m+1}$对应式(2.26)中的$v.gradient$，可以解释式(2.26a)和式(2.26b)的由来。f可对应任意二操作数算符，例如四则运算加减乘除；$\boldsymbol{u}$可与式(2.39)中的$add_{1,2}$、$mul_{1,2}$等函数对应。对于多操作数算符$f(x_1, x_2, \ldots)$，我们不难对式 (2.43)进行拓展。

这样，我们就在形式上完成了前向模式和反向模式算法的统一。

5. 对偶函数与李群的表示

在这里，我们不加说明地给出李群**对偶表示**（dual representation）的定义，有相关背景的读者可以联系本节中对偶函数的定义，自行展开联想。[1]

令 Π 为群 G 的一个线性表示，对于群G中的元素g而言，$\Pi(g)$给出了向量空间$\mathbb{V}(\mathbb{C})$上的一个线性映射。我们以如下方式定义群G的对偶表示$\widetilde{\Pi}$，它作用于向量空间$\mathbb{V}(\mathbb{C})$的对偶空间$\mathbb{V}^*(\mathbb{C})$，且满足如下关系：

$$\widetilde{\Pi}(g) \coloneqq [\Pi(g^{-1})]^{\mathrm{T}} \tag{2.44}$$

其中g^{-1}为群G中元素g的逆，$[\cdot]^{\mathrm{T}}$代表对表示矩阵执行转置操作。考虑到本书面向的读者对象，我们在这里不另外做过多的展开。

2.2.3 反向模式的程序实现

与符号求导、前向模式一样，我们首先定义一个名为 `Variable` 的类作为基类，重载所需的运算操作符。其中涉及的 `Add`、`Neg`、`Mul`、`Div` 及 `Pow` 均为继承自 `Variable` 类的类名称。与前向模式的程序实现相比，这样模块化的程序书写方式使得代码的“颗粒感”更强，从而使得程序具有更好的可扩展性。我们在示例代码 2.5.1 中给出了基类 `Variable` 的程序实现。

代码示例 2.5.1 自动微分反向模式的算法实现（基类 **Variable**）

```python
import math
from abc import abstractmethod
from typing import Tuple, Callable, List


class Variable(object):

    __slots__ = ["value", "g"]

    _is_leaf = True              # 判断是否处于叶节点
    _inherence: List = []        # 存储由该节点引出的节点

    def __init__(self, value, g = 0.):
        self.value = value
        self.g = g

    @staticmethod
    def _to_variable(obj):
        """ 将输入参数 obj 转换为 Variable 类 """
        if isinstance(obj, Variable):
```

---

[1] 此处暂无文献可供引用

```
            return obj
        try:
            return Variable(obj)
        except:
            raise TypeError("Object {} is of type {}, which cannot be interpreted"
                            "as Variables".format(obj, type(obj).__name__))

    @property
    def is_leaf(self):
        return self._is_leaf

    @property
    def ready_for_backward(self,):
        """ 一个节点在被反向传播之前，应该首先判断这个
        节点的所有父节点是否都已经完成了反向传播，因此
        需要定义这个函数来完成拓扑排序 """

        for subvar in self._inherence:
            if subvar.is_leaf: continue
            assert hasattr(subvar, "_processed")
            if not subvar._processed: return False
        return True

    @abstractmethod
    def backward(*args):
        """ 继承该类的类应该定义反向传播时的计算方法 """
        pass

    def __str__(self):
        if isinstance(self.value, Variable):
            return str(self.value)
        return "Variable({})".format(self.value)


    def __add__(self, other):
        return Add(self, other)

    def __radd__(self, other):
        return Add(other, self)

    def __neg__(self):
        return Neg(self,)

    def __sub__(self, other):
        neg_other = Neg(other)
        return Add(self, neg_other)
```

```
    def __rsub__(self, other):
        neg_self = Neg(self)
        return Add(neg_self, other)

    def __mul__(self, other):
        return Mul(self, other)

    def __rmul__(self, other):
        return Mul(other, self)

    def __truediv__(self, other):
        return Div(self, other)

    def __rtruediv__(self, other):
        return Div(other, self)

    def __pow__(self, other):
        return Pow(self, other)

    def __rpow__(self, other):
        return Pow(other, self)
```

Variable 类中的_is_leaf 参数用于判断节点是否处于（反向模式视角下的）叶节点，_inherence 参数用于存储由现节点所引出的节点。例如，如果 v3 = v1 + v2，则我们不但需要在 v3 节点的_args 元组中分别存储 v1 和 v2 节点的地址，还需要分别在 v1 和 v2 节点的_inherence 列表中加入 v3 节点的地址——这样的存储开销在前向模式中是不存在的。

函数 ready_for_backward 用于判断该节点是否能够进行反向传播。当且仅当所有由该节点所构造的节点都完成了反向传播时，即_inherence 列表中所有节点的_processed 参数为 True 时，该节点可以进行反向传播。另外，我们将 Variable 类的 backward 函数用 abstractmethod 这一装饰器（decorator）修饰，使得所有继承自 Variable 类的类，只有在定义 backward 函数后才可用于实例的构造。

下面我们介绍继承自 Variable 类的 Add 类，它的具体实现如代码示例 2.5.2 所示。

代码示例 2.5.2　自动微分反向模式的算法实现（加法类 **Add**）

```
class Add(Variable):

    """ 计算加法 """

    __slots__ = ["g", "_res", "_args", "_processed", "_is_leaf", "_inherence"]

    def __init__(self, v1, v2):
```

```
        """
        由两个已知的 Variable 节点 v1 和 v2 构造出一个新的 Variable 节点

        参数
        ----
        v1: Variable
            位于加法操作左侧的操作数
        v2: Variable
            位于加法操作右侧的操作数

        旁注
        ----
            输入的参数 v1 和 v2，要么属于 Variable 类，要么属于继承自 Variable 类的子类

            self.g              用于存储反向传播时该点处积累的梯度
            self._res           用于存储反向传播时需要用到的参数的值
            self._args          用于标记计算图中该节点的父节点
            self._processed     用于标记该节点是否已经经历了反向传播的运算

        """
        v1 = self._to_variable(v1)
        v2 = self._to_variable(v2)
        self.value = v1.value + v2.value
        self._is_leaf = False

        self.g = 0.
        self._res: Tuple = ()
        self._processed: bool = False
        self._args: Tuple[Variable] = (v1, v2, )

        # 更新继承关系
        self._inherence: List[Variable] = []
        v1._inherence.append(self)
        v2._inherence.append(self)

    def backward(self, ):
        # 更新父节点的梯度
        self._args[0].g += self.g
        self._args[1].g += self.g

        # 更新该节点的_processed 参数
        self._processed = True

        return None
```

类 Add 中的 self.g 参数对应着式(2.26)中的$v.gradient$，参数 self._res 中的 res 是

英文的 residue 简写，用于存储函数 backward 中将会用到的参数。前面提到的“如果 v3 = v1 + v2，则我们不但需要在 v3 节点的_args 元组中分别存储 v1 和 v2 节点的地址，还需要分别在 v1 和 v2 节点的_inherence 列表中加入 v3 节点的地址”，可以在 Add 类的初始化函数__init__中找到相应的代码实现，其中_processed 参数用于标记反向传播是否完成。

与之完全类似的，我们在代码示例 2.5.3~2.5.6 中分别给出了取反类 Neg、乘法类 Mul、除法类 Div 及乘方类 Pow 的程序实现。

代码示例 2.5.3　自动微分反向模式的算法实现（取反类 Neg）

```
class Neg(Variable):

    """ 计算取反操作，即 a -> -a """

    __slots__ = ["g", "_res", "_args", "_processed", "_is_leaf", "_inherence"]

    def __init__(self, v):
        """
        参数
        ----
        v: Variable
            被取反的变量
        """
        v = self._to_variable(v)
        self.value = -v.value
        self._is_leaf = False

        self.g = 0.
        self._res: Tuple = ()
        self._processed: bool = False
        self._args: Tuple[Variable] = (v,)

        # 更新继承关系
        self._inherence: List[Variable] = []
        v._inherence.append(self)

    def backward(self, ):
        # 更新父节点的梯度
        self._args[0].g -= self.g

        # 更新该节点的_processed 参数
        self._processed = True

        return None
```

代码示例 2.5.4 自动微分反向模式的算法实现（乘法类 **Mul**）

```
class Mul(Variable):

    """ 计算乘法 """

    __slots__ = ["g", "_res", "_args", "_processed", "_is_leaf", "_inherence"]

    def __init__(self, v1, v2):
        """
        由两个已知的 Variable 节点 v1 和 v2，构造出一个新的 Variable 节点

        参数
        ----
        v1: Variable
            位于乘法操作左侧的操作数
        v2: Variable
            位于乘法操作右侧的操作数
        """
        v1 = self._to_variable(v1)
        v2 = self._to_variable(v2)
        self.value = v1.value * v2.value
        self._is_leaf = False

        self.g = 0.
        self._res: Tuple = (v1.value, v2.value)
        self._processed: bool = False
        self._args: Tuple[Variable] = (v1, v2, )

        # 更新继承关系
        self._inherence: List[Variable] = []
        v1._inherence.append(self)
        v2._inherence.append(self)

    def backward(self, ):
        # 取出更新父节点所需要的参数的值
        v1_value, v2_value = self._res

        # 更新父节点的梯度
        self._args[0].g += v2_value * self.g    # 更新 v1 的梯度
        self._args[1].g += v1_value * self.g    # 更新 v2 的梯度

        # 更新该节点的_processed 参数
        self._processed = True

        return None
```

代码示例 2.5.5 自动微分反向模式的算法实现（除法类 **Div**）

```
class Div(Variable):

    """ 计算除法 """

    __slots__ = ["g", "_res", "_args", "_processed", "_is_leaf", "_inherence"]

    def __init__(self, numerator, denominator):
        """
        由两个已知的Variable节点v1和v2，构造出一个新的Variable节点

        参数
        ----
        numerator: Variable
            分子(被除数)，位于操作符左侧
        denominator: Variable
            分母(除数)，位于操作符右侧

        旁注
        ----
            输入的参数numerator和denominator，要么属于Variable
            类，要么属于继承自Variable类的子类
        """
        numerator = self._to_variable(numerator)
        denominator = self._to_variable(denominator)
        self.value = numerator.value / denominator.value
        self._is_leaf = False

        self.g = 0.
        self._res: Tuple = (numerator.value, denominator.value)
        self._processed: bool = False
        self._args: Tuple[Variable] = (numerator, denominator, )

        # 更新继承关系
        self._inherence: List[Variable] = []
        numerator._inherence.append(self)
        denominator._inherence.append(self)

    def backward(self, ):
        # 取出更新父节点所需要的参数的值
        numer_value, denom_value = self._res

        # 更新分子numerator的梯度
        self._args[0].g += self.g / denom_value
        # 更新分母denominator的梯度
```

```
        self._args[1].g += - numer_value / denom_value**2 * self.g

        # 更新该节点的_processed参数
        self._processed = True

        return None
```

代码示例 2.5.6 自动微分反向模式的算法实现（乘方类 Pow）

```
class Pow(Variable):

    """ 计算乘方 """

    __slots__ = ["g", "_res", "_args", "_processed", "_is_leaf", "_inherence"]

    def __init__(self, base, pow):
        """
            由两个已知的Variable节点base和pow构造出一个
        新的Variable节点，描述base ** pow

        参数
        ----
        base: Variable
            乘方运算的底数
        pow: Variable
            乘方运算的幂

        旁注
        ----
            输入的参数base和pow，要么属于Variable类，要么属于继承自Variable类的子类
        """
        base = self._to_variable(base)
        pow = self._to_variable(pow)
        self.value = base.value ** pow.value
        self._is_leaf = False

        self.g = 0.
        self._res: Tuple = (base.value, pow.value, self.value,)
        self._processed: bool = False
        self._args: Tuple[Variable] = (base, pow, )

        # 更新继承关系
        self._inherence: List[Variable] = []
        pow._inherence.append(self)
        base._inherence.append(self)

    def backward(self, ):
```

```
        # 取出更新父节点所需要的参数的值
        base_value, pow_value, self_value = self._res

        # 更新父节点的梯度 x^y  = e^(ylnx)
        # >> 更新底数梯度 y*x^(y-1)
        self._args[0].g += self.g * pow_value * base_value ** (pow_value - 1)
        # >> 更新指数梯度 x^y * ln(x)
        self._args[1].g += self.g * self_value * math.log(base_value)

        # 更新该节点的_processed 参数
        self._processed = True

        return None
```

在得到了反向模式基本的数据结构之后，我们可以通过代码示例 2.5.7 中的函数 backward_pass 实现梯度的反向传播。函数 backward_pass 的输入 var 用于标记反向传播的起点节点。arg_list 用于存储所有待处理的节点，它将随着程序的运行而不断更新。在程序运行的开始，列表 arg_list 中只有输入的 var 节点；当列表 arg_list 非空时，意味着计算图中存在尚未被处理的节点。此时，对其中的每一个元素v进行判断：如果节点v是叶子节点，则它相当于 backward 函数的递归终点，我们只需要将节点v从列表 arg_list 中取出，而无须进行任何其他操作；如果通过 ready_for_backward 函数判断发现，节点v可以进行反向传播操作，则需要将节点v从列表中取出并执行 backward() 操作，然后将构造节点v的元素加入 arg_list 列表。计算的全过程相当于对计算图执行了反向的拓扑排序。

我们在代码示例 2.5.7 中给出了反向模式 backward_pass 函数的程序实现。

代码示例 2.5.7　自动微分反向模式的算法实现（反向传播）

```
def backward_pass(var: Variable):
    assert isinstance(var, Variable)

    arg_list: List[Variable] = []
    arg_list.append(var)

    while len(arg_list) != 0:
        # 从头开始遍历列表，找出可以进行反向传播的元素，进行反向传播
        for idx, arg in enumerate(arg_list):
            if arg.is_leaf:
                arg_list.pop(idx)
                continue

            if arg.ready_for_backward:
                arg_list.extend(arg._args) # 将与 arg 相邻的节点放入列表
                arg_list.pop(idx)          # 将 arg 从 arg_list 中取出
                arg.backward()             # 对 arg 参数进行反向传播
```

我们用不到400行代码完成了反向传播算法的程序实现。“麻雀虽小，五脏俱全”。在各种大型的自动微分库中，其反向模式的基本原理及数据结构都是与此相似的。基于反向模式，我们同样可以定义 grad 函数，代码示例2.6 所示为相应的程序，供读者参考。

代码示例 2.6 基于反向模式的 grad 函数

```
def value_and_grad(fun: Callable,
                   argnum: int = 0,)-> Callable:
    '''
    构造一个方程，它能够同时计算函数 fun 的值和它的梯度
        fun: 被微分的函数，需要被微分的位置由参数 argnums 指定，函数的返回只能为一个数
        argnum: 可选参数，只能为整数，用于指定微分的对象；不指定则默认对第一个参数求导

    返回:
        一个和 fun 具有相同输入结构的函数，这个函数能够同时计算 fun 的值和指定位置的导函数
    '''

    def value_and_grad_f(*args):
        # 输入检查
        if argnum >= len(args):
            raise TypeError(f"对参数 argnums = {argnum}微分需要至少 "
                            f"{argnum+1}个位置的参数作为变量被传入，"
                            f"但只收到了{len(args)}个参数")

        # 将函数的输入转化为 Variable 类
        args_new: List[Variable] = []
        for arg in args:
            if not isinstance(arg, Variable):
                arg_new = Variable._to_variable(arg)
            else:
                arg_new = arg
            args_new.append(arg_new)

        # 计算函数的值和导函数
        value = fun(*args_new)
        value.g = 1.
        backward_pass(value)
        g = args_new[argnum].g

        # 程序输出
        return value, g

    # 将函数 value_and_grad_f 返回
    return value_and_grad_f

def grad(fun: Callable,
```

```
        argnum: int = 0,)-> Callable:
    '''
    构造一个方程，它仅计算函数 fun 的梯度
        fun：被微分的函数，需要被微分的位置由参数 argnum 指定， 函数的返回只能为一个数
        argnum：可选参数，只能为整数，用于指定微分的对象；不指定则默认对第一个参数求导

    返回：
        一个和 fun 具有相同输入结构的函数，这个函数能够计算函数 fun 的梯度
    '''
    value_and_grad_f = value_and_grad(fun=fun, argnum=argnum)

    def grad_f(*args):
        # 仅仅返回导数
        _, g = value_and_grad_f(*args)
        return g

    return grad_f
```

函数的测试案例与返回可以与前向模式完全相同，这里不过多赘述。利用反向模式的数据结构，我们同样可以实现函数的高阶导数计算。在前向模式中，高阶导数的难点在于限制算符重载递归的深度；而在反向模式中，高阶导数实现的难点则在于不同计算图的区分。如果在实现高阶导数的过程中同时进行高阶导数计算图的构建，将会导致同一个节点的`_inherence`列表同时存储不同计算图的信息，从而导致在`backward_pass`函数中调用`ready_for_backward`函数时发生错乱，带来拓扑排序的失败。

与前向模式一样，我们仅仅在这里指出在实现反向模式高阶导数时可能遇到的困难，而不再进行更深一步的讨论。

03

第3章 初识JAX

工欲善其事，必先利其器。在前面的章节中，我们对可微分编程的基本理论进行了具体而详尽的介绍，并在不调用任何库的情况下，实现了符号微分、前向/反向传播等一系列算法，旨在加深读者对可微分编程的认识。

然而，在实际的应用场景中，我们更加倾向于调用诸如JAX、TensorFlow、Torch、Keras等基于Python的开源框架，来解决具体的问题。正如读者可以想见的那样，在这些集成化、模块化的库出现之前，人们只能基于可微分编程的基本原理，针对他们所面对的具体问题，编写相应的代码，并进行反复的调试。随着计算机算力的不断增长，TensorFlow、Torch、Keras等深度学习开源框架的出现，极大推动了相关领域的发展。通过调用库函数，人们可以在更短的时间内对一个算法进行快速的测试，从而缩短了算法及模型的迭代周期。从本章起，我们将主要基于JAX库，对可微分编程的理论做进一步介绍。

JAX是 Google 开发的高性能数值计算和自动微分库，提供了**自动微分**、**即时编译**（**JIT**, **J**ust-**I**n-**T**ime compilation）及**矢量并行化**三大功能。相较于略显臃肿的TensorFlow，JAX库的语法规则显得更加精简；而相较于Torch库的命令式编程（imperative programming），JAX选择将函数式编程（functional programming）的思想贯穿始终[1]。

简单来说，JAX库是GPU加速、支持自动微分的NumPy，而NumPy则是Python之下的基础数值运算库。NumPy提供了与MATLAB相似的功能与操作方式，由于其偏向底层的代码实现、灵活便捷的调试方式及稳定丰富的 API 接口，得到了广大研究者的青睐。JAX正是在此基础上，对NumPy进行了硬件的加速及自动微分的内置支持，从而结合了多方的优势。

在JAX 中，`jax.numpy` 库提供了一套与NumPy几乎相同的 API，NumPy中的大多数特性和函数，例如索引、广播、代数运算和各种科学运算函数等，在JAX中都继续保持一致。因此，本章将首先对 `jax.numpy` 进行基本的介绍，在给出一些常用函数及操作的同时，指出 `jax.numpy` 与NumPy的异同。我们相信，即使是对于有一定编程经验的读者而言，本章仍将会是一部很好的"字典"，它既无小说散文般的洋洋洒洒，也无词汇手册般的枯燥乏味，它只是平躺在你计算机旁边一个静默的角落，伸手便能够到。

---

[1] "比起命令式编程，函数式编程更加强调程序执行的结果而非执行的过程，倡导利用若干简单的执行单元让计算结果不断渐进，逐层推导复杂的运算，而不是设计一个复杂的执行过程。"—— 维基百科

3.1 数组的创建

在Python中，“万物皆对象”：从设计之初，Python便是一门面向对象的编程语言。就像我们在1.4节的符号求导部分、2.1.3节的前向模式部分和2.2.3节的反向模式部分当中，需要分别定义一个独立的 `Variable` 类那样，为了支持算符的重载以及各种功能的灵活实现，NumPy、SymPy、JAX、Torch和TensorFlow等库都对其基本的运算单元进行了重新的定义。例如，JAX与NumPy都将数据以**数组**的形式加以存储：在NumPy中，数组的类型为 `ndarray`；而在JAX中，数组则名为 `DeviceArray`。二者除了名称不同，其使用方式具有极大的相似之处。

数组的创建是程序书写的开始。在本节中，除了对数组这一概念进行简要的介绍，我们还将为读者整理出一些常用的数组创建函数，并在本章最后对随机数组的创建行为进行着重的讲解。读者对于其中一些不甚熟悉的函数，可以在自己的计算机上做一些简单的测试。

3.1.1 数组的性质

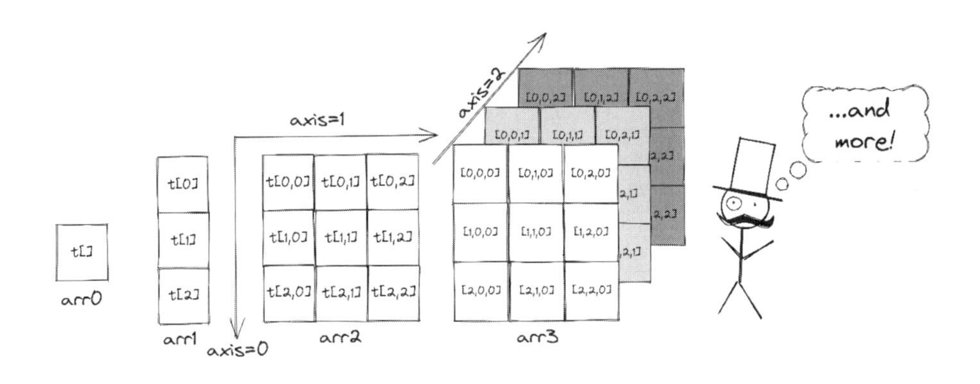

图 3.1 零维、一维、二维和三维数组示意图

在线性代数中，我们已经接触过标量、向量及矩阵的概念。实际上，我们可以将标量视作零维数组，将向量视作一维数组，而将矩阵视作二维数组。三维欧式空间$\mathbb{R}^3$之所以被称作三维空间，是因为我们需要 3 个参数以确定空间中的一点。完全类似的，n维数组之所以被称为n维数组，是因为我们需要n个整数来索引数组中的一个特定元素。例如，在二维数组（即矩阵）中这两个整数是矩阵的行和列。

在JAX与NumPy中，我们可以这样初始化一个元素都为0的多维数组：

代码示例 3.1.1 初始化数组

```
import numpy as np
```

```python
import jax.numpy as jnp

arr0 = np.array(0)
arr1 = np.zeros((3, ))
arr2 = jnp.zeros((3, 3))
arr3 = jnp.zeros((3, 3, 3))
```

代码示例3.1.1展示了NumPy与 jax.numpy 创建数组的过程。我们首先将NumPy库和JAX库中的 jax.numpy 分别导入，然后通过函数 zeros() 创建维度不同的数组，输入的元组指定了数组的形状，与图 3.1 对应。通常来说，NumPy和 jax.numpy 虽然名字相同、用法相似，但人们仍然会以 np 和 jnp 加以区分。代码示例3.1.1中的 arr0 和 arr1 是通过 NumPy构建的，而 arr2 和 arr3 则是通过 jax.numpy 构建的，我们可以通过函数 type() 或 isinstance() 函数对此加以检查，如代码示例3.1.2所示。

代码示例 3.1.2 数组类型的检查

```python
print(type(arr0))     # >>  <class 'numpy.ndarray'>
print(type(arr2))     # >>  <class 'jaxlib.xla_extension.DeviceArray
assert isinstance(arr0, np.ndarray)
assert isinstance(arr2, jnp.ndarray)
```

对于这样的多维数组，我们可以通过访问其成员属性的方式获取它的维度、形状和元素个数等信息。例如在图 3.1 中，arr0 是零维数组，表征形状的 shape 属性是一个空的元组；arr1 是一维数组，它的 shape 属性为 (3,)。注意，这里的 shape 是一个属性（property）而非函数，调用时不需要添加括号。另外，数组的维度及所含元素的个数可以由 ndim 和 size 参数得到，如代码示例3.1.3所示。

代码示例 3.1.3 数组的形状、维度及大小

```python
print(arr0.shape)  # arr0 的形状为 ()
print(arr1.shape)  # arr1 的形状为 (3, )
print(arr2.ndim)   # arr2 的维度为 2
print(arr3.size)   # arr3 的大小为 27
```

需要注意的是，即便数组元素个数相同且对应相等，但只要维度或形状不同，则仍然是不同的数组。在代码示例3.2中，我们可以用 shape 属性对此加以区分（在后续的代码中，我们统一略去了语句“**import** numpy as np”以及“**import** jax.numpy as jnp”）。

代码示例 3.2 数组的形状区分

```python
arr0d = jnp.array(0.)
arr1d = jnp.array([0.,])
arr2d = jnp.array([[0.,]])
arr3d = jnp.array([[[0.,]]])
```

```
print("arr0d = ", arr0d.shape)  # arr0d =  ()
print("arr1d = ", arr1d.shape)  # arr1d =  (1,)
print("arr2d = ", arr2d.shape)  # arr2d =  (1, 1)
print("arr3d = ", arr3d.shape)  # arr3d =  (1, 1, 1)
```

每个数组的 dtype 属性指定了元素是以什么样的精度存储在计算机中。在 NumPy中可以存储的数据类型非常多样，从整数、浮点数和字符串，到Python类的对象，不一而足。而单单就浮点数而言，NumPy便支持 float16、float32、float64 和 float128 等数据类型。

但是在 jax.numpy 中，为了更好地加速计算，JAX对数据的类型进行了严格的限制，数据类型统一默认为 float32，即 32 位单精度浮点数，一如代码示例 3.3.1 为我们指示的那样。

代码示例 3.3.1 JAX 中的精度限制

```
x = jnp.array([1.,2.,3.], dtype=jnp.float64)
print(x.dtype)
# >> dtype('float32')
```

上述代码在运行时，将会弹出如下提示（注意，这并不是报错）：

```
>> UserWarning: Explicitly requested dtype <class 'jax._src.numpy.lax_numpy.float64'>
requested in array is not available, and will be truncated to dtype float32.
```

统一的数据类型可以兼顾计算的速度和（大多数情况之下的）准确度，各种硬件也能够为这样统一的数据类型提供更多的优化。不过，如果需要提高运算的精度，最常用的方法是在程序的主要部分运行之前修改全局变量 jax_enable_x64，以提供对 64 位双精度浮点数的支持，如代码示例3.3.2所示。

代码示例 3.3.2 JAX 默认精度的修改

```
# 注意：精度设置的修改，需要在程序的主要部分运行之前进行
from jax.config import config
config.update('jax_enable_x64', True)

x = jnp.array([1., 2., 3.], dtype=jnp.float64)
print(x.dtype)  # dtype('float64')
```

3.1.2 创建数组的函数

JAX与 NumPy提供了许多用来创建常见数组的函数。表 3.1 中列出了常见的数组创建函数，它们可以用来构建具有特定大小的JAX及 NumPy数组。

表 3.1 常用的数组创建函数

函数名	效果
zeros(shape[,dtype])	生成填满 0 的多维数组
ones(shape[,dtype])	生成填满 1 的多维数组
full(shape,fill_value[,dtype])	生成填满给定数值的多维数组
empty(shape[,dtype])	创建没有经过初始化的多维数组
eye(N[,M,k,dtype])	生成对角为 1 的二维数组
arange(start[,stop,step,dtype])	生成步长可变的等差数组
linspace(start,stop[,num,endpoint,])	生成密度可变的等差数组
logspace(start,stop[,num,endpoint,base,])	生成等比数组

函数 zeros、ones 及 full 均可以接受一个整数，生成长度为 n 的一维数组；或接受一个元组或数组，生成相应形状的多维数组。其中，用函数 zeros 或 ones 生成的数组，除非使用 dtype 参数（或JAX的全局声明）另外指定元素的类型，否则数组中的每个元素将被一致地初始化为浮点数 0.或 1.；而函数 full 则需要额外指定一个 fill_value 数值，用于数组的填充。例如 jnp.full(3, 2)生成一个长度为 3 的一维数组，数组的每个元素均为浮点数 2.。

函数 empty 在NumPy和 jax.numpy 中的行为略有不同：在 NumPy中，函数 empty 虽然能够正确返回指定形状的数组，但数组的元素没有经过统一的初始化，有时会带来意想不到的问题；而在 jax.numpy 中，数组的元素将统一地初始化为浮点数 0.，精度与全局的设置相同。相应的测试及其结果如代码示例 3.4.1 所示。

代码示例 3.4.1 创建数组的常见函数

```
print(jnp.zeros(3))      # [0. 0. 0.]
print(jnp.ones(3))       # [1. 1. 1.]
print(jnp.full(3, 2.))   # [2. 2. 2.]
print(jnp.empty(3))      # [0. 0. 0.]
print(jnp.eye(2))        # [[1. 0.]
                         #  [0. 1.]]
```

另外，大多数需要接受 shape 参数的函数都有相应的*_like 形式，可以根据传入的数组生成相同形状的常见数组。代码示例3.4.2以函数 zeros_like 和 ones_like 为例进行了测试，它们分别是函数 zeros 及 ones 的*_like 形式。

代码示例 3.4.2 函数的*_like 形式

```
x  = jnp.array([[1., 2., 3.]])
x0 = jnp.zeros_like(x)  # [[0. 0. 0.]]
x1 = jnp.ones_like(x)   # [[1. 1. 1.]]
assert x.shape == x0.shape == x1.shape
```

函数 arange 和 linspace 同样十分常见，它们被广泛地应用于等差数列的构建。其中，函数 arange 需要依次指定等差数列的首项 start、末项 end 及公差 step，得到[start, end)区间内间隔为 step 的等差数列[1]。函数 linspace 接受的则是首项 start、末项 end 及元素个数 num，得到[start, end]区间长度为 num 的均匀等差数列[2]。

函数 logspace 的用法与函数 linspace 十分相似，它同样通过 start、end 及 num 参数构造等差数列，并对所得数组中的每个元素分别进行一次以 10 为底的指数运算后，将数组返回。该函数之所以被称为“logspace”，或许是因为在以$d(x_1, x_2) \coloneqq |\log x_1 - \log x_2|$为距离定义的度量空间中，由 logspace 构造的数组相邻元素之间的“间距”相等，从而构成“等差数列”。代码示例 3.4.3 给出了一个 logspace 函数的测试示例。

代码示例 3.4.3 logspace 函数的测试示例

```
x = jnp.logspace(1,2,11)
print(jnp.log10(x))          # [1.0 1.1 1.2 1.3 1.4 1.5 1.6 1.7 1.8 1.9 2.0]
print(jnp.linspace(1,2,11)) # [1.0 1.1 1.2 1.3 1.4 1.5 1.6 1.7 1.8 1.9 2.0]
```

如果需要指定每一个元素的值，除了首先通过调用以上函数生成数组，再逐元素修改数组的值，我们也可以直接调用 jnp.array 函数创建数组并进行初始化，如代码例 3.5 所示。函数 jnp.array 通过接受列表、元组、NumPy数组等数据结构，返回相应的 JAX数组，并将数组元素的变量类型统一。而在NumPy中，我们也常常通过指定函数 np.array 中的 dtype，改变一个既有数组的变量类型。

代码示例 3.5 直接调用 jnp.array 创建数组并进行初始化

```
t0 = jnp.array(0)
t1 = jnp.array([0., 1., 2.])
t2 = jnp.array([[0., 1., 2.], [3., 4., 5.], [6., 7., 8.]])
t3 = jnp.array(np.array([[[0. , 1. , 2. ], [3. , 4. , 5. ], [6. , 7. , 8. ]],
                         [[9. , 10., 11.], [12., 13., 14.], [15., 16., 17.]],
                         [[18., 19., 20.], [21., 22., 23.], [24., 25., 26.]]]))
```

---

[1] 与普通的Python函数相比，JAX与NumPy内置的 arange 函数性质略有不同：尽管 arange 函数的参数输入顺序依次为 start、end、step，但当输入参数的个数为 2 时，程序默认输入的参数依次对应于 start 和 end，而 step 值默认为 1，并且只有当前两个参数都为整数时，这里的 step 才为整数型，否则为浮点型。而当输入参数的个数为 1 时，程序默认这里的输入对应着参数 end（而非参数 start），并会将第一个参数 start 置为整数型的 0。这样的语法性质与Python内置的 range 是相似的，不同的是，range 中的参数输入只能为整数，而 arange 函数可以接受浮点数作为输入。
如果试图通过语句 **def** arange(start=0, end, step=1): **pass** 来定义 arange 函数，将会产生如下报错：

```
>> SyntaxError: non-default argument follows default argument
```

[2] 由于 linspace 函数得到的等差数列区间包含首尾，一个小小的建议是：后续使用 linspace 函数试图构造一个长度为 1000 的数组时，若条件允许，将数字 1000 改为 1001 或许是一个不错的选择——它会使数组中元素的数值变得干净许多。后面提到的 logspace 函数亦是同理。

需要注意的是，本节中所有的函数都仅仅用于数组的构造。如果需要使用JAX库的自动微分功能，调用本节中的任意函数都相当于**重新构造一个全新的数组**，这样的语法行为将会破坏原有的计算图结构，从而导致无法正确传递变量的梯度。

3.1.3 随机数组的创建

`jax.numpy` 构建随机数组的方式与NumPy有很大的不同。在版本1.17之后的NumPy中，推荐使用代码示例3.6.1中的方式生成均匀的随机数矩阵，变量名 `rng` 是随机数生成器（random number generator）的缩写。

代码示例 3.6.1 NumPy 的随机数组

```
from numpy.random import default_rng
rng = default_rng()
vals = rng.standard_normal((50, 50))
```

NumPy内置的随机数生成器在大多数情况下已经可以很好地满足实际的需要。不过，为了同时做到可重现、并行化和矢量化，JAX采用了更为现代的**可分割随机数生成器**（splittable pseudorandom number generator）来生成随机数。在程序运行的线程较多时，这种随机数生成方式的优势将会明显地体现出来。图 3.2 所示为不同随机数生成器的比较结果[1]。

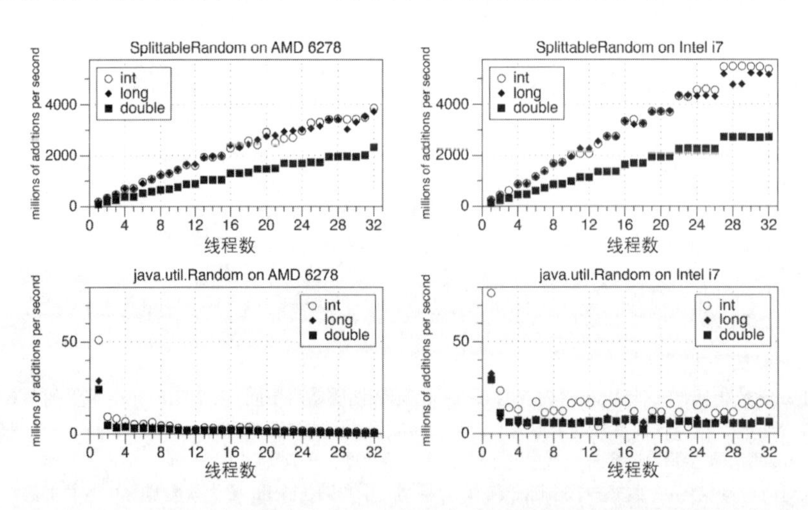

图 3.2 不同线程并行运行时不同随机数生成器的比较。上方两图为可分割随机数生成器在 AMD 6278 和 Intel i7 上的测试结果；下方两张图所使用的则是Java内置的随机数生成算法。在多线程并行运行时，可分割随机数生成器的效率高出基线多个数量级。

[1] 图片来源：Steele, Guy, L., Jr., Flood, & Christine 等. (2014). *Fast splittable pseudorandom number generators*. ACM SIGPLAN Notices: A Monthly Publication of the Special Interest Group on Programming Languages, 49(10), 453-472.

代码示例 3.6.2 JAX的随机数组

```
from jax import random
key = random.PRNGKey(0)
x = random.uniform(key, (50, 50))
```

代码示例3.6.2给出了JAX随机数组的创建流程。相较于一般通过随机数种子（seed）直接生成随机数数组的算法，可分割随机数生成器首先通过接受随机数种子，**生成**（generate）描述一个随机数生成器的键值，然后再根据随机数生成器**产生**（spawn）相应的随机数数组。在JAX中，这样的随机数生成器是由两个32位的无符号整数 uint32 描述的——例如在代码示例 3.6.2 中的变量 key，即对应着这两个32位的无符号整数。如果为相同的随机数生成函数分配相同的 key 值，得到的结果将是完全相同的。

```
key = random.PRNGKey(0)
print(random.normal(key, shape=(2,)))  # [ 1.81608667 -0.75488484]
print(random.normal(key, shape=(2,)))  # [ 1.81608667 -0.75488484]
```

一般只有在需要复现程序的结果时，才会使用相同的 key 值。当我们需要产生一个新的随机数组时，需要用 random.split 函数**劈分**随机数生成器以获得新的 key 值，对于劈分的结果，我们用变量 subkey 承接，如代码示例3.6.3所示。

代码示例 3.6.3 键值 key 的劈分

```
key = random.PRNGKey(0)
key, subkey = random.split(key)
print(random.normal(key    , shape=(2,)))  # [0.13893184  1.37066831]
print(random.normal(subkey, shape=(2,)))  # [1.13787844 -0.14331426]
```

我们也可以将同一个键值劈分成多个，劈分后键值的总数由 num 参数指定。

```
key = random.PRNGKey(0)
key, *subkeys = random.split(key, num=4)
print(subkeys)
# >> [array([1518642379, 4090693311], dtype=uint32),
#      array([ 433833334, 4221794875], dtype=uint32),
#      array([ 839183663, 3740430601], dtype=uint32)]
```

键值 key 的劈分这样的语法行为是专门为多线程的并行运行所设计的。在多线程并行运行时，如果需要为每一个线程“随机”选取一个随机数种子，当线程较多时，某些随机数种子生成的随机序列之间有可能会存在较强的关联，出现所谓的“生日悖论”。而如果将随机数生成器的键值通过现有的键值劈分产生，我们就可以设计相应的分配算法，尽量避免随机数列间“强关联”的出现，从而更好地保证数列之间的随机独立。另外，这样的语法行为保证了多线程协同的效率，避免了数个线程同时占用同一个随机数生成器，导致程序运行效率低下。

JAX的 random 模块提供了许多预置函数以生成具有特定分布的随机数组，如表 3.2 所示。

表 3.2 **random** 模块中的常用采样函数

函数	效果
bernoulli(key[,p,shape])	从**伯努利分布**中采样指定形状和均值的随机数组
beta([key,a,b[,shape,dtype]])	从**贝塔分布**中采样指定形状和参数的随机数组
categorical(key,logits[,axis,shape])	以**类别分布**从对数概率函数 logits 中采样随机数组
cauchy(key[,shape,dtype])	从**柯西分布**中采样指定形状的数组
choice(key,a[,shape,replace,p,axis])	从数组 a 中以分布 p 采样指定形状的随机数组
dirichlet(key,alpha[,shape,dtype])	从**狄利克雷分布**中采样指定形状和参数的随机数组
double_sided_maxwell(key,loc,scale[,...])	从**双麦克斯韦分布**中采样指定形状的随机数组
exponential(key[,shape,dtype])	从**指数分布**中采样指定形状的随机数组
gamma(key,a[,shape,dtype])	从**Γ分布**中采样指定形状和参数的随机数组
gumbel(key[,shape,dtype])	从 **Gumbel 分布**中采样指定形状的随机数组
laplace(key[,shape,dtype])	从**拉普拉斯分布**中采样指定形状的随机数组
logistic(key[,shape,dtype])	从**逻辑斯蒂分布**中采样指定形状的随机数组
normal(key[,shape,dtype])	从**高斯分布**$\mathcal{N}(\mathbf{0},\mathbf{1})$中采样指定形状的随机数组
multivariate_normal(key,mean,cov[,shape,...])	从给定方差均值的**高斯分布**中采样随机数组
truncated_normal(key,lower,upper[,shape,...])	从**截断高斯分布**采样指定形状和参数的随机数组
pareto(key,b[,shape,dtype])	从**帕累托分布**中采样指定形状和参数的随机数组
permutation(key,x[,axis,independent])	随机打乱数组 x 或 arange(x)，返回重排后的结果
poission(key,lam[,shape,dtype])	从**泊松分布**中采样指定形状和参数的随机数组
rademacher(key,shape[,dtype])	从**拉德马赫分布**中采样指定形状的随机数组
randint(key,shape,minval,maxval[,dtype])	从区间[minval,maxwal)等概率采样整型随机数组
shuffle(key,x[,axis])	随机打乱数组 x 的指定维度，返回打乱后的数组
t(key,df[,shape,dtype])	从**学生 *t* 分布**中采样指定形状和参数的随机数组
uniform(key[,shape,dtype,minval,maxval])	从区间[minval,maxwal)中**均匀采样**浮点型随机数组
weibull_min(key,scale,concentration[,...])	从**韦伯分布**中采样指定形状和参数的随机数组

3.2 数组的修改

在完成数组的创建后，绝大多数数组形状的修改都将由数组的重排、扩展及索引来完成，这是本节将要介绍的重点。

3.2.1 多维数组的重排

我们之前曾经强调，即便两个数组所有元素的值均对应相等，但只要数组的形状或维度不同，两个数组依然是不同的。在一些实际的问题中，一个重要的需求是在不改变数组元素的基础上，改变数组的形状或者维度。在NumPy中，合理使用数组重排的语法可以令代码变得更加简洁，加快程序运行的速度；而在 JAX 中，由于我们希望保留数组元素在计算图中的相对位置，数组重排语法的使用在一些情况下往往是**必须**的。我们在表格 3.3 中给出了一些常见的数组重排函数，供读者参考。

表 3.3 常用的数组重排函数

函数	效果
reshape(arr,newshape[,order])	在不改变数组数据的情况下改变数组的形状
atleast_1d(*arrays)	将数组转化为至少一维
atleast_2d(*arrays)	将数组转化为至少二维
atleast_3d(*arrays)	将数组转化为至少三维
expand_dims(a[,axis])	在数组 a 的指定位置插入一个新的维度
squeeze(a[,axis])	移除数组 a 长度为 1 的维度
flip(m[,axis])	翻转数组 m 给定轴上的所有元素
swapaxes(arr, axis1, axis2)	交换 arr 数组两个轴的元素

首先来看最为常用的 reshape 函数，它既可以直接通过 jnp.reshape(arr, newshape) 这样的形式调用，也可以被一个数组本身的 reshape 方法进行调用。输入的参数 newshape 应该是一个整数或者一个元素为整数的元组：当 newshape 是整数时，reshape 函数将会把数组 arr 的形状修改为长度为 newshape 的一维数组；而当 newshape 是元组时，reshape 函数则会把数组 arr 修改为形状为 newshape 的多维数组，此时元组 newshape 中元素的乘积需要等于数组 arr 的元素数，即 jnp.prod(newshape) == arr.size。

当 reshape 函数接受的整数或元组 newshape 中有且仅有一个元素是整数-1 时，表示在该维度上数组的长度是缺省的，由于有上述“元组 newshape 中元素的乘积（或 newshape 参数本身）需要等于数组 arr 的元素数”这样的要求，程序可以自动推断出缺省处的整数的值。例如，我们可以采用 arr.reshape(-1) 这样的语法将一个数组拉伸为一维。在代码示例3.7中，我们简单给出了一些其他的测试样例。

代码示例 3.7 jax.numpy 中 reshape 函数的使用

```
arr = jnp.arange(9)
print(arr.reshape((3, 3)).shape)    # (3, 3)
print(arr.reshape((-1, 3)).shape)   # (3, 3)
```

函数 atleast_1d 可以将标量输入转化为一维，函数 atleast_2d 和 atleast_3d 则可以将输入的数组扩充为至少二维或者三维。例如在函数 atleast_3d 的作用下，原本形状为 (N,) 的一维数组将会转变为形状为 (1, N, 1) 的三维数组；而原本形状为 (M, N) 的二维数组形状将转变为 (M, N, 1)。另外，上述函数会尽量避免复制数组的元素，以保护原本计算图的结构。

代码示例3.8给出了一部分测试的结果。

代码示例 3.8 jax.numpy 的 atleast_1d、atleast_2d、atleast_3d 函数

```
arr = jnp.arange(3)   # >> [0 1 2]
```

```
arr1 = jnp.atleast_1d(arr)
arr2 = jnp.atleast_2d(arr)
arr3 = jnp.atleast_3d(arr)

print(arr1.shape) # (3,)
print(arr2.shape) # (1, 3)
print(arr3.shape) # (1, 3, 1)
```

扩展数组的另一种通用方法是使用 expand_dims 函数，它可以在输入数组的指定位置插入一个新的维度。假如输入数组 a 的维数为 n，则 axis 参数将接收一个位于[-n-1,n]之间的整数，用于标记新的轴插入的位置。在 1.13 版本的JAX之后，当参数 axis 输入超出范围的整数时，程序将会报错，而 1.18 版本之后的JAX开始支持参数 axis 的输入为数组。代码示例3.9对 expand_dims 函数进行了的简单的测试。

代码示例 3.9 jax.numpy 的 expand_dims 函数

```
arr = jnp.zeros(shape=(2,3,4))

arr0 = jnp.expand_dims(arr, axis=0) # 等价于 axis=-4
arr1 = jnp.expand_dims(arr, axis=1) # 等价于 axis=-3
arr2 = jnp.expand_dims(arr, axis=2) # 等价于 axis=-2
arr3 = jnp.expand_dims(arr, axis=3) # 等价于 axis=-1

print(arr0.shape) # (1, 2, 3, 4)
print(arr1.shape) # (2, 1, 3, 4)
print(arr2.shape) # (2, 3, 1, 4)
print(arr3.shape) # (2, 3, 4, 1)
```

函数 squeeze 可以看作 expand_dims 函数的逆操作[1]，它能将数组中某个给定的轴移除。如果不加指定，squeeze 函数将会移除一个数组中所有长度为 1 的轴，从而实现数组维度的缩减。当试图移除的轴长度并不为 1 时，程序将会跳出报错。

代码示例3.10是对 squeeze 函数的简单测试。

代码示例 3.10 jax.numpy 的 squeeze 函数

```
arr = jnp.zeros(shape=(2,1,3,1,4))

arr0 = jnp.squeeze(arr)
arr1 = jnp.squeeze(arr, axis=1)
arr3 = jnp.squeeze(arr, axis=3)

print(arr0.shape) # (2, 3, 4)
```

[1] 正因如此，在一些其他的微分库（如Torch）中，expand_dims 函数有时也会称为 unsqueeze 函数。

```
print(arr1.shape) # (2, 3, 1, 4)
print(arr3.shape) # (2, 1, 3, 4)
```

函数 flip 将一个数组给定轴上的所有元素翻转，函数 swapaxes 则可以将数组两个维度上的元素进行交换。例如，对于一个二维数组 m 来说，flip(m,0)将会翻转数组 m 的 axis=0 方向，即翻转矩阵的每一行，将矩阵上下翻转；flip(m,1)将会翻转数组 m 的 axis=1 方向，即翻转矩阵的每一列，将矩阵左右翻转；swapaxes(m,0,1)则会交换数组 m 的 axis=0 和 axis=1 这两个维度，对于二维数组来说，这相当于对矩阵进行了转置。

代码示例3.11是对 flip 函数和 swapaxes 函数的简单测试。

代码示例 3.11 **jax.numpy** 的 **flip** 函数和 **swapaxes** 函数

```
m = jnp.arange(9).reshape((3, 3))
m0 = jnp.flip(m,0)
m1 = jnp.flip(m,1)
m2 = jnp.swapaxes(m,0,1)
"""
m = [[0 1 2]
     [3 4 5]
     [6 7 8]]   # original

m0 = [[6 7 8]
      [3 4 5]
      [0 1 2]]  # flip(m,0)

m1 = [[2 1 0]
      [5 4 3]
      [8 7 6]]  # flip(m,1)

m2 = [[0 3 6]
      [1 4 7]
      [2 5 8]]  # swapaxes(m,0,1)
"""
```

3.2.2 多维数组的扩展

调用数组的重排函数得到的新数组，其形状和原数组往往是一致的。而在有些时候，我们确实希望能够对原有的数组加以**扩展**。例如从一个简单的数组出发，**重复**原数组的元素以得到更大的数组；或者将多个数组按照一定规则进行**组合**，得到一个更大的数组。因此，数组的扩展函数将是本节主要介绍的内容。常见的数组扩展函数如表 3.4 所示。

表3.4 常用的数组扩展函数

函数	效果
repeat(a,repeats[,axis,total_length])	以重复每个元素的方式扩展数组
concatenate(arrays,axis=0)	将一组数组在某个轴上连结[1]
stack(arrays,axis=0,out=None)	在新轴方向上拼接一系列数组
vstack(tup)/row_stack()	在垂直方向（axis=0）方向上拼接数组
hstack(tup)/column_stack()	在水平方向（axis=1）方向上拼接数组
dstack(tup)	在纵深方向（axis=2）方向上拼接数组

为了重复原数组的元素以得到更大的数组，我们可以调用 repeat 函数。该函数接受一个待重复的数组，以及一个用于指定数组重复次数的整数。调用方式如代码示例3.12所示。

代码示例 3.12 jax.numpy 的 repeat 函数

```
arr1 = jnp.arange(4)
print(jnp.repeat(arr1, 2))
# >> [0, 0, 1, 1, 2, 2, 3, 3]
```

对于多维数组，我们还可以用 axis 参数指定重复轴的方向。该参数的取值方式与数组重排函数中的 axis 参数是完全类似的。

```
arr2 = jnp.arange(4).reshape((2,2))
print(jnp.repeat(arr2, 2, axis=1))
# >> [[0 0 1 1]
#     [2 2 3 3]]
```

函数 repeat 中的最后一个可选参数是 total_length,它可以用于限制输出元素的个数。

```
arr2 = jnp.arange(4).reshape((2,2))
print(jnp.repeat(arr2, 2, axis=1, total_repeat_length=3))
# >> [[0 0 1]
#     [2 2 3]]
```

当然，除了重复单个数组的元素，有时我们还会希望将多个数组以某种规则进行拼接。NumPy与JAX中用于实现这样功能的函数有很多，让我们首先来考察 concatenate 函数，它需要接收一组数组，然后沿着指定的方向将它们连结起来。

代码示例 3.13 jax.numpy 的 concatenate 函数

```
arr1 = jnp.array([1,2,3])
arr2 = jnp.array([4,5,6])
print(jnp.concatenate([arr1, arr2]))
```

[1] 连结（concatentate）一词的翻译方法参考自李沐等写作的《动手学机器学习》一书。

```
# >> [1, 2, 3, 4, 5, 6]
print(jnp.concatenate([jnp.atleast_2d(arr1), jnp.atleast_2d(arr2)], axis=0))
# >> [[1, 2, 3], [4, 5, 6]]
print(jnp.concatenate([jnp.atleast_2d(arr1), jnp.atleast_2d(arr2)], axis=1))
# >> [[1, 2, 3, 4, 5, 6]]
```

在代码示例3.13中，需要注意的是，表征连结方向的 axis 参数不能超过数组的维度，且所有输入的数组在该方向上都需要拥有相同的长度。例如，这里的 arr1 和 arr2 都是一维数组，那么它们只能在一个方向上进行连结。如果需要在其他方向上连结数组，需要首先将两个数组都提升为二维。函数 concatenate 拼接得到的数组与原本数组的维度是相同的。

输出数组与输入数组维度不同的是 stack 函数。与 concatenate 函数相似，stack 函数同样是将一组数组按照某个方向拼接，同样要求输入的数组在 axis 方向上拥有相同的长度；不同的是，用 stack 函数拼接得到的数组将会比原本的数组多一维。代码示例3.14给出了一个简单的测试。

代码示例 3.14 jax.numpy 的 stack 函数及其他

```
a = jnp.array([1,2,3,4]).reshape((2,2))
b = jnp.array([5,6,7,8]).reshape((2,2))
print(jnp.concatenate((a,b), axis=0))
# >> [[1, 2], [3, 4], [5, 6], [7, 8]]
print(jnp.concatenate((a,b), axis=1))
# >> [[1, 2, 5, 6],
#     [3, 4, 7, 8]]
print(jnp.stack((a,b), axis=0))
# >> [[[1, 2], [3, 4]], [[5, 6], [7, 8]]]
print(jnp.stack((a,b), axis=1))
# >> [[[1, 2], [5, 6]],
#     [[3, 4], [7, 8]]]
```

另外，NumPy和JAX中的 hstack、vstack 及 dstack 函数同样十分常用，它们的首字母分别是 horizontal、vertical 和 deep 的缩写，表示数组不同的缝合方向。应该注意的是，这里的 vstack 函数相当于 concatenate(axis=0)，hstack 函数相当于 concatenate(axis=1)，dstack 函数相当于 concatenate(axis=2)。我们需要将其与 stack 函数进行区别。

不过，这样的函数设计方式是符合我们朴素直觉的。

```
print(jnp.vstack((a,b)))
# >> [[1, 2], [3, 4], [5, 6], [7, 8]]
print(jnp.hstack((a,b)))
# >> [[1, 2, 5, 6],
#     [3, 4, 7, 8]]
```

如果遇到两个数组维度不同的情况，例如拼接的对象是一个矩阵和一个列向量，我们还可以使用函数 column_stack：

```
a = jnp.arange(9).reshape(3,3)
b = jnp.array([10, 11, 12])
print(np.concatenate((a, jnp.expand_dims(b, axis=1)), axis=1))
# >> [[0, 1, 2, 10],
#     [3, 4, 5, 11],
#     [6, 7, 8, 12]]

print(jnp.column_stack((a,b)))
# >> [[0, 1, 2, 10],
#     [3, 4, 5, 11],
#     [6, 7, 8, 12]]
```

对于矩阵与行向量的拼接，同样可以使用诸如 row_stack 等函数。这些函数的参数设计符合它们的函数名给我们带来的朴素直觉。另外，本节末尾介绍的NumPy与JAX中的 newaxis 参数同样可以用于扩展数组的维度。

代码示例 3.15　JAX 与 NumPy 中的 **newaxis** 参数

```
arr = jnp.zeros(shape=(2,3,4))
print(arr[jnp.newaxis,:,:,:].shape)  # (1, 2, 3, 4)
print(arr[:,jnp.newaxis,:,:].shape)  # (2, 1, 3, 4)
print(arr[:,:,jnp.newaxis,:].shape)  # (2, 3, 1, 4)
print(arr[:,:,:,jnp.newaxis].shape)  # (2, 3, 4, 1)
```

将代码示例3.15中的 jnp.newaxis 用 None 代替，得到的结果将是一致的。

3.2.3　多维数组的索引

NumPy及JAX的数组支持索引和切片运算符 [] 的重载，我们可以用方括号 [] 在数组中索引一个元素。如果读者想要自己重载一个类的 [] 算符，可以使用类函数 __getitem__ 加以实现。对一维数组单个元素的索引可以从 0 开始正向查找，也可以用负数从反向查找，这里的语法行为和Python的列表是一致的。

代码示例 3.16　**jax.numpy** 的数组索引

```
# 整数作为索引：一维数组
arr1d = jnp.arange(9)          # [0, 1, 2, 3, 4, 5, 6, 7, 8]
print(arr1d[3], arr1d[-3])  # 3, 6
```

不过，在多维数组中使用单元素索引，程序将返回原本数组的一个子数组；对于二维数组而言，这相当于返回了原数组的一行。

```
# 整数作为索引：多维元素
arr2d = jnp.arange(9).reshape((3,3))
print(arr2d[0])      # [0 1 2]
print(arr2d[0][1])  # 1
print(arr2d[0, 1])  #  1
```

上述两种在二维数组中定位单个元素的方法都是可取的。第一种方式中的多层方括号是在递归地调用数组类的`__getitem__`方法，第二种方式则是直接定位二维数组的一个元素。

另外，我们还可以通过**切片**（slice）操作获取数组的一个部分，对应的语法为`[start:stop:step]`，其中`start`表示起始索引，`stop`表示结束索引，`step`表示步长，具体的参数约定与`arange`函数类似。比如，我们可以使用`[::-1]`将一个一维数组反向。

```
# 数组切片
arr1d = jnp.arange(9) # [0 1 2 3 4 5 6 7 8]
print(arr1d[ : :-1])  # [8 7 6 5 4 3 2 1 0]
print(arr1d[2:8: 2])  # [2 4 6]
```

数组切片同样可以应用于多维数组。例如，我们可以以如下方式从形状为`(6,6,6)`的数组中央切出一个形状为`(2,2,2)`的数组。

```
# 多维数组切片
arr3d = jnp.arange(216).reshape((6,6,6))
print(arr3d[2:4, 2:4, 2:4].shape)  # (2, 2, 2)
```

我们还可以用数组作为索引，来索引多维数组。例如，当使用一维数组索引一个一维数组时，相当于使用索引数组的每个元素作为索引：

```
# 数组作为索引：一维数组索引一维数组
arr1d = jnp.arange(9)                # [0, 1, 2, 3, 4, 5, 6, 7, 8]
print(arr1d[jnp.array([1,2,3])])  # [1, 2, 3]
```

使用一维数组索引多维数组，相当于使用一维数组的每个元素，依次作为被索引数组第一个维度的索引，并将得到的结果填入原本一维数组中元素所在的位置。在这里，一个常见的应用是**独热**（one-hot）数组的构造：

```
# 数组作为索引：一维数组索引二维数组
labels = jnp.array([0,2,4])
print(jnp.eye(10)[labels])
# >> [[1. 0. 0. 0. 0. 0. 0. 0. 0. 0.]
```

```
#     [0. 0. 1. 0. 0. 0. 0. 0. 0. 0.]
#     [0. 0. 0. 0. 1. 0. 0. 0. 0. 0.]]
```

当然，我们也可以使用多维数组作为索引。例如，当使用二维数组索引一维数组时，程序返回的数组形状将与用于索引的二维数组相同：这一特性在一些时候能为我们带来代码的简化。

```
# 数组作为索引：2 维数组索引 1 维数组
arr1d = jnp.arange(9)
print(arr1d[jnp.array([[1,2,3], [4,5,6]])])
# >> [[1 2 3]
#     [4 5 6]]
```

使用二维数组索引二维数组的做法同样可行，程序将使用索引数组中的每个整数，依次作为被索引数组第一个维度的索引，将返回的结果对应到索引数组的每个位置。一般来说，使用一个整数索引二维数组将得到原矩阵的一行，也就是一个一维数组；那么，如果我们依次将使用整数索引得到的一维数组，填入该整数在原本二维数组之中所在的位置，就将会得到一个三维数组。下面的代码可以作为一个简单的例子：

```
# 数组作为索引：二维数组索引二维数组
arr2d = jnp.arange(9).reshape((3,3))
print(arr2d[jnp.array([[0, 2], [0, 1]])])
# >> [[[0, 1, 2], [6, 7, 8]]
#     [[0, 1, 2], [3, 4, 5]]]
```

我们不难把这样的语法行为推广到多维。除了上述方法，我们还可以通过**掩码**（mask）的方式索引元素。例如，可以通过如下方式取出一个数组中所有的偶数：

```
# 掩码索引
arr1d = jnp.arange(9)
print(arr1d % 2 == 0)
# >> [ True  False  True  False  True  False  True  False  True]
print(arr1d[arr1d % 2 == 0])
# >> [0 2 4 6 8]
```

在数组 arr1d 与 2 进行的取模运算中，程序对数字 2 使用了语义广播，相当于分别计算数组 arr1d 中每个元素除以 2 的余数，再将所得数组中的每个元素和 0 比较，最终得到布尔型的掩码数组。我们使用这个掩码数组去索引原数组，就可以取出原数组中所有的偶数。

NumPy还支持一些其他的索引方式。例如，可以提供两个形状相同的数组，分别作为二维数组行列指标，依次索引数组在相应位置的值（这样的语法在JAX中是不存在的）。

```
# 其他的索引方式（NumPy 独有）
arr2d = np.arange(16).reshape((4,4))
```

```
arr2d[np.array([1,2,3]), np.array([1,2,3])]
print(arr2d[np.array([1,2,3]), np.array([1,2,3])])  # [ 5 10 15]
```

3.2.4 越界行为的处理

在NumPy中，如果索引超过数组的长度（例如执行语句 `np.ones(3)[100]`），程序将会抛出如下错误：

```
>> IndexError: index 100 is out of bounds for axis 0 with size 3
```

但是在JAX中，这样的语句并不会报错。“啊，怎么可能是这样？”没错，由于实际的运算可能是在不同类型的加速硬件（如GPU、TPU等）上进行的，抛出错误会相对比较困难。JAX对于索引越界的情况采用了其他的处理方式：通常来说，对于更新操作，越界的部分将被程序跳过；而对于索引操作，程序将简单地把数组边界上的元素返回。例如：

```
arr1d = jnp.arange(3)
print(arr1d[5])  # 2
print(arr1d[2:5])  # [2]
print(arr1d[-5:-2])  # [0]
```

对于越界行为，虽然一些函数提供了针对越界行为的选项，但是从可维护的角度来讲，强烈建议把这种行为视为**未定义行为**（undefined behavior），程序将不能保证处理方式一定符合人们的预期。这也提醒我们，在索引元素之前需要对代码进行必要的检查。

3.2.5 异地更新

在NumPy中，我们可以索引多维数组，再用相同形状的数组直接进行**原地更新**（in-place update），新数组将在内存中直接把原数组的数据覆盖：

```
# numpy 的原地更新：直接赋值
arr1d = np.arange(9)
print(arr1d)  # [0 1 2 3 4 5 6 7 8]
arr1d[::2] = np.zeros(5)
print(arr1d)  # [0 1 0 3 0 5 0 7 0]
```

但在JAX中，为了保护原有的计算图，程序并不支持简单地采用`[]`直接进行原地更新。在实际的任务中，原地更新在大多数情况下是完全可以避免的：在数组初始化完成以后，单数组形状的改变、元素的提取（切片）、多数组的拼接等操作，都已经有相应语法的支持。即便确实想要将数组的一部分用另一个数组“替代”，理论上也不难通过切片与拼接的操作来加以实现（此时不建议重新初始化一个新的数组，除非确定不打算保留原本的计算图）。这样的语法设计体现了函数式编程的思路，强行采用赋值语句时，程序将会产生如下报错：

```
>>    '<class 'jaxlib.xla_extension.DeviceArray'>' object does not support item assignment.
JAX arrays are immutable. Instead of ``x[idx] = y``, use ``x = x.at[idx]. set(y)`` or
another .at[] method
```

根据抛出的错误描述，我们知道，需要用`.at[]`方法对数组进行“修改”：

```
# jax 的异地更新：at 方法
arr1d = jnp.arange(9)
print(arr1d)       # [0 1 2 3 4 5 6 7 8]
newarr1d = arr1d.at[::2].set(jnp.zeros(5))
print(newarr1d)  # [0 1 0 3 0 5 0 7 0]
```

这样的“修改”方式之所以称为**异地更新**（out-of-place update），是因为JAX的更新**不会**对原数组进行修改，而是返回更新过后的原数组的副本。这样的机制看似会因为数组的复制等操作增加时间和内存的开销，但如果在更新过后，原数组（例如“`arr1d.at[::2].set(jnp.zeros(5))`”中的 `arr1d`）在程序中确实没有被再次使用，即时编译（JIT）过后，编译器可以将异地更新优化为原地操作，从而消除额外的开销。关于即时编译，我们将在第 5 章给出更多的介绍。表 3.5 列举了一些常见的更新方法。

表 3.5 JAX的异地更新函数

函数	等价的原地更新
`x = x.at[idx].set(y)`	`x[idx] = y`
`x = x.at[idx].add(y)`	`x[idx] += y`
`x = x.at[idx].multiply(y)`	`x[idx] *= y`
`x = x.at[idx].divide(y)`	`x[idx] /= y`
`x = x.at[idx].power(y)`	`x[idx] **= y`
`x = x.at[idx].min(y)`	`x[idx] = minimum(x[idx], y)`
`x = x.at[idx].max(y)`	`x[idx] = maximum(x[idx], y)`
`x = x.at[idx].get()`	`x = x[idx]`

表 3.5 中的更新函数有 4 种模式可选，默认为 `promise_in_bounds` 模式，即由程序员保证所有数组的索引 `idx` 都不会越界。此时，函数 `get` 中的越界索引将被直接忽略，并且索引越界时，诸如 `set` 和 `add` 等函数将直接不被执行。另外，`clip` 模式会将越界的索引限制在有效范围之内，而 `drop` 模式会忽略越界的索引。对于 `get` 函数，我们还可以选择 `fill` 模式，它将越界索引的返回值填充为指定的值（此时需要指定 `fill_values` 参数）。

```
newarr1d = arr1d.at[10].add(3, mode='clip')
# >> DeviceArray([ 0,  1,  2,  3,  4,  5,  6,  7,  11], dtype=int32)
newarr1d = arr1d.at[10].add(3, mode='drop')
# >> DeviceArray([0, 1, 2, 3, 4, 5, 6, 7, 8], dtype=int32)
newarr1d = arr1d.at[7:12].get(mode='fill', fill_value=9)
# >> DeviceArray([7, 8], dtype=int32)
newarr1d = arr1d.at[12].get(mode='fill', fill_value=9)
# >> DeviceArray(9, dtype=int32)
```

上面的程序给出了几个实用的例子。不过，依然建议读者将越界行为视为一种不合理的行为，并在实践过程中尽量避免。

3.3 数组的运算

数组的创建和形状的修改并不改变数组中元素的数值，在本节中，我们将介绍数组间的运算。其中，语义广播在数组的运算中处于基础地位，而线性代数、科学计算，包括爱因斯坦求和等模块及函数，同样在实际程序的书写中被反复调用。

3.3.1 语义广播

下面引入一个NumPy和 jax.numpy 中非常重要的概念：**广播**（broadcast）。广播描述了在运算的过程中程序对不同形状数组的处理规则。在一定条件下，维数较小的数组可以被“广播”成较大的数组，使得两个数组在形式上具有相同的形状，从而可以进行逐个元素的计算。如果对Python的列表 [1,2,3] 执行乘以 2 的操作，程序将会把原本的列表通过复制扩展为 [1,2,3,1,2,3]；而对于NumPy或者 JAX的数组，程序则会直接将数组中的每个元素乘以 2 再返回。

```
# 语义广播
ls = [1,2,3]
print(ls * 2)              # [1, 2, 3, 1, 2, 3]
print(jnp.array(ls) * 2)   # [2 4 6]
```

NumPy与JAX中的语义广播具有极为广泛的应用，因为有后端的低级语言对程序进行优化，语义广播无论是在内存的效率还是计算的速度上，一般都会优于手动处理。

不过，语义广播也有其使用的条件。当两个数组进行运算时，程序会由右向左比较它们的形状，如果在一个维度上两个数组的长度**相等**或其中一个长度为 1，我们就认为两者在这个维度上可以兼容。如果两个数组（自右向左）在则每一个维度上都能兼容，则认为它们之间可以进行语义广播；否则，程序将会抛出错误。

在两个数组的维数不同时，我们同样从右向左比较两者的形状，并将维数较小的数组向左侧扩展，使其能够与维数较大的数组相匹配。

数组$\boldsymbol{a}$(三维数组)	$8\times6\times5$
数组$\boldsymbol{b}$(二维数组)	1×5
广播结果(三维数组)	$8\times6\times5$

在上面的例子中，由于数组b的维度较小，我们可以首先将数组b的形状扩展为$1\times1\times5$；随后从右向左比较两个数组的维度。对于 axis=2 这一维度，数组a和b的形状相同，无须广播；而对于 axis=1 和 axis=0，数组b相应维度上的长度均为 1，故而数组a和b在所有维度上都兼容，因此可以进行语义广播。我们可以通过函数 can_cast 检查两者是否可以通过广播相匹配：

```
a = jnp.zeros((8,6,5))
b = jnp.zeros((1,5))
assert jnp.can_cast(b, a)  # True
```

以下是两种不能进行广播的情况。

（1）维度不一致不能广播：

数组$\boldsymbol{a}$(一维数组)	3
数组$\boldsymbol{b}$(一维数组)	4

（2）后两个维度不匹配不能广播：

数组$\boldsymbol{a}$(二维数组)	2 x 1
数组$\boldsymbol{b}$(三维数组)	8 x 4 x 3

广播会给多维数组的计算带来极大的便利。例如，我们可以通过如下方式快速计算两个矢量的外积。

```
# 矢量的外积
a = jnp.array([0.0, 10.0, 20.0, 30.0])
b = jnp.array([1.0, 2.0, 3.0])
  print(a[:, jnp.newaxis] + b)
# >> [[ 1.  2.  3.]
#     [11. 12. 13.]
#     [21. 22. 23.]
#     [31. 32. 33.]]
```

3.3.2 数组运算

语义广播与数组的运算紧密结合。对于多维数组来说，最常用的运算便是**逐元素**（element-wise）运算。例如一元函数$f \in \mathcal{F}$可以将一个标量映射到另一个标量。在NumPy或 JAX中，如果复合出函数f的所有运算都为简单运算（加减乘除和乘方等）或NumPy与JAX的内置函数（如 jnp.sin 等），则这个函数同样可以接受一个数组，它等价于将原本的一元函数作用于数组中的每个元素并依次返回。

我们将这样的语法行为记作$\boldsymbol{y} = f(\boldsymbol{x})$，$\boldsymbol{y}$中的每个元素可以通过$y_i = f(x_i)$计算[1]。同理，二元标量运算符$f: \mathbb{R}^2 \to \mathbb{R}$同样可以应用在两个数组上，得到向量$\boldsymbol{w} = f(\boldsymbol{u}, \boldsymbol{v})$。即便数组$\boldsymbol{u}$和$\boldsymbol{v}$的维度并不一致，如果符合广播规则，程序依然会在广播后进行$w_i = f(u_i, v_i)$的逐元素运算。

```
# 数组运算
arr1 = jnp.array([1.,2.,3.])
print(arr1* 2)        # [2. 4. 6.]
print(arr1**2)        # [1. 4. 9.]
print(jnp.sin(arr1))  # [0.84147096 0.9092974 0.14112]
```

比较运算也是运算的一种。以 == 算符为例，对于每个位置，如果两元素相等，则新数组中此位置的元素为 True，否则为 False。

```
arr2 = jnp.array([1.,0.,0.])
print(arr1==arr2)           # [True False False]
print((arr1==arr2).any())  # True
print((arr1==arr2).all())  # False

assert arr1==arr2
# >> ValueError: The truth value of an array with more than one element is
    ambiguous. Use a.any() or a.all()
```

可以看到，形状相同的两数组比较是否全等不能简单地使用"=="，因为它返回的是一个数据为布尔型的数组。语句 assert arr1==arr2 的报错为 ValueError 而非 AssertionError，原因是这个布尔型数组的整体不能简单地等价于 True 或者 False。不过，我们可以用成员函数 all 判断数组中的元素是否全部为真，或用成员函数 any 判断数组中的元素是否有任意一个为真。

作为一个例子，我们可以利用语义广播绘制Himelblau函数的图像，该函数常常用于测试优化算法的性能。

$$f(x, y) \coloneqq (x^2 + y - 11)^2 + (x + y^2 - 7)^2 \tag{3.1}$$

代码示例3.17中的 meshgrid 函数可以用于生成二维的网格，返回的 x 和 y 都是二维数组；在调用 Himmelblau 函数时用到了数组的语义广播，返回的 z 是与 x 和 y 形状相同的二维数组。最后，我们调用 Matplotlib 库进行函数图像的绘制，得到的结果如图3.3所示。

[1] 注意，这里没有对符号f进行加粗，因为以本质上来说即使在广播之后，f依然只是一个标量函数，原因是$f(\boldsymbol{x}) \coloneqq (f(x_1), \dots, f(x_n))$中的每一个$f$都对应着同一个映射。

代码示例 3.17 **Himelblau函数图像的绘制**

```
import jax.numpy as jnp

def Himmelblau(x, y):
    return (x ** 2 + y - 11) ** 2 + (x + y** 2 - 7) ** 2

x = jnp.arange(-6, 6, 0.1)
y = jnp.arange(-6, 6, 0.1)
x, y = jnp.meshgrid(x, y)
z = Himmelblau(x, y)

import matplotlib.pyplot as plt

fig = plt.figure()  # 定义三维坐标轴
ax = plt.axes(projection = '3d')
ax.plot_surface(x, y, z, cmap='rainbow')
ax.set_xlabel('x')
ax.set_ylabel('y')
plt.savefig("Himmelblau.png")
```

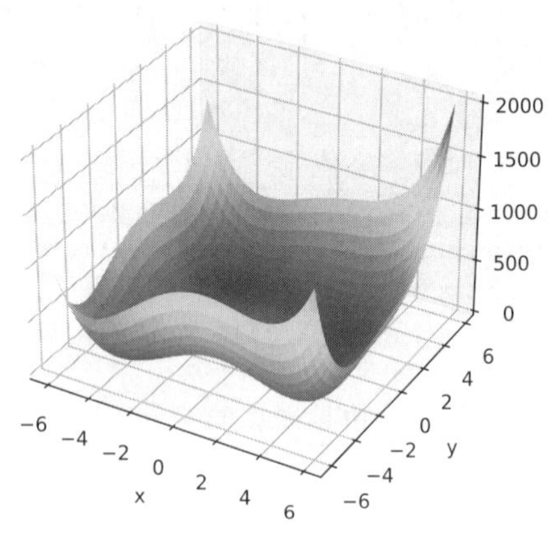

图 3.3 Himelblau函数的图像

3.3.3 线性代数

除了逐元素计算，NumPy与JAX还在线性代数linalg（linear algebra）模块中支持了一系列线性代数中常用的函数，包括计算矩阵的行列式、求解线性方程组、求解矩阵的逆等。

例如，我们可以用 `jnp.linalg.norm` 函数方便地求出数组的范数。式3.2给出了矢量$\boldsymbol{x}$的p范数$L_p(\boldsymbol{x})$的定义：

$$L_p: \mathbb{R}^n \to \mathbb{R}$$

$$\boldsymbol{x} \mapsto L_p(\boldsymbol{x}) \coloneqq \left(\sum_{i=1}^{n} |x_i|^p\right)^{1/p} \tag{3.2}$$

有时$L_p(\boldsymbol{x})$也被记为$||\boldsymbol{x}||_p$，若不额外指定p的取值，则默认取$p = 2$，代表常见的欧式模。在$p = -\infty$时，函数$L_p(\boldsymbol{x})$等价于求取数组$\boldsymbol{x}$在逐元素取绝对值后的最小元素；在$p = +\infty$时，函数$L_p(\boldsymbol{x})$等价于求取数组$\boldsymbol{x}$在逐元素取绝对值后的最大元素。

```
# 取模：jnp.linalg.norm
vec = jnp.array([3.,4.])
print(jnp.linalg.norm(vec, ord=-50))  #  3  ~  min(3, 4)
print(jnp.linalg.norm(vec, ord=1))    #  7  ~  |3| + |4|
```

```
print(jnp.linalg.norm(vec, ord=2))     #  5  ~  sqrt(3^2 + 4^2)
print(jnp.linalg.norm(vec, ord=50))    #  4  ~  max(3, 4)
```

表 3.6 所示为一些线性代数模块中的常用函数。

表 3.6 linalg 模块中的常见函数

函数	效果
`cholesky(a)`	计算矩阵 a 的 Cholesky 分解
`cond(x[,p])`	计算矩阵 x 的 p 条件数
`det(a)`	计算方阵 a 的行列式
`eig(a)`	计算方阵 a 的特征值和（右）特征向量
`eigh(a[,UPLO,symmetrize_input])`	计算复厄米函数的特征值和特征向量
`eigvals(a)`	计算一般矩阵 a 的特征值
`eigvalsh(a,[UPLO])`	计算复厄米矩阵或实对称矩阵的特征值
`inv(a)`	计算方阵 a 的逆
`pinv(a)`	计算方阵 a 的 Moore-Penrose 伪逆
`lstsq(a,b[,rcond,numpy_resid])`	计算线性矩阵方程的最小平方解（least square）
`matrix_power(a,n)`	计算方阵 a 的 n 次方
`matrix_rank(M[,tol])`	使用奇异值分解的方法求矩阵的秩
`multi_dot(arrays,*[,precision])`	计算多个数组的点积
`norm(x[,ord,axis,keepdims])`	计算数组在指定维度上的p范数（p=ord）
`qr(a[,mode])`	计算矩阵 a 的QR（正交三角）分解
`solgdet(a)`	计算方阵 a 行列式的符号和自然对数
`solve(a,b)`	求解线性矩阵方程或线性标量方程组
`svd(a[,full_mat,compute_uv, hermitian])`	奇异值分解（SVD分解）
`tensorinv(A[,ind])`	计算N维方阵的逆
`tensorsolve(A,b[,axes])`	求解多维数组的线性方程$Ax = b$

对于上面的一些常用函数，我们在下面的代码中给出了一些简单的测试示例。注意在JAX中，函数 `jnp.linalg.eig` 求解给定矩阵的特征值和特征向量，返回结果的数据类型将永远为复数，此时可以通过 `mat_eigval.real` 取出复数矢量 `mat_eigval` 的实部。

```
mat = jnp.array([[1., 2., 3.],
                 [0., 3., 4.],
                 [0., 0., 5.]])

mat_inv = jnp.linalg.inv(mat)          # 矩阵的逆
mat_det = jnp.linalg.det(mat)          # 矩阵的行列式
mat_eigval, mat_eigvec = jnp.linalg.eig(mat)  # 矩阵的特征值和特征向量(复数)
rank = jnp.linalg.matrix_rank(mat)     # 矩阵的秩
u, s, vh = jnp.linalg.svd(mat)         # 矩阵的奇异值分解 mat = u @ np.diag(s) @ vh
```

一些常见的操作并不在线性代数模块中，例如向量$\boldsymbol{u},\boldsymbol{v}$的点积可以直接通过语句 np.dot(u,v) 加以实现。另外，由于*操作符已经被逐元素乘法占用，针对矩阵的乘法可以使用@算符加以实现——它同样可以用于计算两个矢量的点乘。

```
u = jnp.array([1.,2.,3.])
v = jnp.array([1.,0.,0.])
print(u * v) # [1. 0. 0.]
print(u @ v) # 1.0
```

注

运算符@是一个JAX与 NumPy中的“语法糖”，其内部调用的是数组的__matmul__方法，而非 np.dot。两者的不同主要体现在两个方面。首先，__matmul__方法不支持数组与标量的乘法。其次，在处理高维数组时，__matmul__方法将二维以上的数组视作矩阵的堆叠，以最后两个维度为基础进行广播；而函数 dot 对一维数组进行向量内积，对二维数组进行矩阵的乘法（等价于__matmul__方法），对高维数组等价于执行如下语句：

```
dot(a,b)[i,j,k,m] = sum(a[i,j,:] * b[k,:,m])
```

3.3.4 科学计算

jax.scipy 模块实现了SciPy库的大部分功能，并支持函数的求导和即时编译。jax.scipy 具有很多子模块，例如傅里叶变换、线性代数、优化器、信号处理、稀疏矩阵、特殊函数和数值统计等。出于篇幅原因，我们仅仅在这里为读者指出，不再做更进一步的介绍。

3.3.5 爱因斯坦求和约定

计算机中“n维数组”的概念与数学中的“n阶张量”是完全对应的[1]。正如 3.1.1 节开头所指出的那样：“实际上，我们可以将标量视作零维数组，将向量视作一维数组，而将矩阵视作二维数组。”同样地，在数学中，标量是零阶张量，矢量是一阶张量，而矩阵是二阶张量。我们用$T_{n_1n_2\dots n_s}$表示s阶张量$\boldsymbol{T}$的一个分量，这里的下标$n_1,\dots,n_s$相当于数组的索引。在欧式空间中，我们一般将所有的指标都写在右下角，例如用$g_{\mu\nu}$表示一个矩阵$\boldsymbol{g}$的“$\mu\nu$”分量；但有时（往往是在非欧几何中），人们也会将一部分的指标写在右上角，例如$g^{\mu\nu}$、$g_{\mu}{}^{\nu}$或者$g^{\mu}{}_{\nu}$——它们同样是二阶张量的“$\mu\nu$”分量。

对张量的某些维度进行求和的操作，也被称为张量的**缩并**（contraction）。例如，两个一维

[1] 尽管通常而言，严格意义上的张量还要求在换系时其分量满足一定的变换关系——例如，在三维空间中的矢量，它的分量值依赖于特定坐标系的选取；在坐标系转动时，矢量的分量值将会产生相应的改变。读者有必要在不同的语境之下保持头脑的清醒，本节的意图仅仅只是说清何为爱因斯坦求和约定。

张量的缩并相当于两个矢量的点乘，一个二阶张量两个维度之间的缩并相当于矩阵的求迹。所谓的**爱因斯坦求和约定**，是一种用于化简数学符号的约定。

比如，对两个N维矢量$\boldsymbol{u}$和$\boldsymbol{v}$，它们之间的点乘可以有如下表示：

$$\boldsymbol{u}\cdot\boldsymbol{v}=\sum_{i=0}^{N}u_i v_i \tag{3.3}$$

比如，对于大小为$N\times N$的方阵$\boldsymbol{T}$，它的迹可以有如下表示：

$$tr\ \boldsymbol{T}=\sum_{i=1}^{N}T_{ii} \tag{3.4}$$

又比如，对于大小分别为$n\times k$和$k\times m$的矩阵$\boldsymbol{A}$与$\boldsymbol{B}$，以及维度分别为n和m的矢量$\boldsymbol{y}$与$\boldsymbol{x}$，矢量等式$\boldsymbol{y}=\boldsymbol{ABx}$可以被写成如下的分量形式：

$$y_i=\sum_{s=1}^{k}\sum_{t=1}^{m}A_{is}B_{st}x_t\,,\qquad \forall i=1,2,\ldots,n \tag{3.5}$$

其中，A_{is}表示矩阵$\boldsymbol{A}$第i行第s列的元素，B_{st}表示矩阵$\boldsymbol{B}$第s行第t列的元素。所谓的爱因斯坦求和约定，即是说**在等号的同侧，相同的指标代表求和；在等号的异侧，相同的指标用于标记不同的等式，不作求和处理**。在爱因斯坦求和约定下，标量恒等式(3.3)、式(3.4)及矢量恒等式(3.5)可以分别被改写为如下形式：

$$\boldsymbol{u}\cdot\boldsymbol{v}=u_i v_i \tag{3.3'}$$

$$tr\ \boldsymbol{T}=T_{ii} \tag{3.4'}$$

$$y_i=A_{is}B_{st}x_t \tag{3.5'}$$

应该注意的是，在爱因斯坦求和约定下，我们略去不写的不仅仅是所有的求和符号，而且还有诸如式(3.5)后方的标注$\forall i=1,2,\ldots,n$。读者应该尝试说服自己，这样的简化不会为原本的等式带来任何歧义：在知道原本张量大小的情况下，我们可以将任意的张量恒等式，毫无歧义地翻译成熟悉的形式。

$$g^{\alpha\beta}R_{\alpha\mu\beta\nu}-\frac{1}{2}Rg_{\mu\nu}=\frac{8\pi G}{c^4}T_{\mu\nu} \tag{3.6}$$

例如，假如我们知道式(3.6)中所有张量的每个维度都有 4 个分量，则式(3.6)可以被毫无歧义地翻译成如下形式：

$$\sum_{\alpha=1}^{4}\sum_{\beta=1}^{4}g^{\alpha\beta}R_{\alpha\mu\beta\nu}-\frac{1}{2}Rg_{\mu\nu}=\frac{8\pi G}{c^4}T_{\mu\nu}\,,\ \forall\mu,\nu=1,2,3,4 \tag{3.6'}$$

其中的$g^{\alpha\beta}$、$g_{\mu\nu}$及$T_{\mu\nu}$是二阶张量的分量，而$R_{\alpha\mu\beta\nu}$为四阶张量$\boldsymbol{R}$的分量。由于所有张量的每

个维度都有 4 个分量，故这里出现的二阶张量$g^{\alpha\beta}$、$g_{\mu\nu}$及$T_{\mu\nu}$都有16个分量，而四阶张量$R_{\alpha\mu\beta\nu}$则有256个分量。另外，没有角标的字母都对应着标量，即零阶张量。直观上来说，式(3.6)确实会比(3.6')简洁许多[1]。

NumPy和JAX都分别提供了对爱因斯坦求和的支持，它对应着函数 `np.einsum` 或 `jnp.einsum`。`einsum` 函数的签名是 `einsum(equation, operands)`，其中 `equation` 通过字符串指定数组的形状变化，确定了张量的缩并规则，`operands` 则对应着输入的张量序列。函数 `einsum` 的调用方法如图 3.4 所示。

output = einsum("□□,◇◇◇,○○○->△△", arr1, arr2, arr3)

图 3.4 函数 einsum 调用方法示意

例如，式(3.3)～式(3.6)可以对应如下形式的伪代码：

$$\boldsymbol{u}\cdot\boldsymbol{v} = einsum(\text{"}i,i\to\text{"},\boldsymbol{u},\boldsymbol{v}) \tag{3.3''}$$

$$tr\,\boldsymbol{T} = einsum(\text{"}ii\to\text{"},\boldsymbol{T}) \tag{3.4''}$$

$$\boldsymbol{y} = einsum(\text{"}is,st,t\to i\text{"},\boldsymbol{A},\boldsymbol{B},\boldsymbol{x}) \tag{3.5''}$$

$$\frac{8\pi G}{c^4}\boldsymbol{T} = einsum(\text{"}\alpha\beta,\alpha\mu\beta\nu\to\mu\nu\text{"},\boldsymbol{g},\boldsymbol{R}) - \frac{1}{2}R\,\boldsymbol{g} \tag{3.6''}$$

式(3.6″)中的减法用到了数组的语义广播，它使得两个形状完全相同的二阶张量逐元素相减。字符串中的字母对应着输入张量的角标，只要求清晰无误即可，并无其他约束。例如，字符串“$\alpha\beta,\alpha\mu\beta\nu\to\mu\nu$”所指定的缩并规则和“$ac,abcd\to bd$”是完全相同的。

作为一个实际的例子，我们考虑代码示例3.18中所给出的数组，它们之间求和的规则由字符串“$abc,abd,ae\to dce$”指定。函数 `einsum` 接受的张量A、B和C，其形状分别为：

- $A.shape = (3,4,5)$，对应字母“abc”；
- $B.shape = (1,4,6)$，对应字母“abd”；
- $C.shape = (3,7)$，对应字母“ae”。

由上面的讨论可知，输出张量D的形状应该为：

- $D.shape = (6,5,7)$，对应字母“dce”。

代码示例 3.18 爱因斯坦求和

```
import jax.numpy as jnp

a, b, c, d, e = 3, 4, 5, 6, 7
```

[1] 式(3.6)是广义相对论中的**爱因斯坦场方程**（Einstein field equation），它通常可以被更加简洁地写作$R_{\mu\nu}-\frac{1}{2}g_{\mu\nu}R=\frac{8\pi G}{c^4}T_{\mu\nu}$。该公式在广义相对论中的地位相当于经典力学中的牛顿第二定律$\vec{\boldsymbol{F}}=m\vec{\boldsymbol{a}}$，后者可以用爱因斯坦求和约定写成$F_i=ma_i$。我们在这里引用爱因斯坦场方程，是对爱因斯坦先生的致敬。

```python
A = jnp.ones(shape = (a,b,c))
B = jnp.ones(shape = (1,b,d))
C = jnp.ones(shape = (a,e))

D = jnp.einsum("abc,abd,ae->dce", A, B, C)
print(D.shape)
# >> (6,5,7)
```

其中对角标a的求和需要使用语义广播。明确起见，我们将以上程序用 for 循环重新显式地写出，它完全等价于下面的代码示例3.19。这里涉及数组的原地更新，因此我们选择调用NumPy库。

代码示例 3.19 爱因斯坦求和（等价形式）

```python
import numpy as np

a, b, c, d, e = 3, 4, 5, 6, 7
A = np.ones(shape = (a,b,c))
B = np.ones(shape = (1,b,d))
C = np.ones(shape = (a,e))

D = np.zeros(shape = (d,c,e))

# 在等号异侧的指标不作求和
for id in range(d):
    for ic in range(c):
        for ie in range(e):

            # 在等号同侧的指标代表求和
            for ia in range(a):
                for ib in range(b):
                    D[id,ic,ie] += A[ia,ib,ic] * B[:,ib,id] * C[ia,ie]
```

我们希望借此加深读者对爱因斯坦求和的理解。

3.4 使用蒙特卡罗方法估计圆周率

在本节中，我们将用一个完整的示例展示如何利用 jnp.numpy，并结合蒙特卡罗方法来计算圆周率π的数值。

蒙特卡罗（Monte Carlo）方法也称统计模拟方法，是一种以概率统计理论为指导的数值计算方法，由美国洛斯阿拉莫斯（Los Alamos）国家实验室的三位科学家 John von Neumann（约翰·冯·诺依曼）、Stan Ulam（斯坦·乌拉姆）和 Nick Metropolis（尼克·梅特罗波利斯）共同发明。在 20 世纪 40 年代的曼哈顿计划中，出于保密需要，冯·诺依曼建议将这种方法以摩纳哥的蒙特卡罗赌场命名（因为 Ulam 的叔叔经常在这个赌场输钱）。在世纪之交，蒙特卡罗方法被美国物理学会及 IEEE 评选为 20 世纪最伟大的十大算法之一。

> **注**
>
> 更准确地来说，被评选为十大算法的应该是 Metropolis 算法——它是一种极为有效的马尔科夫链蒙特卡罗（MCMC）采样方法，是蒙特卡罗方法在实际问题中的一种应用方式。

蒙特卡罗方法本身的思路是直观的，它通过随机抽取系统状态，以统计特征值（例如均值、方差等）作为待解决问题的数值解。这种基于大数定理，通过大量测量，以样本出现频率来估计概率的方法，在实际科学研究中具有广泛的应用。

在计算圆周率这个简单的问题中，如果我们考虑一个圆心位于原点、半径$r = 1$的圆，那么这个圆位于第一象限的面积即为$\pi/4$，因此，接下来我们只需要用蒙特卡罗方法计算出阴影处的面积即可。

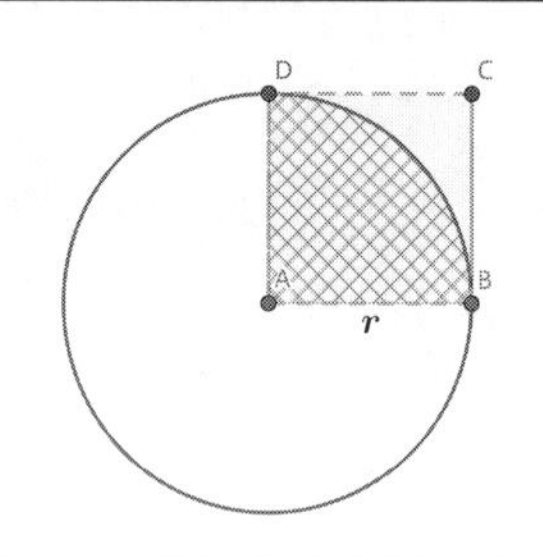

图 3.5 使用蒙特卡罗方法计算圆周率的示意图

通常来说，这里的随机数有两种常见的选取方法。

第一种方法是在区间[0,1)之间随机采样浮点数x_i，计算$y = 4\sqrt{1 - x^2}$，再求取样本$\{y_i\}_{i=1}^{N}$的平均值，这里的N为所选样本的总数。需要用到的积分公式如下：

$$\pi = 4\int_0^1 \sqrt{1 - x^2}\mathrm{d}x$$

方差的理论值σ^2可以通过下式被解析地计算出来：

$$\sigma^2 = \int_0^1 \left(4\sqrt{1 - x^2} - \pi\right)^2 \mathrm{d}x$$

$$= \frac{32}{3} - \pi^2 \approx 0.79706$$

我们在代码示例3.20中给出了这种方法的程序实现。

代码示例 3.20 使用蒙特卡罗方法估计圆周率（算法 1）

```
import jax.numpy as jnp
from jax import random

def calcPiViaMC(nsamples, seed=0):
    """
        蒙特卡罗计算 pi 值 （算法 1）
        calculate pi via Monte Carlo
    """
    key = random.PRNGKey(seed)
    x_samples = random.uniform(key, shape=(nsamples,))
```

```python
    y_samples = 4 * jnp.sqrt(1-x_samples**2)
    pi_mean = y_samples.mean()
    pi_std  = ((y_samples-pi_mean) ** 2).sum() / (nsamples-1)
    return pi_mean, pi_std

nsamples = int(1E7)
pi, std = calcPiViaMC(nsamples)

print(" pi =", pi)  # >>  pi = 3.141657
print("std =", std) # >> std = 0.7971628
print("stderr = {:.6f}".\
    format(jnp.sqrt(std / nsamples)))    # >> stderr = 0.000282
print("err = {:.6f}".format(pi-jnp.pi))  # >>    err = 0.000064
```

取样本数为10^7，由此得到的结果为3.14165 ± 0.00028。

第二种方法是在区间[0,1)之间分别随机选取浮点数x_i和y_i，如果$x_i^2 + y_i^2 < 1$，则选择“接受”该点，令参数$d_i = 4$；否则便将该点“拒绝”，令参数$d_i = 0$。最后，计算样本$\{d_i\}_{i=1}^N$的平均值，即得到π的值。该方法对应的积分公式如下：

$$\pi = 4\int_{(x,y)\in\Omega} \mathrm{d}x\mathrm{d}y\ , \qquad \Omega = \{(x,y)|\ x \geq 0, y \geq 0, x^2 + y^2 < 1\}$$

方差$\tilde{\sigma}^2$的理论值可以通过下式被解析地计算出来，这里将参数d写成x和y的函数：

$$\begin{aligned}\tilde{\sigma}^2 &= \int_0^1\int_0^1 (d(x,y) - \pi)^2 \mathrm{d}x\,\mathrm{d}y \\ &= (4-\pi)^2\frac{\pi}{4} + (0-\pi)^2\left(1 - \frac{\pi}{4}\right) \\ &= 4\pi - \pi^2 \approx 2.69676\end{aligned}$$

代码示例3.21是第二种方法的程序实现，它与第一种方法类似。

代码示例 3.21 使用蒙特卡罗方法估计圆周率（算法 2）

```python
import jax.numpy as jnp
from jax import random

def calcPiViaMC(nsamples, seed=0):
    """
        蒙特卡罗计算 pi 值（算法 2）
        calculate pi via Monte Carlo
      """
    key = random.PRNGKey(seed)
    xy_samples = random.uniform(key, shape=(nsamples,2))
    distance = jnp.linalg.norm(xy_samples, axis=1)
    d_samples = (distance < 1) * 4
```

```
    pi_mean = d_samples.mean()
    pi_std  = ((d_samples-pi_mean) ** 2).sum() / (nsamples-1)
    return pi_mean, pi_std

nsamples = int(1E7)
pi, std = calcPiViaMC(nsamples)

print(" pi =", pi)  # >>  pi = 3.141635
print("std =", std) # >> std = 2.6966705
print("stderr = {:.6f}".\
    format(jnp.sqrt(std / nsamples)))     # >> stderr = 0.000519
print("err = {:.6f}".format(pi-jnp.pi))  # >>    err = 0.000042
```

这里我们导入了 jax.numpy 和JAX的 random 模块,定义了使用蒙特卡罗方法计算π的函数。其中，我们使用随机数种子 seed 生成一个随机数生成器的状态参数 key，再使用这个随机数生成器生成一个均匀的二维分布 xy_samples。随后，我们通过函数 norm 计算 axis=1 方向上各组矢量的二范数 distance。我们使用逻辑运算符的语义广播，判断 distance 数组中的值是否小于1，返回相同形状的布尔型数组。由于数组中的 True 被视作1，False 被视作0，因此将这个比值乘以4再求平均，即可以得到以蒙特卡罗方法计算出的圆周率π。

取样本数为10^7，第二种方法得到的结果为3.14165 ± 0.00052。

04

第 4 章　JAX 的微分运算

正如我们在第 3 章的开篇之中曾经指出的那样，JAX是一个高性能数值计算和自动微分库，提供了自动微分、即时编译和矢量并行化三大功能。其中，自动微分是JAX的基本要求，即时编译提升了代码运行的效率，矢量并行化则可以实现高性能的计算。在熟悉了JAX的基本语法之后，接下来的章节将围绕JAX的自动微分、即时编译和矢量并行化这三大功能依次展开。

第 1 章和第 2 章介绍了求导操作的基本理论，也介绍了梯度操作、雅可比矩阵和黑塞矩阵等常见的概念，还对可微分编程的 4 种程序实现思路（即手动求导、数值微分、符号微分和自动微分）分别进行了较为详尽的介绍，并对各种方法的优劣做了简单比较。那么，既然JAX库确实能够对自动微分提供较好的支持，我们会自然而然地询问，这样一个自动微分的系统应该如何被调用；在实际的科学研究中，一个可微分的系统又能够扮演起怎样的角色。

JAX等微分库的使用终究是手段而非目的。4.1节的内容偏向 JAX 具体的语法，而4.2节则偏向实际的应用。基于JAX的微分运算，我们首先在4.1节介绍了 `grad`、`value_and_grad`、`jvp`、`jacfwd`、`vjp`、`jacrev` 等一系列基本的函数，并依赖于它们的相互组合，用不同方式构造出了性能各异的 `hvp` 及 `hessian` 函数，用于进行黑塞矩阵有关的计算。随后，我们介绍了如何使用 `custom_jvp` 及 `custom_vjp` 修饰器自定义算符，并基于此实现了对隐函数的求导。有趣的是，尽管我们无法显式地写出由方程$f(z,\theta)=0$所确定的隐函数$z(\theta)$，但我们确实能够在计算机中干干净净地定义出一个这样的隐函数，并且自由地求取z关于θ的任意阶导数——这是可微分编程给予我们的一个小小的礼物。

在4.2节中，我们将目光投向了梯度下降这一经典的算法。基于此，我们从最小二乘法说起，构建出深度学习的轮廓，并最终基于MNIST手写数据集训练了一个简单的全连接神经网络。MNIST手写数据集的例子，将会在介绍即时编译和矢量并行化的章节中被再次提到。

4.1　微分操作的语法

在本节中，我们将首先向读者展示JAX中微分运算的调用语法。除了常见的梯度操作，JAX还支持雅克比矩阵、黑塞矩阵相关的一系列计算函数，并且支持自定义的函数的导数。从知识结构上来看，关于微分操作语法的介绍，其内容的组织顺序与 1.1 节完全对应；从程序实现上来看，读者应该尤其注意前向模式和反向模式在不同梯度操作的程序实现中能够扮演的角色，并尝试理解同样函数的不同实现方法所对应性能的差异。

另外，我们将在本节中给出复杂积分的运算及隐函数求导这两个具有代表性的示例，读者应尝试关注其中程序设计的巧妙思路及代码实现的具体技巧。在基于JAX开发的项目中，这两个示例中所体现的思想将会时常被用到。

4.1.1 JAX 中的梯度操作

我们曾基于数值微分、符号微分、自动微分的前向模式和自动微分的反向模式这 4 种方法，分别实现了一个可用的 grad 及 value_and_grad 函数[1]，用于计算给定函数的梯度。而在JAX库中同样有对这两个函数的支持，其内部的程序实现基于自动微分的反向模式。相比之下，JAX库中的 grad 函数提供了更多的功能，支持更多的可选参数，并且允许高阶导函数的计算。代码示例4.1给出了对JAX中 grad 函数的测试，它与代码示例2.3.3是几乎相同的。

代码示例 4.1 JAX库的 **grad** 函数测试

```
from jax import grad

def f(x, y):
  return (x + y) ** 2

df1  = grad(f, argnums=0)
df2  = grad(f, argnums=1)
df11 = grad(df1, argnums=0)
df12 = grad(df1, argnums=1)
df21 = grad(df2, argnums=0)
df22 = grad(df2, argnums=1)
df111 = grad(df11, argnums=0)

x, y = 1.0, 2.0

"""  第零阶  """
print(f(x,y))         # >>  9.0

"""  第一阶  """
print(df1  (x,y))     # >>  6.0
print(df2  (x,y))     # >>  6.0

"""  第二阶  """
print(df11(x,y))      # >>  2.0
print(df12(x,y))      # >>  2.0
print(df21(x,y))      # >>  2.0
```

[1] 参考代码示例1.4（任意函数导函数的数值微分实现）；代码示例1.5.11（符号微分的简单实现）、代码示例2.3.2（基于前向模式的 grad 函数）及代码示例2.6（基于反向模式的 grad 函数）。

```
print(df22(x,y))     # >>  2.0

"""  第三阶  """
print(df111(x,y))    # >>  0.0
......
```

注意，代码示例4.1中的 grad 函数，其调用方式和第 1 章、第 2 章中出现的 grad 函数是完全相似的：它接受一个函数 fun，返回这个函数的导函数——这样的API设计十分符合数学公式的书写习惯，也方便使用者的调用。在这里，我们期待函数 fun 的输出为标量或者形状为“()”的JAX数组，这是反向模式对输入函数 fun 所提出的要求。

注

一方面，函数 fun 输出的数组的形状不能为(1,)或(1,1,)等；另一方面，若函数 fun 的输出为一个元组，并且元组的第一个元素为待求导的标量（剩下的元素可以为任意的信息，但不可为空），则可以设置 grad 函数的 has_aux 参数为 True，对此进行显式的声明。如果其他的输出确实存在，程序将忠实地将它们返回，而仅对第一个输出的数值进行求导。

当然，JAX中的 grad 函数还提供了一些其他的可选参数。例如，argnums 参数可接受一个整数，用于指定求导算符作用的位置（在默认情况下 argnums=0，代表对函数 fun 的第一个输入求导）；argnums 也可以接受一个元素为整数的元组，以同时求取函数 fun 相对于多个位置的偏导数。由于 grad 函数内部是基于自动微分的反向模式实现的，相较于求取单一位置的偏导数，求取多个位置的偏导数其实并没有产生任何额外计算的开销。

函数 grad 的 holomorphic 参数可用于指定 fun 是否为**全纯的**，默认为 False。若 holomorphic=True，则函数 fun 的输入和输出都应该为复数（即JAX中 complex 类型的数组），而JAX库对复数的运算同样提供了很好的支持。

另外，参数 allow_int 可用于指定函数 fun 是否能接受整数型的输入，默认为 False。参数 reduce_axes 默认为一个空的序列，当 reduce_axes=('batch',)时，相当于在一个名为 batch 的维度上，对函数 fun 所有输出的导数求和：这等价于一个**散度**（divergence）**算符**。还应该指出的是，grad 函数返回的数组形状和（待求导位置上）输入参数的形状相同。

我们在下面给出一些其他常见微分库的 grad 函数，作为语法的比较。例如，代码示例4.2给出了 Torch库中 autograd.grad 函数的测试，它的实现同样基于自动微分的反向模式。

代码示例 4.2　Torch库的 grad 函数测试

```
import torch
from torch import autograd
grad = autograd.grad

def f(x,y):
```

```
    return (x + y) ** 2

x, y = 1.0, 2.0

# requires_grad 参数指定输入参数是否需要求导
x = torch.tensor(x, requires_grad=True)
y = torch.tensor(y, requires_grad=True)
z = f(x, y)

# create_graph 参数用于指定在求导时对导函数构建计算图
df1  = grad(z, x, create_graph = True)[0]
df2  = grad(z, y, create_graph = True)[0]

# retain_graph 参数用于指定在反向传播时进行计算图的保存
df11 = grad(df1, x, retain_graph=True, create_graph=True)[0]
df12 = grad(df1, y, retain_graph=True)[0]
df21 = grad(df2, x, retain_graph=True)[0]
df22 = grad(df2, y, retain_graph=True)[0]

df111 = grad(df11, x)[0]

"""  第零阶  """
print(z.item())       # >>  9.0

"""  第一阶  """
print(df1.item())     # >>  6.0
print(df2.item())     # >>  6.0

"""  第二阶  """
print(df11.item())    # >>  2.0
print(df12.item())    # >>  2.0
print(df21.item())    # >>  2.0
print(df22.item())    # >>  2.0

"""  第三阶  """
print(df111.item())   # >>  0.0
```

与JAX库最大的不同在于，Torch库的 grad 函数对应的是数值运算：它需要首先指定 x 和 y 的具体数值，再进行相应导数的计算。这一点与第 1 章中提到的SymPy中的 diff 函数十分相似。另外，Torch库的 grad 函数并没有将与计算图有关的执行过程完全隐藏，调用者在编写程序的同时，需要思考程序内部计算图运算的细节。正如在第 3 章开篇指出的那样，JAX使用的**函数式编程**（functional programming）更加强调程序执行的结果而非执行的过程，这有别于Torch的**命令式编程**（imperative programming），后者更加注重复杂计算流程的设计。正确地基于Torch库编写程序，往往依赖于对自动微分理论更加深刻的理解。

代码示例4.3给出了TensorFlow库函数 gradients 的测试示例，供读者参考。它的语法设计相较于JAX和Torch显得比较“臃肿”，程序的调试也相对来说更加困难。

代码示例 4.3 TensorFlow库的 gradients 函数测试（版本 2.8.0）

```
import tensorflow as tf
tf.compat.v1.disable_eager_execution()

def f(x, y):
    return (x + y) ** 2

x = tf.compat.v1.Variable(1., dtype=tf.float32, name='x')
y = tf.compat.v1.Variable(2., dtype=tf.float32, name='y')
z = f(x, y)

df1, df2 = tf.gradients(z, [x, y], stop_gradients=[x,y])
df11 = tf.gradients(df1, x)
df12 = tf.gradients(df1, y)
df21 = tf.gradients(df2, x)
df22 = tf.gradients(df2, y)
df111 = tf.gradients(df11, x)

with tf.compat.v1.Session() as sess:
    sess.run(tf.compat.v1.global_variables_initializer())

    """ 第零阶 """
    print(sess.run(z))    # >> 9.0

    """ 第一阶 """
    print(sess.run(df1))  # >> 6.0
    print(sess.run(df2))  # >> 6.0

    """ 第二阶 """
    print(sess.run(df11)[0])  # >> 2.0
    print(sess.run(df12)[0])  # >> 2.0
    print(sess.run(df21)[0])  # >> 2.0
    print(sess.run(df22)[0])  # >> 2.0

    """ 第三阶 """
    print(sess.run(df111)[0])  # >> 0.0
```

为了让读者进一步体会JAX中函数式编程给程序编写带来的方便，我们给出一个实际问题中 `grad` 函数的运用。在这里，我们考虑如下形式的复杂积分的计算：

$$I(\alpha,\boldsymbol{r};m,n,l) \coloneqq \iiint (x_1-r_1)^m(x_2-r_2)^n(x_3-r_3)^l \frac{1}{\sqrt{x_1^2+x_2^2+x_3^2}} e^{-\alpha|\boldsymbol{x}-\boldsymbol{r}|^2} d^3\boldsymbol{x} \tag{4.1}$$

在式 (4.1) 中，积分范围为矢量$\boldsymbol{x} \coloneqq (x_1,x_2,x_3)$所在的全体三维欧式空间，指数上的$|\boldsymbol{x}-\boldsymbol{r}|$为矢量$\boldsymbol{x}$和$\boldsymbol{r} \coloneqq (r_1,r_2,r_3)$之间的欧式距离，参数$m$、$n$、$l$为非负整数，$\alpha$为正实数，而$r_1$、$r_2$、$r_3$则可以为任意的实数。尽管被积函数在原点处存在奇点，我们依然可以证明上述积分是收敛的，并且积分的结果$I(\alpha,\vec{\boldsymbol{r}};m,n,l)$关于参数$\alpha$和$\boldsymbol{r}$连续可微。

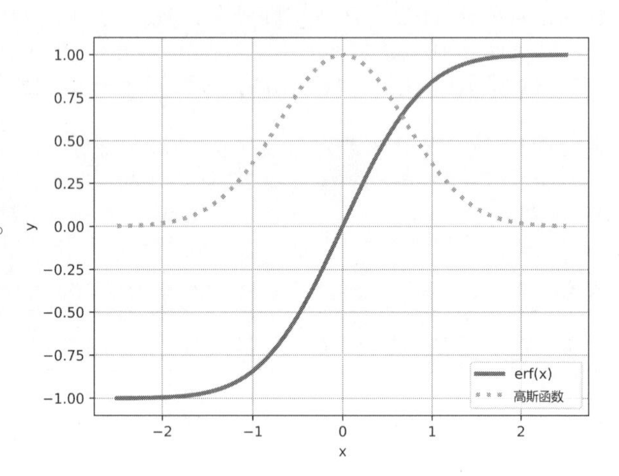

图 4.1 高斯函数e^{-x^2}及误差函数$\mathrm{erf}(x)$示意

我们首先不加证明地给出$m=n=l=0$时函数的值$I(\alpha,\vec{\boldsymbol{r}};0,0,0)$，它具有如下严格的解析表达式[1]：

$$\begin{aligned} I(\alpha,\boldsymbol{r};0,0,0) &= \iiint \frac{1}{|\boldsymbol{x}|} \mathrm{e}^{-\alpha|\boldsymbol{x}-\boldsymbol{r}|^2} \mathrm{d}^3\boldsymbol{x} \\ &= \left(\frac{\pi}{\alpha}\right)^{3/2} \frac{\mathrm{erf}(\sqrt{\alpha}r)}{r} \exp\left(-\frac{1}{4}\alpha r^2\right) \end{aligned} \tag{4.2}$$

其中，$r=(r_1^2+r_2^2+r_3^2)^{1/2}$，函数erf名为**误差函数**（error function），是特殊函数的一种。它的具体定义如下：

$$\mathrm{erf}(x) \coloneqq \frac{2}{\sqrt{\pi}} \int_0^x \mathrm{e}^{-t^2} \mathrm{d}t \tag{4.3}$$

误差函数的函数图像如图 4.1所示。

对于参数m、n、l不全为0的情况，我们可以使用递归的手段计算相应积分的结果。为此，我们注意到如下递推关系：

$$I(\alpha,\boldsymbol{r};m,n,l) = \frac{1}{2\alpha}\left[\frac{\partial I}{\partial r_1}(\alpha,\boldsymbol{r};m-1,n,l) + (m-1)I(\alpha,\boldsymbol{r};m-2,n,l)\right], \quad \forall\, m \geq 1 \tag{4.4a}$$

$$I(\alpha,\boldsymbol{r};m,n,l) = \frac{1}{2\alpha}\left[\frac{\partial I}{\partial r_2}(\alpha,\boldsymbol{r};m,n-1,l) + (n-1)I(\alpha,\boldsymbol{r};m,n-2,l)\right], \quad \forall\, n \geq 1 \tag{4.4b}$$

$$I(\alpha,\boldsymbol{r};m,n,l) = \frac{1}{2\alpha}\left[\frac{\partial I}{\partial r_3}(\alpha,\boldsymbol{r};m,n,l-1) + (l-1)I(\alpha,\boldsymbol{r};m,n,l-2)\right], \quad \forall\, l \geq 1 \tag{4.4c}$$

---

[1] 积分过程可以参考徐光宪等人编著的《量子化学：基本原理和从头计算法》（第二版）第二卷 P78 页。

将式(4.1)带入式(4.4a) ~式(4.4c)，我们不难对上述关系进行验证[1]。基于这样的递推关系，我们可以在输入任意参数的情况下，计算出$I(\alpha,\boldsymbol{r};m,n,l)$的解析表达式。

代码示例 4.4 利用 grad 函数计算复杂积分的表达式

```
import jax
import jax.numpy as jnp
from typing import Callable, Union
erf = jax.scipy.special.erf

def I0(alpha, r1, r2, r3):
    r = jnp.sqrt(r1**2 + r2**2 + r3**2)
    return (jnp.pi / alpha)**1.5 * erf(jnp.sqrt(alpha) * r) \
            / r * jnp.exp(- 0.25 * alpha * r**2)  # 式(4.2)

def gen_I(m:int, n:int, l:int) -> Callable:
    assert isinstance(m, int) and isinstance(n, int) and isinstance(n, int)

    if m == 0 and n == 0 and l == 0:
        return I0
    elif m < 0 or n < 0 or l < 0:
        return lambda *args: 0.

    def I(alpha, r1, r2, r3) -> Union[float, jnp.ndarray]:

        # argnums  =  0      1   2   3
        params     = (alpha, r1, r2, r3)

        if m > 0:    # 式(4.4a)
            return (jax.grad(gen_I(m-1, n, l), argnums=1)(alpha, r1, r2, r3) + \
                    (m - 1) * gen_I(m-2, n, l)(alpha, r1, r2, r3)) / (2*alpha)
        elif n > 0:  # 式(4.4b)
            return (jax.grad(gen_I(m, n-1, l), argnums=2)(alpha, r1, r2, r3) + \
                    (n - 1) * gen_I(m, n-2, l)(alpha, r1, r2, r3)) / (2*alpha)
        elif l > 0:  # 式(4.4c)
            return (jax.grad(gen_I(m, n, l-1), argnums=3)(alpha, r1, r2, r3) + \
                    (l - 1) * gen_I(m, n, l-2)(alpha, r1, r2, r3)) / (2*alpha)
    return I

# 测试
```

[1] 式 (4.4a) ~ 式(4.4c)也可以从标量恒等式(4.4′)中容易地看出：

$$\frac{\partial}{\partial r}\left[(x-r)^{m-1}\mathrm{e}^{-\alpha(x-r)^2}\right]=(m-1)(x-r)^{m-2}\mathrm{e}^{-\alpha(x-r)^2}+2\alpha(x-r)^m\mathrm{e}^{-\alpha(x-r)^2} \tag{4.4′}$$

当然，这里还涉及求导与积分次序的交换，在本例中，这样的操作总是合法的。

```
I = gen_I(m=2, n=2, l=2)
print(I(alpha=1.0, r1=1.0, r2=1.0, r3=1.0))   # >> 0.23598155
```

代码示例4.4的程序实现具有一定的技巧性，其中的函数 `I0` 对应着式(4.2)所给出的递归终点；函数 `gen_I` 接受参数m、n、l，返回一个**关于α和$\boldsymbol{r}$的可微的函数**$I(\alpha,\boldsymbol{r};m,n,l)$。函数 `gen_I` 名称之中的“gen”是英文 generator（产生器）的简写。注意，递归部分的程序编写方式与其相应的数学表达式是完全对应的，这样编写的代码具有良好的可读性。另外，代码示例4.4中使用的**封装**（encapsulation）技巧，可以将一个函数中可微的参数和不可微的参数分离开来，这在基于JAX库开发的项目中会被经常性地用到。

JAX中的 `value_and_grad` 函数同样十分实用。如果 `f` 是一个函数，则利用语句 `vdf=value_and_grad(f)` 生成的函数 `vdf`，可以在返回函数 `f` 导数（切值）的同时将 `f` 的主值也一并返回，即 `value, grad=vdf(x)`。其实从本质上来说，JAX的 `grad` 函数返回的结果正是 `value_and_grad` 函数的第二个输出，因此，尽管 `value_and_grad` 函数能够同时计算函数的主值和切值，它和 `grad` 函数其实拥有完全相同的运行速度。另外，`value_and_grad` 函数中的可选参数及其输入规则也是和 `grad` 函数完全相同的。

值得补充的是，JAX库在 `jax.test_util` 模块中提供了 `check_grads` 函数，可以用来检查自动微分和数值微分之间第任意阶导数的误差。

4.1.2 JAX 中的雅可比矩阵

我们在第 1 章的式(1.10)中曾经给出雅可比矩阵的定义：

$$J_f := \begin{bmatrix} \frac{\partial f_1}{\partial x_1} & \frac{\partial f_1}{\partial x_2} & \cdots & \frac{\partial f_1}{\partial x_n} \\ \frac{\partial f_2}{\partial x_1} & \frac{\partial f_2}{\partial x_2} & \cdots & \frac{\partial f_2}{\partial x_n} \\ \vdots & \vdots & \ddots & \vdots \\ \frac{\partial f_m}{\partial x_1} & \frac{\partial f_m}{\partial x_2} & \cdots & \frac{\partial f_m}{\partial x_n} \end{bmatrix} \tag{1.10}$$

在第 2 章中我们曾为读者指出，基于自动微分的前向模式，在每一次穿过计算图的正向传播之后，我们都可以在最终输出的节点中找到**函数的不同输出相对于同一输入变量的偏导数**，对应着雅可比矩阵的一列。这样的计算结果相当于将一个雅可比矩阵左作用于列单位矢量，代表着**雅可比-矢量乘法**（Jacobian-Vector Product）。正因如此，在JAX中，雅可比-矢量乘法对应的函数名为 `jvp`，它接受一个函数 `fun`，输入变量的主值 `primals` 及输入变量的切值 `tangents`，返回函数作用后输出变量的主值和切值，即$(\boldsymbol{x},\boldsymbol{v}) \mapsto (\boldsymbol{f}(\boldsymbol{x}), \boldsymbol{\partial f}(\boldsymbol{x})\boldsymbol{v})$，其调用的具体方法如代码示例4.5所示。作为一种特殊情况，这里我们假设$f(x,y)=(r,\theta)$，$r(x,y)\coloneqq\sqrt{x^2+y^2}$，$\theta(x,y)\coloneqq\arctan\frac{y}{x}$与 4.1.1 节的 `grad` 函数有所不同的是，本节的 `jvp` 等函数所接收的输入函数

fun，不要求以标量作为输出（即函数 fun 的输出允许为任意形状的数组）。

代码示例 4.5 函数 **jvp** 及 **jacfwd** 的调用

```
import jax
import jax.numpy as jnp
from jax import jvp, jacfwd

def f(position):
    x, y = position
    r = jnp.sqrt(x**2 + y**2)
    theta = jnp.arctan(y/x)
    return jnp.stack([r, theta])

primals  = jnp.array([3.0, 4.0])
tangents = jnp.array([1.0, 0.0])
value, grad = jvp(f, (primals,), (tangents,))
print(value)  # [ 5.    0.9272952]
print(grad)   # [ 0.6  -0.16     ]

print(jacfwd(f)(primals))
# >> [[ 0.6   0.8 ]
#     [-0.16  0.12]]
```

在上面的代码示例中，由于我们令输入的 tangents 数组为 x 方向上的单位矢量，因此在 jvp 函数输出的数组 grad 中，两个分量 0.6 和-0.16 分别代表着$\frac{\partial r}{\partial x}(x,y)$和$\frac{\partial \theta}{\partial y}(x,y)$在$x=3$，$y=4$处的取值。

另外，在代码示例 4.1.5 中，jacfwd 函数可基于前向模式计算函数 f 在某点处的雅可比矩阵。可以发现，在令切值 tangents 为单位矢量时，函数 jvp 计算得到的结果确实对应着雅可比矩阵的一列。正因如此，jacfwd 函数适用于矩阵行数较多而列数较少的情形，即函数 f 的输出变量数较多而输入变量数较少。

与之完全类似，基于自动微分的反向模式在完成计算图的构建之后，可以对函数的输出结果执行反向传播，并且在计算图最初输入变量的“切值”中，找到**函数的同一输出对不同输入变量的偏导数**，对应着雅可比矩阵的一行。这样的计算结果相当于将一个雅可比矩阵右作用于行单位矢量，代表着**矢量-雅可比乘法**（Vector-Jacobian Product）。正因如此，在JAX中，矢量-雅可比乘法对应的函数名为 vjp，它接受一个函数 fun 及输入变量的主值 primals，返回函数 fun 输出的主值及一个可微函数 vjp_fun。函数 vjp_fun 的输入为函数 fun 输出变量的切值 cotangents，它们是反向传播拓扑排序的起点。函数 vjp_fun 将返回通过反向传播计算出的导数，它们也可以在函数 fun 输入变量 primals 的“切值”中被找到，这里提到的“切值”，相当于式(2.26)中的$v.gradient$。

上述过程可以一并表示为$(\boldsymbol{x},\boldsymbol{v}) \mapsto \left(\boldsymbol{f}(\boldsymbol{x}), \boldsymbol{v}^T \boldsymbol{\partial f}(\boldsymbol{x})\right)$。函数 vjp 的具体调用方法如代码示例 4.6所示。

代码示例 4.6 函数 vjp 及 jacrev 的调用

```
import jax
import jax.numpy as jnp
from jax import vjp, jacrev

def f(position):
    x, y = position
    r = jnp.sqrt(x**2 + y**2)
    theta = jnp.arctan(y/x)
    return jnp.stack([r, theta])

primals    = jnp.array([3.0, 4.0])
cotangents = jnp.array([1.0, 0.0])

value, vjp_fun = vjp(f, primals)
grad = vjp_fun(cotangents)[0]
print(value)  # [ 5.      0.9272952]
print(grad)   # [ 0.6    0.8      ]

print(jacrev(f)(primals))
# >> [[ 0.6   0.8 ]
#     [-0.16  0.12]]
```

可以看到，代码示例4.6中的 vjp 函数的调用方式与 jvp 函数是有所不同的，它仅接受函数 fun 本身及函数的主值 primals，返回一个可以用于计算雅可比-矢量乘积的函数 vjp_fun。函数 vjp_fun 接受输出变量反向传播时的初始值 cotangents，返回雅可比矩阵作用后得到的结果。

在代码示例 4.1.6 中，由于我们令反向传播时输入的 cotangents 数组为 r 方向上的单位矢量，因此在vjp_fun函数输出的数组grad中，两个分量0.6和0.8分别代表着$\frac{\partial x}{\partial r}(r,\theta)$和$\frac{\partial y}{\partial r}(r,\theta)$在$r=5$，$\theta=0.9273$处的取值。

另外，jacrev 函数可基于反向模式计算函数 f 在某点处的雅可比矩阵。可以发现，在令余切值 cotangents 为单位矢量时，函数 vjp 计算得到的结果确实对应着雅可比矩阵的一行。正因如此，jacrev 函数适用于雅可比矩阵列数较多而行数较少的情形（即函数 f 的输入变量数较多而输出变量数较少）。在实际运用的场景中，这样的情况是更加常见的。

4.1.3 JAX中的黑塞矩阵

黑塞矩阵在实际问题中同样十分常见。例如在**截断牛顿 CG 算法**（truncated Newton Conjugate-Gradient algorithm）中，我们可以利用黑塞矩阵寻找凸函数的极小值，抑或是探索神经网络在某点处的曲率，为训练是否收敛提供数值依据[1]。另外，在固体物理中，由能量函数关于原子坐标的导数所给出的黑塞矩阵，其本征值对应于**声子**（phonon）的振动频率，而声子的色散关系对于人们理解物质本身的性质具有重要的作用。例如，电子与声子间的相互作用，可用于解释超导现象的产生（BCS 理论）。

我们在式(1.12)中曾给出黑塞矩阵H的定义，它可以由两个梯度操作复合得到：

$$\begin{aligned} \boldsymbol{\partial} \circ \boldsymbol{\nabla}\colon\ & \mathcal{F}_n^1 \to \mathcal{F}_n^n \to \mathcal{F}_n^{n\times n} \\ & f \mapsto \boldsymbol{\nabla} f \mapsto J_{\boldsymbol{\nabla} f} \coloneqq \boldsymbol{H}_f \end{aligned} \tag{1.12}$$

具体来说，黑塞矩阵的元素由式(4.5)显式地给出：

$$\boldsymbol{H}_f = J_{\boldsymbol{\nabla} f} \equiv \begin{bmatrix} \dfrac{\partial^2 f}{\partial x_1^2} & \dfrac{\partial^2 f}{\partial x_2 \partial x_1} & \cdots & \dfrac{\partial^2 f}{\partial x_n \partial x_1} \\ \dfrac{\partial^2 f}{\partial x_1 \partial x_2} & \dfrac{\partial^2 f}{\partial x_2^2} & \cdots & \dfrac{\partial^2 f}{\partial x_n \partial x_2} \\ \vdots & \vdots & \ddots & \vdots \\ \dfrac{\partial^2 f}{\partial x_1 \partial x_n} & \dfrac{\partial^2 f}{\partial x_2 \partial x_n} & \cdots & \dfrac{\partial^2 f}{\partial x_n^2} \end{bmatrix} \tag{4.5}$$

在函数f为实数函数时，黑塞矩阵是一个实对称的矩阵，因此将会拥有实的本征值。

JAX的官方文档给出了一个 hvp（hessian-vector product）函数的简单实现，如代码示例 4.7 所示。它将一个黑塞矩阵$\boldsymbol{H}_f(\boldsymbol{x})$左作用于矢量$\boldsymbol{v}$，返回作用后得到的结果$\boldsymbol{H}_f(\boldsymbol{x})\boldsymbol{v}$：

代码示例 4.7　函数 hvp 及 hessian 函数的实现。

```
def hvp(f, x, v):
    return grad(lambda x: jnp.vdot(grad(f)(x), v))(x)
```

这相当于先通过 `jnp.vdot(grad(f)(x), v)` 计算出一个标量$\sum_{i=1}^{n} v_i \frac{\partial_i f}{\partial x_i}$，再令这个标量相对于各个$x_j$求偏导数，得到最终的结果。注意，由于 `grad` 函数的内部实现基于自动微分的反向模式，这样的程序实现相当于对计算图进行了两次反向传播。在程序运行的过程中，不仅需要保存原本函数f所对应的计算图，还需要保存标量$\sum_{i=1}^{n} v_i \frac{\partial_i f}{\partial x_i}$所对应的计算图，这意味着较大的存储开销。

实际上，我们仅关心黑塞矩阵作用于某个矢量所得到的结果。注意，如果在第一次使用反向模式计算出 `grad(f)` 后，再利用前向模式（即 `jvp` 函数）直接计算函数 `grad(f)` 以 `x` 为主值、`v` 为切值得到的结果，则可以节省很大一部分存储的开销，这样的程序设计是极为优雅的。

```
def hvp(f, primals, tangents):
    """ 反向模式 + 前向模式 """
    return jvp(grad(f), primals, tangents)[1]
```

[1] 参考 Yann Dauphin 等人在 2014 年发表的文章 *Identifying and attacking the Saddle Point Problem in high-dimensional non-convex optimization*，谷歌在 2018 年发表的文章 *Empirical Analysis of the Hessian of Over-Parametrized Neural Networks*，或者斯坦福大学的 Vardan Papyan 等人在 2019 年发表的文章 *The Full Spectrum of Deepnet Hessians at Scale: Dynamics with SGD Training and Sample Size*。

结合第 2 章中给出的前向模式的程序实现，读者甚至可以尝试想象程序运行上述函数时计算的全部流程。像这样由反向模式与前向模式组合所定义的 hvp 函数甚至不依赖于 jax.numpy 模块，并且其输入可以为任意列表、字典和元组的组合。同时，在程序运行的过程中，我们只需要保存由原本的函数*f*所定义的计算图，无须计算黑塞矩阵的具体元素，甚至无须保存 grad(f) 所对应的计算图，这使得一些基于巨型黑塞矩阵的计算成为可能。

另外，如果先采用前向模式，后采用反向模式，同样可以减少一部分存储的开销。只不过，由于反向模式相对于前向模式而言，通常具有更大的计算开销，对一阶导数的反向传播相较于对原函数 f 本身直接执行反向传播，通常会花费更多的计算时间。尽管如此，我们依然在这里给出相应的代码实现，它同样不依赖于 jax.numpy 模块：

```
def hvp(f, primals, tangents):
    """ 前向模式 + 反向模式 """
    g = lambda primals: jvp(f, primals, tangents)[1]
    return grad(g)(primals)
```

综上所述，在 hvp 函数的设计中先执行反向模式的计算，再进行前向模式的传播，程序通常能够拥有最好的性能。另外，如果我们确实想要得到黑塞矩阵本身的每一个元素，根据式(1.12)，可以使用函数 jacfwd 和 jacrev 的任意组合，如代码示例 4.8 所示：

代码示例 4.8 黑塞矩阵的获得

```
from jax import jacfwd, jacrev

def hessian_1(f): return jacfwd(jacfwd(f))
def hessian_2(f): return jacfwd(jacrev(f))
def hessian_3(f): return jacrev(jacfwd(f))
def hessian_4(f): return jacrev(jacrev(f))
```

上述代码中的 4 个函数，从程序运行的结果来看并无任何不同。不过，出于同样的原因，对于输入的函数***f***来说，通常先在***f***上作用代表反向模式的函数 jacrev，再在***f***上作用代表前向模式的函数 jacfwd，得到的函数能够拥有最好的性能（这对应第二个函数 hessian_2 的程序实现）。

4.1.4 自定义算符及隐函数求导

出于实际的需要，在一些情况下我们需要自己定义一个算子，并且指定它在前向传播和反向传播时的行为。有时，这样的需求来自于对性能更高的要求；有时，我们需要通过这样的方式定义一些标准库中不存在的特殊函数，抑或是为了解决一些特殊情况下的数值问题。无论如何，本节将向读者展示如何使用JAX的修饰器定义一个算子。

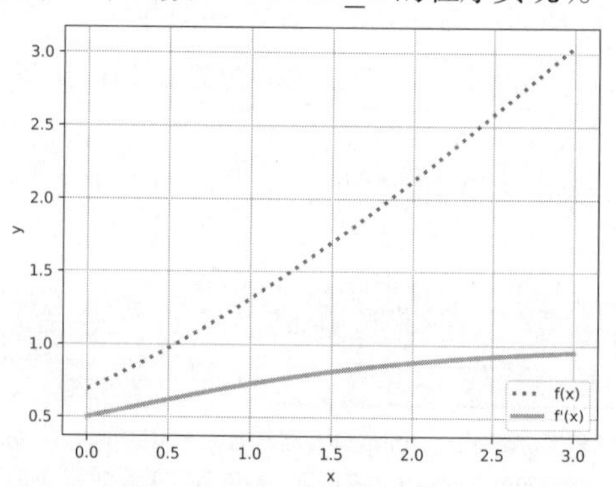

图 4.2 函数$f(x)=\ln(1+e^x)$的图像（虚线）及其导函数图像（实线）示意

例如，让我们考虑如下函数f（它也被称为 softplus 函数）：

$$f(x) = \ln(1 + e^x)$$

它的导函数$f'(x) = e^x/(1 + e^x)$，在x的值较大时，我们期待函数的导函数趋于 1，但是由于这里存在大数相除的情况，程序容易由于数值上溢或数值不稳定而产生错误。为此，我们需要将它的导函数的形式稍加改变：

$$f'(x) = 1 - \frac{1}{1 + e^x}$$

我们可以通过修饰器 custom_jvp 人工指定函数的导数，具体语法如代码示例 4.9 所示。

代码示例 4.9 通过 **custom_jvp** 修饰器定义前向导数

```
import jax.numpy as jnp
from jax import custom_jvp, grad

@custom_jvp
def log1pexp(x):
    return jnp.log(1. + jnp.exp(x))

@log1pexp.defjvp
def log1exp_jvp(primals, tangents):
    x, = primals
    x_dot, = tangents
    ans = log1pexp(x)
    ans_dot = (1. - 1./(1.+jnp.exp(x))) * x_dot
    return ans, ans_dot

print(log1pexp(0.))           # 0.6931472 ~ ln2
print(grad(log1pexp)(100.)) # 1.0
```

如果不通过这种方式指定导数的具体形式，语句 grad(log1pexp)(100.)将会返回结果 inf，错误地指示导函数$f'(x)$的值在$x = 100$时趋于无穷大。另外，通过 custom_jvp 定义的函数同样可以进行反向传播的计算：

```
from jax import vjp
primals, cotangents = 0.0, 1.0
value, fun_vjp = vjp(log1pexp, primals)
print(value)                        # >> 0.6931472 ~ ln2
print(fun_vjp(cotangents)[0])  # >> 0.5
```

为了定义反向模式时函数的行为，我们可以相应地采用修饰器 custom_vjp，在前向传播时存储反向传播时需要的信息，并且在反向传播时指定节点更新的方式。

作为一个实际的例子，我们考虑隐函数求导的问题。在数学中，有时我们可以通过函数方程$f(z, \theta) = 0$在一定的取值范围内确定一个隐函数$z(\theta)$。糟糕的是，通常来说，我们只能证明这样的隐函数$z = z(\theta)$确实存在，而无法解析地写出它的表达式形式。因此，尽管我们相信隐函数$z(\theta)$确实可微，但由于缺少相应的解析表达式，可微分编程的程序实现似乎就变得难上加难。

例如，在伊辛模型的平均场近似下，顺磁性固体的磁化强度可以被表示为如下形式：

$$M = n\mu \tanh\left(\frac{\mu\bar{B}}{kT}\right) \tag{4.6}$$

如果您感兴趣的话，式(4.6)中的n为单位体积中的离子数，μ为固体的磁导率，k为玻尔兹曼常数，T为体系的温度。式(4.6)中的$\bar{B}$为粒子所感受到的平均磁场，具有如下形式：

$$\bar{B} = \mu_0 H + \frac{M}{n\mu^2} ZJ \tag{4.7}$$

同样的，如果您感兴趣的话，这里的H为外磁场强度，μ_0为真空磁导率，Z和J的乘积表征原子间电子的自旋相互作用大小。将式(4.6)及式(4.7)结合，我们就得到了一个关于M的函数方程：

$$M = n\mu \tanh\left(\frac{\mu\mu_0 H}{kT} + \frac{ZJ}{n\mu kT} M\right) \tag{4.8}$$

从理论上来说，我们可以通过式(4.8)确定顺磁性固体的物态方程$M = M(T,H)$。然而，不幸的是，我们无法从式(4.8)这样的超越方程中将函数$M(T,H)$的具体形式显式地写出。为了方便接下来的讨论，我们首先做如下变量替换：

$$C = \frac{n\mu^2\mu_0}{k}, \qquad T_c = \frac{ZJ}{k}$$

其中的C称为**居里系数**（Curie coefficient），T_c为体系的**居里点**（Curie point，又作居里温度点）。经过无量纲化处理，即通过令$M = n\mu M_0$及$H = n\mu H_0$，式(4.8)可以被写成如下形式：

$$M_0 = \tanh\left(\frac{C}{T} H_0 + \frac{T_c}{T} M_0\right) \tag{4.8$'$}$$

这种特殊的隐函数问题在数学上对应着所谓不动点方程的求解。我们知道，在递推关系$\boldsymbol{z}_{n+1} = \boldsymbol{g}(\boldsymbol{z}_n, \boldsymbol{\theta})$随着$n \to \infty$收敛到$\boldsymbol{z}^*$时，可以由函数方程$\boldsymbol{z}^* = \boldsymbol{g}(\boldsymbol{z}^*, \boldsymbol{\theta})$来确定隐函数$\boldsymbol{z}^*(\boldsymbol{\theta})$；只要函数$\boldsymbol{g}$光滑可导，$\boldsymbol{z}^*(\boldsymbol{\theta})$可以相对于参数$\boldsymbol{\theta}$在一个邻域之内可微。注意，一般来说$\boldsymbol{z}^*$和$\boldsymbol{\theta}$不但可以为标量，而且也可以为任意维数的矢量。在涉及反馈的一些控制理论中（例如 PID 控制器），这样的不动点问题是相当常见的。

本例中涉及的函数f、g及隐函数z^*均为标量函数，参数$\boldsymbol{\theta}$则为矢量。为了得到隐函数的主值$z^*(\boldsymbol{\theta})$，最简单的方式是对于不同的参数$\boldsymbol{\theta}$，通过**二分法**（bisection method）求取函数$f(z,\boldsymbol{\theta}) = z - g(z,\boldsymbol{\theta})$相对于变量$z$的零点$z^*$，从而在形式上完成从参数$\boldsymbol{\theta}$到主值$z^*$的映射（见代码示例 4.10.1）。

代码示例 4.10.1 通过 custom_vjp 修饰器定义反向导数（二分法求主值）

```
from typing import Callable

def BisectionSolver(f: Callable, left, right, params, eps=1E-6):
```

```
    """ 二分法求解函数 f 的不动点 """
    assert isinstance(f, Callable) and left < right
    lvalue = f(left , *params)
    rvalue = f(right, *params)
    assert rvalue * lvalue < 0.

    mid = (right + left) / 2
    mvalue = f(mid, *params)

    step = 0
    while right - left > eps:
        if rvalue * mvalue < 0:      # 零点在右侧
            left, lvalue = mid, mvalue
        elif lvalue * mvalue <= 0:  # 零点在左侧
            right, rvalue = mid, mvalue
        mid = (right + left) / 2
        mvalue = f(mid, *params)
        step += 1
        if step >= 100:
            print("max while loop number exceeded, {}".format(params))
            break
    return mid
```

二分法是求取函数零点的一种较为通用的方法。另外诸如**不动点迭代**（fixed point iteration）、**安德森加速**（Anderson acceleration）等其他方法，同样可以用于求取函数的零点[1]。在该问题中，$f(z^*(\boldsymbol{\theta}),\boldsymbol{\theta})=0$，为了求取关于隐函数的一阶导数，我们可以对$f(z^*(\boldsymbol{\theta}),\boldsymbol{\theta})=0$的两侧分别求取关于参数$\boldsymbol{\theta}$的偏导：

$$\frac{\partial f}{\partial z^*}\frac{\mathrm{d}z^*}{\mathrm{d}\boldsymbol{\theta}}+\frac{\partial f}{\partial \boldsymbol{\theta}}=0 \tag{4.9}$$

这样就可以得到所需的隐函数导数的表达式：

$$\frac{\mathrm{d}z^*}{\mathrm{d}\boldsymbol{\theta}}=-\left(\frac{\partial f}{\partial z^*}\right)^{-1}\frac{\partial f}{\partial \boldsymbol{\theta}} \tag{4.10}$$

这里的要点在于，通过式(4.10)，我们不需要知道隐函数z^*的解析形式，只需要要求函数$f(z,\boldsymbol{\theta})$关于z^*和$\boldsymbol{\theta}$可导。尽管通过函数 `BisectionSolver` 得到的不动点，关于其输入参数 `params` 显然并不可微，但是可以通过修饰器 `custom_vjp`，指定反向传播时算子的行为，使得代码示例4.10.1中所定义的函数$M(T,H)$**相对其所有输入参数任意阶**可导，如代码示例 4.10.2 所示。

[1] 更多有关隐函数求解的问题，可以参考文章 *Deep Implicit Layers-Neural OOEs, Deep Equilbirum Models, and Beyond*，其中的一些代码同样是基于Jax库编写的。

代码示例 4.10.2 通过 **custom_vjp** 修饰器定义反向导数（隐函数求切值）

```
import jax.numpy as jnp
from jax import grad, custom_vjp

l, r  = 0.0, 5.0  # 二分法求解区间

def f(M0, T, H0, C = 1.0, Tc = 0.0):
    return M0 - jnp.tanh((C * H0 + Tc * M0) / T)

@custom_vjp
def M(T, H, C = 1.0, Tc = 0.0):
    params = (T, H, C, Tc)
    M_fixed = BisectionSolver(f, l, r, params)
    return M_fixed

# 在前向传播时存储反向传播时的需要信息
def M_fwd(T, H, C = 1.0, Tc = 0.0):
    params = (T, H, C, Tc)
    M_fix = BisectionSolver(f, l, r, params)
    res = (M_fix, *params)
    return M_fix, res

# 在反向传播时指定构造节点的更新方式
def M_bwd(res, g):
    M_fix, T, H, C, Tc = res
    dfdM = grad(f, argnums=0)(M_fix, T, H, C, Tc)
    dfdT = grad(f, argnums=1)(M_fix, T, H, C, Tc)
    dfdH = grad(f, argnums=2)(M_fix, T, H, C, Tc)
    dfdC = grad(f, argnums=3)(M_fix, T, H, C, Tc)
    dfdTc = grad(f, argnums=4)(M_fix, T, H, C, Tc)

    dMdT = - dfdT / dfdM
    dMdH = - dfdH / dfdM
    dMdC = - dfdC / dfdM
    dMdTc = - dfdTc / dfdM
      return (dMdT * g, dMdH * g, dMdC * g, dMdTc * g)

M.defvjp(M_fwd, M_bwd)
```

上述程序中的函数 `M_fwd` 指定了前向传播时的主值输出 `M_fix`，以及反向传播时所需要用到的节点信息 `res`；而程序中的函数 `M_bwd` 则输入前向模式中存储的信息 `res`，以及该节点处的梯度值 `g`，返回函数 `M` 的输入参数在反向传播时梯度的更新方式。在这里，返回的元组大小要求与前向模式的输入参数个数相同，且形状对应。

图4.3中给出了一些由物态方程$M(T,H)$所确定的曲线。其中的实线为隐函数方程所给出的严

格解。作为比较，图中的虚线为高温弱场近似之下的**居里-外斯定律**（Curie-Weiss Law）。在低温弱场下，通过在(4.8)式中取$\tanh x \approx x$这样的近似，我们可以得到居里-外斯定律所给出的物态方程：

$$M(T,H) \approx \frac{C}{T-T_c}H \tag{4.11}$$

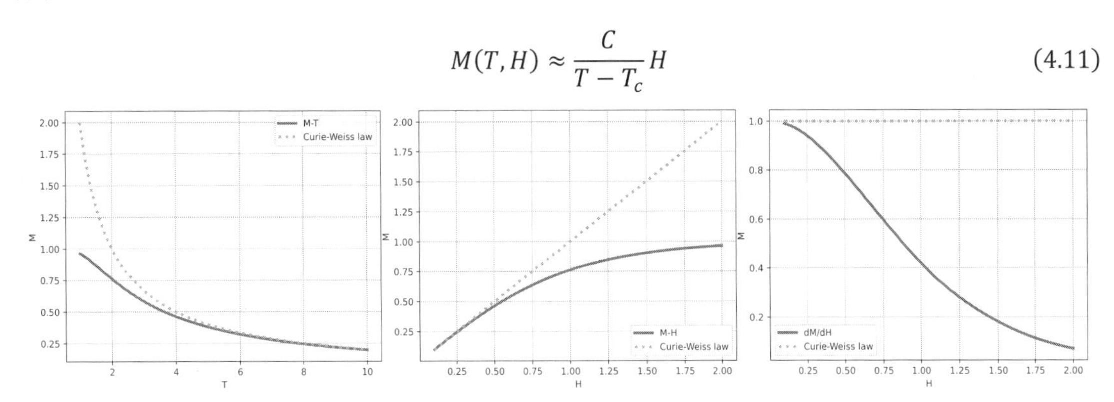

图 4.3 图中所有的实线均基于函数方程$f(M,T,H)=0$所解出的严格物态方程$M(T,H)$，而虚线均基于高温弱场近似下的居里-外斯定律。其中，左图为设定磁场$H=2.0$时，磁化强度M关于温度T的变化曲线；中图为设定温度$T=1.0$时，磁化强度M关于外磁场H的变化曲线；右图为设定温度$T=1.0$时，微分磁化率$\chi=\partial M/\partial H$关于外磁场$H$的变化曲线

可以看到，在外界磁场H较大或者温度T较低时，状态方程将会出现对居里-外斯定律的显著偏离。另外，尽管代码示例4.1.8中所定义的函数$M(T,H)$确实任意阶可导，但通过 `custom_vjp` 所定义的函数，在强行指定使用前向模式进行求导计算时将会产生报错。这一点与修饰器 `custom_jvp` 的行为有所不同，通过后者修饰的函数可以同时支持前向和反向导数的传播。

请允许我在本节的末尾向读者介绍一个极其优美的定理[1]。正所谓“道生一，一生二，二生三，三生万物”，这个定理与不动点有关，它以其自身的优美，曾经深深地将我打动：

The Sharkovsky Theorem[2]

如果连续函数f中存在3阶不动点，即$x=f^{(3)}(x)\coloneqq f(f(f(x)))$，则函数$f$中必存在$n$阶不动点，这里的$n$为任意正整数。

4.2 梯度下降

4.1 节已经通过一些具体的示例，向读者展示了JAX自动微分系统的调用方式。而本节将要重

[1] 该定理的证明可以参考 Keith Burns 和 Boris Hasselblatt 的文章 *The Sharkovsky Theorem: A Natural Direct Proof*。另外，基于该定理，一篇名为 *Period Three Implies Chaos*（三阶不动点意味着混沌）的论文曾在数学界引起过不小的轰动。

[2] Sharkovsky 是一位来自乌克兰的数学家。

点介绍的梯度下降算法，则是自动微分在实际问题中最为成功的应用之一，它在**深度学习**中的地位是本质性的。

经过反复地思考，我们决定从**最小二乘法**（least square method）开始，讲述有关于梯度下降的故事。作为创立于 19 世纪初的一种古老算法，最小二乘法的基本思想其实是相当直观的。如果简单地将它视作一个独立的算法，我们只需寥寥数笔便能勾勒出它的基本轮廓。将简单问题复杂化绝非我们的初衷，只是看似复杂的数学符号间，确实包含着现代人对该问题的一种更高的观点。读者可以看到，在这样的符号体系下，最小二乘法可以被多么自然地推广，其中蕴含的思想又是何等深刻而富有生机。

最小二乘法的本质，是通过待定函数中的参量以撑开一个函数的空间，并在这个计算机可表示的狭窄空间中，寻找并确定一组最优的参数。从4.2.1节开始，深度学习中最为重要的名词和想法已然开始出现，读者应该通过该节内容熟悉符号的约定；从最小二乘法到函数极小值的寻找，我们在4.2.2节展开对梯度下降算法的介绍，并通过一个具体的示例给出了相应代码的实现；4.2.3节是对梯度下降问题的进一步讨论，通过将最小二乘法扩展到多项式拟合，我们介绍了一系列重要的算法及技巧，讨论了一些程序实现中常见的问题，我们相信这些细致的讨论不但有助于具体程序的编写及调试，而且能让读者在阅读相关领域的文献时不至于感到无所适从；在4.2.4节中出现的全连接神经网络，是最小二乘法在高维问题上的推广，读者将会看到，这样的推广是何等地水到渠成。

与许多传统的深度学习教材相比，本节中的一些观点是相当“现代”的，在汇总了近几年来最新研究成果的同时，我们还在脚注中提供了大量的参考文献，供有需要的读者就某一主题做进一步研究。

4.2.1 从最小二乘法说开去

最小二乘法通常用于数据的线性拟合，其中蕴含的思想是简单而深刻的。假如我们有一个包含有N组数据的数据集$\mathcal{D}_{train} = \{(x_i, y_i)\}_{i=1}^{N}$，$(x_i, y_i) \in \mathbb{R} \times \mathbb{R}$，我们期待$x_i$与$y_i$之间的关系可以被函数$y = wx + b$线性地拟合。具体来说，我们首先定义了一个含参的标量函数$h(x_i; w, b) \coloneqq wx_i + b$，其中的$x_i$为函数$h$的自变量，$w, b \in \mathbb{R}$为函数$h$的参数。我们期待通过改变参数$w$和$b$的取值，用$\hat{y}_i = h(x_i; w, b)$尽可能准确地**预测**数据集$\mathcal{D}_{train}$中$y_i$的取值。

注意到，一组w和b的取值将唯一地决定一个函数$h(\cdot\,; w, b)$，而所有形如$h(\cdot\,; w, b)$的函数将构成一个集合，我们将它记为$\mathcal{H}$，函数集合的概念已经在本书之中反复出现，读者不应该对此感到陌生。这里的$\mathcal{H}$取自单词 hypotheses（预测、假设）的首字母[1]，在最小二乘法中，认为$\mathcal{H} \subset \mathcal{F}_1^1$，

[1] 也有一些文献采用类似的记号（例如发表于 2001 年的文章 *Convergence and efficiency of sub gradient methods for quasi convex minimization*），但认为此处的符号$\mathcal{H}$取自英文 Hilbert Space（希尔伯特空间）中 Hilbert 一词的首字母，这样的说法也并非毫无根据。不过，在数学物理中十分常见的希尔伯特空间，一般认为应该是一个完备的内积空间；而在本文中，我们既没有定义函数之间的内积（inner product），这样的函数空间也不是完备的。有关希尔伯特空间的细节，可参考 10.1.1 节对“基于量子计算的自动微分”的介绍。

其中$\mathcal{F}_1^1$为全部$\mathbb{R} \to \mathbb{R}$的映射所构成的集合。一些文献也会将这里的$\mathcal{H}$记作$\mathcal{H}_n$，用正整数$n$代表函数$h \in \mathcal{H}_n$中待拟合参数的个数；从某种意义上来说，整数$n$同样表征了函数空间的“维度”，因此也称为模型的**容量**（capacity）。对于最小二乘法，这里的$n = 2$，此时$\mathcal{H}_2 \subset \mathcal{F}_1^1$。

一组合适的参数w和b，应该让函数$h(x_i; w, b)$所给出的预测结果$\hat{y}_i$与数据集$\mathcal{D}_{train}$所给出的y_i尽可能接近。为了精确地描述$\hat{y}_i$和y_i之间的距离，我们还需要定义一个函数$\ell(\hat{y}, y): \mathbb{R}^2 \to \mathbb{R}$，它被称作**损失函数**（loss function）。在最小二乘法中，损失函数$\ell(\hat{y}, y) \coloneqq (\hat{y} - y)^2$，这也是最小二乘法名称的由来。如果在实际场景中，数据点(x_i, y_i)出现的概率[1]为$p(x, y)$，则我们可以定义**期望风险**（expected risk）函数R，它是一个将函数集$\mathcal{H}$中的元素映射到实数的泛函。

$$R: \mathcal{H} \to \mathbb{R}$$

$$h \mapsto R[h] \coloneqq \int \ell(h(x), y) p(x, y) \mathrm{d}x\mathrm{d}y = \mathbb{E}_{x,y \sim p(x,y)}[\ell(h(x), y)] \tag{4.12}$$

但在一般情况下，由于概率分布$p(x, y)$的形式未知，我们会用**经验风险**（empirical risk）函数R_N来代替期望风险函数R，以实际N样本的训练数据集$\mathcal{D}_{train}$代替概率分布$p(x, y)$，来进行具体的计算。经验风险函数R_N的定义如下：

$$R_N: \mathcal{H} \to \mathbb{R}$$

$$h \mapsto R_N[h] \coloneqq \frac{1}{N} \sum_{i=1}^{N} \ell(h(x_i), y_i) \tag{4.13}$$

事实上，在不造成任何歧义的情况下，人们也会使用“损失函数”来称呼这里的经验风险函数R_N，并用 `loss` 作为经验风险函数R_N的名称。尽管在本书中，类似名称的混用已经被刻意地避免，但在一些其他语境下，读者无须对名称混用的情况表示惊讶。

另外，出于符号的统一，我们还需做如下约定：

- $\hat{h} = \arg\min_h R[h]$为集合$\mathcal{F}$中最小化期望风险的函数，它是最理想（optimal）的函数[2]
- $h^* = \arg\min_{h \in \mathcal{H}} R[h]$为集合$\mathcal{H}$中最小化期望风险的函数，它是$\mathcal{H}$中最优的函数
- $h_N = \arg\min_{h \in \mathcal{H}} R_N[h]$为集合$\mathcal{H}$中最小化经验风险的函数，它是$\mathcal{H}$中基于经验最优的函数
- $\tilde{h}_N$为根据某种具体算法所确定的最终的函数，在理想情况下，算法应该收敛到函数h_N

---

[1] 具体来说，概率分布$p(x, y)$也称为**真实联合概率分布**（ground-truth joint probability distribution），它认为x和y是两个随机的变量，函数$p(x, y)$通常由先验的假设来决定，它与数据集的具体选取无关：某一个特定的数据集$\mathcal{D}$只能认为是基于联合概率分布的一种采样。

[2] 例如公式$h^* = \arg\min_{h \in \mathcal{H}} R[h]$，意为在函数的集合$\mathcal{H}$中，找到一个令泛函$R[h]$取值最小的元素$h$并返回，函数名$\arg\min$之中的arg 应该是英文 **arguments**（自变量、参数）的简称。后同。

由于确切的函数$\hat{h}\in\mathcal{F}$形式未知，通常来说，我们只能根据程序可表示的函数集合$\mathcal{H}$，通过其中的某个元素h，来对函数$\hat{h}$进行近似。尽管从理论上来说，h^*是集合$\mathcal{H}$中能够找到的对函数$\hat{h}$的最佳近似函数；但实际上，由于通常情况下概率分布$p(x,y)$的具体形式未知，我们只能基于给定的数据集，采用函数h_N作为对函数$\hat{h}$的近似。图 4.4 给出了函数$\hat{h}$、h^*和h_N在函数空间中的相对位置[1]。

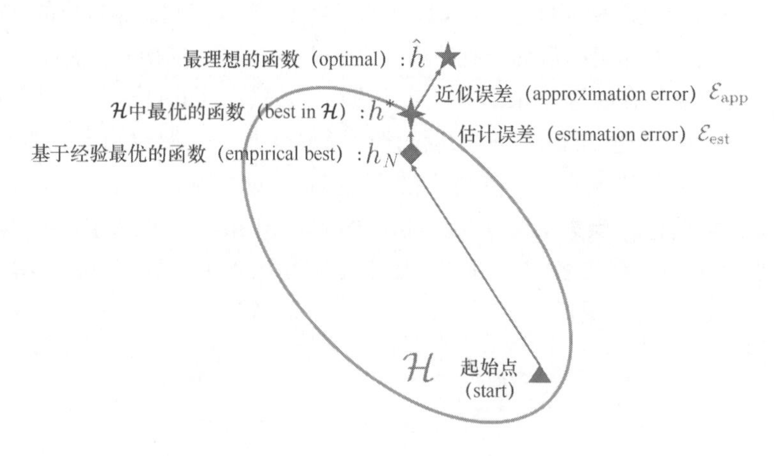

图 4.4　函数$\hat{h}$、h^*及h_N在函数空间中的相对位置示意，包括近似误差（approximation error）和估计误差（estimation error）在几何上的表示

注意，图 4.4 中的**近似误差**$\mathcal{E}_{app}$为$R[h^*]$与$R[\hat{h}]$之间的差值：

$$\mathcal{E}_{app} \coloneqq R[h^*] - R[\hat{h}]$$

近似误差$\mathcal{E}_{app}$的大小由函数空间$\mathcal{H}$的选取直接决定。如果想要减小近似误差，我们只需要扩大函数空间$\mathcal{H}$，这体现在为函数$h(\cdot;\boldsymbol{\theta})$提供更多可调的参数——在最小二乘法中，可调的参数只有w和b两个，即$\boldsymbol{\theta}=(w,b)$。由于为函数$h$提供更多的可调参数往往意味着更大的计算量，因此在实际问题中，我们可以认为**近似误差$\mathcal{E}_{app}$的大小由模型及算力所决定**。

另一边，在选定函数集$\mathcal{H}$后，**估计误差**$\mathcal{E}_{est}$描述了$R[h_N]$与$R[h^*]$之间的差值：

$$\mathcal{E}_{est} \coloneqq R[h_N] - R[h^*]$$

这里的估计误差$\mathcal{E}_{est}$是由于我们采用特定的数据集$\mathcal{D}_{train}$代替了概率分布$p(x,y)$而引入的，也就是说，**估计误差$\mathcal{E}_{est}$的大小由数据集的选取所决定**，例如数据集的大小及代表性等。基于给定的函数集合$\mathcal{H}$及数据集$\mathcal{D}_{train}$，各式各样优化算法的本质是寻找函数h_N中具体参数的取值。**最终拟合得到函数与真实函数之间实际的误差，还依赖于不同的算法**，并不简单地等同于$\mathcal{E}_{app}+\mathcal{E}_{est}$：这里的$\mathcal{E}_{app}+\mathcal{E}_{est}=R[h_N]-R[\hat{h}]$也被称为**泛化误差**（generalization error），在模型及数据集选定时，泛化误差就被完全确定了。如果我们依赖某种具体的算法得到了最终实际的函数$\tilde{h}_N$，则$R[\tilde{h}_N]$与$R[h_N]$之间的误差也称为**优化误差**（optimization error），优化误差$\mathcal{E}_{opt}$取决于算法的性能：

$$\mathcal{E}_{opt} \coloneqq R[\tilde{h}_N] - R[h_N]$$

实际的误差$\mathcal{E}$，是近似误差$\mathcal{E}_{app}$、估计误差$\mathcal{E}_{est}$和优化误差$\mathcal{E}_{opt}$的总和：

---

[1] 图片来自 2020 年姚权铭等人发表的文章 *Generalizing from a Few Examples: A Survey on Few-Shot Learning*。本节中的部分符号同样参考自该文章。

$$
\begin{aligned}
\mathcal{E} &:= R\left[\tilde{h}_N\right] - R\left[\hat{h}\right] \\
&= \left(R[h^*] - R\left[\hat{h}\right]\right) + \left(R[h_N] - R[h^*]\right) + \left(R\left[\tilde{h}_N\right] - R[h_N]\right) \\
&= \mathcal{E}_{app} + \mathcal{E}_{est} + \mathcal{E}_{opt}
\end{aligned}
$$

根据最小二乘法中距离函数的定义$\ell(\hat{y}, y) := (\hat{y} - y)^2$，带入式(4.13)，我们可以得到：

$$
\begin{aligned}
R_N[h] &:= \frac{1}{N}\sum_{i=1}^{N} \ell(h(x_i; w, b), y_i) \\
&= \frac{1}{N}\sum_{i=1}^{N} (h(x_i; w, b) - y_i)^2 \\
&= \frac{1}{N}\sum_{i=1}^{N} (wx_i + b - y_i)^2
\end{aligned} \tag{4.14}
$$

此时，我们不妨将泛函$R_N[h]$视作相对于w和b的标量函数$R_N(w, b)$，则欲求取函数$h_N = \arg\min_{h \in \mathcal{H}} R_N[h]$的具体形式，相当于求取函数$R_N(w, b)$在最小值点处$w^*$及$b^*$的值。在这里，由于标量函数$R_N(w, b)$为凸函数，求取函数$R_N(w, b)$的**最小值**点将完全等价于求取函数$R_N(w, b)$的**极小值**点。而在极小值点处，根据函数$R_N(w, b)$相对于参数$w$和$b$的一阶偏导数为 0，我们可以据此得到如下方程组：

$$
\begin{cases}
\dfrac{\partial R_N}{\partial w} = \dfrac{2}{N}\sum_{i=1}^{N} (wx_i + b - y_i)x_i = 0 \\
\dfrac{\partial R_N}{\partial b} = \dfrac{2}{N}\sum_{i=1}^{N} (wx_i + b - y_i) = 0
\end{cases} \tag{4.15}
$$

尽管式(4.15)的形式看似比较复杂，不过它们相对于待定参数w和b都是线性的，我们可以从这样一个二元一次方程组中，直接将参数w和b的值解析地求出：

$$
\begin{cases}
w^* = \dfrac{\sum_{i=1}^{N}(x_i - \bar{x})(y_i - \bar{y})}{\sum_{i=1}^{N}(x_i - \bar{x})^2} \\
b^* = \bar{y} - w^*\bar{x}
\end{cases} \tag{4.16}
$$

不过，联立求解方程组的思路并非对任何问题都能够适用。尽管从数学理论上来说，这样的方法是完备的：对于n个参数的函数R_N，我们总可以根据函数R_N在极小值点处关于其各个参数的偏导数为零，得到n个方程，并联立求解，再从方程组的解集中挑选出所需的极小值点。但是，一方面，形如式(4.15)这样的方程组通常会因为形式过于复杂而难以求解；另一方面，当函数R_N非凸或参数较多时，联立方程所得到的解通常并不唯一，甚至可能有无穷多个。例如在一篇名为*Empirical Analysis of the Hessian of Over-Paramterized Neural Networks*的文章中，作者指出，对于待拟合参数较多的函数[1]，通常会在其极小值附近存在一块“广袤的盆地”，不同算法所找到的极小值，或许都通过这块巨大的盆地彼此相连。[2]

其实，在通常情况下，我们仅能知道函数R_N在某点处相对于其输入参数的偏导。不过在本节中，我们已经把函数的拟合问题转化为函数极小值的寻找问题，我们将从这里引出本书中最为重要的算法之一：**梯度下降**（gradient descent）。

4.2.2 寻找极小值

现在，假设我们有一个标量函数$f(\boldsymbol{\theta})$，函数值在某点处增长最快的方向，可以由函数f在该点处的梯度$\boldsymbol{\nabla} f$给出。如果我们期待找到函数f的极小值点，则只需要以如下方式更新函数的参数：

$$\boldsymbol{\theta}_{n+1} = \boldsymbol{\theta}_n - \alpha \boldsymbol{\nabla} f(\boldsymbol{\theta}_n) \tag{4.17}$$

式(4.17)是梯度下降算法最最简单的版本，其中的参数α也称为**学习率**（learning rate），一般取为接近0的正实数。为了理解梯度下降算法的思想，我们可以想象一张地图中一个位于$\boldsymbol{\theta}$点处的小人，函数值$f(\boldsymbol{\theta})$给出了小人目前所处的“海拔”。为了让小人找到地图中的某个极小值，我们让这个小人时时刻刻都朝着当前所在处坡度下降最快的方向，迈出大小正比于α的一步。我们期待这样的规则能够带领小人来到地图中的某个盆地，小人最终所在的“位置”，即为我们所需要寻找的极小值点。某点处函数下降最快的方向可以由函数在该点处的负梯度给出，这样的算法因此被称为梯度下降算法，学习率α在一些文献中也因此被称为**步长**（step length）[3]。一个公式的重要性往往与它的长度成反比，即使在这个意义上，式(4.17)也应该引起读者足够的注意：它道出了几乎一切优化算法的核心所在。

根据之前的描述，我们不难想象，当学习率α较大时，地图中的小人在行走时能够迈开更大的步长，梯度下降的速度更快。但如果函数的性质比较病态，较大的步长将会导致小人最终在极小值点附近来回“跳跃”，过大的学习率也可能直接带来梯度下降算法的发散。在优化过程中，为了一步步缩小小人活动的范围，人们一般会不断降低学习率α的取值，使得算法能够更好地收敛。

但是，如果学习率α的取值过小，会导致小人行走的速度过慢，平白消耗大量算力。在一些情况下，过慢的行走速度甚至会使我们误认为小人已经到达了极小值点附近，从而叫停计算，得到错误的结果。

因此，在实际的程序设计中，像学习率α这种参数的选取，往往更多依赖于程序调试者的经验。区别于**模型参数**$\boldsymbol{\theta}$（model parameter），像学习率α这样在优化过程开始前预先设定的参数，

---

[1] 更准确地来说，“参数较多”应该理解为函数的“过参数化”，我们将在 4.2.3 节中给出更多的介绍。

[2] 相关的工作还有很多，例如 Levent Sagun 等人发表的文章 *Singularity of the Hessian in Deep Learning*，以及 Andrew J. Ballard 等人发表的文章 *Energy landscapes for machine learning*，采用了几乎相同的研究方式；而一些其他的研究组对于该问题的描述则显得更加数学化。想要对这个问题获得更深一步的了解，可以参考 2019 年 S.Spigler 等人发表的文章 A jamming transition from *under- to over-parametrization affects generalization in deep learning*，读者不妨以该篇文章的 introduction 部分作为索引，进行更进一步的学习——当然，这篇文章的内容本身同样十分有趣。

[3] 在一些更加严格的场合下，步长被认为是在表征梯度下降方向的矢量归一后，学习率α的取值。在这样的约定下，式(4.17)中的步长应该为 $\alpha\|\boldsymbol{\nabla} f(\boldsymbol{\theta}_n)\|$，即学习率乘以方向向量的模长。不过在本书中，我们将步长作为学习率的同义词，不另外加以区分。

也被称为**模型的超参数**（model hyperparameter）。**从本质上来说，模型参数决定了模型本身所处的状态，而模型的超参数则确定了选取的模型**：超参数不同，则可以认为所选的模型不同，尽管通常而言这样的不同并不是本质性的。

当然，除了直接依赖于经验，人们也针对超参数的优化问题发展了一系列算法，例如**网格搜索**（grid search）、**随机搜索**（random search）、**贝叶斯优化**（Bayesian optimization）等。超参数优化这一问题本身至今依然是一个十分有趣的研究方向[1]。

我们依然采用最小二乘法作为示例，考虑介质中声速v的测量问题。图4.5给出了一个测量声速的实验装置[2]。我们可以通过一个信号源生成指定频率f的电信号，然后由图4.5中的发射换能器将这个电信号转化为振动，从而产生声音。接收换能器可以将声波的振动重新转化为电信号，从而进行信号强度的测量。这里的要点在于，当发射换能器和接收换能器之间的距离为半波长$\lambda/2$的整数倍时，接收换能器测量到的信号将会出现峰值。通过记录峰值出现时两个换能器之间的相对距离，我们就可以得到声波的波长λ，从而通过$v = f\lambda$计算出空气中的声速。

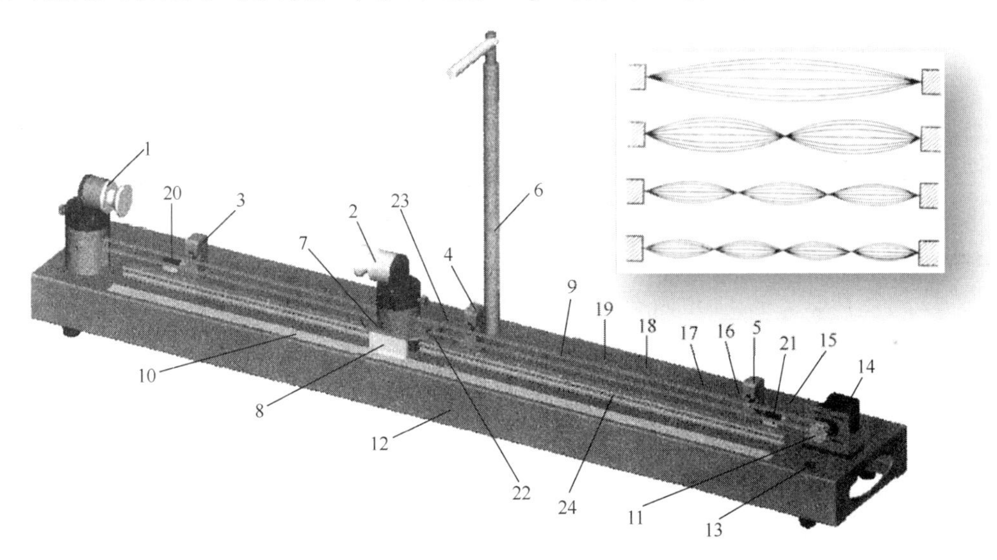

1.发射换能器；2.接收换能器；3、5.左右限位保护光电门；4.测速光电门；
6.接收线支撑杆；7.小车；8.游标；9.同步带；10.标尺；11.滚花帽；12.底座；
13.复位开关；14.步进电机；15.电机开关；16.电机控制；17.限位；18.光电门I；
19.光电门I；20.左行程开关；21.右行程开关；22.行程撞块；23.挡光板；24.运动导轨

图 4.5　测量介质中声速时测试架的结构。发射换能器发出的声音可以被接收换能器接收，而接收换能器能够在导轨上来回滑动，并且将声波的振动信号转化为电信号，测量信号的强度。右上角为驻波的示意图，只有当发射换能器和接收换能器之间的距离为声波半波长的整数倍时，测量到的信号强度才会出现峰值

---

[1] 例如，可参考 Mischa Lisovyi 和 Rosaria Silipo 发表的文章 *Machine Learning Algorithms and the Art of Hyperparameter Selection*；或者更进一步，可以参考 Frank Hutter 等人在 2019 年基于超参数的优化问题出版的专著 *Automated Machine Learning*。

[2] 图4.5中的声速测量仪选自《新编基础物理实验（第二版）》中的图 12-8，而右上角驻波示意图则取自国立台湾师范大学物理学实验课网站 https://www.phy.ntnu.edu.tw/demolab/teacher/sound/sound2.html

实验测量得到的数据如表 4.1 所示（它们确实是由笔者亲手测量并记录的），其中相邻两组数据之间距离的差值都应该对应着声波的半波长$\lambda/2$，因此对“数据的标号”及“换能器之间的距离”做线性拟合，将是一种合适的做法。我们将数据的标号作为x轴，换能器之间的距离作为y轴，利用函数$y = wx + b$对数据集$\mathcal{D}_{train} = \{(x_i, y_i)\}_{i=1}^{10}$做线性拟合，经验风险函数$R_N$的定义与式(4.14)相同：

$$R_N(w, b; \mathcal{D}_{train}) = \frac{1}{N}\sum_{i=1}^{N}(wx_i + b - y_i)^2$$

表 4.1 测量介质中声速的实验数据

数据的标号	换能器之间的距离	电信号的强度
1	49.300 mm	1.50 V
2	53.070 mm	1.30 V
3	58.210 mm	1.18 V
4	62.540 mm	1.04 V
5	67.080 mm	912 mV
6	71.423 mm	880 mV
7	75.970 mm	816 mV
8	80.340 mm	784 mV
9	84.705 mm	768 mV
10	89.190 mm	704 mV

实验条件
实验时间：2020 年 11 月 20 日
实验仪器：
- 数字示波器、信号发生器
- 声速测量仪
- 气压计、干湿球湿度计、温度计

实验数据
室温$\boldsymbol{T}$：$\mathbf{22.7 \pm 0.5°C}$
湿度$\boldsymbol{H}$：$\mathbf{25 \pm 2\%}$
当地大气压$\boldsymbol{p}$：$\mathbf{768.3 \pm 0.5mmHg}$
饱和蒸气压$\boldsymbol{p_s}$：$\mathbf{2809.1 \pm 0.1Pa}$
信号发生器的频率$\boldsymbol{f_0}$：$\mathbf{39.350kHz}$

如果采用梯度下降法求解斜率w以及截距b，算法收敛时得到的w^*即对应半波长$\lambda/2$。代码示例 4.11 给出了基于JAX的程序实现。

代码示例 4.11 最小二乘法的程序实现

```
import jax
import jax.numpy as jnp
from jax import grad

# 风险函数
def loss(params, x_sample, y_sample):
    w, b = params
    return jnp.mean((w * x_sample + b - y_sample) ** 2)

@jax.jit # 参数更新
def update(params, x_sample, y_sample, lr):
    w, b = params
    dw, db = grad(loss)(params, x_sample, y_sample)
    return (w - lr * dw, b - lr * db)

# 数据读入
x_array = jnp.arange(10) + 1
y_array = jnp.array([49.300, 53.070, 58.210, 62.540, 67.080, \
```

```
                    71.423, 75.970, 80.340, 84.705, 89.190])

# 超参数设置
steps = 20000           # 行走步数
learning_rate = 1E-2    # 步长（学习率）
params = (0., 30.)      # 起始位置

# 梯度下降
for step in range(steps):
    params = update(params, x_array, y_array, lr=learning_rate)

    if (step + 1) % 1000 == 0:
        err = loss(params, x_array, y_array)
        print("step = {}, loss = {}".format(step+1, err))
```

读者可以暂时忽略 update 函数上方用于加速计算的修饰器 jax.jit，我们将在第 5 章对它进行更加详细的介绍。注意到，代码示例4.11中的风险函数 loss 在计算收敛时应对应着数据的方差，而 update 函数将基于 loss 函数对参数w和b进行更新。由于JAX的 grad 函数默认对函数输入的第一个变量求导，因此我们习惯上会把所有的待优化参数打包成一个 params 元组，作为 loss 函数的第一个输入变量。

在该问题中，除了步长（学习率）learning_rate，行走的步数 steps 以及待优化参数 params 的初始值同样为模型的超参数。在 for 循环中，梯度下降算法收敛后得到的最终结果w^*及b^*如下所示：

$$w^* = 4.459082$$
$$b^* = 44.657753$$

我们可以以此计算出空气中的声速：

$$v = f_0\lambda = 2f_0w^* \approx 351\text{m/s}$$

另外，根据表 4.1 中给出的实验条件，我们计算出该实验条件下声速的参考值$\hat{v}$，供读者参考：

$$\hat{v} = 331.45\sqrt{\left(1+\frac{T}{T_0}\right)\left(1+0.3192\,H\frac{p_s}{p}\right)} = 345.3 \pm 0.3\text{m/s} \tag{4.18}$$

式(4.18)中的$T_0 = 273.15\text{K}$，参考值给出的结果$345.3 \pm 0.3m/s$与计算的结果相近。系统误差主要来自于人眼对信号峰值的主观判断，以及声波的强度随距离的衰减对信号峰值位置的扭曲，并非由计算所致。

4.2.3 训练及误差

最小二乘法的故事到这里还远远没有结束，根据式(4.16)，我们可以求解出给定数据集$\mathcal{D}_{train}$后，最小化经验风险时参数w和b的理论值$\hat{w}$与$\hat{b}$：

$$\widehat{w} = 4.459018$$
$$\widehat{b} = 44.658200$$

这与梯度下降得到的结果$w^* = 4.459082$和$b^* = 44.657753$存在微小的偏差：在这个示例中，这样的偏差是由浮点数的精度不足所导致的，属于优化误差的范畴。尽管根据数学上的分析，梯度下降算法确实能够收敛到函数的某个极小值[1]，然而，如果我们考察风险函数在收敛参数(w^*, b^*)处的梯度，就会发现，在该点处函数R_N的梯度其实并不为零：

```
dw, db = grad(loss)(params, x_array, y_array)
>> dw = 7.6089054e-06
>> db = -0.00018997397
```

对于这样小的 dw 和 db，我们还需要再乘以步长10^{-2}来对参数进行更新，而这将会超过 32 位浮点数所能表示的精度，从而使得 w 和 b 的取值不再改变。根据这样的分析，在10^{-2}的基础上进一步增大步长，反而会减小计算收敛时参数的误差，因为这使得基于将要消失的梯度对参数做更进一步的更新成为了可能。不过，我们也应该注意到，无限制地加大学习率会导致梯度下降算法不再收敛，因此这里存在一个参数取值的权衡。

图 4.6 给出了斜率w、截距b和损失 loss 在梯度下降算法收敛时，其收敛值与精确值之间的误差相对于学习率α的变化规律。图中学习率α的取值范围原本为$10^{-1} \sim 10^{-5}$，但在接近10^{-1}处，部分α的值将导致梯度下降算法不再收敛，故没能在图中画出。应该指出的是，图 4.6 中所展现的误差依然应该认为是一种舍入误差而非截断误差，虽然误差的大小依赖于α的取值（参考 1.3.2 节对计算误差的介绍）。

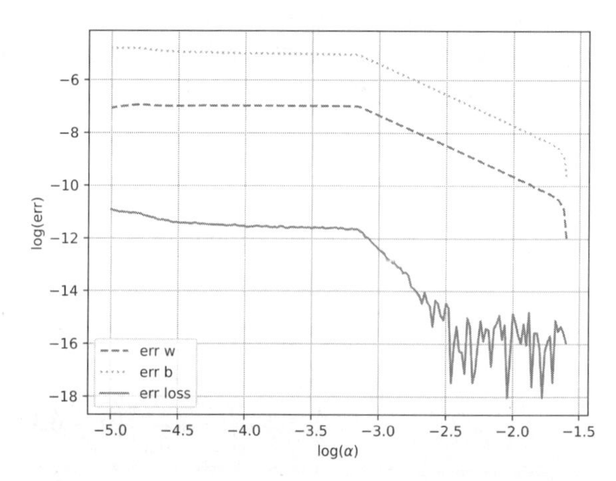

图 4.6 横坐标为学习率的对数$\log\alpha$，纵坐标为收敛值与精确值误差的对数；例如上图中的实线，代表着误差函数R_N在梯度下降收敛时，收敛值$L^* = R_N(w^*, b^*)$与精确值$\hat{L} = R_N(\widehat{w}, \widehat{b})$之间的对数误差$\log|L^* - \hat{L}|$。

在一些情况下，我们并不确定原本的数据是否服从线性分布，因此会采用更加复杂的函数形式对数据加以拟合。例如，我们可以用一个n阶多项式$P_n(x)$来对数据集$\mathcal{D}_{train}$进行拟合。考虑到常数项的存在，多项式$P_n(x)$中共有$n + 1$个可变的参数：

$$P_n(x) \coloneqq a_n x^n + a_{n-1} x^{n-1} + \cdots + a_1 x + a_0 \tag{4.19}$$

在这里，我们同样可以仿照式(4.14)来定义风险函数，令$\boldsymbol{\theta} = \{a_i\}_{i=0}^n$，从而得到：

[1] 例如，可参考 Jorge Nocedal 和 Stephen J. Wright 写作的 *Numerical Optimization* 一书的第 2、3 章。

$$R_N(\boldsymbol{\theta};\mathcal{D}_{train}) = \frac{1}{N}\sum_{i=1}^{N}(P_n(x_i) - y_i)^2 \tag{4.20}$$

再令$R_N(\boldsymbol{\theta};\mathcal{D}_{train}) \in \mathcal{H}_{n+1}$相对于各个$a_i$的偏导数为0，我们可以得到类似式(4.16)那样的$n+1$元线性方程组，从而直接求解出$n+1$个待定参数$\{a_i\}_{i=0}^{n}$。这样的拟合方式称为**多项式回归**（polynomial regression），其计算流程可以由代码示例4.12中基于SymPy库的程序严格描述。

代码示例 4.12 使用多项式$P_n(x)$拟合数据

```
import numpy as np
import matplotlib.pyplot as plt
from sympy import symbols, simplify, diff, solve

def fit(n, linestyle = {}):
    # 初始化 n+1 个变量
    a_tuple = symbols("a:{}".format(n+1))

    # 定义用于拟合的多项式
    def Pn(x):
        res = 0.
        for i in range(n+1):
            res += a_tuple[i] * x ** i
        return res

    # 定义风险函数
    def loss_fun(sample_num, x_sample, y_sample):
        res = 0.
        for i in range(sample_num):
            x, y = x_sample[i], y_sample[i]
            res += (Pn(x) - y) ** 2
            res = simplify(res)
        return res
    loss = loss_fun(10, x_sample=x_array, y_sample=y_array)

    # 求解方程组
    equations = []
    for i in range(n+1):
        equations.append(diff(loss, a_tuple[i]))
    solution = solve(equations, list(a_tuple))

    # 作图
    xarr = np.linspace(0.3,10.3,101)
    yarr = np.array([Pn(float(x)).evalf(subs = solution) for x in xarr])
    plt.plot(xarr, yarr, label = "n = {}".format(n),
             linestyle=linestyle.get("{}".format(n), "-"))
```

当多项式的次数为1时，上述方法将回到最小二乘法。我们取多项式$P_0(x)$、$P_1(x)$、$P_5(x)$、$P_{10}(x)$及$P_{15}(x)$，分别对原数据集$\mathcal{D}_{train}=\{(x_i,y_i)\}_{i=1}^{10}$进行拟合，并使用Matplotlib库作图，得到的图像如图4.7所示。

```
x_array = np.arange(10) + 1
y_array = np.array([49.300, 53.070, 58.210, 62.540, 67.080,\
                    71.423, 75.970, 80.340, 84.705, 89.190])
plt.xlabel("x")
plt.ylabel("y")

linestyle = {"0":"-", "1":"-", "5": ":", "10": "dashdot", "15":"--"}
for n in [0, 1, 5, 10, 15]:
    fit(n, linestyle)

plt.scatter(x_array, y_array, s = 20, marker = "p")
plt.grid("-")
plt.legend(loc = "lower center")
plt.savefig("fitting_line.png")
```

在图4.7中，当$n=0$时，待定参数的个数为1，此时经过"训练"得到的函数$P_0(x)$由于待定参数个数过少，无法准确地描述原本数据的规律，这种情况称为**欠拟合**（under-fitting）。

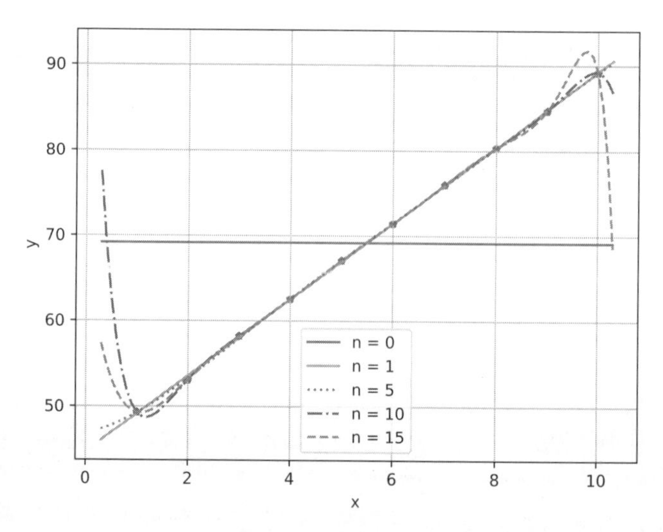

图4.7 使用$P_n(x)$对数据集进行拟合得到的函数图像，对应代码示例4.2.2输出的图片

注意，训练集$\mathcal{D}_{train}$中只有10个数据点，而在$n=10$或$n-15$时，多项式$P_{10}(x)$及$P_{15}(x)$中却分别有11和16个待定参数。这样拟合出的多项式只是准确地经过了每一个数据点，却没有"理解"数据背后的规律。这样得到的模型往往在训练数据集$\mathcal{D}_{train}$上表现得很好，而在测试数据集$\mathcal{D}_{test}$上表现得较差，这种情况被称为**过拟合**（over-fitting）——它与之前提到的欠拟合有所不同，后者在训练集$\mathcal{D}_{train}$和测试集$\mathcal{D}_{test}$上的表现一般同样差劲。

另外，参数数目小于数据数目的情况，被称为**参数化不足**（under-parameterized）；参数数目大于数据数目的情况，被称为**过参数化**（over-parameterized），读者不应该将它们和拟合与欠拟合的概念混为一谈。**参数化程度仅仅描述了模型中参数的数目，而拟合与过拟合则描述了模型的泛化能力**。

在图 4.7 中还可以发现，过拟合函数（例如多项式P_{15}）在数据点的边缘处出现了猛烈的震荡行为，在数值分析中这也称为**龙格现象**（Runge's phenomenon）。更进一步，如果我们考察用多项式$P_{15}(x)$拟合数据集$\mathcal{D}_{train}$后得到的结果，可以发现x^n的系数中出现了一些较大的数值，并且x^1项及x^0项前对应的系数完全失去了其原本的含义，拟合的结果如表4.2所示。

表 4.2 $P_{15}(x)$拟合得到的结果

x 的次数 n	x^n 项的系数
0	11.78
1	111.18
2	−137.03
3	91.78
4	−35.77
5	8.50
6	−1.24
7	0.110
8	−0.00615
9	0.000279
10	-1.80×10^{-5}
11	2.44×10^{-6}
12	-3.36×10^{-7}
13	1.84×10^{-8}
14	3.34×10^{-10}
15	-4.32×10^{-11}

过拟合现象出现的原因是多种多样的：过于单一的数据、过于复杂的模型以及训练集中太多噪声的干扰，都有可能导致过拟合现象的发生。为了避免出现过拟合现象，除了获取更多更好的数据、换用更加合适的模型，一种**传统的方法**是在原本的训练集$\mathcal{D}_{train}$中划出一块数据$\mathcal{D}_{test}$作为**测试集**，并在训练的过程中跟踪模型在训练集和测试集上的表现。在训练的开始，函数R_N处于欠拟合状态，我们可以通过梯度下降算法优化R_N中的参数$\boldsymbol{\theta}$，以减小训练集$\mathcal{D}_{train}$上的经验风险函数$R_N(\boldsymbol{\theta};\mathcal{D}_{train})$，此时测试集上$R_N(\boldsymbol{\theta};\mathcal{D}_{test})$的值一般将会同时减小。在出现过拟合后，训练集上$R_N(\boldsymbol{\theta};\mathcal{D}_{train})$的数值将随着参数$\boldsymbol{\theta}$的优化继续减小，而测试集上$R_N(\boldsymbol{\theta};\mathcal{D}_{test})$的数值则会不减反增。由于经验风险函数$R_N(\boldsymbol{\theta};\mathcal{D}_{test})$的取值随着训练的进行呈现U型，我们选择在算法完全收敛前叫停计算，取U型曲线极小值处对应的$\boldsymbol{\theta}^*$作为梯度下降的最终结果，从而在一定程度上避免了过拟合现象的发生：这种做法在实际中是较为常见的。

当然，我们也可以在训练的开始就为网络选择合适的待定参数个数，并采用梯度下降算法更新参数直至模型收敛。从传统观点来看，训练集和测试集的风险函数与函数$h\in\mathcal{H}$中的待定参数个数应该具有图4.8所示的关系。此时，我们可以依赖一些统计学假设或者先验的知识确定具体的参数个数，也可以针对具体的问题不断修改拟合函数的具体形式，进行反复的调试。

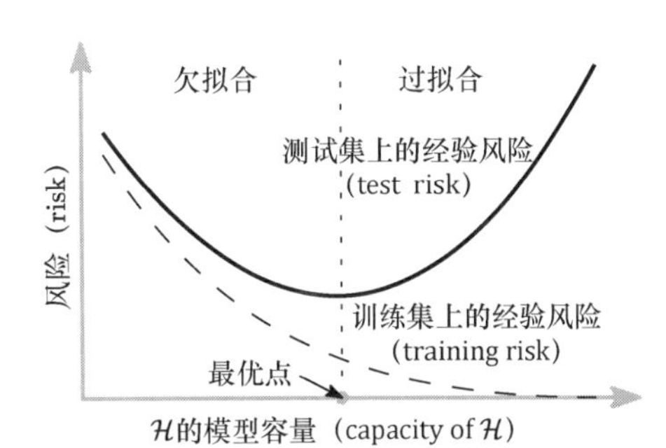

图 4.8 经典观点下测试集经验风险函数（training risk，实线）和训练集上经验风险函数（test risk，虚线）随模型$\mathcal{H}$中待定参数个数（capacity of $\mathcal{H}$）的变化规律。上图中的虚线左侧为模型的欠拟合，右侧为模型的过拟合。

不过，随着人们对过拟合问题研究的不断深入，从**现代的观点**来看，测试集上风险函数应随着模型的容量呈现如图4.9所示的变化规律。在模型参数数目N_{param}与输入样本数目N_{sample}大致相等处，存在一个较为明显的相变现象。在图 4.9 中虚线的左侧，模型处于参数化不足的状态，此时需要让模型中参数的个数适中，来达到“过拟合”与“欠拟合”状态的平衡。例如，以本节中出现的多项式拟合问题为例，输入样本的数目$N_{sample}=10$，采用多项式$P_n(x)$对样本进行拟合时，模型参数数目$N_{param}=n+1$。如果我们采用$P_0(x)$对样本进行拟合，则此时参数数目过少，存在参数化不足的问题；而如果我们采用$P_5(x)$或$P_{10}(x)$对数据进行拟合，则此时参数数目过多，存在过参数化的问题。显然，选择$P_1(x)=a_0+a_1x$来对参数进行线性拟合，将是最为合适的做法，这里的$P_1\in\mathcal{H}$可以认为对应着图 4.8 中所指示的最优点（sweet spot）。

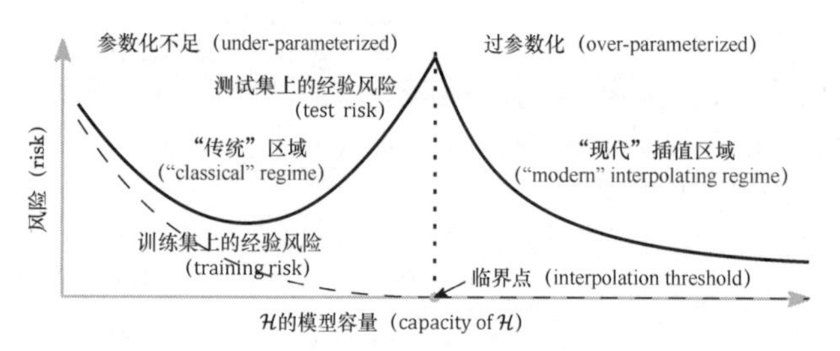

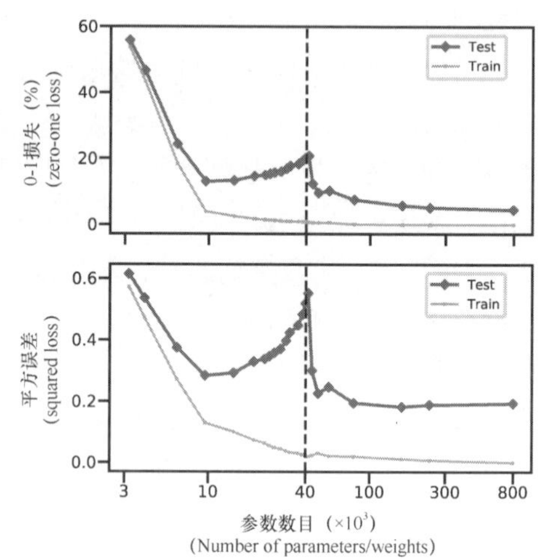

图 4.9　上图为现代观点下模型的测试集（实线）与训练集（虚线）经验风险函数随模型容量的变化规律。虚线的左侧对应于模型的参数化不足，为“传统”区域（“classical” regime）；虚线右侧对应于模型的过参数化，为“现代”插值区域（“modern” interpolating regime）。右图为实际训练得到的结果，横坐标为模型参数个数，纵坐标为算法收敛时不同风险函数的取值。

有趣的是，当过参数化更为“严重”时，在图4.9虚线的右侧，函数的泛化能力反而变得出奇得好。这依然可以通过多项式拟合的示例来加以理解。当我们采用$P_9(x)$来拟合$\mathcal{D}_{train}=\{(x_i,y_i)\}_{i=1}^{10}$时，由于模型的参数数目$N_{param}$与样本数目$N_{sample}$恰好相同，函数的形态将完全由给定的10个数据点唯一确定，从而出现最为强烈的过拟合现象，此时的模型从理论上来说将完全丧失泛化能力。但是，如果我们采用多项式$P_{15}(x)$来对数据点进行拟合，注意到，尽管此时拟合出的函数依然会经过每一个数据点，但由于$N_{param}>N_{sample}$，待拟合函数依然拥有足够的自由度来调整其自身的形态。换言之，在过参数化的情况之下，令经验风险函数$R_{N_{sample}}$取到极小值的函数参数$\boldsymbol{\theta}$构成了一个集合，而集合中的元素数目将会趋于无穷（即存在无数组能够让经验风险函数$R_{N_{sample}}$取到极小值的参数$\boldsymbol{\theta}$）。从这个角度来说，表 4.2 中所给出的a_i的取值其实是具有误导性的：令风险函数R_N相对于a_i各阶偏导数为0时，得到的$n+1$个线性方程其实并非相互独立。代码示例4.12之所以能够正常地运行，是因为浮点数的精度限制给方程组中系数的取值加入了扰动：尝试改变代码示例4.12中浮点数的精度，程序将会给出完全不同的结果。[1]

另一种防止过拟合的方法从直觉上来说是相当自然的。由于过拟合现象的出现往往伴随着某

[1] 图 4.8 及图 4.9 均来自 Mikhail Belkin 等人发表于 2019 年的文章 *Reconciling modern machine-learning practice and the classical bias–variance trade-off*，其中的风险函数曲线依赖于具体的神经网络结构。类似的曲线能否在参数更加复杂的函数结构中被重现，尚且没有定论。不过，在诸如 2021 年 Yogesh Balaji 等人发表的文章 Understanding *Overparameterization in Generative Adversarial Networks* 中，确实提供了过参数化能够提高模型性能、加速模型收敛的证据。

些待定参数异常的取值（例如过大的绝对值），我们选择在经验风险函数中加入**正则项**（regularization），对取值过大的参数加上一定的惩罚。与经验风险函数R_N相对应，加入了正则项的经验风险函数也称为**结构风险**（structural risk）函数，我们用函数R_s对其加以表示。正则项的加入以牺牲模型一部分准确度作为代价，提高了函数$h \in \mathcal{H}$的泛化能力。

$$R_s(\boldsymbol{\theta}; \mathcal{D}_{train}) = \frac{1}{N}\sum_{i=1}^{N}(h(x_i; \boldsymbol{\theta}) - y_i)^2 + \beta\, \mathcal{R}(\boldsymbol{\theta}) \tag{4.21}$$

在式(4.21)中，实数$\beta > 0$描述了对过大参数惩罚的力度，是模型中的超参数；正则化函数$\mathcal{R}$用于度量参数$\boldsymbol{\theta}$与零点之间的距离，通常取为L_1范数或L_2范数。其中，取正则项为L_2范数的回归方式也称为**岭回归**（ridge regression）。此时在本例中，根据函数R_s的各阶偏导数为 0 所得到的方程将依然是线性的，参数的最优值可以通过线性方程被严格地求解。

取正则项为L_1范数的回归方式也称为**套索回归**（lasso regression）。除了具有部分防止过拟合的能力以外，由于L_1范数的等值面相较于L_2范数具有分明的“棱角”，套索回归还具有一定的参数选择能力。当采用L_1范数作为正则项优化结构风险函数R_s时，模型中冗余的参数常常自发地趋近于零。此时，在本例中，根据函数R_s的各阶偏导数为 0 所得到的方程将是非线性的，方程的严格求解对应于一个复杂的规划问题，需要依赖于梯度下降。

在实际应用中，岭回归和套索回归常常会同时使用，即使用如下结构风险函数R_s：

$$R_s(\boldsymbol{\theta}; \mathcal{D}_{train}) = \frac{1}{N}\sum_{i=1}^{N}(h(x_i; \boldsymbol{\theta}) - y_i)^2 + \beta_1 ||\boldsymbol{\theta}||_1 + \frac{1}{2}\beta_2 ||\boldsymbol{\theta}||_2^2 \tag{4.22}$$

读者在自己尝试使用梯度下降算法进行高阶多项式的回归计算时应该注意，在本例中，结构风险函数R_s在某些初始值下，相对于参数$\boldsymbol{\theta}$的梯度会变得十分巨大，这将给算法的收敛性和稳定性带来挑战。如果在此基础上调小学习率，程序对一些参数的更新又会变得十分缓慢。为了解决**梯度爆炸问题**（exploding gradient problem），除了可以对不同的参数采用不同的学习率，一种常见的做法是对输入的x_i和y_i进行**标准化**（standardization）处理，即对数据做如下变换：

$$\tilde{x}_i \coloneqq \frac{x_i - \bar{x}}{\sigma_x} \qquad \tilde{y}_i \coloneqq \frac{x_y - \bar{y}}{\sigma_y}$$

其中$\bar{x}$和σ_x分别为训练集$\mathcal{D}_{train}$中x的均值与标准差，$\bar{y}$及σ_y同理。这样的处理方式也称为 z-score 归一化，它会使得输入数据的分布更为集中，而且在输入的变量x为矢量时，还能让矢量的不同分量间具有大小相当的数值，从而弱化结构风险函数$R_s(\boldsymbol{\theta}; \mathcal{D}_{train})$相对其输入参数$\boldsymbol{\theta}$的病态性，加快程序的收敛。

出于类似的目的，人们也会对数据进行**归一化**（normalization）操作，将数据映射到区间[0,1]：

$$\tilde{x}_i \coloneqq \frac{x_i - \min\{x\}}{\max\{x\} - \min\{x\}} \qquad \tilde{y}_i \coloneqq \frac{y_i - \min\{y\}}{\max\{y\} - \min\{y\}}$$

这种方法同样称为数据的区间**缩放**（rescaling）。另外，**平均归一化**（mean normalization）的缩放方法同样比较常见，它将数据映射到区间$[-1,1]$：

$$\tilde{x}_i \coloneqq \frac{x_i - \bar{x}}{\max\{x\} - \min\{x\}} \qquad \tilde{y}_i \coloneqq \frac{y_i - \bar{y}}{\max\{y\} - \min\{y\}}$$

上面提到的各种标准化、归一化方法，都对应着特征工程中特征的缩放过程。针对不同的缩放方法，不同文献、不同教材中又会采用不同的称呼。总体来说，特征缩放使得不同量纲的特征处于同一数量级，减小了特征自身的分布对模型的影响，也减小了大数（梯度）与小数（步长）相乘时所引入的数值误差，从而可以让模型变得更加准确。

4.2.4 全连接神经网络

在4.2.1节的开始曾讲到，最小二乘法中蕴含的思想是简单而深刻的。假如我们有一个包含有N组数据的数据集$\mathcal{D}_{train} = \{(x_i, y_i)\}_{i=1}^N$，$(x_i, y_i) \in \mathbb{R} \times \mathbb{R}$，我们期待$x_i$与$y_i$之间的关系可以被函数$y = wx + b$线性地拟合。为此，我们定义了一个含参的标量函数$h(x_i; w, b) \coloneqq wx_i + b$，并期待通过改变参数$w, b$的取值，用$\hat{y}_i = h(x_i; w, b)$尽可能准确地预测数据集$\mathcal{D}_{train}$中$y_i$的取值。

不过，对于实际的问题来说，数据集$\mathcal{D}_{train}$中的x_i和y_i通常都为矢量，出于习惯，我们也会将这里的x_i称为**数据**（data），而将y_i称为**标签**（label）或者**目标**（target）。一个极其经典的示例是MNIST 手写数字数据集（**M**odified **N**ational **I**nstitute of **S**tandards and **T**echnology database），它由 60000 张图片作为训练集$\mathcal{D}_{train}$，10000 张图片作为测试集$\mathcal{D}_{test}$，其中的每一张黑白图片都有$28 \times 28 = 784$个像素值，代表了从“0”到“9”之间的某个数字。如果我们用独热数组[1]对某张图片所代表的具体数字加以表示——即用矢量$\boldsymbol{e}_0 \coloneqq (1,0,0,\dots,0)$代表数字“0”，用矢量$\boldsymbol{e}_1 \coloneqq (0,1,0,\dots,0)$代表数字“1”等等——那么，训练集和测试集可以通过如下数学符号被严格地表述：

$$\mathcal{D}_{train} \coloneqq \{(\boldsymbol{x}_i, \boldsymbol{y}_i)\}_{i=1}^{60000}\ ,\ (\boldsymbol{x}_i, \boldsymbol{y}_i) \in \mathbb{R}^{784} \times \mathbb{R}^{10}$$
$$\mathcal{D}_{test} \coloneqq \{(\boldsymbol{x}_i, \boldsymbol{y}_i)\}_{i=1}^{10000}\ ,\ (\boldsymbol{x}_i, \boldsymbol{y}_i) \in \mathbb{R}^{784} \times \mathbb{R}^{10}$$

深度学习中的MNIST数据集是如此之经典，以至于人们可以直接将字母MNIST全部小写，使用mnist作为对该数据集的称呼。在代码示例 4.13.1 中，我们首先利用Torch库和TorchVision库获取所需的数据：

代码示例 4.13.1 全连接神经网络（MNIST 数据集的获取）

```python
import jax
import jax.numpy as jnp
from jax import grad
import torchvision.transforms
```

[1] 参考第 3 章的3.2.3节对独热数组的介绍，对应代码示例3.16。

```
import matplotlib.pyplot as plt

# 数据的获取
train_dataset = torchvision.datasets.MNIST(root="./data/mnist", train=True,
                transform=torchvision.transforms.ToTensor(), download=True)
test_dataset = torchvision.datasets.MNIST(root="./data/mnist", train=False,
                transform=torchvision.transforms.ToTensor(), download=True)

train_data = jnp.array(train_dataset.train_data.numpy())
train_labels = jnp.array(train_dataset.train_labels.numpy())
test_data = jnp.array(test_dataset.test_data.numpy())
test_labels = jnp.array(test_dataset.test_labels.numpy())

print(train_data.shape)      # 训练集的数据：(60000, 28, 28)
print(train_labels.shape)    # 训练集的标签：(60000,)
print(test_data.shape)       # 测试集的数据：(10000, 28, 28)
print(test_labels.shape)     # 测试集的标签：(10000,)
```

对于数据的获取部分，读者不妨将与TorchVision库相关的代码视作一个黑箱，它的作用只是帮助我们将MNIST数据集整理成 4 个JAX的数组。其中，`train_data`代表训练集的图片数据，`train_labels`代表训练集中图片的标签（有0,1,2, ... 9共 10 种取值）；`test_data`代表测试集中的图片数据，而`test_labels`代表测试集中相应图片的标签（同样也有0,1,2, ... 9共 10 种取值）。为了让读者对MNIST数据集有一个直观印象，我们在代码示例 4.13.2 中对训练集内的第 7 张图片做了可视化的输出，供读者参考：

代码示例 4.13.2 全连接神经网络（图片的可视化）

```
def draw(image):
    plt.rcParams['figure.figsize'] = (13.0, 13.0)  # 设置图片尺寸
    fig, ax = plt.subplots()
    ax.imshow(image, interpolation='nearest')

    x = y = jnp.arange(0, 28, 1)
    x, y = jnp.meshgrid(x, y)

    for x_val, y_val in zip(x.flatten(), y.flatten()):
        x_val, y_val = int(x_val), int(y_val)
        gray_scale = image[y_val][x_val]
        ax.text(x_val, y_val, gray_scale, va='center', ha='center')

    plt.savefig("mnist_test.png")
    plt.show()

index = 7
data = train_data[index]
print(train_labels[index])  # 3
draw(data)
```

上述代码的输出图像如图4.10所示。另外，在进一步计算之前，我们一般还需对数据进行**预处理**（preprocessing），这包括将灰度值数据归一化到区间[0,1]，变形为行向量，并且将函数的标签转化为独热数组。一般来说，出于习惯，我们还会人为地在训练过程中为输入数据加入一些微小的**噪声**（noise）。虽然从直觉上来说，噪声的加入将使得训练过程变得更加困难，不过，就像我们在现实生活中会发现的那样，更加严苛的训练条件通常会带来更加丰富的学习成果。

图 4.10 MNIST数据集中的数字 3，图像的大小为28×28像素，像素点中央标有该像素对应的灰度值(gray scale)，是[0,255]之间的整数，灰度值为 255 对应白色，灰度值为 0 则对应黑色

例如，早在 1999 年出版的教材 *Neural Smithing: Supervised Learning in Feedforward Artificial Neural Networks* 中作者便指出，微小噪声的加入可以有效减小拟合函数的泛化误差及容错率[1]；同时，噪声的加入可以缓解函数的过拟合问题，因为拟合函数要想精确地经过每一个数据点将会变得更加困难，这与结构风险函数中正则项的作用相似；另外，噪声的本质是一种"**数据增强**"（data augmentation）[2]，它增加了训练集数据点的个数，这可以让模型变得更加"**强壮**"（robust）。噪声的存在还可以令拟合出的函数变得更加光滑。[3]

```
# 数据的预处理
train_data = (train_data / 255).reshape(-1, 784)      # 训练数据的归一化
test_data = (test_data / 255).reshape(-1, 784)        # 测试数据的归一化
train_labels = jnp.eye(10)[train_labels]    # 训练标签转化为独热数组
test_labels = jnp.eye(10)[test_labels]      # 测试标签转化为独热数组
```

[1] 该书中的原文如下："Many studies have noted that adding small amounts of input noise (jitter) to the training data often aids generalization and fault tolerance"。

[2] 其他常见的数据增强方法，包括对原始图像进行各种旋转、平移、缩放及裁剪。

[3] 针对"噪声的存在还可以令拟合出的函数变得更加光滑"这一结论，可参考 1996 年出版的 *Neural Networks for Pattern Recognition* 一书的第 347 页（Sec 9.3）和 2016 年出版的 *Deep Learning* 一书的第 241 页（Sec 7.5）进一步理解。当然，也可以参考 1995 年发表的文章 *Training with Noise is Equivalent to Tikhonov Regularization* 以及 1996 年发表的文章 *The Effects of Adding Noise During Backpropagation Training on a Generalization Performance* 等。本节关于噪声的讨论，仅仅是对以上资料之中的观点进行了简单汇总而已，并无创新之处。

```
print(train_data.shape)    # (60000, 784)
print(train_labels.shape)  # (60000, 10)
print(test_data.shape)     # (10000, 784)
print(test_labels.shape)   # (10000, 10)
```

上文中反复提到的噪声，应该等到训练时再加入；而将训练标签转化为独热数组的过程，通常来说也应该等到训练时进行：在预处理过程中直接将标签转化为独热数组，这样的操作将会增加程序存储的开销。不过，为了让本节的逻辑更加清晰，我们依然选择在预处理过程中将标签全部进行转化。

在得到了所需的数据之后，我们期待能够通过这些数据拟合出一个函数$\boldsymbol{h}(\boldsymbol{x}_i;\boldsymbol{\theta}) \in \mathcal{F}_{784}^{10}$：它接受一张图片$\boldsymbol{x}_i$，返回一个10维的矢量$\hat{\boldsymbol{y}}_i$。与独热数组$\boldsymbol{y}_i$相对应，我们期待矢量$\hat{\boldsymbol{y}}_i$最大分量所在的位置，代表了矢量$\hat{\boldsymbol{y}}_i$对图片$\boldsymbol{x}_i$中数字的预测结果。在最小二乘法中，我们取$h(x;\boldsymbol{\theta}) = wx + b$，认为待定参数$w, b \in \mathbb{R}$为标量实数，且$\boldsymbol{\theta} = (w, b) \in \mathbb{R} \times \mathbb{R}$。而在本例中，由于拟合的任务从一维扩展到了高维，一个极为自然的想法是将函数$h(x;\boldsymbol{\theta}) = wx + b$中的标量$w$提升为矩阵，而将标量$b$提升为矢量，此时我们可以得到：

$$
\begin{aligned}
&\boldsymbol{h} \in \boldsymbol{\mathcal{H}}\colon\ \mathbb{R}^{784} \to \mathbb{R}^{10} \\
&\qquad \boldsymbol{x_i} \mapsto \boldsymbol{h}(\boldsymbol{x_i};\boldsymbol{\theta}) \coloneqq \boldsymbol{w}\boldsymbol{x_i} + \boldsymbol{b} \\
&\text{其中：}\quad \boldsymbol{w} \in \mathbb{R}^{10\times 784}, \boldsymbol{b} \in \mathbb{R}^{10}, \boldsymbol{\theta} = (\boldsymbol{w}, \boldsymbol{b})
\end{aligned} \tag{4.23}
$$

不过，为了使得矢量$\hat{\boldsymbol{y}}_i \coloneqq \boldsymbol{h}(\boldsymbol{x};\boldsymbol{\theta})$便于和数据集中的独热数组$\boldsymbol{y}_i$进行比较，我们还希望矢量$\hat{\boldsymbol{y}}_i$的各个分量非负，并且各个分量的和为1：这可以通过softmax函数加以实现。对于一个任意的矢量$\boldsymbol{r} = (r_0, r_1, \dots, r_{d-1}) \in \mathbb{R}^d$，我们总可以通过softmax函数将矢量的分量值映射到[0,1]之间：

$$
\begin{aligned}
&\text{softmax}\colon \mathbb{R}^d \to \mathbb{R}^d \\
&\qquad \boldsymbol{r} \mapsto \text{softmax}(\boldsymbol{r}) \coloneqq \left(\frac{\mathrm{e}^{r_0}}{\sum_{j=0}^{d-1}\mathrm{e}^{r_j}}, \frac{\mathrm{e}^{r_1}}{\sum_{j=0}^{d-1}\mathrm{e}^{r_j}}, \dots, \frac{\mathrm{e}^{r_{d-1}}}{\sum_{j=0}^{d-1}\mathrm{e}^{r_j}}\right)
\end{aligned} \tag{4.24}
$$

在式(4.24)中，我们有意让矢量的下标从0开始。这一方面是因为计算机科学家从零开始数数，另一方面，我们更希望$\arg\max_i\{r_i\}_{i=0}^{d-1}$返回的值可以直接对应矢量$\boldsymbol{r}$所描述的数字：这里的argmax 函数和4.2.1节中的 argmin 函数是完全类似的，代表从集合$\{r_i\}_{i=0}^{d-1}$中返回最大值元素对应的下标。如果$\hat{\boldsymbol{y}} = \text{softmax}(\boldsymbol{r})$，则容易验证$\hat{\boldsymbol{y}}$矢量所有分量的和为1，并且分量均位于区间[0,1]之内，即：

$$
\begin{aligned}
&\sum_{j=0}^{d-1}\hat{y}_j \equiv 1 \\
&\hat{y}_j \in (0,1], \qquad \forall j = 0,1,\dots,d-1
\end{aligned}
$$

注意到函数e^x单调递增，softmax函数还可以保持元素之间的相对大小关系不变：

$$
\underset{j}{\text{argmax}}\{\hat{y}_j\}_{j=0}^{d-1} \equiv \underset{j}{\text{argmax}}\{r_j\}_{j=0}^{d-1}, \qquad \forall \boldsymbol{r} \in \mathbb{R}^d, \hat{\boldsymbol{y}} = \text{softmax}(\boldsymbol{r})
$$

例如，对于一个随机初始化的数组，$\boldsymbol{r} = (1.51, -1.07, -2.54,\ 0.27,\ -0.43,\ -1.12,\ 2.01,\ 3.76, -0.81,\ 0.31)$，我们可以得到$\hat{\boldsymbol{y}} = \text{softmax}(\boldsymbol{r}) = (0.08,\ 0.01,\ 0.02,\ 0.01,\ 0.01,\ 0.13,\ 0.72,\ 0.01, 0.03)$。在这里，$\hat{\boldsymbol{y}}$中的大多数分量都几乎为0，但其中的最大分量则接近于1：这是由e指数的爆炸增长导致的。从另一个角度来看，数组$\hat{\boldsymbol{y}}$给出了一个概率分布，诸如$\hat{y}_0 = 0.08$这样的等式表示一张图片有8%的**概率**被判断为数字0：这样的观点对独热数组$\boldsymbol{y}$同样可以成立。

```
# softmax 函数测试
def softmax(o):
    return jnp.exp(o) / jnp.sum(jnp.exp(o))

key = jax.random.PRNGKey(1)
r_arr = jax.random.normal(key, shape=(10,)) * 2.2
y_arr = softmax(r_arr)

print(r_arr)
>> [ 1.5197709  -1.0723704  -2.5427358   0.26638603 -0.4311657
    -1.1173288   2.0145104   3.7612953  -0.80848736  0.31494498]
print(y_arr)
>> [ 0.07670916 0.00574241 0.00131985 0.02190328 0.01090351
     0.00548996 0.12580848 0.7216538  0.00747649 0.02299313]
```

事实上，如果我们将单位向量$\mathbf{e}_i$记作onehot(i)，表示由标签“i”所构造的独热数组，则我们不难证明如下结论是成立的：

$$\lim_{\lambda \to +\infty} \text{softmax}(\lambda \boldsymbol{r}) = \text{onehot}\left(\underset{i}{\text{argmax}} \{r_i\}_{i=0}^{d-1}\right), \forall \boldsymbol{r} \in \mathbb{R}^d \tag{4.25}$$

这也是softmax函数名称的由来。基于此，我们可以对式(4.23)中的函数$\boldsymbol{h}$加以修正，这便得到了一个最为简单的**全连接神经网络**（fully connected neural network）：

$$\begin{aligned} \boldsymbol{h} \in \boldsymbol{\mathcal{H}}\colon\ & \mathbb{R}^{784} \to \mathbb{R}^{10} \\ & \boldsymbol{x_i} \mapsto \boldsymbol{h}(\boldsymbol{x_i}; \boldsymbol{\theta}) \coloneqq \text{softmax}(\boldsymbol{w}\boldsymbol{x_i} + \boldsymbol{b}) \\ \text{其中: } & \boldsymbol{w} \in \mathbb{R}^{10\times 784}, \boldsymbol{b} \in \mathbb{R}^{10}, \boldsymbol{\theta} = (\boldsymbol{w}, \boldsymbol{b}) \end{aligned} \tag{4.23'}$$

在这里，输入元素$\boldsymbol{x}$的每一个分量，都通过矩阵$\boldsymbol{w}$之中的某个元素，影响着输出结果的分量，这是“全连接神经网络”这一偏正短语中，定语“全连接”的由来。不过，我们有必要在这里提醒读者的是：请不要使用 FCNN 作为全连接神经网络的简称，后者表示**全卷积神经网络**（Fully Convolution Neural Network）。另外，CNN 代表**卷积神经网络**（Convolution Neural Network）；FCN 代表**全卷积网络**（Fully Convolution Network），含义与 FCNN 相同；FNN 代表**前回馈神经网络**（Feedforward Neural Network），用于表示深度学习中有向无环的计算图：它们同样不能作为全连接神经网络的名称。在一些文献中，人们改用**全连接层**（Fully Connected layer）来称呼这样的网络结构，此时它终于可以被简称为“FC layer”，这样的称呼也是被大家所公认的。

虽然全连接神经网络的应用场景的确十分广泛，但由于它将计算图中相邻两层之间的所有节点全部相连，一些情况下过大的计算量及存储量 成为了该方法的不足。值得一提的是，在一篇发表于 2021 年的文章 Beyond Fully-Connected Layers with Quaternions: Parameterization of Hypercomplex Multiplications with $1/n$ parameters 中，作者 Aston Zhang 等人在保留了模型基本表达性的前提下，使用了推广至n维的复数域，将模型中参数的数量减小到原本的$1/n$，从而一定程度上降低了全连接网络的存储开销。

在通过式(4.23′)获得了预测值$\hat{\boldsymbol{y}}_i = \boldsymbol{h}(\boldsymbol{x}_i, \boldsymbol{\theta})$之后，下一步是定义$\hat{\boldsymbol{y}}_i$与训练集中$\boldsymbol{y}_i$的损失函数$\ell(\hat{\boldsymbol{y}}_i, \boldsymbol{y}_i)$。采用最小二乘法中的$L_2$范数诚然是一种可能，但由于$\hat{\boldsymbol{y}}_i$和独热数组$\boldsymbol{y}_i$的分量值原本就被限制在了[0,1]之间，我们期待选用一个比L_2范数更加“尖锐”函数，在一定程度上加快梯度更新的速度。一种常见的做法是使用**交叉熵**（cross entropy）作为距离函数的定义，我们在附录C中给出了关于信息和熵的更多介绍。

在这里，我们认为数据集$\mathcal{D}_{train} \coloneqq \{(\boldsymbol{x}_i, \boldsymbol{y}_i)\}_{i=1}^{60000}$中的独热数组$\boldsymbol{y}_i$，定义了一个概率分布函数$p_i(X)$，集合$X$中的元素$X_j$，代表了“输入的图片$\boldsymbol{x}_i$代表的是数字$j$”这一事件发生的概率；集合$X = \{X_0, X_1, \ldots, X_9\}$，共有 10 个元素。例如，图4.10中的数字“3”是训练集$\mathcal{D}_{train}$中的第 7 张图片，此时，独热数组$\boldsymbol{y}_7 = (0,0,0,1,0,..,0)$ 将唯一地确定一个概率分布函数$p_7(X)$，满足：

$$p_7(X_j) = \begin{cases} 1, & j = 3 \\ 0, & j \neq 3 \end{cases}$$

另外，函数$\boldsymbol{h}(\boldsymbol{x}_i, \boldsymbol{\theta})$所给出的预测值$\hat{\boldsymbol{y}}_i$同样可以被视作一个概率分布函数，它的归一化要求及非负条件，都可以由softmax函数的性质保证。如果$\hat{\boldsymbol{y}}_i = (0.08, 0.01, 0.02, \ldots)$，则它表示“图片$\boldsymbol{x}_i$代表数字0”这一事件发生的概率为0.08，“图片$\boldsymbol{x}_i$代表数字1”这一事件发生的概率为0.01等等。因此，我们可以求出**概率分布**$\boldsymbol{y}_i$和$\hat{\boldsymbol{y}}_i$ 之间的交叉熵$H(\boldsymbol{y}_i, \hat{\boldsymbol{y}}_i)$，它的定义如下：

$$H(\boldsymbol{y}_i, \hat{\boldsymbol{y}}_i) \coloneqq -\sum_{j=0}^{9} y_{ij} \log \hat{y}_{ij} \tag{4.26}$$

我们希望读者不要对这样的数学形式感到不安，式(4.26)中的 y_{ij}表示第i组数据中矢量$\boldsymbol{y}_i$的第j个分量。在这里，交叉熵可以被简单地视作一个损失函数$\ell(\boldsymbol{y}_i, \hat{\boldsymbol{y}}_i)$。当损失函数$\ell(\boldsymbol{y}_i, \hat{\boldsymbol{y}}_i)$为$L_2$范数（的平方）时，它可以被写成完全类似的如下形式：

$$\ell(\boldsymbol{y}_i, \hat{\boldsymbol{y}}_i) \coloneqq \sum_{j=0}^{9} \left(y_{ij} - \hat{y}_{ij}\right)^2 \tag{4.27}$$

与L_2范数有所不同的是，在以交叉熵$H(\boldsymbol{y}_i, \hat{\boldsymbol{y}}_i)$作为损失函数时，分布$\boldsymbol{y}_i$与$\hat{\boldsymbol{y}}_i$的地位并不是等同的，即$H(\boldsymbol{y}_i, \hat{\boldsymbol{y}}_i) \neq H(\hat{\boldsymbol{y}}_i, \boldsymbol{y}_i)$。关于这一点，我们在附录C的最后给出了较为详细的说明。另外，

当我们保证概率分布$\boldsymbol{y}_i$与$\widehat{\boldsymbol{y}}_i$满足归一化条件时，可以证明交叉熵$H(\boldsymbol{y}_i,\widehat{\boldsymbol{y}}_i)$存在下界$\sum_{j=0}^{9} y_{ij}\log y_{ij}$，其中$H(\boldsymbol{y}_i) \coloneqq -\sum_{j=0}^{9} y_{ij}\log y_{ij}$称为概率分布$\boldsymbol{y}_i$的**信息熵**（information entropy）。对于独热数组$\boldsymbol{y}_i$来说，信息熵恒为0，此时交叉熵$H(\boldsymbol{y}_i,\widehat{\boldsymbol{y}}_i)$的下界即为0，这样的下界也称为**变分下界**（variational lower bound）。

如果我们放弃概率的语言，从直观上对这个问题进行讨论，则由于$\boldsymbol{y}_i$是一个独热数组，式(4.26)中的求和其实只有一项非零，它对应于图片$\boldsymbol{x}_i$想要表示的数值。此时，我们希望函数$\boldsymbol{h}(\boldsymbol{x}_i,\boldsymbol{\theta})$的预测结果$\widehat{\boldsymbol{y}}_i$在该分量上的数值尽可能增加，这与最小化$-\log\widehat{\boldsymbol{y}}_i$时变量$\widehat{\boldsymbol{y}}_i$的更新趋势一致。

在以函数$H(\boldsymbol{y}_i,\widehat{\boldsymbol{y}}_i)$作为损失函数时，我们可以得到相应的经验风险函数$R_N(\mathcal{D}_{train};\boldsymbol{\theta})$。根据定义，它具有如下形式：

$$\begin{aligned} R_N(\boldsymbol{\theta};\mathcal{D}_{train}) &= \frac{1}{N}\sum_{i=1}^{N} H(\boldsymbol{y}_i,\widehat{\boldsymbol{y}}_i) \\ &= \frac{1}{N}\sum_{i=1}^{N} H\big(\boldsymbol{y}_i,\boldsymbol{h}(\boldsymbol{x}_i,\boldsymbol{\theta})\big) \\ &\propto -\frac{1}{N}\sum_{i=1}^{N}\sum_{j=0}^{9} y_{ij}\ln h_j(\boldsymbol{x}_i,\boldsymbol{\theta}) \\ &= -\frac{1}{N}\sum_{i=1}^{N}\sum_{j=0}^{9} y_{ij}\ln\big[\mathrm{softmax_j}(\boldsymbol{w}\boldsymbol{x}_i+\boldsymbol{b})\big] \end{aligned} \tag{4.28}$$

其中h_j和$\mathrm{softmax_j}$表示函数$\boldsymbol{h}$和函数softmax输出矢量的第j个分量，参数$\boldsymbol{\theta}=(\boldsymbol{w},\boldsymbol{b})\in\mathbb{R}^{10\times784}\times\mathbb{R}^{10}$。为了方便计算，我们将交叉熵定义中的对数函数log变为以自然常数e为底，故采用正比符号“∝”加以区分。通常来说，表达式(4.28)可以被进一步化简，为此我们注意到：

$$\begin{aligned} \ln\big[\mathrm{softmax_j}(\boldsymbol{r})\big] &= \ln\left(\frac{\mathrm{e}^{r_j}}{\sum_{k=0}^{d-1}\mathrm{e}^{r_k}}\right) \\ &= r_j - \ln\left(\sum_{k=0}^{d-1}\mathrm{e}^{r_k}\right) \end{aligned} \tag{4.29}$$

我们有意避免让计算机直接计算softmax函数，因为这将会带来梯度消失、指数爆炸等一系列病态的数值问题（类似 4.1.4 节中的第 1 个例子）。而通过式(4.29)的化简，我们可以直接调用JAX库中内置的 `logsumexp` 函数实现$\ln\big(\sum_{i=0}^{d-1}\mathrm{e}^{r_i}\big)$这一部分的计算：JAX的程序内部存在针对上述数值问题的特殊处理。

在代码示例 4.13.3 中，函数 `batched_predict` 是对式(4.29)的程序实现，其中出现的变量名 `logits` 原本是一个函数的名称，源于英文 **logistic unit**（位于[0,1]之间的单位），它在概率论

中被定义为 $\mathrm{logit}(p) := \log(\frac{p}{1-p})$，其中$p \in (0,1)$。但在深度学习中，我们通常默认把通过softmax等函数得到的概率统统记作 logit，且这里的 logit 表示最后一层全连接层的输出，而非其原本的含义。

代码示例 4.13.3 全连接神经网络（定义关键函数）

```python
from jax.scipy.special import logsumexp

def batched_predict(params, images):
    w, b = params
    images = jnp.expand_dims(images, 1)
    logits = jnp.sum(w * images, axis=-1) + b
    return logits - logsumexp(logits)

def loss(params, images, targets):
    preds = batched_predict(params, images)
    return -jnp.mean(preds * targets)

def accuracy(params, images, targets):
    target_class = jnp.argmax(targets, axis=-1)
    predicted_class = jnp.argmax(
        batched_predict(params, images), axis=-1)
    return jnp.mean(predicted_class == target_class)

def init_network_params(key, scale=1e-2):
    w_key, b_key = jax.random.split(key, 2)
    w = scale * jax.random.normal(w_key, shape=(10, 784))
    b = scale * jax.random.normal(b_key, shape=(10, ))
    return (w, b)

key = jax.random.PRNGKey(0)
params = init_network_params(key)
```

基于此，我们可以根据式(4.28)计算出经验风险函数 `loss`。函数 `accuracy` 对模型参数的准确度进行了测试，而 `init_network_params` 则基于高斯分布，对模型参数进行了初始化。与最小二乘法中相同，我们可以完全类似地定义出 `update` 函数，它利用梯度下降算法对模型参数进行更新。

```python
@jax.jit
def update(params, x, y, lr):
    w, b = params
    dw, db = grad(loss)(params, x, y)
    return (w - lr * dw, b - lr * db)
```

如果每一步梯度下降都要用到训练集中所有的 60000 个样本，则这样的算法实在过于昂贵。一般情况下，我们会改用**批量梯度下降**（batched gradient descent）算法对参数进行更新。批量梯度下降算法每次仅选取训练集中的少量样本，对经验风险函数进行估计。每一次更新所选取的样本数目称为**批大小或批尺寸**（batch size），对训练集的每一次遍历称为一个周期（epoch）。它们和学习率一样，都是模型中的超参数。

代码示例 4.13.4 给出了对全连接神经模型的训练过程。

代码示例 4.13.4　全连接神经网络（模型的训练）

```
def data_loader(images, labels, batch_size):
    pos = 0
    sample_nums = images.shape[0]
    while pos < sample_nums:
        images_batch = images[pos : pos + batch_size]
        labels_batch = labels[pos : pos + batch_size]
        pos += batch_size
        yield (images_batch, labels_batch)

# 超参数设置
step_size = 0.01
num_epochs = 10
batch_size = 100
noise_scale = 1e-5

import time
# 模型训练
for epoch in range(num_epochs):
    start_time = time.time()
    training_generator = data_loader(train_data, train_labels, batch_size)

    for x, y in training_generator:
        # 添加噪声
        _, key = jax.random.split(key, 2)
        x += noise_scale * jax.random.normal(key, x.shape)

        # 训练参数
        params = update(params, x, y, step_size)

    # 输出信息
    epoch_time = time.time() - start_time
    train_acc = accuracy(params, train_data, train_labels)
    test_acc = accuracy(params, test_data, test_labels)
    print("Epoch {} in {:0.2f} sec".format(epoch+1, epoch_time))
```

```
    print("Training set accuracy {}".format(train_acc))
    print("Test set accuracy {}".format(test_acc))
```

在仅有 1 层全连接层的情况下，训练出的模型在测试集上的准确度已经达到了85%，我们有理由对这样的结果感到满意。在对更加复杂的神经网络结构进行进一步介绍之前，让我们首先向读者介绍JAX内部为了加速科学计算，对其代码结构所做出的优化。

05 第5章 JAX的编程范式及即时编译

在第4章中，我们曾系统地介绍了如何使用JAX进行自动微分的有关计算，并将JAX库中的`grad`函数，与Torch库中的`autograd.grad`函数、TensorFlow库中的`gradients`函数进行比较，指出了函数式编程的特点。在执行梯度下降算法时，我们通过`jax.jit`修饰器对代码进行了加速。它的本质是对原程序的“热点”部分进行**即时编译**，利用XLA（accelerate linear algebra）编译器对JAX定义的计算图的局部进行加速，从而提高内存使用效率，加快程序执行速度，并且改善代码的可移植性。

JAX采用的函数式编程范式的特点，曾在一些语法细节中有所体现，例如全局统一的变量类型（见3.1.1节）、分割种子的随机数生成（见3.1.3节）、异地更新的数组修改模式（见3.2.5节）、越界索引的特殊处理方式（见3.2.5节）等。而通过本章的学习，读者将会理解这些语法特性究竟从何而来，即时编译又对程序设计提出了哪些特殊的要求。

在5.1节中，我们将首先介绍JAX的即时编译功能对代码编写所提出的要求。从内容设计上来说，这一节的内容是相当实用主义的：我们通过尽可能少的概念引入，尽可能清晰地道出函数式编程对代码设计所提出的要求。5.2节则是对λ演算的简单介绍，对于任意一门哲学的理论，都是先有世界观，然后才能有方法论：λ演算正是函数式编程的“世界观”。由于λ演算本身具有极其优美的数学结构，尽管它与自动微分的主题毫不相关，却成功地在本书中占有一席之地。对于一些程序的设计方法，我们期待读者不但能“知其然”，更能“知其所以然”。

我曾经高傲地以为，尽管大数据、人工智能和量子计算正推动着人类社会第四次工业革命的浪潮，但如果从理论的视角审视年轻的“人工智能”，它实则远远无法被称为一门“科学”：应用领域的成功唯独说明自动微分框架自身的强大，依赖为数不多的核心算法和变态膨胀的计算资源，基于自动微分框架的深度学习正霸道地展现出数据与算力堆叠之下几可乱真的“智慧”。

滥觞于20世纪30年代的可计算理论，其中由邱奇提出的λ演算，则以貌似复杂的数学符号将其自身层层包裹。但是，如果你走进那个由函数和变量支撑起的奇妙世界，或许会被其基本假设的简洁和符号系统的强大深深地震撼：它的优美程度完全不亚于可微分编程的庞大框架本身！我们期待本章可以作为一个小小的引子，勾勒出λ演算及函数式编程的大致轮廓。

5.1 函数式编程

编程范式（programming paradigm）是指软件工程中的编程风格，它既可以用于描述某一门编程语言的设计风格，也可以用于描述某一段代码的编写思路。不同的编程范式通过限定特定的语法行为，让人们规避各种潜在的错误，其本质是思维方式的不同。

从历史的观点来看，编程范式的演化并不是线性的，即从无层级结构的编程语言（unstructured programming），到逐渐有迹可循的语法规则，再到面向对象的程序理念，最后到所谓的函数式编程——像这样线性的历史视角是完全错误的。[1]实际上，程序设计的发展历史是相当混乱的。在 Grace Hopper 女士于 1952 年写出全世界第一个编译器以后，Fortran 作为第一门（无层级结构的）高级编程语言就在 1957 年来到了人世。紧接着，具有**函数式编程**（functional programming，FP）风格的 Lisp 语言在 1958 年被发明出来。1968 年，Edsger Dijkstra 提出了**结构化编程**（structured programming）的概念，提倡将“摊大饼”式的程序代码以函数等形式组合起来，且尽量避免 goto 语句的出现。于此同时，**面向对象编程**（object orientation programming，OOP）的概念被 Alan Kay 提出，提倡对代码进行模块化的加工，使得程序具有更强的“颗粒感”。另一种完全不同的**逻辑式编程**（logic programming）范式出现在 20 世纪 70 年代，诸如 Prolog 等逻辑式的语言采用了完全不同的设计思路，也具有完全不同的思想渊源。[2]

如果说采用面向对象编程的程序员好比是在搭建一个个复杂的模型，那么采用函数式编程的程序员则倾向于像数学家一样思考。在本节中，我们将首先介绍函数式编程的价值观，随后对 JAX 的即时编译进行简要介绍。JAX 的即时编译并不提倡使用 `if-else` 等条件控制语句，以及 `for` 和 `while` 这样的循环控制语句，我们将在下文对 `jax.lax` 中的 `cond`、`fori_loop`、`while_loop` 及 `scan` 函数进行简要的说明，它们作为对控制流程序语句的替代，提供了对即时编译和自动微分的支持。在本章的最后，我们将简要介绍 JAX 中的静态变量，它对于实际程序的开发具有重要的意义。

5.1.1 函数式编程的价值观

在求解一个具体问题时，一台结构复杂的计算机和数学家手中充足的纸、笔究竟有何不同？

---

[1] 可见由 Dave Farley 于 2021 年 4 月 22 日在 YouTube 上发表的“Object Oriented Programming vs Functional Programming”视频。

[2] 关于 Prolog 语言和逻辑式编程，可参考 Michael Spivey 等人的专著 *An Introduction to Logic Programming through Prolog*。有关于逻辑式编程的概览，可参考发表于 2021 年的文章 *A Critical Review of Inductive Logic Programming Techniques for Explainable AI*。

“通俗而言，给定一个自然数集合上的函数$f:\mathbb{N}\rightarrow\mathbb{N}$称为可计算的，是指对任何自然数$n$，只要一位受过良好训练的数学家有足够的纸和笔，不管花费多长时间，最终总能手动算出函数f在n上的值$f(n)$。”[1]除去计算速度和准确度上的差异，在求解某一具体问题过后，一位受过良好训练的数学家所留下的草稿纸，实则与计算机中存储的代码极为相像：数学中诸如变量、函数、矩阵、张量等术语，都可以在计算机科学中找到相应的概念。

11. 我国古代数学家杨辉，朱世杰等研究过高阶等差数列的求和问题，如数列$\left\{\frac{n(n+1)}{2}\right\}$就是二阶等差数列。数列$\left\{\frac{n(n+1)}{2}\right\}(n\in\mathbb{N}^*)$的前3项和是＿＿10＿＿。（4分）

解：

```
s = 0
for n in [1,2,3]:
   s = s + n * (n+1) / 2

print(s)  # 10.0
```

（计算机科学家）

解：

$$n_1=\frac{1\times 2}{2}=1$$
$$n_2=\frac{2\times 3}{2}=3$$
$$n_3=\frac{3\times 4}{2}=6$$
$$N=n_1+n_2+n_3=10$$

（数学家）

图5.1 计算机学家和数学家对2020年浙江高考数学题的第11题（填空题第一题）所给出的解答。左图中这位参加高考的程序员在填写答题纸时，别忘了把浮点数转化为整数，以便于阅卷老师的批改；正常情况下，右图中数学家的草稿纸还会再潦草一些，不过这已经基本接近于真实。

图5.1给出了计算机和数学家对同一问题的解答思路，二者的计算过程具有一定的相似之处，但也有相当的不同。具体来说，在数学家的草稿纸中出现的所有公式都是数学意义上“正确”的公式：我们可以将草稿纸中的字母n_1、n_2、n_3和N称为变量，算式$n_1=1$代表变量n_1拥有自然数“1”的取值。然而，在计算机程序中，同一个变量s在程序运行的过程中却先后拥有了0、1、4、10等4个不同的取值——如果仅仅从数学的眼光来看，形如“`s = s + n*(n+1)/2`”这样的表达式也是难以成立的。

回想起来，你或许会对这样的事实感到惊讶：接受了数十年严格数学训练的高中生，在他们大学的第一堂编程课上，就欣然接受了x=x+1这样明显“错误”的算式。如果是在数学课堂上，我们的老师或许会这样表述代码x=x+1所具有的内涵：“让我们首先定义一个函数$f(x)=x+1$，那么在这里，我们将得到递推关系 $x_{n+1}=f(x_n)$。”[2]正如我们在表5.1中为读者指出的那样，表达式书写方式的差异间蕴藏着计算机科学和数学之间极为深刻的区别。

[1] 参照邓玉欣《函数式程序设计入门 简明讲义》，2021年5月。在这里之所以选定集合为自然数集$\mathbb{N}$，是因为有理数域$\mathbb{Q}$可以由自然数集$\mathbb{N}$简单地推广得到．且从本质上来说，计算机中的浮点数代表的也是有理数域$\mathbb{Q}$而非实数域$\mathbb{R}$。与实数域相关的一些问题常常是不可计算的，而计算机也无法做到对无理数的精确表示。

[2] 这一点在第8章对循环神经网络的讨论中将显得尤为重要。

表 5.1 数学和计算机科学之中的不同观点

	数学（mathematics）	计算机科学（computer science）
变量	在同一表达式中需要拥有相同的取值	在同一段程序中可以拥有不同的取值[1]
函数	1. **无状态**：数学中的函数在执行过程中不会改变任何变量的取值，而仅仅给出变量之间的运算方式。 2. **时间不变性**：数学中的函数运行的结果，与函数的调用次数无关。 3. **空间不变性**：数学中的函数运行的结果，与输入变量以外其他变量的取值无关。	1. 计算机中的函数在执行过程中可以直接访问内存，改变变量的取值。 2. 计算机中函数的运行结果可以与调用次数有关，在输入相同的情况下，同一个函数的可以给出不同的结果。 3. 计算机中函数的运行结果可以依赖于外部（全局）变量等，并不完全依赖于输入的参数。
赋值	数学中的赋值，代表**确定**一个变量的取值；表达式 $x=1$ 的本质是一个方程，描述了变量间相等的**状态**。	计算机科学中的赋值，代表**确定或者改变**一个变量的取值；代码 x=1 描述了将“1”赋值给 x 这样的**动作**。

诚然，我们可以指责“开放的函数代码格式”相较于“严格的数学”显得过于无序；但在另一方面，我们也可以声称，“开放的代码指令编写”相较于“严格的数学”显得更加灵活。而所谓的函数式编程，便是让代码的编写回归于严格的数学，使人们仅仅**专注于数据的处理流程，而非变量本身的取值变化**，其本质是思维方式的转化。

例如，从**函数的视角**来看，在函数式编程中，我们期待所写出的函数都是**纯函数**（pure function），即如果函数的调用参数相同，函数必然返回相同的结果；函数的输出唯一取决于函数的输入，它既不依赖于程序外部的状态，也不对函数外界的状态进行改变。换言之，纯函数不会产生任何可观测的**副作用**（side effect），例如进行 HTTP 请求、更改文件系统、向数据库中插入记录、获取当前时间、捕捉用户记录、打印变量信息等。从函数的视角来看，“无状态”、“时间不变性”（也称幂等性）及“空间不变性”，正是表 5.1 中数学意义上函数的特征。

代码示例 5.1 函数的副作用（非纯函数）

```python
import random

# 修改外部变量
a = 1
def func_1(x = 2):
    global a
    a = a + x
    return a + x

# 依赖外部变量
def func_2():
    return random.uniform(0, 1)

print(func_1())  # 5
```

[1] 这里应该加上限制性的定语“对于大多数的计算机语言来说”，计算机中的变量在同一段程序中可以拥有不同的取值。读者可以认为，本章中类似的说辞仅适用于 Python、C、JavaScript 等主流的编程语言。例如 Scheme、Haskell、Clean、Erlang、Clojure 等相当一部分编程语言，其本身的设计便是函数式的。

```
print(func_1())  # 7
print(func_2())  # 0.29558890821820216
print(func_2())  # 0.9609259305166594
```

代码示例5.1中给出了两个典型的**非纯函数**（impure function）示例，如图5.2中的A所示。它们或者对外部的变量进行了修改（**global** a），或者存在对外部变量的依赖（random.uniform）。纯函数则要求**无状态**（stateless），如图5.2中的B所示。一个纯函数在运行前不应拥有任何形式的"记忆"，执行后也不应留下任何形式的"痕迹"。我们可以将代码示例5.1中的函数稍加修改，使之变为纯函数的风格，如代码示例5.2所示。

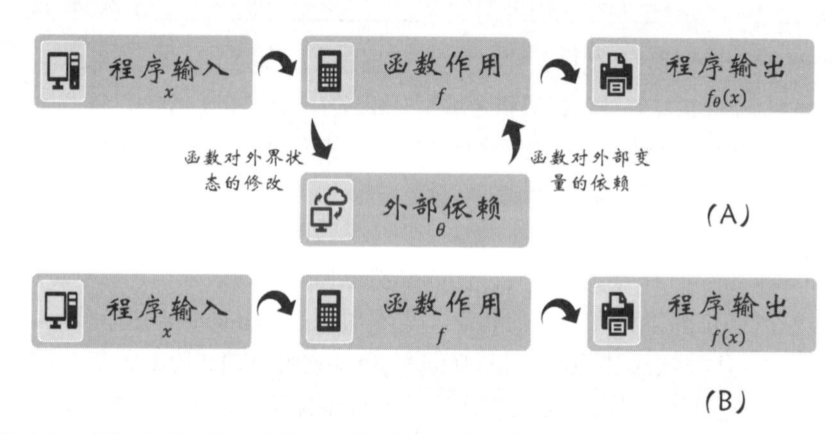

图5.2 (A) 非纯函数示意图，函数f存在对外界状态的修改和对外部变量的依赖；(B) 纯函数示意图，此时函数f的作用结果仅依赖于程序的输入x，无副作用。

代码示例5.2 函数的副作用（纯函数）

```
import jax.random as random

def func_1(x = 2):
    a = 1
    a = a + x
    return a + x

def func_2(seed = 0):
    key = random.PRNGKey(seed)
    return random.uniform(key)

print(func_1())  # 5
print(func_1())  # 5
print(func_2())  # 0.41845703
print(func_2())  # 0.41845703
```

注意到，尽管在代码示例5.2中的函数 func_1 中依然存在形如"a = a + x"这样数学意义上“错误”的表达式，但这里的 func_1 确实是一个纯函数，它既没有修改外部的环境，也不存在对外部变量的依赖。不过，从**变量和赋值的视角**出发，更加严格的函数式编程还强调变量的**不可变性**（immutable），即一个变量一旦被赋值，其取值就不再发生改变。这一特性可以减少错误的来源，便于完整计算图的构造，使得程序中出现的变量能够真正成为计算图中的节点——计算图要求“有向无环”，而对变量的重新赋值本质上是在计算图中引入了环状的结构。

诚然，我们可以设计程序的语法规则，使得“对同一变量重复赋值”的行为相当于“重新构造一个新的计算图节点”，以取消计算图中潜在的环状结构。但是，“对同一变量重复赋值”的语法行为，从纯函数编程的视角来看依然是相当危险的。代码示例 5.1.2 中的 func_1 可以再次被改写为如下形式，使它成为一个严格意义上的纯函数。

```
def func_1(x = 2):
    a = 1
    b = a + x
    return b + x
```

然而，对同一变量重复赋值的情况常常在一些意想不到的地方出现。例如，一般程序中极其常见的循环结构“**for** i **in** range(10): **pass**”，必然涉及对循环变量 i 的重复赋值。我们还可以断言，简单的“**while** j < 10:”语句之后如不出现 **break** 等终止循环语句[1]，则同样需要涉及对变量 j 取值的改变。

不过，尽管函数式编程不允许诸如“**for** i **in** range(10)”等语法行为的出现，但它的框架依然是图灵完备的。如果我们的确需要 0 ~ 9 的整数，又不希望对一个变量重复赋值，那么从直观上来说，我们只需要构造一个形如[0, 1, 2, 3, 4, 5, 6, 7, 8, 9]这样的列表，或者采用递归的方式获得所需的整数。正如之前指出的那样，函数式编程专注于“数据处理的流程，而非变量本身取值的变化”。如果我们需要采用累加的方式求取前n个正整数的和，**for** 循环的程序实现可以使得代码的时间复杂度为$O(n)$，空间复杂度为$O(1)$，在大多数情况下这是一种较优的程序实现方案。

```
# 循环
def summation(n):
    s = 0
    for i in range(n+1):
        s += i
    return s

print(summation(100))  # 5050
```

[1] 事实上，诸如 **break**、**continue**、**pass** 等改变控制流的语句，在函数式编程中也应该尽量避免，这样的语法将使程序的运行流程不受约束。

而如果我们采用函数式编程的思路，希望将上述函数变成严格意义上的纯函数，则通常应采用递归的方式加以求解，如代码示例5.3所示。

代码示例 5.3 使用递归进行纯函数的构造

```
# 递归
def summation(n):
    assert isinstance(n, int) and n >=0
    if n == 0:
        return 0
    else:
        return n + summation(n-1)

print(summation(100))  # 5050
```

```
summation(4)
(4 + summation(3))
(4 + (3 + summation(2)))
(4 + (3 + (2 + summation(1))))
(4 + (3 + (2 + (1 + summation(0)))))
(4 + (3 + (2 + (1 + 0))))
(4 + (3 + (2 + 1)))
(4 + (3 + 3))
(4 + 6)
10
```

一般递归函数的程序运行流程

与基于 **for** 循环的程序实现相比，上述代码的时间复杂度虽同为$O(n)$，但空间复杂度却同样达到了$O(n)$量级。程序在运行函数 summation 时，会在递归的堆栈中保存每一个中间步骤，只有在递归终点 summation(0)被计算出来之后，程序才能步步退栈，得到最终 summation(n)的结果。

不过，如果我们对上述函数稍加修改，同样可以将算法的空间复杂度缩减到$O(1)$：

```
# 尾递归
def summation(n, s=0):
    assert isinstance(n, int) and n >=0
    if n == 0:
        return s
    else:
        return summation(n-1, s+n)

print(summation(100))  # 5050
```

```
summation(4, 0)
summation(3, 4)
summation(2, 7)
summation(1, 9)
summation(0, 10)
10
```

尾递归函数的程序运行流程

这样的递归算法也称为**尾递归**（tail recursion）。一个递归程序被称为是尾递归的，当且仅当一个函数中所有递归形式的调用都出现在函数的末尾。与之前递归程序最大的不同在于，尾递归程序中的递归调用，应该是整个函数体中最后执行的语句，并且递归调用的返回值不属于任何表达式的一部分。由于尾递归函数在退栈过程中不用执行任何操作，因此现代的编译器大多会利用这一特点生成自动优化的代码。

当编译器检测到函数的调用为尾递归时，由于递归调用是当前函数需要执行的最后一条语句，编译器可以直接将尾递归调用覆盖掉当前的栈帧，从而实现$O(1)$的空间复杂度。在这里，原本的栈帧即使被保存，在退栈时也仅仅涉及参数的传递（相当于函数 **lambda** x:x），故确实没有保存的必要。对尾递归的优化可以大大缩减所需的堆栈空间，从而提高程序运行的效率。同样的思路可以用于对列表元素的求和：

```
# 尾递归（求和列表）
def list_sum(num_list, s=0):
    if len(num_list) == 0:
        return s
    else:
        return list_sum(num_list[1:], s + num_list[0])

number_list = [i for i in range(101)]
print(list_sum(number_list))  # 5050
```

利用递归思路所实现的上述求和函数，无论效率如何，其本身都是函数式的。即便使用了函数递归进行求值，所得到的函数依然是严格意义上的纯函数：函数在运行时非但不存在对外部的变量的修改和引用，甚至不会对同一变量进行重复赋值，却依然能够通过尾递归（至少在理论上）实现$O(1)$的算法空间复杂度。尾递归这一技巧在函数式编程中是极为常见的。

在本节的最后，需要为读者指出的是，诸如“纯函数”、“不可变”、“无状态”等编程特性，绝非函数式编程的优势所在。凡是支持非纯函数编程的语言，一定可以同样支持纯函数编程；凡是变量赋值后取值可以改变的语言，一定也有能力保持变量取值的不变。函数式编程的优点，在于每一个构成函数自身的独立性，这样的独立性不仅仅可以减少代码运行过程中潜在的错误，还具有下述一系列可能的优点[1]。

- **可缓存**（cacheable）：纯函数可以根据输入来进行缓存，使得函数在前后输入一致的情况下，直接将上一次计算的结果返回。（时间不变性）
- **可移植**（portable）：由于函数不依赖于程序运行的外部状态，因此可以将函数重新编码，让相同的函数在其他平台上顺利运行。（空间不变性）
- **自文档化**（self-documenting）：只要在编写纯函数时命名合理，它的函数签名就可以提供足够的信息，帮助我们理解函数的作用，而无须担心函数在运行时出现 “偷偷摸摸的小动作”。（无副作用）
- **可测试**（testable）：我们无须为函数的测试额外配置环境，由于不存在外部参数的依赖，只需要给定函数的输入，再断言输出（assert the state）即可。
- **引用透明**（referential transparency）：一段代码可以替换成它执行所得的结果，并且不改变程序整体的行为。正是由于引用的透明性，JAX 可以将纯函数部分的代码通过即时编译加快程序的运行速度。
- **并行**（parallel）：在并行计算中，纯函数不受当前上下文的影响，不需要访问共享的内存，

[1] 参考自 Franklin Risby 教授的专著 *Mostly Adequate Guide to Functional Programming* 的第 3 章，该书主要基于 JavaScript 语言编写。该书中关键的专业名词的翻译部分参考自该书的中文版简明翻译《函数式编程指北》。

不会因为副作用而进入**竞争态**（race condition）。这样的特性使我们可以并行任意多的纯函数且互不冲突，从而大大降低开发难度。例如 JAX 的随机数生成器由于采用了纯函数的设计思路，故而能够更好地支持代码的并行，不至于随机数的生成过程成为性能的瓶颈。

卡内基·梅隆大学的 Robert Harper 教授曾对面向对象编程发表过如下论断："面向对象编程应该完全从基础课程中删除掉，因为它既是反模块化的，又是反并行的，这是它的非常固有的特征，所以它不适合作为一种现代的计算机科学课程。"这样的观点或许略显激进，却道出了面向对象编程范式一些先天的不足。

相较之下，JAX 库尽管基于 Python 这一面向对象的语言编写，但却采用了函数式编程的范式。在下文中读者将会看到，函数式编程究竟为 JAX 的代码编写带来了怎样的限制，函数式编程本身的优点又将如何在现实的应用中得到相应的体现。

5.1.2 JAX 中的即时编译

即时编译（just-in-time compilation，简称 jit）是一种提高解释型程序性能的方法，通过在代码执行过程中对其进行编译，提高程序的性能。目前对于即时编译的讨论主要基于 JavaScript 语言展开。不过在 JAX 中，我们同样可以使用 `jax.jit` 修饰器，实现对函数式风格代码的编译。例如，基于代码示例4.13中的参数更新函数 `update`，我们曾写出如下代码：

```
# 即时编译
@jax.jit
def update(params, x, y, lr):
    w, b = params
    dw, db = grad(loss)(params, x, y)
    return (w - lr * dw, b - lr * db)
```

如果去除`@jax.jit`语句，程序依然可以正确运行。为了体会即时编译对程序运行的加速效果，我们统一将步长 `step size` 取为 `0.01`，批大小 `batch size` 取为 `100`，噪声大小 `noise scale` 取为 `1e-5`，并对 60000 个样本进行 10 个周期的训练（取周期 `epoch` 为 `10`），然后将程序运行的结果打印在表5.2中。可以看到，即时编译并不改变程序的运行结果，只改变程序的运行速度，这体现了函数式编程（纯函数）的特性。

表 5.2 **jax.jit** 即时编译对程序运行的加速效果

周期	时间(sec)	$\mathcal{D}_{\text{train}}$准确度	$\mathcal{D}_{\text{test}}$准确度	时间(sec)	$\mathcal{D}_{\text{train}}$准确度/jit	$\mathcal{D}_{\text{test}}$准确度/jit
1	8.91	0.7465	0.7581	2.88	0.7465	0.7581
2	7.13	0.7860	0.8003	1.96	0.7860	0.8003
3	6.95	0.8043	0.8168	2.05	0.8043	0.8168
4	6.86	0.8173	0.8170	2.05	0.8173	0.8170

续表

周期	时间(sec)	$\mathcal{D}_{train}$准确度	$\mathcal{D}_{test}$准确度	时间(sec)	$\mathcal{D}_{train}$准确度/jit	$\mathcal{D}_{test}$准确度/jit
5	6.91	0.8253	0.8338	2.04	0.8253	0.8338
6	6.89	0.8316	0.8403	2.08	0.8316	0.8403
7	6.97	0.8367	0.8481	2.08	0.8367	0.8481
8	6.95	0.8411	0.8531	1.98	0.8411	0.8531
9	7.22	0.8446	0.8566	2.00	0.8446	0.8566
10	6.99	0.8485	0.8597	2.04	0.8485	0.8597
平均	7.18(sec)	-	-	2.12(sec)		-

尽管JAX可以对纯函数进行即时编译，但它对函数式编程的要求其实并没有我们想象中的那样严苛。从即时编译的原理出发，我们可以这样想象 `jax.jit` 内部的程序实现：JAX本身将所有数据统一由 `jnp.ndarray` 类承接，故而在对函数进行即时编译时，程序只需要**追踪**（trace）所有JAX数组在代码中出现的位置，并考察由程序所规定的数据变换方式。在第一次运行代码的过程中，程序会同时对运行的代码本身进行编译，并对运行后的结果进行缓存；而在第二次运行相同的代码时，如果函数的数据输入类型与前一次相同，程序将直接运行经过编译的代码，否则将对原本的函数进行重新编译——这是“即时编译”中“即时”一词的由来。

需要在这里强调的是，**只要不启动JAX中的即时编译功能，就不会受到任何由函数式编程范式带来的语法限制**。诸如全局统一的变量类型（见3.1.1节）、分割种子的随机数生成（见3.1.3节）、异地更新的数组修改模式（见3.2.5节）、越界索引的特殊处理方式（见3.2.5节）等，其中所体现的函数式编程的语法特性，除了用于支持即时编译，也具有保护计算图结构、加速并行计算等其他功能，而且这些语法特点在本质上并没有给编程过程带来任何不便。函数式编程范式为编程带来的最为严重的限制，只有在启动JAX的即时编译功能时才会展现出来，不过**这样的限制也仅仅只存在于需要被即时编译的函数**：我们大可不必因为函数式编程范式的影响而变得畏手畏脚。

注

例如，JAX数组确实不支持原地更新，但却并非完全不能更新。如果我们只需要进行主值的计算，相当于放弃了 `jnp.ndarray` 类中自动保存的计算图，以及与之相关的 `grad`、`jit` 等一系列操作，那我们不妨直接换用NumPy库，以减少数组异地更新时内存的开销。但凡我们需要使用任意一个依赖于计算图的程序特性，在代码中强制改变某一变量的主值，或对某一数组进行重新赋值，都将成为极不明智的举动：一方面，只改变计算图的节点的主值，而保留该节点的切值、该节点父节点的状态，以及该节点在计算图中的连接方式不变，将使得自动微分的前向和反向模式所计算出的导数数值可能不再相等；另一方面，我们完全无法预料重新赋值后计算图本身的破坏方式，也无法避免计算图中环状结构的出现。

不过，如果我们确实希望能够通过即时编译来加速程序中特定的函数的运行，那么就需要认真考虑函数式编程为我们提出的要求。从纯函数的视角来看，下述代码中的函数 `f(x)` 并非纯函数，它既存在函数对外界环境的依赖（例如“**global** a”和“x + a”），也存在对外界环境的修改（例如“a += 1”和“**print**”）。在不使用 `jax.jit` 进行编译时，下述函数 `f(x)` 可以正常地运行：

```
import jax
import jax.numpy as jnp

a = 0
def f(x):
    global a
    a += 1
    print("function f is called,", end="")
    return x + a

# 函数测试
x = jnp.array([1,2,3])
print("f(x) = ", f(x)) # function f is called, f(x) = [2 3 4]
print("f(x) = ", f(x)) # function f is called, f(x) = [3 4 5]
print("f(x) = ", f(x)) # function f is called, f(x) = [4 5 6]
print("a =", a)        # a = 3
```

这样的输出是符合直觉的，由于函数 `f(x)` 并非纯函数，故三次相同的调用能够返回不同的结果。然而，如果我们尝试对这样的函数使用 `jax.jit` 进行即时编译，程序居然并不会直接报错。代码示例5.4中函数测试部分的输出是具有启示性的：

代码示例 5.4　修饰器@jax.jit的特性

```
a = 0
@jax.jit
def f(x):
    global a
    a += 1
    print("function f is called,", end="")
    return x + a

# 函数测试
x = jnp.array([1,2,3])
print("f(x) = ", f(x)) # function f is called, f(x) = [2 3 4]
print("f(x) = ", f(x)) # [2 3 4]
print("f(x) = ", f(x)) # [2 3 4]
print("a =", a)        # a = 1
```

```
print("f(x) =", f(0))  # function f is called, f(x) = 2
print("a =", a)        # a = 2
```

我们尝试对这样的结果进行一些解释。尽管在函数 f 中存在 **print**、**global** 等一系列非纯函数的语法行为，jax.jit 在即时编译后却依然能够将函数 f 强行转化为纯函数。当函数 f 第一次得到输入 jnp.array([1,2,3]) 时，程序会根据输入对象的类型及数值，依次执行并编译函数 f 中的每一条语句。此时，程序将把函数**对输入变量的处理流程**保存为计算图，并且进行即时编译。对于与计算图的构建无关的部分，程序则直接运行原本的代码，不做任何其他的处理——这可以解释在第一次调用函数 f 时，程序可以正常地将字符串"function f is called,"打印出来的原因。

当程序根据输入 jnp.array([1,2,3]) 完成了对函数 f 的编译后，我们紧接着对函数 f 进行了再一次调用。此时，由于第二次输入的变量类型与第一次相同，程序将直接运行编译过后的函数 f，而不再重新逐行执行原本的代码。此时，原本的语句"**global** a""a += 1"以及"**print**(...)"由于未曾作为计算图的一部分被编译保存，故在对函数 f 的第二次调用中未被执行——这也解释了变量 a 在前三次调用函数 f 后取值依然为 1 的原因。

而当函数 f 得到整数 0 作为程序的输入时，由于 0 在 Python 中属于 int 类而非原本输入的 jnp.ndarray 类，因此程序将决定对函数 f 进行重新编译，即再次逐行执行并编译原本的代码。另外，如果输入的 jnp.ndarray 类与原先的输入形状不同，程序同样会对函数 f 进行重新编译。相较于直接执行原本的代码，编译操作需要耗费更多的时间。

由此可见，对于一些并不明显违反纯函数规则的语法行为，JAX 不会直接在即时编译中报错，而仅仅会使程序的行为不再符合我们朴素的预期。虽然我们强烈建议在编写代码时，读者能够有意避免类似全局变量引用等非函数式的语法行为；不过，由于这样的代码并不会直接产生报错，原则上没有任何规则能够禁止我们这样做。

即时编译给程序开发带来的最大"损失"，在于禁止使用部分基于 if 的判断语句和部分基于 **for**、**while** 的循环结构，下一节将对此进行更为详尽的说明。不过在本节的最后，我们将对 JAX 表达式（JAX expression，简称为 jaxpr）进行简要介绍，读者可以尝试使用函数 make_expr 直观地"看到"函数在被即时编译后大致将会形成的代码，以帮助进行程序的调试。

代码示例 5.5　使用 make_jaxpr 打印函数

```
import jax
import jax.numpy as jnp
from jax import make_jaxpr

def func(first, second):
    temp = first + jnp.sin(second) * 3.
    return jnp.sum(temp)

arr1 = jnp.zeros(8)
arr2 = jnp.ones(8)
```

```
expr = make_jaxpr(func)(arr1, arr2)
print(expr)

>> 程序返回:
{ lambda  ; a b.
  let c = sin b
      d = mul c 3.0
      e = add a d
      f = reduce_sum[ axes=(0,) ] e
  in (f,) }
```

应该指出的是，函数 `make_expr` 得到的表达式并不能直接被程序执行，只能作为程序调试时的一个重要参照。在代码示例 5.5 返回的结果中，第一行“`lambda  ; a b.`”中的 `a` 和 `b` 代表函数的输入变量，`let` 之后的语句表示函数对输入变量 `a` 和 `b` 的处理流程，语句“`in (f,)`”则表示函数以变量 `f` 作为最终输出的结果。代码示例5.5中所打印的 `expr` 并非简单的字符串，而是 JAX 中一个由 `ClosedJaxpr` 类所构造的实例。

5.1.3 JAX 中的条件语句

控制流语句（control flow statement）包括条件语句和循环语句。在 Python 中，条件语句有 `if`、`if-else`、`if-elif-else` 等，而循环过程则由 `for` 和 `while` 语句支持。Python 中的条件判断语句其实完全不违反函数式编程的原理，却由于在程序中添加了难以控制的流程分支，给即时编译带来了困难。

首先，条件语句原则上不会给自动微分带来任何困难。原则上来说，程序只在乎 JAX 的数组类之间以何种方式被组合为计算图，而并不关注计算图得到的过程。未被执行的条件分支从计算图的视角来看是完全透明的，它们并没有在计算图的结构中得到任何相应的体现。

即时编译与自动微分的区别在于，对于经过即时编译的函数，只要输入数组的形状（而非数值）与前一次相同，程序就不应该对原本的函数进行重新编译。也就是说，经过编译之后的程序，应该能够得到与原本的函数完全相同的结果，因此忽略涉及数组的条件判断而仅仅保留最终的计算图，将存在信息的丢失。

通常来说只要条件判断不涉及**数组的具体数值**，JAX 就可以进行正常的编译工作。例如，下述代码示例中的函数 `f(x)` 是可以被正常编译运行的，因为其中只涉及对数组形状的判断，而不涉及数组内具体的数值：

代码示例 5.6　条件控制语句（合法的 `if-else` 判断）

```
def f(x):
    assert isinstance(x, jnp.ndarray)
    if x.shape[0] < 4:
      return x * 2
    else:
```

```
    return - x * 2

jitted_f = jax.jit(f)
arr1 = jnp.arange(3)
arr2 = jnp.arange(5)
print(jitted_f(arr1))    # [ 0  2  4]
print(jitted_f(arr2))    # [ 0 -2 -4 -6 -8]
```

如果我们使用 make_jaxpr 函数分别打印出函数在得到不同数组形状输入时的 JAX 表达式，将会发现每一个表达式中只存储了 if-else 判断语句的其中一个分支。然而，由于程序会在输入数组的形状与上次不同时，自动对原函数进行重新编译，对其他条件判断分支的忽略并不会给程序的正确性带来潜在的问题。不过，这也提醒了我们，对于输入数组的形状会频繁发生变化的函数，即时编译的使用反而会减慢程序运行的速度。

```
print(jax.make_jaxpr(f)(arr1))
>> { lambda  ; a.
     let b = mul a 2
     in (b,) }
print(jax.make_jaxpr(f)(arr2))
>> { lambda  ; a.
     let b = neg a
         c = mul b 2
     in (c,) }
```

然而，如果 if 语句中涉及对输入数组数值的条件判断，这样的程序就将无法通过 jax.jit 的编译。例如在第 4 章的开始，我们曾编写了一个函数I_0，并且不加证明地给出了如下结论：

$$
\begin{aligned}
I_0(\alpha,\boldsymbol{r}) &= \iiint \frac{1}{\|\boldsymbol{x}\|}\mathrm{e}^{-\alpha\|\boldsymbol{x}-\boldsymbol{r}\|^2}\mathrm{d}^3\boldsymbol{x} \\
&= \left(\frac{\pi}{\alpha}\right)^{3/2}\frac{\operatorname{erf}\left(\sqrt{\alpha}r\right)}{r}\exp\left(-\frac{1}{4}\alpha r^2\right)
\end{aligned}
\tag{4.2}
$$

其中$\boldsymbol{r} \coloneqq (r_1,r_2,r_3)$，$r \coloneqq (r_1^2+r_2^2+r_3^2)^{1/2}$，函数erf名为**误差函数**（error function），是特殊函数的一种。它的具体定义如下：

$$
\operatorname{erf}(x) \coloneqq \frac{2}{\sqrt{\pi}}\int_0^x \mathrm{e}^{-t^2}\mathrm{d}t \tag{4.3}
$$

不过，直接根据式(4.2)编写出的程序其实存在一定的安全隐患。当矢量$\boldsymbol{r}$的模长为0时，原本的程序会由于出现除零问题而报错。为此，我们需要在原本的函数I_0中加入条件的判断。注意到

$$
\begin{aligned}
\lim_{r\to0^+}\frac{\operatorname{erf}(\sqrt{\alpha}r)}{r} &\coloneqq \frac{2\sqrt{\alpha}}{\sqrt{\pi}}\lim_{r\to0^+}\frac{1}{\sqrt{\alpha}r}\int_0^{\sqrt{\alpha}r}\mathrm{e}^{-t^2}\mathrm{d}t\\
&= 2\sqrt{\frac{\alpha}{\pi}}\lim_{x\to0^+}\frac{1}{x}\int_0^{x}\mathrm{e}^{-t^2}\mathrm{d}t\\
&= 2\sqrt{\frac{\alpha}{\pi}}\lim_{x\to0^+}\mathrm{e}^{-\xi^2} \qquad\qquad \exists\ \xi\in(0,x)\\
&= 2\sqrt{\frac{\alpha}{\pi}}
\end{aligned}
$$

我们可以将式(4.2)改写为如式(4.2′)所示的形式，并由此写出相应的代码，如代码示例5.6.1所示。

$$
I_0(\alpha,\boldsymbol{r}) = \begin{cases} \left(\dfrac{\pi}{\alpha}\right)^{3/2}\dfrac{\operatorname{erf}(\sqrt{\alpha}r)}{r}\exp\left(-\dfrac{1}{4}\alpha r^2\right), & \forall\, r\neq 0\\ \dfrac{2\pi}{\alpha} & \text{如果 } r=0 \end{cases} \tag{4.2′}
$$

代码示例5.6.1 条件控制语句（不合法的 if-else 判断）

```
import jax.numpy as jnp
from jax.scipy.special import erf

def I0(alpha, r1, r2, r3):
    r = jnp.sqrt(r1**2 + r2**2 + r3**2)
    if r < 1e-6:
        return 2 * jnp.pi / alpha
    else:
        return (jnp.pi / alpha)**1.5 * erf(jnp.sqrt(alpha) * r) / r \
              * jnp.exp(- 0.25 * alpha * r**2)
```

此时，对函数 I0 进行的编译将会产生“ConcretizationTypeError”的报错。简单来说，程序在遇到 if-else 条件判断语句时，会因为无法**具体化**（Concretization）条件判断语句返回的结果（即无法确定 if 之后的表达式返回的是 True 还是 False），导致无法选择相应的条件语句分支，从而无法继续对函数进行编译。

```
jitted_I0 = jax.jit(I0)
print(jitted_I0(1,0,0,0))
>> jax._src.errors.ConcretizationTypeError: Abstract tracer value encountered
    where concrete value is expected … The problem arose with the `bool` function.
```

此时，我们可以换用JAX中的 lax.cond 语句，以代替原本 if-else 的条件判断。下述代码给出了与 lax.cond 函数等价的 Python 表达式。其中，pred 用于条件的判断，true_fun

为条件判断为 True 时程序将要执行的函数，false_fun 为条件判断为 False 时程序将要执行的函数，参数 operand 为函数 true_fun 和 false_fun 共同接受的操作数。

```
def cond(pred, true_fun, false_fun, operand):
  if pred:
    return true_fun(operand)
  else:
    return false_fun(operand)
```

我们给出一个对 jax.lax.cond 函数的简单测试（见代码示例 5.6.2），这样得到的函数 I0 可以同时满足自动微分和即时编译的要求。

代码示例 5.6.2　条件控制语句（基于 lax.cond 函数）

```
from jax import lax

def I0(alpha, r1, r2, r3):
    r = jnp.sqrt(r1**2 + r2**2 + r3**2)
    return lax.cond(
      pred      = r < 1e-6,
      true_fun  = lambda void: 2 * jnp.pi / alpha,
      false_fun = lambda void: (jnp.pi / alpha)**1.5 * erf(jnp.sqrt(alpha)*r) / \
                           * jnp.exp(- 0.25 * alpha * r**2),
      operand   = 0
    )

jitted_I0 = jax.jit(I0)
print(jitted_I0(1.0, 0.0, 0.0, 0.0)) # 6.2831855
```

此时，程序会对两个条件判断分支中的函数 true_fun 和 false_fun 同时进行编译。

```
f = lambda operand: lax.cond(True, lambda x: x+1, lambda x: x-1, operand)
print(jax.make_jaxpr(f)(jnp.array(1.0)))

>> { lambda  ; a.
     let b = cond[ branches=( { lambda  ; a.
                                let b = sub a 1.0
                                in (b,) }
                              { lambda  ; a.
                                let b = add a 1.0
                                in (b,) } )
                   linear=(False,) ] 1 a
     in (b,) }
```

另外，JAX 中的 lax.switch 函数提供了另一种产生条件控制语句的方法。它的作用与 C 语言的中的 switch 函数类似。由于该函数在现实中并不常用，我们仅仅给出与 lax.switch 函数等价的 Python 表达式，不再另外做过多的说明。这里的 index 接受一个整数，用于选择函数容器 branches 中的分支，operand 为 branches 中函数所接受的操作数。

```
def switch(index, branches, operand):
    index = clamp(0, index, len(branches) - 1)
    return branches[index](operand)
```

5.1.4 JAX 中的流程控制语句

函数式编程和即时编译对 for 与 while 等循环语句提出的限制是本质性的。如果 for 循环的循环变量中出现了计算图的节点，程序就很可能涉及对计算图节点的重新赋值，从而在计算图中引入环状结构：这样的函数无法通过 jax.jit 的即时编译，也无法支持梯度的正反传播。另外，如果循环变量中未出现计算图的节点，则程序中的循环结构相对于计算图和即时编译函数 jax.jit 而言就会变得完全“透明”。这样的函数确实能够被正常地编译运行，并且能够正常地执行梯度的正反传播，其代价却是将整一个循环结构完全展开，纳入计算图中。

从代码示例5.7打印出的 JAX 表达式中可以看到，赋值语句“x += i”之所以能够被 jax.jit 所允许，是因为这样的赋值过程并不存在对原数组的修改，而是对应着新数组的构建。即时编译后的函数相当于将原本的循环结构完全展开，得到一连串相似的代码。从这里也可以看出，for 循环的循环范围将不允许作为函数的输入，因为不同的循环范围对应着编译之后不同的代码结构，即使输入变量的类型同为整数，程序也需要重新编译代码才能得到正确的结果。

代码示例 5.7 循环控制语句（for 循环的展开）

```
import jax.numpy as jnp
from jax import make_jaxpr, jit

def f(x):
    for i in range(10):
        x += i
    return x
jitted_f = jit(f)

# 测试
arr = jnp.array([0.0, 1.0, 2.0])
print(jitted_f(arr))        # [45. 46. 47.]
print(make_jaxpr(f)(arr))

>> { lambda  ; a.
    let b = add a 0.0
```

```
        c = add b 1.0
        d = add c 2.0
        e = add d 3.0
        f = add e 4.0
        g = add f 5.0
        h = add g 6.0
        i = add h 7.0
        j = add i 8.0
        k = add j 9.0
    in (k,) }
```

为了更加精简地描述循环的过程，加快 JAX 对程序的编译速度，我们可以使用内置的 `lax.fori_loop` 函数。下述代码给出了与 `lax.fori_loop` 函数等价的 Python 表达式。其中，`lower` 和 `upper` 分别为循环过程的下界和上界，`body_fun` 为循环中的主体函数，`init_val` 代表迭代变量的初始数值。

```python
def fori_loop(lower, upper, body_fun, init_val):
  val = init_val
  for i in range(lower, upper):
    val = body_fun(i, val)
  return val
```

我们可以利用 `fori_loop` 函数方便地实现各种循环结构。例如，代码示例5.8给出了一个二次的嵌套循环，其中的 `i` 和 `j` 类似于正常二次 **for** 循环的循环变量，在实际中可以用任意函数将语句“`i * 10 + j + val2`”替换，从而实现期待的功能。代码示例 5.8 相当于将把 0 ~ 99 的整数拆分成个位数和十位数进行累加求和，可以得到 `4950` 的正确答案。

代码示例 5.8 循环控制语句（fori_loop 函数的测试）

```python
from jax import lax

def loop(n=10, m=10):
    lower1 = 0
    upper1 = n
    init_val1 = 0
    def body_func1(i, val1):
        lower2 = 0
        upper2 = m
        init_val2 = val1
        def body_func2(j, val2):
            return i * 10 + j + val2
        return lax.fori_loop(lower2, upper2, body_func2, init_val2)
    return lax.fori_loop(lower1, upper1, body_func1, init_val1)

print(loop()) # 4950
```

与之完全类似，我们可以使用 lax.while_loop 函数实现 while 循环，与它等价的 Python 表达式如下所示：其中，cond_fun 代表条件判断函数，body_fun 代表循环的主体函数，init_val 代表迭代变量的初始数值。在通常情况下，输入的变量 init_val 大多为一个数组，它需要同时作为函数 cond_fun 和 body_fun 的输入。

```
def while_loop(cond_fun, body_fun, init_val):
  val = init_val
  while cond_fun(val):
    val = body_fun(val)
  return val
```

代码示例5.9给出了一些关于 lax.while_loop 函数的测试。其中的 loop1 函数为一个单层循环，loop2 函数则为一个双层循环，它与代码示例5.8中的二层 **for** 循环结构等价。我们还使用 while_loop 函数重新编写了一个可用的 fori_loop 函数，供读者参考。与 fori_loop 函数相比，while_loop 的函数设计更加类似尾递归的程序结构。

代码示例 5.9　循环控制语句（**while_loop** 函数的测试）

```
from jax import lax

def loop1(n):
    # 设置循环初始值
    cond_fun = lambda val: val[0] < n
    init_val = (0, 0)          # val = (i, sum)
    def body_func(val):
        i, sum = val
        return (i+1, sum+i)
    # 执行循环
    return lax.while_loop(cond_fun, body_func, init_val)[1]
print(loop1(n=10)) # 45

def loop2(n=10, m=10):
    # 设置外层循环初始值
    cond_fun1 = lambda val: val[0] < n
    init_val1 = (0, 0, 0)     # val = (i, j, sum)
    def body_func1(val1):
        # 设置内层循环初始值
        cond_fun2 = lambda val: val[1] < m
        init_val2 = val1
        def body_func2(val2):
            i, j, sum = val2
            # 在这里书写所需的函数
            return (i, j+1, i * 10 + j + sum)
        # 执行内层循环
```

```
        i, j, sum = lax.while_loop(cond_fun2, body_func2, init_val2)
        return (i+1, 0, sum)  # 外层循环变量加 1, 内层循环变量归 0
    # 执行外层循环
    i, j, sum = lax.while_loop(cond_fun2, body_func2, init_val2)
    return sum
print(loop2()) # 4950

# 使用 lax.while_loop 对 fori_loop 的重新实现
def fori_loop(lower, upper, body_fun, init_val):
    def while_cond_fun(loop_carry):
        i, upper, _ = loop_carry
        return i < upper

    def while_body_fun(loop_carry):
        i, upper, x = loop_carry
        return i+1, upper, body_fun(i, x)

    _, _ , result = lax.while_loop(while_cond_fun, while_body_fun,
                        (lower, upper, init_val))
    return result
```

通过调用函数 fori_loop 和 while_loop（而非通过 **for** 和 **while** 循环）编写的函数，可以支持快速的即时编译，它们的优势在循环次数较多时将会明显地展现出来。不过，需要为读者指出的是，由于条件判断函数的不可逆性，包含 fori_loop 和 while_loop 的程序仅仅只能支持前向导数的传播。为了使得函数同样能够提供对自动微分反向模式的支持，我们还需要借用 jax.lax 中的 scan 函数，与它等价的 Python 表达式如下所示：

```
def scan(f, init, xs, length=None):
  if xs is None:
    xs = [None] * length
  carry = init
  ys = []
  for x in xs:
    carry, y = f(carry, x)
    ys.append(y)
  return carry, np.stack(ys)
```

与函数 fori_loop 和 while_loop 有所不同的是，函数 lax.scan 的设计初衷并不仅仅限于循环结构，而是任意批量的函数映射。其中，参数 f 代表一个任意二输入的函数，它接受循环参量 carry 和待映射参量 x，返回更新后的循环参量 carry 以及 x 被映射到的变量 y；参数 init 为循环参量 carry 的初始值，xs 则为待映射的 JAX 数组，或者元组、列表、字典等 Python 容器。在函数 f 不需要任何其他参数作为输入时，可以用参数 length 来标记循环的次数。下述代码示例中给出了基于 lax.scan 函数所实现的 fori_loop 函数，它具有和就 JAX 内置的 fori_loop 函数完全相同的功能。

```
from jax import lax

def fori_loop(lower, upper, body_fun, init_val):
    # 设置初始值
    def scan_body_fun(carry, _):
        i, x = carry
        return (i + 1, body_fun(i, x)), None
    init = (lower, init_val)
    xs = None
    length = upper - lower

    # 执行循环
    (_, result), _ = lax.scan(scan_body_fun, init, xs, length)
    return result
```

事实上，JAX 内置的 fori_loop 函数正是基于 while_loop 函数和 scan 函数实现的。当 fori_loop 函数接受的循环上下界类型相同，且可以被正确地转化为 Python 中的整数时，程序内部将会调用 lax.scan 函数，以和上述程序几乎相同的方式来处理输入的变量：读者可以使用 jax.make_expr 函数尝试对这一点进行验证。scan 函数的程序实现并不直接涉及条件判断和类型转换，因此可以同时支持快速的即时编译，以及梯度前向和反向的正确传播。我们在本小节的末尾附上 JAX 在官方文档中对上述函数功能的总结，供读者参考（见表5.3）。

表 5.3 对 **jax.lax** 中函数功能的总结

函数名	即时编译(jit)	梯度传播(grad)
if	不支持	支持
for	支持 *	支持
while	支持 *	支持
lax.cond	支持	支持
lax.while_loop	支持	仅前向模式
lax.fori_loop	支持	仅前向模式
lax.scan	支持	支持

* 要求循环变量与输入数值无关，且函数会将循环完全展开

5.1.5 静态变量

尽管在文节中，我们依然介绍了大量 JAX 内置函数的语法，但是从内容本身来看，相关函

数的介绍依然相当接近函数底层的程序实现。例如在循环控制语句部分，我们介绍了 while_loop、fori_loop 和 scan 这 3 个函数，并指出 lax.scan 函数可以支持导函数的双向传播。我们需要在这里为读者指出的是，再精巧的程序设计方案，也无法违反最基本的数学原理，诸如"计算函数对 range(n) 中循环变量 n 的导数"这种连数学上都无法说清的问题，就不要奢望能够通过程序的反复调试来回避甚至解决了。

这里涉及对编译和求导范围的选择问题。在涉及自动微分的各类函数中，我们可以通过设置参数 argnums 来指定 grad 等函数的求导对象；而关于对函数的即时编译，我们同样可以在 jax.jit 函数中使用参数 static_argnums 对无须编译的输入参数加以指定，如代码示例 5.10 所示。

代码示例 5.10　静态变量的指定

```
import jax
import jax.numpy as jnp
from jax.scipy.special import erf
from functools import partial

@partial(jax.jit, static_argnums=(1,2,3))
def I0(alpha, r1, r2, r3):
    r_square = r1**2 + r2**2 + r3**2
    if r_square < (1e-6)**2:
        return 2 * jnp.pi / alpha
    else:
        r = jnp.sqrt(r_square)
        return (jnp.pi / alpha)**1.5 * erf(jnp.sqrt(alpha) * r) / r \
            * jnp.exp(- 0.25 * alpha * r**2)

print(I0(1.0, 0.0, 0.0, 0.0,))
```

代码示例5.10中的编程技巧是较为常见的。使用参数 static_argnums 指定**静态变量**（static argument）的本质在于，每当输入参数 r1、r2、r3 的**类型或取值**不同于上次，程序都会重新编译函数 I0，并在编译过程中将静态参数 r1、r2、r3 视作常量。正因如此，代码示例5.10中的函数 I0 将关于静态参数 r1、r2、r3 不再可导（不过它关于参数 alpha 依然是任意阶可导的）。通过参数 static_argnums 指定静态参量的做法常常是行之有效的，毕竟我们无法保证复杂函数的每一个输入，都不会参与到非法的条件判断或者循环语句中。

用于即时编译的 jit 函数可以与 grad 等其他函数以任意次序组合起来，并且这样的组合基本不会改变程序运行的结果。

```
print(grad(grad(I0))(1.0, 0.0, 0.0, 0.0,)) # 12.566371
print(jit(grad(grad(I0)),
          static_argnums=(1,2,3))(1.0, 0.0, 0.0, 0.0,)) # 12.566371
```

注

对程序运行结果的影响至多只在于浮点数的最后几位小数，这样的微小差别由 JAX 程序与底层XLA 编译器之间参数的来回传递所引入，在大多数情况下可以忽略。当程序对最终结果的精度有较高要求时，通常可以直接考虑使用 `jax.config.update('jax_enable_x64', True)` 加以设置。

*5.2 λ演算

λ演算（λ-calculus）可以被称为全世界最小的通用编程语言[1]，它在 20 世纪 30 年代初，由阿兰·图灵（Alan Turing）的博士导师阿隆佐·邱奇（Alonzo Church）首次提出，成为对可计算性（computability）问题形式化的定义之一。同一时期，图灵和库特·哥德尔（Kurt Gödel）同样在这方面做出了尝试，他们三人所提出的理论模型，在后来被证明是相互等价的[2]。

- **图灵**提出一种抽象的理想化的计算模型，称为**图灵机**（Turing machine）。它假定函数f在直觉意义上可计算，当且仅当存在一个图灵机，可以计算出该函数在任意给定自然数n上的值$f(n)$。
- **哥德尔**定义了一类一般递归函数（general recursive function），它由常函数、后继函数等基本函数，在函数复合和递归算子组合下形成。哥德尔假定一个函数在直觉意义上是可计算的，当且仅当它是一般递归的。
- **邱奇**定义了一个称为λ演算的形式化语言，并假定一个函数在直觉意义上是可计算的，当且仅当它可用一个λ表达式书写出来。

在本节中，我们将着重对λ演算进行介绍，它是函数式编程范式的思想来源。本节中的理论部分可以帮助读者加深对一些数学概念的理解，而代码部分则具有相当的技巧性。虽然本节中的一些内容确实相当有趣，但跳过它们**完全不会**影响知识的完整性。

5.2.1 λ演算的基本设定

表 5.1 曾经指出了数学和计算机科学对于变量、函数与赋值操作的不同观点。实际上，恰恰是变量、函数[3]和赋值这三者，构成了λ演算的核心。为此，我们首先定义一个由可数无穷多个变

[1] 参考 R.Rojas 于 2015 年发表的文章 *A Tutorial Introduction to the Lambda Calculus* 中的 Definition 部分。

[2] 参考自邓玉欣的《函数式程序设计入门：简明讲义》讲义。

[3] 这里的"函数"应该被理解为一种特殊的映射。一般意义上的函数f被定义为从任意集合X到Y的映射，并把X中的元素称为函数f的"自变量"；然而在λ演算中，函数的输入不仅可以是$\mathcal{V}$中的变量，还可以是一个函数或（在后文将要提到的）任意的λ表达式。

量构成的集合$\mathcal{V}$，并在后文中使用a、b、c、f、x和y等小写字母代表集合$\mathcal{V}$中的元素：

$$\mathcal{V} := \{a, b, c, f, g, h, x, y, \dots\} \tag{5.1}$$

从原则上来说，λ演算中的变量可以用除λ以外的任意符号来表示，而符号λ则被留作函数的定义。熟悉 Python 语法的读者或许不会对“**lambda** x: (x, x)”这样的表达式感到陌生，它接受任意类型的参数 x 作为函数的变量，返回一个二元元组 (x, x)。在λ演算中，函数 **lambda** x: (x, x) 对应着如下**λ表达式**（lambda expression）：

$$\lambda x.xx$$

在“.”号之前的变量x代表函数的输入，在“.”号之后的“xx”代表函数的输出。从 Python 的视角来理解λ表达式是有好处的，因为函数 **lambda** x: (x, x) 所接受的变量 x 不仅仅可以代表整数或浮点数，而且还可以是字符串、列表、JAX数组，甚至是任意一个函数指针。还注意到，对函数 **lambda** x: (x, x) 赋值：

```
z = (lambda x: (x, x))("y")
print(z)  # ('y', 'y')
```

上述代码等价于如下λ表达式的赋值过程[1]：

$$(\lambda x.xx)(y) = yy$$

下面我们将给出λ表达式的严格定义。给定可数无穷的变量集合$\mathcal{V} := \{x, y, z, \dots\}$，我们以如下 3 条规则来生成合法的λ表达式：

$$\begin{aligned} \langle expression\rangle &\to \langle variable\rangle \mid \langle application\rangle \mid \langle function\rangle \\ \langle application\rangle &\to \langle expression\rangle\,\langle expression\rangle \\ \langle function\rangle &\to \lambda\langle variable\rangle.\langle expression\rangle \end{aligned} \tag{5.2}$$

这样的记号称为文法产生式（production），其中的箭头（→）读作“可以具有如下形式”，$\langle variable\rangle$可代表任意集合$\mathcal{V}$中的元素：

$$\langle variable\rangle \to x \mid y \mid z \dots \qquad \forall x, y, z \dots \in \mathcal{V} \tag{5.3}$$

[1] 事实上，我们还没有定义λ表达式之间的相等关系。不过我们并不打算对λ表达式之间的α等价和β规约进行严格的介绍，相关内容可以在任意一本介绍λ表达式的文章或专著中找到。简单来说，人们使用α等价，将表达式$\lambda x.xx$与$\lambda y.yy$定义为同一类函数；使用β规约，描述对函数的赋值过程，如$(\lambda x.xx)(y) = yy$等。本节一律使用等于符号“=”连接通过α等价或β规约得到的表达式，不再另外加以区分。

注

文法产生式的符号约定参考自《编译原理》（第 2 版）的第 2 章。作为一个例子，我们可以用如下文法规则来表示全体形如“$9-3+4$”“$3-1$”或“7”这样的表达式：

$$\langle list\rangle \to \langle list\rangle + \langle digit\rangle$$
$$\langle list\rangle \to \langle list\rangle - \langle digit\rangle$$
$$\langle list\rangle \to \langle digit\rangle$$
$$\langle digit\rangle \to 0 \mid 1 \mid 2 \mid 3 \mid 4 \mid 5 \mid 6 \mid 7 \mid 8 \mid 9$$

前 3 条规则可以被更加紧凑地记作：

$$\langle list\rangle \to \langle list\rangle + \langle digit\rangle \mid \langle list\rangle - \langle digit\rangle \mid \langle list\rangle$$

根据式(5.2)和式(5.3)所指定的规则，诸如x、$\lambda x.xx$、$(\lambda x.xx)(\lambda y.yy)$以及$(\lambda f.(xx))(\lambda x.\ f(xx))$等，都是合法的$\lambda$表达式。例如，表达式$\lambda x.xx$可以通过图5.3所示的方式被“生产”出来。

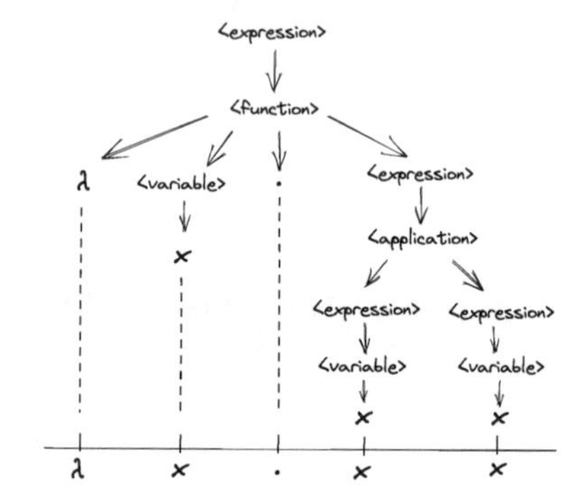

图 5.3 根据式（5.2）和式（5.3）得到的λ表达式$\lambda x.xx$的语法分析树（parse tree）

我们将所有λ表达式所构成的集合记作Λ，用大写字母M、N等代表集合Λ中的元素。上述规则也被称为**巴克斯-诺尔范式**（Backus-Naur form，BNF），我们可以采用集合的语言对式(5.2)中 3 条λ表达式的产生规则进行重新表述。

- **变量**（variable）：如果$x \in \mathcal{V}$，则$x \in \Lambda$。
- **作用**（application）：如果$M, N \in \Lambda$，则$MN \in \Lambda$。
- **抽象**（lambda abstraction）：如果$x \in \mathcal{V}$且$M \in \Lambda$，则$(\lambda x.M) \in \Lambda$。

这就是（不带类型的）λ演算所需要的全部假设了。由于λ演算中的函数$\lambda x.M$只能接收一个变量，因此需要对多元函数进行**柯里化**（currying），使之成为多个一元函数的复合。例如，在三元函数f经过柯里化成为函数g后，表达式$x=f(a,b,c)$将会等价于$h=g(a)$，$i=h(b)$，$x=i(c)$，或者$x=g(a)(b)(c)$：这类似于将函数$f(\theta,x)$中的一部分参数$\theta=\hat{\theta}$固定，使之成为一个新的函数$f_{\hat{\theta}}(x)$并返回。

代码示例 5.11 函数的（部分）柯里化

```
from functools import partial

def curry(f):
    return partial(partial, f)
```

```
def uncurry(fun):
    return fun()

f = lambda x, y, z, w: x * y + z * w

print(f(1,2,3,4))              # >> 14
print(curry(f)()(1,2,3,4))    # >> 14
print(curry(f)(1,)(2,3,4))    # >> 14
print(curry(f)(1,2,)(3,4))    # >> 14
print(curry(f)(1,2,3,)(4))    # >> 14
print(curry(f)(1,2,3,4)())    # >> 14
```

注意,Python 中的 `partial` 函数可以用于固定函数f中的部分变量。例如,对于函数$f(\theta,x)$来说，partial$(f,\hat{\theta})$将会返回一个新的函数$f_{\hat{\theta}}$，即 $\text{partial}(f,\theta)(x) \equiv f(\theta,x)$。由于partial本身同样是一个函数，我们可以这样理解代码示例 5.11 中的函数 `curry`：假如$g = \text{curry}(f)$，则根据 `curry` 函数的定义，我们可以得到：

$$
\begin{aligned}
g(x)(y) &= \text{curry}(f)(x)(y) \\
&= \text{partial}_1(\text{partial}_2\,, f)\,(x)(y) \\
&= \text{partial}_2(f,x)(y) \\
&= f(x,y)
\end{aligned}
$$

因此，`curry` 可以作为一个修饰器，修饰需要被柯里化的函数。事实上，`@curry` 修饰器在 JAX 的源码中也是相当常见的。受此启发，我们可以在λ演算中通过如下方式定义出二元函数F，它满足$F(a)(b) = ab$。在后面的计算过程中，明确起见，我们将正在发生计算的表达式用下画线显式地标出：

$$
\begin{aligned}
& F \coloneqq \lambda x.\,(\lambda y.\,xy) \\
\Rightarrow\ F(a)(b) &= \underline{\big(\lambda x.\,(\lambda y.\,xy)\big)(a)}(b) \\
&= (\lambda y.\,ay)(b) \\
&= ab \qquad\qquad \forall\, a,b \in \mathcal{V}
\end{aligned}
$$

函数F的定义等价于如下 Python 代码：

```
F = lambda x: (lambda y: (x, y))
print(F("a")("b"))  # ('a', 'b')
```

或者等价于采用柯里化的形式：

```
F = curry(lambda x, y : (x, y))
print(F("a")("b"))  # ('a', 'b')
```

出于符号的简化，我们也将$\lambda x.\,(\lambda y.\,M)$简记作$\lambda xy.\,M$，即：

$$\lambda xy.M \coloneqq \lambda x.(\lambda y.M), \qquad \forall x,y \in \mathcal{V} \quad M \in \Lambda \tag{5.4}$$

上述定义不难被推广到多元函数的情形。从这里可以看出，λ表达式是“前结合的”，表达式MN表示“将M作用于N”。如果M为一个函数，还可以表示“用N对M进行柯里化”。表达式$MNPQ$则应该被理解为$\big((MN)P\big)Q$。

在λ演算中，函数是“**一等公民**”（first-class citizen），我们希望读者能够在下文中体会到这句话所具有的分量。

5.2.2 λ演算中的布尔代数

λ演算中只有变量、函数和赋值这 3 个概念，分别对应着 BNF 范式中的 3 条基本假设。然而，简单的基本假设背后实则蕴藏着极为丰富的内涵。例如，我们可以尝试从λ演算出发，演绎出**布尔代数**（boolean algebra）的基本结构。为此，我们定义布尔变量$\boldsymbol{T}$和$\boldsymbol{F}$，它们对应着λ演算中的两个函数：

$$\boldsymbol{T} \coloneqq \lambda xy.x \tag{5.5a}$$

$$\boldsymbol{F} \coloneqq \lambda xy.y \tag{5.5b}$$

基于此，我们以如下方式定义布尔代数中的与运算$\boldsymbol{and}$、或运算$\boldsymbol{or}$、非运算$\boldsymbol{not}$及异或运算$\boldsymbol{xor}$：

$$\boldsymbol{and} \coloneqq \lambda ab.aba \tag{5.6}$$

$$\boldsymbol{or} \coloneqq \lambda ab.aab \tag{5.7}$$

$$\boldsymbol{not} \coloneqq \lambda a.a\boldsymbol{FT} \tag{5.8}$$

$$\boldsymbol{xor} \coloneqq \lambda ab.a(b\boldsymbol{FT})b \tag{5.9}$$

例如，对于与运算$\boldsymbol{and}$，我们可以对如下 4 条性质加以检查：

$$\boldsymbol{and}\ \boldsymbol{T}\ \boldsymbol{T} = \boldsymbol{T} \tag{5.10a}$$

$$\boldsymbol{and}\ \boldsymbol{F}\ \boldsymbol{T} = \boldsymbol{F} \tag{5.10b}$$

$$\boldsymbol{and}\ \boldsymbol{T}\ \boldsymbol{F} = \boldsymbol{F} \tag{5.10c}$$

$$\boldsymbol{and}\ \boldsymbol{F}\ \boldsymbol{F} = \boldsymbol{F} \tag{5.10d}$$

作为一个示例，我们检查与运算$\boldsymbol{and}$的第 1 条性质(5.10a)。对其他 3 条性质的验证是完全类似的。

$$\begin{aligned}
\boldsymbol{and}\ \boldsymbol{T}\ \boldsymbol{T} &\equiv \underline{(\lambda ab.aba)}(\lambda xy.x)(\lambda xy.x) \\
&= \underline{\big(\lambda a.(\lambda b.aba)\big)(\lambda xy.x)}(\lambda xy.x) \\
&= \underline{\big(\lambda b.(\lambda xy.x)b(\lambda xy.x)\big)(\lambda xy.x)} \\
&= \underline{(\lambda xy.x)(\lambda xy.x)(\lambda xy.x)} \\
&= (\lambda xy.x) \\
&= \boldsymbol{T}
\end{aligned}$$

又比如，对于或运算$\boldsymbol{or}$，我们可以有：

$$\boldsymbol{or}\ \boldsymbol{T}\ \boldsymbol{T} = \boldsymbol{T} \tag{5.11a}$$

$$\boldsymbol{or}\ \boldsymbol{F}\ \boldsymbol{T} = \boldsymbol{T} \tag{5.11b}$$

$$\boldsymbol{or}\ \boldsymbol{T}\ \boldsymbol{F} = \boldsymbol{T} \tag{5.11c}$$

$$\boldsymbol{or}\ \boldsymbol{F}\ \boldsymbol{F} = \boldsymbol{F} \tag{5.11d}$$

在这里，我们对或运算$\boldsymbol{or}$的第2条性质(5.11b)进行检查。其他3条性质的验证同样是类似的：

$$\begin{aligned}
\boldsymbol{or}\ \boldsymbol{F}\ \boldsymbol{T} &\equiv \underline{(\lambda ab.\, aab)}(\lambda xy.\, y)(\lambda xy.\, x) \\
&= \underline{\big(\lambda a.\, (\lambda b.\, aab)\big)(\lambda xy.\, y)}(\lambda xy.\, x) \\
&= \underline{(\lambda b.\, (\lambda xy.\, y)(\lambda xy.\, y)b)(\lambda xy.\, x)} \\
&= \underline{(\lambda xy.\, y)(\lambda xy.\, y)(\lambda xy.\, x)} \\
&= (\lambda xy.\, x) \\
&= \boldsymbol{T}
\end{aligned}$$

JAX 中的 `lax.cond` 函数可以直接由式(5.12)被定义为常数函数：

$$\mathbf{cond} \coloneqq \lambda x.\, x \tag{5.12}$$

函数$\mathbf{cond}$和 `lax.cond` 具有类似的语法行为，即对于任意λ表达式$M, N \in \Lambda$，我们有：

$$\mathbf{cond}(\boldsymbol{T}\ M\ N) = M \tag{5.13a}$$

$$\mathbf{cond}(\boldsymbol{F}\ M\ N) = N \tag{5.13b}$$

根据布尔变量$\boldsymbol{T}$和$\boldsymbol{F}$的定义，读者应该不难自行验证式(5.13a)和式(5.13b)的正确性。据此，我们可以将$\mathbf{cond}(\boldsymbol{A}\ M\ N)$记作(if $\boldsymbol{A}$ then M else N)，以符合编程的习惯。

5.2.3 λ演算中的自然数

与布尔代数类似，我们同样可以用λ演算中的变量、函数和赋值，演绎出自然数的代数结构。如果f和x是两个λ表达式，n是一个自然数，我们用记号$f^n x$表示将f作用到x上n次所得到的结果，例如$f^0 x \coloneqq x$，$f^1 x \coloneqq fx$，$f^2 x \coloneqq f(fx)$等。对于每一个自然数n，我们以如下方式定义第n个**邱奇数**（Church numeral）：

$$\bar{n} \coloneqq \lambda fx.\, f^n x \tag{5.14}$$

前几个邱奇数具有如下形式：

$$\begin{aligned}
\bar{0} &\coloneqq \lambda fx.\, x \\
\bar{1} &\coloneqq \lambda fx.\, fx \\
\bar{2} &\coloneqq \lambda fx.\, f(fx) \\
&\cdots
\end{aligned}$$

注意，邱奇数$\bar{0}$的表达式与布尔变量$\boldsymbol{F}$相同，邱奇数$\bar{1}$则相当于二元恒等函数，这样的函数定义是如此之自然，以至于这里的数学结构近乎拥有了哲学般的意味。回想皮亚诺定义自然数时所采用的公理体系，我们可以用如下非形式化（informal）的语言对自然数进行描述：

- 0 是自然数；
- 每一个确定的自然数a，都有一个确定的后继数a'，a'也是自然数；
- 对于每个自然数b和c，$b = c$当且仅当b的后继数等于c的后继数；
- 0 不是任何自然数的后继；
- 关于自然数的命题，如果可以“证明它对自然数 0 为真，且在假定它对自然数a为真时，可以证明对a'也为真”，那么命题对所有自然数都为真。

关于**后继数**（successor），在λ演算中我们同样可以根据式(5.15)定义后继函数$\boldsymbol{succ}$，并证明关系式$\boldsymbol{succ}\ \bar{n} = \overline{n+1}$对于所有的自然数$n$成立：

$$\boldsymbol{succ} \coloneqq \lambda nfx.f(nfx) \tag{5.15}$$

将函数$\boldsymbol{succ}$作用于任意自然数$\bar{n}$，可以得到如下结果：

$$\begin{aligned} \boldsymbol{succ}\ \bar{n} &\equiv \left(\lambda nfx.f(nfx)\right)\left(\lambda \tilde{f}\tilde{x}.\tilde{f}^n\tilde{x}\right) \\ &= \lambda fx.f\left(\left(\lambda \tilde{f}\tilde{x}.\tilde{f}^n\tilde{x}\right)fx\right) \\ &= \lambda fx.f\left((\lambda \tilde{x}.f^n\tilde{x})x\right) \\ &= \lambda fx.f(f^n x) \\ &= \lambda fx.f^{n+1}x \\ &\equiv \overline{n+1} \end{aligned} \tag{5.16}$$

直观上来说，我们也可以将后继函数作用于邱奇数$\bar{n}$的表达式 $\boldsymbol{succ}\ \bar{n}$ 记作 $n+1$。在邱奇数所构成的集合$\bar{\mathbb{N}} \coloneqq \{\bar{n}\ |\bar{n} = \lambda fx.f^n x, \forall n \in \mathbb{N}\}$中，我们还可以定义加法操作$\boldsymbol{add}$、乘法操作$\boldsymbol{mult}$和幂运算操作$\boldsymbol{exp}$如下，它们的函数形式显得出奇得简洁：

$$\boldsymbol{add} \coloneqq \lambda mnfx.mf(nfx) \tag{5.17}$$

$$\boldsymbol{mult} \coloneqq \lambda mnf.m(nf) \tag{5.18}$$

$$\boldsymbol{exp} \coloneqq \lambda mn.nm \tag{5.19}$$

它们具有如下性质：

$$\boldsymbol{add}\ \bar{m}\ \bar{n}\ = \overline{m+n} \tag{5.20}$$

$$\boldsymbol{mult}\ \bar{m}\ \bar{n}\ = \overline{mn} \tag{5.21}$$

$$\boldsymbol{exp}\ \bar{m}\ \bar{n}\ = \overline{m^n} \tag{5.22}$$

其中，对式(5.20)的证明是相对直接的：

$$\boldsymbol{add}\ \bar{m}\ \bar{n} \equiv \underline{(\lambda mnfx.mf(nfx))(\lambda f_1x_1.f_1^m x_1)}(\lambda f_2x_2.f_2^n x_2)$$

$$
\begin{aligned}
&= \underline{(\lambda nfx.(\lambda f_1x_1.f_1^m x_1)f(nfx))(\lambda f_2x_2.f_2^n x_2)} \\
&= \lambda fx.(\lambda f_1x_1.f_1^m x_1)f\left(\underline{(\lambda f_2x_2.f_2^n x_2)fx}\right) \\
&= \lambda fx.\underline{(\lambda f_1x_1.f_1^m x_1)f}(f^n x) \\
&= \lambda fx.\underline{(\lambda x_1.f^m x_1)(f^n x)} \\
&= \lambda fx.\underline{f^m f^n}x \\
&= \lambda fx.f^{n+m}x \\
&\equiv \overline{n+m}
\end{aligned}
$$

不过，这样的证明过程或许给人们一种我们在变魔术的感觉。为了使读者对于这个问题有一个更加直观的印象，我们不妨尝试这样思考：加法算符$\boldsymbol{add} := \lambda mnfx.mf(nfx)$在接受了两个邱奇数$\bar{m}$和$\bar{n}$时，$\bar{m}$和$\bar{n}$会分别替换掉λ表达式右侧的变量$m$和$n$，得到等价的表达式$\lambda fx.\bar{m}f(\bar{n}fx)$。在这里，表达式$\lambda fx.\bar{m}f(\bar{n}fx)$中的“$\bar{m}f$”，相当于对邱奇数“$\bar{m} := \lambda fx.f^m x$”这个二元函数执行了柯里化操作，此时函数$\bar{m}f = \lambda x.f^m x$代表“对输入$x$执行$m$次$f$操作”；函数$\bar{n}f$与之同理。因此，原先的函数$\lambda fx.\bar{m}f(\bar{n}fx)$其实表示“对输入的$x$变量先执行$n$次$f$操作，再执行$m$次$f$操作”——这自然等价于函数$\lambda fx.f^{n+m}x$，后者代表“对输入的$x$变量直接执行$n+m$次$f$操作”。我们希望这样的讨论可以使得加法算符$\boldsymbol{add}$的定义显得更加自然。

为了证明式(5.21)成立，我们注意到：

$$
\begin{aligned}
\boldsymbol{mult}\ \bar{m}\ \bar{n} &\equiv \underline{(\lambda mnf.m(nf))(\lambda f_1x_1.f_1^m x_1)}(\lambda f_2x_2.f_2^n x_2) \\
&= \underline{(\lambda nf.(\lambda f_1x_1.f_1^m x_1)(nf))(\lambda f_2x_2.f_2^n x_2)} \\
&= \lambda f.(\lambda f_1x_1.f_1^m x_1)\underline{((\lambda f_2x_2.f_2^n x_2)f)} \\
&= \lambda f.\underline{(\lambda f_1x_1.f_1^m x_1)(\lambda x_2.f^n x_2)} \\
&= \lambda f.(\lambda x_1.(\lambda x_2.f^n x_2)^m x_1) \\
&\equiv \lambda fx_1.(\lambda x_2.f^n x_2)^m x_1 \\
&= \lambda fx_1.f^{mn}x_1 \\
&\equiv \overline{mn}
\end{aligned}
$$

直接观察$\boldsymbol{mult}\ \bar{m}\ \bar{n}$的定义，我们同样可以获得与加法算符$\boldsymbol{add}$类似的直觉。注意到，在使用邱奇数$\bar{m}$和$\bar{n}$替换掉表达式$\lambda mnf.m(nf)$右侧的$m$和$n$后，$\lambda f.\bar{m}(\bar{n}f)$中的$\bar{n}f$代表一个一元函数，它将对输入的变量执行$n$次$f$操作。换言之，函数$\bar{n}f$将对输入的变量执行一次$f^n$的操作。我们再使用$f^n$对邱奇数$\bar{m}$进行柯里化，$\bar{m}f^n$将同样代表一个一元函数，它表示“对输入的变量执行$m$次$f^n$操作”，也就是执行 1 次$f^{mn}$操作。这样的函数可以用表达式$\lambda x.f^{mn}x$严格地表示出来。因此，综上所述，表达式 $\lambda f.\lambda x.f^{mn}x \equiv \lambda fx.f^{mn}x$ 自然对应着邱奇数$\overline{mn}$。

对乘方操作$\mathbf{exp} := \lambda mn.nm$的证明是完全类似的：

$$
\begin{aligned}
\mathbf{exp}\,\bar{m}\,\bar{n} &\equiv \bar{n}\,\bar{m} \\
&= \lambda f.\,(\bar{m})^n f \\
&= \lambda f.\,(\bar{m})^{n-1}(\lambda x.\,f^m x) \\
&= \lambda f.\,(\bar{m})^{n-2}(\lambda x.\,(f^m)^m x) \\
&= \lambda f.\,(\bar{m})^{n-2}\left(\lambda x.\,f^{m^2} x\right) \\
&= \cdots \\
&= \lambda f.\lambda x.\,f^{m^n} x \\
&\equiv \overline{m^n}
\end{aligned}
$$

有了加法操作和乘法操作作为示例，读者可以自己尝试直观地理解乘方操作所具有的内涵。另外，乘法操作$\boldsymbol{mult}$和乘方操作$\boldsymbol{exp}$还有如下两条更为直接的定义：

$$\boldsymbol{mult} \coloneqq \lambda mn.\,m(\boldsymbol{add}\,n)\,\bar{0} \tag{5.18$'$}$$

$$\boldsymbol{exp} \coloneqq \lambda mn.\,n\,(\boldsymbol{mult}\,m)\,\bar{1} \tag{5.19$'$}$$

即$m \times n$等价于在 0 的基础上m次加上数字n；m^n等价于在1的基础上n次乘以数字m。在本书中，我们也将表达式 $\boldsymbol{add}\,\bar{m}\,\bar{n}$、$\boldsymbol{mult}\,\bar{m}\,\bar{n}$ 和 $\boldsymbol{exp}\,\bar{m}\,\bar{n}$ 分别记作“$\bar{m}+\bar{n}$”“$\bar{m}*\bar{n}$”和“$\bar{m}**\bar{n}$”，以便实现与 Python 语法的对应。

谓词（predicate）是返回布尔值$\boldsymbol{T}$或$\boldsymbol{F}$的λ表达式。结合上一节中有关布尔代数的内容，我们可以定义出谓词$\boldsymbol{iszero}$，它是一个最为基本的谓词，可以用于判定邱奇数$\bar{n}$是否为零：

$$\boldsymbol{iszero} \coloneqq \lambda n.\,n(\lambda x.\,\boldsymbol{F})\boldsymbol{T} \tag{5.23}$$

读者不难验证如下性质成立：

$$\boldsymbol{iszero}\,\bar{n} = \boldsymbol{F}\,, \qquad \forall n > 0 \tag{5.24a}$$

$$\boldsymbol{iszero}\,\bar{0} = \boldsymbol{T} \tag{5.24b}$$

另一个常用的函数名为$\boldsymbol{pred}$，它可以用于计算一个邱奇数的**前继数**（predecessor）：

$$\boldsymbol{pred} \coloneqq \lambda nfx.\,n\big(\lambda gh.\,h(gf)\big)(\lambda u.\,x)(\lambda u.\,u) \tag{5.25}$$

让我们尝试递归地理解上述表达式。为此，我们定义算符$S \coloneqq \lambda gh.\,h(gf)$，则可以得到关系$S^{(n)}(\lambda u.\,x) = \lambda h.\,h\big(f^{(n-1)}x\big), \forall n > 0$。此时：

$$
\begin{aligned}
\boldsymbol{pred}\,\bar{n} &= \left(\lambda nfx.\,n\left(\lambda h.\,h\big(f^{(n-1)}x\big)\right)(\lambda u.\,u)\right)\bar{n} \\
&= \lambda fx.\,\bar{n}\left(\lambda h.\,h\big(f^{(n-1)}x\big)\right)(\lambda u.\,u) \\
&= \lambda fx.\,\big(\lambda \tilde{f}\tilde{x}.\,\tilde{f}^n\tilde{x}\big)\left(\lambda h.\,h\big(f^{(n-1)}x\big)\right)(\lambda u.\,u) \\
&= \lambda fx.\,(\lambda u.\,u)^n\left(\lambda h.\,h\big(f^{(n-1)}x\big)\right) \\
&= \lambda fx.\,f^{(n-1)}x \\
&\equiv \overline{n-1}, \qquad \forall n > 0
\end{aligned} \tag{5.26a}
$$

另外，在$n = 0$时：

$$\begin{aligned} \boldsymbol{pred}\,\bar{0} &\equiv \Big(\lambda nfx.n\big(\lambda gh.h(gf)\big)(\lambda u.x)(\lambda u.u)\Big)\,\bar{0} \\ &= \lambda fx.\big(\lambda\tilde{f}\tilde{x}.\tilde{x}\big)\big(\lambda gh.h(gf)\big)(\lambda u.x) \\ &= \lambda fx.(\lambda u.x)(\lambda u.u) \\ &= \lambda fx.x \\ &\equiv \bar{0} \end{aligned} \tag{5.26b}$$

我们可以将 $\boldsymbol{pred}\,\bar{n}$ 记作“$\bar{n}-1$”（此时$\bar{0}-1=\bar{0}$），并从这里出发，在形式上定义出所谓的“减法”$\boldsymbol{sub}$：

$$\boldsymbol{sub} \coloneqq \lambda mn.n\,\boldsymbol{pred}\,m \tag{5.27}$$

这相当于对输入的邱奇数$\bar{m}$作用n次前继函数$\boldsymbol{pred}$。减法$\boldsymbol{sub}$满足如下性质：

$$\boldsymbol{sub}\,\bar{m}\,\bar{n} = \begin{cases} \overline{m-n}\,, & \forall m > n \\ \quad \bar{0}\,, & \forall m \le n \end{cases} \tag{5.28}$$

将$\boldsymbol{sub}$函数和$\boldsymbol{iszero}$函数组合，我们还可以得到谓词$\boldsymbol{leq}$，它用于比较两个邱奇数之间的“大小”：

$$\boldsymbol{leq} \coloneqq \lambda mn.\boldsymbol{iszero}(\boldsymbol{sub}\,m,n) \tag{5.29}$$

$$\boldsymbol{leq}\,\bar{m}\,\bar{n} = \begin{cases} \boldsymbol{F}, & \forall m > n \\ \boldsymbol{T}, & \forall m \le n \end{cases}$$

在本节中，我们也将表达式$\boldsymbol{leq}\,\bar{m}\,\bar{n}$记作$\bar{m} \le \bar{n}$，读作“邱奇数$m$小于等于$n$”。等于符号$\boldsymbol{eq}$也可以通过类似的规则定义出来：

$$\boldsymbol{eq} \coloneqq \lambda mn.\boldsymbol{and}\;(m \le n)\;(n \le m) \tag{5.30}$$

5.2.4 λ演算中的递归

正如在 5.1.1 节中指出的那样，一般程序中的循环结构可以使用函数的递归来替代。而在本节中，我们将使用λ表达式实现一个求和函数$\boldsymbol{sum}$，它接受一个邱奇数$\bar{n}$，返回所有小于等于$\bar{n}$的邱奇数之和。

```
# 递归
def summation(n):
    assert isinstance(n, int) and n >= 0
    if n == 0:
        return 0
    else:
        return n + summation(n-1)
```

从直观上来说，用λ表达式实现上述函数似乎并不困难。略去没有必要的 **assert** 判断，函数 summation 似乎可以完全等价地定义为如下形式：

$$\boldsymbol{sum} :=_{?} \lambda n.\Big(\text{if } (\boldsymbol{iszero}\ n)\ \text{then}\ \ \bar{0}\ \ \text{else}\ \big(n + \boldsymbol{sum}\ (n-1)\big)\Big) \tag{5.31}$$

应该指出的是，尽管我们已经给出了式(5.31)中除函数$\boldsymbol{sum}$以外的每一个符号严格的λ表达式（包括 if · then · else ·、邱奇数之间的加减法、函数$\boldsymbol{iszero}$等），但像式(5.31)这样的λ表达式依然不是定义良好的，因为我们不能用函数$\boldsymbol{sum}$来定义其自身。同时，式(5.31)无法被完整地展开，它的具体形式依赖于输入的参数。不过，如果我们退而求其次，可以对式(5.31)进行一步改写，将其中出现的函数$\boldsymbol{sum}$用变量f代替，由此定义一个中间算符G：

$$G := \lambda f.\lambda n.\Big(\text{if } (\boldsymbol{iszero}\ n)\ \text{then}\ \ \bar{0}\ \ \text{else}\ \big(n + f(n-1)\big)\Big) \tag{5.32}$$

尽管式(5.31)无法作为函数$\boldsymbol{sum}$的定义，但它确实是函数$\boldsymbol{sum}$应该满足的一条性质。现在假如我们已经得到了一个合法的函数$\boldsymbol{sum}$，则根据式(5.31)及式(5.32)，我们可以得到如下关系：

$$\boldsymbol{sum} = G\ \boldsymbol{sum} \tag{5.33}$$

式(5.33)告诉我们，函数$\boldsymbol{sum}$是中间算符G的一个不动点。

另一方面，只要我们能找到算符G的一个不动点（我们期待它应该是某个λ-表达式），则根据G的定义式(5.32)以及不动点的性质(5.33)，这样的不动点就可以使得式(5.31)成立——因此这个不动点正是我们所需要寻找的函数$\boldsymbol{sum}$。我们将函数G的不动点记作$\boldsymbol{Fix}\ G$，这里的$\boldsymbol{Fix}$同样也可以视作一个算符，满足如下关系：

$$\boldsymbol{Fix}\ G = G(\boldsymbol{Fix}\ G) \tag{5.34}$$

我们期待能够找到一个与算符$\boldsymbol{Fix}$相对应的λ表达式，使之满足式(5.34)给出的关系。为了让函数G能够作用于自身，一个自然的想法是取$\boldsymbol{Fix} :=_{?} \lambda x.xx$，此时：

$$(\lambda x.xx)(G) = GG = G\big((\lambda x.x)G\big)$$

这与我们期待的结果只相差一点点。不过，如果继续沿着$\boldsymbol{Fix} :=_{?} \lambda x.xxx$这一方向来思考问题，会发现这样的差距将始终存在。另一个想法是仿照 DNA 的双螺旋结构，将表达式$\lambda x.xx$重新复制一份，得到$(\lambda x.xx)(\lambda y.yy)$。不过这样一来，我们将如同图 5.4 中的两只互相描绘的大手，陷入无尽的循环。

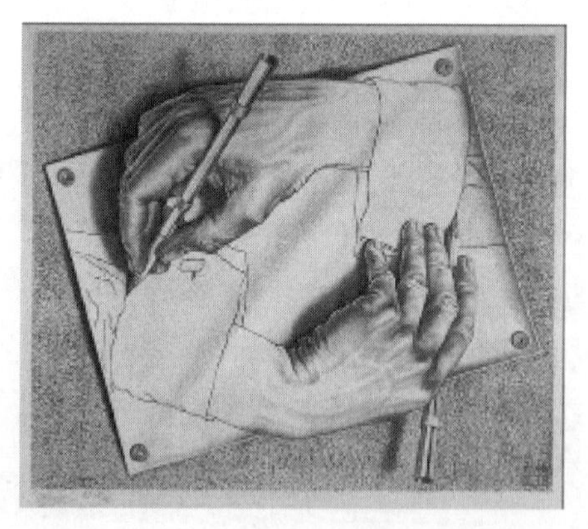

图 5.4 爱舍尔（Maurits Cornelis Escher）创作于 1948 年的布面油画《手画手》

$$(\lambda x.xx)(\lambda y.yy)(G) = (\lambda y.yy)(\lambda y.yy)(G) = \cdots$$

为了能够让函数G参与到循环中，我们再次尝试对这样的数学结构进行修改。一个可能的想法是仿照$\boldsymbol{Fix}\ G = G(\boldsymbol{Fix}\ G)$的数学结构，将λ表达式$(\lambda x.xx)(\lambda x.xx)$扩展为如下形式：

$$\boldsymbol{Y} \coloneqq \lambda f.\big(\lambda x.f(xx)\big)\big(\lambda x.f(xx)\big) \tag{5.35}$$

此时将有：

$$\begin{aligned}
\boldsymbol{Y}G &\equiv \Big(\lambda f.\big(\lambda x.f(xx)\big)\big(\lambda x.f(xx)\big)\Big)G \\
&= \big(\lambda x.G(xx)\big)\big(\lambda x.G(xx)\big) \\
&= G\Big(\big(\lambda x.G(xx)\big)\big(\lambda x.G(xx)\big)\Big) \\
&= G\bigg(\Big(\lambda f.\big(\lambda x.f(xx)\big)\big(\lambda x.f(xx)\big)\Big)G\bigg) \\
&\equiv G(\boldsymbol{Y}G)
\end{aligned} \tag{5.36}$$

表达式$\boldsymbol{Y}G$满足作为函数G的不动点所要满足的要求。这告诉我们，**在λ演算中，任意一个函数都存在不动点**。式(5.35)所定义的$\boldsymbol{Y}$算符也称为**Y组合子**（Y-Combinator），它是所有不动点算符中最为简单的一个，也是函数式编程最为重要且优美的概念之一。从$\boldsymbol{Y}$算符出发，我们就得到了函数$\boldsymbol{sum}$的严格定义：

$$\boldsymbol{sum} \coloneqq \boldsymbol{Y}G = \boldsymbol{Y}\Big(\lambda f.\lambda n.\Big(\text{if}\ \ (\boldsymbol{iszero}\ \ n)\ \ \text{then}\ \ \bar{0}\ \ \text{else}\ \big(n + f(n-1)\big)\Big)\Big) \tag{5.37}$$

例如，当函数$\boldsymbol{sum}$的输入为邱奇数$\bar{3}$时，“程序”将执行如下计算流程：

$$\begin{aligned}
\boldsymbol{sum}\ \bar{3} &\equiv YG(\bar{3}) \\
&= G(YG)(\bar{3}) \\
&= \bar{3} + YG(\bar{2}) \\
&= \bar{3} + G(YG)(\bar{2}) \\
&= \bar{3} + \big(\bar{2} + YG(\bar{1})\big) \\
&= \bar{3} + \big(\bar{2} + G(YG)(\bar{1})\big) \\
&= \bar{3} + \Big(\bar{2} + \big(\bar{1} + YG(\bar{0})\big)\Big) \\
&= \bar{3} + \Big(\bar{2} + \big(\bar{1} + G(YG)(\bar{0})\big)\Big) \\
&= \bar{3} + \big(\bar{2} + (\bar{1} + \bar{0})\big) \\
&= \bar{3} + (\bar{2} + \bar{1}) \\
&= \bar{3} + \bar{3} \\
&= \bar{6}
\end{aligned}$$

我们甚至可以据此写出Y算子在 Python 版本中的λ表达式。不过，由于 Python 的解释器无法像人类一样在式(5.36)中准确地将$(\lambda x.G(xx))(\lambda x.G(xx))$这一项提取出来，使之成为等价的表达式$\boldsymbol{YG}$，下述语句将会由于超过最大递归深度而产生报错：

```
G = lambda f: (lambda n: 0 if n==0 else n + f(n-1))
Y = lambda f: (lambda x: f(x(x)))(lambda x: f(x(x)))
print(Y(G)(100))    >> RecursionError: maximum recursion depth exceeded
```

这里的程序编写极具技巧性，我们仅仅在这里直接给出等价的 Python 代码[1]：

```
G = lambda f, n: 0 if n==0 else n + f(n-1)
Y = lambda f: (lambda m : (lambda x: (lambda n: f(x(x), n)))
                          (lambda x: (lambda n: f(x(x), n)))(m))
print(Y(G)(100))  # 5050
```

另外，通过下述等价方式定义的$\boldsymbol{sum}$函数相当于一个尾递归算法，对应于 5.1.1 节中尾递归部分的代码示例。

$$\boldsymbol{sum} \coloneqq \boldsymbol{Y}\Big(\lambda f.\lambda ns.\big(\text{if } (\boldsymbol{iszero}\ n) \text{ then } \ s \ \text{ else } f(n-1)(s+n)\big)\Big) \tag{5.38}$$

与之完全类似的，我们还可以尝试实现一个 JAX 中的 `lax.fori_loop` 函数：用变量a和b代表循环的下界（`lower`）和上界（`upper`），用变量f代表循环的主体函数（`body_fun`），用变量v代表迭代变量的初始数值（`init_val`）。函数$\boldsymbol{fori_loop}$的λ表达式由式(5.38)给出：

$$\boldsymbol{fori\_loop} \coloneqq \boldsymbol{Y}\Big(\lambda g.\lambda abfv.\big(\text{if } (b \le a) \text{ then } \ v \ \text{ else } g(a+1)bf(fav)\big)\Big) \tag{5.39}$$

式(5.38)同样是一个尾递归函数，故而拥有与 **for** 循环相同的空间复杂度，即在编译过后并不会由于递归的存在而产生额外的存储开销（但在编译之前依然受到 Python 这门解释性语言最大递归深度的限制）。我们可以直接根据函数$\boldsymbol{fori_loop}$的λ表达式，写出相应的 Python 代码：

```
Y = lambda f: (lambda *m : (lambda x: (lambda *n: f(x(x), *n)))
                           (lambda x: (lambda *n: f(x(x), *n)))(*m))
fori_loop = Y(lambda g,a,b,f,v : v if b <= a else g(a+1, b, f, f(a, v)))

  # 测试
lower = 0
upper = 101
body_fun = lambda i, val: val + i
init_val = 0
print(fori_loop(lower, upper, body_fun, init_val)) # 5050
```

[1] 读者可以自己尝试将上述代码中的 Y 和 G 转化为等价的λ表达式，证明这样的程序编写方式是合法的。

可以看到，理论上来说如果使用λ表达式，函数***fori_loop***的程序实现甚至只需要一行代码：虽然这么做确实很过瘾，但为了程序的可读性，我们并不鼓励这样的写法。（这样的语法风格与Lisp等语言相似。）

```
# 一行代码解决 fori_loop （它甚至是个尾递归）
fori_loop = (lambda f: (lambda *m : (lambda x: (lambda *n: f(x(x), *n)))
                                    (lambda x: (lambda *n: f(x(x), *n)))(*m))) \
          (lambda g,a,b,f,v : v if b <= a else g(a+1, b, f, f(a, v)))
```

对于 lax.while_loop 的函数实现是完全类似的，我们用变量g代表条件判断函数（cond_fun），用变量f代表循环的主体函数（body_fun），用变量v代表迭代参数的初始数值（init_val），函数***while_loop***的λ表达式由式(5.39)给出，具体如下：

$$\boldsymbol{while\_loop} \coloneqq \boldsymbol{Y}\big(\lambda h.\lambda gfv.(\text{if }(gv)\text{ then }\ h\,gf(fv)\text{ else }v)\big) \tag{5.40}$$

基于此，读者可以自己尝试用一行代码实现***while_loop***函数[1]。

递归的思想广泛地渗透于自然与社会科学的方方面面——从计算机中循环迭代的程序代码，到音乐中嵌套交织的卡农赋格；从语法结构中词性的迁移网络，到爱舍尔画中交错循环的视觉形象；从数理逻辑中自指产生的重重悖论，到物理学中层层叠叠的费曼圈图；从棋局对弈中递归搜索的局面评估，到不断复制更迭的DNA遗传代码……递归的构造方式使得简单的结构可用于表达复杂的问题。大巧若拙，言不尽意。大盈若冲，其用不穷。[2]

---

[1] 参考答案如下：

```
# 一行代码解决 while_loop
while_loop = (lambda f: (lambda *m : (lambda x: (lambda *n: f(x(x), *n)))
                                     (lambda x: (lambda *n: f(x(x), *n)))(*m))) \
                                     (lambda h,g,f,v : h(g,f,f(*v)) if g(*v) else v)

# 测试
cond_fun = lambda v, s: v < 101
body_fun = lambda v, s: (v + 1, s + v)
init_val = (0, 0)
print(while_loop(cond_fun, body_fun, init_val)) # (101, 5050)
```

定义的前两行相当于一个Y算子，变量 m 和 n 用于解决无穷递归问题，定义的第三行可以由函数 while_loop 的λ表达式直接得到。

[2] 关于音乐、美术和数理逻辑中形形色色的递归问题，可参考科普著作 *Godel，Escher，Bach——an Eternal Golden Braid*，侯世达先生的翻译作品《哥德尔、艾舍尔、巴赫：集异璧之大成》是基于原书的再创作。该书"通过对哥德尔的数理逻辑，艾舍尔的版画和巴赫的音乐三者的综合阐述，引人入胜地介绍了数理逻辑学、可计算理论、人工智能学、语言学、遗传学、音乐、绘画的理论等方面，构思精巧、含义深刻、视野广阔、富于哲学韵味。"

06 第6章 JAX的并行计算

1965年4月19日，时任仙童半导体公司总工程师的戈登·摩尔在《电子学》杂志上发表了一篇名为《让集成电路填满更多元器件》[1]的文章。摩尔根据当时的芯片技术做出推断，并在文章中指出："半导体上晶体管的数量每年都会翻一番。"这个预测称为**摩尔定律**（Moore's law）。尽管他的预测与事实相比显得过于乐观，但在那之后的 50 余年间，半导体工业确实使得晶体管的数量能够在每 18 个月翻上一倍。类似的指数增长在计算机技术的其他方面同样也有出现，例如磁盘和半导体的存储容量。

而在过去的几十年间，有赖于应变硅技术、高k金属栅极技术、3D 结构的 FinFET 等工艺的创新，集成电路的制程从原先的40nm，一直发展到如今的7nm、5nm，直至触碰到物理学的极限。人们对算力的渴望永无止境，如何充分利用这些晶体管以提高运算能力，是对现有计算技术的巨大挑战。

除了对硬件架构进行革新，计算的并行同样能够极大地提升计算机的运算效率。一方面，对于单处理器而言，尽管在过去的 20 年间，微处理器的时钟频率已经提高了 2~3 个数量级，但如果一味地期待提升单个 CPU 的计算速度，过大的能量消耗、过热的处理器以及过高的制造成本，将成为人们不得不考虑的因素。另一方面，让计算机在一个时钟周期内执行多条指令已经成为一种相当普遍的技术，多处理器的协同应用成为进一步提高计算速度的必然要求。

并行软件的设计之所以需要耗费大量的时间和精力，很大程度上是因为在这些算法的开发过程中，开发人员不仅需要拥有清晰敏锐的头脑，而且需要对计算机的架构具有较为深入的认识。JAX 的开发者在设计之初就考虑到了人们对并行计算的需求，因此利用函数式编程所具有的一系列优点，让使用者能够在几乎不改动原始代码的情况下，令程序并行地运行。换言之，在 JAX 函数式编程的基础上，我们可以较为容易地编写可微的并行程序，从而进一步提升编程的效率。

在本章中，我们将介绍 JAX 的并行计算功能。在 JAX 中，有两个函数主要用于并行计算。其中，`vmap` 会将简单的函数向量化，可以同时执行多个任务，以充分利用单个硬件的算力；`pmap` 可以将函数并行化，在多个硬件上进行计算。相较于传统的消息通信框架，`vmap` 和 `pmap` 函数清晰的使用方式将极大地解放软件开发者的心智，令他们将精力更多地投入到自己本来的研究领域。

---

[1] Moore, G. E. Cramming more components onto integrated circuits. Electronics 38(8) (1965)

6.1 函数 vmap

通常来说，大型的科学计算任务和大型的神经网络训练确实可以压榨出计算机硬件相当的计算潜力，但对于较小的模型来说，模型的训练通常由于只能逐步进行，故而存在计算资源的浪费。例如，在第 4 章训练神经网络模型时，如果直接将训练放在 GPU 上进行，就像是买了一栋公寓楼，结果只住在门卫室里。我们希望的是，如果单个模型或模型的单个批（batch）不能占满现代硬件，那就让多个模型或者多个批同时进行训练：`vmap` 函数可以在几乎不改动源代码的基础上，轻松地做到这一点。

向量化（vectorization）或者**单指令流多数据流**（single instruction multiple data，SIMD）指的是让处理器用同一条指令处理多条数据的计算方法[1]。由于我们需要对一组数据中的每个元素执行相同的操作，在这样的场景下，程序在空间上的并行计算将成为可能——事实上，这样的并行计算在现代程序中无处不在。例如，对 NumPy 多维数组使用 **`for`** 循环逐元素计算所需要的时间，将远远超过使用语义广播计算所需的时间，两者在时间上有着数量级上的差距。Python 的容器（包括列表、元组、字典等）允许开发者同时存储不同类型的数据，但程序在遍历数组成员时需逐一检查其中元素的数据类型。与可以存储任意类型对象的 Python 容器不同，多维数组中所存储的数据类型必须是一致的。JAX 与 NumPy 中的多维数组通过指定统一的数据类型，让程序能够将数组成员的数学操作下放到高度优化的 C 代码上，再通过向量化的方式进行计算：`vmap` 中的 `v`，就是向量化（vertorization）一词的简写。

简单来说，向量化的程序设计方式可以让一条指令同时处理多条数据，在语法行为上与数组的语义广播类似（见 3.3.1 节）。对于支持 SIMD 的硬件，向量是一个指令操作数（opcode），其中包含了一组打包到一维数组的数据。SIMD 利用数据级的并行，来并行操作向量中的元素。如图 6.1 所示，一个支持 SIMD 的寄存器为 128 位宽，对于 4 个完整的 32 位浮点数，硬件可以将其同时加载到单个寄存器中，对 4 个数据同时进行操作。

`vmap` 借鉴了向量化的思路，只不过它是一种更高层级的抽象。在图 6.1 中，SIMD 为了充分利用寄存器，同时操作了多个浮点数；而 `vmap` 的使用则是为了充分利用硬件，同时计算多个模型或者多组数据。为了高效地进行批量计算，我们可以重写函数，使它接受一个更高维的数组，再利用 NumPy 本身的矩阵运算同时计算多个数据。在这个过程中，一旦传入数组的维度或形状发生改变，函数就会重新进行即时编译。因此，我们需要一个工具，在保证函数通用性的前提下，以一种类似于向量化的方式对一批数据执行相同的操作。在JAX中，`vmap` 函数旨在自动生成一个函数的向量化实现。

在这里，我们首先给出 `vmap` 的函数签名，如下所示：

```
jax.vmap(fun, in_axes=0, out_axes=0, axis_name=None, axis_size=None)
```

[1] 在大多数语境下，向量化与 SIMD 是可以互换的同义词。1972 年，费林（Michael J. Flynn）将信息流分为指令（instruction）和数据（data）两种，并据此提出了 4 种计算机类型：单指令流单数据流（SISD）、单指令流多数据流（SIMD）、多指令流单数据流（MISD）和多指令流多数据流（MIMD）。

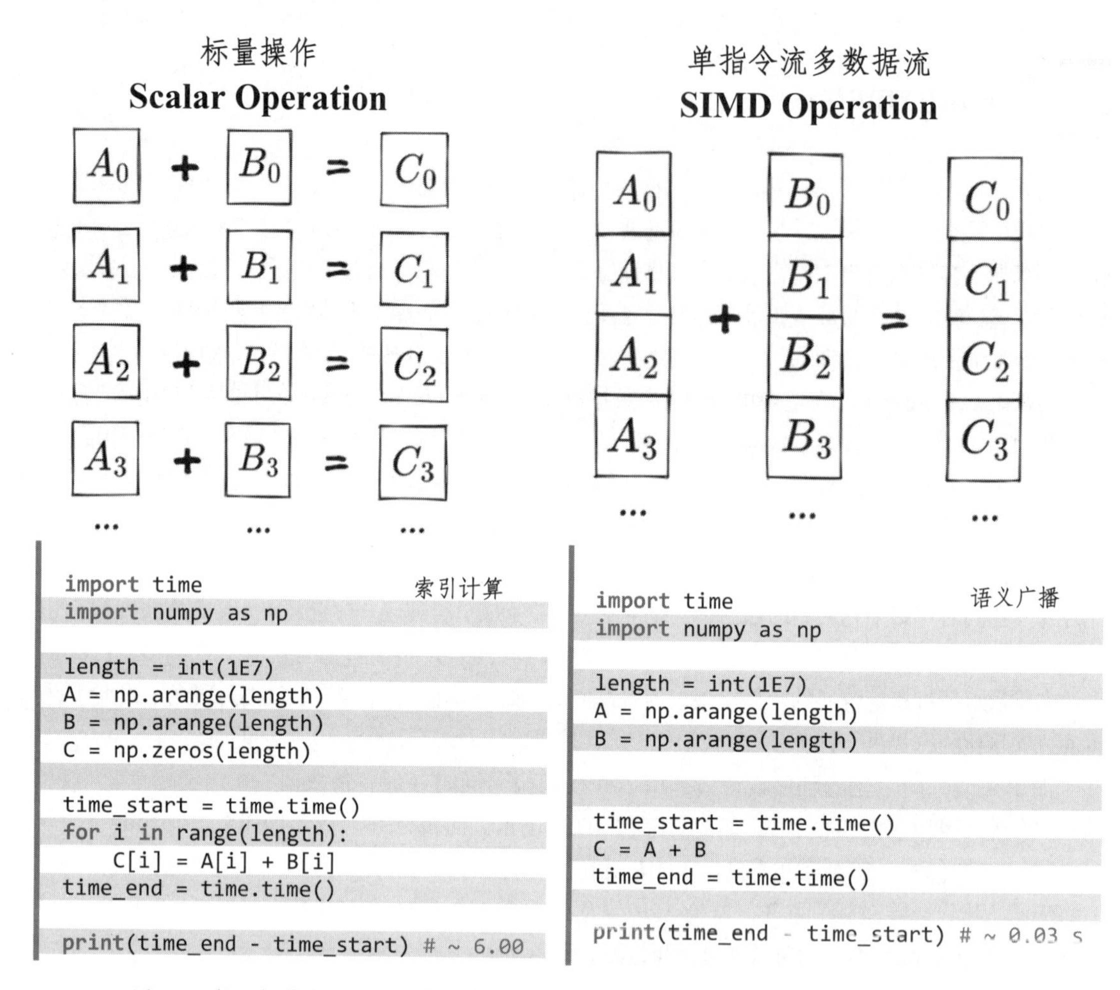

图 6.1 标量操作与 SIMD 操作的区别。对于标量操作，处理器一次仅计算一个数据；而 SIMD 操作会将多个数据合并计算

函数 vmap 作为与 grad 和 jit 同类的函数（即都是从函数到函数的映射），它的第一个参数 fun 接受待向量化的函数。参数 in_axes 指定了向量化操作对各数组映射的方向，参数 out_axes 指定了作用后结果合并的方向。[1]例如，如果我们希望简单函数 fun 同时计算 M 组数据，并且将这些数据在第 1 个方向上进行堆叠，那么应该指定 in_axes=1；同时，对于每个批的计算结果，我们可以通过 out_axes 指定其在输出数组中排列的方式。参数 in_axes 和 out_axes 既可以接受整数或 None，也可以接受 Python 容器或者 PyTree。此外，参数

[1] 这里的“方向”一词，对应着 NumPy 数组中的 axis 参数。例如对于二维数组（矩阵）而言，第 0 个方向对应着二维数组的行，第 1 个方向对应着二维数组的列——这里的“行”和“列”，便是对“方向”一词的生动诠释。另外，方向的标号与数组索引的位置相对应。

axis_name 可以引入具名数轴的概念，这个参数的意义将在接下来 pmap 方法中得到更好的体现。参数 axis_size 参数指定了映射数据的数量。如果这个参数小于 in_axes 指定数轴的长度，则只映射 axis_size 数量的数据；如果该参数没有指定，程序将会根据 in_axes 指定方向上的维数自动进行推断。

函数 vmap 最常见的使用情景是将一个函数应用在一批数据上，并返回一批结果。例如一个函数f，对接收的 5 个数组进行某些运算，并返回 4 个数组。我们希望能对这个函数进行"向量化"操作，使其在不经过改动的情况下，对一批数据进行相同的运算。

代码示例 6.1 使用 vmap 函数进行批量计算

```
import jax.numpy as jnp
from jax import vmap

batch = 8
a, b, c, d, e, f = 2, 3, 4, 5, 6, 7

in_axes = (None, 3, 4, 5, None)
out_axes = (0, 1, 2, None)

A = jnp.ones((a, b, c, d, e, f))
B = jnp.ones((a, b, c, batch, d, e, f))
C = jnp.ones((a, b, c, d, batch, e, f))
D = jnp.ones((a, b, c, d, e, batch, f))
E = jnp.ones((a, b))

def func(A, B, C, D, E):
    return (
        A + B,
        B - C,
        C * D,
        E * 2,
    )

ans = vmap(func, in_axes, out_axes)(A, B, C, D, E)
print(ans[0].shape)  # (batch, a, b, c, d, e, f)
print(ans[1].shape)  # (a, batch, b, c, d, e, f)
print(ans[2].shape)  # (a, b, batch, c, d, e, f)
print(ans[3].shape)  # (a, b)
```

以代码示例 6.1 中函数 func 的 A+B 运算为例，数组间的加法运算要求 A 与 B 具有匹配的形状；而输入的第二个数组 B 可以看作一个在 axis=3 的方向上有 batch 个与 A 形状相同的数组。vmap 函数的 in_axes 参数指定为(None, 3)，意为数组 A 作为整体，与数组 B 沿着 axis=3 方向的子数组逐一进行运算。数组 A 与 B 的子数组共进行了 batch 次计算，并返回了 batch 个结果，而这些结果的组合方式则由参数 out_axes 指定。在本例中，由于数组 out_axes 的第 0 个分量为 0，程序将令这些结果在 axis=0 的方向进行拼接，因此数组 ans[0]在 axis=0 方向上长度为 batch。

与图 6.1 中所给出的两份代码示例相似，为了让读者更好地理解 vmap 函数的作用规则，我们在代码示例 6.2 中使用 for 循环，给出了与代码示例 6.1 完全等价的程序实现，两者原则上只存在计算效率的区别。

代码示例 6.2　使用 vmap 函数进行批量计算（for 循环的等价形式）

```
import numpy as np

batch = 8
a, b, c, d, e, f = 2, 3, 4, 5, 6, 7

in_axes = (None, 3, 4, 5, None)
out_axes = (0, 1, 2, None)

A = np.ones((a, b, c, d, e, f))
B = np.ones((a, b, c, batch, d, e, f))
C = np.ones((a, b, c, d, batch, e, f))
D = np.ones((a, b, c, d, e, batch, f))
E = np.ones((a, b))

def func(A, B, C, D, E):
    return (
        A + B,
        B - C,
        C * D,
        E * 2,
    )

ans0 = np.zeros((batch, a, b, c, d, e, f))
ans1 = np.zeros((a, batch, b, c, d, e, f))
ans2 = np.zeros((a, b, batch, c, d, e, f))
ans3 = np.zeros((a, b))
ans4 = np.zeros((batch, a, b))

for i in range(batch):
    a1, a2, a3, a4 = func(A, B[:,:,:,i], C[:,:,:,:,i], D[:,:,:,:,:,i], E)
    ans0[i] = a1
    ans1[:,i] = a2
    ans2[:,:,i] = a3  ans3[:] = a4

ans = (ans0, ans1, ans2, ans3)
print(ans[0].shape)  # (batch, a, b, c, d, e, f)
print(ans[1].shape)  # (a, batch, b, c, d, e, f)
print(ans[2].shape)  # (a, b, batch, c, d, e, f)
print(ans[3].shape)  # (a, b)
```

在 for 循环中，我们每次沿着参数 in_axes 指定的方向（例如数组 B 的 in_axes=3，则对应 B[:,:,:,i]）依次索引子数组，再一并传入 func 函数进行计算。每一次计算得到的结果，按照给定的 out_axes 方向，放入提前开辟的相应数组中（例如 A+B 的输出方向为 out_axes=0，故而直接放入 ans0[i]）。需要特别注意的是，由于在对 E*2 的计算中，我们指定了参数 in_axes 与 out_axes 为 None，因此程序将把输入的数组 E 作为一个整体看待：计算过程不涉及在某个特定方向的映射操作，程序输出的结果也仅有一个。

在上述示例中，我们使用一次 vmap 函数，同时对输入数组的不同维度进行同时的映射。当然，我们还可以嵌套地使用 vmap 函数，将经过前一个 vmap 转换后输出的函数作为下一个 vmap 函数的输入，从而达到依次映射输入数组不同维度的目的，如代码示例 6.3 所示。

代码示例 6.3　vmap 函数的嵌套使用

```python
import jax.numpy as jnp
from jax import vmap
batch1 = 8
batch2 = 6
a, b, c = 2, 3, 4
As = jnp.ones((batch1, batch2, a, b))
Bs = jnp.ones((batch1, b, c))

def f(x, y):
    a = jnp.dot(x, y)
    b = jnp.tanh(a)
    return b

batched_f = vmap(vmap(f), in_axes=(1, None), out_axes=1)

ans = batched_f(As, Bs)
print(ans.shape)  # (batch1, batch2, a, c)
```

在以上示例中，数组 As 可以看作具有 (a,b) 形状的子数组在第 0 个方向和第 1 个方向上的堆叠，数组 Bs 可以看作具有 (b,c) 形状的子数组在第 1 个方向上的堆叠。函数 f 可以视作一个带有激活项的矩阵乘法，它将形状为 (a,b) 和 (b,c) 的输入数组，映射为形状为 (a,c) 的输出数组。我们希望将函数 f 这样的映射批量地作用在 As 和 Bs 中的多个子数组上，因此需要采用 vmap 函数的嵌套形式。嵌套的 vmap 从内层向外层逐一转换输入函数，而程序在调用时则是先处理外层函数，后处理内层函数。外层 vmap 的参数 in_axes=(1, None) 指出，对于 As 数组，批处理是沿着第 1 个方向进行的；而对于 Bs 数组，None 表示不对其进行批处理，将数组作为一个整体保留。内层函数的 in_axes 参数默认为 (0,0)，将取出的子数组再沿着 axis=0 轴方向迭代，然后传入函数 f 中进行运算。最后，我们会得到 (batch1,batch2) 个形状为 (a,c) 的数组，内层 vmap 的 out_axes=0 先将其拼接为 (batch1,2,4)，再由外层 vmap 归并为

(batch1,batch2,2,4)的数组。我们同样可以仿照代码示例6.2写出 **for** 循环的等价形式。

首先，内层的vmap函数并未指定in_axes和out_axes参数，故采用vmap函数签名中的默认值。内层的vmap函数将函数f向量化，得到的vmap(f)作为一个函数，将形状为(batch1,a,b)和(batch1,b,c)的输入数组，映射为形状为(batch1,a,c)的输出数组。在此基础上，外层的vmap函数指定了in_axes=(1, None)以及out_axes=1，故而最终得到的函数batched_f，能够将形状为(batch1,batch2,a,b)和(batch1,b,c)的输入数组，映射为形状为(batch1,batch2,a,c)的输出数组——这得到了代码示例6.3输出结果的验证。

依照之前的惯例，我们在代码示例6.4中给出了（与代码示例6.3完全等价的）基于 **for** 循环的程序实现：二者原则上只有计算效率的不同。

代码示例6.4 vmap函数的嵌套使用（for循环的等价形式）

```
import numpy as np
batch1 = 8
batch2 = 6
a, b, c = 2, 3, 4
As = np.ones((batch1, batch2, a ,b))
Bs = np.ones((batch1, b, c))

def f(x, y):
    a = np.dot(x, y)
    b = np.tanh(a)
    return b

def batched_f(As, Bs):
    ans_outer = np.zeros((batch1, batch2, a, c))

    for i_outer in range(batch2):
        # in_axes = (1, None)
        As_inner = As[:, i_outer]
        Bs_inner = Bs
        ans_inner = np.zeros((batch1, a, c))

        for i_inner in range(batch1):
            ans_inner[i_inner] = f(As_inner[i_inner], Bs_inner[i_inner])

        ans_outer[:, i_outer] = ans_inner  # out_axis = 1

    return ans_outer

ans = batched_f(As, Bs)
print(ans.shape)  # (batch1, batch2, a, c)
```

细心的读者可能会发现，代码示例 6.4 中 vmap 的 **for** 循环的等价形式与第 3 章中讲到的爱因斯坦求和约定有一定的相似之处。在代码示例 3.19 中，在等号同侧，对相同指标的求和是通过在相同指标所指定的方向上进行循环累加实现的；在等号异侧，相同的指标用于标记不同的等式，也将求和后所得的结果放置在新张量的相应位置。

在调用 vmap 函数的过程中，一个 vmap 函数相当于一层 **for** 循环的实现，程序按照这一层中的 in_axes 参数，在指定的方向上对原数组进行切片。这些数组切片不再（像在爱因斯坦求和中那样）执行加法运算，而是被传入自定义的函数中，并将函数输出的结果在参数 out_axes 指定的方向上进行拼接。

需要特别注意的是，尽管 vmap 函数在形式上提供了一种矢量化的映射操作，但该函数的本质是将原有函数在矢量化执行的方向上进行升维[1]，以适应批量处理的操作。在这里，vmap 作用前后函数的 jaxpr 表达式清晰地展现了这种变化：

代码示例 6.5　函数在 **vmap** 作用前后 **jaxpr** 表达式的变化

```
def f(x, y):
  a = jnp.dot(x, y)
  b = jnp.tanh(a)
  return b

xs = jnp.ones((8, 2, 3))
ys = jnp.ones((8, 3, 4))

print("<f jaxpr>")
print(make_jaxpr(f)(xs[0], ys[0]))

print("<vmap(f) jaxpr>")
print(make_jaxpr(vmap(f))(xs, ys))

# <f jaxpr>
# { lambda ; a:f32[2,3] b:f32[3,4]. let
#     c:f32[2,4] = dot_general[
#       dimension_numbers=(((1,), (0,)), ((), ()))
#       precision=None
#       preferred_element_type=None
#     ] a b
#     d:f32[2,4] = tanh c
#   in (d,) }

# <vmap(f) jaxpr>
# { lambda ; a:f32[8,2,3] b:f32[8,3,4]. let
```

[1] JAX手册的 Autodidax: Jax core from scratch 中详细描述了这一过程。

```
#     c:f32[8,2,4] = dot_general[
#       dimension_numbers=(((2,), (1,)), ((0,), (0,)))
#       precision=None
#       preferred_element_type=None
#     ] a b
#     d:f32[8,2,4] = tanh c
#   in (d,) }
```

在代码示例 6.5 中，在 vmap 作用前后，函数的 jaxpr 表达式主要发生了两点变化。首先是两个函数接收的数组形状不同，其次是 dot_general 算符中，dimension_numbers 参数的数值不同。关于 dimension_numbers 参数的技术细节可参见XLA的官方文档[1]。简单来说，它指定了如何对矩阵进行分解，以及计算后的结果应该如何组合。总而言之，vmap 函数使得函数可以像 NumPy 数组计算那样进行“广播”和“批量”的操作，使同一个函数同时作用于批量的数据，从而达到并行的效果。

对比代码示例 6.1 与代码示例 6.2 可知，vmap 函数虽然不能提升单个矩阵的运算时间，但其意义是在不修改纯函数的条件下，同时计算多个数据，从而提高硬件的计算效率。在引入 vmap 函数以后，我们仅需关注核心部分的代码，编写符合JAX哲学的纯函数，然后再通过 vmap 函数将其转换为批量计算的版本，从而使核心函数的形式变得更加简洁。

6.2 使用 vmap 在 GPU 上并行训练

回忆我们在第 4 章训练全连接神经网络的例子。我们按照公式(4.23′)定义了全连接神经网络层，以计算每一条训练数据的仿射变换[2]及其非线性激活函数。为了充分利用 GPU 资源，最容易想到的方法是提高批的大小，直到占满 GPU 为止。但正如第 4 章所说，在每一步梯度下降中使用训练集中的全部样本会使训练变得十分昂贵，因此我们引入了批量梯度下降，每次选取少量的训练样本用以更新经验风险函数。为了更好地展示输入数据形状的变化，我们首先定义类型注释，用以标记数组的数据类型与形状。

代码示例 6.6.1 类型注释

```python
from typing import Any, Dict
class ArrayType:
    def __getitem__(self, idx):
        return Any
```

---

1 以本例中两个二维数组的 dot_general 参数为例，参数 dimension_numbers 的第一对数组指出输入的两个数组在哪个方向上进行“分解”。((1,), (0,))表示对第一个二维数组逐列分解，对第二个数组逐行分解。其后的第二对数组表示将结果在哪个方向堆叠，((), ())意味着不对计算出的结果进行堆叠，而是进行规约求和。

2 仿射变换（affine transformation）又称仿射映射，是指在几何中，将一个向量空间进行一次线性变换并接上一个平移，变换为另一个向量空间。

```
f32 = ArrayType()
```

我们依照式(4.23')写出简单的预测函数 predict。所谓“简单的预测函数”，是指函数 predict 仅遵从式(4.23')的描述，而不考虑任何批处理或者更高维度数组的情况。

代码示例 6.6.2　定义简单的预测函数 predict

```
def predict(params: Tuple[f32[(10,784)], f32[(10, )]],
            image : f32[(784,)]) -> f32[(10,)]:
    w, b = params
    logits = jnp.sum(w*image, axis=-1) + b
    return logits - logsumexp(logits)
```

在函数 predict 的函数签名中，我们将每一个数组的数据类型和形状进行了标注。第 1 个参数 params 为一个元组，元组中的第 1 个元素应该是 32 位的浮点型数组，数组的形状为(784,)；元组中的第 2 个元素同样是 32 位的浮点型数组，数组的形状为(1,)。函数 predict 接受的第 2 个参数是形状为(728,)的图像数据。经过计算后，函数将返回形状为(10,)的数组。不过，这个简单的预测函数一次只能处理一条数据，而我们需要做的是使用 vmap 函数将其改写为一次能处理多条数据的函数。

在代码示例 4.13.3 中，我们所采取的策略是在函数内部手动地对输入数据进行处理，使得原本的函数能够同时处理多条数据。这里再次给出经过类型标注的 batched_predict 函数，供读者参考比照：

```
batch_size = 100
def batched_predict(params:Tuple[f32[(10, 784)], f32[(10, )]],
                            images:f32[(batch_size, 728)]) -> f32[(batch_size, 10)]:
    w, b = params
    images:f32[(batch_size, 1, 728)] = jnp.expand_dims(images, 1)
    logits:f32[(batch_size, 10)] = jnp.sum(w * images, axis=-1) + b
    return logits - logsumexp(logits)  op
```

在函数 batched_predict 的代码实现中，我们使用函数 jnp.expand_dims 将 images 数组在 axis=1 的方向扩展了一个维度，它等价于 images[:,None]语句。这个优雅的操作可以在不改动其他代码的情况下，实现同时预测多组数据的功能。

但在更多情况下，我们并不能这样简单地将一个只能处理单一数据的函数，提升为可以同时处理多组数据的函数：原本的函数可能是一个非常复杂的科学计算过程，期间会涉及多个数组的维度变化。因此，我们希望有一个方法，能自动地将这个函数转化成可以批量计算的版本。对于简单的 predict 函数而言，我们仅需使用一次 vmap 函数，就可以将其转换为可以进行批量处理的版本。

代码示例 6.6.3　批量预测函数 batched_predict 的获得

```
batched_predict = vmap(predict, in_axes=(None, 0))
```

函数 vmap 将代码示例 6.6.2 中的 predict 函数进行了向量化转换，得到的 batched_predict 函数功能与第 4 章中的 batched_predict 函数完全相同。现在，我们可以将一个批的数据传给 batched_predict 函数进行计算，并同时返回一组结果。除给出的代码示例 6.6.1~6.6.3 以外，训练模型的其他代码与代码示例 4.13.3 相同，这里不再另外给出。

在当前硬件上一次训练一个网络好像已经没有办法继续提高训练的速度，但是我们的 GPU 仍然没有被完全地利用。在 Colab 的 GPU 后端上，训练一个样本的 GPU 使用率仅有 2%，训练时间平均为 1.9 秒/周期。然而在很多情况下，我们可能需要同时训练多个模型。比如，当需要找到最合适的学习率时，我们会提供一系列的值用以同时训练多个网络，并检查在哪个参数下模型收敛得又快又好。仅仅通过 vmap 函数对原代码的部分函数进行处理，就可以将这些网络同时放在 GPU 上进行训练，如代码示例 6.7.1 所示。

代码示例 6.7.1 多个网络的同时训练（学习率的扩展）

```
@jax.jit
def update(params, x, y, lr):
    w, b = params
    dw, db = grad(loss)(params, x, y)
    return (w - lr * dw, b - lr * db)

v_update = vmap(update, in_axes=(0, None, None, 0))
```

经过函数 vmap 的转化，update 函数成为可以针对模型参数 params 和学习率 lr 迭代的向量化函数。这意味着如果我们能提供一系列的模型和学习率，就可以并行地训练这些模型。我们略微修改初始模型产生函数，使其可以批量地产生模型（见代码示例 6.7.2）。

代码示例 6.7.2 多个网络的同时训练（模型的批量产生）

```
def init_network_params(seed, scale=1e-2):
    key = jax.random.PRNGKey(seed)  # 接收随机数种子
    w_key, b_key = jax.random.split(key, 2)
    w = scale * jax.random.normal(w_key, shape=(10, 784))
    b = scale * jax.random.normal(b_key, shape=(10, ))
    return (w, b)

# 超参数设置
n_trail_step_size = 1  # 学习率采样点数
step_size = jnp.linspace(0, 1, n_trail_step_size)
key = jax.random.PRNGKey(0)
seed = jax.random.uniform(key, shape=(n_trail_step_size, )) * 100
params_array = vmap(init_network_params)(seed=seed.astype(int))
```

经过这两步修改后，产生的模型 params_array 和步长 step_size 都是多组批数据的集合，且有着相同的长度(即判断语句 len(params_array)==len(step_size)将返回 True)，通过向量化的 v_update 函数可以同时进行计算。最后，将训练过程中的 update 函数换为 v_update 函数即可。模型的训练过程如代码示例 6.7.3 所示。

代码示例 6.7.3 多个网络的同时训练（模型的训练）

```
for epoch in range(num_epochs):
    start_time = time.time()
    training_generator = data_loader(train_data, train_labels, batch_size)
    for x, y in training_generator:
        # 添加噪声
        _, key = jax.random.split(key, 2)
        x += noise_scale * jax.random.normal(key, x.shape)
        params_array = v_update(params_array, x, y, step_size)

    # 输出信息
    epoch_time = time.time() - start_time
```

改变学习率采样点数 n_trail_step_size 的值后，得到的 GPU 利用率与及训练时间的关系如图 6.2 所示。可以看到，随着采样数的增加，GPU 利用率逐渐增加，直至满负荷运行；而在采样点较少时，并行模型几乎与单个模型的训练时间相同。

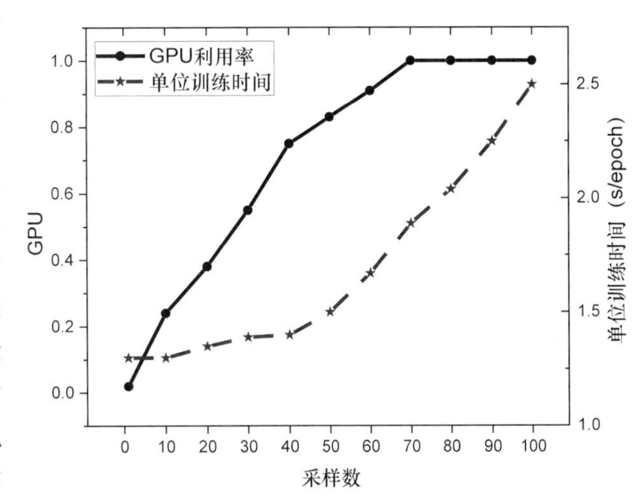

图 6.2 采样数（并行训练数）与 GPU 利用率和训练时间的关系

这个简单的例子在 MNIST 数据集上意义或许不大，但是表现出的 vmap 函数的使用方式却是具有启发性的。借助于 vmap 函数，我们可以在 GPU 上同时训练多个神经网络，以满足超参数扫描、实验重复验证等需求。相较于令多个作业同时运行在一个 GPU 上，这种方法可以避免在 CPU 和 GPU 间重复复制数据所带来的损耗。因此，通过JAX并行地训练模型，可以快速地进行大量小规模的测试。

6.3 函数 pmap

JAX 中的 pmap 函数接受的参数与 vmap 函数中的参数意义相同，但在具体实现机制上有所不同。函数 vmap 的本质与手动向量化相似，它将类似循环的计算展开成大数组的运算，并利用NumPy内部对数组计算的优化实现并行。函数 pmap 则是将函数进行复制，并且在每个加速硬件上独立地执行这些副本。我们称这种工作模式为单程序多数据（single program multiple data，SPMD）。SPMD 意味着计算机的每一个运算单元，都将针对不同的输入数据执行完全相同的程序指令。为了使函数能够同时运行在不同的硬件上，函数 pmap 会自动执行即时编译，而不需要像 vmap 那样需要显式地声明。

我们首先展示 pmap 的函数签名：

```
jax.pmap(fun, axis_name=None,*, in_axes=0,out_axes=0,static_broadcasted_argnums=(),...[1])
```

函数 pmap 中参数的含义大多与 vmap 相同。这里的 static_broadcasted_argnums 参数，类似于将 vmap 中的 in_axes 中的某些参数指定为 None，并将指定的数组作为一个整体复制到各个硬件上。另外，使用函数 pmap 时最大的限制在于，函数 pmap 要求所要映射的轴的长度必须小于等于加速硬件的数量。在谷歌的 Colab 平台上，我们可以一次调用 8 张 TPU 进行并行计算。当我们要并行计算多维数组中每个元素的三角函数值时，数组的映射方向的长度必须小于等于 8，如代码示例 6.8 所示。

代码示例 6.8 使用函数 pmap 并行计算数组的三角函数值

```
rng = random.PRNGKey(0)
arr = random.normal(rng, shape=(7, 8, 9))

ans = pmap(jnp.sin, in_axes=0)(arr)  # 好!
ans = pmap(jnp.sin, in_axes=1)(arr)  # 好!
ans = pmap(jnp.sin, in_axes=2)(arr)  # 孬!
# ValueError: compiling computation that requires 9 logical devices, but only 8 XLA devices are available (num_replicas=9, num_partitions=1)
```

可以看到，当指定 in_axes 等于 0、1 时均可以成功运行，但是由于 axis=2 方向上的长度大于 8，因此会抛出“超出可允许硬件数量”的错误。

接下来，我们给出一个使用函数 pmap 计算大型矩阵的示例，如代码 6.9 所示。

代码示例 6.9 使用函数 pmap 并行地计算大型矩阵

```
# 生成 8 个随机数种子
keys = random.split(random.PRNGKey(0), 8)

# 在 8 个硬件上并行生成 8 个大型矩阵
mats = pmap(lambda key: random.normal(key, shape=(5000, 6000)))(keys)
print(type(mats))  # <class 'jax.interpreters.pxla._ShardedDeviceArray'>
```

[1] 这里省略了一些不常用的参数。

```
# 在各个硬件上并行运行 8 个大型矩阵的矩阵乘法
# 没有主机端与硬件的数据通信（矩阵依然存在硬件上）
result = pmap(lambda x: jnp.dot(x, x.T))(mats)
print(result.shape)  # (8, 5000, 6000) 仅将结果传回主机端

# 在各个硬件上计算平均值
print(pmap(jnp.mean)(result))
```

在上述代码中，生成了 8 个独立的随机数种子，并在 8 张 TPU 上并行地生成矩阵。经过 pmap 转换后的函数将返回一个 jax.ndarray 的子类 SharedDeviceArray，其数据缓存在刚刚进行计算的加速硬件上。我们可以像一般的 jax.ndarray 那样查看和使用返回的结果，也可以继续并行进行矩阵运算。当使用这个数组继续计算时，会直接应用硬件上的数据，从而避免了数据在硬件间的复制。尽管这些计算的结果分布在多个硬件上，但是从逻辑上来看却像是一个数组，我们可以像查看一般的 NumPy 数组一样，查看数组的各种信息。

除了表示完全独立和并行的纯映射（函数副本间无须通信）计算，函数 pmap 也支持硬件间的通信操作。一个典型的示例是在多张 TPU 上通过规约求和的 lax.psum 实现归一化操作，如代码示例 6.10 所示。

代码示例 6.10 使用函数 pmap 时硬件之间的通信

```
# 写法一
from jax import lax
normalize = lambda x: x / lax.psum(x, axis_name='i')
result = pmap(normalize, axis_name='i')(jnp.arange(4.))
print(result)

# 写法二
from functools import partial
@partial(pmap, axis_name='i')
def normalize(x):
    return x / lax.psum(x, 'i')
print(normalize(jnp.arange(4.)))
```

为了使用像 lax.psum 那样的集合操作，我们需要向 pmap 指定 axis_name。这个参数为映射的数轴赋予一个名字（这个名字是任意自取的），以便指示集合操作的方向。在嵌套使用 pmap 或者 vmap 的时候，这个参数非常重要，用以区分不同的映射轴，如代码示例 6.11 所示。

代码示例 6.11 函数 pmap 的别名数组形式

```
# 嵌套 pmap 计算
@partial(pmap, axis_name='rows')
```

```
@partial(pmap, axis_name='cols')
def f(x):
    row_normed = x / lax.psum(x, 'rows')
    col_normed = x / lax.psum(x, 'cols')
    doubly_normed = x / lax.psum(x, ('rows', 'cols'))
    return row_normed, col_normed, doubly_normed

x = jnp.arange(8.).reshape((4, 2))
a, b, c = f(x)
print(a)
print(a.sum(0))
```

函数 pmap 的嵌套与 vmap 完全相同，但这样的嵌套形式并没有太大的实际意义。在代码示例 6.11 中，外层的 pmap 函数将 4 行数据分配到 4 个加速硬件上，而每个硬件通过执行内层的 pmap 函数又将两列数据分配到 2 个硬件上。因此，对于这个形状为(4, 2)的数组，就需要 8 个 XLA 逻辑硬件。但对于大型的数组，在仅有 8 个逻辑硬件的情况下，对于形状为(8, 8)的二维数组而言，在将 8 行数据平均分配到 8 个硬件上后，每个硬件上的任务就无法再分配到其他的硬件上，此时程序会提示“需要 64 个 XLA 逻辑硬件，但实际只有 8 个”的错误。

6.4 使用 pmap 更新细胞自动机

细胞自动机（Celluar automaton）是一种离散模型，在可计算性理论、数学和理论生物学方向都有相关研究。它由无限个具有状态的格点组成，每个格点在t时刻的状态由$t-1$时刻周围的n个邻居决定。细胞自动机的格点状态只受周围格点的影响，所有格点都受同样规则的支配，因此具备平行计算性。我们使用规则 30 作为细胞自动机的规则来观察系统的演化。“规则 30”（rule 30）是史蒂夫 · 沃尔夫勒姆（Stephen Wolfram）在 1983 年提出的单维二进制细胞自动机规则。在沃尔夫勒姆的分类体系中，规则 30 属于第三类规则，通常会表现出不定期、混沌的行为。

规则 30 的演化法则非常简单，即任意一个格点（针对边界格点，需考虑周期性边界条件）都有两种状态，且在下一时刻的状态由左右两个格点通过下述公式决定（因此是单维二进制规则）。

$$C_x^t = C_{x-1}^{t-1}\,XOR(C_x^{t-1}\,OR\,C_{x+1}^{t-1}) \tag{6.1}$$

式（6.1）中，字母的上标代表时间，下标代表位置。式（6.1）表明，t时刻体系的状态可以完全由$t-1$时刻体系的状态决定。下标$x-1$、x、$x+1$分别表示位于x的左中右三个位置的格点。对于t时刻格点的状态，我们先取 $t-1$ 时刻中间格点与右侧格点的状态做或运算OR，再将所得的结果和左侧格点的状态做异或运算XOR。

我们将体系中可能出现的$2^3=8$种情况统一在表 6.1 中列出，其中数字 1 代表细胞存活，数字 0 代表细胞死亡。

表 6.1 规则 30 细胞自动机中可能出现的 8 种模式

t-1 时刻模式	111	110	101	100	011	010	001	000
t 时刻模式	0	0	0	1	1	1	1	0

一种演化后的图样如图 6.3 所示[1]，其中深色的格点代表 1，浅色的格点代表 0，我们自上而下地绘制出了体系状态随时间的演化。

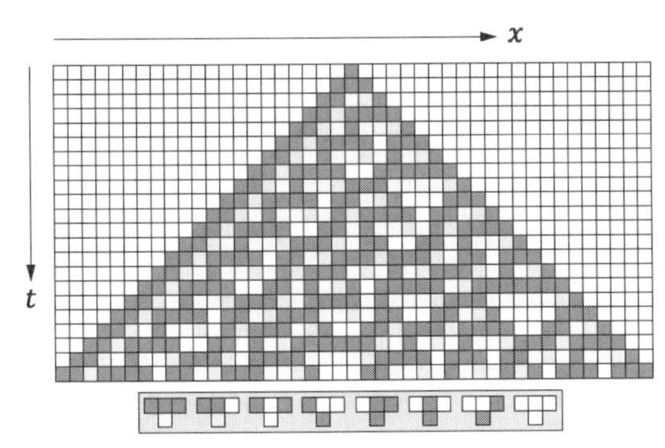

图 6.3 单维二进制细胞自动机随时间演化的轨迹

图 6.4 织锦芋螺的外壳

这个规则之所以令人感到有趣，是因为这个简单、明确的规则能够产生出复杂且看似随机的模式。沃尔夫勒姆认为，规则 30 及其他一般的细胞自动机是理解简单规则如何在实际中形成复杂结构与行为的关键。比如说，一个类似规则 30 的模式广泛地出现在锥形蜗牛物种（如织锦芋螺）的外壳上。

接下来，我们将通过程序构建规则 30 的细胞自动机。由于细胞自动机具有高度的并行性，因此可以使用函数 pmap 加快计算。同样，代码示例 6.12 需要在 Colab 平台中运行，并且使用 TPU 硬件运行[2]。为此，我们首先需要通过以下代码初始化 TPU 设备。

代码示例 6.12.1 规则 30 自动细胞机（设备的初始化）

```
import jax
import jax.tools.colab_tpu
jax.tools.colab_tpu.setup_tpu()
print(jax.local_devices_count())  # 8
```

随后，我们开始构建初始的一维棋盘。上文提到，使用 pmap 前需要将数据集手动劈分，然后分配给各个硬件。我们将初始的棋盘长度设置为 40，使其可以被拆分为形状为(device_count,5)的数组，并被分发到 8 张 TPU 上。我们还需要随机初始化数个存活的细胞，作为体系的初始状态

[1] 图片引自维基百科“Rule_30”词条。

[2] 如果不方便使用 Colab，则可以通过在程序开始前添加环境变量参数以模拟任意数量的设备：

```
os.environ['XLA_FLAGS'] = '--xla_force_host_platform_device_count=8'
```

（比如在图 6.3 中，我们将位于正中间的格点在初始状态下标记为 1）。在代码示例 6.12.2 中，我们使用 random_init_pattern 函数，按照伯努利分布将细胞的初始状态随机标记。

代码示例 6.12.2 规则 30 自动细胞机（细胞状态的初始化）

```
def random_init_pattern(p=0.5, seed=42):
    # 按照伯努利分布随机生成初始结构
    rng = jax.random.PRNGKey(seed)
    board = jax.random.bernoulli(rng, p, shape=(40, ))
    board = jnp.asarray(board, dtype=bool)
    return board.reshape((device_count, -1))

def simple_init_pattern():
    # 生成简单的初始结构
    board = jnp.zeros(40, dtype=bool)
    board = board.at[20].set(True).reshape(device_count, -1)
    return board
```

紧接着，由于对于分布在各个硬件上的每一段棋盘，其边缘格点状态的更新将依赖于相邻硬件上持有的格子的数据。我们需要构建两个通信函数，以获取左右两侧硬件的数据，并将当前硬件棋盘的数据分享给毗邻硬件。

代码示例 6.12.3 规则 30 自动细胞机（硬件间信息的分发）

```
def send_right(x, axis_name):
    left_perm = [(i, (i + 1) % device_count) for i in range(device_count)]
    return lax.ppermute(x, perm=left_perm, axis_name=axis_name)

def send_left(x, axis_name):
    left_perm = [((i + 1) % device_count, i) for i in range(device_count)]
    return lax.ppermute(x, perm=left_perm, axis_name=axis_name)
```

在这两个通信函数中，我们使用了 lax.ppermute 函数来交换边界信息，其实现思路如图 6.5 所示。ppermute 函数的第一个参数接受本地硬件将要发送的数组，第二个参数 perm 的格式为“(源硬件索引，目的硬件索引)”。函数 ppermute 返回交换后的数组。应该指出的是，每一个硬件均需要调用两次函数 send_right 和 send_left，以构建扩展后的格点信息。我们将硬件节点间相互通信的过程写在 step 函数中：

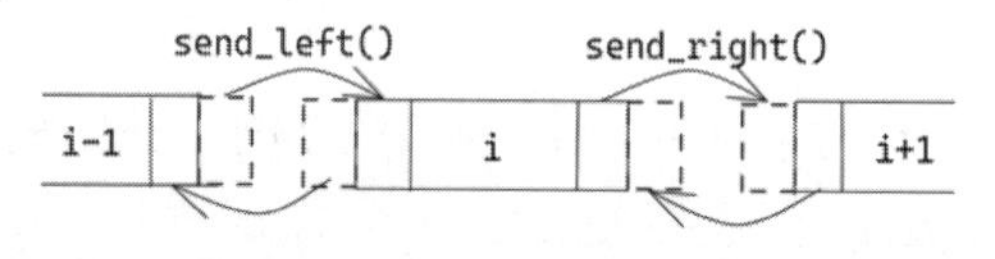

图 6.5 send_left() 与 send_right() 的作用。lax.ppermute 函数通过当前硬件与毗邻硬件的 id 将输入的数组进行交换。实线格子为分配给每个硬件的数据，虚线格子为交换的信息

代码示例 6.12.4 规则 30 自动细胞机（硬件间的通信）

```
@partial(pmap, axis_name='i')
def step(board_slice):
```

```
    left, right = board_slice[:1], board_slice[-1:]  # 选中边界格点
    # 向其他硬件发送消息，并接收交换的信息
    right, left = send_left(left, 'i'), send_right(right, 'i')
    # 合并其他硬件发送的消息
    enlarged_board_slice = jnp.concatenate([left, board_slice, right])
    return update_board(enlarged_board_slice)  # 根据其他硬件发送的消息更新
```

每个硬件将按照 SPMD 的形式独立执行 step 函数，将边界格点选中，并向其他硬件发送并获得其他硬件传输来的信息，以构成扩展后的格点。此时，对于当前硬件持有的每个格点，我们都已经有足够的信息来应用规则 30，因此可以使用 update_board 函数更新下一时刻的棋盘：

代码示例 6.12.5　规则 30 自动细胞机（棋盘状态的更新）

```
def update_board(board):
    left = board[:-2]
    right = board[2:]
    center = board[1:-1]
    return lax.bitwise_xor(left, lax.bitwise_or(center, right))  # rule30
```

最后，我们编写一个用于打印格点信息的函数 print_board。在这个函数中，我们将数组的每一个元素转化为字符，1 记作“*”，0 记作空格，然后将它们合并为字符串进行打印。在 evolution 函数中，我们指定系统演化的次数和初始的结构，使用循环进行系统演化。

代码示例 6.12.6　规则 30 自动细胞机（棋盘状态的打印）

```
def print_board(nstep, board):
    print(f'{nstep}'.rjust(3, ' '), ' | ',
''.join('*' if x else ' ' for x in board.ravel()))

def evolution(nsteps, pattern='simple', *args, **kwargs):
    init_rule = {  # 使用pattern指定开始时棋盘的样式
        'simple': simple_init_pattern,
        'random_init_pattern': random_init_pattern,
    }
    board = init_rule[pattern](*args, **kwargs)  # 初始化棋盘

    print_board(0, board)
    for nstep in range(1, nsteps+1):  # 迭代nsteps次
        board = step(board)
        print_board(nstep, board)
```

可以看到，打印出的随时间演化的棋盘样式与图 6.6 相同。

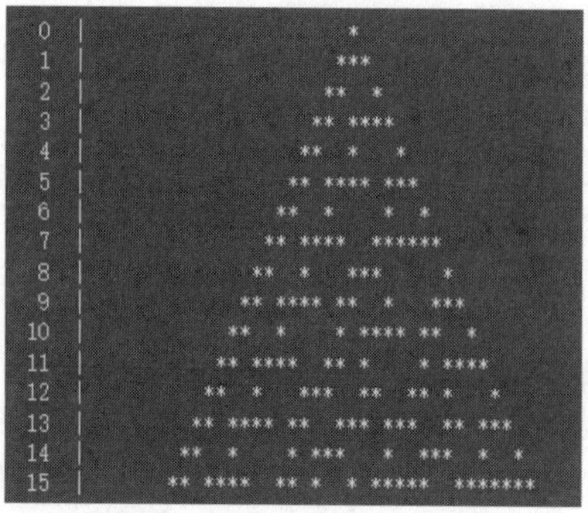

```
 0 |                *
 1 |               ***
 2 |              **  *
 3 |             ** ****
 4 |            **  *   *
 5 |           ** **** ***
 6 |          **  *    *  *
 7 |         ** ****  ******
 8 |        **  *   ***     *
 9 |       ** **** **  *   ***
10 |      **  *    * **** **  *
11 |     ** ****  ** *    * ****
12 |    **  *   ***  **  ** *   *
13 |   ** **** **  *** ***  ** ***
14 |  **  *    * ***   *  ***  *  *
15 | ** ****  ** *  * *****  *******
```

图 6.6　使用 pmap 实现的规则 30 的图样

对于二维的情形，英国数学家约翰·康威（John Conway）在 1970 年发明了名为“康威生命游戏”的二维自动细胞机。在这个细胞机中初始的二维格子棋盘上存在细胞，每个细胞有存活或死亡两种状态，同时与以自身为中心的周围 8 个细胞产生互动。这个二维自动细胞机在时间演化的过程中遵循以下 4 条规则。

➢ 生命稀少：当前细胞存活，周围存活细胞少于两个，则该细胞在下一时刻死亡。
➢ 正常种群：当前细胞存活，周围有两个或三个存活细胞，则该细胞在下一时刻依然存活。
➢ 生命过多：当前细胞存活，周围有超过三个细胞存活，则该细胞在下一时刻死亡。
➢ 模拟繁殖：当前细胞死亡，但周围有三个存活细胞，则该细胞在下一时刻变成存活。

我们把最初的细胞结构定义为种子，当所有在种子中的细胞同时经过以上规则计算后，可以得到第一代细胞图。按上述规则继续处理当前的细胞图，即得到下一代的细胞图……周而复始。随着时间的演化，杂乱无序的细胞会逐渐演化出各种精致、有形的结构。这些结构往往有很好的对称性，而且其形状随着迭代继续进行着精妙的变化。随着时间的演化，其中一些结构的形态将会锁定，不再发生变化。但是，一些已经成形的结构也会因为一些无序细胞的“入侵”而被破坏——形状和秩序于是从杂乱中诞生。

我们只需简单地修改一维自动细胞机的代码，就可以实现康威生命游戏。首先更改棋盘的生成函数。init_board 函数用于初始化空白的棋盘，而 init_board_with_pattern 函数则会在棋盘上绘制图案。

代码示例 6.13.1　二维自动细胞机（棋盘的初始化）

```
def init_board(scale):  # 棋盘大小取决于放大倍数 scale
  board = np.zeros((ndevices*scale, ndevices*scale))
  return board.astype(int)


def init_board_with_pattern(scale, pattern='glider'):

    board = init_board(scale)
```

```
    if pattern == 'glider':
        board[3, 3] = 1
        board[3, 5] = 1
        board[4, 4:6] = 1
        board[5, 4] = 1
    elif pattern == 'blinker':
        board[3:6, 3] = 1
    elif pattern == 'block':
        board[3:5, 3:5] = 1

    return board.reshape(ndevices, scale, -1)
```

方便起见，我们将棋盘初始化为正方形，且令边长为硬件数量的倍数，以方便对棋盘的劈分。在得到空白棋盘后，向其中添加最初的细胞图样，这些细胞图样均是康威生命游戏中一些典型的演化样式。接下来，定义棋盘的更新规则。按照规则，每个格点下一时刻的状态仅取决于周围格点的数目，因此我们可以使用 `lax` 模块中的内置函数，对这样的规则进行实现。

代码示例 6.13.2　二维自动细胞机（棋盘模式的更新规则）

```
def update_pattern(enlarged_board, board):
    return lax.reduce_window(enlarged_board, 0, lax.add, \
                             (3,3), (1,1), 'VALID') - board
```

我们设定池化的窗口大小为 `(3,3)`，步长为 `(1,1)`，这样可以计算每一个格点的邻居数。`reduce_window` 函数计算的是整个窗口中值的总和，因此需要减去位于中心位置的数值。与一维细胞自动机相同，二维棋盘边缘格点的更新同样依赖于毗邻硬件上的数据。这里的通信函数与一维细胞机完全相同，因为我们仅沿行的方向进行数据的劈分。我们可以写出更新函数。

代码示例 6.13.3　二维自动细胞机（棋盘状态的更新函数）

```
@partial(pmap, axis_name='row')
def update(board_slice):

    left, right = board_slice[:, :1], board_slice[:, -1:]
    # right, left = send_negtive(left, 'col'), send_positive(right, 'col')
    horizon_enlarged_board_slice = jnp.concatenate([right, board_slice, left],\
                                                   axis=1)

    up = horizon_enlarged_board_slice[:1],
    down =  horizon_enlarged_board_slice[-1:]
    down, up = send_negtive(up, 'row'), send_positive(down, 'row')
    padding_board_slice = jnp.concatenate([up, horizon_enlarged_board_slice, down])

    count = update_pattern(padding_board_slice, board_slice)
```

```
    # 当前细胞存活，周围存活细胞少于两个，该细胞在下一时刻死亡
    board_slice = jnp.where(count<2, 0, board_slice)
    # 当前细胞存活，周围有两个或三个存活细胞，该细胞在下一时刻依然存活
    board_slice  # no need to implement
    # 当前细胞存活，周围有超过三个细胞存活，该细胞在下一时刻死亡
    board_slice = jnp.where(count>3, 0, board_slice)
    # 当前细胞死亡，周围有三个存活细胞，该细胞在下一时刻变成存活
    board_slice = jnp.where(jnp.logical_and(board_slice==0,\
                                            count==3), 1, board_slice)

    return board_slice
```

在 update 函数中，我们对棋盘的左右两侧进行扩展，以满足周期性边界条件。然后对于按行方向分配到每个硬件上的数据，我们令每个硬件向毗邻硬件交换边界格点的信息。最后，对经过扩充的棋盘应用康威生命游戏规则进行更新。由于单一图片无法展示二维棋盘的演化，我们需要使用 Matplotlib 的动画模块进行绘图。

代码示例 6.13.4　二维自动细胞机（棋盘演化的可视化输出）

```
def evolution(epochs, scale=8):

    board = init_board_with_pattern(scale, pattern='glider')
    print(f'board.shape:{board.shape}')

    snapshot = []
    fig, ax = plt.subplots()
    plt.close()

    for i in range(epochs):

        board = update(board)
        im = ax.imshow(board.reshape((ndevices*scale, ndevices*scale)))
        snapshot.append([im])

    ani = ArtistAnimation(fig, snapshot, interval=100, blit=True)
    return ani

evolution(10, scale=8)
```

通过绘图可知，康威生命游戏中很多看似杂乱无章的细胞结构会演化出有序和周期性的结构。例如，初始图样滑翔机 glider 是一个周期为 4 的可移动振荡图样；信号灯 blink 则是周期为 2 的原位振荡图样；方块 block 则是稳定结构，如图 6.7 所示。

相对于一维自动细胞机，康威生命游戏需要的计算量更大。我们尝试改变棋盘大小，测试并行版与串行版在计算时间上的差异，其结果如图 6.8 所示。简而言之，与传统的分布式系统不同

的是，JAX采用的是“多控制器”模型。JAX运行在管理着多个加速硬件（通常最多 8 个）的 CPU 上，通过函数 `pmap` 使硬件进行计算。JAX 自身不能启动其他的 JAX 进程，因此需要在每台主机上手动运行 JAX 程序。这就意味着，如果需要执行大型的计算程序，我们额外需要一些程序调度在不同主机上的JAX进程，如开源的 mpi4jax 等。对于在多主机和多进程中使用JAX的相关概念已经超出本书范围，这里不再赘述。

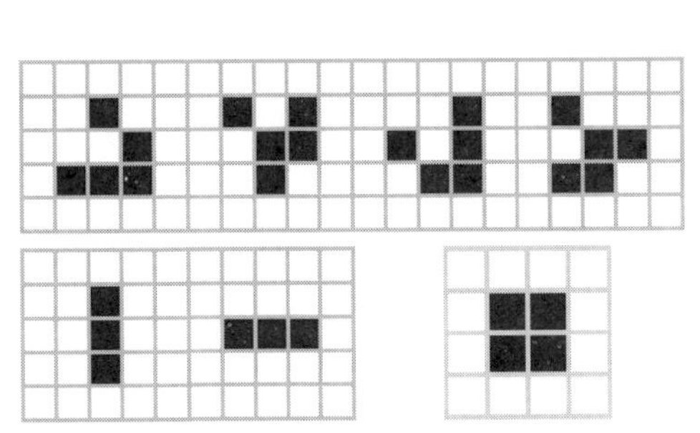

图 6.7　滑翔机（上）、信号灯（左）、方块（右）

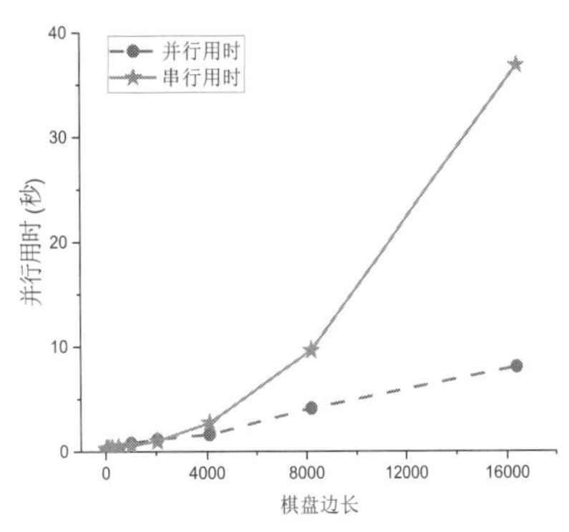

图 6.8　并行版与串行版的计算速度对比

07

第 7 章　优化算法

优化算法作为一个庞大的主题，其内涵绝非寥寥数语所能概括。在第 4 章中，我们基于最小二乘法引入了参数优化问题，并对梯度下降算法（gradient descent）进行了初步的介绍；第 4 章的最后，在求解单层全连接神经网络的参数优化问题时，为了解决计算代价过于昂贵等问题，我们又引入了批量梯度下降算法，从而为读者展现出训练神经网络代码的基本框架。

本章尽管着重对优化算法进行介绍，却仍然不离可微分编程这一具体的主题。在 7.1 节，我们首先对下降算法的数学原理及程序框架进行了较为细致的描述。从优化理论的整体框架来看，任意优化问题都可以被分解为模型的建立、损失函数的构造以及优化算法的选取这 3 个部分；其中优化算法的具体形式，又依赖于步长、下降方向以及终止条件的选取。在 7.1 节的末尾，我们介绍了**最速下降法**（steepest descent method）及**共轭梯度法**（conjugate gradient method）在求解大型正定对称稀疏矩阵中的运用，并给出了相应的程序实现，它们是对 4.2 节内容的拓展与延伸。

在 7.2 节，我们对另一些常见的一阶优化算法进行了介绍，并对其中一些算法的收敛性及收敛速率进行了简要的分析。我们期待以这两个主题作为切口，令读者窥见可微分编程框架与优化算法结合时所能碰撞出的火花。

尽管可微分编程框架的建立使得对巨量参数同时进行优化成为可能，但是深度学习中涉及的优化知识，仅仅触及数值优化问题的冰山一角。同样对于多维函数的极值问题，如果参数间存在不等式形式的线性约束，我们可以使用著名的**单纯形法**（simplex method）加以求解，它的效率在大多数情况下非常令人满意。不过，为了解决单纯形法在最坏情况下指数级别的时间复杂度，哈奇扬（Khachiyan）在 20 世纪 70 年代末提出了时间复杂度为多项式级别的**椭球法**（ellipsoid method）。1984 年，数学家卡马卡（Karmarkar）则利用基于投影的 Karmarkar 算法对椭球法进行了进一步的加速：这里的 Karmarkar 算法属于**内点法**（interior point method）的一种。

如果优化的参数间存在任意非线性的不等式约束，则还有**增广拉格朗日乘子法**（augmented Lagrangian method）等算法可供选择。不规则的约束条件通常会给函数的优化问题带来极大的挑战，不过由于在深度学习涉及的绝大多数问题中，参数间通常并不存在任何形式的约束，因此本章暂不打算对此类优化问题进行过多的介绍[1]。诸如单纯形法等算法，属于零阶优化算法（即只利用优化函数本身的数值，不涉及优化函数的导数），它们同样与可微分编程的主题相对无关。在待

[1] 可参考 Jorge Nocedal 和 Stephen J. Wright 写作的 *Numerical Optimization* 一书的第 2 部分。

优化参数的数目较多时，诸如**牛顿法**等二阶优化算法将显得过于昂贵，故我们同样没有对此进行过多的展开。

7.1 下降算法概要

模型、损失函数和优化器是优化问题的三个重要组成部分，而下降算法是优化器的核心所在。在第 4 章中，我们曾基于梯度下降算法展开一系列关于深度学习的讨论，而在本节中，我们则将首先对下降算法的数学形式进行重新表述，它是后续一系列具体讨论的基础，也是理解下降算法的核心。

在 7.1.1 节的末尾，我们给出了下降算法一般形式的伪代码，并指出不同的优化算法的区别在于步长、下降方向以及终止条件的选取。于是，在 7.1.2 节中，我们基于**线搜索法**，对下降算法步长的选取进行了较为细致的讨论，并在附录D中详细给出了线搜索法收敛的条件及证明。在 7.1.3 节中，我们对优化算法 4 种常见的终止条件进行了介绍。数学上的收敛性是算法正确的基本前提，而终止条件则是将数学讨论转化为程序代码的必要条件。在 7.1.4 节中，我们着重对优化算法中下降方向的选取进行了介绍，作为一个例子，我们选取下降方向为负梯度方向，对**最速下降算法**的收敛性及收敛速率进行了说明。

在 7.1.5 节中的**共轭梯度算法**是对上述全部内容的总结。我们基于一类特殊线性方程的求解问题，构造出相应的待优化函数，并对共轭梯度法背后的数学结构展开了较为详尽的讨论。共轭梯度法尽管在深度学习中并不常见，但在诸多大型稀疏矩阵的求解问题中扮演着异常重要的角色。它和蒙特卡罗算法一样，被评选为 20 世纪最伟大的十大算法之一。对于最速下降算法及共轭梯度算法，我们同样给出了相应的代码及图例，以供读者参考。本节中出现的其他图例的绘制代码，可在本书附带的源码中找到。

7.1.1 下降算法的数学表述

为了方便后续的讨论，我们先对第 4 章中出现的梯度下降算法，用更为严格的数学进行重新表述。一般来说，对于单值映射$f:\mathbb{R}\to\mathbb{R}$，如果函数$f$在定义域内连续可微，就可以将它以如下方式进行泰勒展开：

$$f(\theta+\varepsilon)=f(\theta)+\varepsilon f'(\theta)+\mathcal{O}(\varepsilon^2),\qquad \varepsilon\to 0 \tag{7.1}$$

注

关于泰勒展开的描述还可以参考式(2.15)。在这里，式(7.1)中的符号$\mathcal{O}$描述了函数在$\varepsilon\to 0$时的极限行为。尽管极限符号“$\varepsilon\to 0$”在大多数教材甚至文献中通常会略去不写，但那样的数学表达其实并不是严谨的。严格来说，表达式

$$f(x) = \mathcal{O}(g(x)), \qquad x \to a$$

表示存在一个正实数δ和M，使得对于所有满足$0 < |x - a| < \delta$的x的取值，都有关系

$$|f(x)| \le Mg(x)$$

成立。例如，如果式(7.1)成立，则对于任意$\varepsilon \in \mathbb{R}$，都存在这样的$M > 0, \delta > 0$，使得当$0 < |x| < \delta$时，有：

$$|f(x+\varepsilon) - f(x) - \varepsilon f'(x)| \le M\varepsilon^2$$

将上式略微变形，并且取$\varepsilon \to 0$时的极限，我们可以得到

$$\lim_{\varepsilon \to 0}\left|\frac{f(x+\varepsilon) - f(x)}{\varepsilon} - f'(x)\right| \le M \lim_{\varepsilon \to 0}|\varepsilon| = 0, \qquad \forall\, 0 < |x| < \delta$$

从而得到标量函数导数的定义：

$$\lim_{\varepsilon \to 0}\frac{f(x+\varepsilon) - f(x)}{\varepsilon} = f'(x)$$

我们假设在负梯度方向上移动的ε可以减小函数f的取值，因此选取$\varepsilon = -\alpha f'(\theta)$，并令步长$\alpha > 0$。将它带入泰勒展开后得到的式(7.1)，可以得到如下关系：

$$f\big(\theta - \alpha\, f'(\theta)\big) = f(\theta) - \alpha\, f'^2(\theta) + \mathcal{O}\left(\alpha^2 f'^2(\theta)\right), \qquad \alpha \to 0 \tag{7.2}$$

注意，在导函数$f'(\theta)$非零且$\alpha \ll 1$时，根据式(7.2)，我们可以证明：

$$f\big(\theta - \alpha\, f'(\theta)\big) < f(\theta), \qquad 0 < \alpha \ll 1 \tag{7.3}$$

通过不断地进行$\theta_{k+1} = \theta_k - \alpha f'(\theta_k)$的迭代，可以让目标函数$f(\theta)$的取值不断下降，从而找到函数$f$极小值点附近参数$\theta$的取值[1]。

可以以完全类似的方式将上述讨论推广到具有任意维数输入的函数。假设我们有一个待优化的目标函数$f\colon \mathbb{R}^n \to \mathbb{R}$，它的输入参数$\boldsymbol{\theta}$可以具有任意的维数$n$，但函数$f$的输出仅允许为标量。此时根据多维函数的泰勒展开式，我们可以得到如下关系成立：

$$f(\boldsymbol{\theta} + \boldsymbol{\varepsilon}) = f(\boldsymbol{\theta}) + \boldsymbol{\varepsilon}^T \cdot \boldsymbol{\nabla}_{\boldsymbol{\theta}} f(\boldsymbol{\theta}) + \mathcal{O}(\|\boldsymbol{\varepsilon}\|^2), \qquad \|\boldsymbol{\varepsilon}\| \to 0 \tag{7.4}$$

在这里，列矢量$\boldsymbol{\varepsilon} \in \mathbb{R}^n$具有与输入参数$\boldsymbol{\theta} \coloneqq (\theta_1, \theta_2, \ldots, \theta_n)$相同的维数，符号$\boldsymbol{\nabla}_{\boldsymbol{\theta}}$表示求取函数$f$关于参数$\boldsymbol{\theta}$的梯度（参考 1.1.2 节关于求导和梯度的介绍[2]）。与之完全类似，我们取式(7.4)中的矢量$\boldsymbol{\varepsilon} = -\alpha \boldsymbol{\nabla}_{\boldsymbol{\theta}} f(\boldsymbol{\theta})$, $\alpha > 0$，从而可以得到：

---

[1] 事实上，式(7.3)及之后的式(7.6)虽然重要，但它们对于命题“下降算法能够收敛于函数极小值点”的成立，既不是充分的，也不是必要的。我们将在 7.1.2 节中进行更为细致的讨论。

[2] 即在式(7.4)中有：

$$\boldsymbol{\varepsilon}^T \cdot \boldsymbol{\nabla}_{\boldsymbol{\theta}} f \coloneqq \varepsilon_1 \frac{\partial f}{\partial \theta_1} + \varepsilon_2 \frac{\partial f}{\partial \theta_2} + \cdots + \varepsilon_n \frac{\partial f}{\partial \theta_n}$$

$$f\big(\boldsymbol{\theta}-\alpha\boldsymbol{\nabla}_{\boldsymbol{\theta}}f(\boldsymbol{\theta})\big)=f(\boldsymbol{\theta})-\alpha\|\boldsymbol{\nabla}_{\boldsymbol{\theta}}f(\boldsymbol{\theta})\|^2+\mathcal{O}(\alpha^2\|\boldsymbol{\nabla}_{\boldsymbol{\theta}}f(\boldsymbol{\theta})\|^2),\qquad \alpha\to 0 \tag{7.5}$$

在导函数$\boldsymbol{\nabla}_{\boldsymbol{\theta}}f(\boldsymbol{\theta})\neq\vec{0}$且$\alpha\ll 1$时，我们同样可以得到与式(7.3)类似的结果，它在形式上显得更为一般[1]：

$$f\big(\boldsymbol{\theta}-\alpha\boldsymbol{\nabla}_{\boldsymbol{\theta}}f(\boldsymbol{\theta})\big)<f(\boldsymbol{\theta}),\qquad 0<\alpha\ll 1 \tag{7.6}$$

从原则上来说，只要矢量$\boldsymbol{\varepsilon}$和矢量$-\alpha\boldsymbol{\nabla}f(\boldsymbol{x})$之间的夹角小于$\pi/2$，并且矢量$\boldsymbol{\varepsilon}$本身的模长$\|\boldsymbol{\varepsilon}\|\ll 1$，我们都可以得到与式(7.6)类似的结论。[2]

在深度学习中，这里的待优化函数$f(x)$通常为经验风险函数$R_N(\boldsymbol{\theta};\mathcal{D}_{train})$或带有正则项的结构风险函数$R_s(\boldsymbol{\theta};\mathcal{D}_{train})$；在强化学习中，人们基于环境给出的**奖励**（reward）来更新智能体的一系列**价值函数**（value function）；在物理学中，由于任何实际体系都会自发地趋于能量最小的状态，这里的待优化函数同样可以是体系的能量（参考第 9 章中的案例）；在控制理论中，待优化函数亦可以是真值和设定值之间的差距。

在第 4 章中出现的**最小化经验风险**（Empirical Risk Minimization，ERM）算法诚然是优化算法最为典型的应用场景之一，但鉴于本章讨论的对象为一般的优化器，我们有必要将格局适当地打开。对于一般的优化问题，有如下三个重要的组成部分。

➢ **模型**（model）：一个含有待定参数$\boldsymbol{\theta}$的函数$\boldsymbol{h}_{\boldsymbol{\theta}}:\mathbb{R}^{d_I}\to\mathbb{R}^{d_O}$。这里的$d_I$为输入数据的维数，$d_O$为输出数据的维数。如果我们将所有可选参数的集合$\boldsymbol{\theta}$记作$\Theta$，并假设参数的数目（即矢量$\boldsymbol{\theta}$的维数）为$n$，则有$\Theta\subseteq\mathbb{R}^n$。由于一组参数 $\boldsymbol{\theta}\in\Theta$ 唯一地确定了一个函数$\boldsymbol{h}_{\boldsymbol{\theta}}$，所有这样的函数将构成一个函数的集合，我们将其记作$\mathcal{H}$：

$$\mathcal{H}\coloneqq\{\,\boldsymbol{h}_{\boldsymbol{\theta}}:\mathbb{R}^{d_I}\to\mathbb{R}^{d_O}\mid\forall\,\boldsymbol{\theta}\in\Theta,\qquad \Theta\subseteq\mathbb{R}^n\,\} \tag{7.7}$$

在第 4 章中，我们也将这里的函数$\boldsymbol{h}_{\boldsymbol{\theta}}(\boldsymbol{x})\in\mathcal{H}$记作$\boldsymbol{h}(\boldsymbol{x};\boldsymbol{\theta})$，例如最小二乘法中的含参标量函数$h(x;w,b)\coloneqq wx+b$，基于MNIST数据集的简单单层神经网络$\boldsymbol{h}(\boldsymbol{x};\boldsymbol{\theta})\coloneqq\text{softmax}\,(\boldsymbol{w}\boldsymbol{x}+\boldsymbol{b})$等。

➢ **损失函数**（cost function）：用于判断一个模型是否能正确地刻画输入数据的规律。它是一个从函数集$\mathcal{H}$到实数集$\mathbb{R}$的映射——在数学上，从函数到数的映射也称为一个泛函。我们将损失函数用符号R标记，在大多数情况下，它的具体形式不但依赖于参数$\boldsymbol{\theta}$，而且依赖于外部数据$\mathcal{D}$，即：

$$\begin{aligned}R:\ &\mathcal{H}\to\mathbb{R}\\ &\boldsymbol{h}_{\boldsymbol{\theta}}\mapsto R[\boldsymbol{h}_{\boldsymbol{\theta}};\mathcal{D}]\end{aligned} \tag{7.8}$$

---

[1] 在不至于产生歧义的情况下，在后续的讨论中，我们也时常将梯度算符“$\boldsymbol{\nabla}_{\boldsymbol{\theta}}$”的下标$\boldsymbol{\theta}$略去不写，把“$\boldsymbol{\nabla}_{\boldsymbol{\theta}}f(\boldsymbol{\theta})$”记作“$\boldsymbol{\nabla}f(\boldsymbol{\theta})$”。

[2] 关于矢量之间的夹角，从原则上来说，只要矢量空间中存在对距离的定义，我们都可以通过$\frac{1}{4}(\|\boldsymbol{A}+\boldsymbol{B}\|^2-\|\boldsymbol{A}-\boldsymbol{B}\|^2)$定义出矢量$\boldsymbol{A}$和$\boldsymbol{B}$之间的点积$\boldsymbol{A}\cdot\boldsymbol{B}$，再通过$\cos\theta\coloneqq\frac{\boldsymbol{A}\cdot\boldsymbol{B}}{\|\boldsymbol{A}\|\cdot\|\boldsymbol{B}\|}$定义出矢量$\boldsymbol{A}$和$\boldsymbol{B}$之间夹角的余弦。

在给定外部数据$\mathcal{D}$的情况下，模型与损失函数的复合，唯一地定义了一个待优化函数$f(\boldsymbol{\theta};\boldsymbol{\mathcal{D}}) \coloneqq R[\boldsymbol{h}_{\boldsymbol{\theta}};\mathcal{D}]$，而我们希望通过算法的设计，求解如下优化问题：

$$\arg\min_{\theta\in\Theta} f(\boldsymbol{\theta};\mathcal{D}) \tag{7.9}$$

如果采用第4章中的符号约定来寻找集合Θ中最优的参数，则等价于寻找集合$\mathcal{H}$中最优的函数：

$$\arg\min_{\boldsymbol{h}_{\boldsymbol{\theta}}\in\mathcal{H}} R[\boldsymbol{h}_{\boldsymbol{\theta}};\mathcal{D}] \tag{7.10}$$

式(7.10)与式(7.9)是完全等价的。在第 4 章中，这里的函数$f(\boldsymbol{\theta};\mathcal{D})$曾是作为优化对象的经验风险函数$R_N(\boldsymbol{\theta}\,;\,\mathcal{D}_{train})$，以及结构风险函数$R_s(\boldsymbol{\theta};\mathcal{D}_{train})$等；而损失函数$R$则曾被选取为二范数$L_2$、交叉熵$H$等。对于模型而言，$\boldsymbol{\theta}\in\Theta$仅仅是模型函数中的参数，故我们将其置于函数$\boldsymbol{h}$中分号的右侧；而对于损失函数而言，作为优化参数的$\boldsymbol{\theta}$则是函数的自变量，故我们将$\boldsymbol{h}_{\boldsymbol{\theta}}$置于泛函$R$中分号的左侧。与式(7.7)中的集合$\mathcal{H}$相对应，这里的外部数据$\mathcal{D}$通常可以取作一个具有如下形式的集合：

$$\mathcal{D}=\{(\boldsymbol{x}_i,\boldsymbol{y}_i)\mid\forall\,\boldsymbol{x}_i\in\mathbb{R}^{d_I},\boldsymbol{y}_i\in\mathbb{R}^{d_O},\ i=1,2,3\ldots,N\}$$

在一些特殊的**生成模型**（generative model）中，损失函数的定义也可以不依赖于任何外部参数，此时集合$\mathcal{D}$为一个空集。

- **优化器**（optimizer）：通过最小化损失函数，确定模型中待定的参量。通过伪代码 7.1 所给出的优化算法也统称为**局部下降算法**（local descent method），它具有较为一般的形式如下：

■ **伪代码 7.1　通常形式的下降算法**

✧ 初始化模型参数$\boldsymbol{\theta}_1=\boldsymbol{\theta}_{\text{init}}$　（$\boldsymbol{\theta}_{\text{init}}\in\Theta,\ \Theta\subseteq\mathbb{R}^n$）
✧ 初始化迭代次数 $k\leftarrow 1$
✧ *While* 模型参数$\boldsymbol{\theta}$不满足终止条件：
　　确定下降的方向$\boldsymbol{p}_k$　（$\boldsymbol{p}_k\in\mathbb{R}^n$）
　　确定步长α_k　（$\alpha_k\in\mathbb{R}$）
　　更新模型参数$\boldsymbol{\theta}_{k+1}=\boldsymbol{\theta}_k+\alpha_k\boldsymbol{p}_k$
　　更新迭代次数 $k\leftarrow k+1$
✧ 将最终的参数$\boldsymbol{\theta}$返回 ■

不同的优化算法使用不同的方式来确定下降方向$\boldsymbol{p}_k$和学习率α，并对模型参数$\boldsymbol{\theta}$有着不同的

终止条件（termination condition）。在一些复杂的下降算法中，对于参数$\boldsymbol{\theta}$的更新会采用更加昂贵的方式，并通常伴随着更大的计算及存储开销。

在本章的剩余部分，我们将向读者展示一些常见优化器的设计思路，同时给出一些损失函数的构造方法。在随后的第 8 章和第 9 章中，我们将给出实际场景下某些特定模型函数$\boldsymbol{h_\theta}$的设计案例。而在第 10 章中，我们则将基于量子计算的现实背景，对模型、损失函数和优化器进行重新讨论——读者将会看到，在基于量子计算的自动微分中，模型、损失函数和优化器同样扮演着相当重要的角色。

7.1.2 步长的选取

在本节中，我们假设下降算法的方向$\boldsymbol{p}$已知，并在此基础上，着重讨论步长α的选取，以及模型的终止迭代条件。我们将以**线搜索法**（line search method）作为示例，勾勒出下降算法的基本轮廓。读者可以看到，在一些情况下，步长α甚至不必满足式(7.2)和式(7.5)中所要求的$\alpha \ll 1$的条件，此时为了让下降算法能够收敛，我们需要基于一些其他的标准，选取合适的步长。

不过，在介绍具体算法以前，我们先来看一下在本章中将会多次出现的 Himmelblau 函数（它常常用于对优化算法的测试）。我们曾在 3.3.1 节给出了它的图像（图 3.3）以及相应的Python代码。作为回顾，Himmelblau 函数具有如下解析表达式：

$$f(x,y) \coloneqq (x^2+y-11)^2+(x+y^2-7)^2 \tag{7.11}$$

通过简单地的观察可以发现，Himmelblau 函数非负，它的极小值位于抛物线$x^2+y=11$和$x+y^2=7$的交点[1]。为了便于观察，我们在代码示例 7.1 中给出了该函数在二维平面上“等高线地形图”的绘制过程，并对该函数的极小值点和极大值点进行了标注，所得图像如图 7.1 所示。

代码示例 7.1 Himmelblau函数二维图像的绘制

```
import jax.numpy as jnp
import matplotlib.pyplot as plt

def Himmelblau(x, y):
    return (x ** 2 + y - 11) ** 2 + (x + y** 2 - 7) ** 2

x = jnp.arange(-6.5,6.5,0.1)
y = jnp.arange(-6.5,6.5,0.1)
x, y = jnp.meshgrid(x,y)
z = Himmelblau(x,y)
```

[1] 不同于 Himmelblau 函数的极大值点，由于四次方程具有系统的求根公式，理论上来说 Himmelblau 函数极小值点的位置可以由根式形式严格地写出。

```
log_levels = jnp.array([0.1, 1.8, 2.7, 3.2, 3.8, 4.4, 4.7,
                        5.0, 5.1849, 5.45, 5.8, 6.2, 6.5])
CP = plt.contour(x,y,z, levels=jnp.exp(log_levels),cmap="rainbow")
plt.clabel(CP, inline=1, fontsize=7)
plt.xlabel("x-axis")
plt.ylabel("y-axis")
plt.savefig("Himmelblau_contour.png")
```

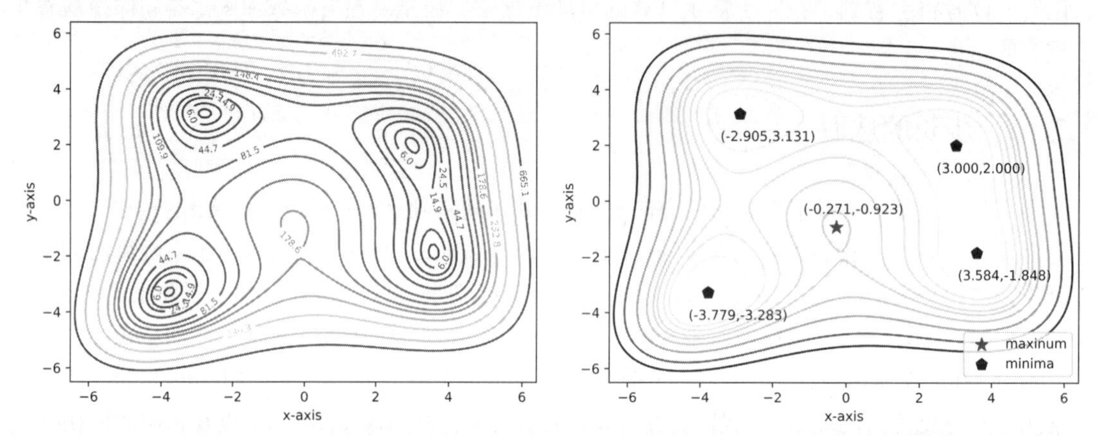

图 7.1 左图为 Himmelblau 函数的函数图像，它对应着代码示例 7.1.1 中程序的输出。在右图中，我们对 Himmelblau 函数极值点的位置进行了标注，可以看到 Himmelblau 函数具有 4 个极小值点和 1 个极大值点

具体来说，函数 Himmelblau 在$x = -0.270845$和$y = 0.923039$上具有（唯一）一个局部极大值点，对应$f(x, y) = 181.617$。此外，该函数的 4 个局部极小值点的位置如下所示：

- $x_1 = 3.0$，$y_1 = 2.0$，$f(x_1, y_1) = 0.0$；
- $x_2 = -2.805118$，$y_2 = 3.131312$，$f(x_2, y_2) = 0.0$；
- $x_3 = -3.779310$，$y_3 = -3.283186$，$f(x_3, y_3) = 0.0$；
- $x_4 = 3.584428$，$y_4 = -1.848126$，$f(x_4, y_4) = 0.0$。

下面我们开始具体讨论线搜索法。在给定待优化函数$f(\boldsymbol{\theta})$以及优化方向$\boldsymbol{p}_k$的前提下，我们期待能够选取一个合适的步长α_k，它既能令函数f的取值以相当可观的速度下降，同时在参数α_k本身的选取上，又不会带来太大的计算开销——这里存在性能与速度的权衡。

最为理想的α的取值能够找到如下单变量函数$\phi : \mathbb{R} \to \mathbb{R}$的全局极小值点。此时，任何用于求取单变量函数最小值点的算法，都可以被用于解决该优化问题：

$$\phi(\alpha) \coloneqq f(\boldsymbol{\theta}_k + \alpha \boldsymbol{p}_k), \qquad \alpha > 0 \tag{7.12}$$

但在大多数情况下，全局最小值点的寻找将会面临巨大的计算开销（见图 7.2）。在一般情况下，即便是为了寻找一次ϕ函数的**局部**极小值点，也需要涉及大量原始函数f以及其梯度∇f的计算。更加实际的做法是依据一定的策略，寻找一个（不一定是最优的）相对合适的步长，以不大的计算开销使函数f的数值以可观的速度下降。

典型的线搜索法通过尝试一组不同的学习率α的取值，以确定学习率α的较优解：这包括确定最优学习率α的可能区间，以及α在该区间内的插值数目。更为成熟的线搜索法同样可以具有复杂的形式。例如，在机器学习中，我们常常动态地选取学习率α为一组确定的序列，它所具有的常见形式如下。

- **分段常数**（piecewise constant）：$\alpha_k = \eta_i$，当 $n_i \le k \le n_{i+1}$，$n_i \in \mathbb{N}$
- **指数衰减**（exponential decay）：$\alpha_k = \alpha_0 e^{-\lambda k}$，其中$\lambda \ge 0$
- **多项式衰减**（polynomial decay）：$\alpha_k = \alpha_0(\beta k+1)^{-\alpha}$，其中$\alpha, \beta \ge 0$ (7.13)

不同学习率的选取方式通常对应着算法不同的收敛性，在这里我们暂时不做太多展开。有别于寻找最为理想的学习率α^*，通过寻找相对较优的学习率α来代替理想学习率α^*的算法，也统称为**近似线搜索法**（approximate line search method）。

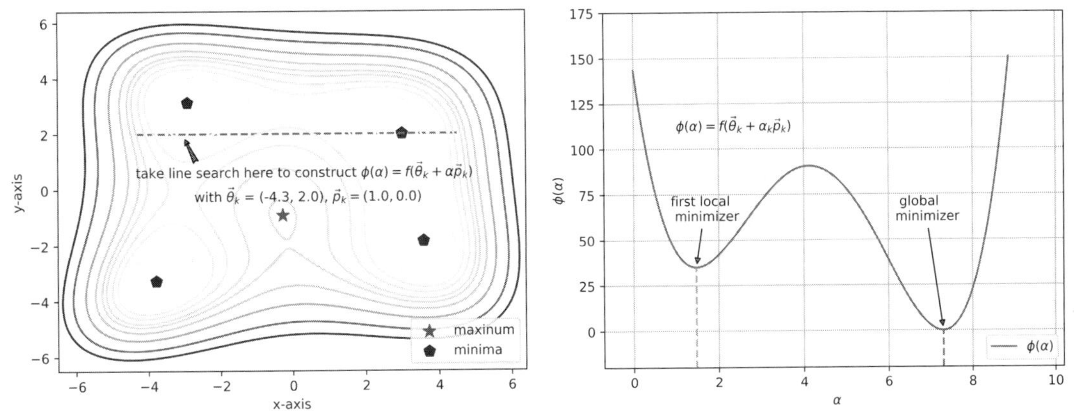

图 7.2 左图是线搜索法选取的切面示意图，我们选取$\boldsymbol{\theta}_k = (-4.3,\ 2.0)$作为线搜索的起点，$\boldsymbol{p}_k = (1.0,0.0)$作为线搜索的方向；右图是在左图的切面下，函数$\phi(\alpha)$的图像。可以看到，理想的步长应该选取为全局极小值（global minimizer）处学习率α所对应的数值，而非第一极小值点（first local minimizer）

基于线搜索法，我们同样可以对算法的终止条件进行一定的讨论。如果我们仅仅要求$f(\boldsymbol{\theta}_k+\alpha\boldsymbol{p}_k) < f(\boldsymbol{\theta}_k)$，则近似线搜索法并不能保证参数$\boldsymbol{\theta}$最终收敛到函数$f$的局部极小值点，甚至不能保证算法最终能够收敛。例如在图 7.3 中，我们选取函数$g_1(\theta) = 2(\theta-2)^2-1$，它具有极小值点$\theta_0 = 2$，对应$g_1(\theta_0) = -1$。如果我们选取这样一组序列$\{\theta_k\}_{k=1}^{\infty}$，使得$g_1(\theta_k)$满足关系$g_1(\theta_k) = 20/k,\ k = 1,2,3,\dots$，则对于该优化过程的每一步，确实都有$g_1(\theta_{k+1}) < g_1(\theta_k)$。然而，图 7.3 中的序列$\{\theta_k\}_{k=1}^{\infty}$由于在$k\to\infty$时同时存在两个聚点$\bar{\theta} = 2\pm\sqrt{2}/2$，故极限$\lim\limits_{k\to\infty}\theta_k$无法存在，参数$\theta$在迭代过程中的收敛性更加无从谈起。

综上所述，$g_1(\theta_{k+1}) < g_1(\theta_k)$并不能保证序列$\{\theta_k\}_{k=1}^{\infty}$收敛。这告诉我们，条件$f(\boldsymbol{\theta}_k+\alpha\boldsymbol{p}_k) < f(\boldsymbol{\theta}_k)$并非线搜索法收敛的充分条件。

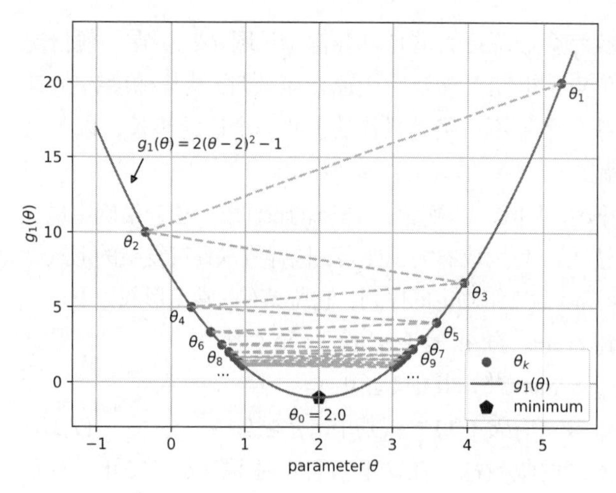

图 7.3 函数$g_1(\theta)$被定义为一个顶点位于$(2,-1)$的抛物线。优化过程中的序列$\{\theta_k\}_{k=1}^{\infty}$满足关系$g_1(\theta_k)=20/k$，且对于$k$取奇数和偶数的情形，$\theta_k$分居对称轴两侧（如图所示）。在这样的构造下，序列$\{\theta_k\}_{k=0}^{\infty}$将由于同时存在两个聚点而变得无法收敛，优化算法本身的收敛性更加无从提起。然而可以检查的是，此时的序列$\{g_1(\theta_k)\}_{k=0}^{\infty}$确实单调下降。因此$g_1(\theta_{k+1})<g_1(\theta_k)$绝非优化算法收敛的充分条件

与之类似，在图 7.4 中，我们选取$g_2(\theta')=2(\theta'-2)^2$，它具有极小值点$\theta'_0=2$，对应$g_2(\theta'_0)=0$。我们选取这样一组序列$\{\theta'_k\}_{k=1}^{\infty}$，使得其中的元素满足$g_2(\theta'_{2k})=30/(2k)$，$g_2(\theta'_{2k+1})=10/(2k+1)$。不难看出序列$\{\theta'_k\}_{k=1}^{\infty}$确实收敛于函数的极小值点$\theta'_0=2$，但此时关系式$g_2(\theta'_{k+1})<g_2(\theta'_k)$并不成立。这告诉我们，条件$f(\boldsymbol{\theta}_k+\alpha\boldsymbol{p}_k)<f(\boldsymbol{\theta}_k)$对于算法的收敛来说同样不是必要的。

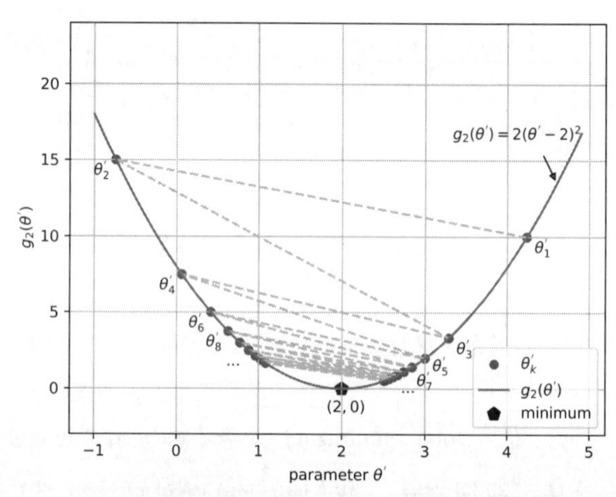

图 7.4 函数$g_2(x)$被定义为一个顶点位于(2,0)的抛物线。优化过程中的序列$\{\theta'_k\}_{k=1}^{\infty}$满足关系$g_2(\theta'_{2k})=30/(2k)$，$g_2(\theta'_{2k+1})=10/(2k+1)$，且对于$\theta'_k$中$k$取奇数和偶数的情形，数据点分居抛物线对称轴两侧，（如图所示）。在这样的构造下，序列$\{\theta'_k\}_{k=0}^{\infty}$能够收敛于函数的极小值点(2,0)。然而可以检查的是，此时的序列$\{g_2(\theta'_k)\}_{k=0}^{\infty}$并非单调下降，因此$g_2(\theta'_{k+1})<g_2(\theta'_k)$亦非优化算法收敛的必要条件

虽然我们对算法收敛的必要条件不必过分关心，但类似图 7.3 中反例的存在，确实促使我们对算法收敛的充分条件加以考察。一般来说，基于上述符号约定，我们根据以下条件选取学习率α_k的取值。

➢ **充分下降条件**（sufficient decrease condition）：也称**阿米霍条件**（Armijo condition），它要求在梯度下降时，函数的每一次下降幅度不但（至少）正比于步长α_k，而且正比于函数f在$\boldsymbol{p}_k$方向上的方向导数：

$$f(\boldsymbol{\theta}_k+\alpha_k\boldsymbol{p}_k)\leq f(\boldsymbol{\theta}_k)+c_1\alpha_k\boldsymbol{p}_k^T\cdot\boldsymbol{\nabla}f(\boldsymbol{\theta}_k) \tag{7.14}$$

式(7.14)对一定的常数$c_1\in(0,1)$成立。在实际中，常数c_1通常拥有较小的取值，例如$c_1=10^{-4}$。我们将式(7.14)右侧的表达式记作关于学习率α_k的函数$\ell(\alpha_k)$，并注意到线搜

索方向$\boldsymbol{p}_k$应该满足$\boldsymbol{p}_k^T \cdot \nabla f(\boldsymbol{\theta}_k) < 0$的条件，因此函数$\ell: \mathbb{R} \to \mathbb{R}$ 是一个关于学习率α_k的线性函数，且具有负的斜率。充分下降条件对学习率α_k提出的约束如图 7.5 所示。

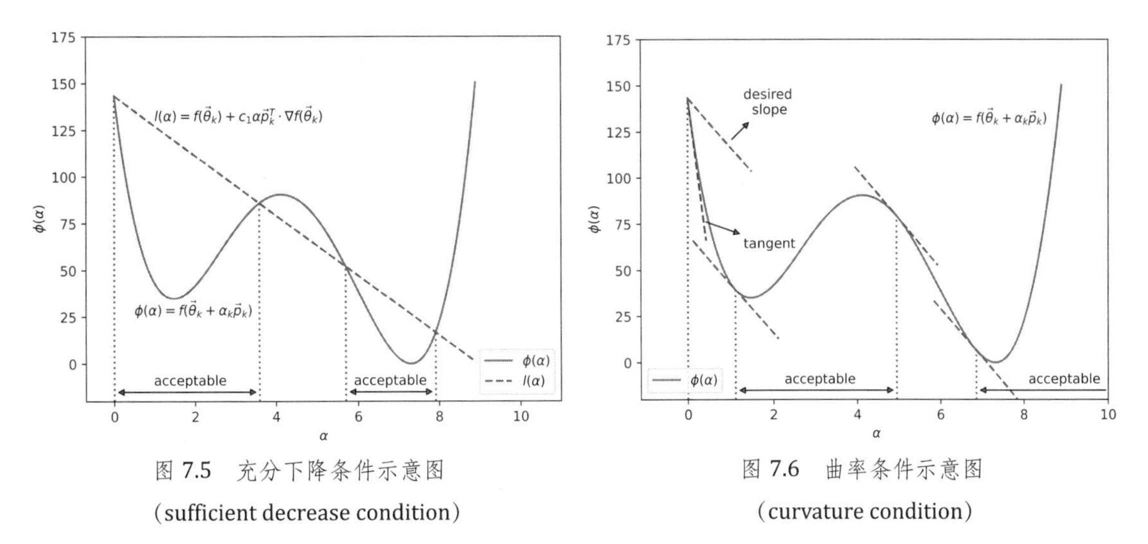

图 7.5 充分下降条件示意图（sufficient decrease condition）

图 7.6 曲率条件示意图（curvature condition）

➢ **曲率条件**（curvature condition）：由图 7.5 可见，充分下降条件依然不能剔除学习率α_k过小的取值。因此，我们尝试对参数更新后函数在$\boldsymbol{\theta}_k + \alpha_k \boldsymbol{p}_k$处的斜率加以约束[1]。这样的条件也称为曲率条件，它对学习率α_k提出了如下约束：

$$\boldsymbol{p}_k^T \cdot \nabla f(\boldsymbol{\theta}_k + \alpha_k \boldsymbol{p}_k) \geq c_2 \boldsymbol{p}_k^T \cdot \nabla f(\boldsymbol{\theta}_k) \tag{7.15}$$

式(7.15)对一定的常数$c_2 \in (c_1, 1)$成立，范围$(c_1, 1)$中的常数c_1来自于式(7.14)。注意，式(7.15)的左侧即为函数ϕ在α_k处的导数$\phi'(\alpha_k)$，而右侧则为初始斜率$\phi'(0)$与常数c_2的乘积。对于线搜索方向$\boldsymbol{p}_k$，我们再注意到关系$\phi'(0) = \boldsymbol{p}_k^T \cdot \nabla f(\boldsymbol{\theta}_k) < 0$成立，即可得到式(7.15)所对应的图像，如图 7.6 所示。

➢ **沃尔夫条件**（Wolfe condition）：充分下降条件与曲率条件的结合称为沃尔夫条件，它在**拟牛顿法**（quasi-Newton method）等优化算法中具有较为重要的地位。当我们对下降方向$\boldsymbol{p}_k$和函数f本身给予一定约束时，沃尔夫条件将成为下降算法收敛的**充分条件**。我们在这里对沃尔夫条件进行重新表述如下：

$$f(\boldsymbol{\theta}_k + \alpha_k \boldsymbol{p}_k) \leq f(\boldsymbol{\theta}_k) + c_1 \alpha_k \boldsymbol{p}_k^T \cdot \nabla f(\boldsymbol{\theta}_k)$$
$$\boldsymbol{p}_k^T \cdot \nabla f(\boldsymbol{\theta}_k + \alpha_k \boldsymbol{p}_k) \geq c_2 \boldsymbol{p}_k^T \cdot \nabla f(\boldsymbol{\theta}_k)$$

且上式中的常数c_1和c_2服从关系$0 < c_1 < c_2 < 1$。由于沃尔夫条件包含了图 7.6 中示意的曲率条件，所以剔除了学习率α_k过小的取值。关于沃尔夫条件与下降算法收敛性的证明，

[1] 另一种用于解决“线性搜索中学习率α过小”问题的方法，是在充分下降条件所允许的学习率范围内，从大到小搜索学习率α的取值。该方法也称为**回溯线搜索算法**（backtracking line search），在一些场景下被证明能够拥有较好的性能。

可以参考附录 D.1 节中的有关介绍。

- **强沃尔夫条件**（strong Wolfe condition）：在一些情况下，式(7.15)仅给出了$\boldsymbol{p}_k^T \cdot \nabla f(\boldsymbol{\theta}_k + \alpha_k \boldsymbol{p}_k)$取值的下界，却未阻止$\phi'(\alpha_k)$具有过大的正值。因此，我们给出强沃尔夫条件如下：

$$\begin{aligned} f(\boldsymbol{\theta}_k + \alpha_k \boldsymbol{p}_k) &\le f(\boldsymbol{\theta}_k) + c_1 \alpha_k \boldsymbol{p}_k^T \cdot \nabla f(\boldsymbol{\theta}_k) \\ |\boldsymbol{p}_k^T \cdot \nabla f(\boldsymbol{\theta}_k + \alpha_k \boldsymbol{p}_k)| &\le c_2 \, |\boldsymbol{p}_k^T \cdot \nabla f(\boldsymbol{\theta}_k)| \end{aligned} \tag{7.16}$$

显然，在对下降方向$\boldsymbol{p}_k$和函数f本身施加一定约束后，强沃尔夫条件将同样成为下降算法收敛的充分条件。

7.1.3 终止条件的选取

一个算法在数学上的收敛性通常应在极限的情况下被定义。然而，对于程序的开发者而言，还需要为数值迭代提供切实可行的判停条件。下降算法迭代时的常用**终止条件**（termination condition）大致有以下 4 种[1]。

- **最大迭代次数**（maximum number of iterations）：在该条件下，程序的迭代次数将不超过预先指定的最大迭代数目k_{max}，或者程序的运行时间将不超过预先指定的最大运行时间t_{max}。这样的终止条件能够确保程序在有限的时间内停止，不过在不同的情况下，需要依据实际情况手动指定此处的超参数k_{max}。

- **梯度大小**（gradient magnitude）：当梯度的模长$\|\nabla f(\boldsymbol{\theta}_{k+1})\|$小于预先设定的阈值$\epsilon_g$，则算法终止，即

$$\|\nabla f(\boldsymbol{\theta}_{k+1})\| < \epsilon_g \tag{7.17}$$

- **绝对优化量**（absolute improvement）：当函数本身取值的**变化量**在迭代时小于预先设定的阈值ϵ_a时，则算法终止，即

$$|f(\boldsymbol{\theta}_{k+1}) - f(\boldsymbol{\theta}_k)| < \epsilon_a \tag{7.18}$$

- **相对优化量**（relative improvement）：当函数本身取值的**相对变化量**在迭代时小于预先设定的阈值ϵ_r时，则算法终止，即

$$|f(\boldsymbol{\theta}_{k+1}) - f(\boldsymbol{\theta}_k)| < \epsilon_r |f(\boldsymbol{\theta}_k)| \tag{7.19}$$

---

[1] 参考 Benoit Liquet、 Sarat Moka 和 Yoni Nazarathy 教授写作的深度学习专著 *The Mathematical Engineering of Deep Learning*。

在以相对优化量作为算法的终止条件时，它能够保证$f(\boldsymbol{\theta})$和$Af(\boldsymbol{\theta})$在同样的位置被算法判定为收敛。如果函数$f(\boldsymbol{\theta})$是某个实际物理量所对应的数值（例如体系的能量），以相对优化量小于某个阈值ϵ_r作为终止条件，可以保证程序运行的结果与物理量单位的选取无关。（例如焦耳J或电子伏特eV同样为能量在不同尺度下的常见单位，满足 1eV=1.60217662×10^{-19} J的换算关系，若采用梯度大小、绝对优化量等终止条件，则不同的能量单位将为算法带来不同的收敛难度。）

上述 4 种可能的终止条件并不是相互独立的，在实际的代码书写中，它们可以以任意合理的方式相互组合，且终止条件中超参数的选取应视具体问题而定。当阈值ϵ设定过大或最大迭代次数k_{max}设定过小时，算法可能在远离函数极小值点的位置停止迭代；而在阈值ϵ设定过小或最大迭代次数k_{max}设定过大时，又可能存在计算资源的浪费——与步长α的选取类似，终止条件中超参数的设定，同样存在精度与效率的权衡。

另外，最大迭代次数的设定对优化算法来说，通常是相当必要的。在一些情况下，数值误差的存在（例如梯度消失或梯度爆炸等数值问题），常常会使得以阈值判断作为终止条件的算法变得不再收敛。如果最大迭代次数设定得过小，在确认优化算法可靠的前提下，我们可以把优化算法在上一次计算时的迭代终点，作为当前时刻参数的初始值，从而减少计算资源的浪费。

7.1.4 下降方向的选取

在前面的小节中，我们对下降算法中的步长及终止条件进行了简要的介绍，而在接下来的两节中，我们将分别以**最速下降法**（steepest descent method）和**共轭梯度法**（conjugate gradient method）作为示例，对算法下降方向的选取问题进行说明。

我们将第k步迭代过程中“算法的下降方向$\boldsymbol{p}_k$”与“函数f在参数$\boldsymbol{\theta}_k$处的负梯度”之间的夹角定义为$\beta_k \in [0,\pi]$，对其余弦值采取如下定义：

$$\cos\beta_k \coloneqq \frac{-\boldsymbol{p}_k^T \cdot \nabla f(\boldsymbol{\theta}_k)}{\|\nabla f(\boldsymbol{\theta}_k)\| \, \|\boldsymbol{p}_k\|} \tag{7.20}$$

当$\cos\beta_k > 0$时，我们将这样的优化方向$\boldsymbol{p}_k$称为函数f在$\boldsymbol{\theta}_k$处的**下降方向**。可以看到，下降算法下降方向的选取其实具有相当的任意性。我们将其中选取$\beta_k = 0$，$\cos\beta_k = 1$的下降算法称为**梯度下降算法**，此时$\boldsymbol{p}_k$矢量的方向与$\boldsymbol{\theta}_k$处负梯度$-\nabla f(\boldsymbol{\theta}_k)$的方向相同。而所谓的**最速下降法**，其实是梯度下降算法中特殊的一种，它在每一次迭代过程中选取最优的步长α_k，使得目标函数的数值能够得到最大程度的下降。因此，“最速下降法”中的“最速”，不但体现在下降方向$\boldsymbol{p}_k$的选取上（负梯度是函数在当前邻域内下降最快的方向），而且体现在步长α_k的取值上。

在绝大多数情况下，最速下降法和共轭梯度法会用于大型稀疏矩阵线性方程组的迭代求解中。为了看清这一点，我们考虑如下线性方程组：

$$Ax = b \tag{7.21}$$

其中的矩阵A为n阶实对称正定矩阵，$\boldsymbol{x}$和$\boldsymbol{b}$均为$\mathbb{R}^n$中的矢量。对于大型稀疏矩阵的求解而言，套用求根公式的算法由于涉及行列式的计算，算法的复杂度为$\mathcal{O}(n!)$；如果采用高斯消元法，算法的时间复杂度将下降为$\mathcal{O}(n^3)$。不过，即便充分利用矩阵A本身正定对称的性质，采用Cholesky分解等更为高效的数值解法，算法的时间复杂度将依然处于$\mathcal{O}(n^3)$量级。[1]为了更好地利用“大型稀疏矩阵A”较为“稀疏”的特性，我们试图考虑将“n元线性方程组的求解问题”转化为“n维向量空间中函数的优化问题”，并选取待优化函数f为如下n元二次函数：

$$f(\boldsymbol{x}) \coloneqq \frac{1}{2}\boldsymbol{x}^T A\boldsymbol{x} - \boldsymbol{b}^T\boldsymbol{x} \tag{7.22}$$

其中，$f\colon \mathbb{R}^n \to \mathbb{R}$在极小值点需要满足$\partial f(\boldsymbol{x})/\partial x_i, \forall\ i = 1,2,\dots,n$ 这样的条件。不难证明，由此得到的n个方程，即对应着式(7.21)所给出的线性方程组$A\boldsymbol{x} = \boldsymbol{b}$。因此，$n$元二次函数$f(\boldsymbol{x})$的极小值点即对应着线性方程组$A\boldsymbol{x} = \boldsymbol{b}$的解。考虑到方阵$A$对称正定，函数$f$的极小值点是唯一的。

根据式(7.12)，现在我们给出单变量函数$\phi : \mathbb{R} \to \mathbb{R}$的具体形式。假设从$\boldsymbol{x} = \boldsymbol{\theta}_0$出发，在第$k$步迭代时选定搜索方向为 $\boldsymbol{p}_k$，考虑到$\phi(\alpha) \coloneqq f(\boldsymbol{\theta}_k + \alpha\boldsymbol{p}_k)$，我们有：

$$\begin{aligned}\phi(\alpha) &= \frac{1}{2}(\boldsymbol{\theta}_k + \alpha\boldsymbol{p}_k)^T A(\boldsymbol{\theta}_k + \alpha\boldsymbol{p}_k) - \boldsymbol{b}^T \cdot (\boldsymbol{\theta}_k + \alpha\boldsymbol{p}_k) \\ &= \frac{1}{2}\alpha^2\boldsymbol{p}_k^T A\boldsymbol{p}_k - \alpha\boldsymbol{r}_k^T\boldsymbol{p}_k + f(\boldsymbol{\theta}_k)\end{aligned} \tag{7.23}$$

其中，$\boldsymbol{r}_k \coloneqq \boldsymbol{b} - A\boldsymbol{\theta}_k = -\nabla f(\boldsymbol{\theta}_k)$ 被定义为方程组在第k步迭代时的**残差**（residual），它描述了当前参数$\boldsymbol{\theta}_k$在矩阵A的作用下与目标矢量$\boldsymbol{b}$的差距。在$\boldsymbol{p}_k \neq \boldsymbol{0}$时，矩阵$A$的正定性保证了二次函数$\phi(\alpha)$二次项前的系数$\boldsymbol{p}_k^T A\boldsymbol{p}_k > 0$，因此函数$\phi(\alpha)$在线搜索方向$\boldsymbol{p}_k$上将存在唯一的极小值。此时，学习率$\alpha_k$对应着二次函数 $\phi(\alpha)$ 最小值点的位置：

$$\alpha_k = \frac{\boldsymbol{r}_k^T\boldsymbol{p}_k}{\boldsymbol{p}_k^T A\boldsymbol{p}_k} \tag{7.24}$$

对于最速下降法而言，我们选取多元函数f在当前$\boldsymbol{\theta}_k$处的负梯度方向，作为线搜索的搜索方向$\boldsymbol{p}_k$。考虑到函数f的具体形式，我们有

$$\begin{aligned}\boldsymbol{p}_k &\coloneqq -\nabla f(\boldsymbol{\theta}_k) = -(A\boldsymbol{\theta}_k - \boldsymbol{b}) \\ &= \boldsymbol{b} - A\boldsymbol{\theta}_k = \boldsymbol{r}_k\end{aligned} \tag{7.25}$$

此时，仿照伪代码 7.1 中下降算法的一般形式，我们给出最速下降法的伪代码，具体如下：

---

[1] 具体来说，高斯消元法的复杂度大致为$\frac{2}{3}n^3$（其中加减法和乘除法各占$n^3/3$），而Cholesky分解的复杂度则大致为$\frac{1}{3}n^3$（其中加减法和乘除法各占$n^3/6$）。另外，Cholesky分解具有极佳的算法稳定性。读者可参考 William Press、Saul Teukolsky、William Vetterling 和 Brian Flannery 合著的 *Numerical Recipes* 一书。

■ 伪代码 7.2 最速下降算法

✧ 初始化模型参数 $\boldsymbol{\theta}_1 = \boldsymbol{\theta}_{\text{init}}$ （$\boldsymbol{\theta}_{\text{init}} \in \mathbb{R}^n$）

✧ 初始化模型残差 $\boldsymbol{r}_1 = \boldsymbol{b} - A\boldsymbol{\theta}$ （$\boldsymbol{r}_1 \in \mathbb{R}^n$）

✧ 初始化迭代次数 $k \leftarrow 1$

✧ *While* $\|\boldsymbol{r}_k\| > \epsilon$:

  确定下降的方向 $\boldsymbol{p}_k = \boldsymbol{r}_k$ （$\boldsymbol{p}_k \in \mathbb{R}^n$）

  确定步长 $\alpha_k = \boldsymbol{r}_k^T\boldsymbol{p}_k/\boldsymbol{p}_k^T A\boldsymbol{p}_k$ （$\alpha_k \in \mathbb{R}$）

  更新模型参数 $\boldsymbol{\theta}_{k+1} = \boldsymbol{\theta}_k + \alpha_k\boldsymbol{p}_k$

  更新模型残差 $\boldsymbol{r}_{k+1} = \boldsymbol{b} - A\boldsymbol{\theta}_{k+1}$

  更新迭代次数 $k \leftarrow k + 1$

✧ 将最终的参数$\boldsymbol{\theta}$返回 ■

为了使得最速下降算法的伪代码能够在形式上与伪代码7.1对应，我们将它写成了较为烦琐的如上形式。实际上，考虑到最速梯度下降法中$\boldsymbol{p}_k = \boldsymbol{r}_k$这一特性，并注意到$\boldsymbol{b} - A\boldsymbol{\theta}_{k+1} = \boldsymbol{b} - A(\boldsymbol{\theta}_k + \alpha_k\boldsymbol{p}_k) = \boldsymbol{r}_k - \alpha_k A\boldsymbol{p}_k$，我们还可以对伪代码7.2进行一定程度的化简，得到最速下降法在简化后的伪代码如下。

■ 伪代码 7.3 最速下降法（简化）

✧ 初始化模型参数 $\boldsymbol{\theta} \leftarrow \boldsymbol{\theta}_{\text{init}}$ （$\boldsymbol{\theta}_{\text{init}} \in \mathbb{R}^n$）

✧ 初始化模型残差 $\boldsymbol{r} \leftarrow \boldsymbol{b} - A\boldsymbol{\theta}$ （$\boldsymbol{r} \in \mathbb{R}^n$）

✧ *While* $\|\boldsymbol{r}\| > \epsilon$:

  确定步长 $\alpha \leftarrow \boldsymbol{r}^T\boldsymbol{r}/\boldsymbol{r}^T A\boldsymbol{r}$ （$\alpha \in \mathbb{R}$）

  更新模型参数 $\boldsymbol{\theta} \leftarrow \boldsymbol{\theta} + \alpha\,\boldsymbol{r}$

  更新模型残差 $\boldsymbol{r} \leftarrow \boldsymbol{r} - \alpha A\boldsymbol{r}$

✧ 将最终的参数$\boldsymbol{\theta}$返回 ■

在最速下降法中，前一步的搜索方向$\boldsymbol{p}_k$和后一步的残差方向$\boldsymbol{r}_{k+1}$必然相互正交。为了看清这一点，我们只需注意到步长 α 为线搜索方向上函数$\phi(\alpha)$的极小值点，此时：

$$0 = \frac{d\phi}{d\alpha} = \frac{\partial}{\partial\alpha} f(\boldsymbol{\theta}_k + \alpha\boldsymbol{p}_k) = \boldsymbol{p}_k^T \cdot \nabla f(\boldsymbol{\theta}_{k+1}) = -\boldsymbol{p}_k^T \cdot \boldsymbol{r}_{k+1}$$

即在最速下降法中：

$$\boldsymbol{p}_k^T \cdot \boldsymbol{r}_{k+1} = 0 \tag{7.26}$$

作为最速下降法在实际使用中的示例，我们考虑如下一元二次线性方程组$A\boldsymbol{x} = \boldsymbol{b}$的求解问题。代码示例 7.2 给出了基于最速下降法求解该问题的相应代码。

$$\begin{cases} 2x_1 + \ x_2 = 1 \\ \ x_1 + 2x_2 = 1 \end{cases} \quad \Rightarrow \quad A = \begin{bmatrix} 2 & 1 \\ 1 & 2 \end{bmatrix},\ \boldsymbol{b} = \begin{bmatrix} 1 \\ 1 \end{bmatrix} \tag{7.27}$$

代码示例 7.2 最速下降法求解方程组

```python
import jax.numpy as jnp

# 通过最速下降法，求解方程组 Ax = b
def steepest_gradient_descent_solver(A, b, x_init, kmax=1000):
    theta = x_init                  # 初始化模型参数
    r = b - jnp.dot(A, theta)       # 初始化模型残差
    k = 1                           # 初始化迭代次数
    while jnp.linalg.norm(r) > 1E-8 and k < kmax:
        Ar = jnp.dot(A,r)
        alpha = jnp.dot(r, r) / jnp.dot(r, Ar) # 确定步长
        theta = theta + alpha * r              # 更新模型参数
        r = r - alpha * Ar                     # 更新模型残差
        k = k + 1                              # 更新迭代次数
    return theta

# 算法测试
A = jnp.array([[2.0, 1.0], [1.0, 2.0]])
b = jnp.array([1.0, 1.0])
theta_init = jnp.array([-15.0, 25.0])
steepest_gradient_descent_solver(A, b, theta_init)
# >> [0.3333341  0.33333206]
```

原方程的精确解 $\boldsymbol{x} = (1/3,\ 1/3)$ 与代码示例 7.2 给出的结果相同。注意，代码示例 7.2 中函数 `steepest_gradient_descent_solver` 的实现过程，与伪代码 7.3 中的迭代流程是完全对应的。在这个具体的问题中，在$\|\boldsymbol{r}_k\| < 10^{-8}$这样的精度控制下，算法需要进行 31 次迭代才能最终收敛。我们在图 7.7 中给出了算法迭代过程中的下降过程，以及每一步迭代时$\boldsymbol{\theta}_k$与收敛处$\boldsymbol{\theta}^*$之间的误差范数$\|\boldsymbol{\theta}_k - \boldsymbol{\theta}^*\|_A$。有别于一般的二范数，此处的误差范数$\|\cdot\|_A$被定义为$\|\boldsymbol{x}\|_A \coloneqq \sqrt{\boldsymbol{x}^T A \boldsymbol{x}}$。[1]

欲了解图 7.7 右图中虚线的由来，可以参考附录D.2中对最速下降法收敛速率的分析。具体来说，最速梯度下降法在迭代过程中满足如下不等式关系：

$$\|\boldsymbol{\theta}_{k+1} - \boldsymbol{\theta}^*\|_A^2 \leq \left(\frac{\lambda_n - \lambda_1}{\lambda_n + \lambda_1}\right)^2 \|\boldsymbol{\theta}_k - \boldsymbol{\theta}^*\|_A^2 \tag{7.28}$$

---

[1] “误差范数”（error norm）名称的由来参考附录 D.2。事实上，它更应该被称为**马氏距离**（Mahalanobis distance），因为它由印度统计学家**马哈拉诺比斯**（P. C. Mahalanobis）首次提出。

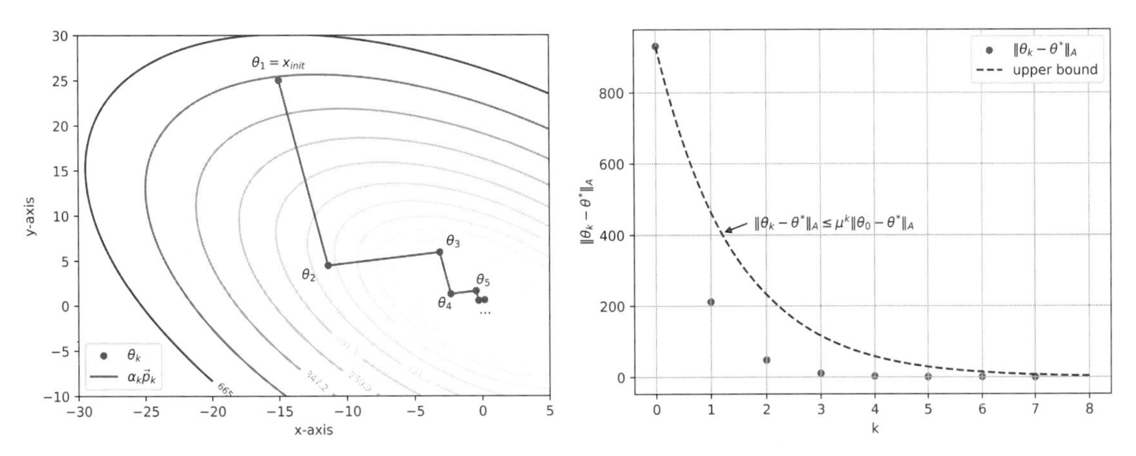

图 7.7 最速梯度下降法的迭代过程。左图为参数$\boldsymbol{\theta}_k$在二维平面中的位置；右图为迭代过程中参数$\boldsymbol{\theta}_k$相对于收敛点的距离，其中的虚线是通过对下降算法的收敛速率进行分析得到的

其中，$0 < \lambda_1 \le \lambda_2 \le \cdots \le \lambda_n$为正定对称矩阵$A$的$n$个特征值。图 7.7 中的系数$\mu \coloneqq (\lambda_n - \lambda_1)/(\lambda_n + \lambda_1)$刻画了最速下降法**收敛速率**（rate of convergence）的上界。当矩阵A的所有特征值都相等时（$\mu = 0$），最速梯度下降法可以通过一步迭代收敛到精确值$\boldsymbol{\theta}^*$；而当矩阵A的特征值不完全相等时，收敛速率的上界 $\mu \in (0,1)$，此时称最速下降法**线性收敛**（linear convergence）。

最速下降法的优势在矩阵A较大且较为稀疏时，将会更加明显地体现出来。不过，当正定矩阵A的性质比较病态时，收敛速率μ将趋近于1，此时图 7.7 左图中的迭代曲线会变得愈发曲折，从而使得收敛速率明显降低。从全局来看，负梯度方向仅仅是函数在局部的最佳搜索方向，在选定方向上最小化目标函数并不能使得函数f在全局到达最小，不断重复的搜索方向将使得算法变得极为低效。

*7.1.5 共轭梯度算法

共轭梯度算法是对最速下降法的一种优化。在确定步长α_k的流程上，最速下降算法和共轭梯度算法是完全一致的，两者的不同体现在搜索方向$\boldsymbol{p}_k$的选取上。对于共轭梯度算法来说，当给定初始参数$\boldsymbol{\theta}_1$时，我们在第 1 步仍选取搜索方向$\boldsymbol{p}_1$为函数f在$\boldsymbol{\theta}_1$处的负梯度方向。由之前的讨论可知，此时仍有$\boldsymbol{p}_1 = \boldsymbol{r}_1$。

$$\boldsymbol{p}_1 \coloneqq \boldsymbol{r}_1 = \boldsymbol{b} - A\boldsymbol{\theta}_1,\ \alpha_1 = \frac{\boldsymbol{r}_1^T \boldsymbol{p}_1}{\boldsymbol{p}_1^T A \boldsymbol{p}_1} \tag{7.29}$$

此时，我们仍通过 $\boldsymbol{\theta}_2 = \boldsymbol{\theta}_1 + \alpha_1 \boldsymbol{p}_1$ 执行对参数的更新。

从算法迭代的第 2 步起，我们尝试改进算法的优化方向$\boldsymbol{p}_k$。注意到，传统最速下降算法在执行第k步迭代时，将沿着$\boldsymbol{r}_k = -\nabla f(\boldsymbol{\theta}_k)$方向进行优化，并通过最小化函数$\phi_k(\alpha) \coloneqq f(\boldsymbol{\theta}_k + \alpha\, \boldsymbol{r}_k)$的取值来确定步长$\alpha_k$的大小：这相当于在$\boldsymbol{r}_k$方向执行一次一维的搜索。

共轭梯度法在第k步优化时，则希望算法对前一次的优化方向$\boldsymbol{p}_{k-1}$进行保存，并从由$\boldsymbol{r}_k$与$\boldsymbol{p}_{k-1}$共同张成的平面中，选取最优的优化方向$\boldsymbol{p}_k$及相应的步长。换言之，共轭梯度法在参数空间的二维子空间 $\mathbb{V}_2 \coloneqq \{\boldsymbol{\theta} \mid \boldsymbol{\theta}_{k-1} + \xi \boldsymbol{r}_k + \eta\, \boldsymbol{p}_{k-1}, \forall\, \xi, \eta \in \mathbb{R}\}$ 内，执行一次二维的搜索，以寻找最优的参数。为此我们定义二元函数 $\varphi_k : \mathbb{R}^2 \to \mathbb{R}$，如下：

$$\begin{aligned}\varphi_k(\xi,\eta) &\coloneqq f(\boldsymbol{\theta}_k + \xi \boldsymbol{r}_k + \eta\, \boldsymbol{p}_{k-1}) \\ &= \frac{1}{2}(\boldsymbol{\theta}_k + \xi \boldsymbol{r}_k + \eta\, \boldsymbol{p}_{k-1})^T A(\boldsymbol{\theta}_k + \xi \boldsymbol{r}_k + \eta\, \boldsymbol{p}_{k-1}) - \boldsymbol{b}^T(\boldsymbol{\theta}_k + \xi \boldsymbol{r}_k + \eta\, \boldsymbol{p}_{k-1})\end{aligned} \tag{7.30}$$

此时定义 $\alpha_k \boldsymbol{p}_k \coloneqq \xi_k \boldsymbol{r}_k + \eta_k\, \boldsymbol{p}_{k-1}$，则一般情况下搜索方向 $\boldsymbol{p}_k$ 将不再与残差向量$\boldsymbol{r}_k$平行。为了求解 (ξ,η) 在第k步迭代中的最优值(ξ_k,η_k)，只需令函数φ_k关于其输入变量的偏导数为0，从而得到二元一次线性方程组如下：

$$\begin{cases}\dfrac{\partial \varphi_k}{\partial \xi} = \xi \boldsymbol{r}_k^T A \boldsymbol{r}_k + \eta \boldsymbol{r}_k^T A \boldsymbol{p}_{k-1} - \boldsymbol{r}_k^T \cdot \boldsymbol{r}_k = 0 \\ \dfrac{\partial \varphi_k}{\partial \eta} = \xi \boldsymbol{r}_k^T A \boldsymbol{p}_{k-1} + \eta \boldsymbol{p}_{k-1}^T A \boldsymbol{p}_{k-1} = 0\end{cases} \tag{7.31}$$

在上述方程组中，我们已经将由式(7.26)给出的结论 $\boldsymbol{p}_k^T \cdot \boldsymbol{r}_{k+1} = 0$带入，读者应该自行检查，式(7.26)的证明过程对于共轭梯度法同样可以适用。注意到$\alpha_k \boldsymbol{p}_k \coloneqq \xi_k \boldsymbol{r}_k + \eta_k\, \boldsymbol{p}_{k-1}$，由于方向向量的模长和学习率$\alpha_k$的选取具有任意性，不失普遍性，我们不妨令

$$\boldsymbol{p}_k = r_k + \frac{\eta_k}{\xi_k} \boldsymbol{p}_{k-1}, \qquad \alpha_k \coloneqq \xi_k \tag{7.32}$$

再令 $\beta_{k-1} \coloneqq \eta_k / \xi_k$，则根据方程组(7.31)中的第 2 个方程$\partial \varphi_k / \partial \eta = 0$，即有：

$$\beta_{k-1} = -\frac{\boldsymbol{r}_k^T A \boldsymbol{p}_{k-1}}{\boldsymbol{p}_{k-1}^T A \boldsymbol{p}_{k-1}}, \qquad \boxed{\boldsymbol{p}_k = \boldsymbol{r}_k + \beta_{k-1} \boldsymbol{p}_{k-1}} \tag{7.33}$$

将上述结论带入方程组(7.31)中的第 1 个方程$\partial \varphi_k / \partial \xi = 0$，并注意到$\alpha_k \coloneqq \xi_k$，我们可以对学习率$\alpha_k$的迭代公式加以计算：

$$\begin{aligned} & \alpha_k(\boldsymbol{r}_k^T A \boldsymbol{r}_k + \beta_{k-1} \boldsymbol{r}_k^T A \boldsymbol{p}_{k-1}) = \boldsymbol{r}_k^T \cdot \boldsymbol{r}_k \\ \Rightarrow \quad & \alpha_k\big(\boldsymbol{r}_k^T A \boldsymbol{r}_k + \boldsymbol{r}_k^T A(\boldsymbol{p}_k - \boldsymbol{r}_k)\big) = \boldsymbol{r}_k^T \cdot \boldsymbol{r}_k \\ \Rightarrow \quad & \boxed{\alpha_k = \frac{\boldsymbol{r}_k^T \cdot \boldsymbol{r}_k}{\boldsymbol{r}_k^T A \boldsymbol{p}_k}} \end{aligned} \tag{7.34}$$

此时，下一个迭代的参数为：

$$\boxed{\boldsymbol{\theta}_{k+1} = \boldsymbol{\theta}_k + \alpha_k \boldsymbol{p}_k} \tag{7.35}$$

由此可计算得到新的残差：

$$\boxed{\boldsymbol{r}_{k+1} = b - A\boldsymbol{\theta}_{k+1} = \boldsymbol{r}_k - \alpha_k A\,\boldsymbol{p}_k} \tag{7.36}$$

在共轭梯度算法中，矢量$\boldsymbol{\theta}_k$、$\boldsymbol{r}_k$和$\boldsymbol{p}_k$也称为近似解向量、残差向量以及搜索方向向量。根据上述迭代关系，我们尝试给出共轭梯度算法的伪代码如下：

■ **伪代码 7.4 共轭梯度法**

- ✧ 初始化模型参数 $\boldsymbol{\theta}_1 = \boldsymbol{\theta}_{\text{init}}$ （$\boldsymbol{\theta}_{\text{init}} \in \mathbb{R}^n$）
- ✧ 初始化模型残差 $\boldsymbol{r}_1 = \boldsymbol{b} - A\boldsymbol{\theta}_1$ （$\boldsymbol{r}_1 \in \mathbb{R}^n$）
- ✧ 初始化迭代次数 $k \leftarrow 1$
- ✧ 设置$k = 1$时的迭代参数 $\boldsymbol{p}_1 = \boldsymbol{r}_1$，$\beta_0 = 0$
- ✧ *While* $\boldsymbol{r}_k \neq \boldsymbol{0}$：
  - *if* $k \neq 1$：
    - 更新中间变量 $\beta_{k-1} = -\boldsymbol{r}_k^T A\boldsymbol{p}_{k-1}/\boldsymbol{p}_{k-1}^T A\boldsymbol{p}_{k-1}$
    - 确定下降方向 $\boldsymbol{p}_k = \boldsymbol{r}_k + \beta_{k-1}\boldsymbol{p}_{k-1}$ （$\boldsymbol{p}_k \in \mathbb{R}^n$）
  - 确定模型步长 $\alpha_k = \boldsymbol{r}_k^T\boldsymbol{r}_k/\boldsymbol{r}_k^T A\boldsymbol{p}_k$ （$\alpha_k \in \mathbb{R}$）
  - 更新模型参数 $\boldsymbol{\theta}_{k+1} = \boldsymbol{\theta}_k + \alpha_k\boldsymbol{p}_k$
  - 更新模型残差 $\boldsymbol{r}_{k+1} = \boldsymbol{r}_k - \alpha_k A\boldsymbol{p}_k$
  - 更新迭代次数 $k \leftarrow k + 1$
- ✧ 将最终的参数$\boldsymbol{\theta}$返回 ■

读者应该将上述代码与伪代码 7.1 进行比较，说明上述代码确实能够与下降算法的一般形式相对应。应该承认的是，除了下降方向$\boldsymbol{p}_k$的选取有所区别，共轭梯度算法与最速下降法的程序实现是极为相像的。

然而，我们不得不在这里指出的是，共轭梯度算法具有相当牛逼的终止迭代条件，即$\boldsymbol{r}_k \neq \boldsymbol{0}$。事实上，在不考虑数值误差的情况下，**共轭梯度法能够在至多n步内，计算出参数$\boldsymbol{\theta} \in \mathbb{R}^n$ 在最小值点上精确的数值$\boldsymbol{\theta}^*$**（而非像最速下降法那样，线性收敛于$\boldsymbol{\theta}^*$）：这需要我们进行更进一步的说明。

我们首先给出 3 条关于共轭梯度法的定理。

定理 7.1

在共轭梯度法的迭代条件下，在残差向量$\boldsymbol{r}_{k-1} \neq 0$时，迭代方向之间关于对称正定矩阵$A$相互**共轭**（conjugate），即对于集合 $\{\boldsymbol{p}_1, \boldsymbol{p}_2, \ldots, \boldsymbol{p}_k\}$ 中的任意两个元素，我们有：

$$\boldsymbol{p}_i^T A\,\boldsymbol{p}_j = 0, \qquad \forall\, i \neq j \tag{7.37}$$

这是“共轭梯度法”中“共轭”一词的由来。

定理 7.2

在共轭梯度法的迭代条件下，在第$k+1$步迭代处的残差向量$\boldsymbol{r}_{k+1}$，关于前k步迭代方向所构成的集合$\{\boldsymbol{p}_1, \boldsymbol{p}_2, \ldots, \boldsymbol{p}_k\}$，满足如下关系：

$$\boldsymbol{r}_{k+1}^T \cdot \boldsymbol{p}_i = 0, \qquad \forall\, i = 1, 2, \ldots k \tag{7.38}$$

此时的参数 $\boldsymbol{\theta}_{k+1} = \boldsymbol{\theta}_1 + \alpha_1 \boldsymbol{p}_1 + \cdots + \alpha_k \boldsymbol{p}_k$ 是函数 $f(\boldsymbol{\theta}) \coloneqq \boldsymbol{\theta}^T A \boldsymbol{\theta}/2 - \boldsymbol{b}^T \boldsymbol{\theta}$ 在空间$\mathbb{V}_k$中的最小值点，其中

$$\mathbb{V}_k \coloneqq \{\boldsymbol{\theta} \mid \boldsymbol{\theta} = \boldsymbol{\theta}_1 + c_1 \boldsymbol{p}_1 + \cdots + c_k \boldsymbol{p}_k,\ \forall\, c_i \in \mathbb{R}\} \tag{7.39}$$

定理 7.3

在共轭梯度法的迭代条件下，经过k步迭代后得到的所有残差向量两两正交，即对于集合$\{\boldsymbol{r}_1, \boldsymbol{r}_2, \ldots, \boldsymbol{r}_{k+1}\}$，其中的元素满足如下关系：

$$\boldsymbol{r}_i^T \cdot \boldsymbol{r}_j = 0, \qquad \forall\, i \neq j \tag{7.40}$$

■ 证明.

我们将基于如下顺序，递归地完成对定理7.1，定理7.2及定理7.3的证明。

- 证明在$k=1$时，定理7.1，定理7.2及定理7.3中的结论成立.
- 假设对于$k \leq m$，定理7.1，定理7.2及定理7.3中的结论成立，证明定理7.1中的结论对于$k = m+1$成立.
- 假设对于$k \leq m+1$，定理7.1中的结论成立；对于$k \leq m$，定理7.2及定理7.3中的结论成立，证明定理7.2中的结论对于$k = m+1$成立.
- 假设对于$k \leq m+1$，定理7.1和定理7.2中的结论成立；对于$k \leq m$，定理7.3中的结论成立，证明定理7.3中的结论对于$k = m+1$成立.

1. 在$k=1$时，定理 7.1 中的集合仅包含一个元素，结论显然成立。对于定理 7.2，考虑$\boldsymbol{r}_2 = \boldsymbol{r}_1 - \alpha_1 A \boldsymbol{p}_1$，且注意到 $\alpha_1 = \boldsymbol{r}_1^T \boldsymbol{r}_1 / \boldsymbol{r}_1^T A \boldsymbol{p}_1$ 及 $\boldsymbol{p}_1 = \boldsymbol{r}_1$，我们可得如下关系：

$$\boldsymbol{p}_1^T \cdot \boldsymbol{r}_2 = \boldsymbol{p}_1^T \cdot \left(\boldsymbol{r}_1 - \frac{\boldsymbol{r}_1^T \boldsymbol{r}_1}{\boldsymbol{p}_1^T A \boldsymbol{p}_1} A\, \boldsymbol{p}_1\right) = (\boldsymbol{p}_1 - \boldsymbol{r}_1)^T \cdot \boldsymbol{r}_1 = 0 \tag{7.41}$$

此外，根据共轭梯度法中学习率α_k的选取规则，第 1 步迭代过后所得的参数$\boldsymbol{\theta}_2$必为空间$\mathbb{V}_1 \coloneqq \{\boldsymbol{\theta} \mid \boldsymbol{\theta} = \boldsymbol{\theta}_1 + c_1 \boldsymbol{p}_1,\ \forall\, c_1 \in \mathbb{R}\}$ 内的最小值点，因此定理 7.2 对于$k=1$成立. 而对于定理 7.3，注意到在式 (7.41) 中$\boldsymbol{p}_1 = \boldsymbol{r}_1$，我们即可得到：

$$\boldsymbol{r}_1^T \cdot \boldsymbol{r}_2 = \boldsymbol{p}_1^T \cdot \boldsymbol{r}_2 = 0 \tag{7.42}$$

因此定理7.3对于$k=1$成立. **综上所述，在$\boldsymbol{k}=\mathbf{1}$时，定理7.1，定理7.2及定理7.3中的结论均能够成立.**

2. 假设对于$k \leq m$，定理7.1，定理7.2及定理7.3中的结论成立，则当$k=m+1$时，我们尝试证明定理 7.1 对于$k=m+1$成立，即集合$\{\boldsymbol{p}_1,\boldsymbol{p}_2,\dots,\boldsymbol{p}_{m+1}\}$中的元素相互共轭正交。注意到，根据定理 7.1 在$k=m$时的归纳假设，集合$\{\boldsymbol{p}_1,\boldsymbol{p}_2,\dots,\boldsymbol{p}_m\}$中的元素已然两两共轭正交，因此我们只需证明$\boldsymbol{p}_i^T A\,\boldsymbol{p}_{m+1}=0$对于任意$i=1,2,\dots,m$成立即可。此时根据递推关系 $\boldsymbol{p}_{m+1}=\boldsymbol{r}_{m+1}+\beta_m\boldsymbol{p}_m$ 及 $\boldsymbol{r}_{m+1}=\boldsymbol{r}_m-\alpha_m A\boldsymbol{p}_m$，我们不难得到：

$$
\begin{aligned}
\boldsymbol{p}_i^T A\,\boldsymbol{p}_{m+1} &= \boldsymbol{p}_i^T A(\boldsymbol{r}_{m+1}+\beta_m\boldsymbol{p}_m)\\
&= \boldsymbol{p}_i^T A\,\boldsymbol{r}_{m+1}+\beta_m\,\boldsymbol{p}_i^T A\,\boldsymbol{p}_m\\
&= \frac{1}{\alpha_i}(\boldsymbol{r}_i-\boldsymbol{r}_{i+1})^T\cdot\boldsymbol{r}_{m+1}+\beta_m\,\boldsymbol{p}_i^T A\,\boldsymbol{p}_m
\end{aligned}
\tag{7.43}
$$

在$i=1,2,\dots,m-1$时，根据定理 7.1 的归纳假设，我们恒有$\boldsymbol{p}_i^T A\,\boldsymbol{p}_m=0$；根据定理7.3给出的归纳假设，我们又有 $\boldsymbol{r}_i^T\cdot\boldsymbol{r}_{m+1}=0$ 及 $\boldsymbol{r}_{i+1}^T\cdot\boldsymbol{r}_{m+1}=0$. 带入式(7.43)即可得到：

$$
\boldsymbol{p}_i^T A\,\boldsymbol{p}_{m+1}=0,\quad \forall\, i=1,2,\dots,m-1 \tag{7.44a}
$$

特别的，对于$i=m$的情形，我们有

$$
\begin{aligned}
\boldsymbol{p}_m^T A\,\boldsymbol{p}_{m+1} &= \boldsymbol{p}_m^T A\,(\boldsymbol{r}_{m+1}+\beta_m\boldsymbol{p}_m)\\
&= \boldsymbol{p}_m^T A\left(\boldsymbol{r}_{m+1}-\frac{\boldsymbol{r}_{m+1}^T A\boldsymbol{p}_m}{\boldsymbol{p}_m^T A\boldsymbol{p}_m}\boldsymbol{p}_m\right)=0
\end{aligned}
\tag{7.44b}
$$

结合式(7.44a)及(7.44b)，综上所述，**假设对于$\boldsymbol{k}\leq\boldsymbol{m}$，定理7.1，定理7.2及定理7.3中的结论成立，则定理7.1中的结论对于$\boldsymbol{k}=\boldsymbol{m}+\mathbf{1}$成立.**

3. 假设对于$k\leq m+1$，定理7.1中的结论成立；对于$k\leq m$，定理7.2及定理7.3中的结论成立，我们尝试证明定理7.2中的结论对于$k=m+1$成立。为此，我们首先证明 $\boldsymbol{r}_{k+1}^T\cdot\boldsymbol{p}_i=0,\ \forall\, i=1,2,\dots,k$ 对于$k=m+1$成立。当$i=1,2,\dots,m$ 时，我们有：

$$
\begin{aligned}
\boldsymbol{p}_i^T\cdot\boldsymbol{r}_{m+2} &= \boldsymbol{p}_i^T\cdot(\boldsymbol{r}_{m+1}-\alpha_{m+1}A\boldsymbol{p}_{m+1})\\
&= \boldsymbol{p}_i^T\cdot\boldsymbol{r}_{m+1}-\alpha_{m+1}\,\boldsymbol{p}_i^T A\,\boldsymbol{p}_{m+1}
\end{aligned}
\tag{7.45}
$$

根据定理7.2在$k=m$时的归纳假设，$\boldsymbol{p}_i^T\cdot\boldsymbol{r}_{m+1}=0$；根据定理 7.1 在$k=m+1$时的归纳假设，$\boldsymbol{p}_i^T A\,\boldsymbol{p}_{m+1}=0,\ \forall\, i=1,2,\dots,m$；因此在式(7.45)中，我们有：

$$\boldsymbol{p}_i^T\cdot\boldsymbol{r}_{m+2}=0,\quad \forall\, i=1,2,\dots,m \tag{7.46}$$

在$i=m+1$ 时，$\boldsymbol{p}_{m+1}^T\cdot\boldsymbol{r}_{m+2}=0$是式(7.26)的特例，再结合式(7.46)，我们即证明了$\boldsymbol{p}_i^T\cdot\boldsymbol{r}_{m+2}=0$ 对于任意$i\le m+1$成立。

考虑定理7.2在 $k=m+1$ 时的后半部分，我们还需要证明此时的参数 $\boldsymbol{\theta}_{m+2}$ 是空间 $\mathbb{V}_{m+1}$ 中的最小值点。为此，我们以如下方式构造目标函数$\Phi:\mathbb{R}^n\to\mathbb{R}$：

$$\Phi(c_1,c_2,\dots,c_{m+1}):=f(\boldsymbol{\theta}_1+c_1\boldsymbol{p}_1+\cdots+c_{m+1}\boldsymbol{p}_{m+1}) \tag{7.47}$$

考察函数 Φ 在 $\boldsymbol{\theta}_{m+2}$ 关于各参数c_i的偏导，并注意到关系式 $\boldsymbol{p}_i^T\cdot\boldsymbol{r}_{m+2}=0$ 对于任意 $i\le m+1$ 成立，我们得到：

$$\frac{\partial\Phi}{\partial c_i}(\boldsymbol{\theta}_{m+2})=\boldsymbol{p}_i^T\cdot\boldsymbol{\nabla} f(\boldsymbol{\theta}_{m+2})=-\boldsymbol{p}_i^T\cdot\boldsymbol{r}_{m+2}=0,\qquad \forall\, i\le m+1 \tag{7.48}$$

这说明参数$\boldsymbol{\theta}_{m+2}$确为空间$\mathbb{V}_{m+1}$中的极小值点，考虑到矩阵$A$正定，该极小值点即为空间内的最小值点。综上所述，**假设对于$\boldsymbol{k\le m+1}$，定理7.1中的结论成立；对于$\boldsymbol{k\le m}$，定理7.2及定理7.3中的结论成立，则定理7.2中的结论对于$\boldsymbol{k=m+1}$成立**.

4. 假设对于$k\le m+1$，定理7.1和定理7.2中的结论成立；对于$k\le m$，定理7.3中的结论成立，我们尝试证明定理7.3在$k=m+1$时成立，即集合$\{\boldsymbol{r}_1,\boldsymbol{r}_2,\dots,\boldsymbol{r}_{m+2}\}$中的元素两两正交。根据归纳假设，定理7.3对于$k=m$成立，即假设集合$\{\boldsymbol{r}_1,\boldsymbol{r}_2,\dots,\boldsymbol{r}_{m+1}\}$中的矢量已然两两正交，那么在后续证明过程中，我们只需说明关系式$\boldsymbol{r}_{m+2}^T\cdot\boldsymbol{r}_i=0$对于任意$i\le m+1$成立即可。

   根据式(7.33)，我们有递推关系 $\boldsymbol{p}_i=\boldsymbol{r}_i+\beta_{i-1}\boldsymbol{p}_{i-1}$；再注意到定理 7.2 在 $k=m+1$时的归纳假设，$\boldsymbol{r}_{m+2}^T\cdot\boldsymbol{p}_i=0$ 对于任意$i\le m+1$ 成立，即可完成证明：

$$\boldsymbol{r}_{m+2}^T\cdot\boldsymbol{r}_i=\boldsymbol{r}_{m+2}^T\cdot\boldsymbol{p}_i-\beta_{i-1}\boldsymbol{r}_{m+2}^T\cdot\boldsymbol{p}_{i-1}=0 \tag{7.49}$$

   综上所述，**假设对于$\boldsymbol{k\le m+1}$，定理7.1和定理7.2中的结论成立；对于$\boldsymbol{k\le m}$，定理7.3中的结论成立，则定理7.3在$\boldsymbol{k=m+1}$时成立。**

结合 1~4，根据数学归纳法，我们完成了对定理 7.1，定理 7.2 及定理 7.3 的证明 ■

在共轭梯度法收敛之前，残差向量$\boldsymbol{r}_i \neq 0,\ \forall\, i \leq k$，此时所有的残差向量所构成的集合$\{\boldsymbol{r}_i\}_{i=1}^{k}$将张成一个矢量空间。由于$\boldsymbol{r}_i \neq 0$且不同的残差向量之间相互正交（定理 7.3），集合$\{\boldsymbol{r}_i\}_{i=1}^{k}$构成了$k$维线性空间$\mathrm{span}\{\boldsymbol{r}_1,\boldsymbol{r}_2,\ldots,\boldsymbol{r}_k\}$中的一组正交基底。

下面我们使用数学递归法，首先证明$\mathrm{span}\{\boldsymbol{p}_1,\boldsymbol{p}_2,\ldots,\boldsymbol{p}_k\} \subseteq \mathrm{span}\{\boldsymbol{r}_1,\boldsymbol{r}_2,\ldots,\boldsymbol{r}_k\}$。为此，只需证明 $\boldsymbol{p}_i \in \mathrm{span}\{\boldsymbol{r}_1,\boldsymbol{r}_2,\ldots,\boldsymbol{r}_k\}$ 对于任意的 $i = 1,2,\ldots,k$ 成立。注意在$i = 1$时，由于$\boldsymbol{p}_1 = \boldsymbol{r}_1$，关系式 $\boldsymbol{p}_1 \in \mathrm{span}\{\boldsymbol{r}_1,\boldsymbol{r}_2,\ldots,\boldsymbol{r}_k\}$ 显然成立。现假设 $\boldsymbol{p}_m \in \mathrm{span}\{\boldsymbol{r}_1,\boldsymbol{r}_2,\ldots,\boldsymbol{r}_k\}$ 对于任意$m \leq k-1$成立，则显然 $\boldsymbol{r}_{m+1} \in \mathrm{span}\{\boldsymbol{r}_1,\boldsymbol{r}_2,\ldots,\boldsymbol{r}_k\}$；根据式(7.36)给出的递推关系式 $\boldsymbol{p}_{m+1} = \boldsymbol{r}_{m+1} + \beta_m \boldsymbol{p}_m$，并注意到$\boldsymbol{p}_m$，$\boldsymbol{r}_{m+1} \in \mathrm{span}\{\boldsymbol{r}_1,\boldsymbol{r}_2,\ldots,\boldsymbol{r}_k\}$且$\beta_m$为常数，我们即证明了$\boldsymbol{p}_{m+1} \in \mathrm{span}\{\boldsymbol{r}_1,\boldsymbol{r}_2,\ldots,\boldsymbol{r}_k\}$.

根据数学归纳法，我们证明了关系 $\mathrm{span}\{\boldsymbol{p}_1,\boldsymbol{p}_2,\ldots,\boldsymbol{p}_k\} \subseteq \mathrm{span}\{\boldsymbol{r}_1,\boldsymbol{r}_2,\ldots,\boldsymbol{r}_k\}$ 成立。

由于非零正交基矢 $\{\boldsymbol{r}_i\}_{i=1}^{k}$所张成线性空间的维数为$k$，为了证明 $\mathrm{span}\{\boldsymbol{p}_1,\boldsymbol{p}_2,\ldots,\boldsymbol{p}_k\} = \mathrm{span}\{\boldsymbol{r}_1,\boldsymbol{r}_2,\ldots,\boldsymbol{r}_k\}$，我们只需证明线性空间$\mathrm{span}\{\boldsymbol{p}_1,\boldsymbol{p}_2,\ldots,\boldsymbol{p}_k\}$的维数同样为$k$，而这等价于证明集合$\{\boldsymbol{p}_i\}_{i=1}^{k}$中的矢量彼此线性独立。

下面我们采用反证法，证明集合$\{\boldsymbol{p}_i\}_{i=1}^{k}$中的矢量彼此线性独立。假设集合$\{\boldsymbol{p}_i\}_{i=1}^{k}$中的矢量并非线性独立，此时必然存在这样一组不全为0的实数$\{c_i\}_{i=1}^{k}$，使得$c_1\boldsymbol{p}_1 + c_2\boldsymbol{p}_2 + \cdots + c_k\boldsymbol{p}_k = 0$。在该式左侧点乘行向量$\boldsymbol{p}_i^T A$，根据定理 7.2，我们将有$\boldsymbol{p}_i^T A\,\boldsymbol{p}_j = 0,\ \forall\, i \neq j$，此时原式仅余下$c_i\boldsymbol{p}_i^T A\,\boldsymbol{p}_i = 0$。由于搜索方向向量$\boldsymbol{p}_i$非零且矩阵$A$正定，$\boldsymbol{p}_i^T A\,\boldsymbol{p}_i \neq 0$，故而$c_i = 0$。针对$c_i$的不同角标$i$重复此处的讨论，$c_i = 0$ 将对于任意 $i = 1,2,\ldots,k$ 成立，这与集合$\{c_i\}_{i=1}^{k}$中的元素不全为0相矛盾。

综上所述，我们已经证明了集合 $\{\boldsymbol{p}_i\}_{i=1}^{k}$ 中的矢量相互线性独立，故而线性空间 $\mathrm{span}\{\boldsymbol{p}_1,\boldsymbol{p}_2,\ldots,\boldsymbol{p}_k\}$ 的维数同样为k。再根据 $\mathrm{span}\{\boldsymbol{p}_1,\boldsymbol{p}_2,\ldots,\boldsymbol{p}_k\} \subseteq \mathrm{span}\{\boldsymbol{r}_1,\boldsymbol{r}_2,\ldots,\boldsymbol{r}_k\}$，我们即得到：

$$\mathrm{span}\{\boldsymbol{p}_1,\boldsymbol{p}_2,\ldots,\boldsymbol{p}_k\} = \mathrm{span}\{\boldsymbol{r}_1,\boldsymbol{r}_2,\ldots,\boldsymbol{r}_k\} \tag{7.50}$$

下面，我们考虑名为 Krylov 子空间的另一线性空间，如下：

$$\mathcal{K}_k(A,\boldsymbol{r}_1) \coloneqq \mathrm{span}\{\boldsymbol{r}_1, A\boldsymbol{r}_1, A^2\boldsymbol{r}_1, \ldots, A^{k-1}\boldsymbol{r}_1\} \tag{7.51}$$

由于线性空间$\mathcal{K}_k(A,\boldsymbol{r}_1)$由$k$个矢量张成，它的维数至多为$k$，即$\dim \mathcal{K}_k(A,\boldsymbol{r}_1) \leq k$。

我们尝试使用数学递归法，首先证明如下关系成立：

$$\boldsymbol{r}_k \in \mathcal{K}_k(A,\boldsymbol{r}_1), \qquad \boldsymbol{p}_k \in \mathcal{K}_k(A,\boldsymbol{r}_1) \tag{7.52}$$

根据集合$\mathcal{K}_1(A,\boldsymbol{r}_1)$的定义，$\boldsymbol{p}_1 = \boldsymbol{r}_1 \in \mathcal{K}_1(A,\boldsymbol{r}_1)$为显然。现我们假设式(7.52)对于任意$k \leq m-1$成立，即$\boldsymbol{r}_m \in \mathcal{K}_m(A,\boldsymbol{r}_1)$且$\boldsymbol{p}_m \in \mathcal{K}_m(A,\boldsymbol{r}_1)$。根据归纳假设，我们不难发现$\boldsymbol{r}_m \in \mathcal{K}_m(A,\boldsymbol{r}_1) \subset$

$\mathcal{K}_{m+1}(A,\boldsymbol{r}_1)$，以及 $A\boldsymbol{p}_m \in \mathcal{K}_{m+1}(A,\boldsymbol{r}_1)$。再根据递推关系$\boldsymbol{r}_{m+1} = \boldsymbol{r}_m - \alpha_m A\boldsymbol{p}_m$，注意到$\alpha_m$为常数，我们立即得到 $\boldsymbol{r}_{m+1} \in \mathcal{K}_{m+1}(A,\boldsymbol{r}_1)$。同理，结合递推关系$\boldsymbol{p}_{m+1} = \boldsymbol{r}_{m+1} + \beta_m \boldsymbol{p}_m$ 及归纳假设，我们又证明了 $\boldsymbol{p}_{m+1} \in \mathcal{K}_{m+1}(A,\boldsymbol{r}_1)$。根据数学归纳法，关系式(7.52)对于任意自然数 k 成立。

由于 $\boldsymbol{r}_i \in \mathcal{K}_i(A,\boldsymbol{r}_1) \subseteq \mathcal{K}_k(A,\boldsymbol{r}_1)$ 对于任意$i \le k$成立，我们将得到 $\mathrm{span}\{\boldsymbol{r}_1,\boldsymbol{r}_2,\dots,\boldsymbol{r}_k\} \subseteq \mathcal{K}_k(A,\boldsymbol{r}_1)$。一方面，根据 Krylov 子空间的定义，$\mathcal{K}_k(A,\boldsymbol{r}_1)$ 仅由k个矢量张成，因此$\dim \mathcal{K}_k(A,\boldsymbol{r}_1) \le k$；另一方面，我们又证明了$\mathrm{span}\{\boldsymbol{r}_1,\boldsymbol{r}_2,\dots,\boldsymbol{r}_k\}$的维数为$k$。结合二者之间的包含关系，我们即证明了

$$\dim \mathcal{K}_k(A,\boldsymbol{r}_1) = k$$

$$\mathrm{span}\{\boldsymbol{p}_1,\boldsymbol{p}_2,\dots,\boldsymbol{p}_k\} = \mathrm{span}\{\boldsymbol{r}_1,\boldsymbol{r}_2,\dots,\boldsymbol{r}_k\} = \mathcal{K}_k(A,\boldsymbol{r}_1) \tag{7.53}$$

因此，式(7.39)中的空间$\mathbb{V}_k$可以被记作$\mathbb{V}_k = \boldsymbol{\theta}_1 + \mathcal{K}_k(A,\boldsymbol{r}_1)$。随着算法迭代的进行，线性空间 $\mathcal{K}_n(A,\boldsymbol{r}_1)$ 终将覆盖函数的全体参数空间，直到$\boldsymbol{r}_{k+1} = 0$。根据定理7.2，第n步迭代之后所得到的参数 $\boldsymbol{\theta}_{n+1} \in \mathbb{R}^n$ 将为空间$\mathbb{V}_n$中的最小值点；而此时的线性空间 $\mathbb{V}_n = \boldsymbol{\theta}_1 + \mathcal{K}_n(A,\boldsymbol{r}_1)$ 又包含了全体参数空间，因此我们证明了 $\boldsymbol{\theta}_{n+1}$ 为函数f的全局极小值点$\boldsymbol{\theta}^*$。由于参数空间的总维度为n，算法必然能够在n步以内收敛到精确值$\boldsymbol{\theta}^*$。

根据定理 7.1 及定理 7.3，我们还可以对伪代码7.4中的α_k及β_k进行化简。此时：

$$\alpha_k = \frac{\boldsymbol{r}_k^T \cdot \boldsymbol{p}_k}{\boldsymbol{r}_k^T A \boldsymbol{p}_k} \;\Rightarrow\; \alpha_k = \frac{\boldsymbol{r}_k^T \cdot \boldsymbol{r}_k}{\boldsymbol{p}_k^T A \boldsymbol{p}_k}$$

$$\beta_k = -\frac{\boldsymbol{r}_{k+1}^T A \boldsymbol{p}_k}{\boldsymbol{p}_k^T A \boldsymbol{p}_k} = \frac{\boldsymbol{r}_{k+1}^T \cdot \boldsymbol{r}_{k+1}}{\alpha_k\, \boldsymbol{p}_k^T A \boldsymbol{p}_k} \;\Rightarrow\; \beta_k = \frac{\boldsymbol{r}_{k+1}^T \cdot \boldsymbol{r}_{k+1}}{\boldsymbol{r}_k^T \cdot \boldsymbol{r}_k}$$

在伪代码7.5中，由于我们不再显式地标明迭代次数k，因此需要对 while 循环中语句的执行顺序进行一定的调整。迭代终止条件中的超参数ϵ诚然可以选取为0，但在一般情况下由于参数$\boldsymbol{\theta}$的维数较大，且有数值误差的存在，我们依然会选择将超参数ϵ取作一个有限的正数。

■ **伪代码 7.5 共轭梯度法（简化）**

- ✧ 初始化模型参数 $\boldsymbol{\theta} \leftarrow \boldsymbol{\theta}_{\text{init}}$ （$\boldsymbol{\theta}_{\text{init}} \in \mathbb{R}^n$）
- ✧ 初始化模型残差 $\boldsymbol{r} \leftarrow \boldsymbol{b} - A\boldsymbol{\theta}$ （$\boldsymbol{r} \in \mathbb{R}^n$）
- ✧ 初始化下降方向 $\boldsymbol{p} \leftarrow \boldsymbol{r}$
- ✧ *While* $\|\boldsymbol{r}\| > \epsilon$:
  - 确定模型步长 $\alpha \leftarrow \boldsymbol{r}^T\boldsymbol{r}/\boldsymbol{p}^T A\boldsymbol{p}$ （$\alpha \in \mathbb{R}$）
  - 更新模型参数 $\boldsymbol{\theta} \leftarrow \boldsymbol{\theta} + \alpha\boldsymbol{p}$
  - 保存上一步残差向量 $\tilde{\boldsymbol{r}} \leftarrow \boldsymbol{r}$
  - 更新模型残差 $\boldsymbol{r} \leftarrow \boldsymbol{r} - \alpha A\boldsymbol{p}$
  - 更新中间变量 $\beta = \boldsymbol{r}^T\boldsymbol{r}/\,\tilde{\boldsymbol{r}}^T\tilde{\boldsymbol{r}}$
  - 更新下降方向 $\boldsymbol{p} = \boldsymbol{r} + \beta\boldsymbol{p}$ （$\boldsymbol{p} \in \mathbb{R}^n$）

✧ 将最终的参数$\boldsymbol{\theta}$返回 ■

在每一步迭代过程中，共轭梯度法只需要计算一次矩阵的向量乘法$A\boldsymbol{p}$，以及两次向量的内积 $\boldsymbol{p}^T A\boldsymbol{p}$ 和 $\boldsymbol{r}^T\boldsymbol{r}$。当矩阵$A$中的元素比较稀疏时，算法的速度可以得到充分的保证。从存储的角度来看，共轭梯度法也是一种相当经济的算法。

关于共轭梯度法在迭代过程中的收敛速率，仿照最速梯度下降法，我们不加证明地给出如下结论，式(7.54)中范数符号的含义与式(7.28 相同)：

$$\|\boldsymbol{\theta}_{k+1}-\boldsymbol{\theta}^*\|_A^2 \le \left(\frac{\sqrt{\lambda_n}-\sqrt{\lambda_1}}{\sqrt{\lambda_n}+\sqrt{\lambda_1}}\right)^2 \|\boldsymbol{\theta}_k-\boldsymbol{\theta}^*\|_A^2 \tag{7.54}$$

如果矩阵A的性质较为病态，共轭梯度法也可能因为舍入误差的存在而变得不再收敛，此时我们常使用**预条件技术**（preconditioning technique）对方程组 $A\boldsymbol{x}=b$ 提前进行一定的处理，从而改善求解过程中矩阵的条件数。对于其中的技术细节，我们不再过多地展开。代码示例7.3给出了共轭梯度法的程序实现，供读者与基于最速下降法的代码示例7.2进行比较。

另外，我们还在图7.8中对共轭梯度法的迭代过程（实线）进行了可视化，并与最速下降法（虚线）进行了比较。可以看到，共轭梯度法通过两步迭代便收敛到了全局极小值(1/3, 1/3)，第一次迭代的方向p_1及步长α_1与最速下降法重合。

代码示例 7.3 共轭梯度法求解方程组

```python
import jax.numpy as jnp
from jax.config import config

config.update('jax_enable_x64', True)

# 通过共轭梯度法，求解方程组 Ax = b
def conjugate_gradient_descent_solver(A, b, x_init):
    theta = x_init                  # 初始化模型参数
    r = b - jnp.dot(A, theta)       # 初始化模型残差
    p = r                           # 初始化下降方向
    while jnp.linalg.norm(r) > 1E-8:
        Ap= jnp.dot(A,p)
        alpha = jnp.dot(r, r) / jnp.dot(p, Ap)       # 确定步长
        theta = theta + alpha * p                    # 更新模型参数
        r_old = r                                    # 保存上一步残差向量
        r = r - alpha * Ap                           # 更新模型残差
        beta = jnp.dot(r, r) / jnp.dot(r_old, r_old) # 更新中间变量
        p = r + beta * p                             # 更新下降方向
    return theta
```

```
# 算法测试
A = jnp.array([[2.0, 1.0], [1.0, 2.0]])
b = jnp.array([1.0, 1.0])
theta_init = jnp.array([-15.0, 25.0])
conjugate_gradient_descent_solver(A,b,theta_init)
# >> [0.33333333  0.33333333]
```

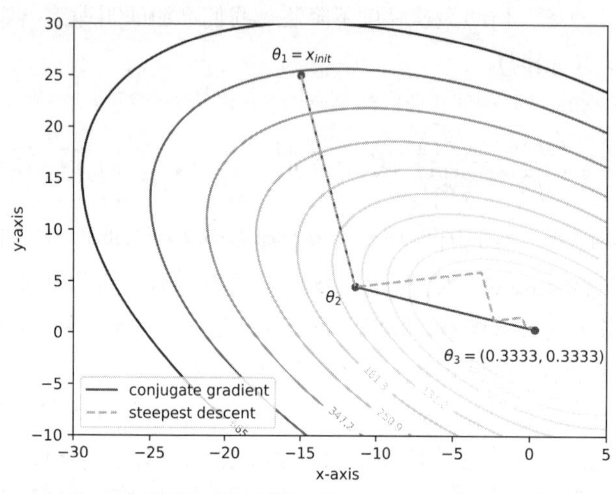

图 7.8 共轭梯度法（实线）与最速下降法（虚线）的比较示意图。当矩阵A的维数为2时，共轭梯度法仅通过两步迭代便计算出了全局极小值$\boldsymbol{\theta}_3 = \boldsymbol{\theta}^*$。此处初始参数及优化函数的选取与图 7.7 相同

对于非二次型的一般函数$f:\mathbb{R}^n \to \mathbb{R}$，我们在共轭梯度法中通常采用负梯度$-\nabla f(\theta_k)$来代替残差向量$\boldsymbol{r}_k$，采用$\boldsymbol{p}_k = \boldsymbol{r}_k + \beta_{k-1}\boldsymbol{p}_{k-1}$来确定新的迭代方向$\boldsymbol{p}_k$，再采用任意线搜索法寻找给定方向$\boldsymbol{p}_k$上步长$\alpha_k$的数值，并依然以$\boldsymbol{\theta}_{k+1} = \boldsymbol{\theta}_k + \alpha_k \boldsymbol{p}_k$执行参数的更新。为了寻找一种合适的方法作为对矩阵$A$的近似，我们通常采用如下公式计算式(7.33)中的参数β_k。

Fletcher-Reeves 公式

$$\beta_k = \frac{\nabla^T f(\boldsymbol{\theta}_k) \cdot \nabla f(\boldsymbol{\theta}_k)}{\nabla^T f(\boldsymbol{\theta}_{k-1}) \cdot \nabla f(\boldsymbol{\theta}_{k-1})} \tag{7.55a}$$

Polak-Ribiere 公式

$$\beta_k = \frac{\nabla^T f(\boldsymbol{\theta}_k) \cdot [\nabla f(\boldsymbol{\theta}_k) - \nabla f(\boldsymbol{\theta}_{k-1})]}{\nabla^T f(\boldsymbol{\theta}_{k-1}) \cdot \nabla f(\boldsymbol{\theta}_{k-1})} \tag{7.55b}$$

正因如此，最速下降法与共轭梯度法通常来说也被认为是优化算法中的**一阶算法**（first order method），即在程序中只涉及待优化函数f一阶导数的计算。我们将在 7.2 节中给出一些其他常见的一阶算法，并将基于JAX库进行统一地实现。

注

关于非线性共轭梯度法（以及其他形式的共轭梯度公式）的介绍，可参考北京大学出版社高立编著的《数值最优化方法》中第 4 章的 4.3 节。

7.2 一阶优化算法

对于一阶优化算法而言，程序中只涉及对待优化函数一阶导数的计算，它在实际科研工作中具有极为广泛的运用，例如上文中提到的最速下降算法和共轭梯度算法，都属于一阶优化算法的范畴。

在 7.2.1 节中，我们将首先对动量法进行简要的介绍。我们将从经典的梯度下降算法出发，构造出与不同优化器相对应的动力学系统，从而帮助理解**动量法**及 Nesterov **优化器**背后的程序设计思想的由来，并将在一维情形下对算法的收敛性进行简单的讨论。在 7.2.2 节中，为了让模型中的不同参数具有与其数量级（及出现频率等）相对应的学习率，我们给出了 AdaGrad、RMSProp 和 AdaDelta 等基于自适应算法的优化器，并给出了相应的代码示例。作为对全篇的总结，我们在 7.2.3 节中对 Adam **优化器**的迭代流程进行了说明，它是动量法和自适应法相结合的产物。

7.2.1 动量法

当模型中的参数较多时，即使尝试在每一步迭代时近似地确定线搜索法的最优步长α，算法的计算代价也将显得过于高昂。在大多数情况下，如果仅根据函数f的局部性质而选取远大于1的步长，则在函数f本身的形式较为复杂时，这样的优化算法也显得过于激进。出于这样的考虑，在大多数情况下，我们只是简单地设定迭代过程中（类似α这样）用于描述步长的超参数远小于1，并令其取值在优化过程中尽量保持不变（或改变较为缓慢）。

在上述假设下，大多数深度学习中的优化算法，都能与一个特定的动力学问题联系起来。为了看清这一点，我们首先从最为经典的梯度下降算法开始讨论。我们将函数$f(\boldsymbol{\theta})$中的参数$\boldsymbol{\theta}$想象为空间$\mathbb{R}^n$中某质点的坐标，将$f(\boldsymbol{\theta})$理解为该空间中存在的势场。例如，对于$\boldsymbol{\theta} \in \mathbb{R}^2$，$f(\boldsymbol{\theta})$ 的数值可以用于描述地图上某点处的“海拔”，$f(\boldsymbol{\theta})$的数值越大，说明该质点在地图上的位置越“高”，即它具有的重力势能越大。此时，函数f在$\boldsymbol{\theta}$处的负梯度，即描述了该质点在$\boldsymbol{\theta}$处所受的外力$\boldsymbol{F}$，而外力$\boldsymbol{F}$同样是关于坐标$\boldsymbol{\theta}$的函数：

$$\boldsymbol{F}(\boldsymbol{\theta}) \coloneqq -\nabla f(\boldsymbol{\theta}) \tag{7.56}$$

例如对于传统的梯度下降算法，我们实则认为质点在某点处所具有的速度$\boldsymbol{v}$，正比于质点在该点处的受力。若假设比例系数为γ，即有 $\boldsymbol{v}(\boldsymbol{\theta}) = \gamma \boldsymbol{F}(\boldsymbol{\theta}) = -\gamma \nabla f(\boldsymbol{\theta})$。此时，选取时间微元为$\delta t$，并认为质点的坐标$\boldsymbol{\theta}$是关于时间的函数。则根据速度的定义，我们可以得到[1]：

[1] 在这里，“δt”中的记号“δ”与变分法中的变分记号没有半点关系，读者将“δt”作为一个整体理解为实数即可。另外，δt^2应理解为$(\delta t)^2$，式(7.54)无非是对函数$\boldsymbol{\theta}(t)$的泰勒展开（后同）。式(7.54)中的$\boldsymbol{v}(t)$应该理解为$\boldsymbol{v}\big(\boldsymbol{\theta}(t)\big)$，而根据速度$\boldsymbol{v}$的定义本身，我们又有$\boldsymbol{v} \coloneqq \mathrm{d}\boldsymbol{\theta}/\mathrm{d}t$。后文中，我们有时也遵循优化算法领域的传统，将$\boldsymbol{v}$称为算法的**动量**（momentum）。

$$
\begin{aligned}
\boldsymbol{\theta}(t+\delta t) &= \boldsymbol{\theta}(t) + \boldsymbol{v}(t)\,\delta t + \mathcal{O}(\delta t^2) \\
&= \boldsymbol{\theta}(t) - \gamma\delta t \boldsymbol{\nabla} f\big(\boldsymbol{\theta}(t)\big) + \mathcal{O}(\delta t^2), \quad \delta t \to 0
\end{aligned} \tag{7.57}
$$

作为与一般梯度下降算法的类比，我们只需定义第k步迭代过程中的 $\boldsymbol{\theta}_k \coloneqq \boldsymbol{\theta}(k\delta t)$，即可将上述动力学过程在时间尺度上离散化，转化为与梯度下降算法类似的迭代流程：

$$
\boldsymbol{\theta}_{k+1} = \boldsymbol{\theta}_k - \gamma\delta t\,\boldsymbol{\nabla} f(\boldsymbol{\theta}_k) + \mathcal{O}(\delta t^2), \quad \delta t \to 0 \tag{7.58}
$$

在步长$\gamma\delta t$较小时，我们可以将函数 $\mathcal{O}(\delta t^2)$ 作为小量忽略，从而得到可直接用于编程的迭代关系。对应于实际的物理体系，考虑一个外力驱动下置于水中的无质量小球。一方面，小球在外势场f下将感受到外力$\boldsymbol{F} = -\boldsymbol{\nabla} f$的驱动；另一方面，半径为$r$的小球在粘滞流体中将会受到正比于其速度$\boldsymbol{v}$的粘滞阻力$\mathbf{f}$，其具体形式由流体力学的**斯托克斯定律**（Stokes Law）给出：

$$
\mathbf{f} = -6\pi\eta r\boldsymbol{v} \tag{7.59}
$$

其中常数η为流体的粘滞系数，它的数值越大，则代表流体越“粘稠”。式(7.59)中的负号代表粘滞阻力的方向与小球速度的方向相反[1]。小球在流体中的受力如图 7.9 所示。根据牛顿第二定律，小球所受的合力$\boldsymbol{F} + \mathbf{f}$正比于小球的加速度$\boldsymbol{a}$，而加速度$\boldsymbol{a}$是小球的位置矢量$\boldsymbol{\theta}(t)$关于时间$t$的二次导数。将式(7.56)及式(7.59)中力场的具体形式带入牛顿第二定律，可以得到：

$$
-\boldsymbol{\nabla} f - 6\pi\eta r\boldsymbol{v} = m\frac{\mathrm{d}^2\boldsymbol{\theta}}{\mathrm{d}t^2} \tag{7.60}
$$

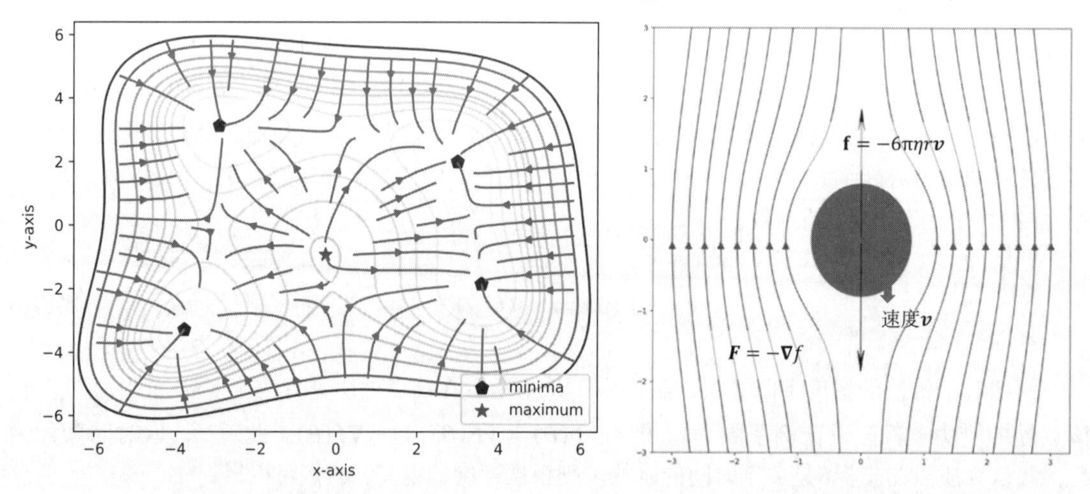

图 7.9 左图为由 Himmelblau 函数定义的力场，右图为小球在流场中的受力及流场相对于小球的速度分布

[1] 斯托克斯定律在**雷诺数**（Reynolds number）较小时成立，即需要忽略湍流等混沌效应。

这里的比例系数m被定义为小球的（惯性）质量。而当小球的惯性质量可以被忽略时（$m = 0$），我们将立即得到小球的速度$\boldsymbol{v}$与外势场f之间的关系$\boldsymbol{v} = -\boldsymbol{\nabla} f \,/\, 6\pi\eta r$。重复式(7.57)中的讨论，此系统中（等效）的步长α具有如下形式：

$$\alpha = \frac{\delta t}{6\pi\eta r} \tag{7.61}$$

梯度下降算法可以被视作对该物理体系的一次数值模拟。根据式(7.61)，对于相同的物理过程，时间切片δt的取值越小，所需的迭代次数就越多；或者对于相同的时间切片δt，液体越是粘稠（或小球的半径r越大），小球在液体中所受的阻力$\mathbf{f}$就越大，小球滑落到极小值点所需的总时间也就相应变长——这同样对应更多的迭代次数。因此，上述讨论为诸如“步长α在合理范围内的取值越小，算法收敛的速度就越慢”这样的论断，提供了相当直接的物理直觉。

传统梯度下降算法的问题在于，当函数f在一定区域内较为平坦时，外力场将无法提供足够的“动力”，让小球快速到达函数f的极小值点。另外，由于小球的速度与函数f的负梯度成正比，小球将无法越过函数f的驻点（即$\boldsymbol{\nabla} f = \mathbf{0}$处），以寻找函数$f(\boldsymbol{\theta})$更小的极值。从直观上来看，上述现象产生的原因在于忽略了小球本身的质量，使得小球只能被动地“随波逐流”，而不能将从高处落下时积攒的势能转化为动能。换言之，只要我们不再将小球的质量忽略，它就能更快地冲过势能的平台，从而使算法的效率得以提升。

注意到速度是位置关于时间的一阶导数，我们有$\boldsymbol{v} = \mathrm{d}\boldsymbol{\theta}/\mathrm{d}t$。做变量代换$\alpha = \delta t \,/\, 6\pi\eta r$，$\beta = m/6\pi\eta r = m\alpha/\delta t$，我们首先对式(7.60)进行一步改写：

$$-\alpha\boldsymbol{\nabla} f - \boldsymbol{v}\delta t = \beta\, \delta t \frac{\mathrm{d}\boldsymbol{v}}{\mathrm{d}t} \tag{7.62}$$

此时，我们通过如下方式模拟质点速度及坐标随时间的演化：

$$\boldsymbol{v}(t+\delta t) = \boldsymbol{v}(t) + \frac{\mathrm{d}\boldsymbol{v}}{\mathrm{d}t}\delta t + \mathcal{O}(\delta t^2) = \left(1 - \frac{\delta t}{\beta}\right)\boldsymbol{v}(t) - \frac{\alpha}{\beta}\boldsymbol{\nabla} f + \mathcal{O}(\delta t^2) \tag{7.63a}$$

$$\boldsymbol{\theta}(t+\delta t) = \boldsymbol{\theta}(t) + \boldsymbol{v}(t+\delta t)\delta t + \mathcal{O}(\delta t^2) \tag{7.63b}$$

在这里，我们需要假设 $\beta = m/6\pi\eta r \neq 0$，且用到 $\boldsymbol{v}(t)\delta t = \boldsymbol{v}(t+\delta t)\delta t + \mathcal{O}(\delta t^2)$。接下来，我们采用类似的手段，将上述动力学方程在时间尺度上离散化，转化为程序可处理的递推公式。明确起见，我们做如下变量代换：

$$\boldsymbol{\theta}_k \coloneqq \boldsymbol{\theta}(k\delta t) \quad = \mathcal{O}(\delta t), \qquad \delta t \to 0 \tag{7.64a}$$

$$\boldsymbol{v}_\mathrm{k} \coloneqq \boldsymbol{v}(k\delta t)\delta t \quad = \mathcal{O}(\delta t), \qquad \delta t \to 0 \tag{7.64b}$$

$$\tilde{\alpha} \coloneqq \alpha\delta t/\beta \quad = \mathcal{O}(\delta t^2), \qquad \delta t \to 0 \tag{7.64c}$$

$$\tilde{\beta} \coloneqq 1 - \delta t/\beta \ = \mathcal{O}(1), \qquad \delta t \to 0 \tag{7.64d}$$

符号“$\mathcal{O}$”描述了一个函数的增长级，它的严格定义请参考 7.1.1 节中的注。将上述关系带回 $\boldsymbol{v}(t+\delta t)$ 和 $\boldsymbol{\theta}(t+\delta t)$ 的表达式，可以得到：

$$\boldsymbol{v}_{k+1} = \tilde{\beta}\boldsymbol{v}_k - \tilde{\alpha}\nabla f(\boldsymbol{\theta}_k) + \mathcal{O}(\delta t^3), \qquad \delta t \to 0 \tag{7.65a}$$

$$\boldsymbol{\theta}_{k+1} = \boldsymbol{\theta}_k + \boldsymbol{v}_{k+1} + \mathcal{O}(\delta t^2), \qquad \delta t \to 0 \tag{7.65b}$$

读者应该自行验证，式(7.65a)中的 $\mathcal{O}(\delta t^3)$ 和式(7.65b)中的 $\mathcal{O}(\delta t^2)$ 确实可以作为高阶小量而被略去，从而得到可直接用于编程的递推关系。此时的参数 $\tilde{\alpha}$及$\tilde{\beta}$将作为模型中可调的超参数而存在，矢量$\boldsymbol{v}$也被称为优化算法中的**动量**（momentum）。

由式(7.64)中的关系 $\tilde{\beta} = \mathcal{O}(1)$ 可见，参数$\tilde{\beta}$不必满足$\tilde{\beta} \ll 1$的约束，只需满足$\tilde{\beta} < 1$的基本条件即可。从直观上看，参数$\tilde{\beta}$描述了迭代过程中对上一时刻速度的“记忆”。根据式(7.65a)，我们可以递归地得到算法在第$k+1$步迭代时的动量：

$$\begin{aligned}
\boldsymbol{v}_{k+1} &= \tilde{\beta}\boldsymbol{v}_k - \tilde{\alpha}\nabla f(\boldsymbol{\theta}_k) \\
&= \tilde{\beta}^2\boldsymbol{v}_{k-1} - \tilde{\alpha}\nabla f(\boldsymbol{\theta}_k) - \tilde{\alpha}\tilde{\beta}\nabla f(\boldsymbol{\theta}_{k-1}) \\
&= \tilde{\beta}^3\boldsymbol{v}_{k-2} - \tilde{\alpha}\nabla f(\boldsymbol{\theta}_k) - \tilde{\alpha}\tilde{\beta}\nabla f(\boldsymbol{\theta}_{k-1}) - \tilde{\alpha}\tilde{\beta}^2\nabla f(\boldsymbol{\theta}_{k-2}) \\
&= \cdots \\
&= -\tilde{\alpha}\sum_{\tau=0}^{k}\tilde{\beta}^{\tau}\,\nabla f(\boldsymbol{\theta}_{k-\tau})
\end{aligned} \tag{7.66}$$

这里我们用到初态的动量$\boldsymbol{v}_0 = 0$。为了使得算法更加稳定，我们通常选取$\tilde{\beta} \in (0,1)$。此时将式(7.66)带回递推关系式(7.65b)，我们便得到了参数$\boldsymbol{\theta}_k$的更新规则：

$$\boldsymbol{\theta}_{k+1} = \boldsymbol{\theta}_k - \tilde{\alpha}\sum_{\tau=0}^{k}\tilde{\beta}^{\tau}\,\nabla f(\boldsymbol{\theta}_{k-\tau}) \tag{7.67}$$

从数学角度来看，动量法选用梯度在时间尺度上的**泄漏平均值**（leaky average）来取代局域的梯度，以执行参数的更新，参数$\tilde{\beta}$在这里成为泄漏平均值中的**衰减因子**（decay factor）。特别的，在 $\tilde{\beta} = 0$ 时，动量法参数之间的递推关系将退化为经典的梯度下降算法，此时$\boldsymbol{\theta}_{k+1} = \boldsymbol{\theta}_k - \tilde{\alpha}\nabla f(\boldsymbol{\theta}_k)$。[1]在这样的视角下，我们还可以尝试对共轭梯度法（见 7.1.5 节）中的参数β_k进行重新审视。在程序的设计思路上，它与动量法中的参数$\tilde{\beta}$极为相似。

物理学家**列夫·朗道**（Lev Landau）在他的理论物理学教程第一卷[2]第一章的第一节中便曾指出：“经验表明，同时给定系统的所有广义坐标和速度就可以确定系统的状态，并且原则上也可以预测以后的运动。”而在概率论中，如果体系未来的演化仅依赖于体系在当前时刻的状态，与体系

[1] 不过我们不得不为读者指出的是，这样的回归并非因为参数$\tilde{\beta}$与质点的质量m成正比，而是由于在$\tilde{\beta} \coloneqq 1 - \delta t/\beta = 1 - 6\pi\eta r\delta t/m = 0$时，如果承认常数 $6\pi\eta r$ 为有限值，小球的质量m必须具有与δt相同的增长级。事实上，只要在$\delta t \to 0$的极限之下 $\tilde{\beta} \neq 1$，我们就可以得出$\lim_{\delta t \to 0} m \to 0$的结论。

[2] 即朗道的《力学》。这里的引文取自《力学》第五版的中文翻译。

演化的历史无关，则称这样的过程具有**马尔可夫性质**[1]（Markov property）。

当优化函数及超参数给定时，在传统的梯度下降算法中，参数$\boldsymbol{\theta}_k$在迭代过程中的下一步取值$\boldsymbol{\theta}_{k+1}$完全由当前的参数$\boldsymbol{\theta}_k$所决定。而在动量法中，参数$\boldsymbol{\theta}_{k+1}$的确定不但取决于参数$\boldsymbol{\theta}_k$，还取决于当前的速度$\boldsymbol{v}_k$。因此对于动量法而言，我们只需对迭代过程中的变量$(\boldsymbol{\theta},\boldsymbol{v})$加以存储，体系相对于优化器而言便在形式上具有了“马尔可夫性质”。

在优化算法中，我们将确定参数$\boldsymbol{\theta}$在下一步迭代时所需要的全部信息，称为该优化器的**状态**（state）。对于一个完整的优化器而言，它至少需要包含以下 3 个函数。

- **初始化函数**：使用参数的初始值 $\boldsymbol{\theta}_{\text{init}}$ 初始化优化器的状态。
- **参数更新函数**：利用超参数和优化函数的性质，结合优化器在当前迭代过程中的状态，对优化器的状态进行更新。
- **参数读取函数**：根据优化器在当前时刻的状态，返回所需的模型参数。

我们使用 `init_fun`、`update_fun` 和 `get_params_fun` 分别作为初始化函数、参数更新函数和参数读取函数的函数名，以基于动量法的优化器 `momentum` 为例，给出相应的代码示例 7.4 如下。[2]

代码示例 7.4　动量法优化器

```
import jax
import jax.numpy as jnp
from jax.config import config

config.update('jax_enable_x64', True)

def momentum(alpha, beta):

  def init(x0):
    """ 初始化函数 """
    v0 = jnp.zeros_like(x0)
    return (x0, v0)

  def update(g, opt_state):
    """ 参数更新函数 """
    x, v = opt_state
    v_new = beta * v - alpha * g  # 更新速度
    x_new = x + v_new             # 更新位置
```

[1] 例如，对于中国象棋来说，棋局未来的走向与对弈双方达到当前局面的走子方式无关，因此中国象棋的棋局具有全局马尔可夫性质。而对于围棋来说，如果棋规要求“着子后不能使对方面临**曾经**出现过的局面”，那么围棋的棋局就不再具有马尔可夫性质。通常而言，马尔科夫性质对于随机过程来说是一个较强的假设。

[2] 本节中所出现的代码，部分参考自 `jax.experimental.optimizer` 模块的源码。我们在原始代码的基础上进行了相当程度的简化，并修改了其中的部分问题。

```
    return (x_new, v_new)

  def get_params(opt_state):
    """ 参数读取函数 """
    x, _ = opt_state
    return x

  return init, update, get_params

alpha, beta = 0.001, 0.8      # 超参数设置
init_fun, update_fun, get_params_fun = momentum(alpha, beta)
```

优化器的状态由变量 opt_state 存储，对于不同的优化器来说，变量 opt_state 数据类型的选取可以相当灵活。就动量法而言，它是一个Python的元组，用于对参数$\boldsymbol{\theta}$及动量$\boldsymbol{v}$加以存储。当我们通过某优化器得到了 init_fun、update_fun 和 get_params_fun 这 3 个函数时，就可以以此为基础对 Himmelblau 函数的极小值点加以搜寻。基于代码示例 7.4 中给出的优化器 momentum，我们给出用于寻找 Himmelblau 函数极小值点的代码示例 7.5 如下。

代码示例 7.5　寻找 Himmelblau 函数的极小值点

```
def Himmelblau(params):
    x, y = params
    return (x ** 2 + y - 11) ** 2 + (x + y ** 2 - 7) ** 2

@jax.jit
def step(opt_state):
  params = get_params_fun(opt_state)     # 使用参数读取函数，返回模型参数
  value, g = jax.value_and_grad(Himmelblau)(params)
  opt_state = update_fun(g, opt_state)   # 使用参数更新函数，更新优化器状态
  return value, opt_state

# 算法迭代步骤
theta_init = jnp.array([4.3, 5.0])       # 起点设置
opt_state = init_fun(theta_init)         # 使用初始化函数，初始化优化器状态

for i in range(1000):
  value, opt_state = step(opt_state)
```

代码示例 7.5 中的 step 函数体现了函数式编程的特点，此处通过 jax.jit 修饰器对函数 step 进行的即时编译，将极大提升程序运行的速度。作为动量法与传统梯度下降算法的比较，我们尝试给出 Himmelblau 函数的取值关于迭代次数k的图像。注意 Himmelblau 函数非负，且在 4 个极小值点处的取值为0，我们可以将 Himmelblau 函数取对数后进行作图。

在迭代过程中，选取起始参数$\boldsymbol{\theta}_{\text{init}}$为(4.5, 5.0)，步长$\tilde{\alpha}$为0.001，且分别选取超参数$\tilde{\beta}$为0.00、0.30以及0.75，得到的图像如图 7.10 所示。在一定范围内，动量法确实具有比传统梯度下降算法更好的收敛性（传统梯度下降算法对应 $\tilde{\beta}=0$）。

而在图 7.10 中，当参数$\tilde{\beta}$的取值增大到0.75时，下降过程中的曲线已然展现出周期性震荡下降的趋势。而当参数$\tilde{\beta}$的取值进一步增大时，动量法将开始出现一定的问题：从直观上来看，过大的动量将导致小球快速地冲过极小值点，并由于无法有效“减速”而拖慢算法收敛的速度。这也将为迭代过程引入一定的不稳定性，如图 7.11 所示。[1]

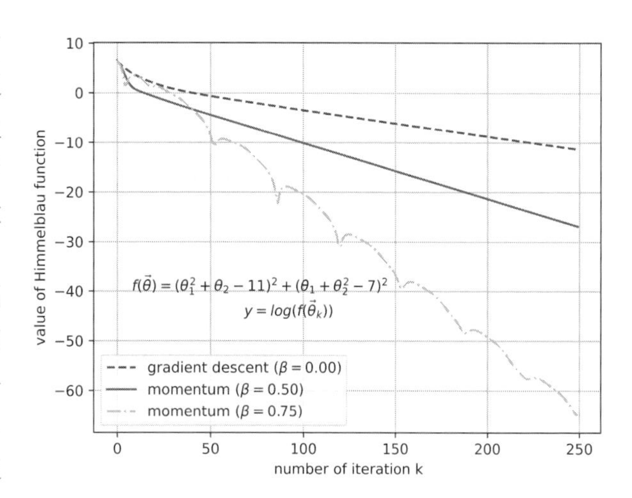

图 7.10　不同的参数$\tilde{\beta}$取值下，Himmelblau 函数取值的对数随迭代次数k的变化。其中超参数 $\tilde{\alpha}=0.001$，起始参数$\boldsymbol{\theta}_{\text{init}}=(4.5,5.0)$，不同的曲线对应着参数$\tilde{\beta}$不同的取值

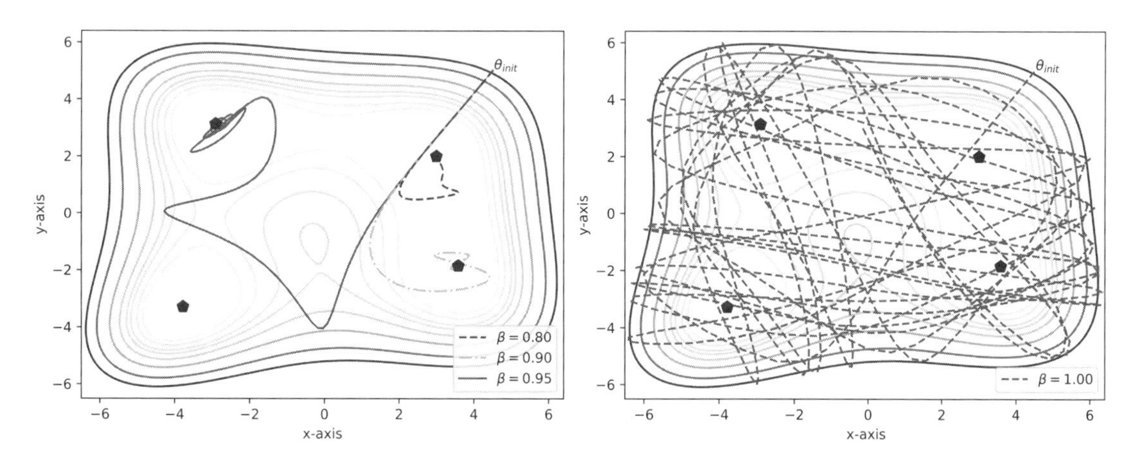

图 7.11　不同的参数 $\tilde{\beta}$ 的取值下，下降算法的迭代流程。选取超参数 $\tilde{\alpha}=0.001$，起始位置 $\boldsymbol{\theta}_{\text{init}}=(4.5,5.0)$。左图中，当参数$\tilde{\beta}$分别取作 0.80、0.90 及 0.95时，优化算法最终收敛于 Himmelblau 函数不同的极小值点；右图中，当参数 $\tilde{\beta}=1.00$时，优化算法开始在同一等高线内来回“震荡”，这是能量守恒定律在优化算法中的体现

另外，为了缓和动量法在函数极小值点处动量过大的问题，人们也曾对动量法进行过一定的改进。其中的 Nesterov **动量法**通过假想下一步更新后所在处的梯度，来决定当前动量的更新方

[1] 更多有关于动量法的可视化图形，参考网站 https://distill.pub/2017/momentum/. 尝试做变量代换$v_k=-\tilde{\alpha}z_k$，读者即可证明本书动量法递推关系中的$\tilde{\alpha}$和$\tilde{\beta}$，与该网站中的参数α和β具有完全相同的内涵。本节中图 7.12 绘制过程中的部分源码同样来自该网页.

式，从而使得图 7.11 中的问题得到了部分的改善。它所对应的参数更新规则如下：

$$\boldsymbol{v}_{k+1}=\tilde{\beta}\boldsymbol{v}_k-\tilde{\alpha}\nabla f\left(\boldsymbol{\theta}_k+\tilde{\beta}\boldsymbol{v}_k\right) \tag{7.68a}$$

$$\boldsymbol{\theta}_{k+1}=\boldsymbol{\theta}_k+\boldsymbol{v}_{k+1} \tag{7.68b}$$

如果梯度 $\nabla f\left(\boldsymbol{\theta}_k+\tilde{\beta}\boldsymbol{v}_k\right)$ 不便计算，人们也常常采用如下表达式作为近似。实际上，这样的近似在一些优化器的库函数中是相当常见的。

$$\boldsymbol{v}_{k+1}=\tilde{\beta}\boldsymbol{v}_k-\tilde{\alpha}\nabla f(\boldsymbol{\theta}_k) \tag{7.69a}$$

$$\boldsymbol{x}_{k+1}=\boldsymbol{x}_k+\tilde{\beta}\boldsymbol{v}_{k+1}-\tilde{\alpha}\nabla f(\boldsymbol{\theta}_k) \tag{7.69b}$$

基于此，我们给出 Nesterov 动量法优化器的程序实现，如代码示例7.6所示。它和一般动量法的程序实现极为相似，唯一的不同只在于参数更新函数中状态 v_new 和 x_new 的更新方式（参考代码示例 7.4）。基于 Nesterov 优化器寻找函数极小值的程序实现与代码示例7.5完全一致，这里不再另外单独给出。

代码示例 7.6 Nesterov 动量法优化器

```python
import jax.numpy as jnp
from jax.config import config

config.update('jax_enable_x64', True)

def nesterov(alpha, beta):

  def init(x0):
    """ 初始化函数 """
    v0 = jnp.zeros_like(x0)
    return (x0, v0)

  def update(g, opt_state):
    """ 参数更新函数 """
    x, v = opt_state
    v_new = beta * v - alpha * g             # 更新速度
    x_new = x + beta * v_new - alpha * g    # 更新位置
    return (x_new, v_new)

  def get_params(opt_state):
    """ 参数读取函数 """
    x, _ = opt_state
    return x

  return init, update, get_params
```

值得补充的是，各类动量法中的参数$\tilde{\alpha}$和$\tilde{\beta}$也可以随着迭代的进行而发生改变。例如对于参数$\tilde{\beta}$而言，一个典型的设置是以0.5作为初始值，并在多个周期（epoch）中，将它的取值慢慢提升至0.99。

最后，我们基于简单的一元二次函数 $f(x) \coloneqq \lambda x^2/2$，对一般动量法的收敛性进行简要分析。注意到，对于此时的函数$f(x)$而言，λ是函数f在任意一点处黑塞矩阵的唯一本征值。此时对于步长为α的梯度下降算法，我们有：

$$x_{k+1} = (1 - \alpha\lambda)x_k \tag{7.70}$$

因此当$|1 - \alpha\lambda| < 1$时，梯度下降算法以指数速率（线性）收敛，收敛的速度由参数α和本征值λ所共同刻画。参数 $\alpha\lambda \in (0,2)$ 的约束区间也为步长α具体数值的选取提供了参照。

对于动量法，此时的迭代流程可以用矩阵形式加以描述：

$$\begin{bmatrix} v_{k+1} \\ x_{k+1} \end{bmatrix} = \begin{bmatrix} \tilde{\beta} & -\tilde{\alpha}\lambda \\ \tilde{\beta} & 1 - \tilde{\alpha}\lambda \end{bmatrix} \begin{bmatrix} v_k \\ x_k \end{bmatrix} \tag{7.71}$$

做变量代换$v_k = -\tilde{\alpha} z_k$，上式完全等价于：

$$\begin{bmatrix} z_{k+1} \\ x_{k+1} \end{bmatrix} = \begin{bmatrix} \tilde{\beta} & \lambda \\ -\tilde{\alpha}\tilde{\beta} & 1 - \tilde{\alpha}\lambda \end{bmatrix} \begin{bmatrix} z_k \\ x_k \end{bmatrix} \coloneqq R \begin{bmatrix} z_k \\ x_k \end{bmatrix} \tag{7.71$'$}$$

可以证明，动量法在$|1 - \alpha\lambda| < 1 + \beta$时收敛，即它的步长$\alpha$应满足 $\alpha\lambda \in (0,\ 2 + 2\beta)$ 这样的约束条件：相较于梯度下降算法，这是一个更大的收敛区间。具体来说，当我们假设式(7.71′)中矩阵R的两个本征值为σ_1，$\sigma_2 \in \mathbb{C}$，动量法的收敛性质大致如图 7.12 所示[1]。

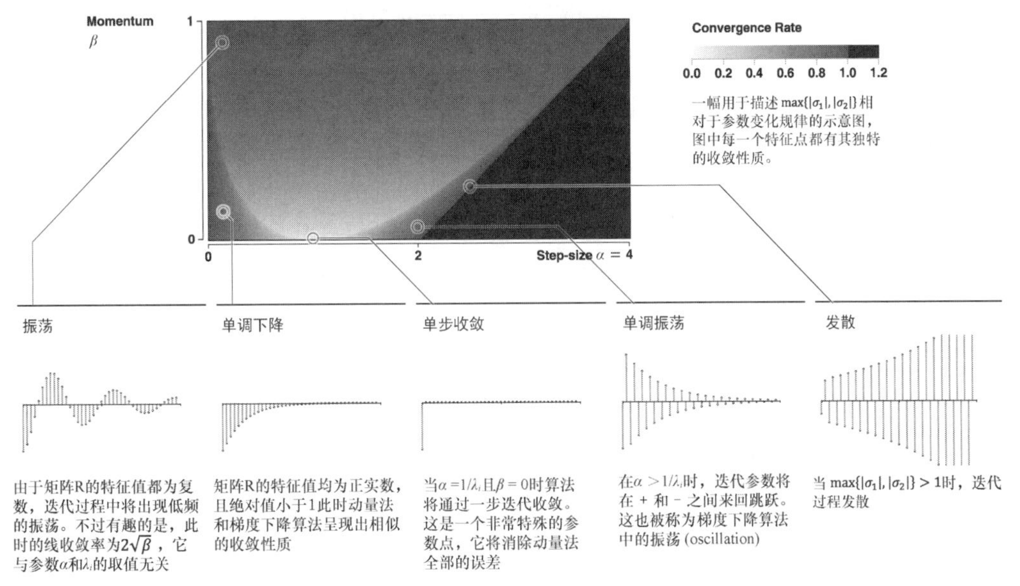

图 7.12　动量法收敛速率示意图

[1] 对于更加复杂情况下动量法收敛性及收敛速度的分析，可参考 Flammarion 和 Bach 发表于 2015 年的文章 *From Averaging to Acceleration, There is Only a Step-size*。

7.2.2 自适应算法

自适应算法（self-adaptive algorithm）的内涵极为广泛，在本节中，我们仅将讨论的范围局限于**自适应优化算法**（self-adaptive optimization algorithm）。与动量法相比，自适应算法在算法设计的出发点上，更多出于数学方面的考量。

动量法在对参数进行更新时，对所有的参数$\boldsymbol{\theta}$都采用了相同的学习率，而在一些情况下，对于某些参数的更新只有在相关特征出现时才会进行。此时，对于一些常见的特征，由于相关参数的更新较为频繁，它们将快速收敛到最佳值（在收敛到最佳值后，它们依然被反复地更新）；对于一些并不常见的特征，由于全局学习率的选取较小，相关参数又将迟迟无法达到收敛状态：这样的问题在模型中的特征较为稀疏时，将会明显地体现出来。

从直觉上来看，出现该问题的原因在于，直接选取的全局学习率要么对常见特征而言降低太慢，要么对不常见特征而言降低太快。[1]出于这样的观察，我们给出**自适应次梯度法**（adaptive subgradient method，简称为 AdaGrad 算法）的迭代流程。我们将任意矢量$\boldsymbol{v}$在第k步迭代时的第i个分量的数值记作$v_{k,i}$，即令 $\boldsymbol{v}_k = (v_{k,1}, v_{k,2}, \dots, v_{k,n}) \in \mathbb{R}^n$。在这样的符号约定下，AdaGrad 算法中的参数矢量 $\boldsymbol{\theta} \in \mathbb{R}^n$ 服从如下递推关系：

$$\theta_{k+1,i} = \theta_{k,i} - \frac{\alpha}{\epsilon + \sqrt{s_{k,i}}} \partial_i f(\boldsymbol{\theta}_k) \tag{7.72}$$

$$\text{其中} \quad s_{k,i} \coloneqq \sum_{j=1}^{k} \left[\partial_i f(\boldsymbol{\theta}_j)\right]^2$$

这里的参数α依然作为描述（全局）学习率的参数而存在；分母中的 ϵ 是一个极小的正数（例如10^{-8}），用于避免除零问题的产生；实数$s_{k,i}$是待优化函数f在前k步的迭代过程中，函数梯度在第i方向上分量的平方和；$\partial_i f(\boldsymbol{\theta}_k)$ 则是矢量$\boldsymbol{\nabla} f(\boldsymbol{\theta}_k)$的第$i$个分量，它相当于多元函数 $f: \mathbb{R}^n \to \mathbb{R}$ 对第i个变量的导函数在$\boldsymbol{\theta}_k$处的取值。

在具体的迭代过程中，我们用矢量 $\boldsymbol{s}_k = (s_{k,1}, s_{k,2}, \dots, s_{k,n})$ 来表示对过去梯度方差的累积，并令 $\boldsymbol{s}_0 = \boldsymbol{0}$。此时可以直接写出 AdaGrad 算法的如下迭代流程：

$$\begin{aligned} s_{k,i} &= s_{k-1,i} + [\partial_i f(\boldsymbol{\theta}_k)]^2 \\ \theta_{k+1,i} &= \theta_{k,i} - \frac{\alpha}{\epsilon + \sqrt{s_{k,i}}} \partial_i f(\boldsymbol{\theta}_k), \qquad \forall\, i = 1,2,\dots,n \end{aligned} \tag{7.73}$$

这样的算法保证了在对参数进行更新时，不同的参数能够拥有与其自身相适应的学习率，而这也是“自适应次梯度算法”中“自适应”一词的由来。对于被更新次数较多的参数，由于梯度

[1] 参考自《动手学深度学习》（第二版）的第 11 章。此处我们期待人们会依据式(7.13)中给出的规则，令学习率α的取值随着迭代的进行逐渐降低。

的累积，相应参数将会拥有更小的学习率，从而能够收敛到更加精确的数值；对于被更新次数较少的参数，由于梯度方差累积次数依然较少，相应参数能够拥有更大的学习率，从而能够进行更为高效的更新。

式(7.73)中的更新过程虽然是基于矢量的分量定义的，但在利用 JAX 库对优化器进行实现时，我们依然可以直接使用函数的语义广播。代码示例 7.7 给出了基于 AdaGrad 优化器的程序实现，供读者参考。[1]可以看到，它和动量法具有相同的存储开销。

代码示例 7.7 AdaGrad 优化器

```
import jax.numpy as jnp
from jax.config import config

config.update('jax_enable_x64', True)

def adagrad(alpha, eps=1e-8):

  def init(x0):
    s0 = jnp.zeros_like(x0)
    return x0, s0

  def update(g, state):
    x, s = state
    s = s + jnp.square(g)
    x = x - alpha / (eps + jnp.sqrt(s)) * g
    return x, s

  def get_params(state):
    x, _ = state
    return x

  return init, update, get_params
```

然而，由于 AdaGrad 优化器中的中间参数 $\boldsymbol{s}$ 只增不减，在模型迭代次数较多时，它将由于（等价）学习率过小而显得异常笨重。在一些情况下[2]，（等价）学习率在参数$\boldsymbol{\theta}$达到函数f的最小值点以前便已经趋于无穷小——这将使得算法收敛到完全错误的数值。

为了解决该问题，Geoff Hinton 将**指数滑动平均值**（exponential moving average）引入参数 $\boldsymbol{s}$ 的更新过程，从而解决了学习率单调减小（即参数$\boldsymbol{s}$单调递增）的问题。与之相对应的优化器被

[1] 需要说明的是，`jax.experimental.optimizer` 模块在 AdaGrad 优化器中错误地引入了动量，且其中缺少ϵ这一可选参数（源代码对除零问题进行了特殊的判断）；后文将要引入的 optax 库并没有这个问题。

[2] 对于凸优化问题，AdaGrad 优化器确实可以具有较好的表现。遗憾的是，实际问题中的大多数待优化函数，通常都是非凸的。关于该优化器背后详细的数学讨论，可以参考 Duchi 等人发表于 2011 年的文章 *Adaptive Subgradient Methods for Online Learning and Stochastic Optimization*。

称为 **RMSProp 优化器**（Root Mean Square Propagation）。

注

指数滑动平均值也称为**指数加权平均**（exponentially weighted moving average）或 EXPMA（exponential moving average）指标，它的构造形式与动量法中所谓的“泄漏平均值”类似。

具体来说，RMSProp 优化器根据式(7.74)来执行参数的迭代，其中参数ϵ及α的含义与 AdaGrad 优化器相同：

$$\begin{aligned} s_{k,i} &= \gamma\, s_{k-1,i} + (1-\gamma)\,[\partial_i f(\boldsymbol{\theta}_k)]^2 \\ \theta_{k+1,i} &= \theta_{k,i} - \frac{\alpha}{\epsilon + \sqrt{s_{k,i}}}\partial_i f(\boldsymbol{\theta}_k), \qquad \forall\, i = 1,2,\dots,n \end{aligned} \tag{7.74}$$

式(7.74)中的参数γ也称为 RMSProp 优化器的衰减因子，通常取$\gamma = 0.9$。注意，初始状态下$\boldsymbol{s}_0 = \boldsymbol{0}$，我们可以根据$\boldsymbol{s}_k$的递推关系得到与式(7.66)类似的表达式：

$$s_{k+1,i} = (1-\gamma)\sum_{j=1}^{k}\gamma^{k-j}\left[\partial_i f(\boldsymbol{\theta}_j)\right]^2 \tag{7.75}$$

式(7.75)解释了“指数滑动平均值”这一名称的由来。注意到，AdaGrad 优化器并不是 RMSProp 优化器在$\gamma = 1$（或$\gamma = 0$）时的极限。不过，由于 RMSProp 优化器同样可以为不同的参数分量选取与之相适应的学习率，它依然属于自适应算法的一种。有趣的是，RMSProp 优化器的使用者在该方法上所引用的文献，几乎无一例外地来自 Hinton 及 Tieleman 等人在 2012 年 Coursera 课程上制作优良的 PPT。[1]

由于 RMSProp 优化器的程序实现与代码示例 7.7 几乎完全相同，我们不再另外提供相应的代码示例。不过应该指出的是，RMSProp 优化器依然存在一定的问题，因为优化器中存在较多的超参数；并且在 RMSProp 优化器的迭代关系式(7.74)中，参数α的量纲难以与传统下降算法中的学习率相对应。基于这样的考虑，Zeiler 等人在 2012 年发表的文章中[2]，采用参数变化量本身作为对未来变化的校准，提出了 **AdaDelta 优化器**。它的参数迭代流程如式(7.76)所示。

$$\begin{aligned} s_{k,i} &= \gamma\, s_{k-1,i} + (1-\gamma)\,[\partial_i f(\boldsymbol{\theta}_k)]^2 \\ \theta_{k+1,i} &= \theta_{k,i} - \frac{\epsilon + \sqrt{t_{k-1,i}}}{\epsilon + \sqrt{s_{k,i}}}\partial_i f(\boldsymbol{\theta}_k) \\ t_{k,i} &= \gamma\, t_{k-1,i} + (1-\gamma)\left[\theta_{k+1,i} - \theta_{k,i}\right]^2, \qquad \forall\, i = 1,2,\dots,n \end{aligned} \tag{7.76}$$

---

[1] Tieleman, T., & Hinton, G. (2012). Lecture 6.5-rmsprop: *divide the gradient by a running average of its recent magnitude*. COURSERA: Neural networks for machine learning, 4(2), 26–31. 或参考网页链接如下。

http://www.cs.toronto.edu/~tijmen/csc321/slides/lecture_slides_lec6.pdf

[2] 参考文章 *Adadelta: an adaptive learning rate method*. arXiv:1212.5701.

其中 $\boldsymbol{s}_0 = \boldsymbol{0}$，$\boldsymbol{t}_0 = \boldsymbol{0}$ 是迭代的初始条件。在 AdaDelta 优化器中，传统意义上用于描述算法学习率的超参数α将完全不再出现，此时的参数γ拥有接近于 1 的数值。代码示例 7.8 给出了 Adadelta 优化器的程序实现。

代码示例 7.8 AdaDelta 优化器

```
import jax.numpy as jnp
from jax.config import config

config.update('jax_enable_x64', True)

def adadelta(gamma = 0.9, eps=1e-8):

  def init(x0):
    s0 = jnp.zeros_like(x0)
    t0 = jnp.zeros_like(x0)
    x_old = jnp.zeros_like(x0)
    return x0, s0, t0, x_old

  def update(g, state):
    x, s, t, x_old = state
    s = gamma * s + (1. - gamma) * jnp.square(g)
    x_old = x
    x = x - (eps + jnp.sqrt(t)) / (eps + jnp.sqrt(s)) * g
    t = gamma * t + (1. - gamma) * jnp.square(x - x_old)
    return x, s, t, x_old

  def get_params(state):
    x, _, _, _ = state
    return x

  return init, update, get_params
```

参数 `x_old` 的初始值并不直接参与计算，在实际中可以任意选取。不过，我们也可以尝试对 `update` 函数的计算次序进行调整。经过测试，通过如下方式定义的优化器可以具有更好的训练效果：

$$\begin{aligned} s_{k,i} &= \gamma\, s_{k-1,i} + (1-\gamma)\,[\partial_i f(\boldsymbol{\theta}_k)]^2 \\ t_{k,i} &= \gamma\, t_{k-1,i} + (1-\gamma)\,\left[\theta_{k,i} - \theta_{k-1,i}\right]^2 \\ \theta_{k+1,i} &= \theta_{k,i} - \frac{\epsilon + \sqrt{t_{k,i}}}{\epsilon + \sqrt{s_{k,i}}}\partial_i f(\boldsymbol{\theta}_k), \qquad \forall\, i = 1,2,\dots,n \end{aligned} \tag{7.76$'$}$$

在这里，由于参数迭代从$\boldsymbol{\theta}_1 = \boldsymbol{\theta}_{\text{init}}$开始进行，而在对$\boldsymbol{t}_1$进行计算时需要用到$\boldsymbol{\theta}_0$的取值，故而我们选取$\boldsymbol{\theta}_0 \coloneqq \mathbf{0}$（而非$\boldsymbol{\theta}_0 \coloneqq \boldsymbol{\theta}_{\text{init}}$）。这样的参数取值会使得初始状态下的优化器拥有更大的步长，从而极大地加速模型的计算。

基于这样的考虑，我们只需要将代码示例 7.8 中 adadelta 函数下的 update 函数进行适当改写，即可得到改良版 AdaDelta 优化器的程序实现。[1]

```
def update(g, state):
  x, s, t, x_old = state
  s = gamma * s + (1. - gamma) * jnp.square(g)
  t = gamma * t + (1. - gamma) * jnp.square(x - x_old)
  x_old = x
  x = x - (eps + jnp.sqrt(t)) / (eps + jnp.sqrt(s)) * g
  return x, s, t, x_old
```

7.2.3 Adam

在 7.2.1 节中，我们介绍了基于动量法优化器的程序设计思路；而在 7.2.2 节中，我们则利用自适应算法，为不同的参数选取了与之相适应的学习率数值。作为对本节的总结，我们将介绍实际工作中最为常用的 Adam（adaptive moment estimation）**优化算法**。从直观上来看，它是 Nesterov 动量法和 RMSProp 等自适应算法的总和。

具体来说，Adam 优化器首先通过求取中间参数的指数滑动平均值，来执行对动量 $\boldsymbol{v}_k$ 及梯度方差累积量 $\boldsymbol{s}_k$ 的更新：

$$\begin{aligned}\boldsymbol{v}_{k+1} &= \gamma_v \boldsymbol{v}_k + (1-\gamma_v)\boldsymbol{\nabla} f(\boldsymbol{\theta}_k) \\ s_{k+1,i} &= \gamma_s s_{k,i} + (1-\gamma_s)\left[\partial_i f(\boldsymbol{\theta}_k)\right]^2, \quad \forall\, i = 1,2,\ldots,n\end{aligned} \tag{7.77}$$

此处，我们令$\boldsymbol{v}_0 = \boldsymbol{s}_0 = \mathbf{0}$。因此，根据式(7.75)中的讨论，我们依然会有：

$$\begin{aligned}v_{k+1,i} &= (1-\gamma_v)\sum_{j=1}^{k} \gamma_v^{k-j}\, \partial_i f(\boldsymbol{\theta}_j) \\ s_{k+1,i} &= (1-\gamma_s)\sum_{j=1}^{k} \gamma_s^{k-j}\left[\partial_i f(\boldsymbol{\theta}_j)\right]^2, \quad \forall\, i = 1,2,\ldots,n\end{aligned} \tag{7.78}$$

[1] 此处暂无可引用文献，这样的"改进"是否能够（至少在绝大多数情况下）成立，有赖于在不同数据集上进行更多的测试。（未发表）

由于在通常情况下，我们选取参数γ_v及γ_s为接近于1的数值，因此当$\boldsymbol{v}_k$及$\boldsymbol{s}_k$的取值较小时，估计值将会产生与期望值明显的偏差。例如，如果我们期待，如果$\nabla f(\boldsymbol{\theta}_j)$ 在指标 $j \leq k$ 时恒为常数，则通过计算得到的 $\hat{\boldsymbol{v}}_{k+1}$ 应该在数值上与 $\nabla f(\boldsymbol{\theta}_j)$ 相等（对于$\hat{\boldsymbol{s}}_{k+1}$同理）。为此，我们尝试在式(7.78)的基础上，对所得的矢量 $\boldsymbol{v}_{k+1}$ 及 $\boldsymbol{s}_{k+1}$ 进行一步修正：

$$\hat{\boldsymbol{v}}_{k+1} = \boldsymbol{v}_{k+1} / (1 - \gamma_v^k)$$

$$\hat{\boldsymbol{s}}_{k+1} = \boldsymbol{s}_{k+1} / (1 - \gamma_s^k) \tag{7.79}$$

此时，参数$\boldsymbol{\theta}_{k+1}$的递推关系可以被以完全类似的方式构造出来：

$$\boldsymbol{\theta}_{k+1} = \boldsymbol{\theta}_k - \alpha \frac{\hat{\boldsymbol{v}}_{k+1}}{\epsilon + \sqrt{\hat{\boldsymbol{s}}_{k+1}}} \tag{7.80}$$

代码示例 7.9 给出了 Adam 优化器的程序实现，供读者参考。出于对传统命名规则的尊重，我们将这里的α命名为 learning_rate，并令参数 γ_v 及 γ_s 分别对应于变量名 b1 和 b2[1]。

代码示例 7.9 Adam 优化器

```python
import jax.numpy as jnp
from jax.config import config

config.update('jax_enable_x64', True)

def adam(learning_rate, b1=0.9, b2=0.999, eps=1e-8):

  def init(x0):
    k0 = 1  # 迭代次数
    v0 = jnp.zeros_like(x0)
    s0 = jnp.zeros_like(x0)
    return x0, v0, s0, k0

  def update(g, state):
    x, v, s, k = state
    v = b1 * v + (1. - b1) * g
    s = b2 * s + (1. - b2) * jnp.square(g)
    v_hat = v / (1. - b1 ** k)
    s_hat = s / (1. - b2 ** k)
    x = x - learning_rate * v_hat / (eps + jnp.sqrt(s_hat))
    return x, v, s, k+1

  def get_params(state):
    x, _, _, _ = state
    return x
```

[1] 在代码示例 7.9 中，Adam 优化器参数的默认取值（b1=0.9, b2=0.999, eps=1e-8）来自 Adam 算法原始的论文。

```
    return init, update, get_params

init_fun, update_fun, get_params_fun = adam(learning_rate=0.01)
```

在实际中，我们常常选择调用optax库[1]中的各种优化器较为便捷地更新模型参数。例如，同样对于 Himmelblau 函数极小值的搜寻问题，我们引用optax库，在代码示例 7.10 中给出了基于 Adam 优化器的程序实现：读者可以将代码示例 7.10 与代码示例 7.5 进行比较，体会两者的异同。

代码示例 7.10 寻找函数 **Himmelblau** 的极小值（基于 **optax**）

```
import optax
import jax.numpy as jnp
from jax.config import config

config.update('jax_enable_x64', True)

def Himmelblau(params):
    x,y = params
    return (x ** 2 + y - 11) ** 2 + (x + y** 2 - 7) ** 2

theta_init = jnp.array([5.0, -4.0])
optimizer = optax.adam(learning_rate=0.01)

params = theta_init
opt_state = optimizer.init(params)

@jax.jit
def step(params, opt_state):
    value, grads = jax.value_and_grad(Himmelblau)(params)
    updates, opt_state = optimizer.update(grads, opt_state, params)
    params = optax.apply_updates(params, updates)
    return params, opt_state, value

for i in range(1000):
    params, opt_state, value = step(params, opt_state)
```

我们将本章中出现的全部优化算法在表 7.1 中一并列出，作为对全章的总结。

[1] optax是一个面向JAX库设计的用于梯度处理和优化的Python库，它的名称来自英文 optimization 和Jax的组合。

表 7.1 一阶优化算法汇总

算法		设计思路	更新规则
梯度下降	(Gradient descent)	-	(4.17)
批量梯度下降	(Batched gradient descent)	-	
线搜索	(Line search)	-	(7.14)~(7.15)
最速下降法	(Steepest descent method)	-	伪代码 7.3
共轭梯度下降	(Conjugate gradient)	**Krylov** 子空间迭代	伪代码 7.5
动量法	(Momentum)	动量法	(7.65)
Nesterov 方法	(Nesterov momentum)		(7.68)或(7.69)
Adagrad 方法	(**Ada**ptive **grad**ient)	自适应法	(7.73)
RMSprop 方法	(**R**oot **M**ean **S**quare **prop**agation)		(7.74)
Adadelta 方法	(**Ada**ptive **delta** method)		(7.76)
Adam 优化器	(**Ada**ptive **m**oment estimation)	动量法+自适应法	(7.77)~(7.80)

注

变分原理（variational principle）在自然科学中具有极为广泛的应用，以变分法来表达。从理论层面来说，变分法是一种描述基本物理规律的语言。哈密顿原理描述了力学系统的运动规律，费马原理刻画了光在介质中的传播方式，最小作用量原理统一了相当一部分的物理理论——变分法在这些理论中具有的地位通常来说是本质性的。各种支配物质运动的基本规律，几乎无一例外地可以被表述为各自的泛函极值问题，从而使得变分法具有了极为重要的实际意义。

从应用的层面来说，变分原理为求解具体问题提供了一种较为灵活的手段。在它的基础上，我们可以构建出各种实用的待优化函数，并通过上文中的各种优化算法确定其中参数的取值。例如在 7.1 节中，我们曾将线性方程组$A\boldsymbol{x}=b$的求解问题，转化为二次函数$f(\boldsymbol{x}):=\frac{1}{2}\boldsymbol{x}^T A\boldsymbol{x}-\boldsymbol{b}^T\boldsymbol{x}$ 的极值问题，这其中便体现了变分原理的精神。

08

第 8 章　循环神经网络

对于一般的优化问题而言，**模型**、**损失函数**和**优化算法**是其中最为重要的 3 个组成部分（见 7.1.1 节）。在完成了对优化算法的介绍以后，我们将在接下来的两章里，着重讨论实际场景下特定模型函数的设计案例。在本章中，我们将延续第 4 章的讨论，对**循环神经网络**这种特殊的复杂神经网络结构进行简单的介绍。

循环神经网络具有极其广阔的使用场景和极为丰富的理论内涵。在本书出版的当下，它依然经历着持续不断的更新迭代，并逐渐在诸多不同领域落地生根，孕育出累累硕果。囿于篇幅，对循环神经网络的任何讨论，都将注定无法做到面面俱到。著名物理学家史蒂文・温伯格（Steven Weinberg）在他的著作《量子场论》的序言开篇中曾经这样问道："Why another book on quantum field theory？"（为什么再写一本量子场论的专著？）在深度学习相关教材已然繁复至此的当下，我们同样需要询问："Why another chapter on Deep Neuron Network?"（为什么再写一章深度神经网络？）

神经网络是可微分编程中最为重要的模型构造形式，也是当代深度学习的基本组成部分：**深度学习中的"深度"一词，便是对神经网络层数的形容**。从知识的完整性来看，缺少了神经网络的可微分编程教材将是不全面的。相较于传统深度学习的教材，在可微分编程的语境下，我们将在本章着重讨论不同模型中梯度的传递方式，并在不调用任何深度学习现有库函数的情况下，展示复杂神经网络的构造及训练过程。在这里，具有函数式编程特征的JAX库，为我们提供了一个干净的平台，让我们能够更好地演示复杂网络模型的训练方式。

对于相关领域的更多介绍，我们将提供一些可供参考的文章及专著，供读者查阅：我们相信，相较于完整地罗列相关领域形形色色的网络模型，尽可能清晰地讲明基本算法的结构，或许对大多数读者而言将显得更为"实用"。我们相信，在阅读循环神经网络及图神经网络的相关文献时，读者只需完全吃透本章给出的几个基本模型，便能做到一通百通。

*8.1　神经网络的生物学基础

在本节中，我们将对计算神经科学中的神经元模型进行简要介绍。我们将首先对神经元的电化学性质进行说明，随后分别对神经元的输入输出过程进行建模，并通过层层近似，从复杂的生物学模型中抽象出一系列较为简化的数学结构。尽管跳过本节内容并不影响知识的完整性，但我们相信，简单了解计算神经科学可极大地扩宽读者的视野，并令读者对数学意义上的“神经网络”获得更加丰富的物理直觉。

8.1.1 神经元的电化学性质

神经网络的基本组成单元称为**神经元**（neuron），又称为神经细胞，它是一个来自于生物学的术语。神经元可以被视作一个“装有带电液体的漏水的袋子”[1]，细胞膜包裹着带有Na^+、Cl^-和K^+等带电离子的液体，并通过镶嵌其上的**通道**（channel）和**转运蛋白**（transporter），实现细胞溶质的跨膜运输，如图 8.1 所示[2]。

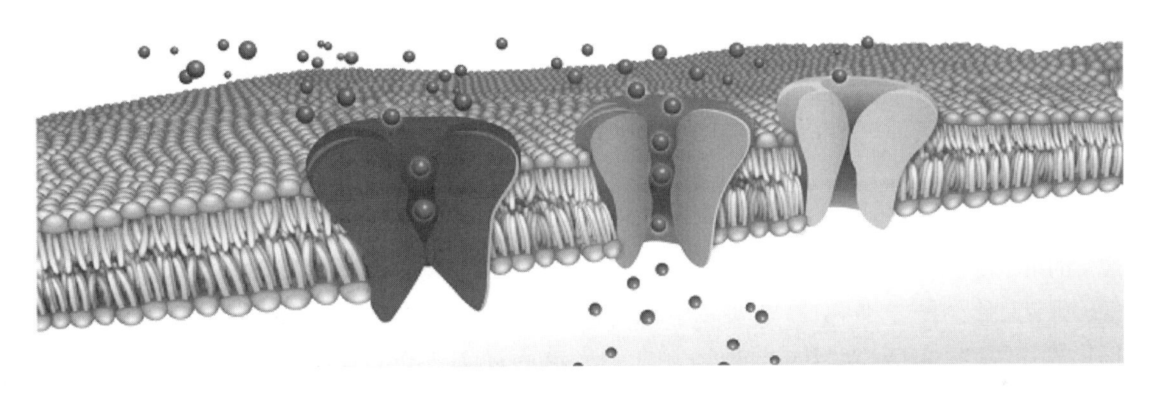

图 8.1 细胞膜上离子通道（ionic channel）示意图

由于扩散效应的存在，不带电荷的细胞溶质通常会自发地从高浓度一侧向低浓度一侧运输，顺着**化学梯度**（chemical gradient）移动。如果细胞溶质本身携带电荷，它们的移动方向又将受到外界电场的影响，这样的电场也称为**电位梯度**（electrical gradient）。对于实际的细胞溶质而言，其移动方向由化学梯度和电位梯度共同决定，两者之和也称为**电化学梯度**（electrochemical gradient）。细胞溶质沿着电化学梯度运输时不需要额外消耗能量，这样的过程也称为**被动运输**（passive transport）。

一些转运蛋白能够利用外界能量，将细胞溶质逆着电化学梯度进行跨膜运输，这样的过程也被称为**主动运输**（active transport）。化学反应、光、偶联转运（coupled transport）都可以作为主动运输的能量来源。

神经元作为**可兴奋细胞**（excitable cell）的一种，其中电信号的产生，依赖于细胞膜两侧的电

---

1 参考由 Rajesh P.N. Rao 和 Adrienne Fairhall 在 Coursera 平台上开设的《计算神经科学》课程。

2 图片 8.1 来源：Cambridge Network 刊登的采访文章 *Why ion channels are important for drug discovery* 。

位差。细胞膜内和细胞膜外的电位差称作细胞的**膜电位**（membrane potential），在静息状态下，神经元的膜电位通常在 −80mV 至 − 50mV之间（细胞内为低电位），具体的数值取决于特定的细胞类型[1]。

神经元细胞膜的膜电位是由Na^+-K^+ ATPase 酶等转运蛋白的主动转运所维持的。转运蛋白将Na^+从细胞内泵出，并将 K^+从细胞外泵入，通过保持细胞内外离子的浓度差，维护神经元的膜电位。在可微分编程的语境下，对膜电位及细胞溶质输运过程的讨论之所以显得重要，是因为相互连接的神经元为我们提供了一个绝好的物理图像，使得数学意义下"神经网络"较为抽象的训练过程，开始变得更加真实而具体可感。

为了进一步看清二者之间的联系，我们需要对神经元的结构进行更进一步的讨论。如图 8.2 所示，一个典型的神经元含有**树突**（dendrite）和**轴突**（axon）这两种神经突起，它们在细胞间的信息传递中起着较为重要的作用。如果神经元膜电位始终保持不变，这样的生物学模型将显得极为无趣。而实际上，细胞膜上的离子通道是**门控的**（gated），它对特定离子的透过性将随着外界环境的变化而改变。具体来说，离子通道大约可以分为以下 3 种。

- **电压门控**（voltage-gated）**离子通道**：离子通道打开的概率与膜电位相关。
- **化学门控**（chemically-gated）**离子通道**：离子通道需要特定的化学物质才能打开。
- **机械门控**（mechanically-gated）**离子通道**：离子通道的开关对压力、应变等因素敏感。

各种门控离子通道的存在，使得不同神经元之间的相互"交流"成为了可能。例如，当其他神经元的信号传导到如图 8.2 所示的化学**突触**（synapse）时，突触间释放的化学物质（例如乙酰胆碱等）将与突触后膜的配体门控离子通道结合，从而打开神经元上的化学离子通道。此时，假如相应的化学离子通道允许细胞外Na^+的涌入，则它将中和部分神经元内的负电荷，从而抬高神经细胞内的电位；注意到，膜电位的增大又将对神经元上的电压门控离子通道产生影响，从而带来神经细胞的**去极化**（depolarization）或**超极化**（hyperpolarization）：前者对应着膜电位的抬高，后者则意味着膜电位的降低。[2]当去极化程度达到一定的**阈值**（threshold）时，神经元将会产生一个锐利的**动作电位**（action potential），在大量神经生物学的教材中，这样的动作电位也称为**锋电位**（spike potential）。

在随后的讨论中，我们将对神经元膜电位间相互作用的动力学过程进行建模，并从中抽象出一些较为简化的数学结构，以期令读者获得对"神经网络"具有更加丰富的物理直觉。

---

[1] 参考自骆利群写作的《神经生物学原理》一书第 2 章中的有关内容。

[2] 例如，若静息状态下的膜电位为−60mV，则膜电位变为−20mV称为去极化，变为−80mV称为超极化。

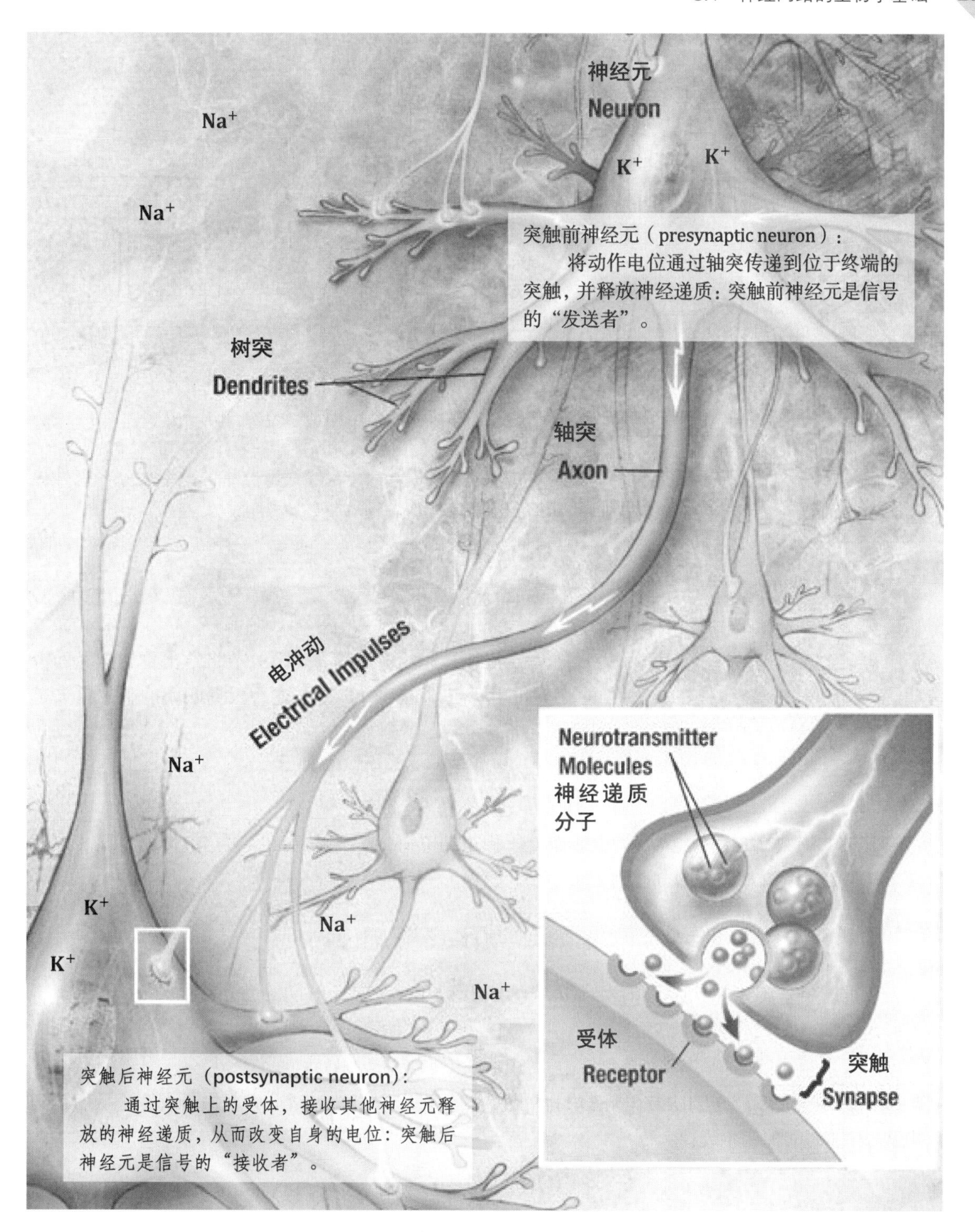

图 8.2　神经元结构示意图（图片来自维基百科）

8.1.2 神经元输出过程的建模

通常来说，我们采用图 8.3 所示的方式[1]，对细胞膜及镶嵌其上的离子通道进行建模。此时，由磷脂双分子层所构成的细胞膜由于不支持带电离子的通过，它在电路中的地位相当于一个大小为C的电容；而镶嵌在细胞膜中具有主动运输功能的转运蛋白，在电路中则等价于一个带有内阻R的电源，提供大小为E的电动势。

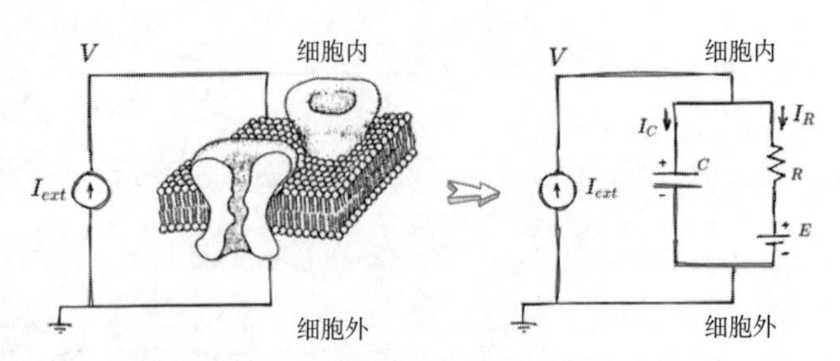

图 8.3 对神经元的简单建模；左图为细胞膜及镶嵌其上的离子通道，右图为与之对应的电路结构。

转运蛋白及细胞膜的几何位形，决定了电容 C 及电源 E 在等效电路中的并联关系。当外界注入电流为 I_{ext} 时，我们能够得到电路中的电流在任意 t 时刻的关系如下：

$$I_C(t) = -I_R(t) + I_{ext}(t) \tag{8.1}$$

事实上，这里的外电流I_{ext}可以理解为其他神经元的输入信号（下一节将给出更加详尽的说明）。我们假设神经细胞在 t 时刻的膜电位由标量函数 $V(t)$ 所描述，根据电路的基尔霍夫定律，我们不难得到关于电压$V(t)$的如下关系成立：

$$V(t) = \frac{Q(t)}{C} = I_R(t)R + E \tag{8.2}$$

其中，函数 $Q(t)$ 为电容 C 上极板处所积累的电荷量。再注意到，根据电流的定义（以及图 8.3 中关于电流及电荷的方向约定），我们又有：

$$I_C(t) = \frac{\mathrm{d}Q}{\mathrm{d}t}(t) = C\frac{\mathrm{d}V}{\mathrm{d}t}(t) \tag{8.3}$$

因此，将式(8.2)、式(8.3)带入式(8.1)，即得到膜电位V关于时间的微分方程：

$$C\frac{\mathrm{d}V}{\mathrm{d}t} = -\frac{1}{R}(V - E) + I_{ext} \tag{8.4}$$

如果外电流I_{ext}、电阻R及电势E均为常数，我们可以严格地对微分方程进行求解，从而得到电势 V 随时间的变化规律：

$$V(t) = V_\infty\left(1 - \mathrm{e}^{-t/\tau_r}\right) \tag{8.5}$$

[1] 图 8.3 中的细胞膜图片参考自 Bertil Hille 教授的专著 *Ionic Channels of Excitable Membranes*。

这里的 $V_\infty \coloneqq E + I_{ext}R$ 描述了平衡状态下膜电位的数值，而特征时间 $\tau_r \coloneqq RC$ 则描述了膜电位达到平衡状态所需要的时间[1]。尽管在通常情况下，外电流I_{ext}和电阻R并不能被视作常数，但由式(8.5)所给出的简单结论依然具有相当的启示意义，因为特征时间τ_r在一般意义上，依然反映了离子通道对外界变化响应的速度。

在更为一般的情况下，由于不同种类的膜蛋白具有不同的动力学性质，我们需要对它们分别进行建模，此时膜蛋白的电阻将不能再被视作常数（参考附录 E.1 节中对 Hodgkin Huxley 模型的有关介绍）。考虑到上述因素，我们对式(8.4)进行一步改写[2]：

$$\tau_r \frac{\mathrm{d}V}{\mathrm{d}t} = -V + f(I_{ext}) \tag{8.6}$$

在电阻R及电势E均为常数时，式(8.4)中的函数 $f: \mathbb{R} \to \mathbb{R}$ 具有较为简单的线性形式，满足$f(x) \coloneqq x/R + E$。不过，考虑到转运蛋白的电阻R可能存在对电势V复杂的依赖关系，我们也常常采用一些非线性函数，作为此处函数f的具体形式：在深度学习中，这样的非线性函数称为**激活函数**（activation function）。

激活函数的选取方式极为多样。例如，当我们需要对函数的输出范围进行限制时（比如某一事件发生的概率只能在范围 $[0,1] \subset \mathbb{R}$ 之内），则可以选取 sigmoid **函数**作为激活函数。严格意义上的 sigmoid 函数是一大类实数函数的集合，满足有界、可微和单调递增的条件，并且要求函数中有且仅有一个拐点。

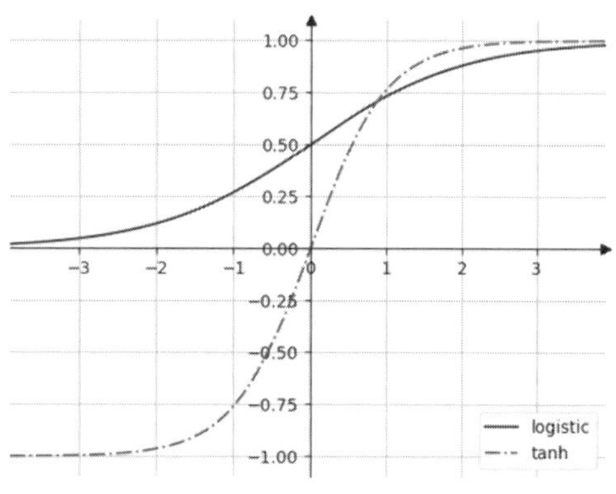

图 8.4 逻辑斯蒂函数（实线）和双曲正切函数（虚线）的函数图像

在 4.1.1 节中提到的误差函数 $\mathrm{erf}(x)$便是 sigmoid 函数的一种[3]，但由于函数$\mathrm{erf}(x)$的定义中涉及积分的计算，这样的激活函数通常难以在实际程序中被广泛使用。常用的 sigmoid 函数包括**逻辑斯蒂函数**[4]（logistic）

$$\sigma(x) \coloneqq \frac{1}{1+e^{-x}} \tag{8.7}$$

以及**双曲正切函数**（hyperbolic tangent）

$$\tanh x \coloneqq \frac{e^x - e^{-x}}{e^x + e^{-x}} \tag{8.8}$$

---

[1] 此处τ_r的下脚标是英文单词“response”（响应）的首字母，代表神经元对外界响应的特征时间。

[2] 我们在附录 E.3 节中给出了对式(8.6)的严格说明。关于后文中激活函数与神经元动作电位之间的关联，同样可以参考附录 E.2 节中的有关讨论。

[3] 参考式(4.3)，以及图 4.1 中误差函数的函数图像

[4] 逻辑斯蒂函数的反函数为统计学中的 logit 函数，满足 $logit\,(p) \coloneqq \sigma^{-1}(p) = \ln\left(\frac{p}{1-p}\right)$，它曾在 4.2.4 节出现过。

前者将 $\sigma(x)$ 的范围限制在(0,1)之间，而后者则以(−1,1)作为函数的值域（见图 8.4）。通常来说，限制了输出范围的激活函数尽管能在一些情况下为模型的建立带来便利，但由于逻辑斯蒂函数和双曲正切函数均涉及e指数的运算，梯度消失问题将使得程序运行的速度和稳定性无法得到保证（参考代码示例 4.9）。

为了解决 sigmoid 函数带来的梯度消失问题，**ReLU 函数**（**rectified linear unit**，修正线性单元）成为最受欢迎的激活函数之一：它提供了一种异常简单的非线性变换，却在各种任务中具有良好的表现。ReLU 函数的定义如下：

$$\mathrm{ReLU}(x) = \max(x, 0) \tag{8.9}$$

ReLU 函数在原点处并不连续，为此，可以使用 **softplus 函数**作为 ReLU 函数的近似。这里的 softplus 函数同样是激活函数的一种，且具有如下定义：

$$\mathrm{softplus}(x) = \ln(1 + \mathrm{e}^x) \tag{8.10}$$

ReLU 函数及 softplus 函数的图像如图 8.5 所示。从直观上看，它们倾向于将所有取值为负的元素“丢弃”。我们还可以通过组合多个 ReLU 函数，实现对目标函数分段线性的拟合。

对于多分类问题，我们还可采用softmax等激活函数。我们曾在 4.2.4 节中给出关于softmax函数的详细介绍，以及相应的程序实现。

激活函数的选取方式极为丰富，我们在这里仅仅给出几个具有代表性的例子。在下文中，我们将继续分析由神经元所构成的网络结构，实现对生物学意义上“神经网络”的建模。

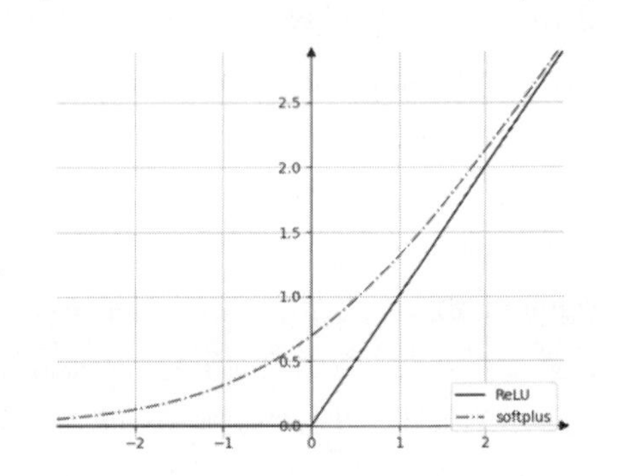

图 8.5 ReLU 函数（实线）和 softplus 函数（虚线）的函数图像

8.1.3 神经元构成网络的建模

在式(8.6)中，我们对神经元的输出过程进行了建模，并将其中的 I_{ext} 视为“外界输入的电流”，其下标对应于英文单词“external”（外部）的字母编写。不过，当神经元之间因为相互连接而构成网络，此处的电流 I_{ext} 将主要由神经元连接处的突触电流 I_s 贡献。作为近似，我们令 $I_{ext} = I_s$，这里 I_s 的下标来自英文单词“synapse”（突触）的首字母。

另外，由于神经元锋电位的波形通常极为锐利，我们还需要将式(8.6)中的膜电位$V(t)$，用单位时间内锋电位的产生频率$v(t)$代替，从而得到如下微分方程：

$$\tau_r \frac{\mathrm{d}v}{\mathrm{d}t} = -v + f(I_s) \tag{8.11}$$

此处的$v(t)$也称为**发放频率**（firing rate），具有时间倒数的量纲（因此激活函数$f : \mathbb{R} \to \mathbb{R}$ 的

量纲也需要相应地发生改变)。

接下来，我们开始对突触电流I_s进行建模，它的大小依赖于其他神经元在突触上产生的电位。作为记号的约定，我们将**突触前神经元**(presynaptic neuron)的膜电位记作$\rho(t)$，将对应的发放频率记作$u(t)$；而将**突触后神经元**(postsynaptic neuron)的膜电位记作$V(t)$，将对应的发放频率记作$v(t)$。关于突触前/后神经元的定义，可参考图 8.2 的方框中给出的描述。一个典型的膜电位信号如图 8.6 所示，曲线是基于 Hodgkin Huxley 模型对神经元的物理模拟而给出的，其中的参数取自该模型的原始文献[1]，并经过适当微调。

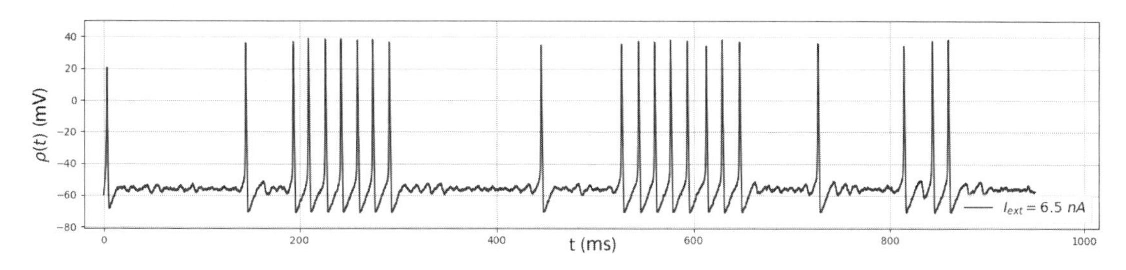

图 8.6 突触前电位神经元膜电位 $\rho(t)$ 随时间的变化曲线示意，其中可以看到数个锐利的锋电位

由于锋电位产生的机制，(在绝多数情况下)神经元无法依靠锋电位的波形来传递有效的信息，因此神经元所具有的信息只能包含在锋电位信号产生的时间中。对于突触前神经元传入的膜电位信号$\rho(t)$，我们可以采用一系列狄拉克δ函数对其进行描述。令神经元锋电位产生的时间序列构成集合$\{t_i\}_{i=1}^n$，则膜电位的信号$\rho(t)$可被描述为如下形式：

$$\rho(t) \propto \sum_{i=1}^{n} \delta(t - t_i) \tag{8.12}$$

接下来，我们考察突触前神经元的膜电位$\rho(t)$对突触电流I_s的影响。考虑到突触本身的结构(见图 8.7)，突触前电位$\rho(t)$并不直接对突触电流产生影响[2]，而是通过释放神经递质，令其与突触后神经元上的受体相结合，通过改变其化学门控离子通道的电导率，实现对突触电流I_s的调控。

当突触前神经元产生一个动作电位时，我们将突触**释放**(release)神经递质的概率记作P_{rel}，将神经递质与细胞膜上受体结合的概率记作P_s，此时该突触上所具有的突触电流I_s将服从式(8.13)所给出的表达式：其中的$I_{s,max}$为所有化学离子通道全部处于导通状态时，注入突触后神经元的最大突触电流。

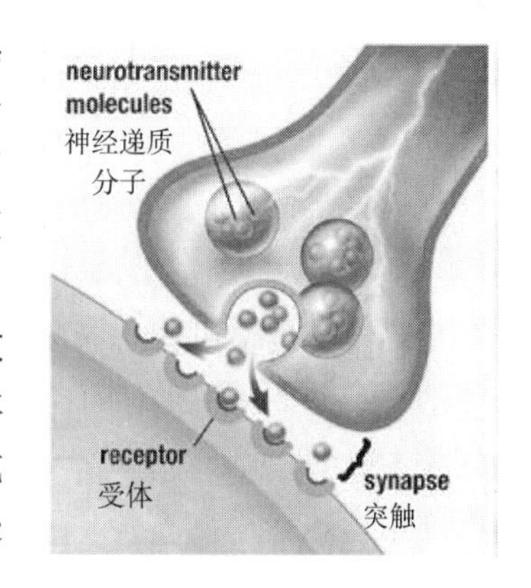

图 8.7 神经元的突触示意图

[1] 参考 Hodgkin AL, Huxley AF (August 1952). "*A quantitative description of membrane current and its application to conduction and excitation in nerve*". The Journal of Physiology. 117 (4): 500–44.

[2] 这里我们认为膜电位$\rho(t)$将通过突触前神经元的轴突，被快速而无衰减地传递到突触前端，即假设**突触前电位**(presynaptic potential)与突触前神经元的膜电位$\rho(t)$相等。

$$I_s = I_{s,max}\, P_{\mathrm{rel}}\, P_s \tag{8.13}$$

如果我们近似认为$I_{s,max}$为常数，并假设神经递质的释放概率$P_{\mathrm{rel}} \approx 1$，则只需考虑结合概率$P_s$对突触前电位$\rho(t)$的依赖关系：为此，我们可以建立一个简单的动力学模型。假设单位时间内，处于导通状态的化学通道（比例为P_s）将有$\alpha_s(\rho)$的概率回到关闭状态；处于关闭状态的通道则有$\beta_s(\rho)$的概率从关闭状态转变为导通状态。此时的函数P_s将服从如下微分方程[1]：

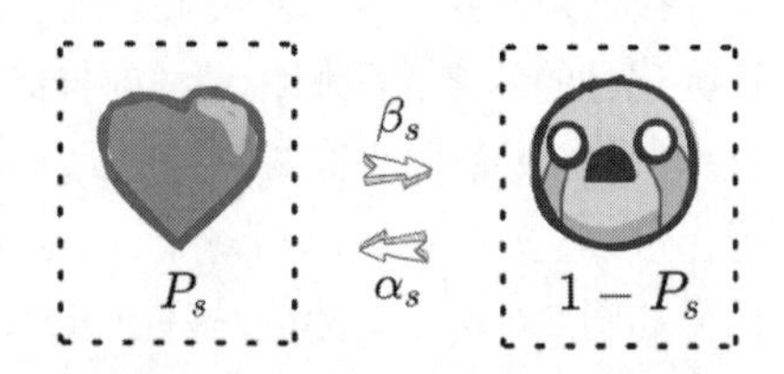

图 8.8 神经元突触的概率迁移模型

$$\frac{\mathrm{d}P_s}{\mathrm{d}t} = \alpha_s(1-P_s) - \beta_s P_s \tag{8.14}$$

在突触前电位ρ不随时间发生变化时，该微分方程具有严格解：

$$P_s(t_0+t) = P_s(t_0)\,\mathrm{e}^{-(\alpha_s+\beta_s)t} + \frac{\alpha_s}{\alpha_s+\beta_s}\left[1-\mathrm{e}^{-(\alpha_s+\beta_s)t}\right] \tag{8.15}$$

当突触前神经元处于静息状态时，我们认为离子通道自发打开的概率α_s近似为0。将$\alpha_s \approx 0$带入式(8.15)，化学通道的导通概率将随着时间以指数形式衰减。即在静息状态下：

$$P_s(t_0+t) \approx P_s(t_0)\mathrm{e}^{-\beta_s t} \tag{8.16a}$$

另一边，如果突触前神经元在短暂的时间 $\Delta t \to 0$内突然出现一个锐利的锋电位，它将使得α_s在时间 Δt 内近似趋于无穷。假设$\alpha_s \to +\infty$，$\Delta t \to 0^+$ 且 $\alpha_s \Delta t \ll 1$，考虑式(8.15)在该近似之下的极限，我们得到：

$$\begin{aligned} P_s(t_0+\Delta t) &\approx P_s(t_0)\,\mathrm{e}^{-\alpha_s \Delta t} + (1-\mathrm{e}^{-\alpha_s \Delta t}) \\ &\approx P_s(t_0) + \alpha_s \Delta t\,[1-P_s(t_0)] \end{aligned} \tag{8.16b}$$

再假设化学通道的导通概率$P_s(t)$始终为小量，满足$P_s(t) \ll 1$，则突触前神经元的锋电位对P_s的影响近似等价于将 P_s 的数值抬高一个常数，此时 $P_s(t_0+\Delta t) \approx P_s(t_0) + \alpha_s \Delta t$。

针对神经元突触上化学通道所建立的模型，在建立过程中曾涉及诸多假设，这些假设的合理性有赖于实验的检验。图 8.9 给出了一组实验数据[2]，它们表示实际神经元的**突触后电位**

---

[1] 如果我们将其中函数的自变量标出，则有：

$$\frac{\mathrm{d}P_s(t)}{\mathrm{d}t} = \alpha_s(\rho)[1-P_s(t)] - \beta_s(\rho)P_s(t) \tag{8.14'}$$

[2] 图片 8.9 及其数据来源：Richardson M. J., Silberberg G. (2008). *Measurement and analysis of postsynaptic potentials using a novel voltage-deconvolution method.* J. Neurophysiol. 99 1020–1031.

(postsynaptic potential)随时间的变化规律。当突触前神经元处于静息状态时，图中的曲线确实近似以指数形式衰减，这与式(8.16a)给出的结论相符；而当突触前神经元传入锐利的锋电位时，突触后电压确实如式(8.16b)所示，被抬高了一个常数。

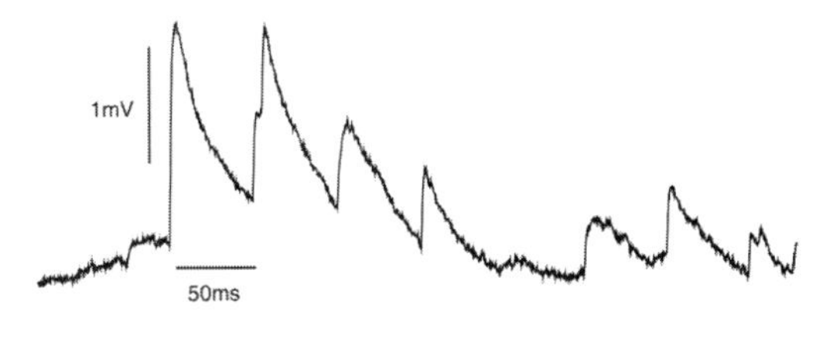

图 8.9 神经元突触后电压（mV）随时间（ms）变化的实验数据

现定义指数衰减函数$K_s(t)$如下：[1]

$$K_s(t) := \begin{cases} \frac{1}{\tau_s} \mathrm{e}^{-t/\tau_s} & ; \quad t \geq 0 \\ 0 & ; \quad t \leq 0 \end{cases} \tag{8.17}$$

其中的 τ_s 描述了突触上化学通道的导通概率 P_s 在静息状态下衰减的时间常数，常数$1/\tau_s$可与式(8.16a)中的β_s对应。根据式(8.16a)及式(8.16b)中的讨论，函数$K_s(t-t_0)$将正比于一个到达于t_0时刻的锋电位对$P_s(t)$所带来的贡献。由于静息状态下微分方程(8.14)为线性，当锋电位的产生时间构成集合$\{t_i\}_{i=1}^{n}$时，将有如下结论成立：

$$I_s(t) \propto P_s(t) \propto \sum_{i=1}^{n} K_s(t-t_i) = \sum_{i=1}^{n} \int_{-\infty}^{\infty} K_s(t-t')\,\delta(t'-t_i)\mathrm{d}t'$$

$$\propto \int_{-\infty}^{\infty} K_s(t-t')\,\rho(t')\mathrm{d}t' = \int_{-\infty}^{t} K_s(t-t')\,\rho(t')\mathrm{d}t'$$

最后一步积分上限的转换，用到式(8.17)中 $K_s(t-t')$ 在 $t-t' \leq 0$时恒等于0的结论。若假设上述正比例系数恒为常数w，可立得输入电流$I_s(t)$关于膜电位 $\rho(t)$ 的积分方程：

$$I_s(t) = w \int_{-\infty}^{t} K_s(t-t')\,\rho(t')\mathrm{d}t' \tag{8.18}$$

根据式(8.18)，我们可以基于图 8.6 中的膜电位 $\rho(t)$，绘制出相应突触电流$I_s(t)$随时间的变化规律（见图 8.10）。可以看到，它和实验数据（见图 8.9）具有相似的变化规律。

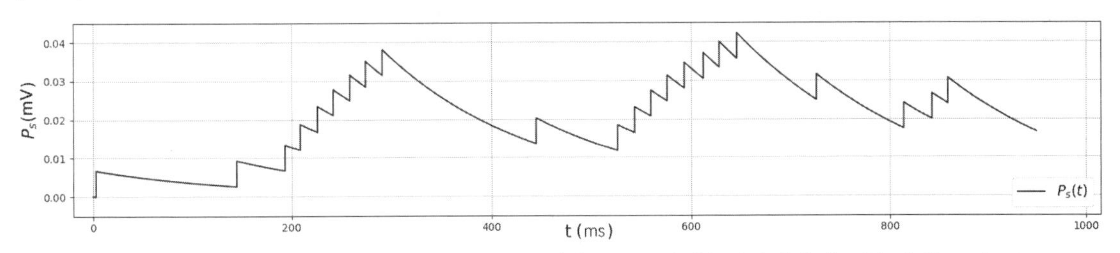

图 8.10 基于图 8.6 中的 $\rho(t)$，绘制出P_s（即突触电流I_s）随时间的变化规律.时间常数τ取作150nA（纵坐标代表相对值，无实际意义）

[1] 对于有数理背景的读者而言，此处的函数$K_s(t-t_0)$类似于该体系的**格林函数**（Green's function）。

通常而言，若不考虑某些生物机制的细节，可以认为注入神经元的总电流I_s应为所有突触电流之和。[1]为此，假设突触后神经元接收N_u个来自不同神经元的突触电流，我们用 $b = 1,2,\dots,N_u$ 对不同的突触前神经元进行标注。延续之前的符号约定，我们将神经元b的膜电位记作$\rho_b(t)$，并将它的发放频率（膜电位中锋电位的产生频率）记作$u_b(t)$。由于电流的可加性，我们得到

$$I_s(t) = \sum_{b=1}^{N_u} w_b \int_{-\infty}^{t} K_s(t-t')\,\rho_b(t')dt' \tag{8.19}$$

如图 8.11 所示[2]，式(8.18)中的正比系数$w_1,\dots,w_{N_u}$构成矢量$\boldsymbol{w} \in \mathbb{R}^{N_u}$。考虑到 $\rho_b(t')$ 中 δ 函数的存在，由此定义的突触电流函数$I_s(t)$将在一些位置变得不可微。因此作为近似，我们考虑将输入神经元的膜电位$\rho_b(t)$用发放频率$u_b(t)$代替，并随之等比例地改变矢量$\boldsymbol{w}$的数值及量纲，得到如下积分方程[3]：

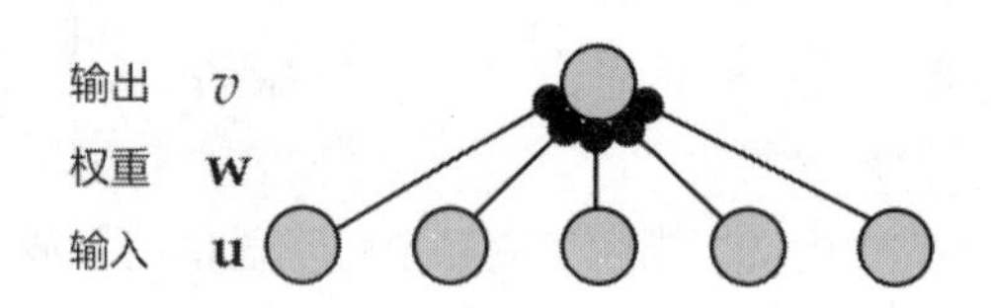

图 8.11 单个神经元的前馈输入（feedforward input），发放频率构成矢量函数$\boldsymbol{u}(t)$，而输出神经元的发放频率则对应标量函数$v(t)$，它们通过突触权重矢量$\boldsymbol{w}$被加权

$$I_s(t) = \sum_{b=1}^{N_u} w_b \int_{-\infty}^{t} K_s(t-t')\,u_b(t')dt' \tag{8.20}$$

由于积分范围的选取，在式(8.20)的积分中恒有$t' \le t$，考虑到函数$K_s(t)$的定义式(8.17)，此处对时间t'的积分将完全等价于求取发放频率$u_b(t')$在当前时刻t以前的**泄漏平均值**（leaky average）。由于函数$K_s(t)$中包含有关突触电化学性质的全部信息，它也被称为**突触核**（synapse kernel），对应的比例系数w也被称为**突触权重**（synapse weight）。通过对比式(7.66)，我们可以从该例中获得关于动量算法更新规则的又一物理直觉。

如果读者具有深厚的数学功底，还可以尝试说明式(8.20)与数学中**拉普拉斯变换**（Laplace transform）的等价性，从而为拉普拉斯变换这一纯粹的数学概念，寻找到具体可感的模型对应。当输入函数满足特定的条件时，拉普拉斯变换将保留下原函数的全部信息——这样复杂而精巧的数学编码过程，被神经元突触这一微小的细胞结构完美地实现。

作为数学形式等价的变换，我们在式(8.20)两侧求取关于参数t的导数，从而可以将积分方程

---

[1] 一种称为并联抑制（shunting inhibition）或并联归一化（shunting normalization）的机制在包括视觉系统神经元在内的多种神经元中普遍存在，其效果之一，简而言之，可以对有多个输入时的总电位/电流效果进行增益控制（gain control），从而避免饱和。

[2] 图 8.11 ~ 图 8.13 来自 Peter Dayan 和 L. F. Abbott 教授写作的 *Theoretical Neuroscience* 一书的第 7 章。

[3] 在绝大多数该领域的教材及文献中，式(8.19)或(8.20)都作为函数 $K_s(t)$ 的定义而给出，此时的式(8.17)仅为核函数$K_s(t)$具体形式的一种。诚然，这样的展开方式更具有一般性，但却在一定程度上忽略了函数$K_s(t)$对突触微观作用机制的描绘。

转化为等价形式的微分方程，这或许会令原方程显得更加简洁[1]：

$$\begin{aligned}
\tau_s \frac{\mathrm{d}I_s(t)}{\mathrm{d}t} &= \tau_s \sum_{b=1}^{N_u} w_b \frac{\mathrm{d}}{\mathrm{d}t}\int_{-\infty}^{t} K_s(t-t')\, u_b(t')\mathrm{d}t' \\
&= \sum_{b=1}^{N_u} w_b \frac{\mathrm{d}}{\mathrm{d}t}\int_{-\infty}^{t} \mathrm{e}^{-(t-t')/\tau_s}\, u_b(t')\mathrm{d}t' \\
&= \sum_{b=1}^{N_u} w_b \left(u_b(t) - \frac{1}{\tau_s}\int_{-\infty}^{t} \mathrm{e}^{-(t-t')/\tau_s}\, u_b(t')\mathrm{d}t'\right) \\
&= \sum_{b=1}^{N_u} w_b u_b(t) - I_s(t)
\end{aligned} \tag{8.21}$$

式(8.21)和式(8.11)一起，构成了可用于刻画神经网络性质的微分方程组，前者描述了突触电流I_s对其他神经元发放频率$u_b(t)$的相应性质，后者描述了神经元本身的发放频率$v(t)$对突触电流$I_s(t)$的依赖关系：

$$\tau_s \frac{\mathrm{d}I_s(t)}{\mathrm{d}t} = -I_s(t) + \sum_{b=1}^{N_u} w_b u_b(t) \tag{8.21}$$

$$\tau_r \frac{\mathrm{d}v(t)}{\mathrm{d}t} = -v(t) + f\big(I_s(t)\big) \tag{8.11}$$

微分方程组中的时间尺度τ_s和τ_r，分别描述了神经元的突触及细胞体对发放频率的相应速度，其具体数值依赖于特定神经元的种类及性质。在$\tau_r \gg \tau_s$的极限下，细胞体将比突触更快地达到平衡状态。在式(8.21)中取$\tau_s \to 0$的极限，并将所得的$I_s(t)$表达式带入式(8.11)，我们即可得到如下微分方程：

$$\tau_r \frac{\mathrm{d}v(t)}{\mathrm{d}t} = -v(t) + f\left(\textstyle\sum_{b=1}^{N_u} w_b u_b(t)\right) \tag{8.22}$$

也可以将$\sum_{b=1}^{N_u} w_b u_b(t)$写作$\boldsymbol{w}\cdot\boldsymbol{u}(t)$这样的矢量点乘的形式。式(8.22) 将是我们对神经网络进行讨论的起点，其中的函数f对应着单个神经元的激活函数。

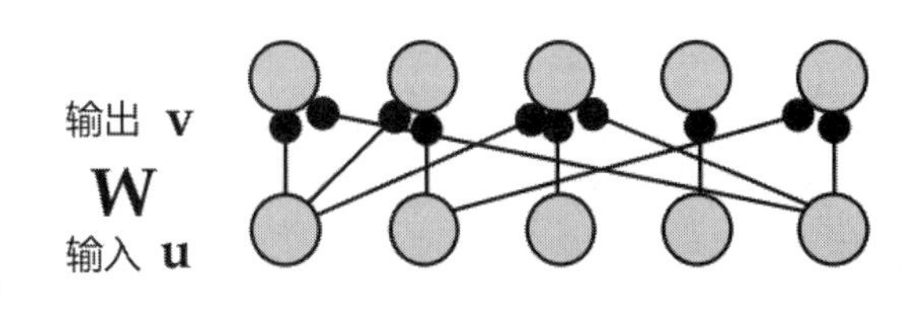

图 8.12 前馈网络（feedforward network）。发放频率构成矢量函数$\boldsymbol{u}(t)$，输出神经元的发放频率构成矢量函数$\boldsymbol{v}(t)$，它们通过突触权重矩阵W被加权

当然，我们也可以将这样的结论进行推广。当网络中具有多个输出神经元时，它们的发放频率$\boldsymbol{v}(t)$将同样成为一个矢量。我们假设前馈

[1] 这里用到了如下公式：

$$\frac{\mathrm{d}}{\mathrm{d}t}\int_{-\infty}^{t} f(x,t)\mathrm{d}x = f(t,t) + \int_{-\infty}^{t} \frac{\partial f}{\partial t}(x,t)\mathrm{d}x$$

网络（见图 8.12）中具有N_v个输出神经元，它们的发放频率可以被标记为v_a（$a = 1,2,\dots,N_v$，相当于发放频率矢量 $\boldsymbol{v}(t)$ 的分量）。此时，我们可以将式(8.22)自然地推广：

$$\tau_r \frac{\mathrm{d}v_a(t)}{\mathrm{d}t} = -v_a(t) + f\left(\sum_{b=1}^{N_u} W_{ab} u_b(t)\right), \qquad \forall\, a = 1,2,\dots,N_v \tag{8.23}$$

或将上式表述为如下更加紧凑的形式：

$$\tau_r \frac{\mathrm{d}\boldsymbol{v}(t)}{\mathrm{d}t} = -\boldsymbol{v}(t) + \boldsymbol{f}\big(W\boldsymbol{u}(t)\big) \tag{8.23'}$$

式(8.23′)中的激活函数$\boldsymbol{f}: \mathbb{R}^{N_v} \to \mathbb{R}^{N_v}$，相当于将式(8.22)中的激活函数$f$同时作用于输入矢量的每一个分量。在平衡状态下，表达式 $\boldsymbol{v} = \boldsymbol{f}(W\boldsymbol{u})$ 刻画了一层前馈神经网络中所蕴含的数据结构。例如，4.2.4 节中的表达式 $\boldsymbol{h}(\boldsymbol{x};\boldsymbol{\theta}) = \mathrm{softmax}(\boldsymbol{w}\boldsymbol{x} + \boldsymbol{b})$，就相当于给出了神经网络的一个**全连接层**（fully connected layer），并选取了softmax函数作为该层的激活函数。

图 8.12 所给出的层状网络结构实际上仅存在于少数神经组织中。在大多数情况下，神经元之间的连接方式是极为复杂的，当选定数个输出神经元作为研究对象时，同一层神经元间往往同样存在通过突触的相互连接——这样的网络结构被称为**循环网络**（recurrent network）。

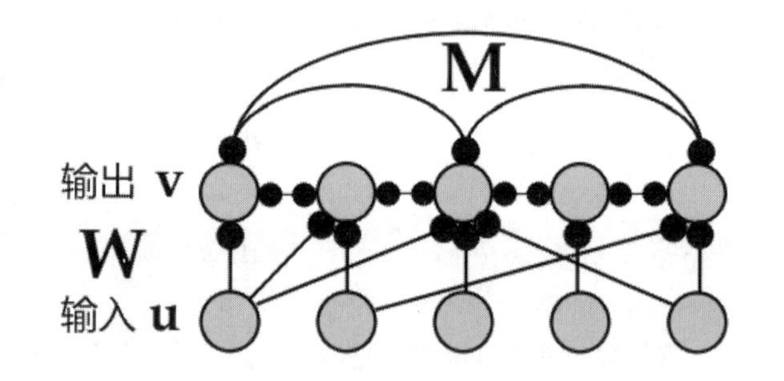

图 8.13 循环网络（recurrent network）。发放频率构成矢量函数$\boldsymbol{u}(t)$，输出神经元的发放频率构成矢量函数$\boldsymbol{v}(t)$，它们通过前馈突触权重矩阵 W 被加权；除此以外，输出神经元间还以循环突触权重方阵M加权连接。

一个典型的循环网络如图 8.13 所示，此时的膜电流I_s由输入发放频率矢量$\boldsymbol{u}(t)$及输出发放频率矢量$\boldsymbol{v}(t)$共同决定。矩阵W刻画了输入神经元与输出神经元之间的连接关系，而方阵$M \in \mathbb{M}_{N_v}(\mathbb{R})$则描绘了输出神经元$\boldsymbol{v}(t)$之间的连接关系。例如，矩阵$M$中元素$M_{aa'}$的大小，描绘了输出神经元$a'$与$a$突触之间的“连接强度”。作为对式(8.23′) 的推广，此时网络输出的发放频率矢量 $\boldsymbol{v}(t)$ 服从如下微分方程：

$$\tau_r \frac{\mathrm{d}\boldsymbol{v}}{\mathrm{d}t} = -\boldsymbol{v} + \boldsymbol{f}(W\boldsymbol{u} + M\boldsymbol{v}) \tag{8.24}$$

我们将在下一小节中，对**循环神经网络**的有关内容进行更为详细的说明。在循环神经网络中，此处的权重矩阵M和W将被视作函数中可供优化的参数，而不再被简单视作常数：这样的优化过程同样拥有生物学上的解释。在之前的讨论中，我们令神经递质的释放概率$P_{\mathrm{rel}} \approx 1$。然而在实际上，突触的释放概率会受之前该突触使用情况的影响。在**增强型突触**（facilitating synapse）中，连续的动作电位会激发越来越强的突触后反应；相反，在**抑制型突触**（depressing synapse）中，连续的动作电位会使得突触后反应越来越小。[1]注意到式(8.18)中权重常数w的由来，当我们考虑 P_{rel} 对动作电位的依赖关系时，将得到正比关系$w \propto P_{\mathrm{rel}}$，从而令权重矩阵$M$和$W$中的数值成为可调的。

从直观上来看，权重常数w的大小表现为锋电位的强度，如图 8.14 所示[2]。

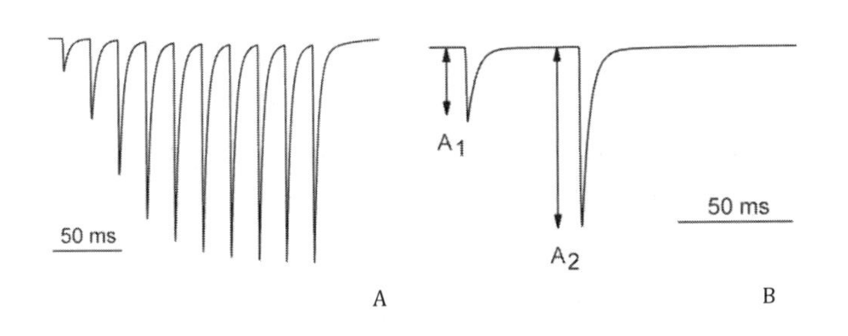

图 8.14 突触易化示意图。(A) 由 10 个峰电位在 50Hz 的频率下所构成的突触易化的图示；(B) 在许多突触中，突触易化（synaptic facilitation）可以带来锋电位振幅超过两倍的增强。

8.2 循环神经网络

在本节中，我们将开始时循环神经网络的介绍。由于 8.1 节仅作为对正文内容的补充，故除去式(8.7)～式(8.10)对激活函数的介绍以外，任何与“对生物学意义上的神经元建模”有关的内容，都将不再成为本节讨论的重点；在 8.1 节末尾处的微分方程(8.24)虽仍将出现，但我们会采用另外的方法，将它重新推导出来。

循环神经网络可以帮助我们更好地处理存在顺序的信息。对于第 4 章中的MNIST数据集，其中的每个样本都可以认为是**独立同分布的**（independently and identically distributed），两张不同的图片之间不存在任何可能的关联（即其中一张图片的出现不会增大或减小另一张图片出现的概率）；但对于音乐、股票、文字等存在顺序的样本输入，独立同分布假设一般将不再成立。此时，我们期待基于生物学的循环神经网络，能够在这样的任务中具有更加出色的表现。

在 8.2.1 节，我们将对循环神经网络的基本结构进行介绍，通过数学的分析让读者对其有一个直观的理解。8.2.2 节是对一般循环神经网络梯度传递流程的定量讨论，在极具数学分析的叙事口吻之中，我们依然能够窥见它与优化算法、反馈调制等问题之间的区别与联系。随后，在 8.2.3 节与 8.2.4 节中，我们分别给出了简单循环神经网络及 LSTM 的代码实现，其中的所有代码均为从头编写（并未调用其他深度学习库），以便让读者对其有一个更为深刻的认识。最后，我们将在 8.2.5 节中给出基于股票预测的具体例子，作为循环神经网络在实际场景下的应用。

8.2.1 简单循环神经网络

模型、损失函数和优化算法，构成了一般优化问题的框架。其中，模型是一个含有待定参

[1] 参考自骆利群写作的《神经生物学原理》一书 3.10 节中的有关讨论。

[2] 参考文献：Jackman, S. L., & Regehr, W. G. (2017). *The Mechanisms and Functions of Synaptic Facilitation*. Neuron, 94(3), 447–464. https://doi.org/10.1016/j.neuron.2017.02.047

数$\boldsymbol{\theta}$的函数$\boldsymbol{h_\theta}:\mathbb{R}^{d_I}\to\mathbb{R}^{d_O}$；损失函数在本质上是一个泛函，它为不同模型函数$\boldsymbol{h_\theta}$的优异程度给出统一的评判标准；优化算法则试图通过调整待定参数$\boldsymbol{\theta}$的取值，让模型在相应的评判标准下取得最优的表现。在本章中，我们将主要侧重于对不同模型进行讨论。

不同模型的选择终究是为了解决实际问题，而所谓模型函数$\boldsymbol{h_\theta}:\mathbb{R}^{d_I}\to\mathbb{R}^{d_O}$的选择，无非是通过选取合适的函数形式，将 d_I 个输入数据和 d_O 个输出数据（分别作为计算图的根节点和叶子节点）相互连接起来。一方面，这样的函数应该具有足够多的待定参数，使得相应的模型能够具备充足的表达能力（即能够通过参数的调节，拟合尽可能多的数据）；另一方面，函数中的待定参数又应具有一定的代表性，能够在解决实际问题的前提下，尽可能地节约计算资源，加快计算速度，同时提高算法的精度。

在这样的背景下，适用于不同数据类型的模型结构开始逐渐被人们发明出来。例如在第 4 章中，我们曾经给出 $\boldsymbol{h_\theta}(\boldsymbol{x}) \coloneqq \mathrm{softmax}(W\boldsymbol{x}+\boldsymbol{b})$ 这样简单的函数结构，并用它对 MNIST 数据集中的手写数字进行了分类与预测。其中，像softmax这样的非线性函数也称为**激活函数**（activation function），一些常见的激活函数如式(8.7)～式(8.10)所示；而函数$\mathrm{softmax}(W\boldsymbol{x}+\boldsymbol{b})$中的矩阵$W$和矢量$\boldsymbol{b}$，则分别对应于全连接层中的**权重**（weight）和**偏置**（bias）。

作为符号的约定，我们令神经网络全部的输出数据构成矢量$\boldsymbol{v}\in\mathbb{R}^{N_v}$，并使用$v_a$（$a=1,2,\dots,N_v$）标记矢量$\boldsymbol{v}$的第$a$个分量。同理，我们令函数的全部输入数据构成矢量$\boldsymbol{u}\in\mathbb{R}^{N_u}$，并使用$u_b$（$b=1,2,\dots,N_u$）标记矢量 $\boldsymbol{u}$ 的第b个分量。如果我们将偏置项视作激活函数的一部分，并将激活函数统一使用函数 $\boldsymbol{f}:\mathbb{R}^{N_v}\to\mathbb{R}^{N_v}$ 加以标记，则函数的输出矢量$\boldsymbol{v}$与输入矢量$\boldsymbol{u}$之间将满足如下简单关系：

$$\boldsymbol{v}=\boldsymbol{f}(W\boldsymbol{u}) \tag{8.25}$$

如果将权重矩阵 W 同样视作映射，则它对应于一个 $\mathbb{R}^{N_u}\to\mathbb{R}^{N_v}$ 的线性映射。我们将其与激活函数所组成的复合函数称为神经网络的“一层”。在这里，我们之所以不对函数输入输出的维数 N_v 和 N_u 进行限制，是为了让神经网络的不同层间能够以函数复合的方式简单地连接起来。例如，我们可以以如下方式定义层数为 3 的全连接神经网络：

$$\begin{aligned}\boldsymbol{h_\theta}:\ &\mathbb{R}^{d_I}\to\mathbb{R}^{d_O}\\ &\boldsymbol{x}\mapsto\boldsymbol{h_\theta}(\boldsymbol{x})\coloneqq\boldsymbol{f}_3\Big(W_3\cdot\boldsymbol{f}_2\big(W_2\cdot\boldsymbol{f}_1(W_1\cdot\boldsymbol{x})\big)\Big)\end{aligned} \tag{8.26}$$

为了让函数$\boldsymbol{h_\theta}$具有良好的定义，我们只须让 $d_I=N_{v,1},N_{u,1}=N_{v,2},N_{u,2}=N_{v,3}$以及$N_{u,3}=d_O$。从程序的观点来看，通过这种方式定义的函数结构将完全是**函数式**的：此处的网络结构没有任何的内部状态；在网络中的参数$\boldsymbol{\theta}\coloneqq\{W_1,W_2,W_3,\dots\}$被确定以后，函数执行的结果既不存在对内部状态的修改，也不存在对外部变量的依赖。

设计循环神经网络的要点，在于为单向传播的网络引入反馈的结构。例如，通过如下方式，对式(8.25)中给出的简单函数形式进行推广，使之具有函数递推般的计算结构：

注

矢量$\boldsymbol{v}_n$、$\boldsymbol{u}_n$和$\boldsymbol{v}_{n-1}$的角标是递推关系的角标，用于标记不同的矢量（而非同一矢量的不同分量），这样的约定在后续的讨论中是一致的。当然，我们也可以将式(8.25)写成$\boldsymbol{v}_n = \boldsymbol{f}(W\boldsymbol{u}_n)$这样类似的形式，但此处的角标仅用于区分不同的矢量，并无逻辑上的顺序分别。

$$\boldsymbol{v}_n = \boldsymbol{f}(W\boldsymbol{u}_n + M\boldsymbol{v}_{n-1}) \tag{8.27}$$

其中，方阵 $M \in \mathbb{M}_{N_v}(\mathbb{R})$描绘了输出神经元$\boldsymbol{v}_n$之间的加权关系。当外界的输入矢量$\boldsymbol{u}$固定时，式(8.27)中的函数将类似一个关于参数$\boldsymbol{v}_n$的递推关系。通常情况下，我们认为这样的参数$\boldsymbol{v}_n$捕捉并保留了网络迭代过程中的历史信息，使得网络在一定程度上拥有了自身的状态或记忆。因此，人们也将这样的隐藏变量称为网络的**隐状态**（hidden state），将包含隐状态的网络统称为**循环神经网络**（recurrent neuron network，RNN）。循环神经网络中的**循环**（recurrent）一词，描述了同一个函数$\boldsymbol{f}$循环不断地作用于输入参数矢量$\boldsymbol{u}_n$及隐状态矢量$\boldsymbol{v}_{n-1}$这样的迭代流程。如果将神经网络作为一个整体来看，其中包含隐状态的层状网络结构，便称为神经网络中的一个**循环层**（recurrent layer）。

选读内容

为了让读者对式(8.27)式有一个更加直观的印象，我们考察式(8.27)在一个简单的极限下所展现出的行为。作为一个示例，我们做如下假设。

- 输入矢量 $\boldsymbol{u} \in \mathbb{R}^{N_u}$不随时间发生变化，在迭代流程中可以被视作常数矢量。
- 方阵 $M \in \mathbb{M}_{N_v}(\mathbb{R})$是任意一个实对称的矩阵，即相应神经元以对称的方式互相连接。
- 在一定范围内，$\boldsymbol{v}_n \in \mathbb{R}^{N_v}$可以作为某一可微函数$\boldsymbol{v}(t):\mathbb{R} \to \mathbb{R}^{N_v}$ 在 $t = n\tau_r$时刻的取值，且这里的时间常数τ_r可视作小量。换言之，我们认为如下关系在 $\tau_r \ll 1$时近似成立：

$$\boldsymbol{v}_n \approx \boldsymbol{v}_{n-1} + \tau_r \frac{\mathrm{d}\boldsymbol{v}}{\mathrm{d}t} \tag{8.28}$$

将式(8.28)带入式(8.27)，我们就得到了一个关于矢量函数 $\boldsymbol{v}(t)$ 的微分方程：

$$\tau_r \frac{\mathrm{d}\boldsymbol{v}}{\mathrm{d}t} = -\boldsymbol{v} + \boldsymbol{f}(W\boldsymbol{u} + M\boldsymbol{v}) \tag{8.29}$$

可以看到，这样的微分方程(8.29)具有与式(8.24)完全相同的形式，后者来自对生物学意义上神经元的建模：在那里，矢量$\boldsymbol{u}$和 $\boldsymbol{v}$分别代表输入输出神经元的发放频率。[1]

[1] 从递推关系导出微分方程的过程利用了将离散变量连续化的思想；但从文脉贯通的角度来看，对于阅读过 8.1.3 节的读者而言，只需直接仿照第 7 章关于动量法的讨论，将式(8.24)在时间尺度上离散化，即可相当自然地得到式(8.27)中的递推关系。在这样的视角下，循环神经网络的训练过程，不过是对生物学意义上神经网络系统的一次物理模拟，令其“学习”到最优的参数。

在本例中，我们假设输入神经元的发放频率不发生变化（矢量$\boldsymbol{u}$为常数），且输出神经元以某种对称的方式通过神经元上的突触相互连接（方阵M实对称）。接下来，我们将在一个极为特殊的情况下，对上述微分方程进行求解。为此，我们再假设

➢ 函数 $\boldsymbol{f}$ 为恒等映射。或者考虑稍为一般的形式，我们保留下激活函数中的偏置项$\boldsymbol{b} \in \mathbb{R}^{N_v}$。若定义常数矢量$\boldsymbol{m} \coloneqq W\boldsymbol{u} + \boldsymbol{b}$，则此时的式(8.29)将成为

$$\tau_r \frac{\mathrm{d}\boldsymbol{v}(t)}{\mathrm{d}t} = -\boldsymbol{v}(t) + \boldsymbol{m} + M\boldsymbol{v}(t), \qquad \boldsymbol{m} \in \mathbb{R}^{N_v} \tag{8.30}$$

这样的网络结构又称为**线性循环网络**（linear recurrent network）。注意到，微分方程(8.30)是对矢量函数$\boldsymbol{v}(t)$定义的，其中的方阵M又使得矢量函数$\boldsymbol{v}(t)$的分量变得相互纠缠。不过，由于我们假设方阵M实对称，它将拥有N_v个相互正交的单位特征向量$\boldsymbol{e}_i$，以及与之对应的（实）特征值 λ_i：

$$M\boldsymbol{e}_i = \lambda_i \boldsymbol{e}_i\,, \qquad \forall\, i = 1,2,\dots,N_v \tag{8.31}$$

由于集合$\{\boldsymbol{e}_i\}_{i=1}^{N_v}$中的单位特征矢量两两正交，它们构成了线性空间$\mathbb{R}^{N_v}$中一组正交归一的基矢。我们可以将矢量 $\boldsymbol{v}(t)$ 在这组基矢下进行展开，其展开系数同样为关于时间的函数：

$$\boldsymbol{v}(t) = \sum_{i=1}^{N_v} c_i(t)\, \boldsymbol{e}_i \tag{8.32}$$

此时，将这样的关系带入微分方程(8.30)，并结合式(8.31)所给出的性质，我们可以将原本的微分方程转化为关于函数$c_i(t)$的如下分量形式：

$$\tau_r \frac{\mathrm{d}c_i(t)}{\mathrm{d}t} = -c_i(t) + \boldsymbol{m}\cdot\boldsymbol{e}_i + \lambda_i c_i(t), \qquad \forall\, i = 1,2,\dots,N_v \tag{8.33}$$

因此，我们可以对每一个分量$c_i(t)$进行求解，从而得到最终$\boldsymbol{v}(t)$的解析形式，如下所示：

$$c_i(t) = \underbrace{\frac{\boldsymbol{m}\cdot\boldsymbol{e}_i}{1-\lambda_i}}_{\text{稳态过程}} + \underbrace{\left[c_i(0) - \frac{\boldsymbol{m}\cdot\boldsymbol{e}_i}{1-\lambda_i}\right] \mathrm{e}^{-\frac{t}{\tau_r}(1-\lambda_i)}}_{\text{暂态过程}}, \qquad \forall i = 1,2,\dots,N_v \tag{8.34}$$

注意到在式(8.34)中，如果暂态过程的指数因子最终并不发散，则要求条件 $\lambda_i \le 1$对于任意 $i = 1,2,\dots,N_v$成立。换言之，如果矩阵M存在大于1的特征值，则最终的矢量$\boldsymbol{v}(t)$将随着时间的流逝而趋于无穷。对矩阵M特征值这样的要求，本质上是因为我们将激活函数$\boldsymbol{f}$取成了恒等函数，从而未能在$\boldsymbol{v}(t)$的取值较大时压制住函数$\boldsymbol{f}(W\boldsymbol{u} + M\boldsymbol{v})$增长的势头。

不过，如果条件 $\lambda_i < 1$确实能够对于任意的$i = 1,2,\dots,N_v$成立，则在式(8.34)中取$t \to +\infty$的极限，我们将得到$\boldsymbol{v}(t)$的稳态解$\boldsymbol{v}_\infty$，如下所示：

$$\boldsymbol{v}_\infty \coloneqq \lim_{t\to+\infty} \boldsymbol{v}(t) = \sum_{i=1}^{N_v} \frac{\boldsymbol{m}\cdot\boldsymbol{e}_i}{1-\lambda_i}\boldsymbol{e}_i \tag{8.35}$$

这告诉我们，矩阵M中最大本征值$\lambda_{\max}$对稳态下$\boldsymbol{v}_\infty$的贡献将成为主导。例如，当 $\lambda_1 = \lambda_{\max} \approx 1^-$，而 $\lambda_2, \dots, \lambda_{N_v} \ll 1$时，我们有如下关系近似成立：

$$\boldsymbol{v}_\infty \approx \frac{\boldsymbol{m}\cdot\boldsymbol{e}_1}{1-\lambda_{\max}}\boldsymbol{e}_1 \tag{8.36}$$

这告诉我们，**循环神经网络能够有效地抑制输入信号中的噪声，同时提取并放大输入信号在关键方向上的信息，从而令原本信号中的结构性信息变得更加明了**。

在相同的假设之下，我们考虑λ_1严格等于1的情形。此时在该方向上的式(8.33)具有如下简单形式：

$$\tau_r \frac{\mathrm{d}c_i}{\mathrm{d}t} = \boldsymbol{m}\cdot\boldsymbol{e}_1 \tag{8.37}$$

在这样的情况下，我们可以放松"矢量$\boldsymbol{m}$不随时间变化"这一限制，从而允许网络的输入随时间发生变化。注意到 $\boldsymbol{m}(t) = M\boldsymbol{u}(t) + \boldsymbol{b}$，在$t \gg \tau_r$的极限下，我们将有：

$$\boldsymbol{v}(t) = \sum_{i=1}^{N_v} c_i(t)\,\boldsymbol{e}_i \approx c_1(t)\,\boldsymbol{e}_1 = \frac{\boldsymbol{e}_1}{\tau}\int_0^t \boldsymbol{m}(t')\cdot\boldsymbol{e}_1 \mathrm{d}t' \tag{8.38}$$

即使在时刻t_0之后所有的输入信号$\boldsymbol{m}(t)$全部消失（即假设$\boldsymbol{m}(t) = 0,\ \forall t \geq t_0$），循环神经网络依然可以维持恒定的输出，而这样的输出正是对过去所有输入信号的积分！**直观上看，神经网络也将因此拥有对过去输入信号的记忆**（memory）[1]。

当我们在式(8.28)中保留非线性的激活项时，便可以在一定程度上放松对矩阵M本征值的范围要求。此时的循环网络将获得对噪声更强的抑制效果，同时涌现出**选择性注意**（selective attention）、**增益调制**（gain modulation）等一系列有趣的现象。而如果我们进一步放松"方阵M应为实对称矩阵"这一要求，网络中将涌现出周期性震荡等更多新奇的效应。[2]

不过，完整的循环神经网络通常不把隐状态$\boldsymbol{v}_n$直接作为循环层的输出，而是将$\boldsymbol{v}_n$再经过一次线性变换，方才得到最终的输出$\boldsymbol{o}_n \coloneqq W'\boldsymbol{v}_n + \boldsymbol{b}'$。在一些现有的深度学习库中，位于$\boldsymbol{o}_n$之后的激

---

1 在控制领域中，著名的 PID 控制器由比例（proportional）单元、积分（integral）单元和微分（derivative）单元构成。而此处的网络设计中所展现出的数学结构，正对应着 PID 控制器中的积分单元——它可以通过对历史的均值，抑制并稳定信号中的震荡。

2 参考由 Rajesh P. N. Rao 和 Adrienne Fairhall 教授在 Coursera 上开设的《计算神经科学》课程中的 6.3 节 *The Fascinating World of Recurrent Networks* 以及 Peter Dayan 和 L.F.Abbott 教授在他们的专著 *Theoretical Neuroscience* 中相应部分的说明。

活函数通常需要被另外显式地指定。我们将“计算隐状态$\boldsymbol{v}_n$”部分的计算图称为循环网络的**隐藏层**（hidden layer），将“连接隐状态$\boldsymbol{v}_n$与最终输出$\boldsymbol{o}_n$”部分的计算图称为循环网络的**输出层**（output layer）。

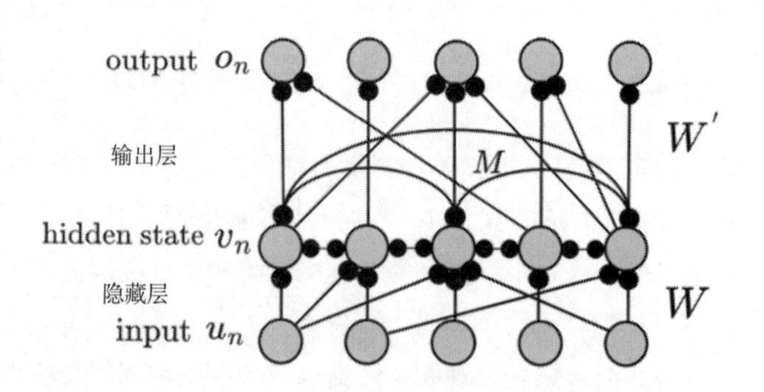

图 8.15 简单循环神经网络。读者可以将其与图 8.13 中的网络结构进行比较，体会二者的异同

图 8.15 给出了简单循环神经网络（simple recurrent neuron network）的网络结构，它以一种极为形象的方式，将神经元之间相互连接的状态描绘了出来。如果图 8.15 中每个灰色的大圈代表着生物学意义上的神经元，则每个神经元上的黑点，就可用于代表神经细胞用于接受输入信号的突触。尽管类似的图像时常出在相关领域的文献中，但值得指出的是，这样的图形可以被严格的计算图的语言重新翻译，如图 8.16 所示[1]。

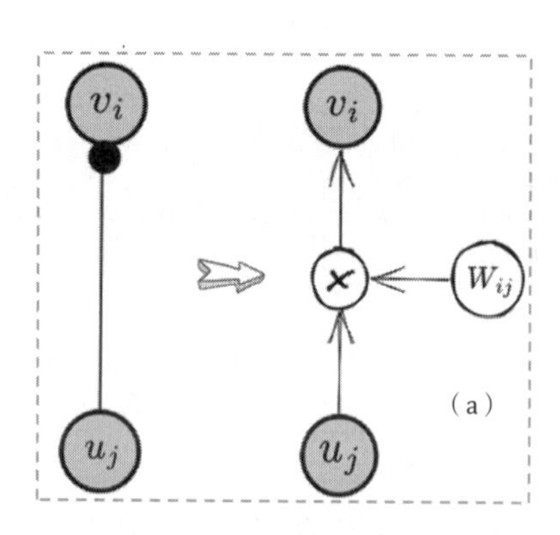

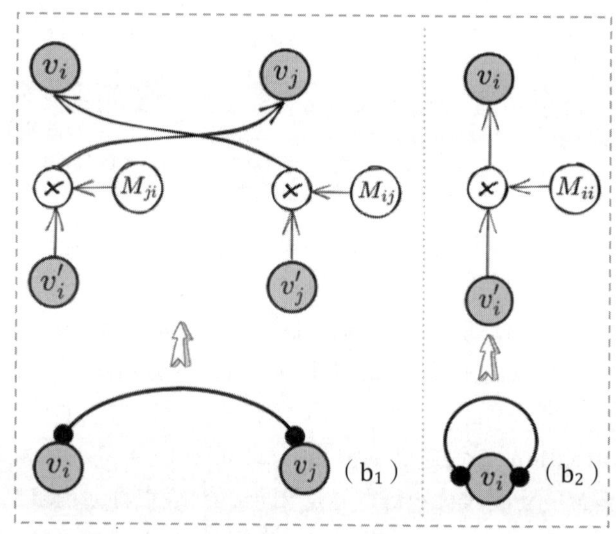

图 8.16 神经元图形与计算图的等价关系。(a)对于层与层间节点的连接图例，突触的黑点标明了计算图中计算前进的方向；图中的每一个灰色节点都对应着计算图中的加法节点，它们将对所有的输入信号进行累加求和；而原本用于连接任意两个神经元的边上，都应存在一个乘法节点，它对输入节点u_j以权重W_{ij}统一进行加权。(b)对于单层之内的二端节点，反馈结构的出现意味着计算图中时序的存在；此时，包含反馈结构的节点将通过前一步时的状态v'_i及v'_j，影响当前v_i及v_j的取值。若此计算图仍欲保持有向无环，则在图 8.15 中，循环网络的输入除矢量$\boldsymbol{u}$外，还应包括隐状态在上一时刻的取值$\boldsymbol{v}'$.

[1] 读者可参考第 2 章有关计算图的基本介绍，以加深对此处循环神经网络结构的理解。

在图 8.16 中，当单层内的二端节点被视作计算图节点而展开时，神经网络将被赋予递归性的结构。为了让我们的讨论更具一般性，由式(8.27)及$\boldsymbol{o}_n \coloneqq W'\boldsymbol{v}_n + \boldsymbol{b}'$所给出的迭代流程，应该被下述更加一般的式(8.39)所替换：

$$\begin{aligned}\boldsymbol{v}_n &= F(\boldsymbol{u}_n, \boldsymbol{v}_{n-1}\,; w_h)\\ \boldsymbol{o}_n &= G(\boldsymbol{v}_n; w_o)\end{aligned} \tag{8.39}$$

在这里，我们用函数F和G分别代表隐藏层和输出层的迭代函数，并使用w_h和w_o分别标记隐藏层和输出层中待定参数的集合。注意，式(8.39)递归地定义了一个有向无环的计算图结构，故而我们在图 8.17 中将这样的计算图进行了展开。

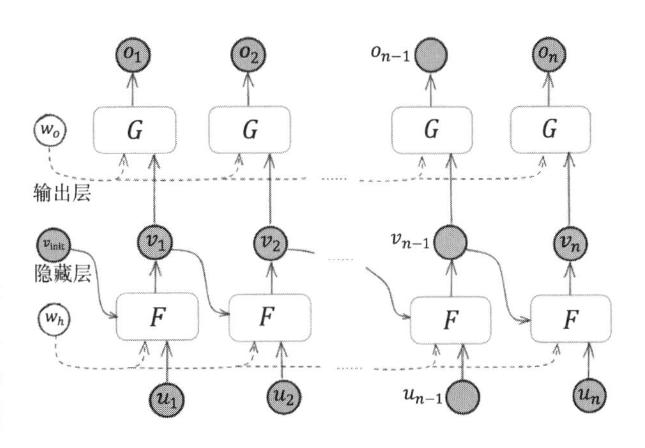

图 8.17 循环神经网络的等价计算图结构，其中每个节点的下标用于标记时序

应该注意的是，图 8.17 中节点的下标仅用于时序的标记，其中的每个灰色节点都对应着图 8.15 中的一层，这与图 8.16 中节点的下标有所不同，后者用于标记**同一时刻**输入矢量的分量。例如，图 8.17 中右下角的节点$\boldsymbol{u}_n$代表 n 时刻循环神经网络的输入矢量，该矢量的第 j 个分量可被记作$u_{n,j} \in \mathbb{R}$，后者能够与图 8.16 中的 $u_j \in \mathbb{R}$ 实现对应。

然而在一些标准库中，循环网络对输入数组形状的要求时常让人感到困惑，因此我们有必要在此进行更为细致的说明。以自然语言处理为例，让我们首先考虑如下语料[1]。

> 观月台原是翼然亭以北临湖石岸游廊之下的三块岩石，因靠近湖面酷似楼台，故得名“得月台”。后白鹤先生在此坐化，留下偈句：“未名之地安得月，风信起处坐观心。”后人遂改“得月”为“观月”，原本的“鸿湖”亦更名“铭鹤湖”，流传至今。人类口中所谓“红湖”者，实为误传。而这一切故事之缘由，均仰仗八角先生归纳整理，此地背后的诸多故事，更令我们此次的相会意义不凡。
>
> 也正是在这次相会间，八角先生建议我将一生中有关于蒲公英的研究悉数总结出版，以期利及后人。我与八角先生分享了此前和蒲公英的诸多往事，吐露真情，言到深处，两人均潸然而泪下。也正是在此之后，我终于答应提笔，将这一切用我自己的方式，慢慢汇总整理起来。
>
> 蒲公英作为信息的载体，其背后运作的物理机制，与奥利凡德的魔杖和佛罗多和戒指并称世界三大难题。而有关于蒲公英风信学背后的理论，也仅仅在近年来才得到一系列重要的突破，并旋即在语言学、符号学、通讯学等等领域产生积极作用。“风信学有一个漫长的过去，但只有一个短暂的历史”，我以为此言得之。

[1] 这里的“八角先生”是对八脚蛛先生的尊称。节肢动物门中的蛛形纲在动物界中常常受到他族的歧视，故对八角先生避称“蛛”字是尊重的表现。我依然记得那个秋夜，铭鹤湖边的观月台上，我和八角先生相谈甚久；作为蛛语学的集大成者，八角先生的谈吐优雅从容，犹如铭鹤湖畔垂柳掩映间凝白如练的月光，和缓而平静，至今令人难忘。

仅仅出于演示的方便，我们首先删去原文中所有的标点及分段符号。注意，上述语料中每个汉字的出现存在时间上的顺序，我们希望能够通过语料的前文，预测下一时刻将会出现的汉字，并期待能够通过模型的训练，得到与之适应的循环神经网络。

通常来说，循环神经网络的输入（输出）都是 3 阶的张量，张量在 3 个维度上的维数分别对应**时间步的数量**（time step）、**批量的大小**（batch size）以及用于编码同一时刻输入（输出）数据所需实数的数量。在这里，如果我们认为全体中文字符构成一个字典，并使用独热数组编码某一汉字在该字典中出现的位置，则可以通过这种方式将一个汉字转化为独热向量，向量的维数对应着字典中汉字的总数——这样的语言模型也称为**词袋模型**（bag-of-words model）。此时张量在第 3 个方向上的维数，便对应着词袋（字典）的大小。

例如，假设词袋中元素的数量 $N = 60000$，而“观”这一汉字是词袋中的第123个元素。此时，对应于汉字“观”的**词向量**（word vector）将具有如下形式：

$$\text{“观”} \rightarrow \overrightarrow{\text{观}} = (0, 0, \dots, \underbrace{1}_{\text{第 123 位}}, \dots, 0, 0) \tag{8.40}$$

这样的编码方式也称为**词嵌入**（word embedding）。由于词袋是理论上所有可能出现的汉字的集合，原则上我们同样可以通过词向量的矢量加法，对词语或语句进行编码。此时，相应语句向量的L_1范数，就等于该语句中所包含的汉字的总数——不过，由于矢量加法满足交换律，因此将词袋模型直接应用在词语或语句上，将会丢失关于汉字顺序的信息。

作为一个例子，我们选取$T = 10$作为时间步的数量（`time_step=10`），选取$B = 3$作为每次训练的批量（`batch_size=3`），并同样以$N = 60000$作为词袋中汉字的数目，则神经网络在每一步训练的过程中的输入和输出，都将对应一个形状为 $(T, B, N) = (10, 3, 60000)$ 的 3 维数组。[1]

表 8.1 给出了训练过程的前 3 步中循环神经网络可能的输入，以及与之相对应的期望输出。对于表中的数据，其水平方向对应神经网络输入或输出张量的第 1 个维度，竖直方向对应张量的第 2 个维度，表中的每一个汉字作为一个词向量，构成了张量的第 3 个维度。

表 8.1 循环神经网络在训练时输入及期望输出的数据

第 1 步

批量 \ 时间	神经网络的输入$\boldsymbol{u}_n$										神经网络期望的输出$\boldsymbol{y}_n$									
	1	2	3	4	5	6	7	8	9	10	1	2	3	4	5	6	7	8	9	10
1	观	月	台	原	是	翼	然	亭	以	北	月	台	原	是	翼	然	亭	以	北	临
2	也	正	是	在	这	次	相	会	间	八	正	是	在	这	次	相	会	间	八	角
3	蒲	公	英	作	为	信	息	的	载	体	公	英	作	为	信	息	的	载	体	其

[1] 在一些其他情况下，假如在同一时刻用于编码输入及输出数据所需向量的维数有所不同，则我们以N_u作为同一时刻编码输入数据所需的实数数量，以N_o作为在同一时刻编码输出数据所需的实数数量。在自然语言处理的语境中，我们恰有$N_u = N_o \coloneqq N$。

第 2 步

批量＼时间	神经网络的输入$\boldsymbol{u}_n$										神经网络期望的输出$\boldsymbol{y}_n$									
	1	2	3	4	5	6	7	8	9	10	1	2	3	4	5	6	7	8	9	10
1	临	湖	石	岸	游	廊	之	下	的	三	湖	石	岸	游	廊	之	下	的	三	块
2	角	先	生	建	议	我	将	一	生	中	先	生	建	议	我	将	一	生	中	有
3	其	背	后	运	作	的	物	理	机	制	背	后	运	作	的	物	理	机	制	与

第 3 步

批量＼时间	神经网络的输入$\boldsymbol{u}_n$										神经网络期望的输出$\boldsymbol{y}_n$									
	1	2	3	4	5	6	7	8	9	10	1	2	3	4	5	6	7	8	9	10
1	块	岩	石	因	靠	近	湖	面	酷	似	岩	石	因	靠	近	湖	面	酷	似	楼
2	有	关	于	蒲	公	英	的	研	究	悉	关	于	蒲	公	英	的	研	究	悉	数
3	与	奥	利	凡	德	的	魔	杖	和	佛	奥	利	凡	德	的	魔	杖	和	佛	罗

……

在之后的讨论中，我们用记号$\boldsymbol{u}_n \in \mathbb{R}^{B\times N}$标记神经网络在$n$时刻的输入数据，用记号$\boldsymbol{u}_{n,b} \in \mathbb{R}^N$标记$n$时刻位于第$b$个批次中的词向量（即汉字），再用记号$u_{n,b,j} \in \{0,1\} \subset \mathbb{R}$标记词向量$\boldsymbol{u}_{n,b}$在第$j$个方向上的分量。而根据之前的讨论，我们不难得到 $n \in \{1,2,\dots,T\}$，$b \in \{1,2,\dots,B\}$，以及$j \in \{1,2,\dots,N\}$，其中小写字母n、b和i分别标记了数据输入的时间、所处的批次以及相应词向量的分量。（对神经网络输出张量的约定同理。）

例如，假设汉字“观”是词袋中的第123个元素，则根据表 8.1 中第 1 步训练时输入网络的数据，我们有$\boldsymbol{u}_1 = (\text{观}, \text{也}, \text{蒲})$，$\boldsymbol{u}_{1,1} = \text{观}$，以及 $u_{1,1,123} = 1$，$u_{1,1,124} = 0$等。在这样的符号约定下，循环神经网络的迭代流程依然可以表述为较为一般的如下形式：

$$\begin{aligned} \boldsymbol{v}_n &= F(\boldsymbol{u}_n, \boldsymbol{v}_{n-1}\,; w_h) \\ \boldsymbol{o}_n &= G(\boldsymbol{v}_n; w_o) \end{aligned} \tag{8.41}$$

式(8.41)与式(8.39)唯一的不同在于，原本的函数F和G需要在输入张量的第 2 个方向上，对来自不同批次的数据进行广播，即将原本的函数F和G在该方向执行**矢量化**（vmap）的操作。当选择时间步的数量为 T，且神经网络得到形如 $\{\boldsymbol{u}_1, \boldsymbol{u}_2, \dots, \boldsymbol{u}_T\}$ 的输入时，它将通过式(8.41) 递归地执行计算，并得到相应形如 $\{\boldsymbol{o}_1, \boldsymbol{o}_2, \dots, \boldsymbol{o}_T\}$ 的输出。此时，若能够定义损失函数ℓ 来描绘期望的输出$\boldsymbol{y}_n$及网络预测结果$\boldsymbol{o}_n$之间的距离，我们便能定义出相应的经验风险函数R，作为程序当前优化的对象：

$$R_T(w_h, w_o; \mathcal{D}_{train}) \coloneqq \frac{1}{T}\sum_{n=1}^{T}\sum_{b=1}^{B}\ell(\boldsymbol{o}_{n,b}, \boldsymbol{y}_{n,b}) \tag{8.42}$$

其中$\mathcal{D}_{train} \coloneqq \{(\boldsymbol{u}_n, \boldsymbol{y}_n)\}_{n=1}^{T}$，它的选取可以随着优化过程的进行而相应地发生改变，由此定义的计算图如图 8.18 所示。其中，为了图片的简洁，我们仅在计算图的节点边标注了第 1 个批次所对应的文字，而未体现函数F和G在该方向上矢量化的过程。计算图最上端的节点R_T应被直接理解为加法节点，它将对所有的输入节点执行求和操作，并作为计算图唯一的输出。

一方面，读者应该自行检查，包含递归结构的图 8.18 确实是一张有向无环图；另一方面，以词向量作为有向无环图的输入，确实与“图 8.17 中节点的下标仅用于时序的标记，其中的每个灰色节点都对应着图 8.15 中的一层”这样的讨论完美地符合。

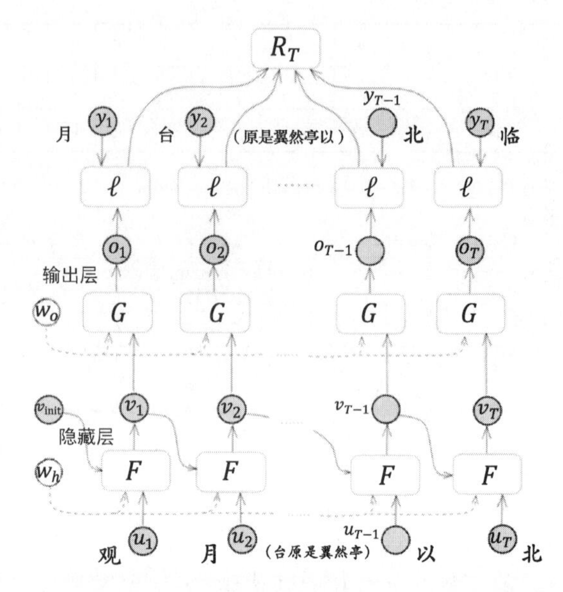

图 8.18 包含循环神经网络层的经验风险函数计算图

8.2.2 循环神经网络的梯度回传

上一节中，我们对循环神经网络的基本理论进行了较为详尽的介绍；而在这一节中，我们将尝试从零开始构建循环神经网络的整体框架。不过，在着手深入代码的细节之前，我们还需要对循环神经网络中梯度的传递过程进行额外的说明。为了简化讨论的流程，我们将式(8.41)中的张量、矩阵暂时视作标量，并依然把式(8.42)所给出的经验风险函数R_T作为优化的对象（为了使得结构更加清晰，我们暂时将批大小B视作 1）。

如果需要将本节中基于标量的讨论推广到多维，原则上只需将函数的偏导统一理解为雅克比矩阵，将标量的乘法理解为矩阵的相乘。这样的讨论原则上并无任何不同，因此在本节中，我们将统一基于式(8.43)中的函数关系，展开相应的讨论。

$$\begin{aligned} v_n &= F(u_n, v_{n-1}; w_h) \\ o_n &= G(v_n; w_o) \end{aligned}$$

$$R_T(w_h, w_o; \mathcal{D}_{train}) \coloneqq \frac{1}{T}\sum_{n=1}^{T}\ell(o_n, y_n) \tag{8.43}$$

图 8.18 中的计算图在原则上并无任何特殊之处，我们完全可以借助可微分编程的框架，实现关于网络参数w_h及w_o的梯度回传。观察节点w_h和w_o在计算图中的地位，不难发现它们深度地融合在计算图的计算流程之中。以参数w_h为例[1]，当选取的时间步总数为T时，我们就能在图 8.18 中观察到由w_h所引出的T个不同节点。当我们以R_T为起点执行反向传播时，节点w_h中所存储的梯度便会经历T次相应的更新——这等价于计算一个项数为T的级数求和。

为了更好地看清这一级数求和的由来及其所具有的性质，我们只需简单求取函数R_T关于变量w_h的偏导。根据链式求导法则，注意到o_n是关于v_n的函数，而v_n又是关于w_h的函数，我们不难得到：

$$\begin{aligned}\frac{\partial R_T}{\partial w_h} &= \frac{1}{T}\sum_{n=1}^{T}\frac{\partial \ell(o_n, y_n)}{\partial w_h} \\ &= \frac{1}{T}\sum_{n=1}^{T}\frac{\partial \ell(o_n, y_n)}{\partial o_n}\frac{\partial G(v_n, w_o)}{\partial v_n}\frac{\partial v_n}{\partial w_h}\end{aligned} \tag{8.44}$$

在带有求和的式(8.44)中，前两项（即$\partial \ell/\partial o_n$和$\partial G/\partial v_n$）的计算原则上并无任何困难之处，但对于$\partial v_n/\partial w_h$而言，它的计算却依赖于关于函数$F$的递归关系。根据函数$v_n$的链式求导法则，并注意到$v_n = F(u_n, v_{n-1}; w_h)$，我们得到如下等式：

$$\frac{\partial v_n}{\partial w_h} = \frac{\partial F(u_n, v_{n-1}; w_h)}{\partial w_h} + \frac{\partial F(u_n, v_{n-1}; w_h)}{\partial v_{n-1}}\frac{\partial v_{n-1}}{\partial w_h} \tag{8.45}$$

式(8.45)给出了 $\partial v_n/\partial w_h$ 和 $\partial v_{n-1}/\partial w_h$ 之间的递推关系，其中的系数在前向传播以后，原则上同样不难算出。不过，为了更加细致地考察R_T关于参数w_h的梯度回传过程，出于符号的简化，我们做如下变量代换：

$$\begin{aligned}a_n &\coloneqq T\frac{\partial R_T}{\partial v_n} = \frac{\partial \ell(o_n, y_n)}{\partial o_n}\frac{\partial G(v_n, w_o)}{\partial v_n} \\ b_n &\coloneqq \frac{\partial F(u_n, v_{n-1}; w_h)}{\partial w_h} \\ c_n &\coloneqq \frac{\partial F(u_n, v_{n-1}; w_h)}{\partial v_{n-1}}\end{aligned} \tag{8.46}$$

读者应该自行检查a_n表达式中的第 2 个等号成立。在自然语言处理的语境下，我们通常会选取**交叉熵**（cross entropy）作为词向量之间的损失函数ℓ，并选择softmax作为输出层函数G中的激活函数。当词向量的维数N给定时，softmax函数和损失函数ℓ的输出均为有界。而当函数本身有

[1] 实际上，关于输出层中参数w_o的讨论极其简单，故在这里仅仅给出关于隐藏层参数w_h的讨论。

界可导且其导函数连续时，该函数的导函数必然同为有界[1]：这告诉我们，实数a_n关于其下标n构成的序列有界。因此，存在这样的$M_a > 0$，使得 $|a_n| \le M_a$ 对于任意的$n = 1,2,\dots,T$ 成立。

我们对实数序列 $\{b_n\}_{n=1}^T$ 和 $\{c_n\}_{n=1}^T$ 重复上述讨论。一般来说，隐藏层函数F中的激活函数均为sigmoid函数（例如双曲正切函数tanh、逻辑斯蒂函数σ等），而sigmoid函数的输出均为有界。由于函数F可导，且其导函数在一般情况下均为连续，我们同样可以证明序列 $\{|b_n|\}_{n=1}^T$ 及$\{|c_n|\}_{n=1}^T$有界。不失一般性地，我们将它们的上界分别记作M_b和M_c。

为了方便后续的讨论，我们假设此处的上界M_a、M_b 和 M_c均为序列的上确界。

当利用式(8.46)中的记号进行变量代换时，关于函数梯度的讨论将被极大地简化。此时，我们不难得到如下关系成立：

$$\frac{\partial R_T}{\partial w_h} = \frac{1}{T}\sum_{n=1}^{T} a_n \frac{\partial v_n}{\partial w_h} \tag{8.47}$$

$$\frac{\partial v_n}{\partial w_h} = b_n + c_n \frac{\partial v_{n-1}}{\partial w_h} \tag{8.48}$$

注意到a_n的定义及图 8.18 中计算图本身的性质，式(8.47)无非是函数R_T关于隐藏层参数w_h的链式求导法则。而根据b_n和c_n的定义，式(8.48)则是对式(8.45)完全等价的改写。由于序列$\{a_n\}_{n=1}^T$、$\{b_n\}_{n=1}^T$和$\{c_n\}_{n=1}^T$均为有界，我们原则上可以给出对偏导数$\partial R_T/\partial w_h$取值范围的估计。此时根据

$$\begin{aligned}\left|\frac{\partial v_n}{\partial w_h}\right| &= \left|b_n + c_n \frac{\partial v_{n-1}}{\partial w_h}\right| \\ &\le |b_n| + |c_n|\left|\frac{\partial v_{n-1}}{\partial w_h}\right| \quad \le M_b + M_c\left|\frac{\partial v_{n-1}}{\partial w_h}\right| \\ &\le M_b + M_c\left(M_b + M_c\left|\frac{\partial v_{n-2}}{\partial w_h}\right|\right) \quad \le \cdots \\ &\le M_b + M_c M_b + \cdots + M_c^{n-1} M_b + M_c^{n-1}\left|\frac{\partial v_1}{\partial w_h}\right| \\ &= \frac{M_b}{1 - M_c}(1 - M_c^n) + M_c^{n-1}\left|\frac{\partial v_1}{\partial w_h}\right| \end{aligned} \tag{8.49}$$

我们可以给出对偏导数$\partial R_T/\partial w_h$ 取值范围的如下估计：

$$\left|\frac{\partial R_T}{\partial w_h}\right| \le \frac{1}{T}\sum_{n=1}^{T}|a_n|\left|\frac{\partial v_n}{\partial w_h}\right| \le \frac{M_a}{T}\sum_{n=1}^{T}\left|\frac{\partial v_n}{\partial w_h}\right|$$

[1] 在证明导函数有界时，导函数的连续性条件是必要的。考虑在闭区间 $[-1,1] \subset \mathbb{R}$ 上的分段函数如下：

$$f(x) = \begin{cases} 0, & x = 0 \\ x^2 \sin\dfrac{1}{x^2}, & x \ne 0 \end{cases}$$

可以证明，该函数确实处处连续可导，且在闭区间$[-1,1]$上有界。但由于函数f的导函数并不连续，$f'(x)$将在零点附近发散。为了证明这一点，我们只需注意到

$$f'(x) = \begin{cases} 0, & x = 0 \\ 2x\sin\dfrac{1}{x^2} - \dfrac{2}{x}\cos\dfrac{1}{x^2}, & x \ne 0 \end{cases}$$

选取序列 $x_n = -1/\sqrt{2n\pi} \to 0$，我们将有$f'(x) = 2\sqrt{2n\pi} \to \infty$，即导函数$f'(x)$在 $x = 0$ 附近无界。

$$
\begin{aligned}
&\leq \frac{M_a}{T}\sum_{n=1}^{T}\left(\frac{M_b}{1-M_c}(1-M_c^n)+M_c^{n-1}\left|\frac{\partial v_1}{\partial w_h}\right|\right)\\
&\leq M_a\frac{M_b}{1-M_c}\left(1-\frac{M_c-M_c^{T+1}}{T(1-M_c)}\right)+\frac{M_a}{T}\frac{1-M_c^T}{1-M_c}\left|\frac{\partial v_1}{\partial w_h}\right| \qquad (8.50)
\end{aligned}
$$

在讨论式(8.50)中函数的上界时，应根据上确界M_c的取值范围分为两个方面。如果$M_c < 1$，则我们可以证明由(8.48)式所定义的函数级数在$T \to +\infty$的极限下绝对收敛。为此，我们只需考察式(8.50)两侧在$T \to +\infty$下的极限：

$$\left|\frac{\partial R_\infty}{\partial w_h}\right| \coloneqq \lim_{T\to+\infty}\left|\frac{\partial R_T}{\partial w_h}\right| \leq \frac{M_a M_b}{1-M_c} \qquad (8.51)$$

由于序列的上确界M_a、M_b和M_c为常数，式(8.48)中的函数级数同样是一致收敛的。应该指出的是，名为“经验风险函数”的函数R_T，是我们基于具体数据集对“期望风险函数”R所进行的近似（参考 4.2.1 节的有关讨论）。尽管式(8.51)中的函数R_∞采取了时间步$T \to +\infty$时的极限，它却依然**不是**理论上的期望风险函数：后者要求计算损失函数ℓ关于数据分布$p(\boldsymbol{u},\boldsymbol{y})$的期望。

对于存在上界 $M_c < 1$的情形，梯度在实际传递的过程中容易出现梯度消失的现象，从而给计算效率带来相当的损失。为了缓解由梯度消失带来的计算资源的浪费，人们通常会对时间步进行截断[1]。具体来说，人们仅仅选取式(8.47)中的最后τ项，作为对原本梯度的近似，即认为：

$$\frac{\partial R_T}{\partial w_h} = \sum_{n=1}^{T}\frac{\partial R_T}{\partial v_n}\frac{\partial v_n}{\partial w_h} \approx \sum_{t=1}^{\tau}\frac{\partial R_T}{\partial v_{T-t}}\frac{\partial v_{T-t}}{\partial w_h} \qquad (8.52)$$

我们姑且不论式(8.52)中的近似关系是否确实能够成立，但这样的截断方式在实践中确实具有较为良好的表现。尽管截断后的梯度将使得模型主要侧重短期信息的影响，但这样的模型也会因此变得更加简单而稳定。2017 年，Tallec 和 Ollivier 在固定时间步截断方案的基础之上，进一步提出了随机截断策略[2]，即通过算法的设计随机而无偏地将反向传播时的梯度截断（而非固定截断的时间步数目）。尽管这样的方法在理论上具有一定的优点（例如可以对不同长度的序列进行加权求和，并令长序列具有更大的权重等），但“增加的方差抵消了时间步数越多，梯度越精确的事实”[3]。另外，从函数式编程的视角出发，不断变化的序列长度将使得程序重复编译同一函数，从而导致计算效率的降低。

而当序列$|c_n|$的上确界$M_c \geq 1$时，原则上我们并不能保证在时间步$T \to +\infty$时式(8.47)收敛。尽管在实践中的时间步T永远为有限值，但不稳定的级数暗示着类似蝴蝶效应、梯度爆炸等一系列病态数值现象的存在。一方面，截断时间步依然能够在一定程度上缓解这样的问题；另

---

1 参考自 Jaeger, H. 写作的 *A tutorial on training recurrent neural networks, covering BPPT, RTRL, EKF and the "echo state network" approach* 教程

2 参考自 *Unbiasing Truncated Backpropagation Through Time* 一文。

3 参考自《动手学深度学习》（第 2 版）第 8.7.1 节中关于随机截断的讨论。

一方面，我们还可以对原始的梯度进行**梯度裁剪**（gradient clipping）。一个流行的方案是将计算所得的梯度$\boldsymbol{\nabla} R_T$投影回给定半径（例如θ）的球，即在优化器中加入一步关于输入梯度的更新：

$$\boldsymbol{\nabla} R_T \rightarrow \min\left(1, \frac{\theta}{\|\boldsymbol{\nabla} R_T\|}\right) \boldsymbol{\nabla} R_T \tag{8.53}$$

以一般的梯度下降算法为例，不带梯度裁剪的优化器如代码示例 8.1 所示。在这里，优化器中函数的定义方式延续了第 7 章的传统。

代码示例 8.1 不带梯度裁剪的一般优化器

```
def gradient_descent(alpha):
  def init(x0)        : return x0
  def update(g, x0) : return x0 - alpha * g
  def get_params(x0): return x0
  return init, update, get_params
```

为了在更新过程中加入对梯度的裁剪，我们只需重写优化器中的 `update` 函数。在这里，我们选取式(8.53)中的距离函数 $\|\cdot\|$ 为L_2范数，并使用 `lax.cond` 函数（而非 `if` 判断）来提供对即时编译的支持（参考 5.1.6 节中的有关讨论）。

代码示例 8.1（续） 带有梯度裁剪的一般优化器

```
import jax
import jax.numpy as jnp

def gradient_descent(alpha=0.01, theta=10.0):
    def init(x0): return x0
    def get_params(x0): return x0

    def update(g, x0):
        g_norm = jnp.sqrt(jnp.sum(jnp.square(g)))
        g = jax.lax.cond(
            pred      = (g_norm < theta),
            true_fun  = (lambda _g:_g),
            false_fun = (lambda _g:_g/g_norm*theta),
            operand   = g)
        return x0 - alpha * g

    return init, update, get_params
```

梯度裁剪的本质，是在梯度矢量的范数过大时动态地调整学习率的大小。尽管它实际上并未完全解决梯度爆炸的问题，但至少为该问题提供了一个快速的修复方式。

关于循环神经网络中梯度的反向传播问题，我们还有最后两点说明。在对隐藏层中的参数进行更新时，式(8.47)中的级数求和在一定程度上与动量法的更新过程极为相似。在第 7.2.1 节中我们曾经指出，动量法的本质是选用梯度在时间尺度上的泄漏平均值，取代局域的梯度，以执行参数的更新：

$$\boldsymbol{\theta}_{k+1} = \boldsymbol{\theta}_k - \alpha \sum_{\tau=0}^{k} \beta^{\tau} \nabla f(\boldsymbol{\theta}_{k-\tau}) \tag{7.67}$$

而在循环神经网络中，“时间尺度上的泄漏平均值”，体现在隐藏层中所暗含的时序上。不同的是，循环神经网络对过往梯度的加权方式，从动量法所利用的序列$\{\beta^{\tau}\}_{\tau=1}^{k}$变成了$\{a_n/T\}_{n=1}^{T}$，后者包含了更多有关原始数据的结构性信息，且不存在人为指定的超参数。

$$w_h \to w_h - \alpha \sum_{n=1}^{T} \frac{a_n}{T} \nabla v_n(w_h) \tag{8.54}$$

关于梯度传递问题的另外一点观察来自式(8.51)与式(8.36)的相似性。我们不得不对这样的事实感到惊讶：（经过相当简化后的）简单循环神经网络在时间尺度上的收敛性，取决于隐藏层节点间权重矩阵M的最大本征值$\lambda_{\max}$；而一般循环神经网络中隐藏层参数的梯度，其理论上界的存在性，则取决于序列$\{|c_n|\}_{n=1}^{T}$的上确界M_c。

应该指出的是，两者之间的相似性，本质上是同一数学结构在不同近似之下的表现形式。从一方面来说，当我们将隐藏层中的权重矩阵M退化为标量m时，如果依然选择将标量m视作1×1的矩阵，则该矩阵最大（也是唯一）的本征值$\lambda_{\max} = m$。从另一方面来说，注意到序列$\{c_n\}_{n=1}^{T}$中c_n的定义，当我们将函数F退化为线性函数时，令$F(u_n, v_{n-1}; w_h) = wu_n + mv_{n-1} + b$，[1]则根据$c_n$的定义，我们恒有$c_n = m$。对于常数序列而言，其上确界$M_c = m$，与权重矩阵$M$的最大本征值 $\lambda_{\max}$ 相同。

8.2.3 简单循环神经网络的程序实现

复杂循环神经网络中的数组形状问题时常让人感到困惑，尽管我们已经在 8.2.1 节中对此进行了说明，但我们依然希望在本节的开篇进行一定的总结。读者应该对此处的讨论格外留意，因为其中包含了对循环神经网络进行程序实现的一般性思路。相关图书或文献中惯常采用的基于矩阵语言的叙事方式，或许能使讨论的重点变得更加突出，但高阶张量与矩阵之间不加区分的数学符号，却时常掩盖原本公式中矢量点乘、张量缩并等诸多暗含的细节——由于Python的许多库函数自带语义广播的功能，在数学推导中所缺失的诸多细节，最终依然会通过形形色色的方式而被阴差阳错地解决。

为了让本节中的数学符号变得更加明确无误，我们将关于循环神经网络的一切讨论基于**爱因斯坦求和约定**而展开。在 3.3.5 节中，我们已经给出了相当多的具体示例，并对爱因斯坦求和约定进行了较为详尽的说明。而在本节中，所有张量的下标都服从爱因斯坦求和的指标约定，而所

[1] 函数F在这里的具体形式仅仅只是作为一个例子，原本的讨论面向一般意义上的循环神经网络。而在这里，w_h表示隐藏层中的参数，对应集合$w_h = \{w, m, b\}$，其中的元素均为实数。

有张量（括号中）的上标则用于区分不同的张量。

例如，我们曾经指出，通常而言循环神经网络标准化的输入应该是一个3阶的张量，它的3个分量依次代表了时间步的数量T、批大小B，以及在每一时刻用于编码输入信息的矢量维数N_u，我们将这样的输入记作u_{tbn}。如果采用矩阵的语言，我们曾经给出隐藏层中隐状态v_t之间的递推关系：

$$\boldsymbol{v}_t = \boldsymbol{f}(W_h \boldsymbol{u}_t + M\boldsymbol{v}_{t-1}) \tag{8.27}$$

这里的矩阵M_h对应于隐藏层中的权重矩阵，下标 h 仅仅作为符号的标记。如果将式(8.27)所示的上述递推关系用爱因斯坦求和约定重新书写，并假设隐藏层中共有$H = N_v$个隐状态，我们将得到如下更为明确的表达式如下：

$$v_{bi}^{(t)} = f\big(W_{in}^{(h)} u_{bn}^{(t)} + M_{ij} v_{bj}^{(t-1)}\big), \qquad \forall\, t = 1,2,\dots,T \tag{8.27′}$$

其中 $u_{bn}^{(t)} = u_{tbn}$，$i,j = 1,2,\dots,H$。

在等号的同侧，相同的指标代表求和；在等号的异侧，相同的指标用于标记不同的等式，不作求和处理。例如观察式(8.27′)的左侧，$v_{bi}^{(t)}$ 对应于简单循环神经网络在t时刻的隐状态$\boldsymbol{v}_t$在第b个批次的第i个分量，注意到指标b和i在式(8.27′)的两侧都有出现，因此不作求和处理。再考察式(8.27′)的右侧，其中的指标n和j都仅在等号的同侧出现，因此需要进行求和，而这样的求和正代表着矩阵与矢量的点乘。

注

爱因斯坦的记号约定中只可能出现两种指标：（1）在等式两侧都曾出现的指标，它们被用于标记不同的等式，不必进行求和——这样的指标可以在等式的两侧分别出现任意多次；（2）仅在等式单侧出现的指标，我们需要对它们进行求和——这样的指标在等式的一侧出现的次数需大于等于2。

如果等式的两侧仅包含张量的缩并（包括矢量的点乘、矩阵与矢量的作用等），而不包含加法及其他任何非线性函数的作用，则（1）对于在等式两侧都曾出现的指标，它必然在等式的两侧各仅出现一次；（2）对于仅在等式单侧出现的指标，这样的指标出现的次数必然严格为2 。这样的条件在物理学中被称为**指标的平衡**，参考第3章3.3.5节的有关讨论。

在式(8.27′)中，所有括号中的上标都对应于式(8.27)中的下标，它们独立于爱因斯坦求和约定而存在，仅用于标记不同的矢量及矩阵。唯一的例外在于$u_{bn}^{(t)}$与输入3阶张量u_{tbn}之间的等价关系，而这样的等价关系是循环神经网络的精髓。读者可以对比图8.18所给出的计算流程，从而理解此处的相等关系。与式(8.27)有所不同，式(8.27′)中的函数f是一个$\mathbb{R} \to \mathbb{R}$的标量函数，无须对原本函数进行矢量化的推广。

对于简单循环神经网络而言，我们首先通过网络的输入u_{tbn}以及隐藏层的初始状态$v_{bj}^{(0)}$，借助于式(8.27′)递归地计算出隐状态$v_{bi}^{(t)}$，并保存所有时刻隐藏层的输出。对于简单循环神经网络而言，隐藏层的输出即等于循环神经网络本身的隐状态，即隐藏层的输出同样为$v_{bi}^{(t)}$。

随后，我们将隐藏层在每一时刻的输出重新拼接为 3 阶张量v_{tbi}，令其满足关系$v_{tbi}=v_{bi}^{(t)}$。在这样的视角下，神经网络的输出层将完全类似一个简单的全连接层。假设循环神经网络的输出维数为N_o，则原本的表达式 $\boldsymbol{o}_t \coloneqq W_o \boldsymbol{v}_t + b_o$ 可被改写为如下形式：

$$o_{tbm} = W_{mi}^{(o)} v_{tbi} + b_m^{(o)} \tag{8.55}$$

或者与$\boldsymbol{o}_t \coloneqq W^{(o)} \boldsymbol{v}_t + b^{(o)}$形式上更为对应的

$$o_{bm}^{(t)} = W_{mi}^{(o)} v_{bi}^{(t)} + b_m^{(o)}, \qquad \forall\, t = 1,2,\dots,T \tag{8.55$'$}$$

其中$m=1,2,\dots,N_o$，$i=1,2,\dots,H$。由于输出层中并不存在关于时间t的任何递归关系，因此上述两个张量表达式是完全等价的。注意到，循环神经网络的输出同样是一个 3 阶的张量，张量的 3 个维度分别对应时间步的数量T、批大小B，以及同一时刻用于编码网络输出所需要的矢量维数N_o。应该指出的是，当我们需要使用循环神经网络来预测序列的输出时，不但需要为循环神经网络提供输入张量，还应该为循环神经网络隐藏层中的隐状态寻找一个靠谱的初值。

简单循环神经网络基本信息的汇总如表 8.2 所示。

表 8.2　简单循环神经网络的公式及参数汇总

	公式	参数			
		符号	对应张量	描述	形状
隐藏层	一般形式： $\boldsymbol{v}_t = \boldsymbol{f}(W_h \boldsymbol{u}_t + M \boldsymbol{v}_{t-1}), \quad \forall\, t=1,2,\dots,T$ 张量形式： $v_{bi}^{(t)} = f_i\left(W_{in}^{(h)} u_{bn}^{(t)} + M_{ij} v_{bj}^{(t-1)}\right)$ 其中$u_{bn}^{(t)} = u_{tbn}, \quad v_{bi}^{(t)} = v_{tbi}, \quad \forall\, t=1,2,\dots,T$	$\boldsymbol{u}_t$	$u_{bn}^{(t)} = u_{tbn}$	神经网络的输入	(T,B,N_u)
		$\boldsymbol{v}_t$	$v_{bi}^{(t)} = v_{tbi}$	隐藏层的输出	(T,B,H)
		W_h	$W_{in}^{(h)}$	输入权重矩阵	(H,N_u)
		M	M_{ij}	隐藏层权重矩阵	(H,H)
		$\boldsymbol{f}$	f_i	带偏置的激活函数	$\mathbb{R}^H \to \mathbb{R}^H$
输出层	一般形式： $\boldsymbol{o}_t \coloneqq W_o \boldsymbol{v}_t + \boldsymbol{b}_o, \quad \forall\, t=1,2,\dots,T$ 张量形式： $o_{bm}^{(t)} = W_{mi}^{(o)} v_{bi}^{(t)} + b_m^{(o)}$ 其中$v_{bi}^{(t)} = v_{tbi}, \quad o_{bm}^{(t)} = o_{tbm}$	$\boldsymbol{v}_t$	$v_{bi}^{(t)} = v_{tbi}$	输出层的输入	(T,B,H)
		$\boldsymbol{o}_t$	$o_{bm}^{(t)} = o_{tbm}$	神经网络的输出	(T,B,N_o)
		W_o	$W_{mi}^{(o)}$	输出层权重矩阵	(N_o,H)
		$\boldsymbol{b}_o$	$b_m^{(o)}$	输出层偏置	(N_o)

*　T表示时间步总数，B表示批大小，N_u（和N_o）表示单一时刻用于编码神经网络输入（和输出）信息所需矢量的维数，$H=N_v$为隐藏层的大小

我们首先考虑简单循环神经网络的程序实现，将计算图按照前文所描述的方式一步一步地搭建起来。首先考察一般循环神经网络中隐藏层中的迭代函数，作为一个Python的类，它至少需要包含调用函数__call__，以及隐状态的初始化函数 initial_state。这两个函数的具体描述如代码示例 8.2.1 所示。

代码示例 8.2.1 循环神经网络隐藏层的迭代函数基类

```
import jax
import jax.numpy as jnp
import jax.random as random

from abc import abstractmethod
from typing import Tuple, Any, NamedTuple

class RNNCore(object):
    @abstractmethod
    def __call__(self, inputs, prev_state, params) -> Tuple[Any, Any]:
        """ 执行一步 RNN 的计算

        输入参数:
            inputs : 用于训练模型的二维数组
                形状为 (批大小 B, 单一时间步内输入数据的维数 N)
            prev_state : 前一时刻循环神经网络的隐状态
            params : 模型中所需的参数

        函数返回:
            一个形如 (output, next_state) 的元组
            outputs: 循环神经网络隐藏层的输出, 形状为 (批大小 B, 隐藏层的维数 N)
            next_state: 神经网络在下一时刻的隐状态, 形状与 prev_state 完全相同
        """

    @abstractmethod
    def initial_state(self, batch_size: int):
        """ 为当前的 RNN 核构造初始状态

        输入参数:
            batch_size: 用于确定输入数据的批大小

        返回:
            循环神经网络隐状态的初始化参数
        """
```

对比一般循环神经网络隐藏层的迭代流程

$$\boldsymbol{v}_t = F(\boldsymbol{u}_t, \boldsymbol{v}_{t-1}\,; w_h)$$

在代码示例 8.2.1 中，`RNNCore` 的调用函数`__call__`相当于隐藏层递推关系中的函数 F；而调用函数`__call__`所接受的 3 个参数 `inputs`、`prev_state`、`params`，则分别对应神经网络的输入$\boldsymbol{u}_t$、上一时刻的隐状态$\boldsymbol{v}_{t-1}$，以及隐藏层中的模型参数 w_h。另外，`RNNCore` 的类函数 `initial_state` 为循环神经网络的隐藏层提供了隐状态v_0在初始时刻的数值。

对于简单循环神经网络而言，我们可以带入函数F以及隐状态v_0的具体形式。在这里，我们选取隐藏层中的激活函数为双曲正切函数tanh，并令隐状态矢量在初始时刻为零矢量。此时，我们可以基于代码示例 8.2.1 中的基类 `RNNCore`，构造出简单循环神经网络中隐藏层的迭代函数，如代码示例 8.2.2 所示。

代码示例 8.2.2 简单循环神经网络中隐藏层的迭代函数

```
class VanillaRNN(RNNCore):
    def __init__(self, hidden_size:int):
        self.hidden_size = hidden_size   # 隐藏层中元素的数量

    def __call__(self, inputs, prev_state, params) -> Tuple[Any, Any]:
        r"""
        math::
            v_t = tanh(W_h u_t + M v_{t-1} + b_h)

        模型输入:
            input      : shape = (B, N)
            prev_state : shape = (B, hidden_size)
            params     : 包含 3 个 Jax 的数组 (W, M, b)
                W.shape = (hidden_size, N)
                M.shape = (hidden_size, hidden_size)
                b.shape = (hidden_size, )
                这里的 N 是单一时间步内输入数据的维数

        模型输出:
            output     : shape = (B, hidden_size)
            next_state : shape = (B, hidden_size)
        """
        W, M, b = params
        Wu = jnp.einsum("in, bn -> bi", W, inputs)
        Mv = jnp.einsum("ij, bj -> bi", M, prev_state)
        outputs = jax.nn.tanh(Wu + Mv + b)  # bi, bi, i -> bi
        next_state = outputs
        return outputs, next_state

    def initial_state(self, batch_size: int):
        """ 初始化模型的隐状态 """
        state = jnp.zeros([batch_size, self.hidden_size])
        return state
```

对于简单循环神经网络来说，隐藏层的输出即为网络的全部隐状态。注意到，代码示例 8.2.2 中的调用函数接受的是二阶的张量$u_{bn}^{(t)}$，而非循环神经网络实际输入的三阶张量u_{tbn}：二阶张量$u_{bn}^{(t)}$的大小为(B, N_u)，而三阶张量u_{tbn}的大小则为(T, B, N_u)。简单来说，张量$u_{bn}^{(t_0)}$是循环神经网络输入的三阶张量u_{tbn}在时间维度上 $t = t_0$ 时刻的分量。

为了使得循环神经网络的隐藏层能够直接接收三阶张量u_{tbn}作为它的输入，我们还需要将函数F在时间维度上递归地展开。为此，我们只需要使用一个简单的 for 循环结构，以时间循序遍历输入张量u_{tbn}的第一个维度，如代码示例 8.2.3 所示。

代码示例 8.2.3 神经网络隐藏层计算图的展开（静态）

```
def static_unroll(core, input_sequence, initial_state, params) -> Tuple[Any, Any]:
    """ 将循环神经网络的核递归地"展开", 从而构造出隐藏层完整的计算图
    (编译过后, 网络中的循环结构将不再保留)

    函数输入:
        core            : 一个基于 RNNCore 构造的基类
        input_sequence  : 隐藏层的输入, 是一个三维的数组
        initial_state   : 隐藏层的初始状态
        params          : 隐藏层的参数

    函数输出:
        output_sequence : 隐藏层的输出
        final_state     : 隐藏层的最终状态

    注:
        input_sequence .shape = (T, B, N)
        output_sequence.shape = (T, B, hidden_size)
    """
    output_sequence = []
    time_steps = input_sequence.shape[0]
    state = initial_state
    for t in range(time_steps):
        inputs = input_sequence[t]
        outputs, state = core(inputs, state, params)
        output_sequence.append(outputs)
    output_sequence = jnp.stack(output_sequence, axis=0)
    return output_sequence, state
```

使用 for 循环构造的计算图在经过即时编译后，程序将不再保留原本代码中的循环结构，而是将所有的循环语句全部展开（参考 5.1.4 节中对JAX流程控制语句的讨论）。由于简单循环神经网络的隐藏层本身已经包含了较多的参数，在时间步数目T较大时，对每一层循环的重新编译将会带来巨大的计算及存储开销。

为了将原本的循环结构保存下来，我们需要使用JAX自带的 scan 函数。注意，与它等价的

Python表达式如下所示：

```
def scan(f, init, xs, length=None):
  if xs is None:
    xs = [None] * length
  carry = init
  ys = []
  for x in xs:
    carry, y = f(carry, x)
    ys.append(y)
  return carry, np.stack(ys)
```

因此，我们可以对函数 static_unroll 进行完全等价的改写，得到 dynamic_unroll 函数，如代码示例 8.2.4 所示。函数 static_unroll 与 dynamic_unroll 在功能上是完全等价的，原则上来说只存在运行效率的不同。

代码示例 8.2.4　神经网络隐藏层计算图的展开（动态）

```
def dynamic_unroll(core, input_sequence, initial_state, params)->Tuple[Any, Any]:
    """ 将循环神经网络的核递归地"展开", 从而构造出隐藏层完整的计算图
    (编译过后, 网络中的循环结构将被保留)
    """
    def scan_fun(prev_state, inputs):
        outputs, next_state = core(inputs, prev_state, params)
        return next_state, outputs

    final_state, output_sequence = jax.lax.scan(
        f = scan_fun,
        init = initial_state,
        xs = input_sequence,)

    return output_sequence, final_state
```

我们在图 8.19 中给出了函数 static_unroll 与 dynamic_unroll 在实际问题中性能的测试（基于 8.2.5 节给出的示例）。可以看到，函数 static_unroll 在编译上所耗费的时间，将随着总时间步T的增大而线性地增长（并逐渐变得不可接受），但基于两个函数分别定义的循环神经网络在经过即时编译以后，并没有在运行效率上体现出明显的差别。

现在，我们可以基于上述函数定义完整的简单循环神经网络的模型，它包含网络参数的初始化函数 model.init，以及对循环神经网络的调用函数 model.apply。下述程序的编写过程，甚至其中爱因斯坦求和约定中所用到的指标记号，都能与表 8.2 中所给出的公式及参数完全地对应起来。

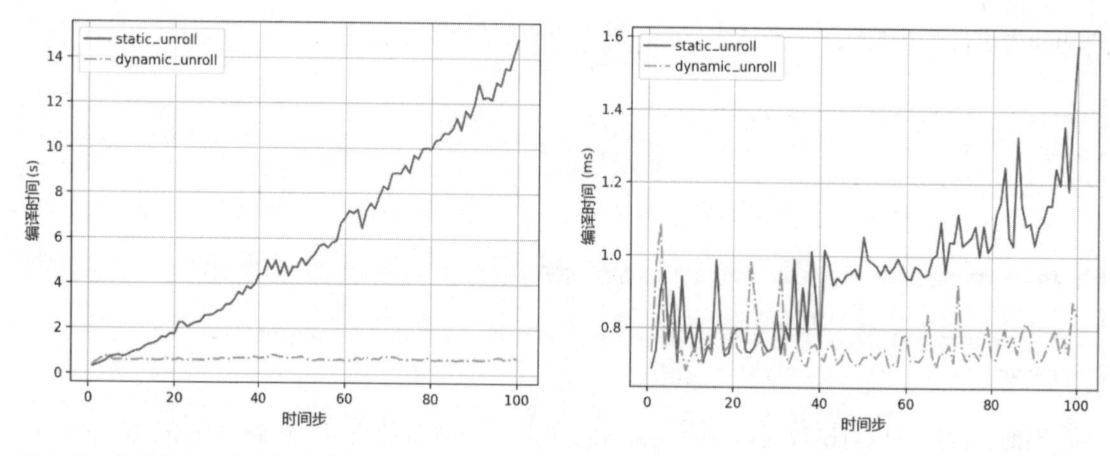

图 8.19 静态展开（实线）和动态展开（点划线）在时间效率上的测试（左图为编译同一函数所需耗费的时间，右侧为编译过后的函数在运行效率上的测试）

代码示例 8.2.5 简单循环神经网络模型的定义

```
class RNNModel(object):
    """
    math:
        v_t = tanh(W_h u_t + M v_{t-1} + b_h)
        o_t = W_o v_t + b_o
    """
    def __init__(self, hidden_size:int, output_size: int):
        self.hidden_size = hidden_size  # 隐藏层中元素的数目
        self.output_size = output_size  # 神经网络输出的维数

    def init(self, rng, inputs):
        """ 返回模型中的所有初始参数 """
        (T, B, N) = inputs.shape
        Wh_key, M_key, bh_key, Wo_key, bo_key = random.split(rng, num=5)

        # 隐藏层参数
        Wh = random.normal(key=Wh_key, shape=(self.hidden_size, N))
        M  = random.normal(key=M_key , shape=(self.hidden_size, self.hidden_size))
        bh = random.normal(key=bh_key, shape=(self.hidden_size, ))
        hidden_layer_params = (Wh, M, bh)

        # 输出层参数
        Wo = random.normal(key=Wo_key, shape=(self.output_size, self.hidden_size))
        bo = random.normal(key=bo_key, shape=(self.output_size, ))
        output_layer_params = (Wo, bo)
        return (hidden_layer_params, output_layer_params)

    def apply(self, params, rng, inputs, initial_state=None):
```

```
        """ 通过模型，计算神经网络的输出及隐藏层的最终状态 """
        (T, B, N) = inputs.shape
        hidden_layer_params, output_layer_params = params

        # 隐藏层前向传播
        core = VanillaRNN(hidden_size=self.hidden_size)
        if not isinstance(initial_state, jnp.ndarray):
            initial_state = core.initial_state(batch_size=B)
        hidden_outputs, hidden_state_final = dynamic_unroll(core=core,
                input_sequence=inputs, initial_state=initial_state,
                params=hidden_layer_params,)

        # 输出层前向传播
        Wo, bo = output_layer_params
        outputs = jnp.einsum("mi, tbi -> tbm", Wo, hidden_outputs) + bo

        return outputs, hidden_state_final
```

尽管尚未指定具体的数据集，但我们依然需要在形式上给出模型的训练过程，以便让读者更好地理解上述模型中各个类函数的作用。其中偏向细节的讨论将会在 8.2.5 节更为具体地展开。

代码示例 8.2.6 循环神经网络模型的训练过程

```
model = RNNModel(hidden_size=10, output_size=1)

def train_model(model, train_data, train_labels):
    import optax

    rng = jax.random.PRNGKey(0)
    opt = optax.adam(learning_rate=0.01)

    @jax.jit
    def loss(params, x, y):
        pred, _ = model.apply(params, None, x)
        return jnp.mean(jnp.square(pred-y))

    @jax.jit
    def update(step, params, opt_state, x, y):
        value, grads = jax.value_and_grad(loss)(params, x, y)
        grads, opt_state = opt.update(grads, opt_state)
        params = optax.apply_updates(params, grads)
        return value, params, opt_state

    # 初始化模型和优化器的状态
    params = model.init(rng, train_data)
```

```
    opt_state = opt.init(params)

    for step in range(1001):
        train_loss, params, opt_state = update(step, params, opt_state,
                                               x = train_data, y = train_labels)
    return params
```

对于代码示例 8.2.6 中用到的 optax 库，我们曾在 7.2.2 节的末尾给出过一个具体的示例（见代码示例 7.2.7）。但对于这里的训练任务，我们在第 7 章中自行定义的优化器并不能很好地胜任，因为这里的参数 params 并非简单的 JAX 数组，而是将 JAX 数组作为其中元素的Python的容器。

8.2.4 长短期记忆单元及其程序实现

简单循环神经网络具有相对有限的表达能力。隐藏层循环迭代的计算流程，使得较晚出现的信息对网络的影响较大，较早出现的信息对网络的影响较小；换言之，简单循环神经网络中缺少长期信息的保存机制。

为了解决这一问题，Hochreiter 和 Schmidhuber 在 1997 年提出了著名的**长短期记忆**（Long Short-Term Memory，LSTM）**单元**，作为对原本简单循环神经网络的改进。[1]在简单循环神经网络中，隐藏层的输出矢量$\boldsymbol{v}_t$成为描述网络隐状态的唯一矢量。那么，既然隐藏层的输出矢量作为循环神经网络的隐状态，其行为类似于神经元的“短时记忆”，我们为什么不能试图在网络中加入额外的**记忆单元**（memory cell），作为对网络“长期记忆”的保存呢？如果说短期记忆单元的存在，令循环神经网络能够看清文字所在处的语境；那么长期记忆单元的加入，则试图让循环神经网络抓住一段话中的重点。

这就是长短期记忆（LSTM）模型背后想法的由来。作为数学符号上的区分，我们依然使用记号$\boldsymbol{v}_t$标记循环神经网络的隐状态。不同的是，此时的记号$\boldsymbol{v}_t$作为循环神经网络的隐状态中参数的集合，由隐藏层的输出矢量和所谓的记忆单元共同构成。如果我们采用记号$\boldsymbol{h}_t$标记t时刻隐藏层的输出，而用矢量$\boldsymbol{c}_t$表示网络中的记忆单元，则根据之前的讨论，我们自然将有$\boldsymbol{v}_t = \{\boldsymbol{h}_t, \boldsymbol{c}_t\}$。

另外，假如我们将循环神经网络输入的三阶张量标记为$\boldsymbol{x}_t$（即 $x_{bn}^{(t)} = x_{tbn}$，对应上一节中的$\boldsymbol{u}_t$，或者对应$\boldsymbol{u}_t$的张量形式 $u_{bn}^{(t)} = u_{tbn}$），而将神经网络输出的三阶张量标记为$\widehat{\boldsymbol{y}}_t$，则此时 LSTM 循环神经网络的隐藏层和输出层，可以用如下公式较为一般地表示出来：

$$\begin{aligned}\{\boldsymbol{h}_t, \boldsymbol{c}_t\} &= F(\boldsymbol{x}_t, \{\boldsymbol{h}_{t-1}, \boldsymbol{c}_{t-1}\}\,; w_h) \\ \widehat{\boldsymbol{y}}_t &= G(\boldsymbol{h}_t; w_o)\end{aligned} \tag{8.56}$$

有时，为了方便程序的编写，人们也会选择将 $\boldsymbol{v}_t = \{\boldsymbol{h}_t, \boldsymbol{c}_t\}$ 带入表达式(8.56)，将函数F的输出进行略微的改变：

$$\begin{aligned}\boldsymbol{h}_t, \boldsymbol{v}_t &= \tilde{F}(\boldsymbol{x}_t, \boldsymbol{v}_{t-1}; w_h) \\ \widehat{\boldsymbol{y}}_t &= G(\boldsymbol{h}_t; w_o)\end{aligned} \tag{8.57}$$

[1] 参考自 Hochreiter 与 Schmidhuber 在 1997 年发表的 *Long Short-Term Memory* 一文。

由此定义的计算图如图 8.20 所示。其中为了绘制的方便，我们依然采用表达式(8.56)来表征隐藏层中的迭代流程。

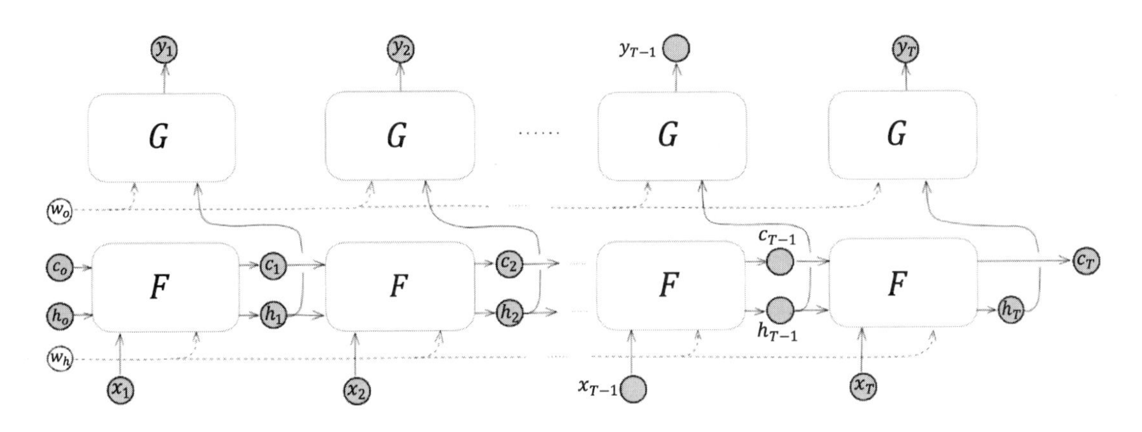

图 8.20 长短时记忆单元循环神经网络的迭代流程

下面，让我们来考察长短期记忆单元中函数F的具体形式。为了实现对记忆单元$\boldsymbol{c}_t$的控制，我们需要一系列用于调控神经元状态的门。一方面，由于记忆单元$\boldsymbol{c}_t$在逻辑上对应于循环神经网络的长期记忆，故而对于前一时刻的输入状态$\boldsymbol{c}_{t-1}$，我们通过**遗忘门**（forget gate）对前一时刻的记忆进行选择性的保留。因此，我们将遗忘门的输出限制为 $(0,1) \subset \mathbb{R}$ 之间的实数，它描述了我们对前一时刻记忆$\boldsymbol{c}_{t-1}$保留的比例。我们将t时刻遗忘门的输出采用$\boldsymbol{f}_t$进行标记，并使用逻辑斯蒂函数σ作为激活层的输出（在一些文献也将逻辑斯蒂函数直接称为sigmoid函数，尽管sigmoid函数在理论上应该是一大类函数的总称）。

$$\boldsymbol{f}_t = \boldsymbol{\sigma}\left(W_{if}\boldsymbol{x}_t + M_{hf}\boldsymbol{h}_{t-1} + \boldsymbol{b}_{hf}\right) \tag{8.58}$$

与之类似，我们还可以定义**输入门**（input gate）及**候选记忆单元**（candidate memory cell），并分别将其标记为$\boldsymbol{i}_t$和$\boldsymbol{g}_t$。其中，候选记忆单元$\boldsymbol{g}_t$相当于网络为记忆单元$\boldsymbol{c}_{t-1}$所提供的新的记忆，它的分量在区间 $(-1,1) \subset \mathbb{R}$ 内取值。与之相应的输入门 $\boldsymbol{i}_t$ 则描述了对新记忆的保留程度，它和遗忘门一样，取值范围被限制在 $(0,1) \subset \mathbb{R}$ 之间。因此，我们采用双曲正切函数tanh和逻辑斯蒂函数σ，分别作为候选记忆单元和输入门的激活函数：

$$\boldsymbol{i}_t = \boldsymbol{\sigma}(W_{ii}\boldsymbol{x}_t + M_{hi}\boldsymbol{h}_{t-1} + \boldsymbol{b}_{hi}) \tag{8.59}$$

$$\boldsymbol{g}_t = \tanh\left(W_{ig}\boldsymbol{x}_t + M_{hg}\boldsymbol{h}_{t-1} + \boldsymbol{b}_{hf}\right) \tag{8.60}$$

根据上述讨论，记忆单元$\boldsymbol{c}_t$将以如下方式被网络更新：

$$\boldsymbol{c}_t = \boldsymbol{f}_t \odot \boldsymbol{c}_{t-1} + \boldsymbol{i}_t \odot \boldsymbol{g}_t \tag{8.61}$$

这里的记号“⊙”表示张量的逐元素相乘。应该指出的是，遗忘门$\boldsymbol{f}_t$、输入门$\boldsymbol{i}_t$、候选记忆单元$\boldsymbol{g}_t$以及记忆单元$\boldsymbol{c}_t$，都具有与隐藏层输出$\boldsymbol{h}_t$完全相同的形状。另外，我们可以对式(8.61)进行一定的讨论。注意到，在遗忘门$\boldsymbol{f}_t \to \boldsymbol{1}$ 且输入门$\boldsymbol{i}_t \to \boldsymbol{0}$时，网络将把过去的信息完全保留，同时排斥新记忆的产生，此时记忆单元$\boldsymbol{c}_t \to \boldsymbol{c}_{t-1}$。而当遗忘门$\boldsymbol{f}_t \to \boldsymbol{0}$ 且输入门$\boldsymbol{i}_t \to \boldsymbol{1}$时，记忆单元将不再保存对于过去的任何记忆，而完全被候选记忆单元$\boldsymbol{g}_t$所代替——这也是“候选记忆单元”这一名称的由来。

在完成对记忆单元$\boldsymbol{c}_t$的更新之后，我们期待这样的长期记忆能够对循环网络隐藏层的输出产生影响。为此仿照之前的思路，我们再引入**输出门**（output gate），并用记号$\boldsymbol{o}_t$对此加以标记。输出门$\boldsymbol{o}_t$分量的取值同样被限制在(0,1)之间，且同样具有与隐藏层输出h_t相同的形状：

$$\boldsymbol{o}_t = \boldsymbol{\sigma}(W_{io}\boldsymbol{x}_t + M_{ho}\boldsymbol{h}_{t-1} + \boldsymbol{b}_{ho}) \tag{8.62}$$

长短期记忆单元网络隐藏层的输出$\boldsymbol{h}_t$被定义为如下形式：

$$\boldsymbol{h}_t = \boldsymbol{o}_t \odot \tanh(\boldsymbol{c}_{t-1}) \tag{8.63}$$

当记忆单元$\boldsymbol{c}_t \to +\infty$时，隐藏层的输出$\boldsymbol{h}_t \to \boldsymbol{o}_t$，长短期记忆单元将退化为 8.2.3 节中的简单循环网络，这样的简单循环网络以逻辑斯蒂函数σ作为隐藏层的激活函数，且以o_t作为隐藏层的输出——这也是“输出门”这一名称的由来。

表 8.3 中给出了长短期记忆（LSTM）单元的公式及相应参数的汇总，供读者查阅。隐状态迭代流程的计算图示意如图 8.21 所示。

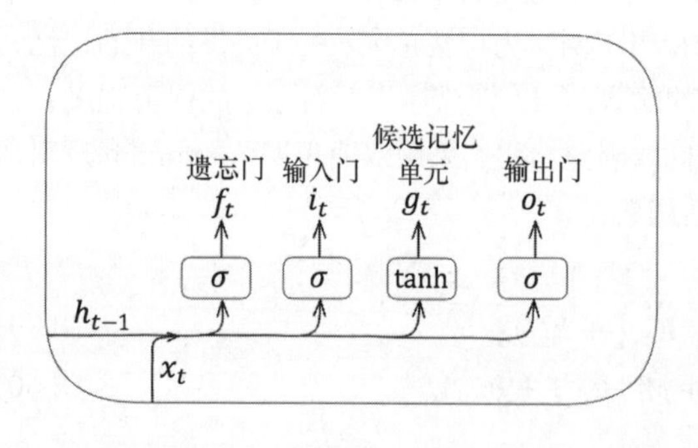

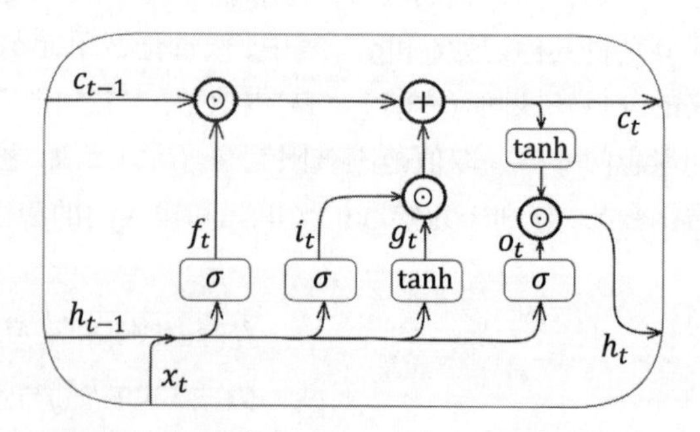

图 8.21　长短期记忆单元隐状态迭代流程示意

表 8.3 长短期记忆（LSTM）单元的公式及参数汇总

<table>
<tr><th rowspan="2"></th><th rowspan="2">公式</th><th colspan="4">参数</th></tr>
<tr><th>符号</th><th>对应张量</th><th>描述</th><th>形状</th></tr>
<tr><td rowspan="18">隐藏层</td><td rowspan="18">一般形式：
$\boldsymbol{i}_t = \boldsymbol{\sigma}(W_{ii}\boldsymbol{x}_t + M_{hi}\boldsymbol{h}_{t-1} + \boldsymbol{b}_{hi})$
$\boldsymbol{f}_t = \boldsymbol{\sigma}(W_{if}\boldsymbol{x}_t + M_{hf}\boldsymbol{h}_{t-1} + \boldsymbol{b}_{hf})$
$\boldsymbol{o}_t = \boldsymbol{\sigma}(W_{io}\boldsymbol{x}_t + M_{ho}\boldsymbol{h}_{t-1} + \boldsymbol{b}_{ho})$
$\boldsymbol{g}_t = \tanh(W_{ig}\boldsymbol{x}_t + M_{hg}\boldsymbol{h}_{t-1} + \boldsymbol{b}_{hg})$
$\boldsymbol{c}_t = \boldsymbol{f}_t \odot \boldsymbol{c}_{t-1} + \boldsymbol{i}_t \odot \boldsymbol{g}_t$
$\boldsymbol{h}_t = \boldsymbol{o}_t \odot \tanh(\boldsymbol{c}_{t-1})$
$\forall\, t = 1,2,\dots,T$

张量形式：
$\boldsymbol{i}_{bi}^{(t)} = \boldsymbol{\sigma}(W_{in}^{(ii)}\boldsymbol{x}_{bn}^{(t)} + M_{ij}^{(hi)}\boldsymbol{h}_{bj}^{(t-1)} + \boldsymbol{b}_i^{(hi)})$
$\boldsymbol{f}_{bi}^{(t)} = \boldsymbol{\sigma}(W_{in}^{(if)}\boldsymbol{x}_{bn}^{(t)} + M_{ij}^{(hf)}\boldsymbol{h}_{bj}^{(t-1)} + \boldsymbol{b}_i^{(hf)})$
$\boldsymbol{o}_{bi}^{(t)} = \boldsymbol{\sigma}(W_{in}^{(if)}\boldsymbol{x}_{bn}^{(t)} + M_{ij}^{(ho)}\boldsymbol{h}_{bj}^{(t-1)} + \boldsymbol{b}_i^{(ho)})$
$\boldsymbol{g}_{bi}^{(t)} = \tanh(W_{in}^{(ig)}\boldsymbol{x}_{bn}^{(t)} + M_{ij}^{(hg)}\boldsymbol{h}_{bj}^{(t-1)} + \boldsymbol{b}_i^{(hg)})$
$\boldsymbol{c}_{bi}^{(t)} = \boldsymbol{f}_{bi}^{(t)}\boldsymbol{c}_{bi}^{(t-1)} + \boldsymbol{i}_{bi}^{(t)}\boldsymbol{g}_{bi}^{(t)}$
$\boldsymbol{h}_{bi}^{(t)} = \boldsymbol{o}_{bi}^{(t)}\tanh(\boldsymbol{c}_{bi}^{(t-1)})$
$\forall\, t = 1,2,\dots,T$

最后两式的右侧不对指标b和i求和</td><td>$\boldsymbol{x}_t$</td><td>$x_{bn}^{(t)} = x_{tbn}$</td><td>神经网络的输入</td><td>(T,B,N_I)</td></tr>
<tr><td>$\boldsymbol{h}_t$</td><td>$h_b^{(t)} = h_{tbi}$</td><td>隐藏层的输出（隐状态）</td><td>(T,B,H)</td></tr>
<tr><td>$\boldsymbol{i}_t$</td><td>$\boldsymbol{i}_{bi}^{(t)}$</td><td>输入门</td><td rowspan="4">(B,H)</td></tr>
<tr><td>$\boldsymbol{f}_t$</td><td>$\boldsymbol{f}_{bi}^{(t)}$</td><td>遗忘门</td></tr>
<tr><td>$\boldsymbol{o}_t$</td><td>$\boldsymbol{o}_{bi}^{(t)}$</td><td>输出门</td></tr>
<tr><td>$\boldsymbol{g}_t$</td><td>$\boldsymbol{g}_{bi}^{(t)}$</td><td>候选记忆单元</td></tr>
<tr><td>$\boldsymbol{c}_t$</td><td>$\boldsymbol{c}_{bi}^{(t)}$</td><td>记忆单元（隐状态）</td><td>(B,H)</td></tr>
<tr><td>W_{ii}</td><td>$W_{in}^{(ii)}$</td><td>输入门权重（作用于输入）</td><td rowspan="4">(H,N_I)</td></tr>
<tr><td>W_{if}</td><td>$W_{in}^{(if)}$</td><td>遗忘门权重（作用于输入）</td></tr>
<tr><td>W_{io}</td><td>$W_{in}^{(io)}$</td><td>输出门权重（作用于输入）</td></tr>
<tr><td>W_{ig}</td><td>$W_{in}^{(ig)}$</td><td>候选记忆单元权重（输入）</td></tr>
<tr><td>M_{hi}</td><td>$M_{ij}^{(hi)}$</td><td>输入门权重（作用于隐藏层）</td><td rowspan="4">(H,H)</td></tr>
<tr><td>M_{hf}</td><td>$M_{ij}^{(hf)}$</td><td>遗忘门权重（作用于隐藏层）</td></tr>
<tr><td>M_{ho}</td><td>$M_{ij}^{(ho)}$</td><td>输出门权重（作用于隐藏层）</td></tr>
<tr><td>M_{hg}</td><td>$M_{ij}^{(hg)}$</td><td>候选记忆单元权重（隐藏）</td></tr>
<tr><td>$\boldsymbol{b}_{hi}$</td><td>$\boldsymbol{b}_i^{(hi)}$</td><td>输入门偏置</td><td rowspan="4">(H)</td></tr>
<tr><td>$\boldsymbol{b}_{hf}$</td><td>$\boldsymbol{b}_i^{(hf)}$</td><td>遗忘门偏置</td></tr>
<tr><td>$\boldsymbol{b}_{ho}$</td><td>$\boldsymbol{b}_i^{(ho)}$</td><td>输出门偏置</td></tr>
<tr><td>$\boldsymbol{b}_{hg}$</td><td>$\boldsymbol{b}_i^{(hg)}$</td><td>候选记忆单元偏置</td></tr>
<tr><td rowspan="4">输出层</td><td rowspan="4">一般形式：
$\hat{\boldsymbol{y}}_t \coloneqq W_o\boldsymbol{h}_t + \boldsymbol{b}_o, \qquad \forall\, t = 1,2,\dots,T$
张量形式：
$\hat{y}_{bm}^{(t)} = W_{mi}^{(o)}h_{bi}^{(t)} + b_m^{(o)}$
其中 $\hat{y}_{bm}^{(t)} = \hat{y}_{tbm}$，$h_{bi}^{(t)} = h_{tbi}$</td><td>$\boldsymbol{h}_t$</td><td>$h_{bi}^{(t)} = h_{tbi}$</td><td>输出层的输入</td><td>$(T,B,H)$</td></tr>
<tr><td>$\hat{\boldsymbol{y}}_t$</td><td>$\hat{y}_{bm}^{(t)} = \hat{y}_{tbm}$</td><td>神经网络的输出</td><td>(T,B,N_O)</td></tr>
<tr><td>W_o</td><td>$W_{mi}^{(o)}$</td><td>输出权重矩阵</td><td>(N_O)</td></tr>
<tr><td>$\boldsymbol{b}_o$</td><td>$b_m^{(o)}$</td><td>输出层偏置</td><td>(N_O)</td></tr>
</table>

* T表示时间步总数，B表示批大小，N_I（和N_O）表示单一时刻用于编码神经网络输入（和输出）信息所需矢量的维数，H为隐藏层的大小

我们同样可以基于代码示例 8.2.1 中的基类 `RNNCore`，构造出长短期记忆单元循环网络中隐藏层的迭代函数。其中，调用函数`__call__`同样相当于隐藏层递推关系中的函数F，而它所接受的 3 个参数 `inputs`、`prev_state`、`params`，则分别对应神经网络的输入$\boldsymbol{x}_t$、上一时刻的隐状态 $\boldsymbol{v}_{t-1} = \{\boldsymbol{h}_{t-1}, \boldsymbol{c}_{t-1}\}$，以及隐藏层中的模型参数$\boldsymbol{w}_h$。另外，类函数 `initial_state` 为循环网络的隐藏层提供了隐状态v_0在初始时刻的数值。

我们需要对 LSTM 中的模型参数进行一些额外的说明。注意到在表 8.3 中，遗忘门、输入门、候选记忆单元及输出门，均要求程序给出两个权重矩阵W和M，以及一个偏置矢量b。从直观上看，我们需要 12 个不同的数组，对这些参数分别加以表征。

然而，由于相应的权重矩阵及偏置矢量均具有相同的形状，且在图 8.21 中可以看到，权重矩阵及偏置矢量均对网络的输入$\boldsymbol{x}_t$及其的隐状态$\boldsymbol{h}_{t-1}$执行相同的操作。因此，为了最大程度地利用数组的矢量化计算流程，我们将作用于输入$\boldsymbol{x}_t$的 4 个权重矩阵(W_{ii}, W_{if}, W_{io}, W_{ig})、作用于隐状态 $\boldsymbol{h}_{t-1}$的 4 个权重矩阵(M_{hi}, M_{hf}, M_{ho}, M_{hg})和与之相应的 4 个偏置矢量($\boldsymbol{b}_{hi}$, $\boldsymbol{b}_{hf}$, $\boldsymbol{b}_{ho}$, $\boldsymbol{b}_{hg}$)，分别用同一数组加以存储表征。相应的程序实现如代码示例 8.3.1 所示。

代码示例 8.3.1 简单循环网络中隐藏层的迭代函数

```python
class LSTMState(NamedTuple):
    hidden: jnp.ndarray
    cell: jnp.ndarray

class LSTM(RNNCore):
    def __init__(self, output_channels: int):
        self.hidden_size = output_channels

    def __call__(self, inputs, prev_state, params) -> Tuple[Any, Any]:
        r"""
        模型输入:
            input      : shape = (B, N)
            prev_state : NamedTuple(hidden, cell)
                hidden.shape = (B, hidden_size)
                cell.shape   = (B, hidden_size)

            params     : 包含 3 个 JAX 的数组 (W, M, b)
                W = (W_ii, W_if, W_io, W_ig)
                M = (M_hi, M_hf, M_ho, M_hg)
                b = (b_hi, b_hf, b_ho, b_hg)
                W.shape = (hidden_size * 4, N)
                M.shape = (hidden_size * 4, hidden_size)
                b.shape = (hidden_size * 4, )
                这里的 N 是单一时间步内输入数据的维数

        模型输出:
            output     : shape = (B, hidden_size)
            next_state : NamedTuple(hidden, cell)
                hidden.shape = (B, hidden_size)
                cell.shape   = (B, hidden_size)
        """
        W, M, b = params
        Wx = jnp.einsum("in, bn -> bi", W, inputs)
        Mh = jnp.einsum("ij, bj -> bi", M, prev_state.hidden)
        gates = jax.nn.tanh(Wx + Mh + b)  # gates.shape = (B, hidden_size * 4)
        i, f, o, g = jnp.split(gates, indices_or_sections=4, axis = -1)
        i = jax.nn.sigmoid(i)
```

```
        f = jax.nn.sigmoid(f + 1)   # 加 1 是为了在初始状态下减小遗忘
        o = jax.nn.sigmoid(o)
        g = jax.nn.tanh(g)
        c = f * prev_state.cell + i * g
        h = o * jax.nn.tanh(c)

        outputs, next_state = h, LSTMState(hidden = h, cell = c)
        return outputs, next_state

    def initial_state(self, batch_size: int):
        """  初始化模型的隐状态 """
        hidden = jnp.zeros([batch_size, self.hidden_size])
        cell = jnp.zeros([batch_size, self.hidden_size])
        state = LSTMState(hidden = hidden, cell = cell)
        return state
```

随后，基于代码示例 8.2.3 中的函数 dynamic_unroll，我们可以定义出完整的 LSTM 模型：它同样包含网络参数的初始化函数 model.init，以及对循环网络的调用函数 model.apply。下述程序的编写过程，甚至其中爱因斯坦求和约定中所用到的指标记号，都能与表 8.3 中所给出的公式及参数完全地对应起来。

代码示例 8.3.2 LSTM 神经网络模型的定义

```
class LSTMModel(object):
    r"""
    隐藏层:
        i_t = \sigma(W_{ii} x_t + M_{hi} h_{t-1} + b_i) \\
        f_t = \sigma(W_{if} x_t + M_{hf} h_{t-1} + b_f) \\
        g_t = \tanh(W_{ig} x_t + M_{hg} h_{t-1} + b_g) \\
        o_t = \sigma(W_{io} x_t + M_{ho} h_{t-1} + b_o) \\
        c_t = f_t c_{t-1} + i_t g_t \\
        h_t = o_t \tanh(c_t)


    输出层:
        y_t = W_o h_t + b_o

    """
    def __init__(self, hidden_size:int, output_size: int):
        self.hidden_size = hidden_size  # 隐藏层的维数
        self.output_size = output_size  # 神经网络输出的维数

    def init(self, rng, inputs):
        """ 返回模型中的所有初始参数 """
        (T, B, N) = inputs.shape
```

```
        W_key, M_key, b_key, Wo_key, bo_key = random.split(rng, num=5)

        # 隐藏层参数
        W = random.normal(key=W_key, shape=(self.hidden_size*4, N))
        M = random.normal(key=M_key, shape=(self.hidden_size*4, self.hidden_size))
        b = random.normal(key=b_key, shape=(self.hidden_size*4, ))
        hidden_layer_params = (W, M, b)

        # 输出层参数
        Wo = random.normal(key=Wo_key, shape=(self.output_size, self.hidden_size))
        bo = random.normal(key=bo_key, shape=(self.output_size, ))
        output_layer_params = (Wo, bo)
        return (hidden_layer_params, output_layer_params)

    def apply(self, params, rng, inputs, initial_state=None):
        """ 通过模型，计算神经网络的输出及隐藏层的最终状态 """
        (T, B, N) = inputs.shape
        hidden_layer_params, output_layer_params = params

        # 隐藏层前向传播
        core = LSTM(output_channels=self.hidden_size)
        if initial_state is None:
            initial_state = core.initial_state(batch_size=B)
        hidden_outputs, hidden_state_final = dynamic_unroll(core=core,
                input_sequence=inputs, initial_state=initial_state,
                params=hidden_layer_params,)

        # 输出层前向传播
        Wo, bo = output_layer_params
        outputs = jnp.einsum("mi, tbi -> tbm", Wo, hidden_outputs) + bo

        return outputs, hidden_state_final
```

基于 LSTM 模型的训练过程与代码示例 8.2.5 是完全相同的，原则上只需替换原本的模型名称即可（即将 `RNNModel` 替换为 `LSTMModel`，保持其余不变）。

8.2.5 案例：股票预测

在本章的最后，我们将给出基于 LSTM 进行股票预测的代码示例。本节内容中所用到的数据，来自 2022 年美国大学生数学建模竞赛（Mathematical Contest in Modeling，MCM）的 C 题。其中，文件 BCHAIN-MKPRU.csv 给出了从 2016 年 9 月 11 日到 2021 年 9 月 10 日之间，美国市场上比特币的每日价格，该文件可以在本书的 GitHub 仓库中找到。（如果因为任何问题而无法找到或打开相应的文件，可参见后文中给出的相应的备选方案。）

在本节中，我们期待能够训练出一个循环神经网络，帮助我们根据比特币的历史价格，对其将来的价格走向进行预测。为此，我们首先通过如下代码对文件进行读取。

代码示例 8.4.1 数据的读取

```
import os
import pandas as pd

# 设置文件名称
data_dir_name  = "data"                          # 数据文件夹名称
data_file_name =  "BCHAIN-MKPRU.csv"     # 数据文件名称
exception = "directory/file \"{}\" does not exist under the path \"{}\""

dir_path = os.path.dirname(__file__)      # 获取当前文件所在文件夹的路径
data_path = os.path.join(dir_path, data_dir_name) # 获取数据所在文件夹的绝对路径
print("dir_path = ", dir_path)
print("data_path = ", data_path)

# 获取数据所在文件夹下，所有文件的文件名称，保存在 files_list 这一列表中
try: files_list = os.listdir(data_path)
except: raise FileNotFoundError(exception.format(data_dir_name, dir_path))

# 检查文件夹下是否存在所需文件，读取相应文件的绝对路径
try: assert data_file_name in files_list
except: raise FileNotFoundError(exception.format(data_file_name, data_path))
finally: data_file_path = os.path.join(data_path, data_file_name)
print("data_file_path = {}\n".format(data_file_path))
print("number of files under data_file_path = {}\n".format(len(files_list)))

# 数据的获取
df = pd.read_csv(data_file_path)
df = df.dropna(axis = 0, how = "any")  # 去除所有包含缺失数据的条目
data_original = df.drop(columns = ["Date"]).to_numpy().reshape(-1)
print("original data's type  = ", type(data_original))  # float64
print("original data's shape = ", data_original.shape)  # (1826,)
```

最终得到的数据是一个长度为 1826 的 NumPy 数组。如果因为任何问题而无法找到或打开此处的 BCHAIN-MKPRU.csv 文件，代码示例 8.4.1 可以被下述代码完全的替代：

```
import numpy as np
data_original = np.sin(np.arange(1826))
print("original data's type  = ", type(data_original))  # float64
print("original data's shape = ", data_original.shape)  # (1826,)
```

随后，我们需要对原始的数据进行归一化处理，并按照时间步将数据进行打包。由于此处的

训练集只有 1826 个元素，我们不再对其分批进行处理，而只是将时间步数目T简单取作 1826，且令批大小$B = 1$。另外，我们期待最终得到的网络可以在给定隐状态的情况之下，基于前 20 天的交易数据对当天的价格进行预测。

基于此，我们对数据进行预处理，如代码示例 8.4.2 所示。

代码示例 8.4.2　数据的预处理

```
import jax.numpy as jnp
from jax.config import config
config.update('jax_enable_x64', True)

# 超参数设置
training_ratio = 0.95       # 输入数据作为训练集的比例
training_days  = 20         # 为了预测下一天数据，所需要的输入数据的天数

# 数据的预处理及数据集的构造
def create_dataset(data, training_days):
    """ 将原本按照时间排列的数据重新打包，生成数据集

    输入：
        data: NumPy 格式的一维数组 （按时间顺序排列），长度为 length
        training_days: 训练数据集序列的长度
    输出：
        长度为 length - traning_days + 1 条有效数据
    """
    data_list, labels_list = [], []
    for idx in range(len(data) - training_days):
        data_list.append(data[idx:idx + training_days])
        labels_list.append(data[idx + training_days])
    return jnp.array(data_list), jnp.array(labels_list)

## 数据的预处理——归一化(normalization)，将数据缩放到区间[0,1]
maximum = jnp.max(data_original)
minimum = jnp.min(data_original)
data_normalized = (data_original - minimum) / (maximum - minimum)

## 数据集的构造与划分
data_total, labels_total = create_dataset(data_normalized, training_days)
print("data_total.shape = ", data_total.shape)  # (1806, 20)
train_size = int(len(data_total) * training_ratio)

train_data = data_total[: train_size].reshape(-1, 1, training_days) # 训练集数据
test_data  = data_total[train_size :].reshape(-1, 1, training_days) # 测试集数据
train_labels = labels_total[ : train_size].reshape(-1, 1, 1)         # 训练集标签
test_labels  = labels_total[train_size : ].reshape(-1, 1, 1)         # 测试集标签
```

```
print(train_data.shape)     # (1715, 1, 20)
print(train_labels.shape)   # (1715, 1,  1)
print(test_data.shape)      # ( 91 , 1, 20)
print(test_labels.shape)    # ( 91 , 1,  1)
```

上述代码在对数据进行归一化处理的同时，还将模型以一定的比例划分为训练集和测试集，此处诸如 train_data 等变量的名称，延续了 4.2.4 节的传统。随后，仿照代码示例 8.2.5，我们在代码示例 8.4.3 中给出 LSTM 模型的训练过程。

代码示例 8.4.3　模型的训练

```
model = LSTMModel(hidden_size=10, output_size=1)

def train_model(model, train_data, train_labels, test_data, test_labels):

    rng = jax.random.PRNGKey(0)
    opt = optax.adam(learning_rate=0.01)

    @jax.jit
    def loss(params, x, y):
        pred, _ = model.apply(params, None, x)
        return jnp.mean(jnp.square(pred-y))

    @jax.jit
    def update(step, params, opt_state, x, y):
        value, grads = jax.value_and_grad(loss)(params, x, y)
        grads, opt_state = opt.update(grads, opt_state)
        params = optax.apply_updates(params, grads)
        return value, params, opt_state

    # 初始化模型和优化器的状态
    params = model.init(rng, train_data)
    opt_state = opt.init(params)

    # 开始训练
    for step in range(10001):
        train_loss, params, opt_state = update(step, params, opt_state,
                                        x = train_data, y = train_labels)
        if (step + 1) % 100 == 0:
            test_loss = loss(params, x=test_data, y = test_labels)
            print("step {}: train_loss = {:.5f}, test_loss = {:.5f}"\
                    .format(step+1, train_loss, test_loss))

    return params
```

```
model_params = train_model(model = model,
                   train_data = train_data, train_labels = train_labels,
                   test_data  = test_data , test_labels  = test_labels)
```

在得到模型参数以后，我们就可以对未来的价格进行预测。需要指出的是，这里的预测并不等同于将测试集直接输入原本的模型，而应该基于原本训练集最后 20 天中比特币的交易价格，预测比特币在当日的价格；随后将预测的结果与训练集最后 19 天的数据进行拼接，从而再对下一日的交易价格进行预测。

另外，我们之所以需要将原本的训练集重新输入，是为了对模型进行**预热**（warm-up），从而为隐藏层中的隐状态选取一组较为合理的初值。

代码示例 8.4.4 模型的预测

```
def predict(model, model_params, train_data, number_pred):
    # 预热
    outputs, state = model.apply(params=model_params, rng=None, inputs=train_data)

    # 开始预测
    output_list = list(outputs.reshape(-1))
    output_list = [float(item) for item in output_list]
    get_input = lambda: jnp.array(output_list[-20:]).reshape(1,1,-1)
    for _ in range(number_pred):
        y, state = model.apply(params=model_params, rng=None,
                        inputs=get_input(), initial_state = state)
        output_list.append(float(y[-1]))
    return output_list
```

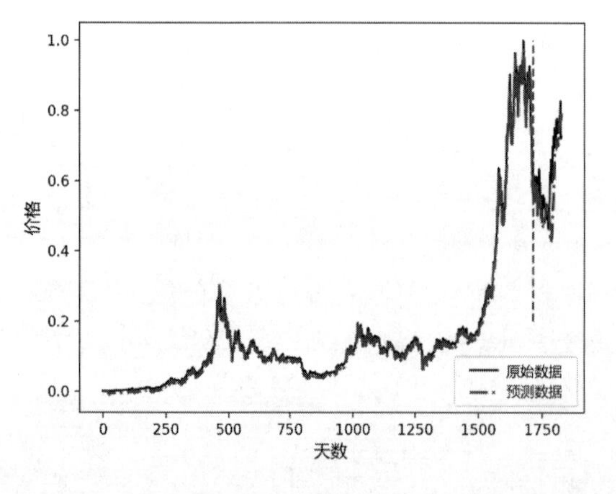

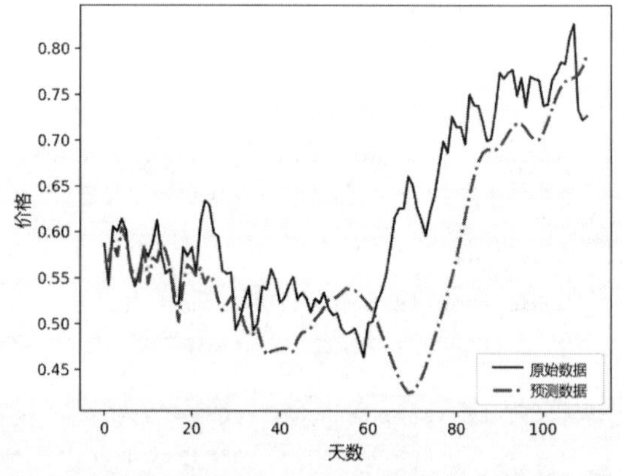

图 8.22　左图是长短期记忆（LSTM）单元的训练结果，虚线以后是模型所给出的预测；右图是对 LSTM 模型预测结果单独的可视化，其中的实线代表原始的数据，点划线代表模型给出的结果

同时，我们还给出基于简单循环神经网络的训练结果。相较于 LSTM，简单循环神经网络的表达能力显得相对不足。

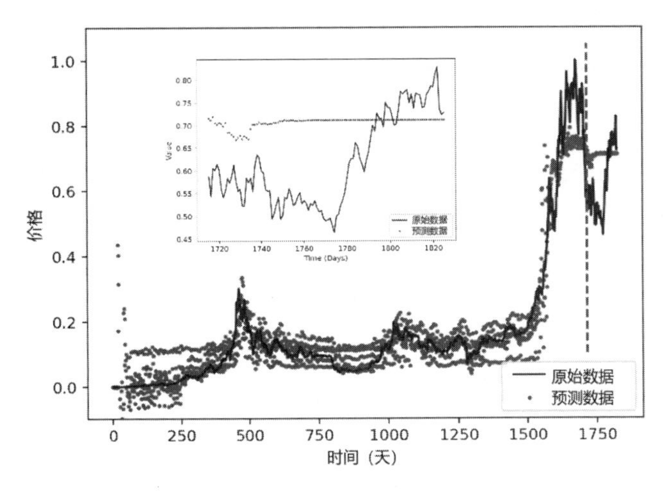

图 8.23 简单循环神经网络的训练结果，左上角的插图单独给出了网络模型的预测结果。图中的实线代表原始的数据，散点代表神经网络给出的结果

最后，本章涉及的模型的定义，同样可以通过调用基于JAX的Haiku库来加以实现。由于在本节的代码中，我们有意让模型中的变量名与Haiku库中的变量相同，故而在理论上，只需修改模型部分的定义即可。

代码示例 8.4.5 通过 Haiku 库给出 LSTMModel 类的等价定义

```
import haiku as hk

def unroll_net(inputs: jnp.ndarray, hidden_size=10, output_size=1):
    """ Unrolls an LSTM over inputs """
    (T, B, N) = inputs.shape
    core = hk.LSTM(hidden_size=hidden_size)
    initial_state = core.initial_state(batch_size=B)
    outs, hidden_state_final = hk.dynamic_unroll(core, inputs, initial_state)
    outputs = hk.BatchApply(hk.Linear(output_size=output_size))(outs)
    return outputs, hidden_state_final

LSTMModel = hk.transform(unroll_net)
```

在这样的定义下给出的 `LSTMModel`，原则上可以直接在本节中替代代码示例 8.3.2 中相应的 `LSTMModel` 类，此时代码示例 8.4 在原则上可以作为一份完整的代码而独立地运行。

09 第9章　案例：FAST主动反射面的形态调节[1]

诚然，深度学习是可微分编程框架下一个极为重要的使用场景，但我们希望通过本章所给出的案例，令读者打开思路，看到可微分编程框架在其他场景中的可能应用。

模型、损失函数及优化算法作为常见优化问题的3个组成部分，其概念的外延并不仅仅局限于深度学习。在本章中读者将会看到，优化问题中的**模型**除了神经网络，还可以是具体的物理体系；优化问题中的**损失函数**除了经验风险函数（或结构风险函数），还可以是实际物理体系的能量；**优化算法**试图优化的“参数”可以不必深藏在优化函数中，而同样可以对应于实际体系中节点的坐标。

下文将首先对FAST主动反射面形状调节的问题背景进行简要的介绍，随后从可微分编程的视角切入，构造出相应的待优化函数。最终，我们将对该问题进行具体的求解，并将求解的结果与大型软件数值模拟所得到的答案进行比较。

与其他章节不同的是，本章中的所有代码均应放在同一个文件中执行，代码的编号仅用于提供逻辑上的区分。

9.1　背景介绍

中国天眼——500米口径球面射电望远镜（Five-hundred-meter Aperture Spherical Radio Telescope，FAST）是我国具有自主知识产权的射电望远镜，也是目前世界上单口径最大、灵敏度最高的射电望远镜。FAST位于中国贵州省黔南布依族苗族自治州境内，是我国“十一五”重大科技基础设施建设项目。从2011年3月25日动工兴建，到2020年1月11日通过中国国家验收工作正式开放运行，FAST的落成启用，对我国在科学前沿实现重大原创突破、加速创新驱动发展具有重要意义。

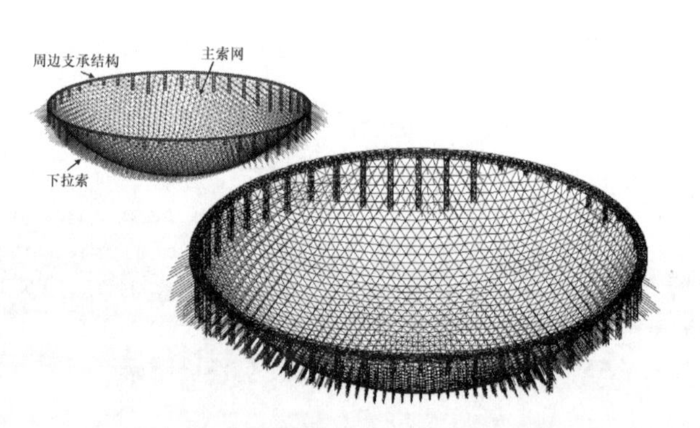

图9.1　FAST主动反射面的基本形态示意图

[1] 本章数据及部分图片来自2021年高教社杯全国大学生数学建模竞赛A题

FAST 由主动反射面、信号接收系统（馈源舱）以及相关的控制、测量和支承系统组成，其基本形态如图 9.1 所示[1]。其中，主动反射面是由主索网、反射面板、下拉索、促动器及支承结构等主要部件构成的一个可调节球面。主索网由柔性主索按照短程线三角网格方式构成，在实际工程中，其上的每一个三角网格都将安装一个反射面板，用于捕捉各个频段的电磁信号。主索网上的每一个主索节点都连接着一个下拉索。下拉索的下端与固定在地表的促动器连接，通过调节主索节点与地面之间的距离，实现对主索网形态的控制。反射面板之间留有一定的缝隙，能够确保反射面板在变位时不会因挤压、拉扯而变形。反射面板、主索网结构及其连接示意图如图 9.2 所示。

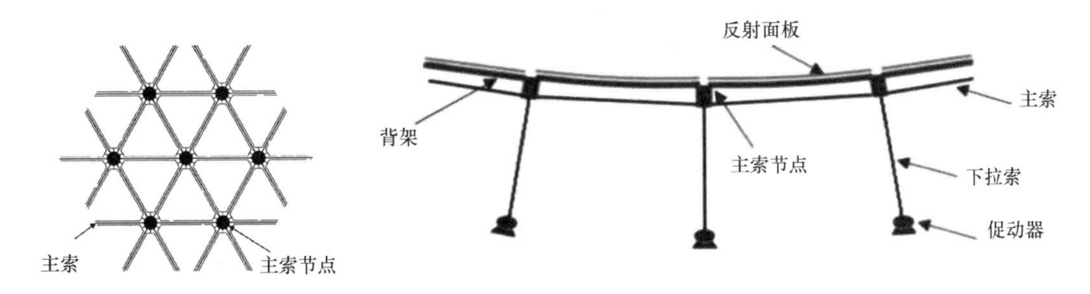

图 9.2 反射面板、主索网结构及其连接示意图

主动反射面分为基准态和工作态两个状态。在图 9.3 中可以看到[2]，基准态时反射面为半径 $R=300\text{m}$、口径$D=500\text{m}$的球面，称为**基准球面**；工作态时，反射面则需要被调节为一个 300 米口径的近似旋转抛物面，即**工作抛物面**。图 9.3 中的 C 点是基准球面的球心，馈源舱接收平面的中心只能够在基准球面同心的球面（焦面）上移动，不同的文献给出的两同心球面半径差（焦径比）的数值约在 $F=0.466\sim0.467R$ 之间，馈源舱接收信号的有效区域为直径为 1m 的中心圆盘。我们需要通过调节部分反射面板的形状，以形成以直线SC为对称轴，以P为焦点的近似旋转抛物面，从而将来自目标天体的平行电磁波反射汇聚到馈源舱的有效区域。

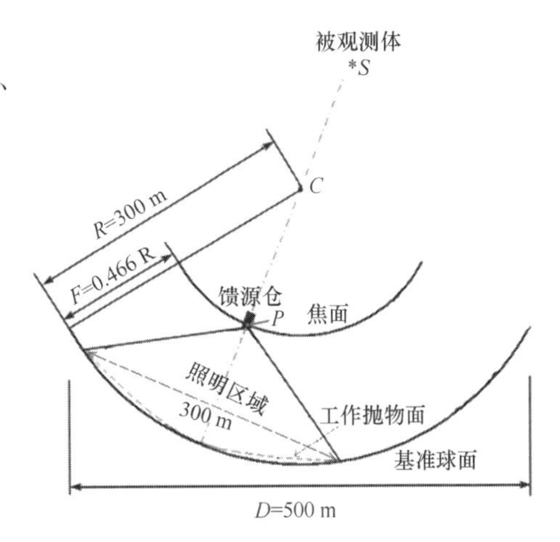

图 9.3 FAST 剖面示意图

将反射面调节为工作抛物面是技术的关键所在，在实际的工程之中，我们通过下拉索与促动器配合来完成工作抛物面的调节。促动器沿着基准球面径向安装，底端固定，但顶端可以进行径向的伸缩

[1] 参考自钱宏亮于 2007 年发表的《FAST 主动反射面支承结构理论与试验研究》。

[2] 图 9.2 及图 9.3 均来自 2021 年高教社杯全国大学生数学建模竞赛 A 题赛题。

以完成下拉索的调节，从而控制反射面板的位置，最终形成理想抛物面。实际的工程还要求：主索节点调节后相邻节点之间的距离变化幅度不要超过0.07%；促动器径向伸缩的范围为−0.6m ~ +0.6m。

对于此类问题，通常在工程上会采用 ANSYS 等大型有限元分析软件进行建模及数值模拟，在可接受的误差范围内给出我们所需要的各类参数。然而，在这个例子中，通过引入可微分编程框架，我们会发现程序将以相当简单的计算方式，在相当的精度之内，同大型软件一样给出每个促动器径向伸缩的距离、每个主索节点变位过程中侧向的偏移量，甚至每根柔性主索中受到应力的大小。在深度学习中，我们需要最小化的目标是通过某种方式定义的风险函数，而在实际的物理体系中，天然就会趋向于能量最小的状态。因此，我们不妨通过某种可微的方式定义出体系的能量，然后通过模拟能量最小化的过程，求解实际体系的状态。

在本章中，我们提供的全部数据如下。

- vertex.csv

用于存储 2226 个主索节点的坐标的基准态（初态）。其中，第一列数据Index为主索节点的标号，后三列分别存储主索节点初始状态下(X,Y,Z)的坐标。

- vertex_ground.csv

用于存储 2226 个促动器在地面上固定的位置。其中，第一列数据Index为促动器（通过下拉索）连接的主索节点的标号，后三列分别存储主索节点初始状态下(X,Y,Z)的坐标。注意，由于促动器径向伸缩的范围有限，基准态和工作态下主索节点与促动器固定节点的距离之差不能超过 0.6m。

- face.csv

用于存储 4300 块三角形反射面相应的三个顶点，分为三列数据(Index1, Index2, Index3)。我们不难从这 4300 块反射面的顶点信息得到 6525 根连接主索对应的顶点信息，将每一根主索和与其相应的两个顶点标号联系起来。

为了让读者对三个文件中的数据有一个直观的印象，我们通过代码示例 9.1 读取上述文件，并打印每个文件中的前 5 条数据，所得结果如表 9.1 所示。

代码示例 9.1 数据的读取及打印

```
import pandas as pd

# 数据读取
vertex_frame        = pd.read_csv('./data/vertex.csv'        ,header=0,sep=',')
ground_vertex_frame = pd.read_csv('./data/vertex_ground.csv',header=0,sep=',')
face_vertex_frame   = pd.read_csv('./data/face.csv'          ,header=0,sep=',')

# 数据打印
vertex_frame.head()
ground_vertex_frame.head()
face_vertex_frame.head()
```

表 9.1 项目读入文件数据的结构

	vertex_frame.head()				ground_vertex_frame.head()				face_vertex_frame.head()		
	Index	X	Y	Z	Index	Xg	Yg	Zg	Index1	Index2	Index3
0	A0	0.0000	0.000	−300.4000	A0	0.0000	0.000	−304.7218	A0	B1	C1
1	B1	6.1078	8.407	−300.2202	B1	6.1935	8.525	−304.4318	A0	B1	A1
2	C1	9.8827	−3.211	−300.2202	C1	10.0227	−3.256	−304.4747	A0	C1	D1
3	D1	0.0000	−10.391	−300.2202	D1	0.0000	−10.538	−304.4868	A0	D1	E1
4	E1	−9.8827	−3.211	−300.2202	E1	−10.0214	−3.256	−304.4337	A0	E1	A1

9.2 数据的预处理

在读入项目的文件数据以后，我们需要对数据进行预处理。为此，我们需要定义一系列的类函数，用于描述 FAST 的主索节点以及相邻节点之间的边，并在节点类中存储相应节点的信息。在代码示例 9.2 中，我们先定义三维空间中的 `Point` 类，用它来描述欧式空间中的一个点。

代码示例 9.2 三维欧式空间中的 **Point** 类

```
import jax
import numpy as np
import jax.numpy as jnp
import logging

from jax.config import config
config.update("jax_enable_x64",True)

from typing import Union, List, Optional, Set, Callable
ScalarType = Union[float, np.ndarray, jnp.ndarray]
LengthType = Union[float, np.ndarray, jnp.ndarray]

class Point(object):
    def __init__(self, x: Optional[ScalarType],
                      y: Optional[ScalarType] = 0.,
                      z: Optional[ScalarType] = 0.,
                      name: str = None):
        self.x = x
        self.y = y
        self.z = z
        self.name = name

    def __eq__(self, other):
        """
```

```
        如果 P1 和 P2 都是 Point 类，且名称(name 参数)相同，则就认为两个点是相同的，
        此时 P1 == P2 将会返回 True
        """
        if type(self) != type(other): return False
        return self.name == other.name

    def __str__(self):
        # 指定调用 print 函数时，程序终端将会输出的 string
        return "class Point:\n\t name = {} \n\t position = ({}, {}, {})"\
            .format(self.name, self.x, self.y, self.z)

    @property
    def position(self):
        return (self.x, self.y, self.z)
```

例如，基于 Point 类，我们可以定义三维欧式空间中的原点：

```
Origin = Point(0., 0., 0., name="Origin")
print(Origin)

>> 程序返回：
   class Point:
      name = Origin
      position = (0.0, 0.0, 0.0)
```

随后，我们可以基于 Point 类构造出 FAST 主动反射面的节点类 Vertex，并定义 VertexInfo 类，用于存储每个反射面节点中的信息：其中包括节点在顶点列表中的位置、节点所在的工作区域、顶点的初始位置、相应促动器在地面上的坐标等。具体的程序实现如代码示例 9.3 所示。

代码示例 9.3 描述主索节点的 Vertex 类

```
class VertexInfo(object):
    def __init__(self, index:int = -1,
                       status: int = -1,
                       vertex_init_pos   :np.ndarray = None,
                       vertex_ground_pos:np.ndarray = None):
        self.idx: int = index          # 存储该顶点在输入 3×N 顶点列表之中的位置
        self._status: int = status # 描述该节点目前的状态，
            # 0 表示位于工作区，1 表示位于工作区外（但不固定），2 表示该节点固定
        self.vertex_init_pos   : np.ndarray = vertex_init_pos    # 顶点的初始位置
        self.vertex_ground_pos: np.ndarray = vertex_ground_pos # 地面上促动器的坐标

    @property
    def status(self):
```

```
        if self._status == 0: return "working"
        if self._status == 1: return "idling"
        if self._status == 2: return "fixing"
        return "unsure"

class Vertex(Point):
    def __init__(self, name: str,
                         x: ScalarType = None,
                         y: ScalarType = None,
                         z: ScalarType = None,
                         info:VertexInfo = None):
        super().__init__(x, y, z, name = name)  # 初始化顶点的名称及位置参数
        self.adjacent: List[Vertex] = []
        self.info : VertexInfo = info

    def __eq__(self, other):
        # 如果Vertex的名称(name参数)相同，我们就认为两个Vertex是一样的
        if type(self) != type(other): return False
        if self.name == other.name:
            # 如果两个顶点的名称相同，我们将检查这两个节点的坐标和相邻节点是否相同
            # 如果不同，将会在终端产生警告，但程序并不报错
            if self.x != other.x or self.y != other.y or self.z != other.z:
                logging.warning("Inconsistent position between Vertexes {}:\n"
                "  [self]: {}\n [other]: {}".format(self.name,
                (self.x, self.y, self.z), (other.x, other.y, other.z)))
            if self.adjacent != other.adjacent:
                logging.warning("Inconsistent adjacent list between Vertex {}:\n"
                " [self ]: {}\n [other]: {}".format(self.name,
                self.adjacent, other.adjacent))
            return True
        return False

    def __str__(self):
        # 指定调用print函数时，程序终端将会输出的string
        return "class Vertex:\n\tname: {}\n\tposition: {}\n\tadjacent vertex: {}".
          format(self.name,(self.x,self.y,self.z),[_.name for _ in self.adjacent])

    def add_adjacent(self, vertex):
        # 向顶点的邻近表中添加节点
        assert type(self) == type(vertex)
        if vertex not in self.adjacent:
            self.adjacent.append(vertex)
            return True
        return False

    @property
```

```
    def n_adjacent(self):
        return len(self.adjacent)
```

在得到网络的节点之后，还需定义 FAST 网络用于连接不同节点的索网（即连接相邻节点的边）。在代码示例 9.4 中，我们定义出 Edge 类，用于对不同的边加以存储。

代码示例 9.4　描述索网边的 Edge 类

```
class Edge(object):
    def __init__(self, v1: Vertex, v2: Vertex):
        self.v1 = v1
        self.v2 = v2
        self.name: Set = {v1.name, v2.name}
        self.length_init = self.length

    def __eq__(self, other):
        if type(self) != type(other): return False
        return self.name == other.name

    def __str__(self):
        return "class Edge: \n\t name = {} \n\t v1.position = {} \n\t \
            v2.position = {} \n\t length = {}".\
        format(self.name, self.v1.position, self.v2.position, self.length)

    @property
    def length(self) -> LengthType:
        # the length of the edge
        return ((self.v1.x - self.v2.x) ** 2 \
               + (self.v1.y - self.v2.y) ** 2 \
               + (self.v1.z - self.v2.z) ** 2) ** 0.5
```

节点以及连接节点的边的集合，便对应着数学中的图（graph）。对于 FAST 的主索网络而言，这样的图是无向的。我们可以由此定义相应的 Graph 类，如代码示例 9.5 所示。

代码示例 9.5　描述 FAST 网络的 Graph 类

```
class Graph(object):
    def __init__(self, vertex_list: Optional[List[Vertex]]=[],
                       edge_list  : Optional[List[Edge  ]]=[]):
        self.vertex_list: List[Vertex] = vertex_list
        self.edge_list  : List[Edge  ] = [] if edge_list == None else edge_list

    def update_edge(self):
        logging.info("Updating Edges...")
        from tqdm import tqdm
```

```
        for v in tqdm(self.vertex_list):
            for v_adjacent in v.adjacent:
                assert v in v_adjacent.adjacent
                edge = Edge(v, v_adjacent)
                if edge not in self.edge_list:
                    self.edge_list.append(edge)

    @property
    def n_edge(self):
        return len(self.edge_list)

    @property
    def n_vertex(self):
        return len(self.vertex_list)
```

综上所述，我们可以通过代码示例 9.6 中的方式对网络执行初始化操作。为此，我们首先通过数据 vertex_frame 和 ground_vertex_frame，分别获得主索节点的位置信息，以及相应主索节点促动器固定位置的信息（见图 9.2）。此时，我们就获得了构造网络图结构所需的 2226 个节点的信息。

代码示例 9.6　节点信息的更新

```
from tqdm import tqdm
vertex_list: List[Vertex] = []
print("Getting Information...")
for idx in tqdm(range(len(vertex_frame))):
    # 获取主索节点的位置信息
    vx = vertex_frame["X"][idx]
    vy = vertex_frame["Y"][idx]
    vz = vertex_frame["Z"][idx]
    init_v_pos = np.array([vx, vy, vz], dtype=np.float64)
    # 获取主索节点促动器固定处位置的信息
    assert vertex_frame["Index"][idx] == ground_vertex_frame["Index"][idx]
    gvx = ground_vertex_frame["Xg"][idx]
    gvy = ground_vertex_frame["Yg"][idx]
    gvz = ground_vertex_frame["Zg"][idx]
    gv_pos = np.array([gvx, gvy, gvz], dtype=np.float64)
    vertex_info = VertexInfo(index = idx, status=-1,
                             vertex_init_pos    =init_v_pos,
                             vertex_ground_pos =gv_pos)
    vertex_list.append(Vertex(name=vertex_frame["Index"][idx],
                             x=vx, y=vy, z=vz,
                             info=vertex_info))

print("len(vertex_list) = ", len(vertex_list)) # 2226
```

在得到节点信息以后，我们可以通过第 3 个文件提供的反射面信息，更新节点之间的邻接关系。例如，基于描述反射面板的第一条数据(A_0, B_1, C_1)，我们即可推断出节点A_1、B_1和 C_1之间彼此相邻。我们将据此更新节点之间的邻接关系，由此得到主索网络的边的列表。随后基于节点和边的列表，定义出描述 FAST 的网络结构 `FASTnet`，它是代码示例 9.5 中 `Graph` 类的实例。

代码示例 9.7　边的更新以及 Graph 类实例的获得

```
for face_idx in tqdm(range(len(face_vertex_frame))):
    # 读取三角反射面三个顶点的 name 参数
    v1_name = face_vertex_frame["Index1"][face_idx]
    v2_name = face_vertex_frame["Index2"][face_idx]
    v3_name = face_vertex_frame["Index3"][face_idx]
    # 在 vertex_list 中根据 name 参数找到相应的顶点
    v1, v2, v3 = None, None, None
    for v in vertex_list:
        if v.name == v1_name: v1 = v
        if v.name == v2_name: v2 = v
        if v.name == v3_name: v3 = v
        if v1 and v2 and v3: break

    # 更新近邻节点的信息
    assert v1 and v2 and v3
    v1.add_adjacent(v2)
    v1.add_adjacent(v3)
    v2.add_adjacent(v3)
    v2.add_adjacent(v1)
    v3.add_adjacent(v1)
    v3.add_adjacent(v2)

FASTnet = Graph(vertex_list = vertex_list)
FASTnet.update_edge()
print("n_edge   = ", FASTnet.n_edge)    # 6525
print("n_vertex = ", FASTnet.n_vertex)  # 2226
```

后续的计算将基于此处的 `FASTnet` 展开，其中包含了对网络中节点信息的描述，以及不同节点之间的邻接关系。

9.3 约束优化问题的提出及模型的训练

从这里开始，我们需要对原始问题进行更为细致的讨论。首先，我们可以借助于基准态时的初始坐标(x_i^0, y_i^0, z_i^0)，$i = 1,2,3,\dots,N$ $(N = 2226)$，通过求取平均值来确定反射面的半径R：它和前文中给定的数值300m相对较为接近。

$$R = \frac{1}{N}\sum_{i=1}^{N}\sqrt{(x_i^0)^2 + (y_i^0)^2 + (z_i^0)^2} \approx 300.4 \tag{9.1}$$

在这里，基准球面的方程为：

$$x^2 + y^2 + z^2 = R^2 \tag{9.2}$$

现假设旋转抛物面的顶点为$(0,0,-h)$，其中的h为待定参数，则根据对称性，我们可以确定旋转抛物面的方程：

$$x^2 + y^2 = 2p(z+h) \tag{9.3}$$

为了使得沿主轴方向上的光线经过反射后能够汇聚到图 9.3 中的P点，我们需要考察旋转抛物面的光学性质，并使得点 $P(0,0,\ -R+F)$ 落在抛物面的焦点。因此，式(9.3)中的参数p应该满足如下关系：

$$\frac{p}{2} = h - R + F,\quad F/R = 0.466 \tag{9.4}$$

将式(9.4)带入抛物线的方程，即得到旋转抛物面的方程如下：

$$x^2 + y^2 = 4(h - R + F)(z + h) \tag{9.5}$$

为了在式(9.5)中确定待定参数h的取值，我们应该对工作区域中的主索节点进行筛选。它们位于一个口径为 $D = 300\ \mathrm{m}$ 的球冠上，满足约束条件$x^2 + y^2 \le (D/2)^2$。对于节点工作状态的确定原则上并不困难，因为我们已经知道每个节点在初始状态下的坐标信息。在代码示例 9.8 中，我们给出了用于确定节点工作区域的程序实现。

代码示例 9.8　节点工作区域的确定

```
def isworking(x:ScalarType,y:ScalarType,z:ScalarType):
    return (x ** 2 + y ** 2) < 150**2

vertex_list_working: List[Vertex] = []
vertex_list_fixing : List[Vertex] = []
vertex_list_idling : List[Vertex] = []
for i, vertex in enumerate(FASTnet.vertex_list):
    if isworking(*vertex.info.vertex_init_pos):
        vertex.info._status=0
        vertex_list_working.append(vertex)
    elif vertex.n_adjacent < 5:
```

```
        vertex.info._status=2
        vertex_list_fixing.append(vertex)
    else:
        vertex.info._status=1
        vertex_list_idling.append(vertex)

print(len(vertex_list_working)) # 中心工作区节点数 706
print(len(vertex_list_fixing))  # 边界固定区节点数 130
print(len(vertex_list_idling))  # 外围闲置区节点数 1390
# 测试
print(vertex_list_working[0].info.status)  # working
print(vertex_list_fixing[0].info.status)   # fixing
print(vertex_list_idling[0].info.status)   # idling
```

通过这种方式，我们找到了位于工作区内的 $N_1 = 706$个主索节点。我们期待这些节点能够被完美地调节到抛物面上，同时保证节点间用于连接的索网不至于出现过大的形变。此时，为了确定理想抛物面中的参数h，我们需要考虑多种优化目标。具体来说，我们可以遵从以下 4 种方案。

- 方案 1：促动器的总行程最小。
- 方案 2：促动器行程的平方和最小。
- 方案 3：抛物面与球面偏离的距离峰值最小。
- 方案 4：抛物面边缘与球面光滑连接。

其中，方案 1 是希望从偏移量的角度入手，希望促动器的移动距离较少，并尽量保持原有的形态；方案 2 是从能量的角度出发，希望形变过程中系统消耗的总能量最小（这里我们将促动器类比于弹簧，而弹簧的做功与其位移的平方成正比）；方案 3 是从几何的角度分析，希望抛物面和基准球面在各方向尽可能地贴合；方案 4 则是从工程的角度出发，尝试只调整工作区域内的主索节点，而尽量保持外部节点不动。

这里的 4 种方案对应于 4 个不同的优化问题。表 9.2 给出了不同方案最终所给出的理想抛物面，以及相应顶点坐标的位置。应该指出的是，当旋转抛物面的顶点与球面重合时，我们任意选取一个过顶点且垂直于地面的截面，可以看到界面上的抛物线将与圆交于 3 个点，除顶点以外，截面上的抛物线与圆还会有另外两个关于对称轴对称的交点。

表 9.2 不同优化策略下的理想抛物面

	基准球面	理想抛物面	顶点坐标
方案 1	$x^2+y^2+z^2=R^2$	$x^2+y^2=561.9524(z+300.90)$	$(0,0,-300.90)$
方案 2	$x^2+y^2+z^2=R^2$	$x^2+y^2=561.7232(z+300.84)$	$(0,0,-300.84)$
方案 3	$x^2+y^2+z^2=R^2$	$x^2+y^2=561.2914(z+300.74)$	$(0,0,-300.74)$
方案 4	$x^2+y^2+z^2=R^2$	$x^2+y^2=560.1056(z+300.44)$	$(0,0,-300.44)$

在后面的尝试中，我们发现方案 3 优化出的理想抛物面在被反射面逼近时，将有最好的表现。因此，我们采取方案 3 给出的理想抛物面，作为最终调控的目标形态。

$$x^2 + y^2 = 561.2914(z + 300.74) \tag{9.6}$$

因此，对于位于工作区内的主索节点，它们在最终形态下仅具有两个自由度。当它们的(x,y)坐标被确定时，纵坐标z将唯一地由式(9.6)决定下来。换言之，当我们将节点的坐标作为优化的对象时，位于工作区内的每个节点都拥有 2 个可调的参数(x,y)，位于工作区外的每个非固定节点都将拥有 3 个可调的参数(x,y,z)，而位于索网外围的固定节点，则不具有任何可供调节的参数。

为了将该问题在形式上转化为优化问题，我们还缺少一个可供优化的目标函数。由于实际物理体系天然具有趋于能量最小的趋势，因此我们只需在形式上定义出体系的能量。对于机械系统而言，能量由物体的动能与势能共同组成，而对于此处的静力学问题，我们选择将体系的动能忽略。

而若仅考虑体系的势能，在这里我们依然有索网的重力势能及由于形变而产生的弹性势能。然而在实际上，我们同样可以将索网的重力势能和促动器的形变势能忽略，而仅考虑索网本身由于形变带来的弹性势能。[1]

对于一根横截面为A_0的杆件而言，我们定义它所受到的**工程应力**（engineering stress）σ 为单位面积上所受的外力时，即当外力为F时，我们应有：

$$\sigma = \frac{F}{A_0} \tag{9.7}$$

另外，我们定义杆件本身的**工程应变**（engineering strain）ϵ为单位长度中材料样品尺寸的变化。当杆件本身的长度为L_0，而发生了大小为δ的形变时，我们将有：

$$\epsilon = \frac{\delta}{L_0} \tag{9.8}$$

在实际情况中，材料的应力和应变将服从一定的函数关系。当我们将材料所受的应力σ作为横轴，而将材料本身的应变作为纵轴时，就可以绘制出材料典型的**应力应变曲线**（stress-strain diagram）。通常来说，它可以分为 4 个阶段，如图 9.4 所示。[2]

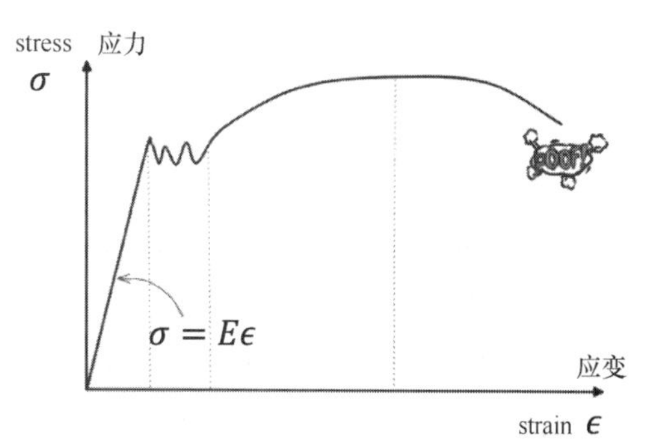

图 9.4 典型的材料应力应变曲线

➢ **弹性阶段**（elastic behavior）：在这个阶段，材料的应力与应变近似呈正比关系，其比例系数被定义为该材料的杨氏模量[3]。我

[1] 我们之所以可以将促动器的弹性势能忽略，是因为当目标位形给定以后，“促动器径向伸缩范围为−0.6m ~ +0.6m”这一条件几乎总能被满足，困难的是对“主索节点调节后相邻节点之间的距离变化幅度”的控制。优化的目标函数应该根据所需的优化结果而进行调整，这同样是设计损失函数的重要思路。

[2] 可参考任意一本材料力学的教材，例如 R. C. Hibbeler 教授的专著 *Mechanics of Materials*。

[3] 在这里我们简单假设了材料各向同性；如若不然，材料的杨氏模量E将构成一个二阶的张量。

们用字母E对其进行标记，它具有压强的量纲：

$$\sigma = E\epsilon \tag{9.9}$$

此时，杆件的行为类似一根劲度系数为$k = EA/L_0$的弹簧。在形变过程中，杆件内部存储的弹性势能E_p，是杆件受力关于位移的积分[1]：

$$E_p(\Delta L) = \int_0^{\Delta L} F\mathrm{d}\delta = \int_0^{\Delta L} EA_0 \frac{\delta}{L_0} \mathrm{d}\delta = \frac{1}{2} EA_0 \frac{(\Delta L)^2}{L_0} \tag{9.10}$$

其中ΔL为杆件的总形变量。

- **屈服阶段**（yielding）：当应力σ超过一定的数值以后，材料应力与应变之间的线性关系将被破坏。此时，当应变显著增加时，应力先是略微增加，随后在一定的区间内进行微小的波动。此时，如果卸去材料上的负载，材料的形变只能部分恢复，而保留一部分的**塑形变形**。此时由于塑形变形的存在，相应的应力σ将不再是保守力，这将使得所谓的弹性势能变得不再是良定义的。仅仅作为近似，我们将此时的应力视为常数，并忽略材料不可逆的形变，则依然可以在形式上定义出此时的弹性势能：

$$E_p(\Delta L) = E_p(\Delta L_0) + F_0\Delta L - F_0\Delta L_0 \tag{9.11}$$

其中ΔL_0和F_0分别为弹性阶段的最大伸长量和屈服阶段的平均应力。对应的$\epsilon_0 \coloneqq \Delta L_0/L_0$也称为材料的**比例极限**（proportional limit）。

- **强化阶段**（strain hardening）：当应力超过一定的阈值以后，杆件将发生均匀而明显的塑形变形，此时材料的应力和应变再次同比增大。这种随着塑性变形的增大，塑性变形抗力不断增大的现象也称为加工硬化或**应变硬化**。该阶段在材料达到**极限强度**（ultimate stress）时宣告终止。

- **局部变形**（necking）：在极限强度以后，杆件将开始发生不均匀的塑形变形，并在局部形成“颈缩”（neck）。在拉伸过程的最后，杆件中的应力将不断下降，最终发生断裂。

通过查阅相关文献，我们确实能够得到 FAST 项目中主索的横截面积 $A = 2.25\pi \times 10^{-4}\ m^2$、材料的杨氏模量 $E = 1.8 \times 10^{11}\mathrm{Pa}$ 等相应的数值[2]。不过，由于这些常数最终仅对能量的绝对值造成影响，它们的具体数值其实并没有太大实际的意义。在最后的程序中，我们将对能量函数的数量级进行适当的调整，使得优化过程中的能量数值不至于过大或者过小，从而减小数值上的舍入误差。

---

[1] 这样的建模方式是极为常见的。就该问题而言，可参考路英杰、任革学发表的文章《大射电望远镜 FAST 整体变形索网反射面仿真研究》。

[2] 参考自姜鹏、王启明、赵清发表的文章《巨型射电望远镜索网结构的优化分析与设计》。

最终，我们选取能量函数E_p如下：

$$E_p(x)=\begin{cases}\frac{1}{2}kx^2, & |x|\le \Delta L_0\\ \frac{1}{2}kL_0^2+\kappa\, k\Delta L_0(|x|-\Delta L_0), & |x|>\Delta L_0\end{cases}$$

其中的ΔL_0、κ均为可调的超参数，目的是让最终优化的结果变得尽量合适。通常选取较大的κ，以对过量的形变加入相应的惩罚。我们通过如下代码定义能量函数，选取$\kappa=45$，$\Delta L_0=6.5\times 10^{-4}L_0$（并使用 vmap 函数将原本的函数矢量化）。相应的程序实现如代码示例 9.9 所示。

代码示例 9.9 无约束的能量函数

```
from jax import lax

# 参数
A = 2.25 * 3.1415 * 1E-4  # 横截面积（m²）
E = 1.8E4                 # 杨氏模量（Pa）
c1 = E * A

# 超参数
kappa = 45
offset_ratio = 6.5*10**-4

def edge_energy(length:LengthType, length_init:LengthType):
    delta_L = jnp.abs(length - length_init)
    delta_L0 = offset_ratio * length_init
    k = c1 / length_init
    true_fun  = lambda void: 0.5 * k * delta_L ** 2
    false_fun = lambda void: 0.5 * k * delta_L0 ** 2 + \
                k * delta_L0 * (lax.abs(delta_L) - delta_L0) * kappa
    return lax.cond(lax.abs(delta_L) < delta_L0, true_fun, false_fun, None)
# 通过 vmap 扩展
edges_energy = jax.vmap(edge_energy, in_axes = (0,0), out_axes=0, )

# 注意，因为不需要微分，这里所有的长度都是 numpy.array 格式
init_pos_array = np.array(vertex_frame.iloc[:,1:], dtype=np.float64)
init_v1_idx = [e.v1.info.idx for e in FASTnet.edge_list]
init_v2_idx = [e.v2.info.idx for e in FASTnet.edge_list]
init_v1_pos_array = init_pos_array[init_v1_idx,:]  # (nedge, 3)
init_v2_pos_array = init_pos_array[init_v2_idx,:]  # (nedge, 3)
init_length_array=np.sum((init_v1_pos_array-init_v2_pos_array)**2, axis=-1)**0.5

# 输出测试
print("len = ", len(init_length_array))  #  6525
print("max = ", max(init_length_array))  # 12.41
print("min = ", min(init_length_array))  # 10.39
```

```
print(init_length_array[:5])

# 初始条件下主索节点的位置，用jnp.ndarray格式存储
pos_array = jnp.array(vertex_frame.iloc[:,1:])
print(pos_array.shape) # (2226, 3)

# 无约束条件下能量函数的生成
def gen_net_energy(net: Graph, summing=True):
    adjacent_idx1 = [e.v1.info.idx for e in net.edge_list]
    adjacent_idx2 = [e.v2.info.idx for e in net.edge_list]

    def net_energy(pos_array: jnp.ndarray, init_length_array = init_length_array):
        # pos_array的shape是(nvertex, 3)
        v1_array = pos_array[adjacent_idx1,:]  # (nedge, 3)
        v2_array = pos_array[adjacent_idx2,:]  # (nedge, 3)
        length_array = jnp.sum((v1_array - v2_array)**2, axis=1)**0.5  # (nedge,)
        ene = edges_energy(length_array, init_length_array)

        if summing:
            return jnp.sum(ene)
        return ene
    return net_energy

net_energy = gen_net_energy(FASTnet, summing=False)  # 无约束条件下能量的计算函数
ene_unrestricted = net_energy(pos_array)
print(ene_unrestricted)  # [0,0,0, ...]
```

由于我们假设在初始位形下的网络无形变，故每根杆件中的弹性势能自然都是0。当然，在实际情况下，当我们需要将网络调节至指定的工作区时，网络中每个主索节点的位置都应相应地发生变化。此时，我们需要在原本无约束的能量函数中加入约束，如代码示例 9.10 所示。

代码示例 9.10　带有约束的能量函数

```
# 获取不同区域主索节点的index
working_vertex_index_list = [v.info.idx for v in vertex_list_working]
fixing_vertex_index_list  = [v.info.idx for v in vertex_list_fixing ]
idling_vertex_index_list  = [v.info.idx for v in vertex_list_idling ]

# 将这些index组合在一起
vertex_index_list: List[int] = []
vertex_index_list.extend(working_vertex_index_list)  # 先是working
vertex_index_list.extend(idling_vertex_index_list)   # 再放idling
vertex_index_list.extend(fixing_vertex_index_list)   # 最后fixing
print(len(vertex_index_list)) # 2226
```

```
print(vertex_index_list[:5])

# 上述的 vertex_index_list 指明所有的 vertex 在以[working, idling, fixing]的顺序组
# 合后，相较于 vertex 最初的顺序发生了怎样的变化。这相当于定义了一个置换操作 p，如果想要让已
# 经被打乱的 vertex 位置数组重新恢复原本的顺序，就需要求出该置换操作的逆 p_inverse:

def inverse_index(p:List[int]):
    p = np.array(p)
    p_original = np.arange(len(p))
    operation = np.vstack([p_original, p]).T.tolist()
    operation_inv = sorted(operation, key=lambda x:x[1], reverse=False)
    p_inverse = [op[0] for op in operation_inv]
    return p_inverse

vertex_index_list_inverse = inverse_index(vertex_index_list)

# 生成约束条件下的函数
def calc_z(x, y, h=300.89097588, R=300.4):
    return (x**2+y**2) / (4*(h-R+0.466*R))-h

fixing_pos_array = jnp.asarray([[v.x, v.y, v.z] for v in vertex_list_fixing])

def gen_net_energy_restricted(energy_fcn: Callable, calc_z_working:Callable):
    def net_energy_restricted(params):
        working_xy_array, idling_pos_array = params

        # 先按照约束把工作区主索节点的坐标补全
        working_z_array=calc_z_working(working_xy_array[:,0],working_xy_array[:,1])
        working_z_array = working_z_array[:,jnp.newaxis]
        working_pos_array = jnp.hstack([working_xy_array, working_z_array])
        # 将 pos_array 分别 stack 在一起
        pos_array=jnp.vstack([working_pos_array,idling_pos_array,fixing_pos_array])
        # 将 pos_array 按照原本的顺序排列
        pos_array_ordered = pos_array[vertex_index_list_inverse, :]
        # 计算得到能量函数
        ene = energy_fcn(pos_array_ordered)
        return ene
    return net_energy_restricted
```

随后，在代码示例 9.11 中，我们开始对网络中节点的位置进行更新，其中“参数”的更新过程与深度学习中对任意神经网络的训练过程是完全类似的。只不过在这里，模型中的“参数”包括位于工作区内节点的(x, y)坐标，以及位于工作区外每个非固定节点的(x, y, z)坐标。

代码示例 9.11 位置的更新

```
import optax
from jax import grad, jit

# 有约束条件下能量的计算函数
net_energy_fun_unrestricted = gen_net_energy(FASTnet, summing=True)
net_energy_fun = gen_net_energy_restricted(net_energy_fun_unrestricted, calc_z)
net_energy_fun = jit(net_energy_fun)
dE = jit(grad(net_energy_fun))

# 初始化
working_xy_array = jnp.array([[v.x, v.y] for v in vertex_list_working])
idling_pos_array = jnp.array([[v.x, v.y, v.z] for v in vertex_list_idling])
params = (working_xy_array, idling_pos_array)

@jax.jit
def step(params, opt_state):
    value, grads = jax.value_and_grad(net_energy_fun)(params)
    updates, opt_state = optimizer.update(grads, opt_state, params)
    params = optax.apply_updates(params, updates)
    return params, opt_state, value

step_num = 20000
optimizer = optax.adam(learning_rate=0.001)
opt_state = optimizer.init(params)

# 模型的训练
print("ene_init = ", net_energy_fun(params))
for idx in range(step_num):
    params, opt_state, value = step(params, opt_state)
    if (idx + 1) % 1000 == 0:
        print("[{}]: ene = {:.6f}".format(idx+1, float(value)))
```

9.4 程序运行结果的讨论

在得到相应的参数以后，我们应该对原始网络中节点的坐标进行更新，如代码示例 9.12 所示。应该指出的是，由于 Python 本身的特性，更新过程尽管没有直接涉及对变量 `FASTnet` 的直接引用，但这样的程序确实能够使 `FASTnet.vertex_list` 中节点的坐标被同时更新。

代码示例 9.12 更新节点的坐标

```
# 更新节点的坐标
working_xy_array, idling_pos_array = params
for v_idx in range(len(working_xy_array)):
    v = vertex_list_working[v_idx]
    v.x, v.y = working_xy_array[v_idx][0], working_xy_array[v_idx][1]
    v.z = calc_z(v.x, v.y)
for v_idx in range(len(idling_pos_array)):
    v = vertex_list_idling[v_idx]
    v.x, v.y, v.z = idling_pos_array[v_idx]
```

我们可以将每个节点的初始位置与优化后的最终位置进行比较，并绘制出相应的图像。图 9.5 中给出了每个节点在水平方向上相对原始位置的偏离。其中，位于网络工作区的大部分节点倾向于向中心“汇聚”，而位于网络工作区外围的节点则倾向于朝着远离中心的方向“发散”：这样的结果与基于 ANSYS 等大型有限元软件进行数值模拟，所得到的结论是完全相同的[1]，而后者通常需要消耗大量的计算资源。

另外，图 9.6 中给出了每个节点在竖直方向上相对于原始位置的偏移量，旨在让读者获得对该优化问题的直观感受。

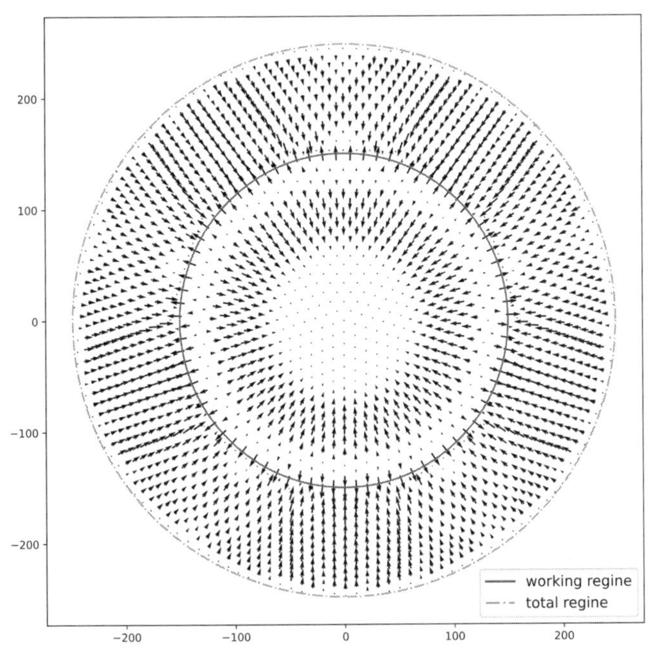

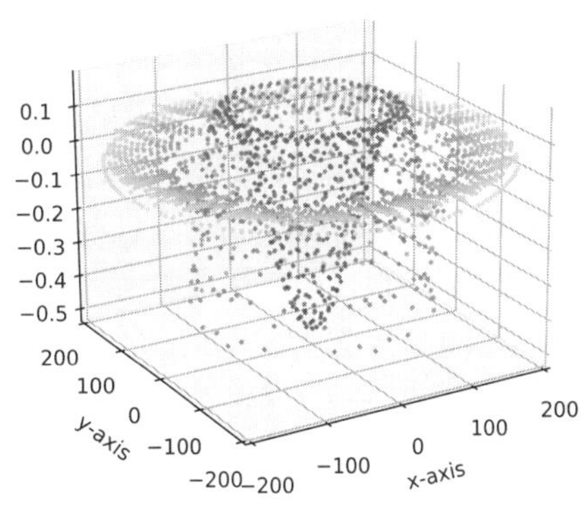

图 9.5 节点在水平方向上相对原来位置的偏移

图 9.6 节点在竖直方向上相对原来位置的偏移

1 参考自姜鹏、王启明、赵清发表的文章《巨型射电望远镜索网结构的优化分析与设计》。

第 10 章　量子计算中的自动微分

早在 19 世纪 60 年代，麦克斯韦（James Maxwell）便写下了他著名的麦克斯韦方程组，确立了经典电磁理论的基础。然而，直到 1947 年，晶体管才被巴丁（John Bardeen）、布拉顿（Walter Brattain）及肖克利（William Shockley）发明出来。半导体等非线性电路器件的引入，以及运算放大器、比较器等电路结构的设计，使得经典电路中高低电平的界限变得清晰而明确，良定义的 0 和 1 使得数字电路蓬勃发展，也使得利用计算机进行复杂计算成为可能。

与此同时，在 20 世纪的早期，相对论与量子力学的理论正在蓬勃地发展。"量子论不像牛顿力学或者爱因斯坦相对论，它的身上没有天才的个人标签，相反，整整一代精英共同促成了它的光荣。"[1] 量子力学本身艰难曲折的发展历程，以及量子世界对于经典世界观的挑战与颠覆，都使得量子理论与实际的结合显得愈发困难。

早在 1926 年，薛定谔便写下了著名的薛定谔方程，然而直到 1980 年，图灵机的量子计算模型才被物理学家保罗·贝尼奥夫（Paul Benioff）首次提出。在他之后，费曼引入了早期量子电路的符号，并指出量子计算机可以用于计算一些经典计算机难以模拟的体系，即利用多个双量子能级的纠缠态来实现量子并行处理，并最终实现量子模拟。1985 年，多伊奇（D. Deutsch）提出**通用量子计算机**或**量子图灵机**（quantum Turing machine）的理论模型，指出任意一种量子算法都可以利用通用量子计算机加以实现。

尽管物理学家费曼曾经认为"没有人能够理解量子力学"[2]，但我们依然试图在本章中对量子计算中的自动微分做一个简单的介绍。出于时代的局限性，在撰写本书的当下，我们尚不清楚通用量子计算机的理论构想究竟能否成为现实，量子计算机最终又将基于何种面貌呈现在世人面前；然而我们相信，量子计算中美丽的数学结构，以及形形色色量子算法的设计思路本身，已然足够的有趣。

第 10.1 节是对量子计算数学基础的简要回顾，我们将从线性代数出发，引入算符与量子态的概念，再更进一步对算符的指数、对易子，以及算符函数和量子态的平移，做一个简要的介绍。第 10.2 节是对量子力学本身的介绍，其中包含量子力学发展初期历史的简要回顾、薛定谔方程的启发性引入和坐标动量空间中算符的性质等内容，它们是量子计算的物理基础。在对量子计算的

---

[1] 参见曹天元写作的《上帝掷骰子吗？量子物理史话》一书，第二章，Part 5。

[2] 原文：*I think I can safely say that nobody understands quantum mechanics.* 参考费曼出版于 1965 年的专著 The Character of Physical Law，第 6 章.

数学和物理基础进行介绍之后，我们将在 10.3 节介绍基于量子体系的自动微分，并以此作为全书的总结。

*10.1 量子计算的数学基础

本节将对量子计算中的数学进行简单回顾。在 10.1.1 节中，我们将首先介绍算符、量子态与线性代数之间的关系。读者将会看到，狄拉克符号中的“量子态”相当于无穷维希尔伯特空间（这一向量空间）中的一个矢量；而所谓的“算符”，则可以被理解为基于该向量空间中的矩阵或线性映射。由于狄拉克符号在量子计算的相关文献中极为常见，且能帮助我们方便地对无穷维线性代数的计算过程进行较为明确的表述，因此在物理学中具有重要的意义。

随后，我们将在 10.1.2 节中对算符的指数进行介绍。通过类比 2.1 节中关于二元数指数的讨论过程，我们将会看到指数函数$f(x) = \mathrm{e}^x$中自变量x的定义域，能何等自然地被从实数域$\mathbb{R}$，推广到复数域$\mathbb{C}$、矩阵集$M_n(\mathbb{C})$，直至算符的集合$\mathcal{O}$。在本节的最后，我们将把求导算符∂的指数与量子态的平移联系起来。

在 10.1.3 节中，我们将主要针对算符的对易子展开介绍，并推导出算符函数的平移公式。

其实，如果读者单纯试图了解量子计算最为基本的理论，本节中所出现的数学知识已然显得过于“超前”。然而，对于理解量子计算中的自动微分而言，这些内容又成为了必须。考虑到本书所面向的对象，我们仅假设读者具有线性代数的基本知识。而对于量子力学及量子计算的系统性学习，仍需参考相应的专著。

10.1.1 算符与量子态

在线性代数中，我们可以首先定义一个复数域$\mathbb{C}$上的向量空间$\mathbb{V}$，再定义从向量空间$\mathbb{V}$到其自身的线性映射A，这样的线性映射满足可加性和齐次性的要求：

$$A(\alpha \boldsymbol{v} + \beta \boldsymbol{u}) = \alpha\, A\boldsymbol{v} + \beta\, A\boldsymbol{u}, \quad \forall\, \boldsymbol{v}, \boldsymbol{u} \in \mathbb{V}, \quad \alpha, \beta \in \mathbb{C} \tag{10.1}$$

所有这样的线性映射$A: \mathbb{V} \to \mathbb{V}$将构成一个集合，我们把这个集合记作$\mathbb{L}(\mathbb{V})$。一般来说，如果向量空间$\mathbb{V}$的维度为$n$，则我们可以建立一个从向量空间$\mathbb{V}$到$n$维实数集$\mathbb{R}^n$的一一对应关系，并基于此构造从集合$\mathbb{L}(\mathbb{V}) \coloneqq \{A \mid A: \mathbb{V} \to \mathbb{V}\}$到$n \times n$矩阵集$M_n(\mathbb{C})$之间的同构映射：这样的同构映射称为对线性映射$\mathbb{L}(\mathbb{V})$的一个**忠实的表示**（faithful representation）。由于线性映射和矩阵表示之间具有良好的同构关系，在后文中我们将不再对“线性映射A”和“线性映射A所对应的矩阵”加以区分。与之相应，我们同样不再区分“向量$\boldsymbol{v} \in \mathbb{V}$”和“向量$\boldsymbol{v}$所对应的列矢量”。

为了对矩阵$A \in M_n(\mathbb{C})$的性质获得更加直观的了解，我们尝试计算矩阵A的本征值λ_i和本征矢量$\boldsymbol{v}_i$，它们满足如下对应关系：

$$A\boldsymbol{v}_i = \lambda_i \boldsymbol{v}_i, \qquad \boldsymbol{v}_i \in \mathbb{V}, \lambda_i \in \mathbb{C} \tag{10.2}$$

这里的矢量$\boldsymbol{v}_i$应该被理解为第i个列矢量。在复数域内，由代数学基本定理保证，关于λ的n次多项式方程$\det(A - \lambda I_n) = 0$在复数域内必存在$n$个复数根，我们将其记作$\{\lambda_i\}_{i=1}^n$。与之相应，我们不难计算得到$n$个本征矢量$\{\boldsymbol{v}_i\}_{i=1}^n$，本征值和本征矢量之间满足由式(10.2)指定的对应关系。

量子力学用于描述粒子状态的数学结构与线性代数是完全类似的。为此，我们首先定义一个函数的集合$\mathcal{F}_n \coloneqq \{f \mid f: \mathbb{R}^n \to \mathbb{C}\}$，作为与线性代数中向量空间$\mathbb{V}$的类比；此时，从“向量空间”$\mathcal{F}_n$到其自身的映射，便称为一个**操作**（operation）或者**算符**（operator）。例如，我们在第 1 章中所举出的求导算符∂，便是一个从$\mathcal{F}$到其自身的映射[1]。容易看出，求导算符是**线性算符**（linear operator）的一种，它和线性映射$A \in \mathbb{L}(\mathbb{V})$一样，都满足可加性和齐次性的要求：

$$\partial(\alpha f + \beta g) = \alpha\, \partial f + \beta\, \partial g, \quad \forall\, f, g \in \mathcal{F}_n, \quad \alpha, \beta \in \mathbb{C} \tag{10.3}$$

我们将所有线性算符所构成的集合记作$\mathcal{O}$，它将函数的集合线性地映射到其自身。例如于求导、微分、傅里叶变换、拉普拉斯变换等操作，都可以被认为是一种线性的算符。与线性代数类似，接下来我们将给出量子力学中一些常见的算符，并考虑与每个算符相对应的本征函数。

坐标算符（position operator）$\hat{x}$是最为简单也是最为常见的一类线性算符。它具有如下定义：

$$\begin{aligned} \hat{x} \in \mathcal{O}:\ & \mathcal{F} \to \mathcal{F} \\ & f \mapsto \hat{x}f: \mathbb{R} \to \mathbb{C} \quad 满足\ \hat{x}f(x) \coloneqq xf(x),\ x \in \mathbb{R} \end{aligned} \tag{10.4}$$

考虑算符$\hat{x}$的本征值问题，我们可以得到方程(10.5)。与方程(10.2)对应，x_i称为算符$\hat{x}$的本征值，而函数 $f_i \in \mathcal{F}: \mathbb{R} \to \mathbb{C}$则称为算符$\hat{x}$对应于本征值$x_i$的本征函数。

---

[1] 本节中函数集$\mathcal{F}$的元素并非$\mathbb{R} \to \mathbb{R}$的映射。在大多数情况下，本节中的符号$\mathcal{F}$表示$\mathbb{R} \to \mathbb{C}$的映射的集合。在少数情况下，我们也用同样的符号$\mathcal{F}$代表$\mathbb{C} \to \mathbb{C}$的映射。另外，本节中出现的大部分求导算符$\partial$都可以被毫无歧义地替换为$\mathrm{d}/\mathrm{d}x$，然而我们依然坚持使用$\partial$作为导数算符的符号。这一方面是为了使数学符号更加简洁优雅；另一方面，由于记号∂与函数自变量的选取无关，它更能体现求导算符$\partial \in \mathcal{O}: \mathcal{F} \to \mathcal{F}$作为一个算符（函数之间的映射）的精神。

$$\hat{x} f_i = x_i f_i \tag{10.5}$$

为了使得本征函数f_i满足关系$x f_i(x) = x_i f_i(x)$，函数f_i在$x \neq x_i$处的值应该为零，而仅在$x = x_i$处非零——这对应着数学上的狄拉克δ函数，它在除了零以外的点取值都等于零，而其在整个定义域上的积分则等于1。

$$f_i(x) = \delta(x - x_i)$$

$$\int f_i(x) \mathrm{d}x = 1$$

归一化条件相当于让向量空间$\mathbb{V}$中矢量的模长为1。从物理上来看，函数$\delta(x - x_i)$代表着（坐标表象下）位于空间x_i处的粒子。为了让数学符号更简洁直观，我们将函数f_i记作$|x_i\rangle$，它的行为类似于一个复数域上的列矢量，被称为一个**右矢**（ket）[1]。式(10.5)可以在这样的符号下被重新改写为下述更加美观的形式：

$$\hat{x}\, |x_i\rangle = x_i |x_i\rangle, \qquad \hat{x} \in \mathcal{O} \quad x_i \in \mathbb{R} \tag{10.5}$$

注意到，尽管这里的本征值x_i属于实数域$\mathbb{R}$，但我们仍然将$|x_i\rangle$称为“复数域$\mathbb{C}$上的列矢量”，这是因为符号$|x_i\rangle$从本质上来说依然是一个函数，它的值域属于复数域$\mathbb{C}$。另外，不同的本征函数$|x_i\rangle$之间可以通过复系数进行相互组合：

$$|\psi\rangle = c_1 |x_1\rangle + c_2 |x_2\rangle, \qquad \forall c_1, c_2 \in \mathbb{C} \tag{10.6}$$

组合得到的$|\psi\rangle$依然是函数空间$\mathcal{F}$中的元素。在线性代数中，如果我们尝试在复数域内求解特征方程$\det(A - \lambda I_n) = 0$，所得到的本征值数目则对应着向量空间的维数；而在算子$\hat{x}$的本征值问题中，由于本征值x_i的取值遍历全体实数，因此算子$\hat{x}$所确定的函数向量空间$\mathcal{F}$被认为是无穷多维的，函数集$|x_i\rangle$则构成了该向量空间的一组**基**（basis）。由于算子$\hat{x}$的本征值取值范围无上界，我们将这样的算子称为**无界算子**（unbounded operator）。

在线性代数中，为了将任意矢量用一组完备的基组进行展开，我们需要定义矢量之间的内积。例如在三维欧式空间$\mathbb{R}^3$中，我们将矢量$\boldsymbol{x} = [x_1, x_2, x_3]^T$与$\boldsymbol{y} = [y_1, y_2, y_3]^T$之间的内积$\langle \boldsymbol{x}, \boldsymbol{y} \rangle$定义为如下形式：

$$\langle \boldsymbol{x}, \boldsymbol{y} \rangle \coloneqq x_1 y_1 + x_2 y_2 + x_3 y_3, \qquad \forall \boldsymbol{x}, \boldsymbol{y} \in \mathbb{R}^3 \tag{10.7}$$

---

[1] 左矢（bra）和右矢（ket）的英文分别取自单词“**bracket**”（括号）的左右部分：此标记法由物理学家狄拉克于 1939 年引入。

在这样的记号下，如果我们假设$\boldsymbol{e}_1, \boldsymbol{e}_2, \boldsymbol{e}_3$为三维欧式空间$\mathbb{R}^3$中相互正交的单位矢量，则任意向量$\boldsymbol{v} \in \mathbb{R}^3$都可以在这组基下被完全地展开，即$\boldsymbol{v} = \langle \boldsymbol{e}_1, \boldsymbol{v} \rangle \boldsymbol{e}_1 + \langle \boldsymbol{e}_2, \boldsymbol{v} \rangle \boldsymbol{e}_2 + \langle \boldsymbol{e}_3, \boldsymbol{v} \rangle \boldsymbol{e}_3$。而若矢量$\boldsymbol{x}$和$\boldsymbol{y}$属于复数域$\mathbb{C}^n$，为了使得矢量$\boldsymbol{x}$与自身的内积$\langle \boldsymbol{x}, \boldsymbol{x} \rangle$为非负的实数，我们还需要对第一个元素执行复共轭操作：

$$\langle \boldsymbol{x}, \boldsymbol{y} \rangle \coloneqq x_1^* y_1 + x_2^* y_2 + \cdots + x_n^* y_n, \qquad \forall \boldsymbol{x}, \boldsymbol{y} \in \mathbb{C}^n \tag{10.8}$$

这相当于对列向量$\boldsymbol{x} = [x_1, x_2, x_3]^T$执行了共轭转置，将其转化为行向量$\boldsymbol{x}^\dagger \coloneqq [x_1^*, x_2^*, x_3^*]$，矢量的内积相当于向量$\boldsymbol{x}^\dagger$与$\boldsymbol{x}$在矩阵意义上的乘法。

与之类似，我们同样可以定义函数$f, g \in \mathcal{F}$之间的内积：

$$\langle f|g \rangle \coloneqq \int f^*(x) g(x) \mathrm{d}x, \qquad \forall f, g \in \mathcal{F}\colon\ \mathbb{R} \to \mathbb{C} \tag{10.9}$$

注意，为了使得式(10.9)中的积分是良定义的，函数f, g应该是从实数域$\mathbb{R}$到复数域$\mathbb{C}$的映射，记号$f^*(x)$表示对$f(x) \in \mathbb{C}$执行复共轭操作。我们也将函数$f^* \in \mathcal{F}$记作$\langle f|$，从形式上代表对函数f执行共轭转置操作。这样的行向量$\langle f|$称为一个**左矢**（bra），满足$|f\rangle^\dagger \coloneqq \langle f|$。在这样定义了内积的函数空间中，我们注意到算符$\hat{x}$具有如下性质：

$$\begin{aligned}\langle f|\hat{x} g \rangle &= \int f^*(x) \hat{x} g(x) \mathrm{d}x = \int x f^*(x) g(x) \mathrm{d}x \\ &= \int x^* f^*(x) g(x) \mathrm{d}x = \int \hat{x} f^*(x) g(x)\, \mathrm{d}x = \langle \hat{x} f|g \rangle\end{aligned} \tag{10.10}$$

像算符$\hat{x}$这样，满足$\langle f|\hat{A} g \rangle = \langle \hat{A} f|g \rangle$, $\hat{A} \in \mathcal{O}$的算符，也被称为**厄米算符**（Hermitian operator）或**自伴算符**（self-adjoint operator），这样的算符在物理学中具有极其重要的意义。我们也会在形式上将$\langle f|\hat{A} g \rangle$记作$\langle f|\hat{A}|g \rangle$。从线性代数的角度来看，算子$\hat{A} \in \mathcal{O}$的地位类似于一个矩阵，对于任意矩阵$A \in M_n(\mathbb{C})$，我们有

$$\begin{aligned}\langle \boldsymbol{v}, A\boldsymbol{u} \rangle &= \boldsymbol{v}^\dagger A \boldsymbol{u} = \boldsymbol{v}^\dagger (A^\dagger)^\dagger \boldsymbol{u} \\ &= (A^\dagger \boldsymbol{v})^\dagger \boldsymbol{u} = \langle A^\dagger \boldsymbol{v}, \boldsymbol{u} \rangle\end{aligned}$$

只有当矩阵A为厄米矩阵，且满足$A^\dagger = A$时，我们才能得到 $\langle \boldsymbol{v}, A\boldsymbol{u} \rangle = \langle A\boldsymbol{v}, \boldsymbol{u} \rangle$这样的结论。与之类似，我们也将满足下述条件的算符$\hat{A}^\dagger$记作算符$\hat{A}$的**伴随算符**（adjoint operator）

$$\langle f|\hat{A} g \rangle = \langle \hat{A}^\dagger f|g \rangle \tag{10.11}$$

由此可见，自伴算符（或厄米算符）是伴随算符等于其自身的算符，例如对于坐标算符$\hat{x}$而

言，它的伴随算符$\hat{x}^\dagger$等于其自身（即$\hat{x}^\dagger = \hat{x}$），因此坐标算符$\hat{x}$是一个自伴算符（或厄米算符）。

在定义了函数空间中的内积后，我们可以将任意算符用一组完备的基函数进行展开。因此，寻找这样一组正交完备的基矢量便成为了我们首要的目标。为此，我们考察算子$\hat{x}$的本征函数集$\{|x_i\rangle\}_{x_i\in\mathbb{R}}$，并尝试证明它确实可以构成一组函数空间中（无穷维）正交完备的基组。

首先，这组基是相互**正交的**。为了证明这一点，我们只需注意到：

$$x_j\langle x_i|x_j\rangle = \langle x_i|x_j|x_j\rangle = \langle x_i|\hat{x}|x_j\rangle = \langle x_i|x_i|x_j\rangle = x_i\langle x_i|x_j\rangle$$

在$x_i \neq x_j$时，我们有$\langle x_i|x_j\rangle = 0$。而在$i = j$时，我们可以对本征矢量进行归一化处理，从而得到本征矢量的正交归一关系：

$$\langle x_i|x_j\rangle = \delta(x_i - x_j), \qquad \forall x_i, x_j \in \mathbb{R} \tag{10.12}$$

基矢量$\{|x_i\rangle\}_{x_i\in\mathbb{R}}$同样是**完备的**，注意到$f(x)\delta(x-x_0) = f(x_0)\delta(x-x_0)$，结合式(10.12)中本征矢量之间的正交归一关系，我们不难得到

$$\begin{aligned}\int \langle x_i|x\rangle\langle x|x_j\rangle\,\mathrm{d}x &= \int \delta(x_i - x)\delta(x - x_j)\mathrm{d}x \\ &= \delta(x_i - x_j) \equiv \langle x_i|x_j\rangle = \langle x_i|\hat{1}|x_j\rangle\end{aligned}$$

上述关系对于任意$|x_i\rangle, |x_j\rangle \in \mathcal{F}$成立，$\hat{1} \in \mathcal{O}$为函数空间$\mathcal{F}$中的恒等映射。这告诉我们，算符$\int \mathrm{d}x|x\rangle\langle x|$ 的行为相当于一个恒等映射，基矢量$\{|x_i\rangle\}_{x_i\in\mathbb{R}}$可以张成整个函数空间：这就证明了$\{|x_i\rangle\}_{x_i\in\mathbb{R}}$的完备性[1]。我们将$\int \mathrm{d}x|x\rangle\langle x| = \hat{1}$带入函数内积的定义式(10.9)，可以得到如下关系：

$$\begin{aligned}\langle f|g\rangle &= \int \langle f|x\rangle\langle x|g\rangle\mathrm{d}x \\ &\equiv \int f^*(x)g(x)\mathrm{d}x, \qquad \forall f, g \in \mathcal{F}\colon \mathbb{R} \to \mathbb{C}\end{aligned} \tag{10.13}$$

这告诉我们$\langle x|g\rangle \equiv g(x)$ 且 $\langle f|x\rangle = f^*(x)$，即函数$f \in \mathcal{F}$在坐标$x$处的取值，相当于将矢量$|f\rangle$在矢量$|x\rangle$的方向上进行投影。从直观上来看，复数$\langle x|f\rangle \in \mathbb{C}$也描述了量子态$|f\rangle$与$|x\rangle$之间的“交

---

[1] 例如欧式空间中的$\boldsymbol{v} = \langle \boldsymbol{e}_1, \boldsymbol{v}\rangle\boldsymbol{e}_1 + \langle \boldsymbol{e}_2, \boldsymbol{v}\rangle\boldsymbol{e}_2 + \langle \boldsymbol{e}_3, \boldsymbol{v}\rangle\boldsymbol{e}_3$，换用狄拉克符号，用$|1\rangle, |2\rangle, |3\rangle$来代表三维欧式空间$\mathbb{R}^3$中正交完备的基组$\boldsymbol{e}_1, \boldsymbol{e}_2, \boldsymbol{e}_3$，用$|\psi\rangle$代表欧式空间中的任意矢量，则上述表达式可以被完全等价地写作如下形式：

$$\begin{aligned}|\psi\rangle &= \langle 1|v\rangle|1\rangle + \langle 2|v\rangle|2\rangle + \langle 3|v\rangle|3\rangle \\ &= (|1\rangle\langle 1| + |2\rangle\langle 2| + |3\rangle\langle 3|)\,|\psi\rangle\end{aligned}$$

这即是说，$|1\rangle\langle 1| + |2\rangle\langle 2| + |3\rangle\langle 3|$等价于欧式空间中的恒等映射，这样的数学结构与$\int \mathrm{d}x|x\rangle\langle x| = \hat{1}$这样的积分结果是完全等价的。它是向量空间基组完备的充分必要条件。

叠”。我们可以将函数$|f\rangle \in \mathcal{F}$使用$\{|x_i\rangle\}_{x_i\in\mathbb{R}}$这组正交完备的基矢量[1]展开：

$$|f\rangle = \int |x\rangle\langle x|f\rangle \mathrm{d}x = \int f(x)\,|x\rangle \mathrm{d}x$$

在这里，由于基组$\{|x_i\rangle\}_{x_i\in\mathbb{R}}$张成了完备的向量空间，且其中具有良定义的内积结构，我们也将这样完备的内积空间称作**希尔伯特空间**（Hilbert space）。在这样的视角下，函数的集合$\mathcal{F}: \mathbb{R} \to \mathbb{C}$将构成一个无穷维的矢量空间[2]，**每一个函数都相当于希尔伯特空间中的一个矢量，并可以被空间中任意一组完备的基组所展开。**

严格来说，我们将希尔伯特空间中满足归一化关系$\langle f|f\rangle = 1$的函数$|f\rangle \in \mathcal{F}$称为单个粒子的量子态（quantum state）。这等价于要求空间中的矢量$|f\rangle$满足如下关系：

$$\langle f|f\rangle = \int |f(x)|^2 \mathrm{d}x = 1 \tag{10.14}$$

在哥本哈根诠释下，$|f(x)|^2$代表了在位置x处发现粒子$|f\rangle$的概率，非负的实数函数$p(x) \coloneqq |f(x)|^2$则给出了粒子在坐标空间中的概率分布。对量子力学所服从的数学结构，还有其他一些同样精彩的诠释（例如多世界诠释、隐变量理论等），不过由于种种原因，它们未被写入量子力学的主流教材。

关于量子力学的隐变量诠释，可以参考玻姆（David Bohm）在 1951 年连续发表的论文 *A Suggested Interpretation of the Quantum Theory in Terms of "Hidden" Variables I*和 *A Suggested Interpretation of the Quantum Theory in Terms of "Hidden" Variables. II*。

近年来，随着实验手段的不断进步，为了确认量子力学中的哥本哈根诠释与隐变量诠释究竟何者更为可信，2016 年加拿大物理学家 Steinberg 借助弱测量技术，将名为 ESSW 思想的实验付诸实践，得到了部分支持玻姆理论的结果（参考论文 *Experimental nonlocal and surreal Bohmian trajectories*）；2019 年，德国的 Detlef Dürr 研究团队从另外的视角出发，寻找到一个新的实验方法，并计划将其付诸实践（参考论文 *Exotic Bohmian arrival times of spin-1/2 particles：An analytical treatment*）——遗憾的是，Detlef Dürr 教授本人已于 2021 年初离开了人世。

玻姆力学本身，具有较为鲜明的物理图像和极为丰富的理论预言，国内却缺少对相关理论的介绍和科普，且未能引起相关研究者足够的重视。正因如此，玻姆力学也称为“教科书之外的量子理论”。

---

[1] 根据泛函分析中著名的**无界自伴算子谱分解定理**，由于算子$\hat{x}$是一个无界厄米算符，$\hat{x}$的本征函数所确定的集合必然是正交并且完备的。不过这里，我们并没有直接使用这个结论，而是用朴素的方式给出了另外的证明。

[2] 函数空间$\mathcal{F}$在如下意义上成为矢量空间：

$$(\alpha f + \beta g)(x) = \alpha\, f(x) + \beta\, g(x), \quad \forall f, g \in \mathcal{F}, \ \ \alpha, \beta \in \mathbb{C}$$

即如果$f, g \in \mathcal{F}$，则函数$\alpha f + \beta g$将同样属于$\mathcal{F}$。矢量空间$\mathcal{F}$的性质与$\mathbb{V}$类似，只不过$\mathcal{F}$是无穷多维的。

10.1.2　算符的指数

在第 2 章的式(2.12)中，我们给出了指数函数e^x的定义：

$$\mathrm{e}^x \coloneqq \sum_{n=0}^{\infty} \frac{1}{n!} x^n = 1 + x + \frac{1}{2} x^2 + \cdots, \qquad \forall\, x \in \mathbb{R} \tag{10.15}$$

基于此，我们曾将函数e^x从实数域$\mathbb{R}$严格地推广到了二元数域。与之类似的，我们也可以基于式(10.15)，将函数e^x从实数域$\mathbb{R}$推广到复数域$\mathbb{C}$。此时，如果输入的x为一个纯虚数$i\theta$，$\forall\, \theta \in \mathbb{R}$，则我们可以通过直接的计算，证明著名的欧拉公式$\mathrm{e}^{i\theta} = \cos\theta + i\sin\theta$：

$$\begin{aligned}
\mathrm{e}^{i\theta} &\coloneqq \sum_{n=0}^{\infty} \frac{i^n}{n!} \theta^n \\
&= \sum_{n=0}^{\infty} \frac{i^{2n}}{(2n)!} \theta^{2n} + i \sum_{n=0}^{\infty} \frac{i^{2n}}{(2n+1)!} \theta^{2n+1} \\
&= \sum_{n=0}^{\infty} \frac{(-)^n}{(2n)!} \theta^{2n} + i \sum_{n=0}^{\infty} \frac{(-)^n}{(2n+1)!} \theta^{2n+1} \\
&= \cos\theta + i\sin\theta
\end{aligned} \tag{10.16}$$

基于此，我们不难证明关系式 $\mathrm{e}^{x+iy} = \mathrm{e}^x(\cos y + i\sin y)$，$\forall x, y \in \mathbb{R}$ 成立。这告诉我们，指数函数e^z在复数域上同样是良定义的：

$$\mathrm{e}^z \coloneqq \sum_{n=0}^{\infty} \frac{1}{n!} z^n = 1 + z + \frac{1}{2} z^2 + \cdots, \qquad \forall\, z \in \mathbb{C} \tag{10.17}$$

饱暖思淫欲，数学家们更进一步，将这样的关系推广到全体复数矩阵的集合$M_n(\mathbb{C})$：

$$\mathrm{e}^X \coloneqq \sum_{m=0}^{\infty} \frac{1}{m!} X^m, \qquad \forall\, X \in M_n(\mathbb{C}) \tag{10.18}$$

由式(10.18)所指定的序列是绝对收敛的。为了证明这一点，我们将方阵$X \in M_n(\mathbb{C})$视作一个$\mathbb{C}^{n^2}$中的矢量，并根据复数域中矢量内积的定义式(10.8)定义出矩阵X的范数：

$$\|X\| \coloneqq \sqrt{\langle X, X \rangle} = \left(\sum_{j,k=1}^{n} \left| X_{jk} \right|^2 \right)^{1/2} \tag{10.19}$$

数值$\|X\|$也称为矩阵X的**希尔伯特-施密特范数**（Hilbert-Schmidt norm）。如果将矩阵X视作线性映射，它可以通过与基矢选取无关的方式被等价地定义出来：

$$\|X\| \coloneqq \sqrt{tr(X^* X)} \tag{10.19'}$$

我们不难证明如下不等式对任意$X, Y \in M_n(\mathbb{C})$成立：

$$\|X+Y\| \leq \|X\| + \|Y\| \tag{10.20a}$$

$$\|XY\| \leq \|X\|\|Y\| \tag{10.20b}$$

式(10.20a)是$\mathbb{C}^{n^2}$空间中的三角不等式，式(10.21b)则可以通过柯西不等式方便地证明出来。根据式(10.20b)，我们可以得到$\|X^m\| \leq \|X\|^m$，$\forall m \geq 1$，将它带入矩阵指数函数的定义式(10.18)，我们就可以证明式(10.18)中无穷级数的收敛性：

$$\begin{aligned}\|e^X\| &\coloneqq \left\|\sum_{n=0}^{\infty}\frac{1}{m!}X^n\right\| \leq \sum_{m=0}^{\infty}\frac{1}{m!}\|X^m\| \\ &\leq \|I\| + \sum_{m=1}^{\infty}\frac{1}{m!}\|X\|^m = \sqrt{n} - 1 + \mathrm{e}^{\|X\|} < \infty, \qquad \forall\, X \in M_n(\mathbb{C})\end{aligned}$$

这证明了式(10.18)绝对收敛。另一方面，由于函数X^m可以被视作关于X的连续函数，因此式(10.18)的部分和同样连续。根据魏尔斯特拉斯 M 判别法（Weierstrass M-test），式(10.18)在任意集合 $\{X \mid \forall \|X\| \leq r,\ r \in \mathbb{R}\}$ 中一致收敛。因此，指数函数e^X是相对于$X \in M_n(\mathbb{C})$的连续函数。

矩阵的指数函数在李群李代数中具有重要的地位[1]，且具有较为深刻的物理内涵。

有了之前的铺垫，接下来我们开始考虑算符的指数函数。如果我们把算符 $\hat{A}^n \in \mathcal{O}$ 定义为“将算符$\hat{A}: \mathcal{F} \to \mathcal{F}$连续$n$次作用于输入函数”这样的操作，而将$\hat{A}^0$定义为恒等算符$\hat{1}$，则我们可以通过完全类似的方式定义出算符的指数：

$$\mathrm{e}^{\hat{A}} \coloneqq \sum_{n=0}^{\infty}\frac{1}{n!}\hat{A}^n = \hat{1} + \hat{A} + \frac{1}{2}\hat{A}^2 + \cdots, \qquad \forall\, \hat{A} \in \mathcal{O} \tag{10.21}$$

例如，对于函数$f \in \mathcal{F}: \mathbb{R} \to \mathbb{C}$，我们考虑$f(x_0 + a)$在$x_0$处的泰勒展开公式，并假设在给定区间内，如下泰勒序列能够收敛到$f(x_0 + a)$本身：

$$f(x_0 + a) = \sum_{n=0}^{+\infty}\frac{1}{n!}a^n\frac{\mathrm{d}^n f}{\mathrm{d}x^n}(x_0) = f(x_0) + af'(x_0) + \frac{1}{2}a^2 f''(x_0) + \cdots \tag{10.22}$$

对式(10.22)进行适当的变形，我们就可以得到：

---

1 参考任意一本关于李群李代数的教材：例如 Brian Hall 的 *Lie Groups, Lie Algebras, and Representations.*

$$f(x+a)=\sum_{n=0}^{+\infty}\frac{1}{n!}a^n\frac{\mathrm{d}^n f}{\mathrm{d}x^n}\equiv\left[\sum_{n=0}^{+\infty}\frac{1}{n!}a^n\partial^n\right]f(x)\equiv \mathrm{e}^{a\partial}f(x) \tag{10.23}$$
$$\forall\, f\in\mathcal{F},\ x,a\in\mathbb{C},\ \partial\in\mathcal{O}$$

其中算符∂^n代表对函数f执行n次求导操作，类似结论可以被容易地推广到多元函数的情形。对于n元函数$f\in\mathcal{F}_n:\mathbb{C}^n\to\mathbb{C}$，我们可以有如下关系成立：

$$f(\boldsymbol{x}+\boldsymbol{a})=e^{\boldsymbol{a}\cdot\boldsymbol{\nabla}}f(\boldsymbol{x})$$
$$\forall\, f\in\mathcal{F}_n,\ \boldsymbol{x},\boldsymbol{a}\in\mathbb{C}^n,\ \boldsymbol{\nabla}\in\mathcal{O} \tag{10.24}$$

梯度算符$\boldsymbol{\nabla}$的定义与第 1 章中的相同，这里$\boldsymbol{a}\cdot\boldsymbol{\nabla}\coloneqq a_1\partial_1+a_2\partial_2+\cdots+a_n\partial_n$。注意到$\langle x|f\rangle=f(x)$，我们还可以将式(10.23)采用狄拉克符号进行重新表述[1]：

$$\langle x|\mathrm{e}^{a\partial}|f\rangle=\langle x+a|f\rangle,\qquad \forall\ |f\rangle\in\mathcal{F},\ x\in\mathbb{R} \tag{10.22$'$}$$

式(10.22′)告诉我们，如果我们原本可以在$x+a$处观测到量子态$|f\rangle$，那么在经过算符$\mathrm{e}^{a\partial}$的作用后，新得到的量子态$\mathrm{e}^{a\partial}|f\rangle$可以在$x$处被观测到——算符$\mathrm{e}^{a\partial}$的作用相当于将一个量子态$|f\rangle$沿着$x$轴的**负**方向平移了$a$个长度单位。如果读者尝试在直角坐标系内画出任意函数$f(x+a)$的图像，可以发现它确实位于原函数$f(x)$的左侧。

为了令读者更清楚地看到这一点，下面我们来考虑求导算符∂的伴随算符。如果连续函数$f,g\in\mathcal{F}:\mathbb{R}\to\mathbb{C}$ 的定义域为全体实数，且归一化关系$\langle f|f\rangle=1$及$\langle g|g\rangle=1$成立，那么通过考察函数f,g自变量趋近于无穷时的极限，我们不难得到如下结论：

$$\lim_{x\to\pm\infty}|f(x)|^2=0\quad,\quad\lim_{x\to\pm\infty}|g(x)|^2=0$$

如果上述极限不为零，则由归一化关系所定义的积分$\int\mathrm{d}x|f(x)|^2$将难免出现发散。再根据复数的性质，我们立即得到：

$$0\le\lim_{x\to\pm\infty}|f^*(x)g(x)|^2\le\lim_{x\to\pm\infty}|f(x)|^2|g(x)|^2=0$$
$$\Rightarrow\lim_{x\to\pm\infty}f^*(x)g(x)=0$$

基于此，我们尝试计算导数算符的伴随算符。简单的部分积分告诉我们：

$$\langle f|\partial g\rangle\equiv\int f^*(x)\frac{\mathrm{d}g}{\mathrm{d}x}(x)\mathrm{d}x$$

[1] 这里的记号$\mathrm{e}^{a\partial}|f\rangle$ 完全等价于$|\mathrm{e}^{a\partial}f\rangle$，即一个由$\mathrm{e}^{a\partial}f$所定义的函数。

$$
\begin{aligned}
&= \lim_{A\to+\infty}[f^*(x)g(x)]_{x=-A}^{x=A} - \int \frac{\mathrm{d}f^*}{\mathrm{d}x}(x)g(x)\mathrm{d}x \\
&= -\int \frac{\mathrm{d}f^*}{\mathrm{d}x}(x)g(x)\mathrm{d}x \\
&\equiv -\langle \partial f|g\rangle
\end{aligned} \tag{10.25}
$$

结合伴随算符的定义式(10.11)，我们得到了一个重要的结论：

$$\partial^\dagger = -\partial \tag{10.26}$$

考虑到伴随算符的性质$\left(\hat{A}\hat{B}\right)^\dagger = \hat{B}^\dagger\hat{A}^\dagger,\ \forall\,\hat{A},\hat{B}\in\mathcal{O}$，并结合算符指数的定义式(10.21)，我们不难证明$\left(\mathrm{e}^{a\partial}\right)^\dagger = \mathrm{e}^{a\partial^\dagger} = \mathrm{e}^{-a\partial}$。再注意到关系式 $\langle x|\mathrm{e}^{a\partial}|f\rangle = \langle x+a|f\rangle$ 对于任意$|f\rangle\in\mathcal{F}$成立，我们可以立即得到如下结论[1]：

$$\mathrm{e}^{-a\partial}|x\rangle = |x+a\rangle,\qquad \forall\,x,a\in\mathbb{R},\ \partial\in\mathcal{O} \tag{10.27}$$

式(10.27)告诉我们，算符$\mathrm{e}^{-a\partial}\in\mathcal{F}$ 可以将一个位于$|x\rangle$态的粒子，沿着x的正方向平移长度单位a，来到$|x+a\rangle$态：这与之前的讨论是一致的。读者可以模仿式(10.24)，将这样的结论推广到高维。

10.1.3 算符的对易子

正如在线性代数中，矩阵的乘法（一般）不满足交换律。为了描述两个操作$\hat{A},\hat{B}\in\mathcal{O}$的不同作用顺序所带来的差异，人们引入了算符的**对易子**（commutator）这一概念：

$$\left[\hat{A},\hat{B}\right] \coloneqq \hat{A}\hat{B} - \hat{B}\hat{A},\qquad \forall\,\hat{A},\hat{B}\in\mathcal{O} \tag{10.28}$$

当$\left[\hat{A},\hat{B}\right]=0$时，我们称算符$\hat{A}$和$\hat{B}$**对易**（commute），此时$\hat{A}\hat{B}=\hat{B}\hat{A}$。基于对易子的定义式(10.28)，读者可以尝试证明有关对易子的下述性质成立。

- 反对称：$\left[\hat{A},\hat{B}\right] = -\left[\hat{B},\hat{A}\right]$
- 双线性：$\left[\alpha\hat{A}+\beta\hat{B},\hat{C}\right] = \alpha\left[\hat{A},\hat{C}\right]+\beta\left[\hat{B},\hat{C}\right]$ 且 $\left[\hat{A},\alpha\hat{B}+\beta\hat{C}\right] = \alpha\left[\hat{A},\hat{B}\right]+\beta\left[\hat{A},\hat{C}\right]$
- 雅克比恒等式：$[\hat{A},[\hat{B},\hat{C}]]+[\hat{B},[\hat{C},\hat{A}]]+[\hat{C},[\hat{A},\hat{B}]]=0$
- 乘积法则：$\left[\hat{A}\hat{B},\hat{C}\right] = \left[\hat{A},\hat{C}\right]\hat{B}+\hat{A}\left[\hat{B},\hat{C}\right]$且$\left[\hat{A},\hat{B}\hat{C}\right] = \left[\hat{A},\hat{B}\right]\hat{C}+\hat{B}\left[\hat{A},\hat{C}\right]$

$$\forall\hat{A},\hat{B},\hat{C}\in\mathcal{O},\ \forall\,\alpha,\beta\in\mathbb{C}$$

例如，对于对易子的（第一个）乘积法则，我们可以给出如下证明：

---

[1] 为此，我们只需要注意到：

$$\langle f|x+a\rangle = \langle x+a|f\rangle^* = \langle x|\mathrm{e}^{a\partial}|f\rangle^* = \langle f|\left(\mathrm{e}^{a\partial}\right)^\dagger|x\rangle = \langle f|\mathrm{e}^{-a\partial}|x\rangle$$

即关系式$\langle f|x+a\rangle = \langle f|\mathrm{e}^{-a\partial}|x\rangle$对于任意$\langle f|\in\mathcal{F}$成立，式(10.27)立得。

$$
\begin{aligned}
[\hat{A}\hat{B},\hat{C}] &\equiv \hat{A}\hat{B}\hat{C}-\hat{C}\hat{A}\hat{B} \\
&= (\hat{A}\hat{B}\hat{C}-\hat{A}\hat{C}\hat{B})+(\hat{A}\hat{C}\hat{B}-\hat{C}\hat{A}\hat{B}) \\
&= \hat{A}(\hat{B}\hat{C}-\hat{C}\hat{B})+(\hat{A}\hat{C}-\hat{C}\hat{A})\hat{B} \\
&= \hat{A}[\hat{B},\hat{C}]+[\hat{A},\hat{C}]\hat{B}
\end{aligned} \tag{10.29}
$$

这非常类似于下述微分关系式：

$$
\frac{\mathrm{d}ab}{\mathrm{d}c}=a\,\frac{\mathrm{d}b}{\mathrm{d}c}+\frac{\mathrm{d}a}{\mathrm{d}c}\,b
$$

事实上，我们可以将这样的结论推广到更加一般的情况：

$$
[\hat{A}\hat{B}\hat{C}\hat{D}\ldots,\hat{Z}]=[\hat{A},\hat{Z}]\hat{B}\hat{C}\hat{D}\ldots+\hat{A}[\hat{B},\hat{Z}]\hat{C}\hat{D}\ldots+\hat{A}\hat{B}[\hat{C},\hat{Z}]\hat{D}\ldots+\cdots \tag{10.30a}
$$

$$
[\hat{Z},\hat{A}\hat{B}\hat{C}\hat{D}\ldots]=[\hat{Z},\hat{A}]\hat{B}\hat{C}\hat{D}\ldots+\hat{A}[\hat{Z},\hat{B}]\hat{C}\hat{D}\ldots+\hat{A}\hat{B}[\hat{Z},\hat{C}]\hat{D}\ldots+\cdots \tag{10.30b}
$$

式(10.30)一个最为重要的特例是其中的算符$\hat{A}\hat{B}\hat{C}\hat{D}\ldots$均相等的情形，此时

$$
[\hat{A},\hat{B}^n]=\sum_{s=0}^{n-1}\hat{B}^s[\hat{A},\hat{B}]\,\hat{B}^{n-s-1} \tag{10.31}
$$

式(10.31)所给出的结论也可以用递归法加以证明。

下面我们将讨论算符和算符函数之间的对易关系。如果函数$f\in\mathcal{F}:\mathbb{R}\to\mathbb{C}$ 在定义域内可以被展开为收敛的泰勒级数：

$$
f(x)=\sum_{n=0}^{+\infty}\frac{1}{n!}f^{(n)}(0)x^n=f(0)+f'(0)\,x+\frac{1}{2}f''(0)\,x^2+\cdots \tag{10.32}
$$

它的算符函数便可以通过如下方式被严格地定义出来（仿照指数函数的定义）：

$$
f(\hat{A})=\sum_{n=0}^{+\infty}\frac{1}{n!}f^{(n)}(0)\hat{A}^n=f(0)+f'(0)\,\hat{A}+\frac{1}{2}f''(0)\,\hat{A}^2+\cdots \tag{10.33}
$$

如果我们考察算符函数$f(\hat{A})$与算符$\hat{B}$之间的对易关系，并假设$[\hat{A},\hat{B}]$与算符$\hat{A}$对易，则可以得到如下关系：

$$
\begin{aligned}
[f(\hat{A}),\hat{B}] &= \sum_{n=0}^{+\infty}\frac{1}{n!}f^{(n)}(0)[\hat{A}^n,\hat{B}] \\
&= [\hat{1},\hat{B}]+\sum_{n=1}^{+\infty}\frac{1}{n!}f^{(n)}(0)\left(\sum_{s=0}^{n-1}\hat{A}^s[\hat{A},\hat{B}]\,\hat{A}^{n-s-1}\right)
\end{aligned}
$$

$$
\begin{aligned}
&= \sum_{n=1}^{+\infty} \frac{1}{n!} f^{(n)}(0) \left(\sum_{s=0}^{n-1} \hat{A}^{n-1} [\hat{A}, \hat{B}] \right) \\
&= \sum_{n=1}^{+\infty} \frac{1}{n!} f^{(n)}(0) \left(n\hat{A}^{n-1} \right) [\hat{A}, \hat{B}] \\
&= \frac{\mathrm{d}f(\hat{A})}{\mathrm{d}\hat{A}} [\hat{A}, \hat{B}] \qquad \forall\, \hat{A}, \hat{B} \in \hat{\mathcal{O}}, \quad [\hat{A}, [\hat{A}, \hat{B}]] = 0
\end{aligned} \tag{10.34}
$$

取$\hat{A} = a\partial$，$\hat{B} = \hat{x}$，并注意到：

$$
\begin{aligned}
[\hat{A}, \hat{B}] f(x) &= \hat{A}\hat{B} f(x) - \hat{B}\hat{A} f(x) \\
&= a \frac{\mathrm{d}}{\mathrm{d}x} \left(x f(x) \right) - a\, x \frac{\mathrm{d}}{\mathrm{d}x} f(x) \\
&= a f(x) \;, \qquad \forall\, a, x \in \mathbb{R},\ f \in \mathcal{F}
\end{aligned} \tag{10.35}
$$

我们可以得到一个较为重要的对易关系：

$$
[\partial, \hat{x}] = \hat{1} \tag{10.36}
$$

由于常数与任意算符对易，我们可以证明关系式$[\hat{A}, \hat{B}] = a\hat{1}$且$[\hat{A}, [\hat{A}, \hat{B}]] = 0$成立。再取式(10.34)中的函数$f$为指数函数，且满足$f(x) = \mathrm{e}^x$，从而得到如下关系成立：

$$
\begin{aligned}
\mathrm{e}^{a\partial} \hat{x} - \hat{x} \mathrm{e}^{a\partial} &= \left[\mathrm{e}^{a\partial}, \hat{x} \right] \\
&= \left[f(\hat{A}), \hat{B} \right] = \frac{\mathrm{d}f(\hat{A})}{\mathrm{d}\hat{A}} [\hat{A}, \hat{B}] \\
&= \mathrm{e}^{\hat{A}} [\hat{A}, \hat{B}] = a\, \mathrm{e}^{a\partial}
\end{aligned}
$$

对上式稍加变形，我们立即得到[1]：

$$
\mathrm{e}^{a\partial}\, \hat{x}\, \mathrm{e}^{-a\partial} \equiv \hat{x} + a \tag{10.37}
$$

事实上，我们还可以做得比这更好。对于任意函数$f\colon \mathbb{R} \to \mathbb{R}$，我们定义含有参数$a$的算符$\hat{F}(a)$：

$$
\hat{F}(a) \coloneqq e^{a\partial} f(\hat{x}) \mathrm{e}^{-a\partial}
$$

注意到$\mathrm{d}\left(\mathrm{e}^{a\partial}\right)/\mathrm{d}a = \partial \mathrm{e}^{a\partial} = \mathrm{e}^{a\partial}\partial$，我们有

$$
\begin{aligned}
\frac{\mathrm{d}}{\mathrm{d}a} \hat{F}(a) &= \mathrm{e}^{a\partial} [\partial, f(\hat{x})] \mathrm{e}^{-a\partial} = \mathrm{e}^{a\partial} \frac{\mathrm{d}f}{\mathrm{d}x}(\hat{x}) \mathrm{e}^{-a\partial} \\
\frac{\mathrm{d}^2}{\mathrm{d}a^2} \hat{F}(a) &= \mathrm{e}^{a\partial} [\partial, f'(\hat{x})] \mathrm{e}^{-a\partial} = \mathrm{e}^{a\partial} \frac{\mathrm{d}^2 f}{\mathrm{d}x^2}(\hat{x}) \mathrm{e}^{-a\partial}
\end{aligned}
$$

[1] 在本章中，算符之后加上的常数，应该被理解为正比于恒等算符$\hat{1}$。

…

$$\frac{\mathrm{d}^n}{\mathrm{d}a^n}\hat{F}(a)=\mathrm{e}^{a\partial}\left[\partial,f^{(n-1)}(\hat{x})\right]\mathrm{e}^{-a\partial}=\mathrm{e}^{a\partial}\frac{\mathrm{d}^n f}{\mathrm{d}x^n}(\hat{x})\mathrm{e}^{-a\partial}$$

这告诉我们，算符$\hat{F}(a)$关于参量a的各阶导数在$a=0$处的取值，与函数$f(x)$关于自变量x的各阶导数在$x=\hat{x}$处的取值相同，即：

$$\hat{F}(a)=\sum_{n=0}^{+\infty}\frac{a^n}{n!}\hat{F}^{(n)}(0)=\sum_{n=0}^{+\infty}\frac{a^n}{n!}f^{(n)}(\hat{x})\equiv f(\hat{x}+a)$$

因此，考虑到算符$\hat{F}(a)$原本的定义，我们通过这样的方式对任意算符函数$f(\hat{x})$实现了平移：

$$\mathrm{e}^{a\partial}f(\hat{x})\mathrm{e}^{-a\partial}=f(\hat{x}+a),\qquad \forall f:\mathbb{R}\to\mathbb{R} \tag{10.38}$$

式(10.37)是式(10.38)的一个特例。

在本节中，我们使用算符的指数$\mathrm{e}^{a\partial}$分别实现了对量子态和算符函数在空间上的平移。读者将在下一节中看到，这样的数学形式究竟具有怎样的物理背景，算符的平移又将如何与物理学中的守恒量联系起来。

*10.2 量子计算的物理基础

在介绍完量子计算所需要的数学基础后，我们还将对量子力学本身做一个简要的回顾。需要为读者指出的是，10.2.2 节中的内容组织形式既未遵从量子力学发展的历史脉络，也不反映对于量子力学的现代观点，甚至不同于任何现有量子力学教材的组织架构。对于首次接触量子力学的读者而言，我们期待通过这种方式，令读者能够着眼于量子力学的一系列基本假设，并尽可能尝试理解其中的数学结构；而对于那些早已熟知量子力学的读者来说，本节内容或许可以成为一种可能的视角，帮助理解部分量子力学基本假设的由来。

10.2.1 波粒二象性

人们对于**波粒二象性**（wave-particle duality）最初的讨论主要围绕**光子**（photon）展开。17 世纪的惠更斯（Christiaan Huygens）提出了一种较为完备的波动理论，解释了光的反射折射等一系列物理现象；同时期的牛顿（Isaac Newton）则支持光的微粒说，并基于力学的分析，较好地解释了光的直线传播以及反射性质。尽管牛顿的理论在解释光的折射及衍射时遇到了较大的困难，但由于其无与伦比的学术地位，他的粒子理论在随后的 100 多年中成为了学界的主流。在第一次工业革命这样的时代背景下，由于力学和热学正是发展生产力最为主要的指导理论，我们不难理解具有强烈经典力学色彩的粒子说为何能成为当时时代的主流。

时间来到了 19 世纪。在 19 世纪的早期，托马斯·杨（Thomas Young）的双缝干涉实验揭示了衍射光波所遵从的叠加原理。菲涅尔（Augustin Fresnel）则继承并发展了惠更斯的工作，他在惠更斯工作的基础上，假设“次波之间将会产生干涉”及“次波振幅与方向有关”，以此成功地解释了光的直线传播及衍射现象。在 19 世纪中期，人们又在实验中观测到了光的偏振这一波所特有的效应，由于偏振现象完全无法被光的粒子说所解释，波动说开始主导科学的思潮。在 19 世纪的后期，麦克斯韦将电磁理论加以整合，写下了他那优美绝伦的麦克斯韦方程组，由此计算出的真空光速被赫兹（Heinrich Hertz）的实验所证实：至此，光的波动说开始被人们广泛地认可。同时期，以电力的大规模应用为代表的第二次工业革命正成为时代发展的主流，而与之相应的电磁理论，正是第二次工业革命（电气革命）的理论依托。

1900 年 4 月 27 日，76 岁的开尔文男爵发表了物理学史上著名的演说《在热和光动力理论上空的 19 世纪乌云》（*Nineteenth-Century Clouds over the Dynamical Theory of Heat and Light*），“动力动力学理论断言，热和光都是运动的方式。但现在这一理论的优美性和明晰性却被两朵乌云遮蔽，显得黯然失色了。”[1]这两朵乌云中的其中一朵，便是人们在黑体辐射研究中所遇到的困境。在 1901 年普朗克（Max Planck）发表的一份研究报告中，他对于黑体（在平衡状态时）发射光波频率的分布进行了预测，并被实验所验证。普朗克的黑体辐射定律要求电磁辐射的能量呈现量子化的特征，要求“能量在发射和吸收时，不是连续不断，而是一份一份的”。光子能量的最小单位E正比于频率ν，服从如下关系：

$$E = h\nu \tag{10.39}$$

其中，h被称为**普朗克常数**（Planck constant），是物理学的基本常数之一。注意到，角频率$\omega = 2\pi\nu$，我们定义约化普朗克常数$\hbar \coloneqq h/2\pi$，从而得到与式(10.39)等价的公式：

$$E = \hbar\omega \tag{10.39'}$$

从本质上来说，能量的量子化已然体现了光的粒子性，然而这一为了解释黑体辐射现象而单纯出于数学的假设，尚不能使物理学家完全信服。1905 年，爱因斯坦（Elbert Einstein）利用普朗克黑体辐射定律，解释了光电效应的实验现象：光束照射在金属表面会使得金属发射电子，这样的现象只有在光子的频率高于某个阈值时才能产生；在光子频率低于该阈值时，无论多么强烈的光束都无法促使金属发射光子——这样的实验现象尽管与波动说所给出的理论预言完全相反，

[1] 原文：“The beauty and clearness of the dynamical theory,which asserts heat and light to be modes of motion, is at present obscured by two clouds.”

却能够被光的粒子说很好地诠释（因为更高的频率意味着单个光子拥有更高的能量；而在频率较低时，由于单个光子的能量不足，再强烈的光束也难以从材料中打出电子）。1916 年，美国物理学家密立根（Robert Millikan）从实验角度验证了爱因斯坦关于光电效应理论的正确性。由于普朗克与爱因斯坦提出的非经典论述无法从麦克斯韦方程组推出，物理学家被迫承认了光在波动性以外的粒子性质，也即光具有“波粒二象性”。

法国物理学家德布罗意（Louis de Broglie）在他 1924 年的博士论文中提出，波粒二象性可以存在于所有实物粒子，实物粒子不仅仅具有粒子性，同样可以拥有波动性：这也称为德布罗意假说。德布罗意将物质的波长λ和动量p联系起来，得到如下关系：

$$p = h/\lambda \tag{10.40}$$

这可以说是对普朗克关系式(10.39)的扩展，因为光子动量为$p = E/c$，而波长$\lambda = c/\nu$，这里的c是真空中的光速。结合波数$k = 2\pi/\lambda$的定义，我们可以得出德布罗意关系式：

$$\boldsymbol{p} = \hbar \boldsymbol{k} \tag{10.40'}$$

三年后，通过两个独立的电子衍射实验，德布罗意方程被证实可以用于描述**电子**的量子行为。此时，波粒二象性正式被人们视作任意实物粒子所拥有的本质属性。与之相应，一个用于描述实物系统的波动方程正呼之欲出。

注

针对“德布罗意方程被证实可以用于描述电子的量子行为”这一结论，可参考 1927 年阿伯丁大学的 George Thomson 的文章 *Experiments on the diffraction of cathode rays*，他用电子束照射穿过薄金属片，观察到预测的干涉样式；还可参考 1927 年贝尔实验室 Clinton Davisson 等人发表的文章 *Diffraction of Electrons by a Crystal of Nickel*，他们的实验显示出电子被衍射于镍晶体的表面。Thomson 和 Davisson 二人因电子衍射实验获得 1937 年的诺贝尔物理学奖。

10.2.2 薛定谔方程

在 1926 年薛定谔方程正式以论文的形式发表以前，已经有海森堡的矩阵力学这一量子力学的表述形式。在前一年（也就是 1925 年）瑞士苏黎世的物理学术研讨会中，当薛定谔在研讨会上将物质的波粒二象性阐述得淋漓尽致，物理学家德拜为薛定谔指出：“要谈论波动，你首先应该有一个波动方程。”

德拜的意见给予了薛定谔极大的启发与鼓舞。根据狄拉克的描述[1]，他首先基于德布罗意论文中的相对性原理，推导出了一个相对论性的方程（也就是后来的 Klein-Gordon 方程）。但由于该方程给出了错误的氢原子精细结构，薛定谔未将他的研究成果发表。几个月后薛定谔意识到，尽管他的相对论性的方程存在一定的问题，但该方程在非相对论下的近似仍然具有相当的理论价值。

抛却原本的历史背景，让我们尝试这样理解薛定谔方程的由来。如果我们承认实物粒子存在波动性，则单一粒子的位置将不能再简单地由一个$\mathbb{R}^3$中的坐标$\boldsymbol{r} = (r_1, r_2, r_3)$所描述；与之相应的，我们需要依赖一个定义在$\mathbb{R}^3$上的**函数**来对粒子进行刻画。出于粒子数守恒（或质量守恒）的考虑，我们还期待这样的函数能够通过某种方式满足归一化的要求：我们将它记作$\psi: \mathbb{R}^3 \to \mathbb{C}$，$\psi$被称为一个粒子的波函数。

然而，由于实物粒子的状态与坐标的选取无关，一个更好的方式是将函数ψ记作$|\psi\rangle$，以此代表一个希尔伯特空间中抽象的矢量。在下文中，为了凸显记号中的物理内涵，我们先把讨论局限于一维情形，此时$|\psi\rangle \in \mathcal{F}: \mathbb{R} \to \mathbb{C}$，符号约定与10.1节相同。我们期待能够通过一个方程，将粒子的状态$|\psi\rangle$及其随时间的演化，从这样的方程中计算出来[2]。

尽管我们并不清楚这个方程的具体形式，但从光的波动理论出发，我们已经从物理上知道了该方程的解。对于单色光来说，它的一维平面波解具有如下形式：

$$\psi(x,t) = \langle x|\psi(t)\rangle = \cos(kx - \omega t + \phi) \tag{10.41}$$

这里的$|\psi(t)\rangle$代表光波$|\psi\rangle$在时刻t所处在的状态，函数$\psi(x,t) = \cos(kx - \omega t + \phi)$中的$\omega$为光波的角频率，$\varphi$为初始相位，波数$k$则被定义为$2\pi/\lambda$，其中的$\lambda$为单色光的波长。完全等价的，人们也会用复数形式将式(10.41)进行重新表达，此时我们认为，式(10.42)和式(10.41)一样，包含着光波的全部信息：

$$\psi(x,t) = \langle x|\psi(t)\rangle = \mathrm{e}^{i(kx - \omega t + \phi)} \tag{10.42}$$

此时，相位因子$\mathrm{e}^{i\phi}$成为了在波函数$\psi(x,t)$中乘上的系数。由于$\mathrm{e}^{i\phi}$的模长恒定为1且为一个常数，因此在后面的讨论中暂时将相位因子$\mathrm{e}^{i\phi}$略去不写。

我们期待从式(10.42)这一光学解中猜测出波动方程的数学形式，这样的波动方程应该适用于**任意**实物粒子。然而，式(10.42)中所包含的波数k及角频率ω，却并不是任意实物粒子都能拥有的参数。为此，我们需要参考德布罗意和普朗克的工作，利用德布罗意物质波公式(10.40′)，以

---

[1] 参考狄拉克出版于 1971 年的著作 *The Development of Quantum Theory*，抑或是狄拉克于 1961 年为薛定谔发布的讣告（*Nature 189, 355*）以及他于 1963 年发表于 *Scientific American* 杂志上的文章。

[2] 在经典物理中，这样的方程被称为牛顿的第二定律，即$\boldsymbol{F} = \mathrm{d}\boldsymbol{p}/\mathrm{d}t$，$\boldsymbol{p}$为实物粒子所具有的动量。我们可以从该方程中将粒子坐标随时间的演化计算出来。

及普朗克的量子化条件(10.39′)，将光子的波数k及角频率ω，分别用动量p和能量E替换：

$$\psi(x,t) = \mathrm{e}^{i\frac{px-Et}{\hbar}} \tag{10.42′}$$

我们期待这样的函数$\psi(x,t)$能够（对任意物质而言）成为真空中波动方程的解。注意到，**为了构造一个合理的方程，我们首先需要一个等式**。观察式(10.42)中为数不多的物理量，我们可以合理猜测，这样的等式应该基于粒子能量E、动量p及坐标x之间的依赖关系$E(p,x)$：在物理学中，能量关于动量的函数$E(p)$也称为一个粒子的**色散关系**（dispersion relationship），它是一个粒子本身所固有的属性。

在不考虑介质及引力场等外界因素时，在一维情形下，光子的色散关系具有如下简单的形式，其中c为真空光速：

$$E = pc \tag{10.43a}$$

又比如，对于一维外势场$V(x)$中质量为m的经典粒子，我们可以根据能量守恒定律，得到如下色散关系[1]：

$$E = \frac{p_x^2}{2m} + V(x) \tag{10.43b}$$

在相对论中，根据质能关系$E = mc^2$，我们还可以通过计算得到相对论性自由粒子的色散关系[2]，它的图像是两条互不相交的二次曲线（尽管该曲线的负能解被认为与反物质有关，但一般情况下人们仅仅考虑二次曲线的上半分支，即认为能量$E > 0$）：

$$E^2 = p^2c^2 + (m_0c^2)^2 \tag{10.43c}$$

式(10.43c)中的m_0代表粒子的静止质量。例如由于光子的静质量为零，我们在式(10.43c)中

---

1 中学物理曾告诉我们，粒子的能量E等于势能$V(x)$和动能E_k之和，即$E = E_k + V(x)$，而粒子的动能$E_k = \frac{1}{2}mv^2$，其中v为粒子的速度。再考虑到动量$p = mv$，我们不难得到式(10.43b)所给出的色散关系。

2 在相对论中，粒子的质量将随着其（相对观测者参考系的）速度v_r的改变而发生变化，v_r的下标r代表相对速度（relative velocity）。假设粒子的静止质量为m_0，则它的运动质量m相对于速度v_r满足如下关系：

$$m = \frac{m_0}{\sqrt{1 - v_r^2/c^2}}$$

因此将质量的表达式带入能量表达式$E = mc^2$及动量表达式$p = mv_r$，我们可以得到：

$$E = \frac{m_0c^2}{\sqrt{1 - v_r^2/c^2}}, \quad p = \frac{m_0v_r}{\sqrt{1 - v_r^2/c^2}}$$

由此，读者不难证明色散关系 $E^2 = p^2c^2 + (m_0c^2)^2$成立，这里的常数$c$为真空光速。

取$m_0 = 0$，即得到式(10.43a)中光子的色散关系。

粒子的色散关系同样可以十分复杂：例如固体物理中的**声子**（phonon）作为一种固体中的准粒子，它的色散曲线由于受到晶体结构、电子排布等各种因素的影响，常常展现出各类奇异的结构。图 10.1 给出了立方晶体$LaNiO_3$的能带结构，图中的每一条曲线都表示一组允许的能动量取值。[1]

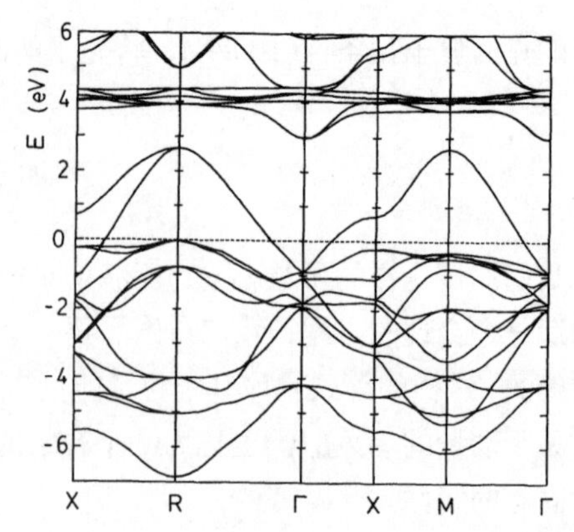

图 10.1 立方晶体$LaNiO_3$的能带结构，晶格常数为 3.88Å。横坐标标记声子在布里渊区内各点的动量，而纵坐标则表示声子的能量，能量的零点取在费米面上；图中的每一条曲线，都表示一组允许的能动量取值。

下面让我们继续对波动方程进行讨论。例如对于经典粒子而言，在已知色散关系式(10.43b)及波动方程的解(10.42)的情况下，要想构造出一个波动方程，我们只需要将能量E、动量p_x以及坐标x使用相应的算符来代替。为此，我们把能量E的算符记作$\hat{H}$，把动量p的算符记作$\hat{p}$，把坐标x的算符记作$\hat{x}$，便可以得到如下关系：

$$\hat{H}|\psi(t)\rangle = \left[\frac{\hat{p}_x{}^2}{2m} + V(\hat{x})\right]|\psi(t)\rangle \tag{10.44}$$

这里的$\hat{H}$称为一个**哈密顿量**（Hamiltonian）或**哈密顿算符**（Hamiltonian operator）。与坐标算符$\hat{x}$相对应，这里的算符$\hat{p}$也称为**动量算符**（momentum operator）。

在自由粒子$V(\hat{x}) = 0$的假设之下，物理直观要求平面波$\psi(x,t) = \exp[i\,(px - Et)/\hbar]$应成为式(10.44)的一个解。为此，我们期待算符$\hat{H}$、$\hat{p}$能够以$\psi(x,t)$作为本征函数（即希尔伯特空间中的本征向量），且分别以实数E和p_x作为与本征函数$\psi(x,t)$相对应的本征值：

$$\hat{p}_x|\psi(t)\rangle = p|\psi(t)\rangle \tag{10.45}$$

$$\hat{H}|\psi(t)\rangle = E|\psi(t)\rangle \tag{10.46}$$

在这样的假设下，粒子的色散关系将内秉地包含于波动方程(10.44)的解中。结合本征函数$\psi(x,t)$的定义式(10.42)，我们定义算符$\hat{p}_x$和$\hat{H}$在坐标空间中的表示：

$$\hat{p}_x = -i\hbar\,\partial_x \tag{10.47a}$$

$$\hat{H} = i\hbar\,\partial_t \tag{10.47b}$$

将算符的定义带入式(10.44)，我们便得到了一维体系下的**薛定谔方程**（Schrödinger equation），它的地位相当于量子力学中的牛顿第二定律：

[1] 图片出自文章 *Electronic Band Structure of LaNiO3*。

$$i\hbar\,\partial_t\psi(x,t)=-\frac{\hbar^2}{2m}\frac{\partial^2}{\partial x^2}\psi(x,t)+V(x)\psi(x,t) \tag{10.48}$$

在一般的量子力学教材中，薛定谔方程被作为量子力学的一个基本假设而直接给出。对于真空中的自由粒子而言，我们可以从薛定谔方程中获得之前的平面波解。而在势能$V(x)\neq 0$，或当体系具有特殊边界条件时，一维薛定谔方程的解$\psi(x,t)$可以具有其他任意的形式。对于一般的体系，我们同样期待如下关系成立：

$$\hat{H}|\psi(t)\rangle=E(\hat{\boldsymbol{p}},\hat{\boldsymbol{r}})|\psi(t)\rangle \tag{10.49}$$

例如在三维欧式空间$\mathbb{R}^3$中，我们可以得到一般形式的薛定谔方程如下：

$$\begin{aligned}&\hat{H}\psi(\boldsymbol{r},t)=E(-i\hbar\boldsymbol{\nabla},\boldsymbol{r})\psi(\boldsymbol{r},t)\\&\Rightarrow i\hbar\,\partial_t\psi(\boldsymbol{r},t)=-\frac{\hbar^2}{2m}\boldsymbol{\nabla}^2\psi(\boldsymbol{r},t)+V(\boldsymbol{r})\psi(\boldsymbol{r},t)\end{aligned} \tag{10.50}$$

注

其实，动量算符$\hat{\boldsymbol{p}}$与能量算符$\hat{H}$在坐标空间中的严格定义应该具有如下形式：

$$\begin{aligned}\langle\boldsymbol{r}'|\hat{\boldsymbol{p}}|\boldsymbol{r}\rangle&=-i\hbar\delta(\boldsymbol{r}'-\boldsymbol{r})\boldsymbol{\nabla}\\\langle\boldsymbol{r}'|\hat{H}|\boldsymbol{r}\rangle&=\ \ i\hbar\delta(\boldsymbol{r}'-\boldsymbol{r})\partial_t\end{aligned}$$

此时，我们对算符恒等式$\hat{H}|\psi\rangle=E(\hat{\boldsymbol{p}},\hat{\boldsymbol{r}})|\psi\rangle$稍加处理，便可以得到：

$$\begin{aligned}\langle\boldsymbol{r}'|\hat{H}|\psi(t)\rangle&=\int\mathrm{d}^3\boldsymbol{r}\,\langle\boldsymbol{r}'|\hat{H}|\boldsymbol{r}\rangle\langle\boldsymbol{r}|\psi(t)\rangle\\&=\int\mathrm{d}^3\boldsymbol{r}\ i\hbar\delta(\boldsymbol{r}'-\boldsymbol{r})\partial_t\psi(\boldsymbol{r},t)\\&=i\hbar\partial_t\psi(\boldsymbol{r}',t)\\\langle\boldsymbol{r}'|E(\hat{\boldsymbol{p}},\hat{\boldsymbol{r}})|\psi(t)\rangle&=\int\mathrm{d}^3\boldsymbol{r}\,\langle\boldsymbol{r}'|E(\hat{\boldsymbol{p}},\hat{\boldsymbol{r}})|\boldsymbol{r}\rangle\langle\boldsymbol{r}|\psi(t)\rangle\\&=\int\mathrm{d}^3\boldsymbol{r}\ E(-i\hbar\delta(\boldsymbol{r}'-\boldsymbol{r})\boldsymbol{\nabla},\boldsymbol{r})\,\psi(\boldsymbol{r},t)\\&=E(-i\hbar\boldsymbol{\nabla}',\boldsymbol{r}')\psi(\boldsymbol{r}',t)\end{aligned}$$

由$\langle\boldsymbol{r}'|\hat{H}|\psi(t)\rangle=\langle\boldsymbol{r}'|E(\hat{\boldsymbol{p}},\hat{\boldsymbol{r}})|\psi(t)\rangle$，我们便得到$i\hbar\partial_t\psi(\boldsymbol{r}',t)=E(-i\hbar\boldsymbol{\nabla}',\boldsymbol{r}')\psi(\boldsymbol{r}',t)$。

对于相对论性的色散关系式(10.43c)，我们可以类似地得到：

$$\begin{aligned}&\hat{H}^2|\psi(t)\rangle=E^2(\hat{\boldsymbol{p}},\hat{\boldsymbol{r}})|\psi(t)\rangle\\&\Rightarrow-\hbar^2\partial_t^2\psi(\boldsymbol{r},t)=-\hbar^2c^2\boldsymbol{\nabla}^2\psi(\boldsymbol{r},t)+m_0^2c^4\psi(\boldsymbol{r},t)\end{aligned} \tag{10.51}$$

式(10.51)也称为 Klein-Gordon 方程，它是相对论性量子力学和量子场论中的基本方程，描述了一个自旋为零的场，且依然具有形式上的平面波解。限于篇幅，我们将不再对量子力学各类方程求解过程中的细节问题一一展开。由于时间不能成为一个算符，我们只能将时间t视作方程(10.49)中一个单独的参数。

注

该结论在 1933 年由物理学家泡利首次证明。泡利假设存在时间算符$\hat{t}$，与哈密顿算符$\hat{H}$满足对易关系$\left[\hat{t},\hat{H}\right]=i\hbar$。此时，若函数$\psi_E$为哈密顿算符$\hat{H}$的一个本征态，满足$\hat{H}\psi_E=E\psi_E$，则函数$\mathrm{e}^{ia\hat{t}}\psi_E$将同样成为$\hat{H}$的本征态：

$$\begin{aligned}\hat{H}\mathrm{e}^{ia\hat{t}}\psi_E&=\mathrm{e}^{ia\hat{t}}\hat{H}\psi_E+\left[\hat{H},\mathrm{e}^{ia\hat{t}}\right]\psi_E\\&=E\mathrm{e}^{ia\hat{t}}\psi_E+\left[\hat{H},\hat{t}\right]\frac{\partial}{\partial\hat{t}}\mathrm{e}^{ia\hat{t}}\psi_E\\&=(E+\hbar a)\psi_E\end{aligned}$$

第二步推导用到了式(10.34)所给出的结论。由于a是一个实数常数，上式说明$\mathrm{e}^{ia\hat{t}}\psi_E$同样是$\hat{H}$的本征函数，其本征值为$E+\hbar a$。由于$a$是自由参数，因此$\hat{H}$的本征值将永远连续，而不允许出现离散的本征值：这将与物理实验的结论出现明显的背离。因此，时间t不能作为一个算符而存在。

在方式(10.49)中带入算符$\hat{H}$的定义式(10.47b)，我们得到：

$$i\hbar\,\partial_t\,|\psi(t)\rangle=E(\hat{\boldsymbol{p}},\hat{\boldsymbol{r}})|\psi(t)\rangle \tag{10.52}$$

给定粒子的初始状态$|\psi(t_0)\rangle$，我们可以在形式上给出式(10.52)的解，它具有算符指数的形式：

$$|\psi(t+t_0)\rangle=e^{-i\frac{E(\hat{\boldsymbol{p}},\hat{\boldsymbol{r}})}{\hbar}t}|\psi(t_0)\rangle \tag{10.53}$$

式(10.53)相当于给出了量子态$|\psi(t+t_0)\rangle$在时间上的平移规则。与之类似，注意到算符$\hat{p}_x=-i\hbar\partial_x$，我们同样可以用它写出量子态$|x\rangle$在空间上的平移规则。为此，我们只需要对表达式(10.27)进行简单的改写：

$$|x+a\rangle=\mathrm{e}^{-i\frac{\hat{p}_x}{\hbar}a}|x\rangle \tag{10.27'}$$

在经典物理中，能量守恒体现出物理体系的时间平移不变性，而动量守恒则对应着空间平移不变性。在这里，量子力学为我们展现出与之相似的数学结构：由于任意算符函数$F(\hat{p}_x)$都与空间平移算符$\exp(-i\hat{p}_xa/\hbar)$对易，因此当任意算符函数$F(\hat{p}_x)$作用于量子态$|x+a\rangle$时，对于任意实数a的取值，$F(\hat{p}_x)$在作用后都将得到相同的结果——这是动量守恒与空间平移不变性在量子力学

中的展现。关于量子力学中能量守恒的讨论完全与之类似。[1]

另外，我们可以证明算符$\boldsymbol{\hat{p}}$是一个厄米算符。基于式(10.26)给出的关系式$\partial^\dagger = -\partial$，再结合$i^\dagger = -i$，我们可以立即得到 $\boldsymbol{\hat{p}}^\dagger = \boldsymbol{\hat{p}}$ 这样的结论。根据式(10.36)所给出的对易关系$[\partial, \hat{x}] = \hat{1}$，我们不难证明算符$\hat{x}$和$\hat{p}$之间的不确定性关系如下：

$$[\hat{x}, \hat{p}] = i\hbar \tag{10.54}$$

它告诉我们，我们无法同时确定一个量子态的坐标和动量。式(10.54)也称为正则对易关系，它是对量子力学中著名的**测不准原理**（uncertainty principle）的数学表达。注意到能量算符$E(\hat{p}, \hat{x})$是一个关于坐标算符$\hat{x}$和动量算符$\hat{p}$的函数，而$\hat{x}$和$\hat{p}$均是厄米算符，因此如果我们假设能量函数$E(p, x)$为实数函数，则能量算符$E(\hat{p}, \hat{x})$应同样成为一个厄米算符。

注

事实上，能量算符之所以成为厄米算符，更多是由物理而非数学所直接决定的（因为能量是一个可观测量）。例如，对于二元实数函数$E(p, x) = px$，由于$\hat{x}\hat{p} \neq \hat{p}\hat{x}$，我们不能使用算符$\hat{x}$与$\hat{p}$毫无歧义地将实数$x$与$p$直接替换，而应该使用所谓的 Wigner-Weyl 变换$\mathcal{Q} : \mathcal{F} \to \mathcal{O}$。假如$A(x, p)$是一个二元函数，则我们通过如下规则将$A(x, p)$转化为算符：

$$\mathcal{Q}[A] = \hat{A}(\hat{x}, \hat{p}) \coloneqq \frac{1}{(2\pi\hbar)^{2n}} \iint \mathrm{d}x\mathrm{d}p \iint \mathrm{d}\xi\mathrm{d}\eta A(x, p) \exp\left\{\frac{i}{\hbar}[\xi(x - \hat{x}) + \eta(p - \hat{p})]\right\}$$

系数中的指数n代表积分变量x和p的维度。我们同样可以得出 Wigner-Weyl 逆变换$\mathcal{Q}^{-1}: \mathcal{O} \to \mathcal{F}$，它可以将一个算符转化为对应的函数：

$$\mathcal{Q}^{-1}[\hat{A}] = A(x, p) \coloneqq \int \mathrm{d}y \left\langle x + \frac{y}{2} \middle| \hat{A}(\hat{x}, \hat{p}) \middle| x - \frac{y}{2} \right\rangle \exp\left(-\frac{i}{\hbar}py\right)$$

如果$E(p, x) = px$，则由于$(\hat{p}\hat{x})^\dagger = \hat{x}\hat{p} \neq \hat{p}\hat{x}$，算符$\hat{p}\hat{x}$将无法成为一个厄米算符。不过，如果我们对函数$E(p, x)$进行 Wigner-Weyl 变换，可以得到$\hat{E}(\hat{p}, \hat{x}) = \mathcal{Q}[E] = (\hat{x}\hat{p} + \hat{p}\hat{x})/2$，而这样的$\hat{E}(\hat{p}, \hat{x})$确实就成为了厄米算符。算符$\hat{A} = \mathcal{Q}[A], \forall A \in \mathcal{F}$的厄米性，同样可以从$\mathcal{Q}[A]$的定义式中被直接看出，为此我们只需要注意到$i^\dagger = -i$，并将这里的负号用积分变量$\xi$与$\eta$一并吸收。

在不存在歧义的情况下，通过 Wigner-Weyl 变换所得到的结果，与用算符直接替换掉函数自变量所得到的结果相同。

厄米算符在物理学中具有重要的地位。例如，如果我们需要对任意量子态$|\psi\rangle$进行可逆的变

[1] 作为类比，由于角动量守恒体现出空间的旋转不变性，因此算符$\exp(-i\hat{L}_z\theta/\hbar)$可以将一个量子态围绕$z$轴的正方向（逆时针）旋转$\theta$角：其中，角动量算符$\hat{L}_z$被定义为$\hat{x}\hat{p}_y - \hat{y}\hat{p}_x$，与经典力学中角动量的定义类似。尽管我们不打算给出相应的证明，但读者有理由相信该结论的正确性。

换，并使用$\hat{U}|\psi\rangle, \hat{U} \in \mathcal{O}$标记变换后的结果，则根据量子态的归一化条件，算符$\hat{U} \in \mathcal{O}$应满足如下关系：

$$\hat{U}^\dagger \hat{U} = \hat{U}\hat{U}^\dagger = \hat{1} \tag{10.55}$$

我们称满足条件(10.56)的算符$\hat{U}$为**幺正算符**（unitary operator）。假如$\hat{U}$可以被写作算符指数的形式，且满足$\hat{U} = \exp(i\hat{A}s)$，$\exists\, s \in \mathbb{R}$，$\hat{A} \in \mathcal{O}$，则不难证明，算符$\hat{A}$为厄米算符，当且仅当算符$\hat{U}$为幺正算符。注意到，如果量子态之间通过幺正算符的变换构成一个群，那么这里的厄米算符$\hat{A}$便可以被视作群的一个**生成元**（generator）。

10.2.3 动量空间

10.2.2 节中对薛定谔方程启发式的引入，其过程或许依然存在些许不甚严谨之处；但薛定谔方程本身所能给出的诸多理论预言，早已被实验物理学家反复地验证。式(10.52)是薛定谔方程的一般形式，其中的动量算符$\hat{p}$和坐标算符$\hat{x}$，在数学结构上具有完全相同的地位：这促使我们像研究坐标算符$\hat{x}$一样，考察动量算符$\hat{p}$所具有的性质。动量算符定义式(10.47a)中的$\hat{p}$在坐标表象下具有如下形式：

$$\langle x'|\hat{p}|x\rangle = -i\hbar\, \delta(x - x')\partial_x \tag{10.56}$$

此时，我们计算算符$\hat{p}$对应于本征值p_i的本征函数$|p_i\rangle$，它所满足的特征方程如下：

$$\hat{p}|p_i\rangle = p_i|p_i\rangle \tag{10.57}$$

算符$\hat{p}$的厄米性保证了算符$\hat{p}$的任意本征值p_i为实数。将式(10.56)与式(10.57)结合，我们可以得到如下函数方程如下[1]：

$$-i\hbar\partial_x p_i(x) = p_i\, p_i(x) \tag{10.58}$$

对上述方程进行求解，与坐标算符的特征方程的求解类似，我们得到一组关于基矢量$\{|p_i\rangle\}_{p_i\in\mathbb{R}}$，它在坐标空间中的投影具有如下形式：

---

[1] 这里用到$\langle x|p_i\rangle = p_i(x)$，以及

$$\begin{aligned}\langle x|\hat{p}|p_i\rangle &= \int \mathrm{d}x'\, \langle x|\hat{p}|x'\rangle\langle x'|p_i\rangle \\ &= -i\hbar \int \mathrm{d}x'\, \delta(x' - x)\partial_{x'} p_i(x') = -i\hbar\partial_x p_i(x)\end{aligned}$$

$$\langle x|p_i\rangle = \frac{1}{\sqrt{2\pi}}\mathrm{e}^{i\,p_i x/\hbar} \tag{10.59}$$

指数函数之前的系数保证了基矢量$\{|p_i\rangle\}_{p_i\in\mathbb{R}}$的如下正交归一关系成立：

$$\begin{aligned}\langle p_i|p_j\rangle &= \frac{1}{2\pi}\int_{-\infty}^{\infty}\mathrm{d}x\,\langle p_i|x\rangle\langle x|p_j\rangle \\ &= \frac{1}{2\pi}\int_{-\infty}^{\infty}\mathrm{d}x\,\mathrm{e}^{i\,(p_j-p_i)x/\hbar} := \delta(p_i-p_j)\end{aligned} \tag{10.60}$$

如果读者了解δ函数的有关理论，可以知道式(10.60)中的最后一个等号，来自于δ函数的定义（之一）。另外，基组$\{|p_i\rangle\}_{p_i\in\mathbb{R}}$的完备性由数学中傅里叶展开的完备性所保证，因此基组$\{|p_i\rangle\}_{p_i\in\mathbb{R}}$与$\{|x_i\rangle\}_{x_i\in\mathbb{R}}$一样，是正交归一且完备的。

我们通常将以$\{|p_i\rangle\}_{x_i\in\mathbb{R}}$为基组的希尔伯特空间称为动量空间，或称为量子态的**动量表象**（momentum representation）；同样地，量子态在传统坐标空间中的表示也称为一个**坐标表象**（coordinate representation）。从式(10.59)的数学结构来看，函数$|p_i\rangle$为坐标表象下一个动量为p_i的平面波。

需要指出的是，任意函数$|\psi\rangle\in\mathcal{F}$都代表着一个希尔伯特空间中的矢量。这里的矢量是一个抽象而绝对的概念，它不依赖于表象的选取。假如$\langle x|\psi\rangle=\psi(x)$中$\psi(x)$的函数形式已知，我们就可以得到$|\psi\rangle$在动量表象下的函数$\tilde{\psi}(p)$。为此，我们只需进行一些简单的计算：

$$\tilde{\psi}(p) = \langle p|\psi\rangle = \int_{-\infty}^{\infty}\mathrm{d}x\,\langle p|x\rangle\langle x|\psi\rangle = \frac{1}{\sqrt{2\pi}}\int_{-\infty}^{\infty}\mathrm{d}x\mathrm{e}^{-ipx/\hbar}\psi(x) \tag{10.61}$$

从数学上来看，函数$\tilde{\psi}(p)$是函数$\psi(x)$在一维傅里叶变换之后得到的结果，而傅里叶变换本身同样对应于算符集合$\mathcal{O}$中的一个元素。当函数$\psi(x)$为狄拉克δ函数时，它代表着一个具有确定位置的粒子，此时动量空间中的函数$\tilde{\psi}(p)\sim\mathrm{e}^{-ipx_0/\hbar}$，其模长将在动量空间中具有均匀的取值，标志着粒子完全无法被确定地动量——这是量子力学中位置与动量不确定性关系的直观体现。

从动量表象出发，我们同样可以得到一系列与算符平移有关的结论，例如

$$\begin{aligned}\mathrm{e}^{iq\hat{x}/\hbar}|p\rangle &= \int \mathrm{e}^{iq\hat{x}/\hbar}|x\rangle\langle x|p\rangle\,\mathrm{d}x = \frac{1}{\sqrt{2\pi}}\int \mathrm{e}^{iqx/\hbar}|x\rangle\mathrm{e}^{ipx/\hbar}\,\mathrm{d}x \\ &= \frac{1}{\sqrt{2\pi}}\int \mathrm{e}^{i(p+q)x/\hbar}|x\rangle\,\mathrm{d}x = \int |x\rangle\langle x|p+q\rangle\,\mathrm{d}x = |p+q\rangle \quad \forall\, q\in\mathbb{R}\end{aligned} \tag{10.62}$$

以及

$$\mathrm{e}^{iq\hat{x}/\hbar}f(\hat{p})\mathrm{e}^{-iq\hat{x}/\hbar} = \int_{-\infty}^{\infty}\mathrm{e}^{iq\hat{x}/\hbar}f(\hat{p})|p\rangle\langle p|e^{-iq\hat{x}/\hbar}\,\mathrm{d}p = \int_{-\infty}^{\infty}\mathrm{e}^{iq\hat{x}/\hbar}|p\rangle f(p)\langle p|e^{-iq\hat{x}/\hbar}\,\mathrm{d}p$$

$$= \int_{-\infty}^{\infty} f(p)\,|p+q\rangle\langle p+q|\,\mathrm{d}p = \int_{-\infty}^{\infty} f(p)\,|p+q\rangle\langle p+q|\,\mathrm{d}p \ = f(\hat{p}-q)$$

(10.63)

关于坐标空间和动量空间中一系列与算符相联系的性质，我们在表 10.1 中一并加以整理汇总，供读者参考。事实上，对于任意满足对易关系$[\hat{\Phi},\hat{\Pi}] = i\hbar$的无界厄米算符$\hat{\Phi}$和$\hat{\Pi}$，我们都可以构造出表 10.1 中所列举的全部性质。这里的$\hat{\Phi}$和$\hat{\Pi}$可以分别称为体系的广义坐标算符和广义动量算符——例如超导物理中的电子数$\hat{N}$及相位$\hat{\varphi}$，它们满足类似的不确定性关系[1]：

$$[\hat{N},\hat{\varphi}] = i \tag{10.64}$$

表 10.1 坐标表象和动量表象下算符的性质

	坐标表象（coordinate representation）		动量表象（momentum representation）	
算符	$\hat{x}$	-	$\hat{p}$	-
基矢	$\{\lvert x_i\rangle\}_{x_i\in\mathbb{R}}$	-	$\{\lvert p_i\rangle\}_{p_i\in\mathbb{R}}$	-
特征方程	$\hat{x}\lvert x_i\rangle = x_i\lvert x_i\rangle$	式(10.5)	$\hat{p}\lvert p_i\rangle = p_i\lvert p_i\rangle$	式(10.57)
坐标表象投影（基矢）	$\langle x\lvert x_i\rangle = \delta(x-x_i)$	式(10.12)	$\langle x\lvert p_i\rangle = \frac{1}{\sqrt{2\pi}}e^{i\,p_i x/\hbar}$	式(10.59)
动量表象投影（基矢）	$\langle p\lvert x_i\rangle = \frac{1}{\sqrt{2\pi}}\mathrm{e}^{-i\,px_i/\hbar}$	式(10.59)	$\langle p\lvert p_i\rangle = \delta(p-p_i)$	式(10.60)
坐标表象投影（算符）	$\langle x'\lvert\hat{x}\rvert x\rangle = x\delta(x'-x)$	式(10.12)	$\langle x'\lvert\hat{p}\rvert x\rangle = -i\hbar\,\delta(x'-x)\partial_x$	式(10.47)
动量表象投影（算符）	$\langle p'\lvert\hat{x}\rvert p\rangle = i\hbar\,\delta(p'-p)\,\partial_p$	-	$\langle p'\lvert\hat{p}\rvert p\rangle = p\delta(p'-p)$	式(10.60)
平移基矢	$\mathrm{e}^{-i\hat{p}a/\hbar}\lvert x\rangle = \lvert x+a\rangle$	式(10.27′)	$\mathrm{e}^{iq\hat{x}/\hbar}\lvert p\rangle = \lvert p+q\rangle$	式(10.62)
平移算符函数	$\mathrm{e}^{i\hat{p}a/\hbar}f(\hat{x})\,\mathrm{e}^{-i\hat{p}a/\hbar} = f(\hat{x}+a)$	式(10.38)	$\mathrm{e}^{-iq\hat{x}/\hbar}f(\hat{p})\mathrm{e}^{iq\hat{x}/\hbar} = f(\hat{p}+q)$	式(10.63)

也就是说，在表 10.1 中将所有的坐标算符$\hat{x}$替换为粒子数算符$\hat{N}$，将所有的动量算符$\hat{p}$替换为相位算符$\hat{\varphi}$，并将所有的约化普朗克常数$\hbar$取为1，这样得到的表达式依然是正确的。粒子数和相位的对易关系式(10.64)是基于超导量子计算的核心所在。

动量和坐标表象之下的另一有趣现象发生在两个（可分辨的）量子态之间。我们使用记号$|\psi_1,\psi_2\rangle$标记一个二元函数集合$\mathcal{F}_2$中的元素[2]，它满足如下符号约定：

---

[1] 参考 Michael Tinkham 写作的超导物理教材 *Introduction to Superconductivity* 中的 7.3 节。严格来说，由于质量守恒，超导体中电子的数目永远都应该是守恒的；对易关系 $[\hat{N},\hat{\varphi}] = i$ 中算符$\hat{N}$所代表的“电子数”应该被理解为超导体中库伯对（cooper pair）的数目。

[2] ψ_1和ψ_2不是二元函数的自变量，记号“$|\psi_1,\psi_2\rangle$”作为一个整体构成了函数的名称。另外，本章中我们认为粒子可分辨（即不考虑二次量子化），此时$|\psi_1,\psi_2\rangle$可被理解为量子态$|\psi_1\rangle$和$|\psi_2\rangle$的直积，即$|\psi_1,\psi_2\rangle \coloneqq |\psi_1\rangle\otimes|\psi_2\rangle$。直积的严格定义见 10.3.1 节。

$$\langle x_1, x_2|\psi_1, \psi_2\rangle \coloneqq \psi_1(x_1)\psi_2(x_2) \tag{10.65}$$

例如在这样的记号下，二元函数$|x_1, p_2\rangle$便在直观上描述了“第 1 个粒子处于位置x_1，第 2 个粒子具有动量p_2”这样的量子体系。对于量子态$|x_1, x_2\rangle$而言，它将是算符$\hat{x}_1$和$\hat{x}_2$的共同本征态。此时，如果我们能够令算符$e^{-i\hat{p}_2\hat{x}_1/\hbar}$作用于量子态$|x_1, x_2\rangle$，将会得到：

$$e^{-i\hat{p}_2\hat{x}_1/\hbar}|x_1, x_2\rangle = e^{-i\hat{p}_2 x_1/\hbar}|x_1, x_2\rangle = |x_1, x_1 + x_2\rangle \tag{10.66}$$

这里用到了关系$|x + a\rangle = \exp(-i\hat{p}a/\hbar)\,|x\rangle$，且注意到作用于不同量子态的算符$\hat{x}_1$和$\hat{p}_2$相互对易，因此$e^{-i\hat{p}_2\hat{x}_1/\hbar}|x_1, x_2\rangle = e^{-i\hat{p}_2 x_1/\hbar}\,|x_1, x_2\rangle$。

我们可以将式(10.66)写成算符映射的形式：

$$e^{-i\hat{p}_2\hat{x}_1/\hbar}：|x_1, x_2\rangle \mapsto |x_1, x_1 + x_2\rangle \tag{10.67}$$

从直观上来看，算符$e^{-i\hat{p}_2\hat{x}_1/\hbar}$对第 1 个粒子的状态没有影响，而仅仅改变了第 2 个粒子的坐标，因此算符$e^{-i\hat{p}_2\hat{x}_1/\hbar}$在形式上实现了通过“粒子 1”对“粒子 2”状态的控制。如果量子态$|x_1\rangle$以及$|x_2\rangle$中存储了我们所需的信息，则它们的地位类似于经典计算机中的**寄存器**（register），此时我们称“粒子 1”为**控制寄存器**（control register），称“粒子 2”为**目标寄存器**（target register），式(10.67)在形式上实现了量子计算中的加法。

然而，如果在坐标表象下观察算符$e^{-i\hat{p}_2\hat{x}_1/\hbar}$作用的效果，则根据式(10.62)，我们可以类似地得到：

$$e^{-i\hat{p}_2\hat{x}_1/\hbar}|p_1, p_2\rangle = e^{-ip_2\hat{x}_1/\hbar}|p_1, p_2\rangle = |p_1 - p_2, p_2\rangle \tag{10.68}$$

式(10.68)同样可以被完全等价地写成映射的形式：

$$e^{-i\hat{p}_2\hat{x}_1/\hbar}：|p_1, p_2\rangle \mapsto |p_1 - p_2, p_2\rangle \tag{10.68$'$}$$

这告诉我们，作为控制寄存器的第 1 个粒子，在算符$e^{-i\hat{p}_2\hat{x}_1/\hbar}$的作用下，仅仅只有在坐标空间中才能够保持量子态不变；而在动量空间中，粒子 1 将感受到目标寄存器（粒子 2）的反作用。由于在坐标表象下，动量p_2对于粒子 1 而言相当于一个相位因子，因此式(10.68)所给出的效应也被称为**相位回传**（phase kickback）——这是牛顿第三定律在量子力学中的体现。

*10.3 基于量子体系的自动微分

在对量子计算的数学及物理基础进行简要介绍之后，我们将在本节中介绍基于量子体系的自动微分。在 10.3.1 节中，我们将对量子比特这一量子计算的基本单元进行简要说明，并通过引入量子态、希尔伯特空间以及算符的直积，凸显量子计算与经典计算在物理机制上的相似性与差异。在 10.3.2 节中，我们将介绍基于量子体系的自动微分，并以机器学习中的监督学习作为示例，展现量子计算中参数更新的基本思路，读者可以从中体会经典机器学习与量子机器学习的异同。

10.3.1 量子比特

在经典计算机中，我们用 0 和 1 的组合表示数字，用机器指令的组合构造函数。在（二进制）经典计算机中，信息的最小单位称为一个**比特**（bit），它可以对应于电子电路中晶体管的通断、电平的高低，抑或是硬盘之中磁畴的取向、光盘表面反射率的大小。

我们也可以在形式上将经典电路中的比特写作$|0\rangle$和$|1\rangle$这样的形式。然而，它与真实量子态最大的不同在于，量子力学中的量子态可以被线性地叠加。对于二能级体系，我们可以以如下方式构造量子态$|\psi\rangle$：

$$|\psi\rangle = c_1|0\rangle + c_2|1\rangle, \qquad \forall\, c_1, c_2 \in \mathbb{C},\ |c_1|^2 + |c_2|^2 = 1$$

此时，量子态$|\psi\rangle$将以$|c_1|^2$的概率处于$|0\rangle$态，以$|c_2|^2$的概率处于$|1\rangle$态。这样的二能级体系$|\psi\rangle$称为一个**量子比特**（qubit），如图 10.2 所示。在经典计算机中，c_1和c_2的取值只能为0或1；而在量子计算机中，c_1和c_2可以取遍复数域内满足约束条件$|c_1|^2 + |c_2|^2 = 1$的任意复数。我们无须询问量子态$|\psi\rangle$究竟处在哪一个状态，诸多物理实验表明，在进行**测量**（measurement）之前，量子态$|\psi\rangle$确实处于两个状态的叠加。薛定谔曾将这里的$|0\rangle$态和$|1\rangle$态理解为放射性物质的衰变与否，而如果放射性物质发生衰变，则将触发盒子中的机关，从而释放毒药，将盒子之中的猫毒死，进而实现微观粒子的量子态与宏观物体状态的相互纠缠。量子力学认为，在打开盒子之前，薛定谔的猫确实处于“既死又活”状态的叠加，猫的死活只有当打开盒子的一瞬间才能被决定。薛定谔的猫由于其本身的戏剧性，成为了量子力学中最为人熟知的概念，其知名度或许远远超过薛定谔方程本身。

在经典计算机中，我们使用经典比特0和1的组合来表示数字及特殊字符。例如如果我们将整数15转化为二进制数$(1111)_2$，并使用 8 位无符号整型的数据类型对此加以存储，则将会在内存空间中得到00001111的编码。在同一时刻，8 个经典比特只能表示范围[0,256)中的 1 个整数，而在进行计算时，程序将仅对该整数进行处理。

而在量子计算机中，8 个量子比特可以同时表示[0,256)中所有的整数，它们可以以一定的概率进行叠加。此时，如果使用某一量子算法对这 8 个量子比特进行操作，程序将对所有的叠加态**同时**进行计算！这一天生的并行特性，使得量子计算机（在理论上）具有比经典计算机更强的算力，但同时也对量子算法的设计提出了更高的要求。

图 10.2 左图为扫雷游戏的截图，格子中的数字代表与该格子相邻的周围 8 个格子中雷的数目。在左图中央的 4 个格子中，由于四周出现的数字完全对称，我们将无法通过逻辑推断出中央四格中地雷的分布情况——这类似于一个二能级的量子比特。在不进行“测量”时，我们将无法确定（自由初始化的）量子比特在某一时刻所处在的状态，两种可能的量子态以一定的概率进行叠加。当两个状态存在的几率相等时，由于归一化的要求，它们的组合系数均为$1/\sqrt{2}$，如下图所示。

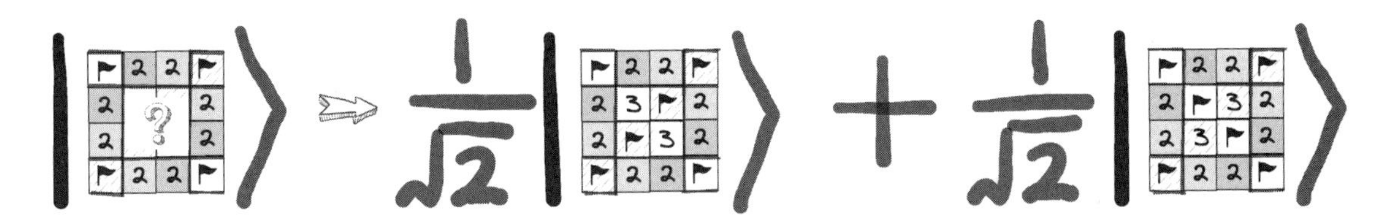

为了严格地定义量子态之间的纠缠，我们需要引入量子态的**直积**（direct product）。例如在数学中，二维欧式空间$\mathbb{R}^2$便可以被理解为实数集$\mathbb{R}$与其自身的直积：

$$\mathbb{R}^2 \equiv \mathbb{R} \times \mathbb{R} \coloneqq \{(x, y) |\ x, y \in \mathbb{R}\} \tag{10.69}$$

这种形式的直积也称作**笛卡儿积**（Cartesian product），它在本书中曾被广泛地使用。与之类似，如果我们将希尔伯特空间记作$\mathcal{H}$，则可以以如下方式标记希尔伯特空间中两个**量子态的直积**：

$$|\psi\rangle \otimes |\varphi\rangle \in \mathcal{H}_1 \otimes \mathcal{H}_2, \qquad \forall\, |\psi\rangle \in \mathcal{H}_1, |\varphi\rangle \in \mathcal{H}_2 \tag{10.70}$$

我们将所有形如 $|\psi\rangle \otimes |\varphi\rangle$ 这样的量子态（及其线性组合）所构成的集合记作$\mathcal{H}_1 \otimes \mathcal{H}_2$，表示**希尔伯特空间的直积**。这里的记号$\mathcal{H}$与前文中的函数集$\mathcal{F}$类似（见 10.1.1 节），并可以在形式上与第 4 章中含参函数的集合$\mathcal{H}$对应。本书中，希尔伯特空间$\mathcal{H}$应该被理解为一个定义有内积结构且完备的函数空间。

在这里，由于式(10.70)中的希尔伯特空间$\mathcal{H}_1$和$\mathcal{H}_2$（根据定义）是完备的，我们可以在其中

分别选取一组正交完备的基组$\{|\psi_n\rangle\}_{n=0}^{\infty}$和$\{|\varphi_m\rangle\}_{m=0}^{\infty}$。[1]此时，基组$\{|\psi_n\rangle\}_{n=0}^{\infty}$与$\{|\varphi_m\rangle\}_{m=0}^{\infty}$中量子态两两之间的直积，构成了空间$\mathcal{H}_1 \otimes \mathcal{H}_2$一组正交完备的基组，记作$\{|\psi_n\rangle \otimes |\varphi_m\rangle\}_{n,m=0}^{\infty}$。$\mathcal{H}_1 \otimes \mathcal{H}_2$中的任意量子态$|\Phi\rangle$，都可以在这组基下展开：

$$|\Phi\rangle = \sum_{n,m=0}^{\infty} c_{nm}|\psi_n\rangle \otimes |\varphi_m\rangle, \qquad \forall\, |\Phi\rangle \in \mathcal{H}_1 \otimes \mathcal{H}_2,\ c_{nm} \in \mathbb{C} \tag{10.71}$$

归一化条件要求量子态之间的组合系数服从 $\sum_{n,m}^{\infty}|c_{nm}|^2 = 1$这样的关系。

仿照 10.1.1 节中狄拉克左矢与右矢之间的共轭转置关系（即$|\psi\rangle^\dagger \coloneqq \langle\psi|$ 对任意$|\psi\rangle \in \mathcal{H}$成立），我们还可以定义出空间$\mathcal{H}_1 \otimes \mathcal{H}_2$中元素$|\psi\rangle \otimes |\varphi\rangle$的共轭转置：

$$(|\psi\rangle \otimes |\varphi\rangle)^\dagger \coloneqq \langle\psi| \otimes \langle\varphi|, \qquad \forall\ |\psi\rangle \otimes |\varphi\rangle \in \mathcal{H}_1 \otimes \mathcal{H}_2 \tag{10.72}$$

以及空间$\mathcal{H}_1 \otimes \mathcal{H}_2$中元素的内积：

$$(\langle\psi_1| \otimes \langle\varphi_1|)(|\psi_2\rangle \otimes |\varphi_2\rangle) \coloneqq \langle\psi_1|\psi_2\rangle\langle\varphi_1|\varphi_2\rangle \in \mathbb{C} \tag{10.73}$$

此时，基组$\{|\psi_n\rangle \otimes |\varphi_m\rangle\}_{n,m=0}^{\infty}$在如下意义上正交完备：

$$(\langle\psi_s| \otimes \langle\varphi_t|)(|\psi_n\rangle \otimes |\varphi_m\rangle) = \langle\psi_s|\psi_n\rangle\langle\varphi_t|\varphi_m\rangle = \delta_{sn}\delta_{tm} \tag{10.74}$$

式(10.65)与式(10.74)是式(10.73)的特例。由于通过希尔伯特空间$\mathcal{H}_1$与$\mathcal{H}_2$的直积所得到的函数空间依然是完备的，且其中具有定义良好的内积结构，因此$\mathcal{H}_1 \otimes \mathcal{H}_2$依然能够成为一个希尔伯特空间。

由直积构造出的希尔伯特空间同样是一个线性空间，即对于任意$|\psi_1\rangle, |\varphi_1\rangle \in \mathcal{H}_1$，$|\psi_2\rangle, |\varphi_2\rangle \in \mathcal{H}_2$，$\forall\, \alpha, \beta \in \mathbb{C}$，我们有：

$$(\alpha\,|\psi_1\rangle + \beta\,|\varphi_1\rangle) \otimes |\psi_2\rangle = \alpha\,|\psi_1\rangle \otimes |\psi_2\rangle + \beta\,|\varphi_1\rangle \otimes |\psi_2\rangle\ \in \mathcal{H}_1 \otimes \mathcal{H}_2 \tag{10.75a}$$

$$|\psi_1\rangle \otimes (\alpha\,|\psi_2\rangle + \beta\,|\varphi_2\rangle) = \alpha\,|\psi_1\rangle \otimes |\psi_2\rangle + \beta\,|\psi_1\rangle \otimes |\varphi_2\rangle\ \in \mathcal{H}_1 \otimes \mathcal{H}_2 \tag{10.75b}$$

应该指出的是，并非所有$\mathcal{H}_1 \otimes \mathcal{H}_2$中的元素都可以写作式(10.70)中两个量子态的直积形式。对于任意的量子态$|\Phi\rangle \in \mathcal{H}_1 \otimes \mathcal{H}_2$，它所具有的一般形式应该如式(10.73)所示。不过，如果

[1] 类似“$\{|\psi_n\rangle\}_{n=0}^{\infty}$”这样的记号或许会令读者误认为希尔伯特空间中基组的数目必须是**可数的**（countable），然而在实际中，例如当我们以$\{|x_i\rangle\}_{x_i\in\mathbb{R}}$作为希尔伯特空间的基组时，$\{|x_i\rangle\}_{x_i\in\mathbb{R}}$中基组的数目实则是不可数的。在后文中，无论基组数目是否可数，我们将一并以类似于“$\{|\psi_n\rangle\}_{n=0}^{\infty}$”这样的记号对基组加以标记，并依然使用记号“$\sum_{n=0}^{\infty} c_n|\psi_n\rangle$”代表对基组的求和。

$\mathcal{H}_1 \otimes \mathcal{H}_2$中的元素确实可以写成两个量子态的直积，我们一般将这样的量子态称为一个**纯态**（pure state）。与之相应，我们将那些不能写成两个量子态直积的元素称为一个**混态**（mix state）。例如，假设$|0\rangle, |1\rangle$是希尔伯特空间$\mathcal{H}$中的两个量子态，则$|\Phi_1\rangle = \frac{1}{2}(|0\rangle \otimes |0\rangle + |0\rangle \otimes |1\rangle + |1\rangle \otimes |0\rangle + |1\rangle \otimes |1\rangle)$将成为一个纯态，因为$|\Phi_1\rangle \in \mathcal{H} \otimes \mathcal{H}$可以被表示为量子态$\frac{1}{\sqrt{2}}(|0\rangle + |1\rangle) \in \mathcal{H}$与其自身的直积。而量子态$|\Phi_2\rangle = \frac{1}{\sqrt{2}}(|0\rangle \otimes |0\rangle + |1\rangle \otimes |1\rangle)$将成为一个混态，因为它无法被写作两个量子态的直积。我们也可以尝试从线性代数的角度对此加以理解，为此，将$|\Phi_1\rangle$与$|\Phi_2\rangle$写成更具启发性的如下形式：

$$|\Phi_1\rangle = [|0\rangle, |1\rangle]\begin{bmatrix}1/2 & 1/2\\1/2 & 1/2\end{bmatrix}\begin{bmatrix}|0\rangle\\|1\rangle\end{bmatrix}, \qquad |\Phi_2\rangle = [|0\rangle, |1\rangle]\begin{bmatrix}1/\sqrt{2} & 0\\0 & 1/\sqrt{2}\end{bmatrix}\begin{bmatrix}|0\rangle\\|1\rangle\end{bmatrix}$$

量子态$|\Phi_1\rangle$中矩阵的秩为 1，意味着它的所有行（列）向量之间均线性相关，因此该矩阵可以被表示为单一列向量与行向量的乘积，例如$[1/2, 1/2]^T \cdot [1, 1]$或者$\left[1/\sqrt{2}, 1/\sqrt{2}\right]^T \cdot \left[1/\sqrt{2}, 1/\sqrt{2}\right]$。而量子态$|\Phi_2\rangle$中矩阵的秩为 2，这意味着该矩阵无法被写成单一列向量与行向量的乘积，也就无法再成为一个纯态。在上例中，$|\Phi_1\rangle$与$|\Phi_2\rangle$各个分量之前所乘上的系数，是为了使得量子态的波函数满足归一化条件。

一个用于描绘$|\Phi_2\rangle$这样量子纠缠的体系如图 10.3 所示。

图 10.3 左图同样为扫雷游戏的截图，直观来看，相比于图 10.2，图 10.3 类似于两个量子比特在相互“靠近”时所展现出的形态。当两个量子比特相互“远离”时，它们之间可能状态一共有 4 种，它对应于二能级体系希尔伯特空间$\mathcal{H}^2$的（由基态$|0\rangle$和$|1\rangle$所撑开的子空间的）维数，对应于正文中的量子态$|\Phi_1\rangle$。而当两个量子比特相互“靠近”时，它们之间可能的状态将退化为两种，如下图所示。这样的混态也被称为一个完全纠缠态，对应于正文中的量子态$|\Phi_2\rangle$；此时我们可以通过其中一个粒子所在的状态，完全地确定另一个粒子所在的状态：例如在物理上由两电子体系所构成的自旋单态（spin singlet）。

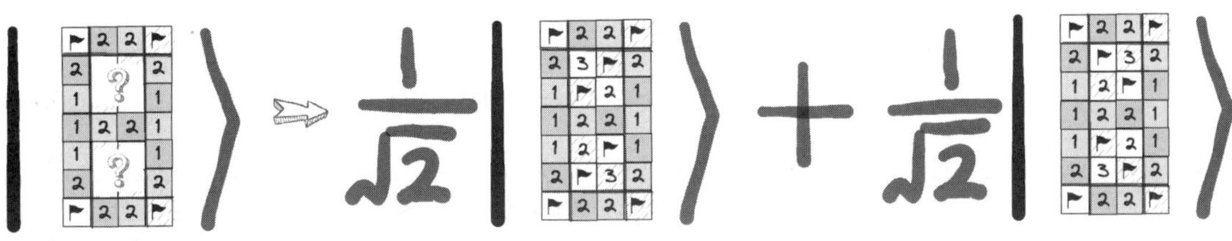

本节中的所有结论不难被推广到任意个希尔伯特空间$\mathcal{H}_1,\mathcal{H}_2,\ldots,\mathcal{H}_n$的直积。我们将这样的直积记作$\bigotimes_{i=1}^{n}\mathcal{H}_i \coloneqq \mathcal{H}_n \otimes \mathcal{H}_{n-1} \otimes \ldots \otimes \mathcal{H}_1$，并假设直积的顺序随着下标递减。如果希尔伯特空间$\mathcal{H}_1,\mathcal{H}_2,\ldots,\mathcal{H}_n$均相等（记作$\mathcal{H}$），则也可以将它们之间的直积简记作$\mathcal{H}^n$，作为与数学中笛卡儿积的类比。

我们还可以考虑**算符的直积**。为此，只需定义算符作用于量子态后返回的结果。对于算符集合$\mathcal{O}_1 \coloneqq \{\hat{o}_1 |\, \hat{o}_1\colon \mathcal{H}_1 \to \mathcal{H}_1\}$以及$\mathcal{O}_2 \coloneqq \{\hat{o}_2 |\, \hat{o}_2\colon \mathcal{H}_2 \to \mathcal{H}_2\}$，我们定义其中任意算符$\hat{o}_1$与$\hat{o}_2$的直积$\hat{o}_1 \otimes \hat{o}_2$如下：

$$
\begin{aligned}
&\hat{o}_1 \otimes \hat{o}_2\colon\ \mathcal{H}_1 \otimes \mathcal{H}_2 \to \mathcal{H}_1 \otimes \mathcal{H}_2 \\
&|\psi\rangle \otimes |\varphi\rangle \mapsto \hat{o}_1|\psi\rangle \otimes \hat{o}_2|\varphi\rangle
\end{aligned}
\tag{10.76}
$$

我们将所有这样的算符（及其线性组合）所构成的集合记作$\mathcal{O}_1 \otimes \mathcal{O}_2$，代表**算符集合的直积**。根据式(10.75)，我们不难证明集合$\mathcal{O}_1 \otimes \mathcal{O}_2$中的任意算符依然是线性的，并且如果算符$\hat{o}_1$与$\hat{o}_2$均为厄米算符，则二者的直积$\hat{o}_1 \otimes \hat{o}_2$将依然是厄米的。

另外应该指出的是，尽管式(10.76)中通过直积构造的算符$\hat{o}_1 \otimes \hat{o}_2$，确实可以作用于希尔伯特空间$\mathcal{H}_1 \otimes \mathcal{H}_2$中的任意量子态$|\psi\rangle \otimes |\varphi\rangle$；然而，作用于量子态$|\psi\rangle \otimes |\varphi\rangle$的算符却不一定具有算符直积的形式——例如，10.2.3 节中的算符$\exp(-i\hat{p}_2\hat{x}_1/\hbar)$确实可以作用于$|x_1\rangle \otimes |x_2\rangle$或$|p_1\rangle \otimes |p_2\rangle$等通过直积而构造的量子态，但该算符本身并不能被分解为算符的直积。

上述结论不难被推广到任意个算符集合$\mathcal{O}_1,\mathcal{O}_2,\ldots,\mathcal{O}_n$的直积。我们将这样的直积记作$\bigotimes_{i=1}^{n}\mathcal{O}_i \coloneqq \mathcal{O}_n \otimes \mathcal{O}_{n-1} \otimes \ldots \otimes \mathcal{O}_1$，同样假设直积的顺序随着下标递减。如果希尔伯特空间$\mathcal{O}_1,\mathcal{O}_2,\ldots,\mathcal{O}_n$均相等（记作$\mathcal{O}$），则我们也可以将它们之间的直积简记作$\mathcal{O}^n$。

作为与经典比特的类比，我们将在本节的末尾介绍**量子寄存器**对离散数值的模拟。此时我们假设可以得到N个完全纠缠的二能级量子比特，且对其中任意一个单量子比特的酉变换操作，都可以通过实验手段被构造出来[1]。在这样的假设下，由于量子比特之间能够实现完全纠缠，它将张成完整的希尔伯特空间$\mathcal{H}^N$，我们将作用于第n个量子态的酉变换记作$\widehat{U}^{(n)}$，且考虑如下一类特殊的酉变换[2]：

$$
\hat{X} = \begin{bmatrix} 0 & 1 \\ 1 & 0 \end{bmatrix},\qquad \hat{Y} = \begin{bmatrix} 0 & -i \\ i & 0 \end{bmatrix},\qquad \hat{Z} = \begin{bmatrix} 1 & 0 \\ 0 & -1 \end{bmatrix}
\tag{10.77}
$$

它们被称为**泡利矩阵**（Pauli matrix），例如对于其中的$\hat{Z}$矩阵，我们有：

$$
\begin{aligned}
\hat{Z}|\psi\rangle &= \hat{Z}(c_1|0\rangle + c_2|1\rangle) \\
&= c_1\hat{Z}|0\rangle + c_2\hat{Z}|1\rangle = c_1|0\rangle - c_2|1\rangle
\end{aligned}
\tag{10.78}
$$

---

[1] 参考 Michael A. Nielsen 及 Isaac L. Chuang 写作的量子计算专著 *Quantum Computation and Quantum Information.*。

[2] 本质上来说，式(10.77)给出的是酉变换在一组基矢下的**标准表示**（standard representation）。对于泡利矩阵而言，它对应着$SU(2)$群的三个生成元。泡利矩阵之间的对易关系与李代数$su(2)$的代数结构类似，二者仅相差一个常数系数。

此时，我们可以构造一个算符$\hat{J}_{2^N} \in \mathcal{O}^N$如下：

$$\hat{J}_{2^N} = \sum_{n=1}^{N} 2^{n-2}\left(\hat{I}_2^{(n)} - \hat{Z}_2^{(n)}\right) \tag{10.79}$$

例如当算符$\hat{J}_{2^N}$中的参数$N = 8$时，将其作用于量子态$|00001111\rangle \coloneqq |0\rangle \otimes |0\rangle \dots |1\rangle \otimes |1\rangle \in \mathcal{H}^8$，我们能够得到

$$\begin{aligned}\hat{J}_{2^8}|00001111\rangle &\coloneqq \sum_{n=1}^{8} 2^{n-2}\left(\hat{I}_2^{(n)} - \hat{Z}^{(n)}\right)|0\rangle \otimes |0\rangle \dots |1\rangle \otimes |1\rangle \\ &= (2^{4-2} \times 2 + 2^{3-2} \times 2 + 2^{2-2} \times 2 + 2^{1-2} \times 2)|0\rangle \otimes |0\rangle \dots |1\rangle \otimes |1\rangle \\ &= 15|00001111\rangle\end{aligned}$$

与经典比特进行类比，并注意到二进制数与十进制数之间的转换关系$(00001111)_2 = (15)_{10}$，如果我们将量子态 $|00001111\rangle$ 记作 $|15\rangle$，就可以以此对算符$\hat{J}_{2^N}$进行重写，得到更为简洁的如下表达式[1]。通常而言，人们将它作为算符$\hat{J}_d$的定义：

$$\hat{J}_d \coloneqq \sum_{j=0}^{d-1} j\ |j\rangle\langle j| \tag{10.80}$$

通过测量算符$\hat{J}_d$在一定区间内的本征值，可将其用于模拟有限区间$[a, b] \subset \mathbb{R}$内的连续算符$\hat{\Phi}$，使得$N$个完全纠缠的二能级粒子的行为，类似于一个具有连续取值的寄存器。这样的寄存器可以同时表示2^N的量子态数目，其所在希尔伯特空间$\mathcal{H}^N$子空间的维数是2^N。

对于一个d维的寄存器而言，有限区间$[a, b] \subset \mathbb{R}$内的连续算符$\hat{\Phi}$具有如下定义：

$$\hat{\Phi}_d \coloneqq \frac{(b-a)}{d-1}\hat{J}_d + a\hat{I}_d \tag{10.81}$$

这里的算符$\hat{I}_d$是$\mathcal{H}^N$中的恒等算符。

10.3.2 参数优化

在 10.2.3 节的末尾，我们在式(10.70)中给出了量子计算中加法的构造方式。事实上，量子计

[1] 式(10.76)可参考 Guillaume Verdon 等人于 2018 年发表的文章 *A Universal Training Algorithm for Quantum Deep Learning*。在后文中，该文章为我们主要参考的文献。

算中乘法的构造是与之完全类似的。如果算符$\hat{\Phi}_i$和$\hat{\Pi}_j$满足与坐标动量类似的对易关系，即$[\hat{\Phi}_i, \hat{\Pi}_j] = i\,\delta_{ij}$，则我们可以得到加法与乘法的量子版本实现：

$$e^{-i\hat{\Phi}_1\hat{\Pi}_3}e^{-i\hat{\Phi}_1\hat{\Pi}_3}\colon |\Phi_1, \Phi_2, 0\rangle \to |\Phi_1, \Phi_2, \Phi_1 + \Phi_2\rangle \tag{10.82a}$$

$$e^{-i\hat{\Phi}_1\hat{\Phi}_2\hat{\Pi}_3}\colon |\Phi_1, \Phi_2, 0\rangle \to |\Phi_1, \Phi_2, \Phi_1\Phi_2\rangle \tag{10.82b}$$

这里的数学结构已然与 2.2.2 节中式(2.39a)与(2.39c)极其类似。而在本节中，我们将对量子参数优化中用到的训练算法进行较为一般的介绍。在经典的机器学习算法的设计中，我们通常会考虑以下 3 个主要的组成部分（见 7.1.1 节）。

- **模型**（model）：一个含有待定参数的函数族$\mathcal{H}$，通常为具有一定层数的神经网络。
- **损失函数**（cost function）：用于判断模型是否能正确刻画输入数据的规律。
- **优化器**（optimizer）：通过最小化损失函数来确定模型中待定的参量。

而在量子计算中，我们假设模型由一个含参的酉变换所刻画，并将酉变换的参数记作$|\mathbf{\Phi}\rangle$，它可以是一系列量子寄存器中量子态的直积：

$$|\mathbf{\Phi}\rangle \coloneqq |\Phi_n\rangle \otimes \dots \otimes |\Phi_1\rangle \tag{10.83}$$

我们将参数$|\mathbf{\Phi}\rangle$所在的希尔伯特空间记作$\mathcal{H}_{\mathbf{\Phi}}$，将量子算法对应的酉变换记作$\hat{U}(\mathbf{\Phi})$，它可以是一系列形如式(10.82a)和式(10.82b)这样的酉变换的叠加。量子算法$\hat{U}(\mathbf{\Phi})$作用的空间，应该对应着模型中输入的数据。如果我们将数据集所在的希尔伯特空间记作$\mathcal{H}_c$，则$\hat{U}(\mathbf{\Phi})$将给出一个$\mathcal{H}_c \to \mathcal{H}_c$的映射。我们将参数$|\mathbf{\Phi}\rangle$所在的希尔伯特空间$\mathcal{H}_{\mathbf{\Phi}}$称为**参数空间**（parameter space），将量子算法$\hat{U}(\mathbf{\Phi})$所作用的希尔伯特空间$\mathcal{H}_c$称为**计算空间**（computational space）。为了体现量子计算的特性，避免酉变换$\hat{U}(\mathbf{\Phi})$中出现外部控制的参数，我们将全希尔伯特空间构造为$\mathcal{H}_{\mathbf{\Phi}} \otimes \mathcal{H}_c$，在此空间下的酉变换将完全具有算符的形式：

$$\hat{U}(\hat{\mathbf{\Phi}}) \coloneqq \sum_{\mathbf{\Phi}} |\mathbf{\Phi}\rangle\langle\mathbf{\Phi}| \otimes \hat{U}(\mathbf{\Phi}) \tag{10.84}$$

读者不难发现式(10.82a)和式(10.82b)中用于实现加法与乘法的算符与式(10.84)的对应关系，而这仅仅是酉变换算符中最为简单的一类。式(10.84)中对参数$\mathbf{\Phi}$的求和仅仅是形式上的，如果$\mathbf{\Phi}$中存在连续变量，求和符号同样表示对连续变量进行积分。与经典机器学习相同，每一组参数$\mathbf{\Phi}$的取值，都对应于一个参数化的酉变换$\hat{U}(\mathbf{\Phi})$，**量子参数的存在允许量子算法本身处于叠加态，也就是说，量子力学在理论上允许一系列量子算法同时作用于一组（同样可以处在叠加态的）输入参数**：这是量子机器学习与经典机器学习的区别所在。

当参数空间中$\mathbf{\Phi}$取值的不确定性较小时，量子算法将回到经典算法的情形；如果通过量子算法训练出的模型参数同样处于量子叠加状态，我们可以通过（多次）测量计算期望的方法，令模型中的参数具有经典的取值。

当量子算法$\hat{U}(\hat{\mathbf{\Phi}})$的形式确定后，我们的下一个任务就是为算法（之中参数）的好坏确定一个

评判的标准。在机器学习中，这样的标准由训练的数据决定，其中最为基本的构造方式就是为量子算法输入一条训练数据$|\xi\rangle \in \mathcal{H}_c$，并根据算法的输出计算损失函数的取值。在得到损失函数之后，我们通过反向传播算法计算出模型中参数的导数，并对参数进行更新。此处有关于量子机器学习的讨论，与第 4 章中经典机器学习算法的介绍是极为类似的。

本章的剩余部分将着重对量子计算中的反向传播进行介绍。我们首先将模型中的参数通过任意方式进行初始化，记作$|\Psi_0\rangle \in \mathcal{H}_{\boldsymbol{\Phi}}$。此时，可以用参数空间中任意正交完备的基组，对模型参数的初态进行展开：

$$|\Psi_0\rangle = \sum_{\boldsymbol{\Phi}} \Psi_0(\boldsymbol{\Phi})|\boldsymbol{\Phi}\rangle, \qquad \Psi_0(\boldsymbol{\Phi}) \in \mathbb{C} \tag{10.85}$$

其中$\Psi_0(\boldsymbol{\Phi}) \coloneqq \langle\boldsymbol{\Phi}|\Psi_0\rangle$。此时，将式(10.84)中的算符作用于初始量子态$|\Psi_0\rangle \otimes |\xi\rangle \in \mathcal{H}_{\boldsymbol{\Phi}} \otimes \mathcal{H}_c$，我们可以得到：

$$\begin{aligned}\hat{U}(\hat{\boldsymbol{\Phi}})|\Psi_0\rangle \otimes |\xi\rangle &= \sum_{\boldsymbol{\Phi}} \Psi_0(\boldsymbol{\Phi})\hat{U}(\hat{\boldsymbol{\Phi}})\,|\boldsymbol{\Phi}\rangle \otimes |\xi\rangle \\ &= \sum_{\boldsymbol{\Phi}} \Psi_0(\boldsymbol{\Phi})|\boldsymbol{\Phi}\rangle \otimes \hat{U}(\boldsymbol{\Phi})|\xi\rangle\end{aligned} \tag{10.86}$$

接下来，我们尝试构造计算空间$\mathcal{H}_c$中的损失函数：在量子力学中，损失函数本身应该对应于一个厄米算符，我们将其记作$\hat{L}$。为了使得损失函数能够作为一个酉变换，作用于式(10.86)中的量子态，我们通过如下方式构造$\mathcal{H}_{\boldsymbol{\Phi}} \otimes \mathcal{H}_c$空间中的算符，其中$\hat{I}_{\boldsymbol{\Phi}}$为参数空间$\mathcal{H}_{\boldsymbol{\Phi}}$中的恒等算符：

$$\hat{I}_{\boldsymbol{\Phi}} \otimes e^{-i\alpha\hat{L}}, \qquad \forall\ \hat{L}:\ \mathcal{H}_c \to \mathcal{H}_c \tag{10.87}$$

该算符的作用相当于一个**相位门**（phase gate），而这里的α称为**相位反馈率**（phase kicking rate）。对于求取算符指数$\mathrm{e}^{-i\alpha\hat{L}}$的各种不同方法，我们将在后文中进行讨论。

最后，当算符$\hat{I} \otimes \mathrm{e}^{-i\alpha\hat{L}}$作用完毕以后，我们将采用酉变换$\hat{U}(\hat{\boldsymbol{\Phi}})$的逆变换$\hat{U}^{\dagger}(\hat{\boldsymbol{\Phi}})$进行反向传播的计算。如果将全部量子线路的计算过程记作$\hat{U}_{QFB}$，此时我们将有[1]：

$$\hat{U}_{QFB} \coloneqq \hat{U}^{\dagger}(\boldsymbol{\Phi})\left(\hat{I} \otimes e^{-i\alpha\hat{L}}\right)\hat{U}(\hat{\boldsymbol{\Phi}}) \tag{10.88}$$

且对于确定的参数$\boldsymbol{\Phi}$，注意到$\hat{U}^{\dagger}(\boldsymbol{\Phi})\hat{U}(\boldsymbol{\Phi}) = \hat{I}_c$及算符指数的定义式(10.21)，我们可以在希尔伯特空间$\mathcal{H}_{\boldsymbol{\Phi}} \otimes \mathcal{H}_c$的子空间$\mathcal{H}_c$中得到如下结果：

[1] 缩写 QFB 对应于 Quantum Feedforward and Backward propagation of phase errors，这里参考自文献 *A Universal Training Algorithm for Quantum Deep Learning*。

$$\hat{U}^{\dagger}(\mathbf{\Phi})e^{-i\alpha\hat{L}}\hat{U}(\mathbf{\Phi}) = \hat{U}^{\dagger}(\mathbf{\Phi})\left[\sum_{n=0}^{+\infty}\frac{(-i\alpha)^n}{n!}\hat{L}^n\right]\hat{U}(\mathbf{\Phi})$$
$$= \sum_{n=0}^{+\infty}\frac{(-i\alpha)^n}{n!}\left(\hat{U}^{\dagger}(\mathbf{\Phi})\hat{L}\hat{U}(\mathbf{\Phi})\right)^n$$
$$:= \exp\left(-i\alpha\hat{L}(\mathbf{\Phi})\right) \tag{10.89}$$

其中$\hat{L}(\mathbf{\Phi}) := \hat{U}^{\dagger}(\mathbf{\Phi})\hat{L}\hat{U}(\mathbf{\Phi})$可以被视作损失函数$\hat{L}$在量子算法酉变换$\hat{U}(\mathbf{\Phi})$作用下的演化。将算符$\hat{U}_{QFB}$作用于$|\Psi_0\rangle \otimes |\xi\rangle$，我们可以得到：

$$\hat{U}_{QFB}|\Psi_0\rangle \otimes |\xi\rangle = \sum_{\mathbf{\Phi}}\Psi_0(\mathbf{\Phi})\ |\mathbf{\Phi}\rangle \otimes e^{-i\alpha\hat{L}(\mathbf{\Phi})}|\xi\rangle \tag{10.90}$$

如果我们将输入的训练数据$|\xi\rangle \in \mathcal{H}_c$在算符$\hat{L}(\mathbf{\Phi})\colon \mathcal{H}_c \to \mathcal{H}_c$的本征基矢$\{|\boldsymbol{\lambda}_{\mathbf{\Phi}}\rangle\}_{\boldsymbol{\lambda}_{\mathbf{\Phi}}\in\mathbb{C}}$下进行展开：

$$|\xi\rangle = \sum_{\boldsymbol{\lambda}_{\mathbf{\Phi}}}\xi(\boldsymbol{\lambda}_{\mathbf{\Phi}})|\boldsymbol{\lambda}_{\mathbf{\Phi}}\rangle, \qquad \xi(\boldsymbol{\lambda}_{\mathbf{\Phi}}) \in \mathbb{C} \tag{10.91}$$

其中$\xi(\boldsymbol{\lambda}_{\mathbf{\Phi}}) := \langle\boldsymbol{\lambda}_{\mathbf{\Phi}}|\xi\rangle$。由于$\hat{L}(\mathbf{\Phi})|\boldsymbol{\lambda}_{\mathbf{\Phi}}\rangle = \boldsymbol{\lambda}_{\mathbf{\Phi}}|\boldsymbol{\lambda}_{\mathbf{\Phi}}\rangle$，我们可以有$\mathrm{e}^{-i\alpha\hat{L}(\mathbf{\Phi})}|\boldsymbol{\lambda}_{\mathbf{\Phi}}\rangle = \mathrm{e}^{-i\alpha\boldsymbol{\lambda}_{\mathbf{\Phi}}}|\boldsymbol{\lambda}_{\mathbf{\Phi}}\rangle$，从而得到：

$$\hat{U}_{QFB}|\Psi_0\rangle \otimes |\xi\rangle = \sum_{\mathbf{\Phi},\boldsymbol{\lambda}_{\mathbf{\Phi}}}\mathrm{e}^{-i\alpha\boldsymbol{\lambda}_{\mathbf{\Phi}}}\Psi_0(\mathbf{\Phi})\xi(\boldsymbol{\lambda}_{\mathbf{\Phi}})|\mathbf{\Phi}\rangle \otimes |\boldsymbol{\lambda}_{\mathbf{\Phi}}\rangle \tag{10.92}$$

在这里，$\hat{U}_{QFB}$算符为输入数据$|\xi\rangle$在每一个基矢$|\boldsymbol{\lambda}_{\mathbf{\Phi}}\rangle$上的分量，都带来一个相位的改变。在一种特殊的情况下，假如$|\xi\rangle$恰好为算符$\hat{L}(\mathbf{\Phi})$的本征矢量，且满足$\hat{L}(\mathbf{\Phi})|\xi\rangle \equiv \xi|\xi\rangle$, $\forall\ \mathbf{\Phi}$，则算符$\hat{U}_{QFB}$在$|\Psi_0\rangle \otimes |\xi\rangle$上的作用，相当于一个纯粹相位的改变，即$\hat{U}_{QFB} \sim \mathrm{e}^{-i\alpha\xi}$。事实上，这也是超参数$\alpha$的名称“相位反馈率”的由来。

在一般情况下，$\hat{U}_{QFB}$算符将使得参数空间$\mathcal{H}_{\mathbf{\Phi}}$与计算空间$\mathcal{H}_c$中的量子态相互纠缠。作为一个具体的示例，我们考虑经典数据下算符$\hat{U}_{QFB}$的行为。在监督学习中，给定一个N样本的训练数据集$\mathcal{D}_{train} = \{(\boldsymbol{x}_i, \boldsymbol{y}_i)\}_{i=1}^N$，我们的目标是获得一个含参函数$\boldsymbol{f}_{\mathbf{\Phi}}\colon \boldsymbol{x} \to \boldsymbol{y}$，其中$\mathbf{\Phi}$为模型中的参量。对于每一组输入数据$\boldsymbol{x}_i$及参数$\mathbf{\Phi}$，我们都可以通过函数$\boldsymbol{f}$给出对于数据$\boldsymbol{y}_i$的预测$\tilde{\boldsymbol{y}}_i := \boldsymbol{f}(\mathbf{\Phi}, \boldsymbol{x})$。这里的符号约定与第 4 章是完全类似的。

上文中我们曾经指出，我们需要分别为模型参数$|\mathbf{\Phi}\rangle$及模型数据$|\boldsymbol{x}_i\rangle$指定一个希尔伯特空间$\mathcal{H}_{\mathbf{\Phi}}$及$\mathcal{H}_{\boldsymbol{x}}$；然而，在模型训练的语境下，还需要为模型的输出单独开辟一段存储空间，我们将其称为$\mathcal{H}_{\tilde{\boldsymbol{y}}}$，此时计算空间$\mathcal{H}_c = \mathcal{H}_{\boldsymbol{x}} \otimes \mathcal{H}_{\tilde{\boldsymbol{y}}}$。如果我们暂时仅考虑单量子态作为输入，训练数据集中的参数$\boldsymbol{y}$将暂时作为一个外部参数，成为损失函数的一部分。

现在，我们考虑单输入情形。选取数据$(\boldsymbol{x}, \boldsymbol{y}) \in \mathcal{D}_{train}$作为代表，并将此时的量子算法对应的酉变换记作$\hat{U}_{\boldsymbol{f}}(\widehat{\boldsymbol{\Phi}})$，且满足如下关系

$$\hat{U}_{\boldsymbol{f}}(\widehat{\boldsymbol{\Phi}}):|\boldsymbol{\Phi},\boldsymbol{x},\boldsymbol{0}\rangle \mapsto |\boldsymbol{\Phi},\boldsymbol{x},\boldsymbol{f}(\boldsymbol{\Phi},\boldsymbol{x})\rangle \tag{10.93}$$

在这里，我们仅仅在形式上写出基于函数$\boldsymbol{f}$的酉变换$\hat{U}_{\boldsymbol{f}}(\widehat{\boldsymbol{\Phi}})$所具有的形式：

$$\begin{aligned}\hat{U}_{\boldsymbol{f}}(\widehat{\boldsymbol{\Phi}}) &= \sum_{\boldsymbol{\Phi},\boldsymbol{x}}|\boldsymbol{\Phi}\rangle\langle\boldsymbol{\Phi}|\otimes|\boldsymbol{x}\rangle\langle\boldsymbol{x}|\otimes \mathrm{e}^{-i\boldsymbol{f}(\boldsymbol{\Phi},\boldsymbol{x})\cdot\hat{\boldsymbol{p}}_{\tilde{\boldsymbol{y}}}} \\ &= \exp\left(-i\boldsymbol{f}(\widehat{\boldsymbol{\Phi}},\hat{\boldsymbol{x}})\cdot\hat{\boldsymbol{p}}_{\tilde{\boldsymbol{y}}}\right)\end{aligned} \tag{10.94}$$

应该将这里的矢量$\hat{\boldsymbol{p}}_{\tilde{\boldsymbol{y}}}$当作$\mathcal{H}_{\tilde{\boldsymbol{y}}}$中与坐标算符$\tilde{\boldsymbol{y}}$相应的动量算符，满足$[\hat{\tilde{\boldsymbol{y}}},\hat{\boldsymbol{p}}_{\tilde{\boldsymbol{y}}}]=i$的对易关系。尽管这样的符号表述会让人认为这里的$\tilde{\boldsymbol{y}}$必须为连续变量；然而在实际上，这样的关系对诸如10.3.1 节中的离散寄存器来说，同样是可以存在的。

随后，我们取损失函数L为关于算符$\hat{\tilde{\boldsymbol{y}}}$的算符函数，它用于描述$\tilde{\boldsymbol{y}}$与输入数据$\boldsymbol{y}$之间的距离。此时相应的酉变换应具有如下形式：

$$e^{-i\alpha L(\hat{\tilde{y}},y)}:\ \mathcal{H}_{\tilde{\boldsymbol{y}}}\to\mathcal{H}_{\tilde{\boldsymbol{y}}} \tag{10.95}$$

例如，如果我们选取二范数作为损失函数，则有：

$$L(\hat{\tilde{\boldsymbol{y}}},\boldsymbol{y})=\|\hat{\tilde{\boldsymbol{y}}}-\boldsymbol{y}\|_2^2 \tag{10.96}$$

利用式(10.38)关于坐标算符函数平移的结论，再结合酉变换$\hat{U}_{QFB}$的定义，我们不难得到：

$$\begin{aligned}\hat{U}_{QFB} &= \mathrm{e}^{i\boldsymbol{f}(\widehat{\boldsymbol{\Phi}},\hat{\boldsymbol{x}})\cdot\hat{\boldsymbol{p}}_{\tilde{\boldsymbol{y}}}}\,\mathrm{e}^{-i\alpha L(\hat{\tilde{y}},y)}\mathrm{e}^{i\boldsymbol{f}(\widehat{\boldsymbol{\Phi}},\hat{\boldsymbol{x}})\cdot\hat{\boldsymbol{p}}_{\tilde{\boldsymbol{y}}}} \\ &= \mathrm{e}^{-i\alpha\, L(\hat{\tilde{\boldsymbol{y}}}+\boldsymbol{f}(\widehat{\boldsymbol{\Phi}},\hat{\boldsymbol{x}}),y)}\end{aligned} \tag{10.97}$$

由于算符函数$L(\cdot,\cdot)$中的算符$\hat{\tilde{\boldsymbol{y}}}$、$\widehat{\boldsymbol{\Phi}}$与$\hat{\boldsymbol{x}}$两两对易，因此函数$L$与其自身的导函数对易。注意到，算符$\widehat{\boldsymbol{\Phi}}$可以被理解为一系列算符的直积$\widehat{\Phi}_n\otimes\ldots\otimes\widehat{\Phi}_1$，其中算符$\widehat{\Phi}_k$的地位相当于坐标空间中的位置算符$\hat{x}_k$。此时，我们可以采用傅里叶变换，在形式上构造出与之对应的动量算符$\widehat{\Pi}_k$，它们满足如下关系：

$$\hat{F}_c|x\rangle \coloneqq \int_{\mathbb{R}}\frac{\mathrm{d}y}{\sqrt{2\pi}}\mathrm{e}^{-ixy}|y\rangle,\qquad \widehat{\Pi}_k \coloneqq F_c^{\dagger}\widehat{\Phi}_k\hat{F}_c \tag{10.98}$$

此时，平移关系 $\mathrm{e}^{-ia\widehat{\Pi}}|x\rangle=|x+a\rangle,\ \forall\,\alpha\in\mathbb{R}$ 以及对易关系 $[\widehat{\Phi}_k,\widehat{\Pi}_l]=i\,\delta_{kl}$ 依旧可以得到满

足。在这里，我们并不打算对计算细节进行过多展开，读者只需承认动量算符$\hat{\Pi}_k$的存在性即可。这里的要点在于，当我们得到了式(10.96)中的算符$\hat{U}_{QFB}$时，就可以利用式(10.34)中关于对易子的结论，得到如下关系：

$$
\begin{aligned}
\left[i\alpha\hat{L}, \hat{\Pi}_k\right] &= i\alpha\left[\hat{L}, \hat{\Pi}_k\right] \\
&= i\alpha \frac{\partial \hat{L}}{\partial \hat{\Phi}_k}\left[\hat{\Phi}_k, \hat{\Pi}_k\right] = -\alpha \frac{\partial \hat{L}}{\partial \hat{\Phi}_k}
\end{aligned}
$$

其中$\hat{L} = L\left(\hat{\boldsymbol{y}} + \boldsymbol{f}\left(\hat{\boldsymbol{\Phi}}, \hat{\boldsymbol{x}}\right), \boldsymbol{y}\right)$是关于$\hat{\Phi}_k$的算符函数。再注意到算符$\hat{L}$与其自身的导数对易，利用式(10.38)中与算符函数平移有关的结论[1]，再结合关于酉变换$\hat{U}_{QFB}$的表达式(10.97)，我们得到了参数Φ_k在动量空间中的更新规则：

$$
\begin{aligned}
\hat{U}_{QFB}^{\dagger}\hat{\Pi}_k\hat{U}_{QFB} &= \mathrm{e}^{i\alpha\hat{L}}\,\hat{\Pi}_k\,\mathrm{e}^{-i\alpha\hat{L}} \\
&= \hat{\Pi}_k + \left[i\alpha\hat{L}, \hat{\Pi}_k\right] = \hat{\Pi}_k - \alpha\frac{\partial}{\partial\hat{\Phi}_k}L\left(\hat{\boldsymbol{y}} + \boldsymbol{f}\left(\hat{\boldsymbol{\Phi}}, \hat{\boldsymbol{x}}\right), \boldsymbol{y}\right)
\end{aligned} \tag{10.99}
$$

因此，参数Φ_k在动量空间中取值的改变，对应着损失函数 $\hat{L}$ 关于参数Φ_k的导数。式(10.99)的成立不依赖于损失函数L及拟合函数$\boldsymbol{f}$的具体形式。在上述变换之下，我们可以分别测量变换前后动量的平均值$\langle\Psi_0|\hat{\boldsymbol{\Pi}}|\Psi_0\rangle$的改变，从而提取出坐标空间中所需的梯度信息：

$$
\left\langle\alpha\boldsymbol{\nabla}_{\boldsymbol{\Phi}}\hat{L}\right\rangle \coloneqq \alpha\,\mathbb{E}_{(\boldsymbol{x},\boldsymbol{y})\sim\mathcal{D}_{train}}\left[\langle\Psi_0|\,\boldsymbol{\nabla}_{\boldsymbol{\Phi}}L\left(\hat{\boldsymbol{y}} + \boldsymbol{f}\left(\hat{\boldsymbol{\Phi}}, \hat{\boldsymbol{x}}\right), \boldsymbol{y}\right)|\Psi_0\rangle\right] \tag{10.100}
$$

基于此，我们可以对参数$\boldsymbol{\Phi}$进行更新：

$$
\boldsymbol{\Phi} \mapsto \boldsymbol{\Phi} - \alpha\left\langle\boldsymbol{\nabla}_{\boldsymbol{\Phi}}\hat{L}\right\rangle \tag{10.101}
$$

采用最为简单的梯度下降算法，并使用更新后的$\boldsymbol{\Phi}$作为量子电路中参数的初始数值，我们在形式上通过式(10.99) ~ (10.101)实现了量子算法中参数的更新。式(10.99)可以被认为是量子计算中自动微分的核心所在，相位反馈率α在这里的作用，相当于梯度下降算法中的学习率或步长。

对于多样本输入的情形，我们在下面给出批量梯度下降算法的量子版本实现。在训练数据$\mathcal{D}_{train} = \{(\boldsymbol{x}_k, \boldsymbol{y}_k)\}_{k=1}^{N}$中任意给定一组数据下标的集合$\mathcal{B} \subset \{1,2,3\ldots, N\}$，我们在样本$\mathcal{D}_{train}$中选取一个子集$\{(\boldsymbol{x}_k, \boldsymbol{y}_k)\}_{k\in\mathcal{B}}$，并让电路以如下状态作为初态：

---

[1] 在算符$\hat{A}$和$\hat{B}$满足对易关系$[\hat{A}, [\hat{A}, \hat{B}]] = 0$的前提下，我们有$\mathrm{e}^{t\hat{A}}\hat{B}e^{-t\hat{A}} = \hat{B} + t\left[\hat{A}, \hat{B}\right]$。在这里取$t = 1$，$\hat{A} = i\alpha\hat{L}$，$\hat{B} = \hat{\Pi}_k$，即可*得到*式(10.94)中的等式关系。

$$\sum_{\boldsymbol{\Phi}} \Psi_0(\boldsymbol{\Phi})|\boldsymbol{\Phi}\rangle \otimes |\mathbf{0},\mathbf{0}\rangle \in \mathcal{H}_{\boldsymbol{\Phi}} \otimes \mathcal{H}_{\boldsymbol{x}} \otimes \mathcal{H}_{\tilde{\boldsymbol{y}}} \tag{10.102}$$

对于每个数据点，我们都可以首先让输入寄存器分别平移正比于$\boldsymbol{x}_k$的数值，再以损失函数中包含有相应$\boldsymbol{y}_k$的酉变换$\hat{U}_{QFB}$进行作用，最后再分别以相同的$\boldsymbol{x}_k$将寄存器的状态平移回零点。上述过程对应于如下算法：

$$\prod_{k\in\mathcal{B}} \mathrm{e}^{i\boldsymbol{x}_k\cdot\hat{\boldsymbol{p}}_x}\mathrm{e}^{-i\alpha L\left(\hat{\tilde{\boldsymbol{y}}}+\boldsymbol{f}\left(\hat{\boldsymbol{\Phi}},\hat{\boldsymbol{x}}\right),\boldsymbol{y}_k\right)}\mathrm{e}^{-i\boldsymbol{x}_k\cdot\hat{\boldsymbol{p}}_x} = \prod_{k\in\mathcal{B}} \mathrm{e}^{-i\alpha L\left(\hat{\tilde{\boldsymbol{y}}}+\boldsymbol{f}\left(\hat{\boldsymbol{\Phi}},\hat{\boldsymbol{x}}+\boldsymbol{x}_k\right),\boldsymbol{y}_k\right)} \tag{10.103}$$

仿照式(10.99)，上述算法将使得参数Φ_k（分别）在动量空间获得如下改变：

$$\hat{\Pi}_k \mapsto \hat{\Pi}_k - \alpha\sum_{j\in\mathcal{B}}\frac{\partial}{\partial\hat{\Phi}_k}L\left(\hat{\tilde{\boldsymbol{y}}}+\boldsymbol{f}\left(\hat{\boldsymbol{\Phi}},\hat{\boldsymbol{x}}+\boldsymbol{x}_j\right),\boldsymbol{y}_j\right), \qquad \forall\, k=1,2,3,\ldots,n \tag{10.104}$$

相应地，初始状态将变为：

$$\sum_{\boldsymbol{\Phi}} \Psi_0(\boldsymbol{\Phi})|\boldsymbol{\Phi}\rangle \otimes |\mathbf{0},\mathbf{0}\rangle \mapsto \sum_{\boldsymbol{\Phi}} \mathrm{e}^{-i\alpha\sum_{j\in\mathcal{B}}L\left(\hat{\tilde{\boldsymbol{y}}}+\boldsymbol{f}\left(\hat{\boldsymbol{\Phi}},\hat{\boldsymbol{x}}+\boldsymbol{x}_j\right),\boldsymbol{y}_j\right)}\Psi_0(\boldsymbol{\Phi})|\boldsymbol{\Phi}\rangle \otimes |\mathbf{0},\mathbf{0}\rangle \tag{10.105}$$

一个有趣且重要的观察是，酉变换$\hat{U}_{QFB}$将不会使得量子态在参数空间$\mathcal{H}_{\boldsymbol{\Phi}}$与计算空间$\mathcal{H}_{\boldsymbol{x}} \otimes \mathcal{H}_{\tilde{\boldsymbol{y}}}$中相互纠缠。另外，此时实际的损失函数应该为

$$J \coloneqq \frac{1}{|\mathcal{B}|}\sum_{j\in\mathcal{B}} L\left(\hat{\tilde{\boldsymbol{y}}}+\boldsymbol{f}\left(\hat{\boldsymbol{\Phi}},\hat{\boldsymbol{x}}+\boldsymbol{x}_j\right),\boldsymbol{y}_j\right) \tag{10.106}$$

这里的$|\mathcal{B}|$为集合$\mathcal{B}$中元素的数目。因此，此时等价的学习率应该为$\alpha|\mathcal{B}|$。需要指出的是，上述结论的成立同样与函数$\boldsymbol{f}$的具体形式无关。

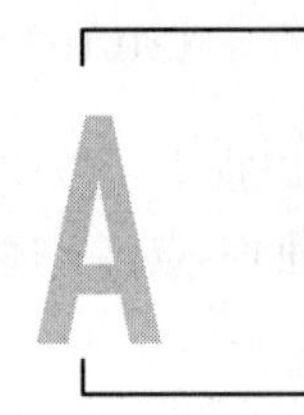

附录 A Python 中类的介绍

面向对象编程（object oriented programming，OOP）是一种程序开发的抽象方案。一个Python的类（class）可能包含多种特性和方法，而这里的对象（object）则是类的实例。在Python中，万物皆对象，它将对象作为程序的基本单元，将程序和数据封装其中，从而提高软件的重用性、灵活性和扩展性。在本附录中，我们假设读者能够看懂以下代码，并将在此基础上对Python的类做更进一步的介绍。

代码示例 A.0 Python 类的基本内容[1]

```
class Number(object):

    """class Number's documents"""

    # 成员变量
    _is_number = True

    # 初始化方法
    def __init__(self, value, name = None):
        self.value = value
        self.name = name

    # 成员函数
    def add(self, x):
        print(f"Adding {x} to {self.value}")
        self.value += x

    def get_value(self):
        return self.value

if __name__ == "__main__":

    zero = Number(value=0, name="Zero")
    zero.add(1)                   #   Adding 1 to 0
    print(zero.get_value())       #   1
```

[1] 该代码中的**print**(f"Adding {x} to {self.value}")用到了 f-string 的打印格式，需要Python的版本在3.5及以上。

```
    print(Number.__class__)     #   <class 'type'>
    print(Number.__bases__)     #   (<class 'object'>,)
    print(Number.__name__)      #   Number
    print(Number.__module__)    #   __main__
    print(Number.__dir__)       #   <method '__dir__' of 'object' objects>
    print(Number.__doc__)       #   class Number's documents
    print(dir(Number))        #   ['_is_number', 'add', 'get_value', …]
    print(dir(zero))          #   ['name', 'value','_is_number', 'add', 'get_value', …]
```

以上代码定义了一个名为 Number 的Python的类，并使用__init__函数对 Number 类进行初始化。_is_number 是 Number 类的**成员变量**，add 和 get_value 是 Number 类的**成员函数**。zero 是 Number 类的一个**实例**（instance）。

当程序通过语句 zero = Number(value=0, name="Zero") 构造实例 zero 时，程序将会调用**初始化函数**__init__，使得 name 和 value 同样成为实例 zero 的参数。在上面的代码中，我们同时打印出 Number 类及其实例 zero 的一些其他参数，供读者参考。

以上内容在任意一本Python的入门级教材中都应该不难找到。读者如果对其中的一些内容依然存有困惑，可以上网查询相关教程。在接下来的篇幅中，我们将基于此对Python的类函数做更进一步的介绍。

A.1 类的创建和初始化

我们首先来看Python类中的__new__**函数**和__init__**函数**。

正如前文中提到的那样，__init__函数仅仅只是Python类的**初始化函数**，而一个Python类的真正的**构造函数**（constructor）则由__new__函数给出。事实上，__new__函数中所返回的对象，正是__init__函数中的第一个变量 self。为此，我们考察以下代码，它分别对一个类的__init__函数和__init__函数进行了显式的定义，同时在代码运行过程中打印出了一些我们感兴趣的参量：

代码示例 A.1 构造函数_new_的测试

```
class Number(object):
    # 构造函数
    def __new__(cls, *args):
        obj = object.__new__(cls)
        print("function __new__  is called:")
        print("\t args in function __new__  :", args)    # 打印参数
        print("\t id(obj)  = ", id(obj))                 # 打印 id(obj)
        print("\t id(cls)  = ", id(cls))                 # 打印 id(cls)
        return obj
```

```
    # 初始化函数
    def __init__(self, value, name = None):

        print("function __init__ is called:")
        print("\t args in function __init__ :", (value, name))   # 打印参数
        print("\t id(self)   = ", id(self))                       # 打印 id(self)
        self.value = value
        self.name = name

if __name__ == "__main__":
zero = Number(0, "Zero")
print("\t id(Number)  = ", id(Number))                    # 打印 id(Number)
```

以上代码在执行后将返回下述内容:

```
function __new__  is called:
    args in function __new__  : (0, 'Zero')
    id(obj)  =  1891607203312
    id(cls)  =  2606081826576
function __init__ is called:
    args in function __init__ : (0, 'Zero')
    id(self)    =  1891607203312
    id(Number) =  2606081826576
```

每次运行上述代码后所打印出的id(self)和id(obj)，其绝对值或许有所不同，但相对值却总保持一致。例如在这里，变量 self 和 obj 的地址同时为1891607203312。这提示我们，我们在类中常用的self对象和构造函数__new__中返回的obj，不过是同一个对象的不同名称(类对象cls和Number与之同理，也是同一个类对象的不同名称)。

观察代码的返回值可以看到，在构造实例 zero 的过程中，程序首先调用的是构造函数__new__，同时将所有的输入(在这里是 name 和 value)通过*args 一同作为变量传入。代码 obj = object.__new__(cls)的本质是调用Python的**元类** object 的构造函数object.__new__，返回一个传入类的实例。

观察变量cls和Number的id，我们不难发现，构造函数中传入的cls变量正是Number类本身。因此，构造函数所返回的对象obj便是一个Number类的实例(这和我们之前的论述一致)。

构造函数在高级程序的编写中常常扮演着重要的角色，但由于Python本身方便简洁的语法，构造函数__new__的作用常常会被初始化方法__init__所替代。Python中的构造函数不仅仅能让我们打印出一些感兴趣的参数，在下面的代码中，我们还将向读者展示如何使用构造函数__new__实现Python中的**单例**(singleton)。

单例模式（singleton pattern）是常用的软件设计模式。在应用这个模式时，单例对象的类必须保证只存在一个实例，这样有利于我们协调系统整体的行为。比如说，对于一个名为 Zero 的类，我们只希望存在一个 Zero 类的实例 zero。也就是说，我们希望由 Zero 类创建的实例都是**同一个**实例。这体现在当采用“==”算符对两个 Zero 类的实例进行比较时，程序能够稳定地返回 True。又比如，当 Zero 类的其中一个实例发生改变时，由 Zero 类创建的其他实例都能同时发生改变。

代码示例 A.2 给出了单例模式的程序实现，其基本的实现思路是将 Zero 类第一次创建的实例作为一个名为_instance 的成员变量直接存储在 Zero 类中。当我们需要使用 Zero 类再次创建实例时，则直接将第一次创建的实例_instance 返回。这样，所有由 Zero 类创建的对象，本质上都成为指向第一个实例_instance 的指针。

代码示例 A.2　用构造函数**__new__**实现**Python**的单例

```
class Zero(object):

    _instance = None   # 用于存储已经创建的实例

    def __new__(cls, *args):
        if cls._instance == None:
            # 如果实例未被创建，则用 object.__new__函数创建一个新的实例
            obj = object.__new__(cls)
            obj.value = 0
            obj.name = "zero 0"
            cls._instance = obj
            return obj
        # 如果实例已经被创建，则直接将之前创建的实例返回
        return cls._instance

    def __init__(self):
        pass

zero1 = Zero()
zero2 = Zero()

# 1. 所有实例的 id 恒等
print(zero1 == zero2)    # 返回：True
# 2. 改变其中一个实例的参数，将同时改变所有实例的参数
print(zero2.name)        # 返回：zero 0
zero1.name = "zero 1"
print(zero2.name)        # 返回：zero 1
```

这里的单例模式在第 1 章符号微分的程序实现中被反复用到。

另外，值得一提的是，Python语言本身在创建一些较小的整数时同样采用了类似的单例模式。

为此，我们在代码示例 A.3 中给出了相应的测试过程。

代码示例 A.3 **Python在构造较小整数时使用了单例模式**

```
number = 0
a, b = 0, 0

while id(a) == id(b) and number < 1000:
    exec("a = {}".format(number))
    exec("b = {}".format(number))
    if id(a) != id(b):
        print(number)  #  257
    number += 1

number = 0
a, b = 0, 0
while id(a) == id(b) and number > -1000:
    exec("a = {}".format(number))
    exec("b = {}".format(number))
    if id(a) != id(b):
        print(number)  # -6
    number -= 1
```

该代码示例采用 exec 函数批量地构造出了不同的整数，同时判断具有相同整数值的不同变量 a 和 b 是否具有相同的地址。事实上，在Python中万物皆对象，代码 a=0 从本质上来说是构造了整数“0”这个类的一个名为 a 的实例。上述代码中的第一个 while 循环返回整数 257，第二个 while 循环则返回整数-6。这提示我们，Python在构造大于等于-5 且小于等于 256 的整数时，采用了单例模式，所有等于同一整数的指针都有着相同的地址。较小整数的构造在实际代码编写的过程中较为常见，而且采用单例模式可以在一定程度上减少存储的开销。

A.2 类的继承

类的**继承**（inheritance）是面向对象编程中的一个重要概念，它允许我们依据一个现有的类来定义另一个类，从而使得程序的开发和维护变得更加容易，同时可提高代码的重用性和可扩展性。如果一个类B继承自另一个类A，我们就把类B称为类A的**子类**，而把A称为B的**基类**或者**父类**。子类将从父类那里得到其所有的**性质**（propertiy）和方法[1]。

---

[1] 维基百科在 *Inheritance (object-oriented programming)* 词条下声称，子类并不能继承其基类的构造函数（constructor）、析构函数（destructor）、重载算符（overloaded operator）和友元函数（friend function），但对于Python这门特定的面向对象编程的语言来说，父类的构造函数、析构函数和重载的算符**确实可以**被其子类继承。另外，由于友元函数这一语法行为破坏了类的封装性和隐秘性，因此 Python并没有对其提供相应语法的支持。

类的继承允许我们基于现有的类方便地创建一个现有类的子类，这一性质往往会给程序的编写带来极大的便利。假如我们有一个名为 Number 的Python类，在初始化之后，它的实例将拥有成员变量_is_number、value、name 及成员函数 get_value、get_name，如代码示例 A.4.1 所示。

代码示例 A.4.1 **Python类的继承**

```
class Number(object):

    _is_number = True

    def __init__(self, value, name = None):
        self.value = value
        self.name = name

    def get_value(self):
        return self.value

    def get_name(self):
        name = self.name if self.name is not None else str(self.value)
        return name
```

随后，我们希望定义 Number 类的一个名为 Add 的子类。从直观上来说，由于加法运算“+”是一个二元运算，如果两个被加数同属于集合S，则加法操作就相当于定义了一种从S^2到S的映射[1]，故而，我们会期待 Add 类可以由两个 Number 类的实例构造出来。

但是，由于这样构造出的实例依然属于集合S本身，所以我们希望 Number 类中诸如 get_value 和 get_name 这样的方法依然能够被 Add 类所继承。综上所述，在这里使用类的继承将是一种较为优雅的做法。代码示例 A.4.2 所示为这一过程的程序实现。

代码示例 A.4.2 **Python类的继承（续）**

```
class Add(Number):

    _operand_name = " plus "

    def __init__(self, v1, v2):
        """
        由两个已知的实例 v1 和 v2，初始化一个 Add 类的实例
        在这里，参数 v1 和 v2 要么属于 Number 类，要么属于继承自 Number 类的子类
        """
        self.value = v1.value + v2.value
```

[1] 这里的集合S通常来说会取实数集$\mathbb{R}$。当然，在一些其他类型的集合上我们同样可以定义加法，例如整数 $\mathbb{Z}$ 集、有理数集$\mathbb{Q}$和复数集 $\mathbb{C}$。当然，集合S的元素还可以是代数中一些抽象的概念，例如向量和矩阵。

```
        name_1 = v1.get_name()
        name_2 = v2.get_name()
        name_op = self._operand_name
        self.name = "{}{}{}".format(name_1, name_op, name_2)
```

我们可以对上述代码进行简单的测试：

```
v1 = Number(1, name = "1")
v2 = Number(2, name = "2")
v3 = Add(v1, v2)

print(v3.get_name())   # >> 1 plus 2
print(v3.get_value())  # >> 3
```

尽管上面的代码正确地实现了我们所期待的功能，但是形如 v3 = Add(v1,v2) 这样的代码依然不太符合我们书写公式的习惯。事实上，我们可以通过对 Number 类进行简单的改写，使得可以通过代码 v3 = v1+v2 构造一个新的 v3。为此，我们需要通过代码示例 A.4.3 所示的方式重载 Number 类的__add__方法。

代码示例 A.4.3 Python类的继承（续）

```
class Number(object):

  ... # (这部分代码保持和原来相同)

    def __add__(self, other):
        return Add(self, other)
```

我们对代码示例 A.4.3 进行简单的测试：

```
v4 = v1 + v3
v5 = v4 + v2

print(v4.get_value())  # >> 4
print(v4.get_name())   # >> 1 plus 1 plus 2
print(v4.get_value())  # >> 6
print(v5.get_name())   # >> 1 plus 1 plus 2 plus 2
```

在 Number 类中定义的__add__函数，其实是对加法算符“+”的重载，在A.3节中，我们给出了关于算符重载更加详尽的说明。不过在这里，我们还需要对另一种常见的初始化形式进行介绍。

在一个实际的示例中，如果我们定义一个名为 Point 的类，它具有描述顶点坐标的成员变量 x、y、z，以及用于区分和标记不同顶点的成员变量 name，那么从直观上来说，我们可以用这样一个类描述三维欧式空间中的点。一个经过初始化的 Point 实例的集合，便对应着一个三维空间中点的集合。在代码示例 A.5.1 中，Point 类的成员函数__eq__和__str__分别是对算符“==”和函数 str 的重载，用来描述 Point 类的实例在进行比较和通过str函数转化为字符串时所展现出的性质。

代码示例 A.5.1　子类的初始化

```
class Point(object):
    def __init__(self,  x: float,
                        y: float,
                        z: float,
                        name: str = None):
        # 用 name 和坐标参数初始化一个 Point 类的实例
        self.x = x
        self.y = y
        self.z = z
        self.name = name

    def __eq__(self, other):
        # 如果 P1 和 P2 都是 Point 类，且名称（也就是 name 参数）相同，
        # 我们就认为两个点是相同的，即 P1 == P2 将会返回 True
        if type(self) != type(other): return False
        return self.name == other.name

    def __str__(self):
        # 指定调用 print 函数时，程序终端将会输出的 string
        return "class Point:\n\t{}:({},{},{})"\
            .format(self.name, self.x, self.y, self.z)
```

如果空间中的点与点相互之间存在某种连接关系，理论上我们就可以通过一张图（graph）来对这样的结构进行建模，其中图的**顶点**（vertex）对应着欧式空间中的点，图的**边**（edge）表征了顶点之间的邻接关系。因此，选择将描述顶点的 Vertex 类从 Point 类继承，是一种较为自然的程序设计方案，如代码示例 A.5.2 所示。

代码示例 A.5.2　子类的初始化（续）

```
class Vertex(Point):
    def __init__(self, name: str,
                       x: float = None,
                       y: float = None,
                       z: float = None):
        super().__init__(x, y, z, name = name)  # 初始化顶点的名称及位置参数
        self.adjacent: List[Vertex] = []
```

```
    def __str__(self):
        # 指定调用print 函数时，程序终端将会输出的 string
        return "class Vertex:\n\tname: {}\n\tposition: {}\n\tadjacent vertex: {}".\
        format(self.name, (self.x, self.y, self.z), [_.name for _ in self.adjacent])

    @property
    def n_adjacent(self):
        return len(self.adjacent)
```

细心的读者应该可以发现，在对 `Vertex` 类进行初始化的过程中，我们使用了Python 内置的 `super` 函数。下述代码在效果上完全等价于直接调用 `Vertex` 的父类 `Point` 的初始化函数。

```
        super().__init__(x, y, z, name = name)   # 初始化顶点的名称及位置参数
```

换言之,如果我们用下面这4行代码直接替换掉原本的初始化语句,对程序的运行而言完全是等价的。

```
        # 初始化顶点的名称及位置参数
        self.x = x
        self.y = y
        self.z = z
        self.name = name
```

不过，通过 `super` 来调用父类 `Point` 的初始化函数，可以确保 `Vertex` 类中所有与 `Point` 类相关的成员变量，都和 `Point` 类的实例以相同的方式被初始化。这方便了代码的调试，同时减少了可能的错误。当然，同一个类可以存在多个父类，也可以被多个类继承，类继承关系本身将构成一张**有向无环图**（directed acyclic graph）。如果继承关系中存在环，程序将会由于循环初始化而陷入死循环或者报错。由于在对类进行初始化的过程中用到了 `mro` 列表和拓扑排序的相关概念，我们将在B. 3节对此进行更加详尽的说明。

A.3 算符的重载

在A. 2节中出现的`__add__`、`__str__`、`__eq__`等函数，实际上已经涉及算符重载（operator overloading）的概念。通常而言，这样的语法规则只是一种语法糖，使得诸如 `add(a, mul(b, c))`这样的语句可以简单地被 `a + b * c` 所模拟。在代码示例A. 2.1中，我们已经对这样的语法行为进行了展示。算符的重载允许一个相同的计算符（例如示例中的“+”算符）的行为随着接受参数类型的不同而不同，是**多态**（polymorphism）的一种。Python、C++等面向对象的语言，都对算符的重载提供了相应的语法支持。

下面我们做一个简单的游戏。我们试图通过构建一个名为 `Myfloat` 的类，使得通过

Myfloat 类构造的实例 a = Myfloat(1.0)，难以与Python本身内置 float 类的实例 b = 1.0 区分开来。虽然这个游戏确实非常无聊，但我们可以借此机会熟悉一下Python内部五花八门的用于重载算符的函数。

现在，我们的身份是一个伪装者，目标是**生成**（generate）一个能够瞒天过海的浮点类 Myfloat。而我们有一个令人讨厌的**对手**（adversary）佩奇，他负责将我们构造的伪装的浮点数与Python内置的真实的浮点数区分开来。我们和佩奇先生事先约定，不可以用 type 函数查看对象构造类的名称。佩奇先生微微点头，露出深不可测的笑容。

假如我们是一个蹩脚的伪装者，只是对 Myfloat 类进行了一个简单的初始化，并且重载了其中的 str 函数，如代码示例 A.6.1 所示。

代码示例 A.6.1 与佩奇先生的博弈（生成方：初始化部分）

```
warning = "input value should be {}, get {} instead"

class MyFloat:

    def __init__(self, value):
        try:
            value = float(value)
        except TypeError:
            print(warning.format("float or int", type(value).__name__))
        finally:
            self.value = value

    def __str__(self):
        return str(self.value)

    __repr__ = __str__

a = MyFloat(1.0)
b = 1.0
```

然后，我们自信满满地将构造出的变量 a 和 b 交给佩奇先生，令他对二者进行检查。这里应该注意的是，通常而言，print 和 str 函数面对的都是程序的调用者，我们会期待从 str 函数中得到的字符串符合人们最朴素的直觉，而在一个类的 str 方法被重载时，print 函数打印的内容实际上就是 str 方法对应的内容。而 repr 函数面对的是程序的开发者，开发者会通过 repr 函数，尽可能详细地打印出他们感兴趣的信息。不过在这里，我们打算把事情做绝，直接将Myfloat类的__repr__方法等同于__str__方法，以免在佩奇先生检查的过程中露出破绽。

在对正式的项目进行单元测试时，人们会选择调用Python的 unittest 库。佩奇先生显然是个老手：只见他熟练地在自己的环境中引入了 unittest 模块，通过继承 unittest 的 TestCase

类，创建了一个名为 FloatTest 的类；然后，佩奇先生草草地使用 setUp(self)和 tearDown(self)函数，完成了对 FloatTest 类用例执行前的初始化和善后工作；紧接着，他疯狂地敲击着键盘，创建了第一个测试函数 testPrint(self)，而所有的测试函数都将会在处理命令 unittest.main()时被执行，如代码示例 A.6.2 所示。

代码示例 A.6.2　与佩奇先生的博弈（测试方：初始化部分）

```
import unittest

class FloatTest(unittest.TestCase):

    def setUp(self):
        """ 在测试开始时执行 """
        self.info = "可以通过{}操作区分 a 和 b"

    def tearDown(self):
        """ 在测试结束时执行 """
        pass

    def testPrint(self,):
        """ print, str 及 repr 的测试"""
        self.assertEqual(str(a) , str(b) , msg = self.info.format("str 函数"))
        self.assertEqual(repr(a), repr(b), msg = self.info.format("repr 函数"))

if __name__ == "__main__":
    unittest.main()
```

代码示例 A.6.2 将返回如下结果：

```
.
----------------------------------------------------------------------
Ran 1 test in 0.000s

OK
```

这样的结果表明测试通过，即 str(a)和 str(b)、repr(a)和 repr(b)分别返回了相同的内容。但还没等到我们开始庆祝自己伪装的胜利，只见佩奇先生在自己的计算机上稍微捣鼓了一阵子，就在 FloatTest 类下写下了第二个测试用例：

代码示例 A.6.3　与佩奇先生的博弈（测试方：运算算数符的测试）

```
def testArithmetic(self,):
    """ 运算算数符测试"""
    # 加法
```

```
    self.assertEqual(a + 1.0, b + 1.0, self.info.format("加法"))
    self.assertEqual(1.0 + a, 1.0 + b, self.info.format("右加法"))

    # 减法
    self.assertEqual(a - 1.0, b - 1.0, self.info.format("减法"))
    self.assertEqual(1.0 - a, 1.0 - b, self.info.format("右减法"))

    # 乘法
    self.assertEqual(a * 2.0, b * 2.0, self.info.format("乘法"))
    self.assertEqual(2.0 * a, 2.0 * b, self.info.format("右乘法"))

    # 除法
    self.assertEqual(a / 2.0, b / 2.0, self.info.format("除法"))
    self.assertEqual(2.0 / a, 2.0 / b, self.info.format("右除法"))

    # 乘方
    self.assertEqual(a ** 2.0, b ** 2.0, self.info.format("乘方"))
    self.assertEqual(2.0 ** a, 2.0 ** b, self.info.format("右乘方"))

    # 取模
    self.assertEqual(a % 2, b % 2, self.info.format("取模"))
    self.assertEqual(2 % a, 2 % a, self.info.format("'右'取模"))

    # 取整除
    self.assertEqual(a // 2, b // 2, self.info.format("取整除"))
    self.assertEqual(2 // a, 2 // a, self.info.format("'右'取整除"))
```

伴随着程序在执行时跳出的报错“TypeError: unsupported operand type(s) for +: 'MyFloat' and 'float'”，我们突然发现自己的 Myfloat 类还没有进行加减乘除等运算算数符的重载！痛定思痛，经过一番努力，我们在自己的类函数下添加了以下代码：

代码示例 A.6.4 与佩奇先生的博弈（生成方：算数运算符的重载）

```
""" 算数运算符 部分"""
# 加法 +
def __add__(self, other) : return self.value + other
def __radd__(self, other): return self.__add__(other)

# 减法 -
def __sub__(self, other) : return self.value - other
def __rsub__(self, other): return other - self.value

# 乘法 *
def __mul__(self, other) : return self.value * other
def __rmul__(self, other): return self.value * other
```

```
# 除法 /
def __truediv__(self, other):  return self.value / other
def __rtruediv__(self, other): return other / self.value

# 乘方 **
def __pow__(self , pow) : return self.value ** pow
def __rpow__(self, base): return base ** self.value

# 取模 %
def __mod__(self, other): return self.value % other
def __rmod__(self, other): return other % self.value

# 取整除 //
def __floordiv__(self, other) : return self.value // other
def __rfloordiv__(self, other): return other // self.value
```

代码示例 A.6.5 与佩奇先生的博弈（生成方：赋值运算符的重载）

```
""" 赋值运算符 部分"""
# 加法赋值  +=
def __iadd__(self, other): return self.value + other

# 减法赋值  -=
def __isub__(self, other): return self.value - other

# 乘法赋值  *=
def __imul__(self, other): return self.value * other

# 除法赋值  /=
def __idiv__(self, other): return self.value / other

# 乘方赋值  **=
def __ipow__(self, other): return self.value ** other

# 取模赋值  %=
def __imod__(self, other): return self.value % other

# 整除赋值  //=
def __idiv__(self, other): return self.value // other
```

在代码示例 A.6.4 与代码示例 A.6.5 中，我们重载了能够想到的所有**算数运算符**。思量再三后又加上了对**赋值运算符**[1]的重载。

[1] 由于位运算操作的重载与可微分编程的主题相对无关，在实际的编程过程中亦不多见，因此这部分的内容在这里被有意略去了。

现在，即使是 a += 1 这样的语法，也无法将 Myfloat 的实例与Python的 float 对象区分开来！我们的脑海中再次吹响了胜利的号角，仿佛已经看见佩奇先生费尽艰辛地在计算机中打出每一个赋值运算符的测试用例，最终却一无所获的场景。没想到，在赋值运算符的测试用例之下，佩奇先生只是优雅地打出了一个 pass：

代码示例 A.6.6 与佩奇先生的博弈（测试方：运算算数符的测试）

```
def testAssignment(self,):
    """ 赋值运算符测试 """
    pass
```

原来，只要重载了__add__方法，Python会自动将语句 a += 1 中的赋值运算符“+=”解释为 a = a + 1。换言之，只要语句 a = a + 1 能够顺利通过测试，则对语句 a += 1 的测试将完全是多此一举。

稍加思索，我们连忙叫停了比赛，因为我们还应该往代码中加入之前忘记的**比较运算符**的重载（见代码示例 A.6.7）：

代码示例 A.6.7 与佩奇先生的博弈（生成方：比较运算符的重载）

```
""" 比较运算符 部分"""
# 小于 <
def __lt__(self, other): return self.value < other

# 小于等于 <=
def __le__(self, other): return self.value <= other

# 等于 ==
def __eq__(self, other): return self.value == other

# 不等于 !=
def __neq__(self, other): return self.value != other

# 大于等于  >=
def __ge__(self, other): return self.value >= other

# 大于 >
def __gt__(self, other): return self.value > other
```

它顺利通过了佩奇先生对比较运算符的测试，如代码示例 A.6.8 所示。

代码示例 A.6.8 与佩奇先生的博弈（测试方：比较运算符的测试）

```
def testComparison(self,):
    """ 比较运算符的测试 """
```

```
# 小于 <
self.assertTrue(a < 2., msg = "a 是内鬼")
self.assertTrue(b < 2., msg = "b 是内鬼")
 # 大于 >
self.assertTrue(a > 0., msg = "a 是内鬼")
self.assertTrue(b > 0., msg = "b 是内鬼")
 # 等于 ==
self.assertTrue(a == 1., msg = "a 是内鬼")
self.assertTrue(b == 1., msg = "b 是内鬼")
 # 不等于 !=
self.assertTrue(a != -1., msg = "a 是内鬼")
self.assertTrue(b != -1., msg = "b 是内鬼")
 # 大于等于 >=
self.assertTrue(a >= 0.5, msg = "a 是内鬼")
self.assertTrue(b >= 0.5, msg = "b 是内鬼")
 # 小于等于 >=
self.assertTrue(a <= 2., msg = "a 是内鬼")
self.assertTrue(b <= 2., msg = "b 是内鬼")
```

这个故事可以一直进行下去，但我们不再打算对后续的战况进行持续报道。因为当佩奇先生选择将变量 a 和 b 直接像函数一样调用，而观察二者的报错有何不同时，比赛的性质已经发生了一些微小的变化。例如，对于 float 类型的变量 b 来说，调用语句 b() 将会产生如下报错：

```
>>  TypeError: 'float' object is not callable
```

不过对于这样的语法行为，我们并不是无能为力的。相同的报错可以通过重写 Myfloat 类的__call__方法得到：

代码示例 A.6.9 与佩奇先生的博弈（生成方：重载作为函数调用时对象的行为）

```
def __call__(self, *args, **kwargs):
    raise TypeError("'float' object is not callable")
```

在实际的程序开发中，__call__方法的重写是较为常见的。最后补充的一点是，整个代码生成的过程，体现了对抗神经网络（generative adversarial network，GAN）的设计思路：它常被用于生成以假乱真的图片。

附录 B　拓扑排序

在计算机科学领域中，拓扑排序是一个重要的概念，它常用于描述工程中各种活动间的约束关系。一个常见的例子是学校的选课系统：不同的课程之间存在一定的先后关系，因此一些课程只有在它的先修课全部完成后才能选择。假如同一时间只能够修读一门课程，那么一个合理的选课顺序就给出了所有课程之间的一个拓扑排序。在这里，排序的对象是由课程为节点、先修关系为有向边，以此构成的一张有向无环图。通常而言，我们把这种用顶点表示活动，用边表示活动之间先后关系的有向图称为**顶点活动网络**（Activity On Vertex network），简称 AOV 网。拓扑排序中生成的线性序列也称为**拓扑序列**（topological order）。拓扑排序的结果不是唯一的。

拓扑排序在实际的工程开发中同样较为常见。例如，Python类的继承关系构成了一张有向无环图，一个类的初始化过程只有在它的父节点的初始化全部完成后才能够进行，因此需要按照拓扑排序对类进行初始化。又比如，在反向传播算法中，计算图中一个节点的反向传播只有在**由该节点构造的所有节点**的反向传播操作全部完成后才能进行，在这里，计算图节点反向传播的顺序同样需要遵从拓扑排序。拓扑排序在诸多涉及计算图的调度问题中，所具有的地位是根本性的[1]。

在本附录中，我们将首先展示有向图的构造过程，随后展示用于拓扑排序的卡恩算法，最后会对Python的多继承及 `mro` 列表进行一个简单的介绍。

B.1　有向图的构建

对于无向图来说，代码示例A.5中的 `Vertex` 类是一种常见的节点设计方案，由于无向图的节点之间无特殊的方向，我们只需要在每个节点中存储与其相邻的节点。这种图的存储表示方式通常也称为**邻接表**（adjacency list）表示法。如果一个图中顶点的数目为n，边的数目为e，那么在$e \ll n^2$时，邻接表的表示方法通常能够有效节省存储的开销[2]。

---

[1] 例如，在一篇发表于 2018 年的文章 *Parallel Scheduling of DAGs under Memory Constraints* 中，介绍了一种当内存存在上限时，有向无环图的并行调度算法。

[2] 邻接表中空间开销的节省，是相对于邻接矩阵（adjacent matrix）表示而言的。即，如果n为图G的顶点数，则我们采用一个$n \times n$的实数矩阵A表示图G节点之间的近邻关系。如果节点v和u相邻，则将矩阵A的元素A[u, v]置为1。对于无向图而言，这样的邻接矩阵总是对称的；对于有向图而言，则可以用非对称的邻接矩阵表示节点之间的指向关系。邻接矩阵的对角元素一般置为 0，不过精打细算的程序员有时也会利用这些位置存储一些与节点本身有关的信息。

在一些教材中，人们也会将节点的信息直接作为成员变量存储在 Vertex 类中，而不是像代码示例A.2.2中那样，直接将 Vertex 类由描述节点信息的 Point 类继承。不过，这两种具体的程序实现方式从算法的角度来看是完全等价的。代码示例 B.1.1 中对图的表示，采用了邻接表的数据结构，且将节点信息直接作为成员变量存储。

代码示例 B.1.1　描述图的常见数据结构

```
from typing import List

class VertexInfo(object):
     pass

class Vertex(object):

    def __init__(self,  info: VertexInfo = None,
                 adjacentList: List = None):

        # self.info: 用于存储节点的信息
        self.info: VertexInfo = info
        # self.adjacent: 用于存储与该节点相邻的邻接表
        self.adjacent: List[Vertex] = adjacentList

    @property
    def n_adjacent(self,):
        return len(self.adjacent_list)
```

当然，对于有向图而言，我们只需要简单地将这里的 adjacent_list 理解为该节点指向的节点即可。有了最基本的节点类，我们就可以以此为依据，从形式上构建出描述有向图的边的 Edge 类，以及用于描述有向图本身的 Graph 类，如代码示例 B.1.2 所示。

代码示例 B.1.2　描述图的常见数据结构（续）

```
class Edge(object):
    def __init__(self, v1: Vertex, v2: Vertex):
        self.v1 = v1
        self.v2 = v2

class Graph(object):
    def __init__(self, vertex_list: List[Vertex]=[],
                       edge_list  : List[Edge  ]=[]):
        self.vertex_list: List[Vertex] = vertex_list
        self.edge_list  : List[Edge  ] = edge_list

    @property
    def n_edge(self):
```

```
        return len(self.edge_list)

    @property
    def n_vertex(self):
        return len(self.vertex_list)
```

图的节点之间的具体关系依赖于具体的实际问题。我们也可以根据实际的需要扩展上面的 Vertex、Edge 和 Graph 类，从而使代码能够在最大程度上满足实际的需求。

B.2 拓扑排序的算法实现

卡恩在 1962 年提出了用于进行拓扑排序的卡恩算法（Kahn algorithm），它允许我们尝试对任意的有向图进行拓扑排序。如果有向图中有环的存在，则算法能够自动跳出相应的提示，而不至于陷入死循环或者由于递归超过程序支持的最大深度而报错。

卡恩算法的基本想法是，一开始先将**入度**（indegree）为 0 的节点从图 G 中取出，加入到一个专门用于存放入度为0的节点的列表S中。由于列表S中的节点入度为0，它们永远可以以任意的顺序取出，加入到已经完成排列的队列的尾端，我们将这个队列记为L。

卡恩算法的要点在于，当我们从列表S中取出任意一个节点v时，需要删除所有由节点v所引出的边。由于列表S中所有的节点入度已经为0，因此删除所有由v引出的边实际上等价于将节点v从图G中删除。由于我们随后将节点v加入了队列L，节点v的存在与否实际上已经不再影响原本与节点v相连的所有其他节点。我们可以在删除之后的图中重新寻找入度为0的节点，并将它们加入到列表S中。如果在最后，图G中仍然有一部分节点没有被加入到队列L中，说明图G中有环的存在。

由于命题“图G可以进行拓扑排序”成立，当且仅当命题“图G中不存在环”成立，故而拓扑排序也常常用于检验有向图G是否为有向无环图：如果拓扑排序成功，则说明图G有向无环；反之则图G中存在环。假设图的边数为e，顶点数为n，则该算法的时间复杂度仅为$O(e+n)$。

卡恩算法：

- 定义队列L，它包含所有已经被排列的元素，初始化为空队列
- 定义列表S，它存放程序运行过程中所有入度为 0 的节点（同时按照此规则初始化）
- $While$ 列表S非空：

    从S中取出任意节点v

    将节点v从S中移除

    将v添加到队列L的尾部

    $for\ \bar{v}\ in\ v.adjacent\_list$：

        将边$(v,\bar{v})$从图G的边的列表中删除

如果$\bar{v}$没有其他入边，则将$\bar{v}$加入列表S

✧ *if* 图G中有剩余的边：

提示图中至少有一个环

✧ *else*：

返回排序完成的队列L

有时，在进行拓扑排序的同时，我们不希望破坏图G原本的结构，这时可以将操作“将节点v从图G中删除”改为“给完成排序的节点v打上标记”，同时重写计算节点入度的相应函数。

以第 9 章中 FAST 主动反射面索网构成的图结构为例，如果我们以节点z轴的值作为依据，认为网格中每条边的方向为从z轴的值较大的点指向z轴的值较小的点，这样我们就获得了一张有向图。容易证明，这样的图中必定不存在环[1]，因此这是一张有向无环图。故而，我们可以为这张图中的每一个节点进行拓扑排序。为此，我们甚至不需要修改任何原本的代码，只需要为 `Vertex` 类定义函数 `indegree`，用于计算拓扑排序**过程中**节点的入度。

在代码示例B.2 中，变量名称定义的约定与代码示例B.1相同。尽管我们没有定义 `Vertex` 类z轴的值，但将代码B.2放在代码B.1之后，程序依然能够正确运行而不报错。当然，如果将代码置于第 9 章的末尾，则可以直接实现对 `FASTnet` 的拓扑排序。

代码示例 B.2　采用卡恩算法对图进行拓扑排序

```
FASTnet = Graph(vertex_list = [], edge_list = [])

# 标记节点
for v in FASTnet.vertex_list:
    v._processed = False

# 定义计算节点入度的函数
def indegree(v: Vertex):
    n = 0
    for vbar in v.adjacent:
        if v.z < vbar.z and not vbar._processed:
            n += 1
    return n

# 初始化队列 L
## -- 它将包含所有已排列元素，初始化为空队列

from collections import deque
L = deque()

```

[1] 因为如果存在环，则我们可以在这个环上“串上”一颗光滑的小球。那么根据定义，小球在这个环的每条边上都可以自由地下落（起点z轴的值总是大于终点），于是一个永动机就这样出现了。

```
# 初始化列表 S
## -- 它存放程序运行过程中所有入度为 0 的节点（同时按照此规则初始化）
S: List[Vertex] = []
for v in FASTnet.vertex_list:
    if indegree(v) == 0:
        S.append(v)
print("初始化列表 S 的长度", len(S))

# 拓扑排序（与伪代码对应）
while len(S) != 0:
    v = S.pop()
    v._processed = True  # 相当于删除节点
    L.append(v)
    for vbar in v.adjacent:
        # 无须再删除边
        if indegree(vbar) == 0 and not vbar._processed: # 考察节点 vbar 是否还有其边
            S.append(vbar)

if len(L) != FASTnet.n_vertex:
    print("图中至少有一个环")
else:
    print("拓扑排序完成")
```

B.3 类的多继承

最后，我们希望对Python类在多继承情况下的初始化顺序进行简单的介绍。为此，我们考虑如代码示例 B.3 所示的测试用例：

注

代码示例 B.3 的结构参考自 https://www.jianshu.com/p/de7d38c84443。但为了体现拓扑排序的性质，代码示例B.3中类的继承结构相较于原来要更加复杂。

代码示例 B.3 类的多继承

```
class Base(object):
    def __init__(self):
        print("enter Base")
        print("leave Base")

class A(Base):
    def __init__(self):
        print("enter A")
```

```
        super(A, self).__init__()
        print("leave A")

class B(Base):
    def __init__(self):
        print("enter B")
        super(B, self).__init__()
        print("leave B")

class C(A):
    def __init__(self):
        print("enter C")
        super(C, self).__init__()
        print("leave C")

class D(A):
    def __init__(self):
        print("enter D")
        super(D, self).__init__()
        print("leave D")

class E(B, C):
    def __init__(self):
        print("enter E")
        super(E, self).__init__()
        print("leave E")

class F(E, D):
    def __init__(self):
        print("enter F")
        super(F, self).__init__()
        print("leave F")

F()
```

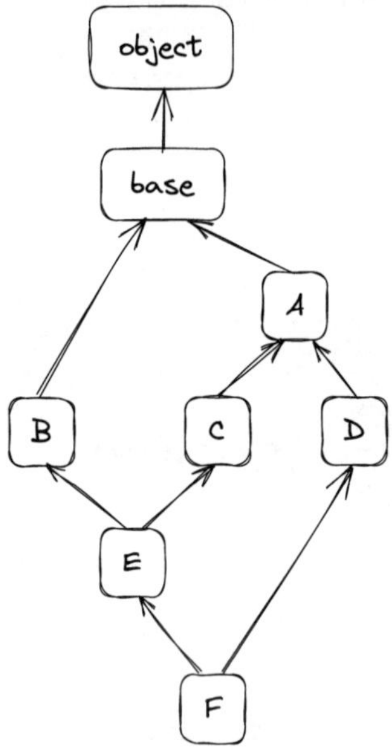

图 B.1 代码示例 B.3 中类的继承结构

代码示例B.3中的语句 F(E, D)表明类 F 将同时继承自类 E 和 D。另外，在类 F 下的语句 super(F, self).__init__()，实际上是语句 super().__init__()的完整形式——函数 super 括号中的内容在附录A.2中被有意略去了。以上程序在调用 F()时将会输出下述内容：

```
enter F
enter E
enter B
enter C
enter D
enter A
```

```
enter Base
leave Base
leave A
leave D
leave C
leave B
leave E
leave F
```

如果我们通过 F.mro()打印出所谓类F的 mro **列表**，将会看到与代码示例B.3的结构相似的输出：

```
[<class '__main__.F'>, <class '__main__.E'>, <class '__main__.B'>,
 <class '__main__.C'>, <class '__main__.D'>, <class '__main__.A'>,
 <class '__main__.Base'>, <class 'object'>]
```

对比 mro 列表与继承关系构成的有向图不难发现，**所谓的 mro 列表，实质上给出了一个从该类本身出发，由继承关系构成的有向图的拓扑排序**。例如在这里，“$FEBCDA-base$”给出了有向图 1 的一个拓扑排序。

另外，应该注意到的是，在执行语句 F()时，代码示例B.3中所有的 self 变量，对应着从类F出发构造的同一个实例。因此，通过观察可以验证，super(cls, inst)的作用，正是为我们返回 inst 实例对应构造类的 mro 列表中，位于类cls之后的一个类。我们在代码示例 B.4 中将这里的描述翻译为Python的代码。

代码示例 B.4 函数super的本质

```
def super(cls, inst):
    mro = inst.__class__.mro()
    return mro[mro.index(cls) + 1]
```

这样，在一般情况下，实例的构造能够按照拓扑排序进行，它保证了子类的初始化行为能够在父类的初始化行为完成之后发生，减少了潜在的错误。同时，在类函数定义的寻找过程中，程序同样遵循在 mro 列表中从前往后搜索的规则。这是子类中的函数能够替代父类当中同名函数的实质。

作为简单的测试，考虑以下示例：

```
f = F()
print(super(B, f).__init__)
# >> <bound method C.__init__ of <__main__.F object at 0x7f150a7efc10>>
```

类B仅仅继承自类 base，但 super(B, f)能够调用的初始化函数位于类 C，这是因为在类 F 的 mro 列表中，类C是紧跟在类B之后的那一个类。这里的 f 为类 F 的实例，所以 super 的搜索在类 F 的 mro 列表中进行。

附录 C　信息和熵

在理解“熵”这一概念时，人们往往会从物理和信息两个角度切入。在这里我们不得不为读者指出的是，物理和信息论中“熵”的概念可以在很大程度上被统一起来：它们不但拥有几乎相同的数学表述，而且拥有极为相似的统计诠释。在第 4 章中，我们为了定义两个概率分布的相似程度，引入了交叉熵的概念，而信息论中实则存在一连串与熵有关的名词。在本附录中读者将会看到，物理和信息论中的熵可以在何种程度上统一起来，在简单的表达式$H(X) = -\sum_i p_i \ln p_i$背后，又具有何等深刻的理论内涵。

C.1　历史概览

从历史的纬度来看，熵的概念首先是物理的，它用于描述一个热力学系统的无序程度。1865 年，德国物理学家克劳修斯从宏观的热力学现象出发进行推导，用热量Q和温度T，给出了熵作为一个物理学**宏观**状态函数的定义：

$$\mathrm{d}S = \frac{\mathrm{d}Q}{T} \tag{C.1}$$

从宏观热力学性质出发定义的熵，也称为**克劳修斯熵**（Clausius entropy）。“破镜难以重圆”、“覆水难收”，宏观孤立系统的演化总是向着熵增加的方向进行。如果说系统变得更加无序，则意味着系统中含有更少的信息。从这个意义上来看，克劳修斯对熵的理解已经初具现代信息论的雏形。

时间来到了 1877 年。克劳修斯熵在统计物理学中所取得的成功，促使着物理学家寻找这一奇妙的状态函数S背后的微观诠释。宏观的温度T代表着微观粒子的平均动能，宏观的压强p代表着微观粒子对某个表面单位时间内的平均撞击力，宏观的体积V代表着微观粒子所能够运动的空间大小，宏观的内能U代表着微观粒子动能和势能的总和……从微观粒子基本的运动定律出发，这样的观点对宏观现象的解释是如此之成功，以至于人们相信在优雅的状态函数S背后，或许同样存在着某种微观的诠释。

这便是玻尔兹曼在 1877 年所做的工作。他指出一个宏观系统的熵S可以与微观粒子的状态数W对应，它们之间满足如下等式关系：

$$S = k_{\rm B} \ln W \tag{C.2}$$

这里的比例系数$k_{\rm B}$也被后人称为玻尔兹曼常数，这样定义的熵也称为**玻尔兹曼熵**（Boltzmann's entropy）。可以证明，克劳修斯熵和玻尔兹曼熵在物理上是相互统一的，其背后代表着热力学和统计力学对于同一现象的不同观点；基于统计规律对熵这一概念的重新审视，也使得熵具有更为广阔的物理内涵。

“微观状态数”这一基于统计的概念，只有在量子力学出现之后才获得了严格的定义，从这个意义上来说，刻在玻尔兹曼墓碑上的公式$S = k_{\rm B} \ln W$确实超前于它所在的时代。量子力学对熵的定义依赖于密度算符$\hat{\rho}$，符号Tr代表对算符求迹。

$$S = -k_{\rm B}\, Tr(\hat{\rho} \ln \hat{\rho}) \tag{C.3}$$

式(C.3)中所给出的定义是普适的，对于一个具体的体系来说，我们对将该式进行化简：

$$S = -k_B \sum_i p_i \ln p_i \tag{C.4}$$

其中p_i为在能级E_i上发现一个粒子的概率，满足归一化条件$\sum_i p_i \equiv 1$，对i的求和可以是有限项，也可以是无限项。如果能级E_i连续分布，还可以将求和直接转变为积分：对求和符号的如是约定，在附录C中是统一的。式(C.4)也称为**吉布斯熵**（Gibbs entropy）公式。

时间来到了 1948 年，为了度量信息论中的不确定性，香农将物理学中熵的概念引入到信息的世界。在后文中，我们也将主要从信息的角度出发，介绍式(C.4)中数学结构的由来。

C.2 信息熵

要想定义一个事件背后所蕴藏的信息量，我们首先应该询问“信息”这一概念应该具有的数学性质。让我们首先来考虑一个具体的例子，图C.1是植物大战僵尸的游戏截图，图中箭头所指的植物名为高坚果，现在我们有 4 条对它位置的描述：

- *a*. 地图中的某个位置存在一个被箭头标记的高坚果；
- *b*. 地图中箭头所标记的高坚果，位于从上往下数的第 3 行；
- *c*. 地图中箭头所标记的高坚果，位于从左往右数的第 7 列；
- *d*. 地图中箭头所标记的高坚果，位于从上往下数的第 3 行，从左往右数的第 7 列。

我们认为上面这 4 句话都包含一定的信息量，我们将它们记为I_a、I_b、I_c及I_d。如果我们假设植物在地图中每个位置上出现的概率相等，那么，由于植物大战僵尸泳池关卡的地图共有 6 行 9

列，因此一株植物出现在某个具体位置的概率应该为1/54。在以事件a为前提时，事件b、事件c以及事件d出现的概率p_b、p_c及p_d可以被分别计算出来：

$$p_b = 1/6$$

$$p_c = 1/9$$

$$p_d = 1/54$$

图 C.1 游戏《植物大战僵尸》的截图。泳池关卡的地图中共提供了6行9列的位置，可供种植不同的植物，抵抗来犯的僵尸。例如，图中箭头所指的植物名为高坚果（Tall-nut），位于从上往下第3行，从左往右第7列。

注意到关系$p_{\mathrm{b}} \cdot p_{\mathrm{c}} = p_{\mathrm{d}}$，这是因为“高坚果出现在地图中的第3行”和“高坚果出现在地图中的第7列”这两个事件是统计独立的。但是，同样在以事件a为前提时，从直观上来说，我们认为事件b和事件c加在一起，应该和事件d拥有相同的信息量。也就是说：

$$p_{\mathrm{b}} \cdot p_{\mathrm{c}} = p_{\mathrm{d}} \ \rightarrow \ I_{\mathrm{b}} + I_{\mathrm{c}} = I_{\mathrm{d}}$$

此时，如果我们认为一个事件所具有的信息量I是该事件出现概率x的函数，那么函数$I(x) \in \mathcal{F}$应该具有如下性质：

$$I(p_1) + I(p_2) = I(p_1 p_2), \qquad \forall p_1, p_2 \in (0,1] \tag{C.5}$$

我们来看式(C.5)所给出的约束条件可以将函数$I(x)$的形式确定到何种程度。首先取$x_2 = 1$，我们得到$I(1) = 0$；随后，我们对式(C.5)进行简单的推广：

$$\begin{aligned} I(x_1) + I(x_2) + I(x_3) + \cdots + I(x_n) &= I(x_1 x_2) + I(x_3) + \cdots + I(x_n) \\ &= I(x_1 x_2 x_3) + \cdots + I(x_n) \\ &= \cdots \\ &= I(x_1 x_2 x_3 \ldots x_n) \end{aligned}$$

如果在上式中取$x_i = x$，$\forall i = 1,2,\ldots,n$，我们可以得到：

$$n\,I(x) = I(x^n), \qquad \forall x \in (0,1] \quad n \in \mathbb{N}^* \tag{C.6}$$

由于式(C.6)对任意正整数$n \in \mathbb{N}^*$成立，我们有：

$$\frac{1}{n}I(x^n) = \frac{1}{m}I(x^m), \qquad \forall x \in (0,1] \quad n,m \in \mathbb{N}^*$$

再令$y \coloneqq x^n$，$\alpha \coloneqq m/n \in \mathbb{Q}^*$，我们得到：

$$\alpha I(y) = I(y^\alpha), \qquad \forall y \in (0,1] \quad \alpha \in \mathbb{Q}^*$$

也就是说，我们将式(C.6)中变量n的范围从正整数集$\mathbb{N}^*$，延拓到了正有理数集$\mathbb{Q}^*$。如果我们进一步假设函数$I(x)$在区间$(0,1]$内连续，就可以将变量n的范围从正有理数集$\mathbb{Q}^*$逼近到正实数集$\mathbb{R}^*$：

$$\alpha\,I(x) = I(x^\alpha), \qquad \forall x \in (0,1] \quad \alpha \in \mathbb{R}^* \tag{C.7}$$

我们假设函数$I(x)$连续可微，因为式(C.7)中的α可取任意正实数，范围$x \in (0,1]$又保证了x^α在任何情况下不会发散，所以我们可以在式(C.7)的两端求取关于参数α的偏导：

$$I(x) = I'(x^\alpha)x^\alpha \ln x, \qquad \forall x \in (0,1] \quad \alpha \in \mathbb{R}^*$$

再令$\alpha = 1$，我们就得到了一个关于$I(x)$的微分方程：

$$I(x) = I'(x)x \ln x, \qquad \forall x \in (0,1] \tag{C.8}$$

不失普遍性，我们令$I(x) = \varphi(x)\ln x$，回带入式(C.8)可以得到：

$$\begin{aligned}
\varphi(x)\ln x &= \varphi'(x)x(\ln x)^2 + \varphi(x)\frac{1}{x}x\ln x \\
\Rightarrow \quad & \varphi'(x) = 0 \\
\Rightarrow \quad & \varphi(x) = \lambda \\
\Rightarrow \quad & I(x) = \lambda \ln x, \qquad \forall x \in (0,1] \quad \lambda \in \mathbb{R}
\end{aligned}$$

在这里，我们期待代表信息量的函数$I(x)$在区间$(0,1]$内非负，因此会令$\lambda < 0$。在物理学中，人们习惯性地取$\lambda = -1$，而在信息论中，人们则倾向于将λ取作$-1/\ln 2$，二者并无本质性的区别。

在取$\lambda = -1/\ln 2$时，我们得到：

$$I(x) = -\log x \tag{C.9}$$

这里的对数函数$\log x$ 如不加说明，默认以2为底。

我们可以基于此做一些简单的讨论。例如，如果将“太阳每天早晨从东边升起”记作X_1，并认为事件X_1发生的概率为$x_1 = 1$，那么，当我们被告知“太阳将于 2022 年 8 月 14 日从东边升起”时，我们会倾向于认为这句话所包含的信息量$I(x_1) = 0$。这就是说，“太阳于 2022 年 8 月 14 日从东边升起”是一句正确的废话[1]。而如果有一天有人告诉你“今天的太阳从西边升起了”，我们将这一事件记作X_2。由于事件X_2发生的概率x_2近乎为0，我们将会有$\lim_{x_2 \to 0^+} I(x_2) \to +\infty$。即如果“太阳从西边升起”这一事件确实发生，将会拥有趋近于无穷的信息量。

应该指出的是，当我们在讨论一个发生概率为x的事件时，函数$I(x)$所指示的是当我们被某人告知**该事件确实将会（或已经）发生**时，告知者**提供的信息**中所拥有的信息量。然而，如果我们所面对的是一个**尚未发生**的事件，且仅仅知道该事件的各种结局出现的概率，那么所谓的**信息熵**（information entropy），就是对“**某事件的各种结局能够给我们带来的信息量**”**所求取的期望**。如果我们用$X = \{X_i\}$代表某一事件的各种结局所构成的集合，并假设结局X_i出现的概率为$p(X_i)$，那么信息熵$H(X)$拥有如下定义：

$$H(X) \coloneqq \mathbb{E}_{x \sim p(X)}[I(x)] = -\sum_i p(X_i) \log p(X_i) \tag{C.10}$$

信息熵也称为**香农熵**（Shannon entropy）。由于$\log x = \ln x / \ln 2$，对比式(C.4)，香农熵和物理学中熵的定义仅相差一个常数$k_{\mathrm{B}}/\ln 2$。应该承认，二者的数学结构是完全一致的。

由于信息熵代表了一个事件的结局被确定后，人们能够获取的信息量的期望，那么在事件的结局被完全确定之前，信息熵就代表了体系所具有的混乱程度。一个体系越是混乱，就需要越多的信息来确定事件的结局。从这个意义上来看，信息熵和热力学熵同样具有相似的统计诠释。

对于结局较为确定的事件，例如$X = \{X_1, X_2\}$，$p(X_1) = 0^+ \coloneqq x_1$，$p(X_2) = 1^- \coloneqq x_2$，我们可以计算出接近于0的信息熵$H_1(X)$：

$$H_1(X) = -x_1 \log x_1 - x_2 \log x_2 = 0$$

而如果X代表了一场势均力敌的比赛，其中$p(X_1) = p(X_2) = 0.5$为比赛双方获胜的概率，我们

---

[1] 这里只是举一个例子。严格来说，我们还得假设本书的读者都住在南北回归线以内，且这一天的天气良好，能看到太阳等。

就可以计算出此时的信息熵$H_2(X)$：

$$H_2(X) = -\frac{1}{2}\log\frac{1}{2} - \frac{1}{2}\log\frac{1}{2} = 1$$

比赛双方越是势均力敌，这一体系就会变得越发混乱，在观看比赛时人们就会愈会变得兴致勃勃。正因如此，信息熵有时也用于描述一个事件给人带来的**惊喜程度**（surprisal）。假如一个事件有N个结局，其中每个结局具有相同的出现概率$1/N$，则单独事件的信息熵$H_N(X)$同样可以以对数形式发散：

$$H_N(X) = -\sum_{i=1}^{N}\frac{1}{N}\log\frac{1}{N} = \log N$$

一个常见的例子是确定$[1,N]$范围内的一个随机整数n，如果在我们对n的每一次猜测后，都可以被告知整数n相对于我们所猜测的整数的大小，则我们大致需要$\log N$次尝试，才可以将随机整数n完全确定下来。

另外，**熵具有可加性**。考虑独立事件$X = \{X_i\}$和$Y = \{Y_j\}$，满足$p(X_i, Y_j) = p(X_i)p(Y_j)$，则我们不难验证如下关系成立：

$$\begin{aligned}
H(X,Y) &\coloneqq -\sum_{ij} p(X_i, Y_j)\log p(X_i, Y_j) \\
&= -\sum_{ij} p(X_i)p(Y_j)\log p(X_i)p(Y_j) \\
&= -\sum_{ij} p(X_i)p(Y_j)\log p(X_i) - \sum_{ij} p(X_i)p(Y_j)\log p(Y_j) \\
&= -\sum_{i} p(X_i)\log p(X_i) - \sum_{j} p(Y_j)\log p(Y_j) \\
&= H(X) + H(Y)
\end{aligned} \tag{C.11}$$

这里的$H(X,Y)$也称为**联合熵**（Joint entropy）。

离散情况下，我们还可以证明**熵具有非负性**。为此，我们只需要定义$f(x) \coloneqq -x\log x$，注意到$f''(x) = -1/x < 0$，$\forall x \in (0,1]$，因此函数$f(x)$为上凸函数。故而，对于$\forall x \in (0,1]$，我们有$f(x) \geq \min\{f(0^+), f(1)\}$。再注意到$f(0^+) = f(1) = 0$，即证得$f(x) \geq 0$，此时$H(X) = \sum_i f(p(X_i)) \geq 0$为显然。

如果一个事件$X = \{X_i\}$的熵$H(X) = 0$，则意味着该事件是一个确定事件。如果我们将X所有结局出现的概率$p(X)$写成一维数组的形式，则这样的数组应该是独热的。

C.3 条件熵

在概率论中，我们用记号$p(Y_j|X_i)$代表在事件X_i已经发生的前提下，事件Y_j发生的概率，它又称为**条件概率**。我们用记号$p(X_i,Y_j)$代表事件X_i和Y_j同时发生的概率，它又称为**联合概率**。条件概率和联合概率之间的联系由著名的**贝叶斯定理**（Bayes' theorem）给出：

$$p(X_i,Y_j)=p(X_i|Y_j)p(Y_j)=p(Y_j|X_i)p(X_i) \tag{C.12}$$

相应地，我们也可以定义所谓的**条件熵**（conditional entropy），将其记作$H(X|Y)$，它是在给定事件Y的前提下，事件X的不确定程度。由于概率的乘除法对应于熵的加减法，一个自然而然的想法是从联合熵$H(X,Y)$中将事件Y的熵$H(Y)$的值减去：

$$\begin{aligned}
H(X|Y) &\coloneqq H(X,Y)-H(Y)\\
&=-\sum_{ij}p(X_i,Y_j)\log p(X_i,Y_j)+\sum_{j}p(Y_j)\log p(Y_j)\\
&=-\sum_{ij}p(X_i,Y_j)\log p(X_i,Y_j)+\sum_{j}\left(\sum_{i}p(X_i|Y_j)\right)p(Y_j)\log p(Y_j)\\
&=-\sum_{ij}p(X_i,Y_j)\log p(X_i,Y_j)+\sum_{ij}p(X_i,Y_j)\log p(Y_j)\\
&=-\sum_{ij}p(X_i,Y_j)\log\frac{p(X_i,Y_j)}{p(Y_j)}\\
&=-\sum_{ij}p(X_i,Y_j)\log p(X_i|Y_j)
\end{aligned} \tag{C.13}$$

需要指出的是，在这里我们并没有假设事件X和Y统计独立，故不能使用式(C.11)所给出的可加性关系。乍一看，式(C.13)或许会令人觉得有些奇怪：在$H(X|Y)$中，对数函数内的概率确实为条件概率$p(X_i|Y_j)$，但对数函数外的概率却是联合概率$p(X_i,Y_j)$。我们试图对这个问题进行一些解释，为此，对式(C.13)的结构进行一些小小的变形：

$$\begin{aligned}
H(X|Y) &\coloneqq H(X,Y)-H(Y)\\
&=-\sum_{ij}p(X_i,Y_j)\log p(X_i|Y_j)
\end{aligned}$$

$$
\begin{aligned}
&= -\sum_j \sum_i p(Y_j) p(X_i|Y_j) \log p(X_i|Y_j) \\
&= -\sum_j p(Y_j) \sum_i p(X_i|Y_j) \log p(X_i|Y_j) \\
&= \sum_j p(Y_j) H(X|Y = Y_j)
\end{aligned}
$$

希望这样的数学结构会让读者感到更加自然。它告诉我们，条件熵所给出的，是以$p(Y_j)$为概率确定事件Y的任意结局Y_j后，以结局Y_j已经发生作为条件，对事件X的熵$H(X|Y = Y_j)$所求取的期望。从这里可以看到，由于熵函数$H(X|Y = Y_j)$具有非负性，因此条件熵$H(X|Y)$将同样是非负的。

C.4 相对熵

相对熵（relative entropy）又称为**信息散度**（information divergence）、**KL 散度**（Kullback-Leibler divergence）等，在机器学习中的应用极为广泛，它可以用于度量两个概率分布之间的差异。与上文中所提到的条件熵有所不同，相对熵中的两个概率分布对应的是**同一随机事件**。现假设随机事件$X = \{X_i\}$具有两个概率分布p和q，则概率分布p和q之间的相对熵具有如下定义：

$$
D_{KL}(p||q) \coloneqq -\sum_i p(X_i) \ln \frac{q(X_i)}{p(X_i)} \tag{C.14}
$$

在信息论中，相对熵是用于度量使用基于Q的编码来编码来自P的样本时，平均所需的额外的比特数量。首先，**相对熵同样是非负的**。为了证明这一点，我们在这里不加证明地利用**琴生不等式**（Jensen's inequality）给出的结论，即如果函数$\varphi(x)$为上凸函数，满足$\varphi''(x) \le 0$，则对于任意概率分布$p(x)$，我们可以有：

$$
\mathbb{E}_{x\sim p(x)}[\varphi(f(x))] \le \varphi\left(\mathbb{E}_{x\sim p(x)}[f(x)]\right) \tag{C.15a}
$$

同理，如果函数$\varphi(x)$为下凸函数，且满足$\varphi''(x) \ge 0$，则对于任意概率分布$p(x)$，我们可以有：

$$
\mathbb{E}_{x\sim p(x)}[\varphi(f(x))] \ge \varphi\left(\mathbb{E}_{x\sim p(x)}[f(x)]\right) \tag{C.15b}
$$

其中的函数$f(x)$为任意实数（可测）函数。此处给出的是琴生不等式的概率论版本。

注

如果x为连续变量，我们还可以给出琴生不等式的概率密度形式。对于满足归一化条件的非负函数（即概率密度函数）：

$$\int_{-\infty}^{\infty} p(x)\mathrm{d}x = 1$$

对于任意的实值可测函数$f(x)$，若函数$\varphi(x)$在函数f的值域中上凸（$\varphi''(x) \le 0$），则：

$$\varphi\left(\int_{-\infty}^{\infty} p(x)f(x)\mathrm{d}x\right) \le \int_{-\infty}^{\infty} p(x)\varphi\big(f(x)\big)\mathrm{d}x \tag{C.15a'}$$

若函数$\varphi(x)$在函数f的值域中下凸（$\varphi''(x) \ge 0$），则：

$$\varphi\left(\int_{-\infty}^{\infty} p(x)f(x)\mathrm{d}x\right) \ge \int_{-\infty}^{\infty} p(x)\varphi\big(f(x)\big)\mathrm{d}x \tag{C.15b'}$$

或许这样的表述形式看起来会更加清楚一些，不过它与原文中的式(C.15a)及式(C.15b)是完全等价的。常见的琴生不等式会取$f(x) = x$的特例，这里写出的形式更加一般。

我们令函数$\varphi(x) \coloneqq -\ln x$，由于$\varphi''(x) = 1/x^2 > 0$，$\forall x \in (0,1]$，函数$\varphi(x)$为下凸函数。此时根据琴生不等式(C.15b)，再取$f(x) = q(x)/p(x)$，我们可以得到：

$$\begin{aligned}
D_{KL}(p||q) &\coloneqq -\sum_i p(X_i)\ln\frac{q(X_i)}{p(X_i)} \\
&= \mathbb{E}_{x\sim p(x)}\left[-\ln\frac{q(x)}{p(x)}\right] \\
&\ge -\ln\left(\mathbb{E}_{x\sim p(x)}\left[\frac{q(x)}{p(x)}\right]\right) \\
&= -\ln\left(\sum_i p(X_i)\frac{q(X_i)}{p(X_i)}\right) \\
&= -\ln\left(\sum_i q(X_i)\right) \\
&= 0
\end{aligned} \tag{C.16}$$

这样的结论对任意满足归一化条件的概率分布p和q成立。需要指出的是，这里的相对熵函数并不是对称的，它度量了概率分布q相对于概率分布p的偏差。在一个典型的情况下，概率分布p代表了数据的真实分布，而概率分布q则表示数据的理论分布、模型分布，或p的近似分布。由琴生不等式的取等条件可知，当且仅当函数$f(x) = q(x)/p(x)$为常数时，相对熵$D_{KL}(p||q)$取到最小值0。再由分布函数p和q的归一化条件可见，相对熵取到最小值意味着分布$q(x)$与$p(x)$完全

一致[1]。正因如此，我们通常会令$D_{KL}(p||q)$作为需要最小化的目标函数，通过梯度下降算法，利用含参的待定分布$q_\theta(x)$来拟合未知分布$p(x)$，这也是**变分推断**（variational inference）的基本思想。

在这样的想法下，我们对式(C.14)进行简单的变形：

$$\begin{aligned}D_{KL}(p||q_\theta) &\coloneqq -\sum_i p(X_i)\ln\frac{q_\theta(X_i)}{p(X_i)} \\ &\propto -\sum_i p(X_i)\log\frac{q_\theta(X_i)}{p(X_i)} \\ &= -\sum_i p(X_i)\log q_\theta(X_i) + \sum_i p(X_i)\log p(X_i) \\ &= H(p,q_\theta) - H(X)\end{aligned} \tag{C.17}$$

在这里，函数$H(p,q_\theta)$称为分布p与q_θ之间的**交叉熵**（cross entropy），具有如下定义：

$$H(p,q_\theta) = -\sum_i p(X_i)\log q_\theta(X_i) \tag{C.18}$$

之所以无须在交叉熵的数学符号“$H(p,q_\theta)$”中额外指定具体的事件X，是因为概率分布函数p和q_θ原本就与具体的事件无关：两个不同的事件，完全可以拥有相同的概率分布函数p和q_θ，从而拥有相同的交叉熵。另外，我们之所以无须在信息熵的数学符号“$H(X)$”中额外指定具体的分布p，是因为信息熵函数定义式中的概率分布p原本就被**定义**为事件X发生的真实概率。故而采用诸如$D_{KL}(p||q) \propto H(p,q_\theta) - H(X)$这样的数学符号，将不会产生任何歧义。注意，交叉熵$H(p,q_\theta)$的符号应该与联合熵$H(X,Y)$有所区分，后者输入的$X$和$Y$对应着两个不同的事件。

另外，式(C.17)给出了我们可以将交叉熵$H(p,q_\theta)$作为损失函数的原因：我们认为真实分布p为确定，故而函数$H(X)$中并不含有参数θ，最小化函数$D_{KL}(p||q_\theta)$完全等价于最小化p与q_θ的交叉熵$H(p,q_\theta)$。由于相对熵$D_{KL}(p||q_\theta)$非负，故交叉熵$H(p,q_\theta)$有下界。

C.5 互信息

为了让读者更好地理解相对熵的概念，我们考察一个具体的例子。考虑两个随机事件$X = \{X_i\}$，

[1] 严谨的数学家或许会为你指出，如果函数$p(x)$和$q(x)$为连续概率分布函数，则可以允许函数$p(x)$和$q(x)$在个别点上的取值不一致，但我们在这里讨论的都是光滑函数。

$Y=\{Y_j\}$；取相对熵$D_{KL}(p||q)$定义式中的分布$p(X,Y)$为事件X和Y的联合概率分布$p(X_i,Y_j)$，取定义式中的分布$q(X,Y)$为将事件X和Y**视作**独立分布时的概率乘积$p(X_i)p(Y_j)$，我们将$p(X,Y)$和$q(X,Y)$的相对熵定义为二者的**互信息**（mutual information），记作$I(X,Y)$。它描述了采用独立概率分布的乘积$p(X_i)p(Y_j)$近似联合概率分布$p(X_i,Y_j)$时所产生的“误差”：

$$
\begin{aligned}
I(X,Y) &\coloneqq -\sum_{ij} p(X_i,Y_j)\log\frac{p(X_i)p(Y_j)}{p(X_i,Y_j)} \\
&\propto D_{KL}\big(p(X,Y)\,||\,p(X)p(Y)\big)
\end{aligned}
\tag{C.19}
$$

由于相对熵非负，故**互信息同样非负**。为了对$I(X,Y)$的性质有更好的了解，我们将式(C.19)通过如下方式展开：

$$
\begin{aligned}
I(X,Y) &\coloneqq -\sum_{ij} p(X_i,Y_j)\log\frac{p(X_i)p(Y_j)}{p(X_i,Y_j)} \\
&= \sum_{ij} p(X_i,Y_j)\log p(X_i,Y_j) - \sum_{ij} p(X_i,Y_j)\log p(X_i) - \sum_{ij} p(X_i,Y_j)\log p(Y_j) \\
&= \sum_{ij} p(X_i,Y_j)\log p(X_i,Y_j) - \sum_{i}\left(\sum_{j} p(X_i,Y_j)\right)\log p(X_i) - \sum_{j}\left(\sum_{i} p(X_i,Y_j)\right)\log p(Y_j) \\
&= \sum_{ij} p(X_i,Y_j)\log p(X_i,Y_j) + \sum_{i} p(X_i)\log p(X_i) + \sum_{j} Y_j\log p(Y_j) \\
&= -H(X,Y) + H(X) + H(Y)
\end{aligned}
\tag{C.20}
$$

式(C.20)是十分重要的。一方面，结合互信息$I(X,Y)\geq 0$的非负性质，我们可以给出一个非平凡的不等式关系：

$$
H(X)+H(Y)\geq H(X,Y) \tag{C.21}
$$

等号在事件X和Y统计独立时取到，即$p(X_i)p(Y_j)\equiv p(X_i,Y_j)$，这可以从不等式(C.16)的取等条件中容易地看出来。另一方面，结合条件熵的定义式$H(X|Y)\coloneqq H(X,Y)-H(Y)$，我们还可以得到如下关系：

$$
I(X,Y)=H(X)+H(Y)-H(X,Y) \tag{C.22a}
$$

$$
I(X,Y)=H(X)-H(X|Y) \tag{C.22b}
$$

$$
I(X,Y)=H(Y)-H(Y|X) \tag{C.22c}
$$

本附录中有关信息熵$H(X)$、条件熵$H(X|Y)$、联合熵$H(X,Y)$以及互信息$I(X,Y)$的讨论，可以用如图 C.2 所示的一张维恩图统一地总结起来[1]。其中，条件熵、联合熵和互信息描述了**不同事件**X和Y基于**同一概率分布**$p(X,Y)$所展现出的性质[2]。事件X和Y在联合熵$H(X,Y)$及互信息$I(X,Y)$之中所处的地位是相同的，它们满足$H(X,Y)=H(Y,X)$且$I(X,Y)=I(Y,X)$。

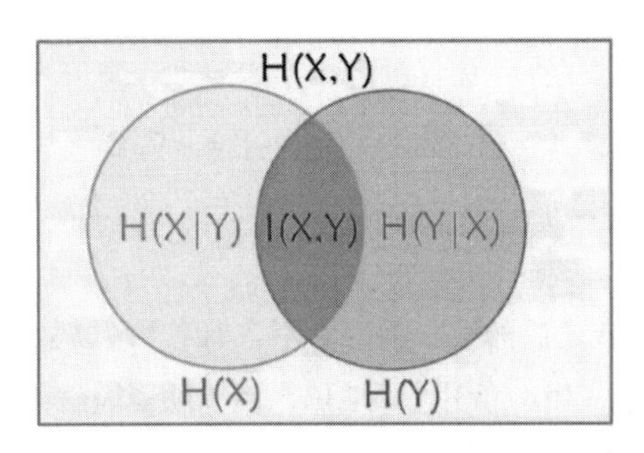

图 C.2 信息熵$H(X)$与$H(Y)$、条件熵$H(X|Y)$与$H(Y|X)$、联合熵$H(X,Y)$以及互信息$I(X,Y)$之间的相对关系

而基于不同的概率分布函数p和q，我们又有相对熵（KL 散度）$D_{KL}(p||q)$、交叉熵$H(p,q)$等概念，它们描述了针对**同一事件**X，**不同概率分布**之间的相对关系。在相对熵中，分布函数p和q的地位并不是等价的，即$D_{KL}(p||q)\neq D_{KL}(q||p)$，$H(p,q)\neq H(q,p)$。

*C.6 相对熵 D_{KL} 的非对称性

我们有必要在本节附录的最后，向读者展示当相对熵函数$D_{KL}(p||q)$被作为优化对象时，相应公式及程序的设计思路，并对相对熵函数的非对称性进行一些简单的讨论。

在附录的开始我们曾为读者指出，本附录中的所有求和符号既可以代表有限项，也可以代表无限项；如果求和变量为连续，则还可以将求和直接转变为积分。在对相对熵的讨论中，通常而言，概率分布函数中的X_i都为连续变量。因此，我们可以将相对熵的定义式(C.14)重新表述为如下形式：

$$D_{KL}(p||q):=-\int p(x)\ln\frac{q(x)}{p(x)}\mathrm{d}x \tag{C.14$'$}$$

对于一个实际的体系，如果我们认为这里的函数$p(x)$对应着某事件的真实概率分布，而希望采用含参数的函数$q_\theta(x)$对$p(x)$进行拟合，则可以将相对熵的表达式重新写为如下形式：

$$\begin{aligned}D_{KL}(p||q_\theta)&=\mathbb{E}_{x\sim p(x)}\left[-\ln\frac{q_\theta(x)}{p(x)}\right]\\&=-\mathbb{E}_{x\sim p(x)}[\ln q_\theta(x)]+\mathbb{E}_{x\sim p(x)}[\ln p(x)]\end{aligned}$$

[1] 图片来源：邹博老师 2017 年机器学习网课，第 9 讲。

[2] 读者应该尝试说服自己，联合概率分布函数$p(X,Y)$中包含了有关于事件X和Y发生概率的所有信息：包括先验概率$p(X)$和$p(Y)$，以及条件概率$p(X|Y)$等。

当我们通过改变参数θ的取值来最小化相对熵$D_{KL}(p||q_\theta)$时，可以得到：

$$\begin{aligned}\nabla_\theta D_{KL}(p||q_\theta) &= -\nabla_\theta \mathbb{E}_{x\sim p(x)}[\ln q_\theta(x)] + \nabla_\theta \mathbb{E}_{x\sim p(x)}[\ln p(x)] \\ &= \nabla_\theta \mathbb{E}_{x\sim p(x)}[-\ln q_\theta(x)]\end{aligned}$$

等式之后的第二项因为不含有参数θ，故而在梯度算符的作用下将恒等于0，而这里的函数$\mathbb{E}_{x\sim p(x)}[-\ln q_\theta(x)]$，其地位相当于**期望风险函数**（见 4.2 节中的相关讨论）。在实际问题中，我们假设给定的样本$\mathcal{D}_{train}=\{x_i\}_{i=1}^N$服从真实概率分布$p(x)$，因此可以用如下**经验风险函数**$R_N(\theta;\mathcal{D}_{train})$，作为对期望风险函数$R(\theta;\mathcal{D}_{train})$的无偏估计：

$$R_N(\theta;\mathcal{D}_{train}) = -\sum_{i=1}^N \ln q_\theta(x_i) \tag{C.23}$$

我们需要合理地选择函数$q_\theta(x_i)$，使得它天生满足归一化条件。一种可能的考虑是选用高斯函数，它具有均值μ和方差σ两个可变参量：

$$q_\theta(x) \coloneqq \frac{1}{\sqrt{2\pi}\sigma}\exp\left(-\frac{(x-\mu)^2}{2\sigma^2}\right) \tag{C.24}$$

如果输入的x_i为标量，则μ和σ将同样为标量。将式(C.24)带入式(C.23)，我们得到

$$R_N(\mu,\sigma;\mathcal{D}_{train}) = \sum_{i=1}^N\left(\frac{1}{2}\ln 2\pi + \ln\sigma + \frac{(x_i-\mu)^2}{2\sigma^2}\right)$$

为了求出$R_N(\mu,\sigma;\mathcal{D}_{train})$在参数$\mu$和$\sigma$改变时的极小值，我们分别在上式的两侧求取对$\mu$和$\sigma$的偏导数，并令所得的偏导数为0，由此可以解出：

$$\mu = \sum_i^N x_i\,, \qquad \sigma^2 = \frac{1}{N}\sum_{i=1}^N (x_i-\mu)^2$$

读者不难自行验证上述结果。由此可见，式(C.23)给出的表达式是合理的，它能正确地给出高斯分布的均值和期望。同时，这样的结果也告诉我们，当我们采用L_2范数作为损失函数时，其实预设了数据噪声的先验分布为高斯分布。

在一般情况下，函数$q_\theta(x_i)$可以是任意含参归一化的概率分布函数，甚至是一个含有大量待定参数的神经网络。尽管分布$p(x)$的形式未知，但我们依然可以通过化简，使得最终优化的对象$R_N(\theta;\mathcal{D}_{train})$中不显式地包含$p(x)$，这让基于表达式(C.23)进行进一步的计算成为了可能。

但是，如果我们想要将相对熵$D_{KL}(q_\theta||p)$作为优化的对象，原则上来说也不是不行。此时，假如$p(x)$依然是事件的真实概率分布，我们可以有：

$$
\begin{aligned}
D_{KL}(q_\theta||p) &:= -\int q_\theta(x)\ln\frac{p(x)}{q_\theta(x)}\mathrm{d}x \\
&= -\int p(x)\frac{q_\theta(x)}{p(x)}\ln\frac{p(x)}{q_\theta(x)}\mathrm{d}x \\
&= \mathbb{E}_{x\sim p(x)}\left[-\frac{q_\theta(x)}{p(x)}\ln\frac{p(x)}{q_\theta(x)}\right]
\end{aligned} \tag{C.25}
$$

我们依然可以基于数据集$\mathcal{D}_{train}=\{x_i\}_{i=1}^N$，仿照式(C.25)给出对期望风险函数的无偏估计$\tilde{R}_N(\theta,\mathcal{D}_{train})$如下：

$$
\tilde{R}_N(\theta,\mathcal{D}_{train}) = -\sum_{i=1}^{N}\frac{q_\theta(x_i)}{p(x_i)}\ln\frac{p(x)}{q_\theta(x)} \tag{C.26}
$$

如果$p(x)$的具体形式未知，式(C.26)将不具有太多实际的应用价值；而如果函数$p(x,y)$的形式已知，这样的计算同样没有太大的价值，因为我们原本的目的，就是用待定函数$q_\theta(x)$拟合概率分布 $p(x)$。另一种直观的想法可能是将式(C.26)中的函数$q_\theta(x)/p(x)$作为一个整体一同优化，但即使是在最好的情况下，我们也只会得到一个返回值恒为1的常数函数，而这同样是一个平凡的结果。

附录 D　下降算法的收敛性分析

在 7.1.2 节中，我们曾经给出了线搜索法的**沃尔夫条件**（Wolfe conditions），并指出当给予线搜索法的下降方向$\boldsymbol{p}$和函数f本身一定的约束以后，沃尔夫条件将成为下降算法收敛的**充分条件**。具体来说，在进行第k次迭代时，对于函数$f(\boldsymbol{\theta}_k)$以及搜索方向$\boldsymbol{p}_k$，我们期待线搜索法的步长α_k满足如下条件：

$$f(\boldsymbol{\theta}_k + \alpha_k \boldsymbol{p}_k) \leq f(\boldsymbol{\theta}_k) + c_1 \alpha_k \boldsymbol{p}_k^T \cdot \nabla f(\boldsymbol{\theta}_k) \tag{D.1}$$

$$\boldsymbol{p}_k^T \cdot \nabla f(\boldsymbol{\theta}_k + \alpha_k \boldsymbol{p}_k) \geq c_2 \boldsymbol{p}_k^T \cdot \nabla f(\boldsymbol{\theta}_k) \tag{D.2}$$

$$\forall\ 0 < c_1 < c_2 < 1$$

其中式(D.1)被称为**充分下降条件**（sufficient decrease condition）或**阿米霍条件**（Armijo condition），式(D.2)被称为**曲率条件**（curvature condition）。在本附录中，我们将对线搜索法的收敛性以及收敛速率进行分析。[1]

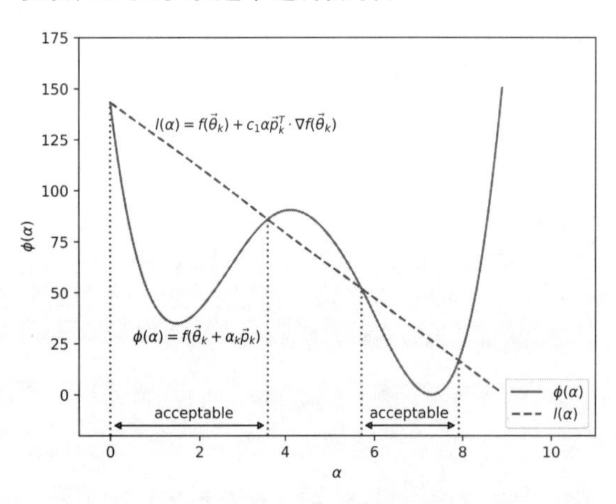

图 D.1　充分下降条件示意图

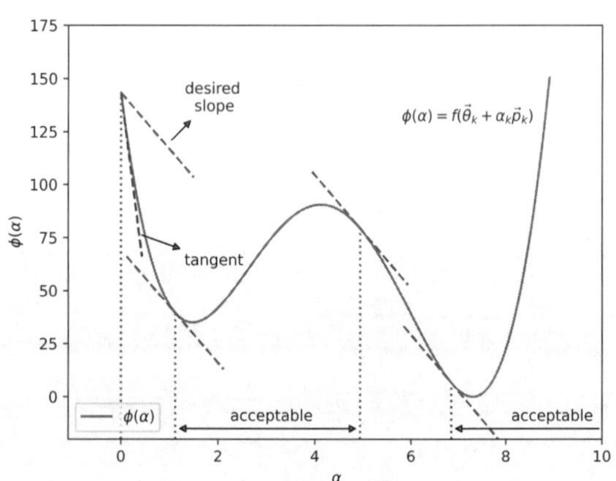

图 D.2　曲率条件示意图

[1] 本附录的部分证明过程参考 Nocedal、Jorge 和 Stephen J. Wright 编著的 *Numerical Optimization* 一书，取其中第 3 章的 3.2 节和 3.3 节。

D.1 线搜索法的收敛性

为了使得线搜索法具有全局收敛性，我们不但需要合理选取的步长，还需要寻找合适的下降方向。为此，我们考察“算法的下降方向$\boldsymbol{p}_k$”与“函数f在参数$\boldsymbol{\theta}_k$处的负梯度”之间的关系，它们之间的夹角$\beta_k \in [0, \pi]$具有如下定义：

$$\cos\beta_k \coloneqq \frac{-\boldsymbol{p}_k^T \cdot \nabla f(\boldsymbol{\theta}_k)}{\|\nabla f(\boldsymbol{\theta}_k)\| \, \|\boldsymbol{p}_k\|} \tag{D.3}$$

当$\cos\beta_k > 0$时，我们称这样的方向$\boldsymbol{p}_k$为函数f在$\boldsymbol{\theta}_k$处的**下降方向**。在此基础上，Zoutendijk 通过下述定理给出了搜索算法收敛的条件及判据。尽管该定理的证明具有一定的技巧性，但定理本身所给出的丰富推论具有较为深远的意义。

定理 D.1

考虑任意具有形式$\boldsymbol{\theta}_{k+1} = \boldsymbol{\theta}_k + \alpha_k \boldsymbol{p}_k$，$k = 0,1,2\ldots$的迭代过程，矢量$\boldsymbol{p}_k \in \mathbb{R}^n$为参数$\boldsymbol{\theta}_k \in \mathbb{R}^n$的下降方向，步长$\alpha_k$满足由式(D.1)和式(D.2)所给出的沃尔夫条件。假设函数f在定义域$\mathbb{R}^n$上有下界，且函数f在开集$\mathcal{N} \subset \mathbb{R}^n$上连续可微。在这里，我们要求集合$\mathcal{L} \coloneqq \{\boldsymbol{\theta} \mid f(\boldsymbol{\theta}) \le f(\boldsymbol{\theta}_0)\}$是开集$\mathcal{N}$的一个子集，即满足$\mathcal{L} \subset \mathcal{N}$。我们再假设矢量场$\nabla f$在开集$\mathcal{N}$上**利普希茨连续**（Lipschitz continuous），即存在常数$L > 0$，满足：

$$\left\|\nabla f(\boldsymbol{\theta}) - \nabla f(\widetilde{\boldsymbol{\theta}})\right\| \le L \left\|\boldsymbol{\theta} - \widetilde{\boldsymbol{\theta}}\right\|, \qquad \forall \ \boldsymbol{\theta}, \widetilde{\boldsymbol{\theta}} \in \mathcal{N} \subset \mathbb{R}^n \tag{D.4}$$

在这样的条件下，我们有下述关系成立：

$$\sum_{k \ge 0} \cos^2\beta_k \, \|\nabla f(\boldsymbol{\theta}_k)\|^2 < \infty \tag{D.5}$$

■ **证明**

从曲率条件式(D.2)以及迭代条件$\boldsymbol{\theta}_{k+1} = \boldsymbol{\theta}_k + \alpha_k \boldsymbol{p}_k$，我们可以得到：

$$\boldsymbol{p}_k^T \cdot [\nabla f(\boldsymbol{\theta}_{k+1}) - \nabla f(\boldsymbol{\theta}_k)] \ge (c_2 - 1)\boldsymbol{p}_k^T \cdot \nabla f(\boldsymbol{\theta}_k) \tag{D.6}$$

而根据利普希茨连续性条件式(D.4)，我们又可以得到

$$\begin{aligned}\boldsymbol{p}_k^T \cdot [\nabla f(\boldsymbol{\theta}_{k+1}) - \nabla f(\boldsymbol{\theta}_k)] &\le \|\boldsymbol{p}_k\| \|\nabla f(\boldsymbol{\theta}_{k+1}) - \nabla f(\boldsymbol{\theta}_k)\| \\ &\le L\|\boldsymbol{p}_k\| \, \|\boldsymbol{\theta}_{k+1} - \boldsymbol{\theta}_k\| \\ &= \alpha_k L \|\boldsymbol{p}_k\|^2 \end{aligned} \tag{D.7}$$

因此结合式(D.6)及式(D.7)，并注意到$L\|\boldsymbol{p}_k\|^2 > 0$，我们可以有

$$\alpha_k \ge \frac{c_2 - 1}{L} \frac{\boldsymbol{p}_k^T \cdot \nabla f(\boldsymbol{\theta}_k)}{\|\boldsymbol{p}_k\|^2} \tag{D.8}$$

将上述关系带入充分下降条件式(D.1)，并注意到$\boldsymbol{p}_k$为函数f在$\boldsymbol{\theta}_k$处的下降方向，且满足$\cos\beta_k > 0$，即$\boldsymbol{p}_k^T \cdot \nabla f(\boldsymbol{\theta}_k) < 0$的要求，我们不难得到：

$$\begin{aligned} f(\boldsymbol{\theta}_{k+1}) &\le f(\boldsymbol{\theta}_k) + c_1 \alpha_k \boldsymbol{p}_k^T \cdot \nabla f(\boldsymbol{\theta}_k) \\ &\le f(\boldsymbol{\theta}_k) - c_1 \frac{1 - c_2}{L} \left(\frac{\boldsymbol{p}_k^T \cdot \nabla f(\boldsymbol{\theta}_k)}{\|\boldsymbol{p}_k\|} \right)^2 \\ &= f(\boldsymbol{\theta}_k) - c_0 \cos^2 \beta_k \|\nabla f(\boldsymbol{\theta}_k)\|^2 \end{aligned} \tag{D.9}$$

其中常数$c_0 \coloneqq c_1(1 - c_2)/L$。我们对所有小于等于$n$的指标$k$进行求和，即得到如下关系：

$$f(\boldsymbol{\theta}_{n+1}) \le f(\boldsymbol{\theta}_0) - c_0 \sum_{k=0}^{n} \cos^2 \beta_k \|\nabla f(\boldsymbol{\theta}_k)\|^2 \tag{D.10}$$

由于函数f具有下界，因此对于任意的自然数n，$f(\boldsymbol{\theta}_0) - f(\boldsymbol{\theta}_{n+1})$将恒小于等于某个正的常数，且该常数的取值与序数$n$无关。由此，我们取式(D.9)在$n \to +\infty$时的极限，即得到

$$\sum_{k \ge 0} \cos^2 \beta_k \|\nabla f(\boldsymbol{\theta}_k)\|^2 < \infty$$

■

在上述过程中，我们认为满足沃尔夫条件的步长α_k总是存在的。式(D.5)也被称为 Zoutendijk **条件**。它告诉我们当算法的迭代次数$k \to \infty$时，在序列$\{\cos^2 \beta_k \|\nabla f(\boldsymbol{\theta}_k)\|^2\}_{k=0}^{\infty}$中将会存在如下极限：

$$\cos^2 \beta_k \|\nabla f(\boldsymbol{\theta}_k)\|^2 \to 0 \tag{D.11}$$

我们假设“算法的下降方向$\boldsymbol{p}_k$”与“函数f在参数$\boldsymbol{\theta}_k$处的梯度方向”之间的夹角β_k具有远离90°

的取值，即余弦值$\cos\beta_k$满足如下关系：

$$\cos\beta_k \geq \delta > 0, \quad \forall\, k = 0,1,2,\ldots \tag{D.12}$$

例如在最速梯度下降法中，我们让算法下降的方向为函数的负梯度方向，此时恒有$\cos\beta_k = 1 > 0$，不等式(D.12)即得到满足。在不等式(D.12)这样的假设之下，考虑式(D.11)中的极限关系，我们即可得到：

$$\lim_{k\to\infty}\|\nabla f(\boldsymbol{\theta}_k)\| = 0 \tag{D.13}$$

即由该算法得到的f在$\boldsymbol{\theta}_k$处的梯度值，将随着程序的运行趋近于0。第 7 章中所谓的“下降算法收敛”，是在式(D.13)的意义上的，它不能保证下降算法收敛到函数的局部极小值，因为函数f中有可能存在形如$f(x) \coloneqq x^3$在$x = 0$处这样的**驻点**（stationary point）。在多元函数的语境下，$\boldsymbol{\theta}_k$要想成为函数f的极小值点，不但要求$\nabla f(\boldsymbol{\theta}_k) = 0$，还要求函数$f$在$\boldsymbol{\theta}_k$处的黑塞矩阵$\boldsymbol{H}_f$正定。

D.2 最速下降法的收敛速率

在最速下降法中，算法的下降方向为函数的负梯度方向。特别地，对于线性方程组$A\boldsymbol{x} = \boldsymbol{b}$的求解问题，我们选取优化函数$f$为如下二次型形式：

$$f(\boldsymbol{x}) \coloneqq \frac{1}{2}\boldsymbol{x}^T A\boldsymbol{x} - \boldsymbol{b}^T\boldsymbol{x} \tag{D.14}$$

根据 7.1.4 节的推导，在$\boldsymbol{\theta}_k$处选取的优化方向$\boldsymbol{p}_k$及学习率α_k应当具有如下形式：

$$\boldsymbol{p}_k = -\nabla f(\boldsymbol{\theta}_k) = \boldsymbol{b} - A\boldsymbol{\theta}_k, \quad \alpha_k = \frac{\boldsymbol{p}_k^T \cdot \boldsymbol{p}_k}{\boldsymbol{p}_k^T A\boldsymbol{p}_k} \tag{D.15}$$

由此，我们不难得到参数$\boldsymbol{\theta}_k$之间的递归关系：

$$\boldsymbol{\theta}_{k+1} = \boldsymbol{\theta}_k + \alpha_k\boldsymbol{p}_k = \boldsymbol{\theta}_k + \frac{\boldsymbol{p}_k^T \cdot \boldsymbol{p}_k}{\boldsymbol{p}_k^T A\boldsymbol{p}_k}\boldsymbol{p}_k \tag{D.16}$$

实际上，由于矩阵A正定，我们可以通过矩阵A定义出矢量$\boldsymbol{x} \in \mathbb{R}^n$的模长$\|\boldsymbol{x}\|_A$：

$$\|\boldsymbol{x}\|_A \coloneqq \sqrt{\boldsymbol{x}^T A \boldsymbol{x}} \tag{D.17}$$

在上述符号约定下，对于最速下降法的收敛速率，我们有以下重要的定理[1]。

定理 D.2

在最速下降法中，当参数$\boldsymbol{\theta}_k$之间满足式(D.16)给出的递推关系，且函数$f(\boldsymbol{\theta})$具有式(D.14)所给出的形式时，根据定理 D.1，假设序列$\{\boldsymbol{\theta}_k\}_{k=1}^{\infty}$最终将收敛于$\boldsymbol{\theta}^*$。在由(D.17)所定义的范数$\|\cdot\|_A$下，在每一步迭代过程中，序列$\{\boldsymbol{\theta}_k\}_{k=1}^{\infty}$将服从如下不等式关系：

$$\|\boldsymbol{\theta}_{k+1} - \boldsymbol{\theta}^*\|_A^2 \leq \left(\frac{\lambda_n - \lambda_1}{\lambda_n + \lambda_1}\right)^2 \|\boldsymbol{\theta}_k - \boldsymbol{\theta}^*\|_A^2 \tag{D.18}$$

其中$0 < \lambda_1 \leq \lambda_2 \leq \cdots \leq \lambda_n$为正定矩阵$A$的$n$个特征值。

■ **证明**

我们首先对带有权重的范数$\|\cdot\|_A$进行一定的讨论。注意到在参数$\boldsymbol{\theta}$收敛于$\boldsymbol{\theta}^*$时，$\boldsymbol{\theta}^*$满足关系式$A\boldsymbol{\theta}^* = \boldsymbol{b}$，因此我们有：

$$\begin{aligned}
\frac{1}{2}\|\boldsymbol{\theta} - \boldsymbol{\theta}^*\|_A^2 &= \frac{1}{2}(\boldsymbol{\theta} - \boldsymbol{\theta}^*)^T A(\boldsymbol{\theta} - \boldsymbol{\theta}^*) \\
&= \frac{1}{2}\left(\boldsymbol{\theta}^T A\boldsymbol{\theta} - \boldsymbol{\theta}^T A\boldsymbol{\theta}^* - \boldsymbol{\theta}^{*T} A\boldsymbol{\theta} + \boldsymbol{\theta}^{*T} A\boldsymbol{\theta}^*\right) \\
&= \frac{1}{2}\boldsymbol{\theta}^T A\boldsymbol{\theta} - (A\boldsymbol{\theta}^*)^T\boldsymbol{\theta} + \frac{1}{2}\boldsymbol{\theta}^{*T} A\boldsymbol{\theta}^* \\
&= \frac{1}{2}\boldsymbol{\theta}^T A\boldsymbol{\theta} - \boldsymbol{b}^T \cdot \boldsymbol{\theta} - \left(\frac{1}{2}\boldsymbol{\theta}^{*T} A\boldsymbol{\theta}^* - (A\boldsymbol{\theta}^*)^T\boldsymbol{\theta}^*\right) \\
&= f(\boldsymbol{\theta}) - f(\boldsymbol{\theta}^*)
\end{aligned} \tag{D.19}$$

由于带有权重的范数$\|\cdot\|_A$可以表示为$f(\boldsymbol{\theta})$与$f(\boldsymbol{\theta}^*)$之差，因此范数$\|\cdot\|_A$也称为**误差范数**（error norm）或者**马氏距离**（Mahalanobis distance）。结合上式及递归关系式(D.16)，严格的计算将给出如下关系：

$$\begin{aligned}
\|\boldsymbol{\theta}_k - \boldsymbol{\theta}^*\|_A^2 - \|\boldsymbol{\theta}_{k+1} - \boldsymbol{\theta}^*\|_A^2 &= 2f(\boldsymbol{\theta}_k) - 2f(\boldsymbol{\theta}_{k+1}) \\
&= \boldsymbol{\theta}_k^T A\boldsymbol{\theta}_k - 2\boldsymbol{\theta}^{*T} \boldsymbol{A}\boldsymbol{\theta}_k - \left(\boldsymbol{\theta}_{k+1}^T A\boldsymbol{\theta}_{k+1} - 2\boldsymbol{\theta}^{*T}\boldsymbol{A}\boldsymbol{\theta}_{k+1}\right)
\end{aligned}$$

---

[1] 参考自 *Introduction to Linear and Nonlinear Programming*, Addison Wesley, second ed., 1984.，该书第 10 章的 10.8 节，有关于最速下降算法及牛顿法的讨论.

$$
\begin{aligned}
&= \boldsymbol{\theta}_k^T A \boldsymbol{\theta}_k - (\boldsymbol{\theta}_k + \alpha_k \boldsymbol{p}_k)^T A (\boldsymbol{\theta}_k + \alpha_k \boldsymbol{p}_k) - 2\boldsymbol{\theta}^{*T} \boldsymbol{A} \boldsymbol{\theta}_k + 2\boldsymbol{\theta}^{*T} \boldsymbol{A} \boldsymbol{\theta}_{k+1} \\
&= -2\alpha_k \boldsymbol{p}_k^T A \boldsymbol{\theta}_k - \alpha_k^2\, \boldsymbol{p}_k^T A \boldsymbol{p}_k + 2\boldsymbol{\theta}^{*T} \boldsymbol{A}(\boldsymbol{\theta}_{k+1} - \boldsymbol{\theta}_k) \\
&= -2\alpha_k \boldsymbol{p}_k^T A \boldsymbol{\theta}_k - \alpha_k^2\, \boldsymbol{p}_k^T A \boldsymbol{p}_k + 2\alpha_k \boldsymbol{\theta}^{*T} \boldsymbol{A}\, \boldsymbol{p}_k \\
&= 2\alpha_k \boldsymbol{p}_k^T A\, (\boldsymbol{\theta}^* - \boldsymbol{\theta}_k) - \alpha_k^2\, \boldsymbol{p}_k^T A \boldsymbol{p}_k
\end{aligned}
$$

再注意到$\boldsymbol{p}_k = \boldsymbol{b} - A\boldsymbol{\theta}_k = A(\boldsymbol{\theta}^* - \boldsymbol{\theta}_k)$及学习率$\alpha_k$的表达式(D.15)，结合上述推导过程，我们可以得到：

$$
\begin{aligned}
\|\boldsymbol{\theta}_k - \boldsymbol{\theta}^*\|_A^2 - \|\boldsymbol{\theta}_{k+1} - \boldsymbol{\theta}^*\|_A^2 &= 2\alpha_k \boldsymbol{p}_k^T \cdot \boldsymbol{p}_k - \alpha_k^2\, \boldsymbol{p}_k^T A \boldsymbol{p}_k \\
&= 2\frac{\boldsymbol{p}_k^T \cdot \boldsymbol{p}_k}{\boldsymbol{p}_k^T A \boldsymbol{p}_k}\, \boldsymbol{p}_k^T \cdot \boldsymbol{p}_k - \left(\frac{\boldsymbol{p}_k^T \cdot \boldsymbol{p}_k}{\boldsymbol{p}_k^T A \boldsymbol{p}_k}\right)^2 \boldsymbol{p}_k^T A \boldsymbol{p}_k \\
&= \frac{(\boldsymbol{p}_k^T \cdot \boldsymbol{p}_k)^2}{\boldsymbol{p}_k^T A \boldsymbol{p}_k}
\end{aligned}
\tag{D.20}
$$

以及

$$
\begin{aligned}
\|\boldsymbol{\theta}_k - \boldsymbol{\theta}^*\|_A^2 &= (\boldsymbol{\theta}^* - \boldsymbol{\theta}_k)^T A (\boldsymbol{\theta}^* - \boldsymbol{\theta}_k) \\
&= (A^{-1}\boldsymbol{p}_k)^T \boldsymbol{p}_k \\
&= \boldsymbol{p}_k A^{-1} \boldsymbol{p}_k
\end{aligned}
\tag{D.21}
$$

因此，我们可以得到如下一个重要关系如下：

$$
\begin{aligned}
\|\boldsymbol{\theta}_{k+1} - \boldsymbol{\theta}^*\|_A^2 &= \|\boldsymbol{\theta}_k - \boldsymbol{\theta}^*\|_A^2 - \frac{(\boldsymbol{p}_k^T \cdot \boldsymbol{p}_k)^2}{\boldsymbol{p}_k^T A \boldsymbol{p}_k} \\
&= \left\{1 - \frac{(\boldsymbol{p}_k^T \cdot \boldsymbol{p}_k)^2}{(\boldsymbol{p}_k^T A \boldsymbol{p}_k)(\boldsymbol{p}_k A^{-1} \boldsymbol{p}_k)}\right\} \|\boldsymbol{\theta}_k - \boldsymbol{\theta}^*\|_A^2
\end{aligned}
\tag{D.22}
$$

再根据**康托洛维奇不等式**（Kantorovich inequality）[1]，我们给出如下不等式关系，它对于任意（非零）矢量$\boldsymbol{p}_k \in \mathbb{R}^n$成立：

$$
\frac{(\boldsymbol{p}_k^T \cdot \boldsymbol{p}_k)^2}{(\boldsymbol{p}_k^T A \boldsymbol{p}_k)(\boldsymbol{p}_k A^{-1} \boldsymbol{p}_k)} \geq \frac{4\lambda_n \lambda_1}{(\lambda_n + \lambda_1)^2}
\tag{D.23}
$$

结合式(D.22)及式(D.23)，我们即可以完成对定理 D.2 的证明：

$$
\|\boldsymbol{\theta}_{k+1} - \boldsymbol{\theta}^*\|_A^2 \leq \left(\frac{\lambda_n - \lambda_1}{\lambda_n + \lambda_1}\right)^2 \|\boldsymbol{\theta}_k - \boldsymbol{\theta}^*\|_A^2
$$

■

[1] 出于知识的完整性，我们将在 D.3 节给出康托洛维奇不等式的证明。

下面我们就 7.1.4 节中提出的具体例子，对最速下降法的收敛速率进行讨论。在式(7.27)中，我们选取如下矩阵A及矢量$\boldsymbol{b}$如下：

$$A = \begin{bmatrix} 2 & 1 \\ 1 & 2 \end{bmatrix},\ \boldsymbol{b} = \begin{bmatrix} 1 \\ 1 \end{bmatrix} \tag{D.24}$$

我们不难验证矩阵A是对称且正定的。再求解特征方程$\det(\lambda_i I_{2\times2} - A)$，计算得到矩阵$A$的两个特征值$\lambda_1 = 1$，$\lambda_2 = 3$。此时，常数$\mu \coloneqq (\lambda_2 - \lambda_1)/(\lambda_2 + \lambda_1) = 1/2$。根据定理 D.2，我们给出关于参数$\boldsymbol{\theta}_k$的约束关系：

$$\|\boldsymbol{\theta}_k - \boldsymbol{\theta}^*\|_A \le \mu^k \|\boldsymbol{\theta}_k - \boldsymbol{\theta}^*\|_A \tag{D.25}$$

由于$\mu < 1$，且注意到$\mu^k \equiv e^{k\ln\mu}$，式(D.25)表明参数$\boldsymbol{\theta}_k$和收敛值之间的误差范数$\|\boldsymbol{\theta}_k - \boldsymbol{\theta}^*\|_A$将随着算法迭代的进行以指数形式衰减。再注意到由关系式(D.19)所给出的误差范数与$f(\boldsymbol{\theta}_k) - f(\boldsymbol{\theta}^*)$之间的正比关系，$f(\boldsymbol{\theta}_k) - f(\boldsymbol{\theta}^*)$的取值同样将随着算法迭代的进行以指数形式衰减。

我们在图 D.3 给出了最速梯度下降法迭代过程中$\|\boldsymbol{\theta}_k - \boldsymbol{\theta}^*\|_A$的变化趋势，供读者参考。我们已经在表达式中将该例中的$\mu = 1/2$带入，且为了明确起见，我们在图 D.3 的右图中对纵坐标取对数，以便读者能够更好地看出最速下降法误差范数指数形式的衰减。一般来说，在$\mu = (0,1)$时，这样的收敛行为也称为**线性收敛**（linear convergence）。

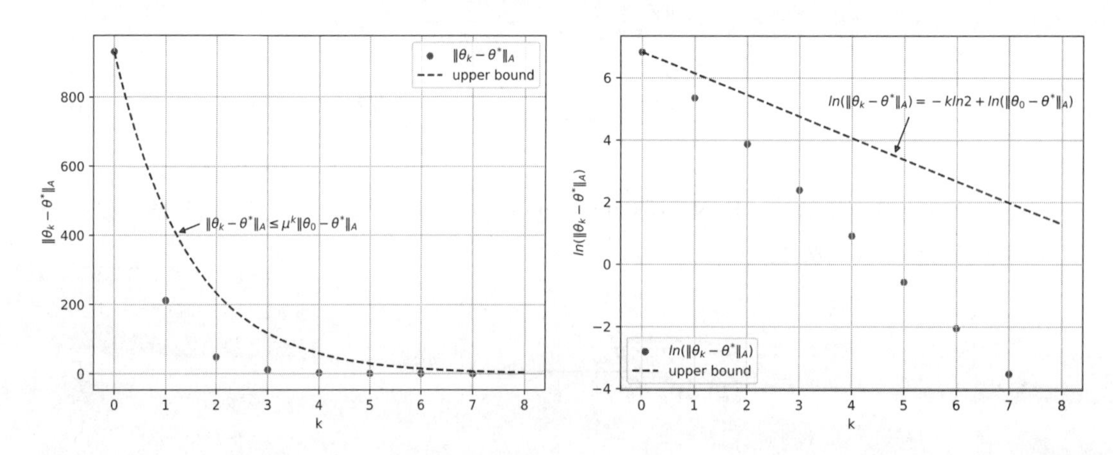

图 D.3 最速梯度下降法的迭代过程。左图为迭代过程中参数θ_k相对于收敛点θ^*的误差范数，其中的虚线来自对下降算法的收敛速率分析；右图为通过对左图中的纵坐标求取对数得到

尽管定理 D.2 仅给出了收敛速率的上界，但当矩阵A的维数$n > 2$时，该上界确实正确地描述了算法的收敛行为。事实上，对于任意优化函数f，如果我们选取$\boldsymbol{p}_k$为函数在$\boldsymbol{\theta}_k$处的负梯度方向，选取α_k为该方向上令函数$\phi(\alpha) \coloneqq f(\boldsymbol{\theta}_k + \alpha \boldsymbol{p}_k)$取到极小值的步长，以此执行最速下降法，我们可

以得到如下定理。

定理 D.3

假设函数$f:\mathbb{R}^n \rightarrow \mathbb{R}$ 在定义域内二次可微，且我们选择最速下降法进行迭代。假如算法最终收敛于极小值点$\boldsymbol{\theta}^*$，且函数在该点处的黑塞矩阵$\boldsymbol{H}_f(\boldsymbol{\theta}^*)$正定[1]，则考虑任意满足如下关系的实数$r$：

$$r \in \left(\frac{\lambda_n - \lambda_1}{\lambda_n + \lambda_1}, 1\right)$$

其中$0 < \lambda_1 \le \lambda_2 \le \cdots \le \lambda_n$为正定黑塞矩阵$\boldsymbol{H}_f(\boldsymbol{\theta}^*)$的$n$个特征值，存在这样的$M \in \mathbb{N}^*$，使得当$k > M$时，我们恒有如下关系成立：

$$f(\boldsymbol{\theta}_{k+1}) - f(\boldsymbol{\theta}^*) \le r^2[f(\boldsymbol{\theta}_k) - f(\boldsymbol{\theta}^*)]$$

*D.3 康托洛维奇不等式的证明

下面我们给出**康托洛维奇不等式**的一个证明[2]。注意，式(D.23)中的矢量$\boldsymbol{p}_k$非零，且对矢量$\boldsymbol{p}_k$乘以任意常数不改变不等式(D.23)的形式，不失一般性，我们可以令矢量$\boldsymbol{p}_k$的模长为1。因此为明确起见，我们将康托洛维奇不等式以如下形式重新加以表述。

定理 D.4 康托洛维奇不等式

假设A是一个对称正定的n阶实数矩阵，具有$0 < \lambda_1 \le \lambda_2 \le \cdots \le \lambda_n$共$n$个特征值，则对于任意模长为1的矢量$\boldsymbol{x}$，我们有：

$$(\boldsymbol{x}^T A\boldsymbol{x})(\boldsymbol{x}^T A^{-1}\boldsymbol{x}) \le \frac{(\lambda_1 + \lambda_n)^2}{4\lambda_1\lambda_n} \tag{D.26}$$

这里对矢量模长的定义为通常意义上的二范数，即对于矢量$\boldsymbol{x}$而言，我们有$\boldsymbol{x}^T\boldsymbol{x} = 1$。

■ **证明**

对康托洛维奇不等式的证明，等价于在$\boldsymbol{x}^T\boldsymbol{x} = 1$的约束下，寻找表达式$(\boldsymbol{x}^T A\boldsymbol{x})(\boldsymbol{x}^T A^{-1}\boldsymbol{x})$的最大值，即

$$\text{maximize} \quad (\boldsymbol{x}^T A\boldsymbol{x})(\boldsymbol{x}^T A^{-1}\boldsymbol{x})$$

---

1 参考 1.1.4 节中黑塞矩阵的定义。

2 本节中的证明思路参考自文章 *A Linear Programming Proof Kantorovich's Inequality*，该证明过程由 M. Raghavachari 于 1985 年给出。在本节中，我们对原证明过程进行了适当的简化。

$$\text{subject to} \qquad \boldsymbol{x}^T\boldsymbol{x} = 1 \tag{D.27}$$

由于矩阵A是对称阵，必然存在正交矩阵C，将对称阵A正交对角化。此时我们有$C^TAC = \Gamma$，$\Gamma = \text{diag}(\lambda_1, \dots, \lambda_n)$，以及$C^TC = CC^T = I$。做变量代换$\boldsymbol{x} = C\boldsymbol{z}$，我们可以尝试对问题(D.27)进行改写，注意到此时$\Gamma^{-1} = \text{diag}(\lambda_1^{-1}, \dots, \lambda_n^{-1}) = C^TA^{-1}C$，我们有：

$$\begin{aligned}(\boldsymbol{x}^TA\boldsymbol{x})(\boldsymbol{x}^TA^{-1}\boldsymbol{x}) &= (\boldsymbol{z}^TC^TAC\boldsymbol{z})(\boldsymbol{z}^TC^TA^{-1}C\boldsymbol{z}) \\ &= (\mathbf{z}^{\mathrm{T}}\Gamma\mathbf{z})(\mathbf{z}^{\mathrm{T}}\Gamma^{-1}\mathbf{z})\end{aligned} \tag{D.28a}$$

以及

$$1 = \boldsymbol{x}^T\boldsymbol{x} = \boldsymbol{z}^TC^TC\boldsymbol{z} = \boldsymbol{z}^T\boldsymbol{z} \tag{D.28b}$$

考虑矢量$\mathbf{z}$的分量形式$\mathbf{z} = (z_1, z_2, \dots, z_n)$，并做变量代换$y_i \coloneqq z_i^2 \geq 0$，$i = 1,2,\dots,n$，我们可以将问题(D.27)改写为如下等价的形式：

$$\begin{aligned}\text{maximize} \quad & (\lambda_1y_1 + \lambda_2y_2 + \cdots + \lambda_ny_n)(\lambda_1^{-1}y_1 + \cdots + \lambda_n^{-1}y_n) \\ \text{subject to} \quad & y_1 + y_2 + \cdots + y_n = 1 \\ & y_i \geq 0, j = 1,2,\dots,n\end{aligned} \tag{D.29}$$

问题(D.29)依然是一个非线性规划问题，因为其中的目标函数是两个关于变量$\{y_i\}_{i=1}^{\infty}$线性表达式的乘积。但我们可以尝试将问题(D.29)转化为一个线性规划问题。为此，假设矢量$(y_1^*, y_2^*, \dots, y_n^*)$是令表达式$(\lambda_1y_1 + \cdots + \lambda_ny_n)(\lambda_1^{-1}y_1 + \cdots + \lambda_n^{-1}y_n)$取到最大值的一组最优解，此时$\lambda_1^{-1}y_1^* + \cdots + \lambda_n^{-1}y_n^* = \delta$，则数组$(y_1^*, y_2^*, \dots, y_n^*)$将同样成为如下线性规划问题的一组最优解：

$$\begin{aligned}\text{maximize} \quad & \lambda_1y_1 + \lambda_2y_2 + \cdots + \lambda_ny_n \\ \text{subject to} \quad & y_1 + y_2 + \cdots + y_n = 1 \\ & \lambda_1^{-1}y_1 + \cdots + \lambda_n^{-1}y_n = \delta \\ & y_i \geq 0, j = 1,2,\dots,n\end{aligned} \tag{D.30}$$

为了证明这一点，假设$(y_1^{**}, y_2^{**}, \dots, y_n^{**})$，而非$(y_1^*, y_2^*, \dots, y_n^*)$，可以成为问题(D.30)的一组更优的解，此时根据定义我们将有：

$$\begin{aligned} & \lambda_1y_1^{**} + \lambda_2y_2^{**} + \cdots + \lambda_ny_n^{**} > \lambda_1y_1^* + \lambda_2y_2^* + \cdots + \lambda_ny_n^* \\ \Rightarrow \quad & (\lambda_1y_1^{**} + \lambda_2y_2^{**} + \cdots + \lambda_ny_n^{**})\delta > (\lambda_1y_1^* + \lambda_2y_2^* + \cdots + \lambda_ny_n^*)\delta \\ \Rightarrow \quad & (\lambda_1y_1^{**} + \cdots + \lambda_ny_n^{**})(\lambda_1^{-1}y_1 + \cdots + \lambda_n^{-1}y_n) > (\lambda_1y_1^* + \cdots + \lambda_ny_n^*)(\lambda_1^{-1}y_1 + \cdots + \lambda_n^{-1}y_n)\end{aligned}$$

后者与数组$(y_1^*, y_2^*, \dots, y_n^*)$是问题(D.29)的一组最优解矛盾。因此，问题(D.29)的一组最优解$(y_1^*, y_2^*, \dots, y_n^*)$应同样为问题(D.30)的一组最优解，而问题(D.30)本身则成为了一个线性规划问题。注意到，在问题(D.30)中的给定区间内，线性规划问题存在两个约束，则根据线性规划问题的基本理论，必然存在这样的最优点$(y_1^*, y_2^*, \dots, y_n^*)$，使得仅有两个$y_i$非零。[1]假设$y_k = 0, k \neq i, j$，将其带入式(D.29)，我们得到：

$$\begin{aligned} \text{maximize} \quad & (\lambda_i y_i + \lambda_j y_j)(\lambda_i^{-1} y_i + \lambda_j^{-1} y_j) \\ \text{subject to} \quad & y_i + y_j = 1 \\ & y_i \geq 0, y_j \geq 0 \end{aligned} \tag{D.31}$$

将关系式 $y_i = 1 - y_j$ 带入目标函数，我们可以得到一个二次函数f，它具有如下形式：

$$f(y_i) \coloneqq \frac{(\lambda_i - \lambda_j)^2}{\lambda_i \lambda_j} y_i^2 + \frac{(\lambda_i - \lambda_j)^2}{\lambda_i \lambda_j} y_i + 1 \tag{D.32}$$

容易看到，目标函数 $f(y_i)$ 在 $y_i = 1/2$处取到最大值。将$y_i = y_j = 1/2$带回原式，我们得到优化问题在最大值点处的取值（的集合），它是关于λ_i和λ_j的函数：

$$G(\lambda_i, \lambda_j) \coloneqq \frac{(\lambda_i + \lambda_j)^2}{4\lambda_i \lambda_j}$$

为了寻找问题$(D.29)$的最大值点，我们还需确定角标i, j的取值。我们进一步改写函数$G(\lambda_i, \lambda_j)$，使得$G(\lambda_i, \lambda_j) = g(\lambda_i/\lambda_j)$，其中函数$g(t) = (t + 1/t)/4$。假设$\lambda_i \geq \lambda_j$，则$\lambda_i/\lambda_j \geq 1$。由于函数$g(t)$在$t \geq 1$时单调递增，函数$g(\lambda_i/\lambda_j)$要取到最大值，则要求$\lambda_i$与$\lambda_j$的比值尽量大，因此我们应该取$\lambda_i$和$\lambda_j$分别为矩阵$A$最大和最小的本征值$\lambda_n$和$\lambda_1$。此时我们即证明了规划问题(D.29)具有如下最大值

$$G(\lambda_n, \lambda_1) = \frac{(\lambda_n + \lambda_1)^2}{4\lambda_n \lambda_1}$$

这就完成了对**康托洛维奇不等式**的证明。 ■

---

[1] 更多细节可以参考由 G. Hadley 教授编写的专著 Linear Programming 中的第 77 页。不过，就这个特定的问题而言，我们只需注意到$(\lambda_1 - \lambda_i)(\lambda_n - \lambda_i)/\lambda_i \leq 0 \Rightarrow \lambda_1 \lambda_n/\lambda_i \leq \lambda_1 + \lambda_n - \lambda_i$，从而有：

$$\begin{aligned} \lambda_1 + \lambda_n - \delta\lambda_1\lambda_n &= (\lambda_1 + \lambda_n)(y_1 + \cdots + y_n) - \lambda_1\lambda_n\left(\frac{y_1}{\lambda_1} + \cdots + \frac{y_n}{\lambda_n}\right) \\ &= \sum_{i=1}^{n}\left(\lambda_1 + \lambda_n - \frac{\lambda_1\lambda_n}{\lambda_i}\right) y_i \geq \sum_{i=1}^{n} \lambda_i y_i \end{aligned}$$

等号在$y_1 = \lambda_1(1 - \delta\lambda_n)/(\lambda_1 - \lambda_n)$, $y_n = \lambda_n(\delta\lambda_1 - 1)/(\lambda_1 - \lambda_n)$且$y_i = 0$, $\forall\, i \neq 1, n$ 时取到。由于最大值处仅存在y_1及y_n非零，我们同样得到了所需的结论。

附录E　神经元的Hodgkin Huxley模型

在本附录中，我们将对神经元膜电位的动力学过程进行更为细致的建模。我们将首先给出Hodgkin Huxley模型中的微分方程，然后基于实验数据估算模型中的待定参数，并在一定条件下对微分方程组进行求解，以期令读者对神经网络中的激活函数有一个更加深刻的认识。

E.1　Hodgkin Huxley 模型所给出的微分方程

在 8.1.2 节中，我们给出了对神经元的一种简单建模方式（见图 E.1）。在更为一般的情况下，由于不同种类的膜蛋白具有不同的动力学性质，我们需要分别对它们进行建模。在这里，我们仅考虑 K^+ 及 Na^+ 这两种主要离子，而将其余通道所对应的电阻及电势统一由R_L及E_L表征：这里的下标L是英文 leaky（泄漏）的首字母。[1]

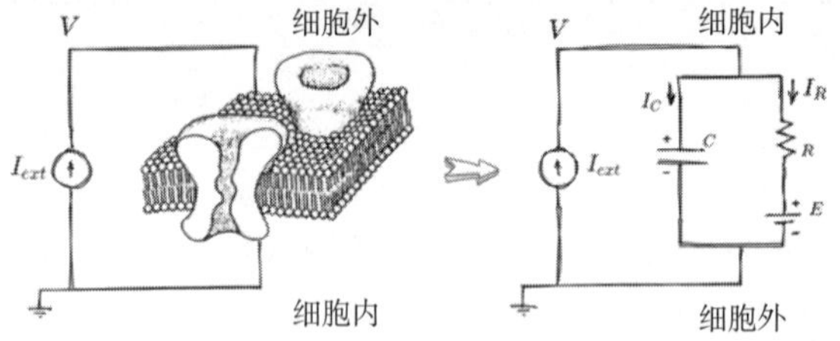

另外，遵从该领域通常的约定，我们用电导率 $g = 1/R$ 代替所有的电阻符号R，并令字母g继承相应电阻符号R所有的角标，此时的欧姆定律具有如下形式：

$$I = gV \tag{E.1}$$

图 E.1　对神经元的简单建模；左图为细胞膜及镶嵌其上的离子通道，右图为与之对应的电路结构。（同图 8.3）

这样做的好处在于，当电阻R_1及R_2并联在电路中时，它们的合电阻R_0具有较为复杂的形式$R_0 = R_1R_2/(R_1 + R_2)$。但如果我们换用电导率g来对电路加以描述，则可以得到更为简单的关系$g_0 = g_1 + g_2$。直观来看，电导率描述了电路元件的导电性能，离子通道的电导率越大，它就具有越强的导电能力。此时，式(8.4)中的微分方程具有完全等价的如下形式：

$$C\frac{\mathrm{d}V}{\mathrm{d}t} = -g(V - E) + I_{ext} \tag{E.2}$$

我们试图对不同种类的离子通道加以区分，可以得到更加复杂的电路，如图 E.2 所示。

[1] 即使对全离子通道进行建模（例如在线虫或甲壳纲动物相关的工作中，有十余个甚至更多通道的神经元模型），也依然会有 leaky 项，这是因为细胞膜本身并非完全绝缘的。

模仿式(E.2)的得到过程，对于图 E.2 中的模型，我们写出膜电位V所满足的微分方程：

$$C\frac{\mathrm{d}V}{\mathrm{d}t}=-\sum_i g_i(V-E_i)+I_{ext} \tag{E.3}$$

式(E.3)中的求和对象i是单词 ion（离子）的首字母，它代表对细胞膜上所有的离子通道求和。就图 E.2 中的电路而言，$i\in\{Na,K,L\}$。注意到，由于转运蛋白对 Na^+ 和 K^+ 具有不同的转运方向，故电路图中电源E_{Na}和E_K的朝向相反。根据基于统计力学的**能斯特方程**（Nernst equation），我们给出平衡电位的一组理论参考值：$E_{Na}\approx+58\mathrm{mV}$，$E_{Cl}\approx-79\mathrm{mV}$。

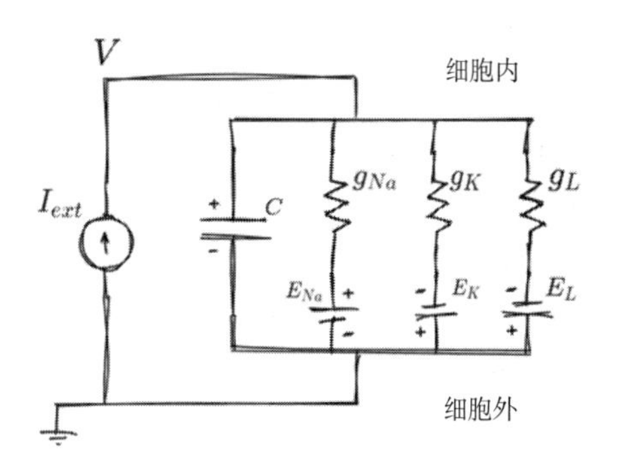

图 E.2 神经元的一种等效电路

假如忽略电导率g_i随电势[1]的变化，而仅仅将g_{Na}和g_K等视作常数，式(E.3)中微分方程的解将依然是平凡的。因此在通常情况下，我们还需要细致地考察相应转运蛋白的微观作用机制，从而实现对神经元更加完整的建模。（实验表明，参数E_{Na}、E_K、E_L、C和g_L均可以视作常数。）

如图 E.3 所示[2]，对于主动运输K^+的离子通道而言，它包含着一个控制通道开关的门（gate）。一般认为，该离子通道的打开需要 4 种相似的化学物质与细胞膜上相应的受体结合[3]。作为近似，我们考虑 4 个相同的“n粒子”，它们能够以大小为n的概率，与细胞膜上相应的位点结合。

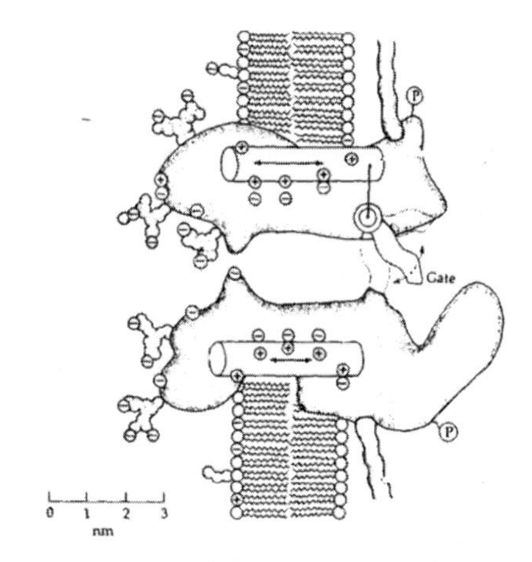

图 E.3 K^+离子通道的微观结构

在这样的假设下，K^+离子通道打开的概率（即电导率）将正比于n^4。此时假设正比系数为$\bar{g}_K$，我们将得到：

$$g_K=n^4\bar{g}_K \tag{E.4}$$

注意到，如果我们将$\bar{g}_K$视作常数，则概率n将是关于时间t和膜电位V的函数。如图 E.4 所示，现假设单位时间内，处于未结合状态的粒子（概率为$1-n$）将有 $\alpha_n(V)$ 的概率回到与相应位点相结合的状态，而处于结合状态的粒子（概率为n）将有 $\beta_n(V)$ 的概率脱离原本的结合状态，函数

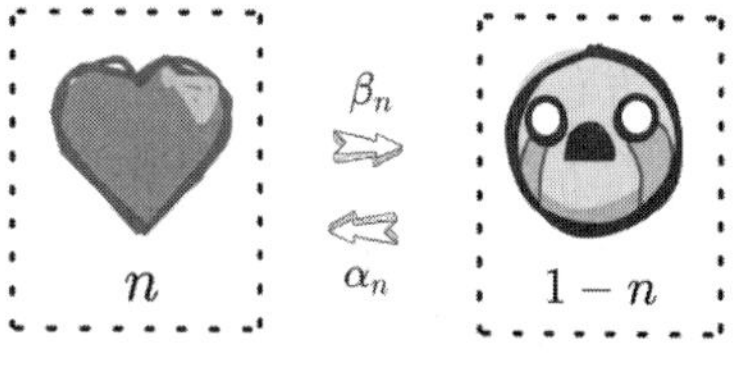

n β_n α_n $1-n$

图 E.4 K^+离子通道的概率迁移模型

---

1 由于相应的转运蛋白原本就属于电压门控离子通道的一种，其电导率自然应该是膜电位V的函数。

2 图片来自 Bertil Hille 教授的专著 *Ionic Channels of Excitable Membranes*。

3 参考自骆利群写作的《神经生物学原理》中 2.16 节的有关介绍，其中具有大量关于离子通道微观结构的介绍及示意图。例如，此处所谓的 4 个“n粒子”，便可以对应于细菌K^+通道 KcsA 上的 4 个亚基。

$n(t,V)$将满足如下微分方程：

$$\frac{\mathrm{d}n}{\mathrm{d}t}=\alpha_n(1-n)-\beta_n n \tag{E.5}$$

从直观上来看，当膜电位升高时，K^+离子通道倾向于打开。不过，Na^+离子通道的开闭却是由两种相反的动力学过程所决定的，我们将与之对应的粒子分别称为"m粒子"和"h粒子"。

"m粒子"是一种**活化分子**（activating molecule），它的性质与K^+离子通道中的粒子性质相似。"h粒子"则是一种**非活化分子**（inactivating molecule），它类似于一个倾向于堵住离子通道的小球，当它与相应的位点结合时，将关闭运输Na^+的离子通道（见图 E.5）。Na^+离子通道的打开，要求 3 个"m粒子"与细胞膜上相应的位点结合，且要求"h粒子"**没有**与相应的位点结合。

我们将"m粒子"与相应位点相结合的概率记作m，将"h粒子"没有与位点结合的概率记作h。重复上述讨论，可以得到描述 Na^+离子通道的方程如下：

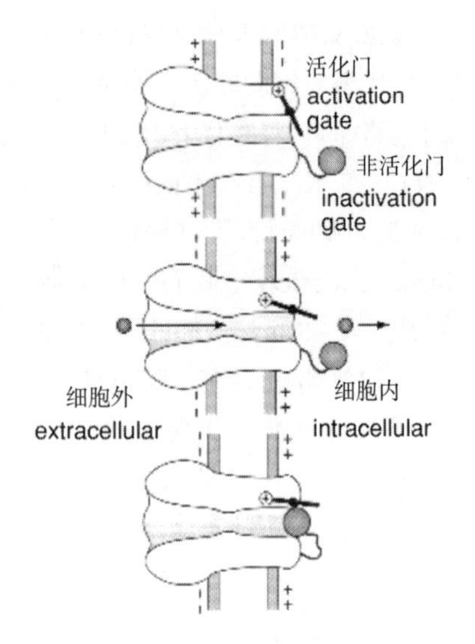

图 E.5 Na^+离子通道的微观结构

$$g_{Na}=m^3h\,\bar{g}_{Na} \tag{E.6}$$

$$\frac{\mathrm{d}m}{\mathrm{d}t}=\alpha_m(1-m)-\beta_m m \tag{E.7}$$

$$\frac{\mathrm{d}h}{\mathrm{d}t}=\alpha_h(1-h)-\beta_h h \tag{E.8}$$

将式(E.4)及式(E.6)带入式(E.3)，我们可以得到 Hodgkin Huxley 模型中最为重要的微分方程，它描述了膜电位V的动力学过程：

$$C\frac{\mathrm{d}V}{\mathrm{d}t}=-g_L(V-E_L)-\bar{g}_K n^4(V-E_K)-\bar{g}_{Na}m^3h(V-E_{Na})+I_{ext} \tag{E.9}$$

方程的左侧对应着等效电路中电容支路的电流，而右侧的前三项则为通过不同离子通道的电流；方程右侧的最后一项描述了外界注入细胞膜内的电流，在大多数情况下，它由细胞膜上的化学门控离子通道产生，并由其他神经细胞的输入所控制。式(E.9)和式(E.5)、式(E.7)、式(E.8)一起，共同组成了 Hodgkin Huxley 模型所需的全部微分方程，Hodgkin 和 Huxley 二人也因为这项工作获得了 1963 年的诺贝尔生理学奖。在该模型最初被提出时，人们对电压门控离子通道的结构尚不清楚（尤其是Na^+离子），这里的n^4、m^3h项基本是通过数据的拟合而得到的，而这立足于对单神经元电生理数据中内禀时间尺度的精确分析。

E.2　对神经元锋电位的数值模拟

基于对平衡状态下n_∞、m_∞及h_∞的测量，以及对达到平衡状态的过程中时间常数τ_n、τ_m及τ_h的测量，并注意到关系 $n_\infty = \alpha_n/(\alpha_n+\beta_n)$，$\tau_n = 1/(\alpha_n+\beta_n)$的成立，Hodgkin 和 Huxley 基于实验数据，对待定函数$\alpha_n(V)$、$\alpha_m(V)$、$\alpha_h(V)$、$\beta_n(V)$、$\beta_m(V)$和$\beta_h(V)$进行了拟合。在 Hodgkin 和 Huxley 发表于 1952 年的原始文章（*A quantitative description of membrane current and its application to conduction and excitation in nerve*）中[1]，我们将上述 6 个函数写作如下形式：

$$\alpha_n(V) = \frac{0.01(10-V')}{\exp\left(\frac{10-V'}{10}\right)-1} \qquad \alpha_m(V) = \frac{0.1(25-V')}{\exp\left(\frac{25-V'}{10}\right)-1} \qquad \alpha_h(V) = 0.07\exp\left(-\frac{V'}{20}\right)$$

$$\beta_n(V) = 0.125\exp\left(-\frac{V'}{80}\right) \qquad \beta_m(V) = 4\exp\left(-\frac{V'}{18}\right) \qquad \beta_h(V) = \frac{1}{\exp\left(\frac{30-V'}{10}\right)+1}$$

其中 $V' = V - V_{res}$，V_{res}为神经元的静息电位，即神经元在静息状态下的膜电位。公式中电压的单位取作毫伏（mV），函数计算出的数值具有时间倒数的量纲（ms^{-1}）。假设静息电位$V_{res} \approx -60\mathrm{mV}$时，平衡状态下的概率及时间常数随膜电位的变化规律如图 E.6 所示。

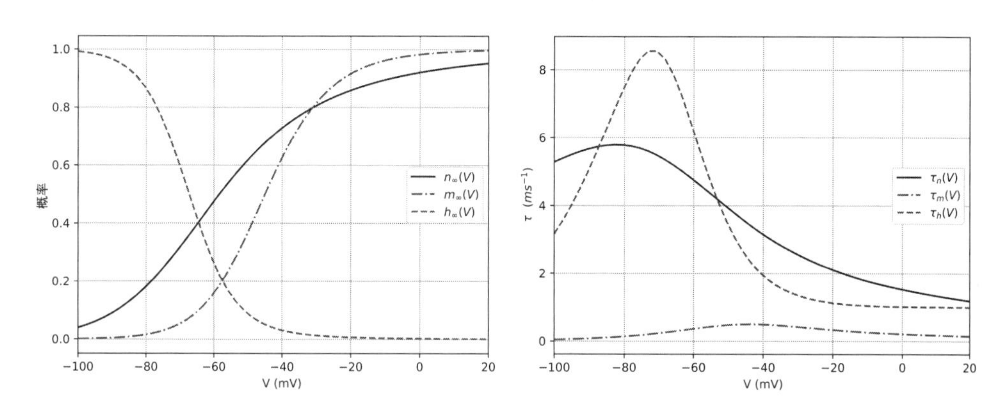

图 E.6　左图为结合概率$n_\infty(V)$、$m_\infty(V)$和 $h_\infty(V)$的函数曲线；
右图为特征时间τ_n、τ_m和τ_h随膜电位V的函数曲线

同样参考 Hodgkin 和 Huxley 二人的原始文章，我们将表 E.1 中所示的数据作为微分方程中待

[1] 在正文中，我们对原始文献函数中的符号进行了修正，使其与本书中的符号约定统一：该领域老文献中的符号约定及零点选取问题，令作者在文献调研时深受折磨，其中的诸多细节在此暂按下不表。

定常数的取值。表中 V_{Na}、V_K和 V_L 的取值为相对于静息电位$V_{res} \approx -60\text{mV}$的去极化强度，因此 $E_{Na} = V_{Na} + V_{res} \approx 55\text{mV}$，$E_K = V_K + V_{res} \approx -72\text{mV}$（这与能斯特方程给出的结果相类似）。另外，根据表 E.1，我们还可以得到 $E_L = V_L + V_{res} \approx -49.387\text{mV}$，作为微分方程中$E_L$的取值。

表 E.1 微分方程中待定常数的取值[1]

常数	采用值[2]	实验平均值	实验值范围
$C\ (\mu F/cm^2)$	1.0	0.91	0.8 ~ 1.5
$V_{Na}(mV)$	+115	+109	+95 ~ +119
$V_K(mV)$	−12	−11	−9 ~ −14
$V_L(mV)$	+10.613*	+11	+4 ~ +22
$\bar{g}_{Na}(m.mho/cm^2)$	120	80 160	65 ~ 90 120 ~ 260
$\bar{g}_K(m.mho/cm^2)$	36	34	26 ~ 49
$g_L(m.mho/cm^2)$	0.3	0.26	0.13 ~ 0.50

* 选取了合适的V_L的数值，使得静息状态下的静息电位$V = 0$

基于此，我们可以对神经元膜电位V随时间的演化进行数值模拟，相应的 Python 代码如代码示例 E.1 所示。其中，模拟器 `neuron_simulator` 的函数结构与第 7 章中的优化器类似。从一定程度上来说，不同种类的优化器正如同具有不同性质的神经元，促进着神经网络学习过程的进行，令神经网络中的参数随着时间演化。

代码示例 E.1 对神经元锋电位的数值模拟

```python
import jax
import jax.numpy as jnp
import matplotlib.pyplot as plt

# 常数的定义
C = 1.0                                # (uF/cm^2)
V_res = -60.0                          # (mV)
E_Na, E_K, E_L = 55.0, -72.0, -49.387  # (mV)
g_Na, g_K, g_L = 120.0, 36.0, 0.3      # (m.mho/cm^2)

# 函数的定义
def alpha_n(V) :
    return jax.lax.cond(pred = V==10,
            true_fun  = lambda void: 0.1,
            false_fun = lambda void: 0.01 * (10-V) / (jnp.exp((10-V)/10) - 1),
```

[1] 参考自 Hodgkin 和 Huxley 于 1952 年发表的文章 *A quantitative description of membrane current and its application to conduction and excitation in nerve*。

[2] 原始文献中的符号和现代对膜电位的符号约定，二者相差一个符号。且此处V_{Na}、V_K 和 V_L的取值为相对于静息电位$V_{res} \approx -60\text{mV}$的去极化强度。

```
            operand    = None)

def alpha_m(V) :
    return jax.lax.cond( pred = V==25,
            true_fun  = lambda void: 1.0,
            false_fun = lambda void: 0.1  * (25-V) / (jnp.exp((25-V)/10) - 1),
            operand   = None)

def alpha_h(V) : return 0.07 * jnp.exp(-V/20)

def beta_n(V) : return 0.125 * jnp.exp(-V/80)
def beta_m(V) : return 4 * jnp.exp(-V/18)
def beta_h(V) : return 1 / (jnp.exp((30-V)/10) + 1)

# 模拟器
def neuron_simulator(time_step):
    def init(V0):
        n0, m0, h0 = 0.0, 0.0, 0.0
        return V0, n0, m0, h0

    @jax.jit
    def update(neuron_state, Iext):
        V, n, m, h = neuron_state
        dV = - g_L  * (V-E_L)                 \
             - g_K  * (V-E_K)  * n**4         \
             - g_Na * (V-E_Na) * m**3 * h   \
             + Iext
        dn = alpha_n(V-V_res) * (1-n) - beta_n(V-V_res) * n
        dm = alpha_m(V-V_res) * (1-m) - beta_m(V-V_res) * m
        dh = alpha_h(V-V_res) * (1-h) - beta_h(V-V_res) * h

        V += dV / C * time_step
        n += dn * time_step
        m += dm * time_step
        h += dh * time_step
        return V, n, m, h

    def get_params(neuron_state):
        V, _, _, _ = neuron_state
        return V

    return init, update, get_params

# 定义超参数
V_init    = -60.0  # (mV)
Iext      = 0.0    # (nA)
```

```
time_step = 0.01    # (ms)
time_stop = 50      # (ms)

# 开始迭代
fun_init, fun_update, fun_get_params = neuron_simulator(time_step)
neuron_state = fun_init(V0 = V_init)
t_trace = [0.]
V_trace = [V_init]

for I in range(int(time_stop / time_step)):
    neuron_state = fun_update(neuron_state, Iext=Iext)
    t_trace.append(I * time_step)
    V_trace.append(fun_get_params(neuron_state))

# 可视化输出
plt.figure()
plt.plot(t_trace, V_trace, c = "blue", linestyle="-",
         label = r"$I_{ext} = $" + str(Iext) + r" $nA$")
plt.xlabel("t (ms)")
plt.ylabel("V (mV)")
plt.grid("-")
plt.legend(loc = "center right")
plt.savefig("figE7.png")
plt.show()
```

此时，我们便可以得到神经元**锋电位**（spike）随时间演化的图像，如图 E.7 所示。在$I_{ext} = 0.0\text{nA}$时，神经元将在几个毫秒内产生一个极其锐利的锋电位，而这样的波形应该可以在任意一本有关神经生物学的教材中找到。另外，我们还在图 E.8 中给出了$I_{ext} = 0.0\text{nA}$时，离子通道各个子部分的导通概率。

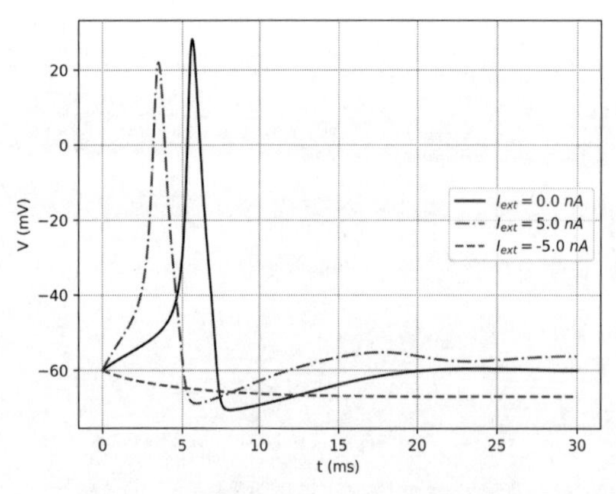

图 E.7 不同外加电流下神经元的锋电位随时间的演化

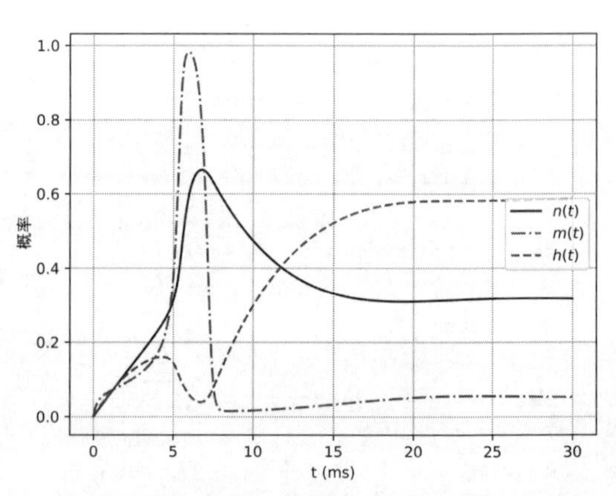

图 E.8 $I_{ext} = 0.0\text{nA}$时，离子通道各个子部分导通的概率当外界电流

下面，我们对锋电位的产生过程进行一定的讨论。注意到，在$n_\infty = \alpha_n/(\alpha_n + \beta_n)$，$\tau_n = 1/(\alpha_n + \beta_n)$的变量代换下，式(E.5)可以被完全等价地写成如下形式：

$$\tau_n \frac{\mathrm{d}n}{\mathrm{d}t} = n_\infty - n \tag{E.5'}$$

我们不能从式(E.5′)中直接写出微分方程的解 $n(t) =_? n_\infty\left(1 - \mathrm{e}^{-t/\tau}\right)$，因为这里的时间常数$\tau_n$及平衡概率$n_\infty$都是关于膜电位$V$的函数，而膜电位$V$同样是关于时间的函数。对$m(t)$及$h(t)$的讨论同理。虽然如此，时间常数 τ 依然为我们提供了相当的物理直觉，它反映了特定离子通道对膜电位变化响应的快慢。

根据图 E.6 中给出的曲线，我们可以看到“m粒子”所对应的时间常数τ_m将远远小于τ_n及τ_h。因此，当膜电位V相对于静息电位略微升高时，m将先于n和h达到平衡状态$m_\infty(V)$。根据图 E.5 所给出的$m_\infty(V)$曲线，升高的膜电位将抬高m_∞的数值，而抬高的m_∞将使得Na^+离子通道倾向于导通。注意到Na^+的平衡电位$E_{Na} \approx +55\mathrm{mV}$，导通的$Na^+$将导致膜电位$V$进一步抬高，从而形成正反馈：这解释了图 E.7 中锐利锋电位的由来。

不过，这样的正反馈并不能持续太久。随着时间的演化，根据图 E.6，当膜电位V抬高时，$h_\infty(V)$将快速地趋近于0。由于Na^+离子通道的电导率$g_{Na} \propto m^3 h$，它将由m和h的取值所共同决定。在时间τ_h过后，h的取值将趋近于0，从而将Na^+离子通道关闭，宣告正反馈的结束。读者可以自行验证，锋电位持续的时间确实与图 E.6 中τ_h的数值大致相当。

于此同时，在时间τ_n后，与K^+离子通道相关联的“n粒子”也开始发挥作用。由于K^+的平衡电位$E_K \approx -72\mathrm{mV}$，打开的$K^+$离子通道将把膜电位$V$拉回静息电位附近，最终与$Na^+$离子通道的输运过程达到动态平衡。

不过，当外界输入的电流I_{ext}较大时，由于输入电流抬高了平衡状态下的膜电位，系统将涌现出更多有趣的现象。例如，当$I_{ext} = 10.0\mathrm{nA}$时，神经元将产生周期性的锋电位，如图 E.9 所示。而当外界输入电流较小时，神经细胞则将处于**超极化**（hyperpolarization）状态，此时动作电位的产生将被抑制，如图 E.7 所示。

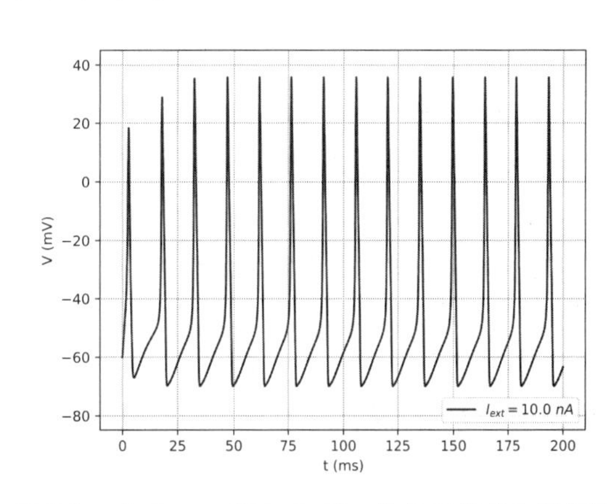

图 E.9 当 $I_{ext} = 10.0\mathrm{nA}$ 时，神经元将产生周期性的动作电位

*E.3 神经元的发放频率模型

最后，我们需要对 8.1.2 节中出现的激活函数进行讨论。尽管 Hodgkin Huxley 模型在实际问题中具有相当的精度，但由于算法本身具有较高的运算量，它难以支持大规模神经网络的实时仿

真。在 Hodgkin Huxley 模型之后，又有 Leaky Integrate and Fire（LIF）模型及 Izhikevich 模型等简化的形式，试图兼顾数值模拟算法的效率与精度。

然而，锋电位的产生机制告诉我们，神经元（在大多数情况下）无法依靠锋电位的波型来有效地传递信息。因此，神经元信号中所包含的信息，只能表现为锋电位信号产生的时间。利用锋电位的产生时间来刻画神经元的输出，这样的模型称为**锋电位模型**（spiking model），由此设计出的神经网络也称为**脉冲神经网络**（spiking neural network，SNN）[1]。

对于传统的神经网络，其训练过程均可以在自动微分的框架之下被完全地实现，但就 SNN 而言，后人通常将图 E.9 中的动作电位近似为一系列狄拉克δ函数，而只存储锋电位产生的时间。在这样的近似之下，神经元的内部状态变量及误差函数将不再满足连续可微的性质，在此约束下发展出的一系列算法（例如 Hebbian learning 和 STDP 等），其性能尚且难与传统神经网络的训练方式相匹敌。

为了让神经元产生的信号（至少在形式上）变得连续可微，我们尝试将神经元锋电位在时间尺度上进行平均，由此建立的模型也称为**发放频率模型**（firing rate model），相应锋电位的产生频率称为**发放频率**（firing rate）。尽管发放频率模型忽略了锋电位在时间尺度上的具体分布，但这样的算法却常常能够拥有更高的效率：这也是一般的神经网络所采用的模型。

为此，我们首先需要统计在时间尺度上神经元锋电位的产生频率。在图 E.10 中，我们基于-2.0nA 至 25nA 区间内的外电流I_{ext}，进行了时间为 1000ms 的数值模拟，并绘制出锋电位的发放频率随外电流I_{ext}的变化趋势。

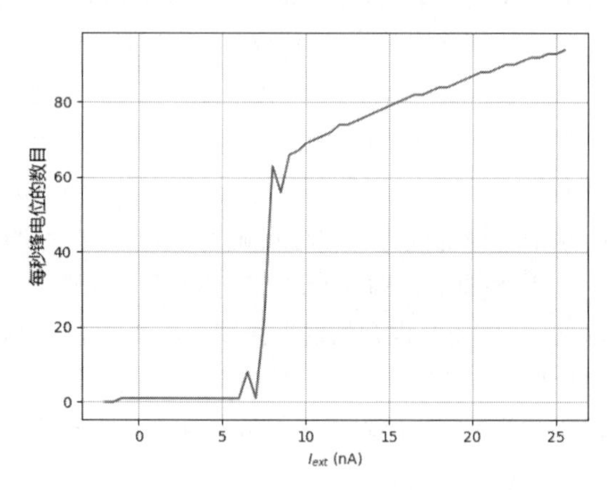

图 E.10 锋电位频率随外电流I_{ext} 的变化规律。在实际模拟过程中，我们为每一个外电流I_{ext}的数据点添加了方差为 5nA 的高斯噪声，并将模拟的步长取作 0.01ms，分别记录 1000ms 内锋电位产生的数目

我们将锋电位的发放频率记作v，并假设它是关于时间t的函数。因此，图 E.10 中的曲线给出了平衡状态下v_∞关于外电流 I_{ext} 的变化规律。我们将该函数定义为$f:\mathbb{R}\to\mathbb{R}$，则可以得到：

$$v_\infty \coloneqq f(I_{ext}) \tag{E.10}$$

假设发放频率$v(t)$到达平衡状态v_∞之前存在一定的弛豫时间τ_v，且满足如下微分方程：

$$\tau_v \frac{\mathrm{d}v}{\mathrm{d}t} = v_\infty - v \tag{E.11}$$

为了对式(E.11)中的弛豫时间τ_v进行估计，我们考虑一个最为简化的模型。在式(E.2)中令

[1] 这里的 spike 一词在医学词典中被译作“锋电位”，但将 spiking neural network 译作“脉冲神经网络”，确实是计算领域惯常的约定。

柔和的水波如同漂浮于梦里，只有在江面飘来的雾气中，他才开始逐渐感受到贴服着他肌肤的干燥的衣物。或许只有在寒冷中，一个人才会去思考衣物能够给人带来的温暖，当然他也会纠结，是否能够将自己和这个世界变得同样冰凉。

他的脑海中浮现出吉他与钢琴的混响，颗粒状的图案间提琴的线条来回笨拙地交织，不完整的重奏一同牵动着某种古老的回忆，模糊在船长室白兰地的醺香中。他怀疑河面上飒飒的晚风是否曾经拂过一汪未被命名的湖水，湖畔有少女，有吉他，有诗。弥漫着江雾的河面上隐隐出现一条乳白的石舫，大理石在夜色中透露出微弱的荧光，流动的雕塑款款地划过昏暗的视野，又在静默之中消失不见。

当船身如同那石舫一般，静静地停靠在仅由一盏孤灯照亮的木质码头，他从渡轮顶层甲板上轻轻地走下。绕过渡船上那些他仿佛从未经历的长廊，经过那些黑暗中看不清内里的舱室，他踏上几块石头，踩上码头嘎吱作响的平台。平台上层层堆叠的木板如同程序中不可胜数的**数组**，正在通过形形色色的方式构造出来。

他是从船上下来的唯一一人，他知道有些路只能一个人走，他更知道，并不是每一个人在走过时都能够留下痕迹。他想起渡轮顶层甲板上散落的烟蒂，回望着漆黑一片没有一点点光亮的巨大的渡轮，抖了抖被雾水打湿的皮衣。码头上的那一盏灯，嘎吱作响地将钢结构的灯杆弯作一个弧形，向他深深地鞠了个躬。见识过各种弯曲形状的他只是侧过脸微微地一笑，然后背离着河面，和他笔直而瘦削的影子一起，在嘎吱作响的木板上迈开了步伐，追随着漫天流动着旋转着的星光。

他回忆起从前那不辍学习的岁月，那一个又一个古老的算法，那通过**递归**手段层层构造的积分，和那一些**深藏**在电与磁中待人发现的**函数**。

当他的脚终于踏上坚实的土地，他开始在黑暗之中悄无声息地行走。他感觉自己仿佛行走在元古代攒簇累积的变质岩层，穿越了古生代粗犷厚重的煤炭森林，跨越过中生代巨大无比的恐龙骨架，游历着原始人类古老洞穴中的诸多壁画图腾。不过，他同样清楚的是，热带雨林间剧烈的碳水循环，或许早已抹去了历史在这块大陆上能够留下的一切痕迹。

他沿着林间一条黑暗中肉眼勉强分辨的小径，顺着山坡**下降最快**的方向小心翼翼地前行：有路的地方就意味着有人，就意味着他正在一步一步地回归到社会心理学家发明的那一些复杂精密而又收罗备至的范式中去。对此，他只是沉默。两侧高挺的乔木以及横生的藤蔓共同营造着幽闭的空间，腐烂的落叶与乱生的裸子植物时常划过他的脚踝。在他不经意间撩到的阔叶植物中，时常升起一群点着灯的萤火虫，如同一群受了惊的麻雀，倏地升起，又款款落下，照亮雨林中一片不大的天地。依着间隙他能够瞥见乔木身上覆盖的厚厚的苔藓，同时感受到自己浑身上下令人难受的潮湿。他用随身携带的小刀刺穿了鞋底，以便让他那对巨大而沉重的黑色胶鞋不至成为盛水的容器。他期待着，期待着回到数学家笔下那些充满秩序的符号，那一些终将被求解的**变量**，那一些时空不变的**函数**，那一些固定变量的**赋值**。

他用双耳捕捉着雨林间的窸窣，用目光并不急切地搜寻着前方可能出现的人类的火光。他不介意就这样在这条路上一直走下去，就像他不介意那一艘河上的航船就那样载着他一路行驶。自从他学会不再去询问更多关于旅途的意义，睡眠与劳累对他来说仿佛就已经成为了回忆。与此同时，他感觉到许多啮齿类的小动物，正在他周遭的黑暗间**并行**穿梭。

终于，道路还是在某个地方变得宽阔起来，呈现出雨林之间一片舒展而同样潮湿的园地。他觉得自己可能来到了某座城市，同时某一种奇怪的直觉抑或是远处涌动的呼声告诉他，这座城市可能倚靠着海洋。他打量着道路两侧略显破败的木质小屋，思考着该在何处安下身来。仰起头，又看见夜空之中流动着的愈发混乱的星河，以及那弯不知在何时由圆变缺的弦月。

街道没有路灯，只有泥泞道路上深深浅浅的积水在黑暗中构造着漆黑的颜色。睡梦中的小城如同雾中的码头，归还着古老的自然那一份亘古不变的宁静。他饶有兴趣地打量着左右店铺简陋而端正的招牌，聆听着远处森林中风与叶的摩擦，还有不知是何人的窗牖间依稀传出的厚重的鼾声。

顺着更加宽阔的道路继续**下降**，他终于来到一个旅社的门前。

为什么选择**终止**？是沉重的**步伐**已经无法支撑继续的前进？是道路的**梯度**变得愈发难以分辨？或许仅仅只是出于焦虑与迷惘，让人开始在一个山谷的盆地间**来回彷徨**。

旅社小屋有着厚重原木排列而成的墙垣、倾斜整洁的屋顶。小窗内透露出的温柔的灯光，在雨林间营造着家一般的氛围。他走上前去，扣响了小屋门上光亮的铁环。屋内随即传出几声咒骂，继而是沉重的脚步声，然后不大的木门被嘎吱作响地打开，微黄的光晕连同几许类似蒲公英的茸毛，从狭窄的门缝间无声地泄漏出来。

一个矮胖的青年出现在他面前，抑或是水手，黄黑色的粗糙皮肤衬托着他还算端正的五官，漆黑粗糙的略长的头发在他的头顶蓬作一个海鸟的窝，原本应该蓄有胡须的位置却被他一并整洁地剃去。他合一件白色粗布的长衫，斜倚着门框，皱着眉头，趿拉着人字的拖鞋，不客气地打量着面前这个来历不明的旅客。他面前的旅人微微皱了皱眉头，但依然着保持礼貌，清了清嗓子，寻找到自己因久未使用而显得有些陌生的声音，低低地说道：

“老板——住店……”

他被引进了屋内。

屋内没有窗户，散发出一股年迈老人家中才可能拥有的整洁的气息，古色古香却充满油污的木质柜台占据了原本不大的房间将近一半的空地，柜台上平放着一块只剩半张照片的相框、一支爬满锈迹的天平，以及几张破旧的图纸。柜台后是用于卧寝的铺榻，蓝白条纹的被褥仿佛仍然散发着主人身体的余温。柜台的右侧，一道虚掩的小门通向旅社深处。

他被卧榻之后的橱柜内摆放的物件所吸引：一只犹如受伤的眼镜蛇般愤怒扭曲着的巨大圆号，几块仿佛从未在他处见过的异国钱币，一个坏掉的圆形钟表——粗短的黑色时针锐利而端正地指向数字 8，细长而扭曲的分针的尖头却在数字 14 与 22 的位置间来回徘徊。没有灯罩的灯泡仅由一条电线悬挂在房间的顶部，幽幽的光线染黄了那原本应是灰白的表盘，在指针的背后晕染开一圈一圈明明暗暗衍射的图样。圆木的墙壁上，深黑的菌落如同罗夏墨迹测验的条纹，深浅不一。

老板对他口袋内取出的泡成了碎纸的钱币连连摇头，颅骨之下循环连接的神经元极尽造物主之所能，用污水般浑浊的口音向他索要他可能拥有的所有财富。这时他才注意到，店主的牙齿因为槟榔的果酸连成漆黑的一片，在狭小的屋内口气猥人。他取下腕上滴答作响的机械表，平放在布满油污的柜台，将机械表摩擦着桌面，推到老板面前。老板点了点头，表示他可以一直住下去。他们从右手边虚掩的小门，走进昏暗的走廊。长长的过道铺有猩红色的地毯，他们走过时便不会再发出地板嘎吱的声响。昏暗的走廊只在最尽头的位置点有一盏油灯，犹如一个原始人类的洞穴，洋溢着回忆的氛围。老板手中的钥匙串在他的身后叮当作响，他回过头，望见两人投射在原始人类的洞穴壁上畸形的倒影。

他们来到走廊的尽头，店主从那一堆叮当作响的钥匙中找到一把，旋开房间的木门，伴随着门脊合叶相互旋转摩擦的闷响，一股潮湿的气味从木门的另一侧涌出。他望进幽暗的室内，发觉自己难以分辨室内的呈设，眼前还是走廊上那盏唯一的油灯为他留下的一片昏黄的残影。他看见一扇巨大方正的被木十字分割成四块的射窗，以及射窗下在微光中呈现出灰白色的铺榻，仿佛黑暗舞台上的追光灯，指示着舞者应该去往的方位。

老板示意他走进房间，他于是小心翼翼地迈进。黑暗中，他依稀可以看见进门右手边紧靠着墙面的桌上，平平地摆放着一束玫瑰，黑暗中呈现出棕黑的颜色。他心念一动，走上前去将那一束玫瑰一把捧起，一种钻心的刺痛却立马从手心传遍全身。店主将走廊中的油灯提进房间，灯光下，他看见红玫瑰的尖刺在他手上留下了一道道长长的同样鲜红的伤痕。

“玫瑰的刺应当有人修剪。”他低声斥责。

“末有刺滴玫瑰就别是玫瑰喏。”老板轻声辩护，声线沙哑如同黑夜的海上反复聚集又破灭的波涛。人们将玫瑰的尖刺视作理所当然，其本质还是将那样一种女性化的骄矜视作需要保护的对象，于是他开始明白，为什么带刺的玫瑰可以在一个充斥着大男子主义的世界中如此妖娆美丽地绽放。他轻轻地摇了摇头。油灯的照射下，他看清了狭小房间内简陋的陈设——右边一个木质的衣柜，靠墙一个木质的小桌，靠窗一个木质的床铺，左边一个木质的小门，它或许通向一个同样狭小而木质的房间。

老板合上门，带走了仅有的人造光源——这个世界的夜，原本就不曾需要人类的灯光。

透过污渍点点的玻璃，他看见漫天的星河展现出一种前所未有的混沌，远处的群山犹如占据了整个盆地的望远镜，调节着自己的形态，倾听着来自宇宙的呼声。“人类总会选择一条最安全、最中庸的道路前进，群星于是变成了一场遥不可及的幻梦。”稿纸上绘满星星轨迹的画面在他脑海中一闪而过，他以为自己早已从记忆中将它们抹去，就像一个人自以为可以抹去花丛中的蛛网，或者所有那些和玫瑰有关的记忆。

他拉起射窗上的百叶，在床上平静地躺下。当一个人不再伪装与抵抗，他才能在某一条曲折的心路之上重新出发，独自探求追寻那个星光璀璨的彼岸。相互连接的思绪如同量子的泡沫，不辍地捕捉计算着弥散在函数空间之中的概率之花。

困意连接着梦境，一次又一次向他涌来，如同古老泛起铜绿色的河水，拍打着斑驳的船舷。在萦绕周身的宁静中，回忆的暗流才可能伸出试探的触角，温柔地抚摸着一个人心头那些似乎曾经有过的不知是否已经变得坚硬的伤疤。他分不清一个梦到底是不是仅仅只是一个梦，迷蒙之中浮现出的东西往往更像一种抽象、一份感动，或者一个高深莫测的隐喻——一份暧昧不清的邀请，另一个突然出现的计算机男友，抑或是一次计划周密的复仇……

当他从梦境中渐渐醒来，从前的一切便犹如一个不值一提的笑话，所有的伏笔似乎也都得到了某种程度的回答：钟表上来回游走的指针，开始被渐渐地固定下来。